全国高校园林与风景园林专业规划推荐教材
山东省高等学校优秀教材

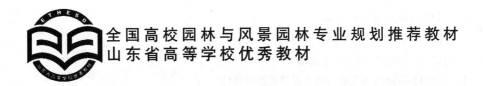

LANDSCAPE DENDROLOGY

园林树木学

LANDSCAPE

（第二版）

臧德奎 ◎主编

中国建筑工业出版社

图书在版编目(CIP)数据

园林树木学/臧德奎主编. —2版. —北京：中国建筑工业
出版社，2012.5（2023.3重印）
全国高校园林与风景园林专业规划推荐教材
山东省高等学校优秀教材
ISBN 978-7-112-14299-6

Ⅰ.①园… Ⅱ.①臧… Ⅲ.①园林树木—高等学校—
教材 Ⅳ.①S68

中国版本图书馆 CIP 数据核字（2012）第 091512 号

责任编辑：陈　桦
责任设计：董建平
责任校对：党　蕾　赵　颖

为了更好地支持相应课程的教学，我们向采用本书作为
教材的教师提供课件，有需要者可与出版社联系。

建工书院：http://edu.cabplink.com
邮箱：jckj@cabp.com.cn　电话：(010) 58337285
教师 QQ 群：546236016

全国高校园林与风景园林专业规划推荐教材
山东省高等学校优秀教材

园 林 树 木 学

（第二版）

臧德奎　主编

*

中国建筑工业出版社出版、发行(北京海淀三里河路9号)
各地新华书店、建筑书店经销
北京鸿文瀚海文化传媒有限公司制版
北京同文印刷有限责任公司印刷

*

开本：787×1092毫米　1/16　印张：32½　字数：868千字
2012年8月第二版　2023年3月第二十次印刷
定价：52.00元（赠教师课件）
ISBN 978-7-112-14299-6
(22339)

《园林树木学》教材编委会

主　编　臧德奎（山东农业大学）

副主编　闫双喜（河南农业大学）

　　　　陈　昕（南京林业大学）

编　者（按姓氏拼音排序）

　　　　布凤琴（山东建筑大学）

　　　　樊金会（山东农业大学）

　　　　韩维栋（广东海洋大学）

　　　　郝日明（南京农业大学）

　　　　胡绍庆（浙江理工大学）

　　　　黄成林（安徽农业大学）

　　　　季春峰（江西农业大学）

　　　　金　飚（扬州大学）

　　　　刘　军（四川农业大学）

　　　　刘龙昌（河南科技大学）

　　　　刘玉宝（福建农林大学）

　　　　欧　静（贵州大学）

　　　　史佑海（海南大学）

　　　　苏卫国（天津农学院）

　　　　唐冬芹（上海交通大学）

　　　　汪小飞（黄山学院）

　　　　周树军（浙江大学）

第二版前言

《园林树木学》（第一版）作为全国高校园林与风景园林专业规划推荐教材，于 2007 年出版后受到有关院校广大师生和园林管理部门及园林企业界技术人员的厚爱。

近年来，园林树木学科的发展较快，主要体现在以下几个方面：第一，随着树木分类研究的深入和《中国植物志》（英文版）（Flora of China）的陆续出版，不少树种的分类处理作了变更，有些分类群被合并，有些树种的学名作了订正。如传统上作为独立种的柳杉、池杉，分别作为日本柳杉和落羽杉的变种处理已被普遍接受，竹类植物等不少种类的学名有了较大变化。第二，由于引种驯化工作的开展，很多新树种在园林中得到了普遍应用。第三，园林树木的生物学特性、栽培技术和育种新成果不断涌现。本书（第二版）将体现本学科发展的新内容。

第二版的体例、章节仍沿袭第一版，基本未变，但对内容进行了重新组织，并在以下几个方面进行了调整：

第一，根据我国园林树木的应用情况，对树种进行了增减。考虑到树木学教学的学时，删除了部分重要性较小的树种，增加了近年来园林中新引入的重要树种和观赏品种。全书共收录园林树种 99 科 331 属 812 种，其中裸子植物 10 科 32 属 89 种、被子植物 89 科 299 属 723 种。

第二，按照《中国植物志》（英文版）等新的研究成果，对部分树种的分类处理和学名进行了调整和订正。

第三，从学科的系统性和课程教学的需要出发，在第一章中增加了园林树木分类的形态学基础知识，并进一步完善了植物命名的内容；总论部分增加了直观的图片，各论部分更换了部分树种的插图，以更方便教学，全书共有插图和图片 521 幅。

我社可给订阅此教材学校的任课教师赠送教学课件，作为课堂教学使用，可发送邮件至 cabp_yuanlin@163.com 免费索取。

本书虽经过多次审读，错误和遗漏之处仍在所难免，热情期盼广大读者提出宝贵意见，以便我们再版时进一步提高。

臧德奎
2012 年 5 月

第一版前言

　　园林树木学是园林专业的重要专业基础课,在进行园林规划设计、施工和养护管理中,均须具备园林树木学的相关知识。

　　本教材是根据园林专业创新人才培养的要求编写的。由于没有全国统一的园林树木学教学大纲,编写中主要参考了近年来国内外相关教材和论著,力求做到在阐述基本概念、基本理论的前提下,努力反映本学科的发展现状和趋势,并注重本学科的系统性以及与后续课程的联系。

　　本书内容分为绪论、总论和各论三个部分。绪论和总论着重于理论阐述,各论讲述全国各地习见和有发展前途的园林树种。

　　各论中裸子植物部分按照郑万钧系统(1978 年),被子植物部分按照克朗奎斯特系统(1980 年),对部分科的顺序进行了调整。全书共收录园林树种 97 科 319 属 653 种,其中裸子植物 10 科 32 属 78 种、被子植物 87 科 287 属 575 种,各地在讲授时可根据具体情况进行取舍。在编写格局上各树种一般按照形态特征、地理分布、习性、繁殖方法和园林应用进行论述。

　　本书的插图部分引自正式出版的有关书刊,主要有郑万钧主编的《中国树木志》、中国植物志编委会的《中国植物志》、中国科学院植物研究所主编的《中国高等植物图鉴》、陈有民主编的《园林树木学》等,在此谨向原作者致谢。

　　由于编者水平有限,错误和不当之处在所难免,欢迎批评指正。

编　者
2007 年 8 月

目录 >01
contents

目录 > 02
contents

目录 contents 03

目录 >04 contents

目录 >05
contents

目录 >06
contents

目录 >07
contents

目录 >08
contents

目录 >09
contents

目录 >10
contents

目录 >11
contents

目录 >12
contents

绪 论

一、园林树木学的定义、任务和学习方法

植物是园林景观构成的基本要素之一，也是应用最广泛、最不可或缺的材料，其中又以园林树木所占比重最大。人类社会发展到今天，人们对园林的需求已经从单纯的游憩和观赏要求，发展到保护和改善环境、维系城市生态平衡、保护生物多样性和再现自然的高层次阶段。英国造园家克劳斯顿(B. Clauston)指出："园林设计归根结底是植物材料的设计，其目的就是改善人类的生态环境，其他的内容只能在一个有植物的环境中发挥作用。"

园林树木，或称"观赏树木"，是指适合城乡各类园林绿地、风景名胜区、休疗养胜地、森林公园等应用，以绿化美化、改善和保护环境为目的的木本植物，包括乔木、灌木和木质藤本。园林树木是构成园林景观的主要植物材料，充分认识、科学选择和合理应用园林树木，对于提高城乡园林绿化水平和保持自然生态平衡都具有重要意义。

园林树木学是以园林建设为宗旨，对园林树木的形态特征、系统分类、习性、繁殖、栽培和园林应用进行系统研究的一门学科。园林树木学是园林专业的重要专业基础课，属于应用学科的范畴，为城乡园林绿化、风景区和森林公园等的建设服务。

园林树木学的内容包括绪论、总论和各论三部分。绪论主要介绍了园林树木学的研究内容和学习方法，以及我国园林树木资源的特点。总论从理论上讲授园林树木的分类、习性、观赏特性和配植，以及城市园林树种的调查和规划等内容。各论则按照植物分类系统，讲授主要园林树种的系统分类、形态特征、分布和习性、园林应用等。树种的识别和分布、习性是本学科学习的基础，只有正确地识别种类繁多的园林树种，很好地掌握其观赏特点、生长发育规律和对环境因子的要求，才能在园林设计中正确地运用它们，以发挥其最大的美化功能和生态功能。不少园林设计人员具有良好的园林设计基础知识和经验，在实际工作中却苦于找不到最合适的园林树种去实现其设计意图，问题的关键是他们掌握的园林树种太少，或者不了解它们的特性。

学习园林树木学，必须有一定的基础学科和专业基础学科的知识，例如为了辨识树种、了解树种资源，必须有植物学和植物分类学知识；为了掌握树木个体和群体的生长发育规律、生态习性和生态功能，必须有植物生理学、土壤肥料学、气象学、植物生态学、植物地理学等方面的知识。

园林树木学是一门实践性较强的学科，在学习中必须理论联系实际，尤其是树种的形态和分类内容，需要多观察、勤思考，多做分析、比较和归纳工作，并善于抓住要点。坚持这种学习方法定会有较大的收获。应当明确地认识到园林树木学的最终目的和任务是要学会应用园林树木来建设园林。为此，在学习时必须记住树木的识别特点，掌握其习性、观赏特性、园林用途以及相应的栽培管理技术。此外，在学习时还应当注意本课程与其他有关课程的有机联系，这样才可以收到更好的

效果。

本书的编写方针是：以总论为理论指导，各论为主体；对各论的编写以树种识别为基础，以分布和生态习性为中心，以园林应用为最终目的。各地在讲授与学习时，可结合所在地区的树种特点加以灵活运用。

各论中裸子植物的排列按照郑万钧系统（1978 年），被子植物主要按照克朗奎斯特系统（1980 年），对部分科的顺序和范围作了调整。

二、我国园林树木资源的特点

中国是世界园林植物的重要发源地之一，被西方称为"世界园林之母"，园林植物树木资源极为丰富。几百年来，中国的各种名贵园林树木不断传至西方，对西方的园林事业和园艺植物育种工作起了重大作用，如山茶（*Camellia japonica*）、牡丹（*Paeonia suffruticosa*）、腊梅（*Chimonanthus praecox*）、月季（*Rosa chinensis*）、海棠（*Malus spectabilis*）等早已成为西方各国重要的园林造景材料。

由于我国自然地理、区域生物演化、树木利用等方面存在巨大的复杂性，我国的园林树木资源具有明显的特色，主要体现在如下几个方面。

（一）种类繁多

我国约有高等植物 30000 种，居世界第三位，是北半球生物多样性最丰富的国家。其中木本植物约 8000 种，占我国种子植物总数的 1/3 左右，远远超过欧洲和北美洲。此外，还从国外引进了1000 多种。如具有较高观赏价值的山茶属（*Camellia*），全球约 120 种，80% 以上的种类产于我国；杜鹃花属（*Rhododendron*）约 1000 种，于我国就有 571 种。又如，在园林中具有重要地位的裸子植物，全球共有 15 科 74 属约 900 种，我国就有 12 科 44 属 250 余种，不少属种主产或特产我国，如油杉属（*Keteleeria*）、三尖杉属（*Cephalotaxus*）等。我国丰富的园林树种资源早已成为欧美各国重要的园林造景材料，如美国加利福尼亚州有 70% 的树木花草源于中国，德国 50% 的观赏植物来自我国，意大利引种的我国园林植物有 1000 种以上。

中国树种资源丰富的原因，一方面是因为中国幅员辽阔、地势起伏大，自南至北地跨热带、亚热带、温带和寒带，自东到西有海洋性湿润森林地带、半湿润半干旱森林和草原过渡地带以及大陆性干旱半荒漠和荒漠地带，南北跨纬度 50°、东西跨经度 62°。另一方面是由于地史变迁的因素。在新生代第三纪以前，全球气候普遍暖热而湿润，林木繁茂，如当时的银杏科就有 15 属以上，而水杉则广布于欧亚大陆直达北极附近。第四纪冰川期的到来使欧洲和北美洲的许多树种灭绝，而中国发生的冰川属于山地冰川，有不少地区未受到冰川的直接影响，因而成为植物的"避难所"，保存了许多在其他地区已经灭绝的第三纪子遗植物，被称为活化石树种，如银杉（*Cathaya argyrophylla*）、水杉（*Metasequoia glyptostroboides*）、水松（*Glyptostrobus pensilis*）、穗花杉（*Amentotaxus argotaenia*）、鹅掌楸（*Liriodendron chinense*）等。

（二）分布集中

我国是许多著名园林树木的分布中心，而有些科属又在国内一定区域内集中分布，形成了在相对较小的地区集中原产着众多种类的分布现象。

现以 40 属常见园林树木为例（表 0-1），从中国产的种类占世界总种数的百分比说明中国确是若干著名树种的世界分布中心。

此外，有些属虽然种类不多，但为重要的园林树种，所有种类我国全产，如腊梅属(Chimonanthus，6 种)、泡桐属(Paulownia，7 种)、鹅毛竹属(Shibataea，7 种)、油杉属(Keteleeria，5 种)、四照花属(Dendrobenthamia，5 种)、沙棘属(Hippophae，6 种)、桃叶珊瑚属(Aucuba，10 种)，芍药属(Paeonia)虽然广布于北温带，但木本的牡丹类全部产于我国。

部分园林树木属的种类比较* 表 0-1

属名	世界种数	国产种数	国产占世界百分比(%)	属名	世界种数	国产种数	国产占世界百分比(%)
刚竹属Phyllostachys	50	50	100.00	八角属Illicium	40	27	67.50
猕猴桃属Actinidia	54	52	96.30	花楸属Sorbus	100	67	67.00
箬竹属Indocalamus	23	22	95.65	蜡瓣花属Corylopsis	30	20	66.67
方竹属Chimonobambusa	37	34	91.89	锦鸡儿属Caragana	100	66	66.00
箭竹属Sinarundinaria	90	78	86.67	鹅耳枥属Carpinus	50	33	66.00
五味子属Schisandra	22	19	86.36	栒子属Cotoneaster	90	59	65.56
木犀属Osmanthus	30	25	83.33	柃木属Eurya	130	83	63.85
南蛇藤属Celastrus	30	25	83.33	女贞属Ligustrum	45	27	60.00
溲疏属Deutzia	60	50	83.33	葡萄属Vitis	60	36	60.00
润楠属Machilus	100	82	82.00	杜鹃花属Rhododendron	1000	571	57.10
山茶属Camellia	120	97	80.83	含笑属Michelia	70	39	55.71
簕竹属Bambusa	100	80	80.00	瑞香属Daphne	95	52	54.74
胡颓子属Elaeagnus	90	67	74.44	十大功劳属Mahonia	60	31	51.67
槭属Acer	129	96	74.42	冬青属Ilex	400	200	50.00
木莲属Manglietia	40	29	72.50	忍冬属Lonicera	200	100	50.00
石楠属Photinia	60	43	71.67	荚蒾属Viburnum	200	100	50.00
杨属Populus	100	71	71.00	柳属Salix	520	257	49.42
绣线菊属Spiraea	100	70	70.00	铁线莲属Clematis	300	147	49.00
卫矛属Euonymus	130	90	69.23	蔷薇属Rosa	200	95	47.50
牡竹属Dendrocalamus	40	27	67.50	小檗属Berberis	500	215	43.00

(三) 丰富多彩

由于我国得天独厚的自然环境条件，植物为适应环境而形成了众多的变异，许多园林树木在属内具有丰富的类型，从而在园林中可广泛用于多种造景形式。

以杜鹃花属为例，我国既有高达 25～30m 的大乔木如大树杜鹃(Rhododendron protistum var. giganteum)、高达 8～10m 的小乔木如猴头杜鹃(R. simiarum)和云锦杜鹃(R. fortunei)，也有高 1～3m 的灌木如映山红(R. simsii)和黄杜鹃(R. molle)，而产于东北地区的牛皮杜鹃(R. chrysanthum)高仅 10～25cm，产于云南西北部的平卧杜鹃(R. saluenense var. prostratum)更是高仅 5～10cm；凸尖杜鹃(R. sinogrande)叶片长达 70～90cm，宽达 30cm，而密枝杜鹃(R. fastigiatum)

---

* 各属的种数主要根据《中国植物志》(英文版)进行统计。

的叶片可小至 6～8mm。

再如，我国是世界上竹类资源最丰富的国家，不但属种繁多，而且竹子类型多样，既有主产热带的丛生竹类，如簕竹属（*Bambusa*）、牡竹属（*Dendrocalamus*）、泰竹属（*Thyrsostachys*）；也有主产亚热带和温带的散生竹类，如刚竹属（*Phyllostachys*）、箬竹属（*Indocalamus*）；龙竹（*Dendrocalamus giganteus*）、巨龙竹（*D. sinicus*）可高达 30m，毛竹（*Phyllostachys edulis*）高达 15～25m；孝顺竹（*Bambusa multiplex*）、方竹（*Chimonobambusa quadrangularis*）、紫竹（*Pyllostachys nigra*）高 3～8m，阔叶箬竹（*Indocalamus latifolius*）、黎竹（*Acidosasa venusa*）等高 1～2m，而鹅毛竹（*Shibataea chinensis*）等高不及 1m，许多栽培历史悠久的竹种具有丰富的种内变异。

同时，我国是许多园林植物的栽培和起源中心，不少重要的园林树种栽培历史悠久，具有丰富的种内变异，品种资源丰富，观赏习性各异。如桂花（*Osmanthus fragrans*）拥有四季桂、金桂、银桂、丹桂四个类型 150 多个品种，梅花（*Prunus mume*）拥有直枝梅、垂枝梅、龙游梅、杏梅等多个类型 200 多个品种，牡丹传统上划分为三类六型八大色，远在宋朝时品种曾达到 600～700 多个，现在拥有 1000 多个品种，目前世界上普遍栽培的月季和杜鹃花品种，其种质也大多来源于我国。

（四）特色突出

我国特有植物丰富，在世界上居于突出地位。特有科有银杏科、伯乐树科、杜仲科、珙桐科等；种子植物特有属约 243 属，占我国种子植物总属数的 8%，著名的木本植物属就有银杏属（*Ginkgo*）、水杉属（*Metasequoia*）、金钱松属（*Pseudolarix*）、银杉属（*Cathaya*）、水松属（*Glyptostrobus*）、白豆杉属（*Pseudotaxus*）、金钱槭属（*Dipteronia*）、通脱木属（*Tereapanax*）、伯乐树属（*Bretschneidera*）、腊梅属（*Chimonanthus*）、猬实属（*Kolkwitzia*）、双盾木属（*Dipelta*）、珙桐属（*Davidia*）、杜仲属（*Eucommia*）、山拐枣属（*Polithyrsis*）、山白树属（*Sinowilsonia*）、青钱柳属（*Cyclocarya*）、枸橘属（*Poncirus*）、青檀属（*Pteroceltis*）、银雀树属（*Tapiscia*）、文冠果属（*Xanthoceras*）、喜树属（*Camptotheca*）、秤锤树属（*Sinojackia*）、香果树属（*Emmenopterys*）等。

特有种的种类更是丰富，不胜枚举，仅列举著名种类如下：牡丹、梅花、腊梅、金花茶、珙桐（*Davidia involucrata*）、喜树（*Camptotheca acuminata*）、银杏（*Ginkgo biloba*）、水杉、银杉、金钱松（*Pseudolarix amabilis*）、猬实（*Kolkwitzia amabilis*）、白皮松（*Pinus bungeana*）、黄山松（*P. taiwanensis*）、银鹊树（*Tapiscia sinensis*）、香果树（*Emmenopterys henryi*）、金钱槭（*Dipteronia sinensis*）、文冠果（*Xanthoceras sorbifolia*）、青杆（*Picea wilsonii*）、水松、榧树（*Torreya grandis*）、夏腊梅（*Calycanthus chinensis*）、佛肚竹（*Bambusa ventricosa*）、鹅毛竹（*Shibataea chinensis*）、毛白杨（*Populus tomentosa*）、云南山茶（*Camellia reticulata*）等。

三、我国园林树木资源对世界的贡献

中国丰富的园林树木资源与种质多样性以及中国园林树木在世界各地园林中的广泛栽培与应用，赋予了中国"世界园林之母"之美称，世界的每个角落几乎都有原产于中国的树木。例如，北美从我国引种的乔木及灌木就达 1500 种以上，且多见于庭园之中；欧洲园林中的中国树种达 2500 种以上，是园林景观的重要组成成分。银杏早在宋代就传入日本，18 世纪初再传至欧洲，1730 年传入美洲，现遍及全世界，现成为温带、亚热带园林的重要园林景观树种；1944 年才在我国发现的水杉，1948 年成功引入美国后，很快传遍世界，现已有近 100 个国家和地区有水杉栽培。

尤其是自 16 世纪以来，我国大量的园林植物被引种到西方，成为西方园林造景的重要材料，同时，丰富的种质资源也极大地促进了新品种的培育。16 世纪，葡萄牙人首先从海上进入中国引走了甜橙，17 世纪英国人、荷兰人相继而来。

以英国为例，1803 年，汤姆斯·埃义斯从中国引走了蔷薇（*Rosa multiflora*）、木香（*R. banksiae*）、棣棠（*Kerria japonica*）、南天竹（*Nandina domestica*）等；1815 年克拉克·艾贝尔引回 300 种植物，其中包括梅花和六道木（*Abelia biflora*）；罗伯特·福琼在 1839～1860 年中曾四次来华，给西方引去了牡丹、山茶（*Camellia japonica*）、云锦杜鹃（*Rhododendron fortunei*）、忍冬（*Lonicera japonica*）、铁线莲（*Clematis florida*）、棕榈（*Trachycarpus fortunei*）、阔叶十大功劳（*Mahonia bealei*）等大量园林树种，有 120 种是西方前所未有的，其中云锦杜鹃在英国近代杜鹃杂交育种中起了重要作用。亨利·威尔逊于 1899～1918 年间 5 次来华采集和引种，由他引走的著名树种有珙桐、中华猕猴桃（*Actinidia chinensis*）、巴山冷杉（*Abies fargesii*）、血皮槭（*Acer griseum*）、山玉兰（*Magnolia delavayi*）、金露梅（*Potentilla fruticosa*）、大喇叭杜鹃（*Rhododendron excellens*）、驳骨丹（*Buddleja asiatica*）、四照花（*Dendrobenthamia japonica* var. *chinensis*）、连香树（*Cercidiphyllum japonicum*）、膀胱果（*Staphylea holocarpa*）、云杉（*Picea asperata*）等。乔治·福礼士于 1904～1930 年间 7 次来华，引走了腋花杜鹃（*Rhododendron racemosum*）、鳞腺杜鹃（*R. lepidotum*）、绵毛杜鹃（*R. floccigerum*）、似血杜鹃（*R. haematodes*）、杂色杜鹃（*R. eclecteum*）、大树杜鹃、夺目杜鹃（*R. arizelum*）、绢毛杜鹃（*R. haematodes* subsp. *chaetomallum*）、高尚杜鹃（*R. decorum* subsp. *diaprepes*）、乳黄杜鹃（*R. lacteum*）、假乳黄杜鹃（*R. rex* subsp. *fictolacteum*）、朱红大杜鹃（*R. griersonianum*）、柔毛杜鹃（*R. pubescens*）、火红杜鹃（*R. neriiflorum*）等大量杜鹃花。法·金·瓦特则在 1911～1938 年间 15 次来华，引走了滇藏槭（*Acer wardii*）、美被杜鹃（*Rhododendron calostrotum*）、金黄杜鹃（*R. rupicola* var. *chryseum*）、羊毛杜鹃（*R. mallotum*）、黄杯杜鹃（*R. wardii*）、大萼杜鹃（*R. megacalyx*）、紫玉盘杜鹃（*R. uvarifolium*）、灰被杜鹃（*R. tephropeplum*）等多种杜鹃花。

此外，法国人大卫、法尔格斯、德拉维、苏利等，美国人迈尔、洛克等均在我国进行了大量引种，将滇牡丹（*Paeonia delavayi*）、山桂花（*Osmanthus delavayi*）、大喇叭杜鹃（*Rhododendron excellens*）、山羊角树（*Carrierea calycina*）、丝棉木（*Euonymus maackii*）、狗枣猕猴桃（*Actinedia kolomikta*）、黄刺玫（*Rosa xanthina*）、茶条槭（*Acer ginnala*）、毛樱桃（*Prunus tomentosa*）、七叶树（*Aesculus chinensis*）、木绣球（*Viburnum macrocephalum*）、红丁香（*Syringa villosa*）、翠柏（*Sabina squamata* 'Meyeri'）等观赏植物引入欧美地区。

我国的园林植物在欧美园林中占有十分重要的地位。据苏雪痕 1984 年统计，英国爱丁堡皇家植物园引自中国的植物就有 1527 种，如杜鹃花属（*Rhododendron*）306 种、栒子属（*Cotoneaster*）56 种、蔷薇属（*Rosa*）32 种、小檗属（*Berberis*）30 种、忍冬属（*Lonicera*）25 种、花楸属（*Sorbus*）21 种、槭属（*Acer*）20 种、荚蒾属（*Viburnum*）16 种、卫矛属（*Euonymus*）13 种、绣线菊属（*Spiraea*）11 种、醉鱼草属（*Buddleja*）10 种、桦木属（*Betula*）9 种、溲疏属（*Deutzia*）9 种、丁香属（*Syringa*）9 种、绣球属（*Hydrangea*）8 种、山梅花属（*Philadelphus*）8 种。大量的中国植物装点着英国园林，并以其为亲本，培育出许多观赏品种。

现代月季品种多达 2 万个，在当今西方园艺界的重要性堪称举足轻重，被誉为"花中皇后"，但回顾育种历史，原产中国的蔷薇属植物起了极为重大的作用。据美国植物学家里德（H. S. Reed）的说法，西方栽培的月季主要来源于中国的三个种，即月季（*Rosa chinensis*）、多花蔷薇（*R. multiflora*）和芳香月季（*R. odorata*）。当然，由于我国是蔷薇属植物现代分布的中心之一，西方人从我国引入的蔷薇属植物远不止这三个种。

中国原产的醉鱼草属植物驳骨丹，花序长达 25cm，冬季开花，洁白而芳香，是优良的冬季花木，我国园林中至今鲜见应用，而英国早在 1876 年就从我国台湾引入，并与产自马达加斯加的黄花醉鱼草杂交，育成杂种蜡黄醉鱼草（*Buddleja* × *lewisiana*），继而选育出不少新品种，如玛格丽特（'Margaret Pike'），冬季开淡黄色花，1953 和 1954 年分别荣获英国皇家园艺协会优秀奖和一级证书奖。

1937 年后，一些重瓣的山茶园艺品种从中国沿海口岸传到西欧。近年来，在欧洲最流行的则是从云南省引入的怒江山茶（*Camellia saluenensis*）及怒江山茶与山茶的一些杂交种。这些杂交种比山茶花更为耐寒，花朵较多，花期较长，且更美丽动人，深受欧美人士喜爱。美国近 30 年来搜集了山茶属及其近缘属的许多野生种与栽培品种。他们利用这批包括山茶属 20 个种和 4 个近缘属植物 71 个引种材料作为主要杂交亲本，经过十多年的努力，终于在全世界首次育成了抗寒和芳香的山茶新品种。在这项工作中，我国丰富的山茶种质资源所起作用尤大。比如培育芳香山茶品种的杂交育种中，我国的毛花连蕊茶（*C. fraterna*）、油茶（*C. oleifera*）和窄叶连蕊茶（*C. tsaii*）都起了巨大作用。

正如威尔逊在《中国——花园之母》的序言中所说："中国确是花园之母，因为我们所有的花园都深深受惠于她所提供的优秀植物，从早春开花的连翘、玉兰；夏季的牡丹、蔷薇；到秋天的菊花，显然都是中国贡献给世界园林的珍贵资源。"

第一章　园林树木的分类

我国是世界上植物种类最丰富的国家之一，仅高等植物就有3万种以上，而且树种资源丰富，约有木本植物8000种。面对如此繁多的树木种类，首先必须科学、系统地分门别类，然后才能进一步研究和利用它们。园林树木的分类方法很多，主要有按照植物进化系统分类的植物分类学方法和按照园林应用的实用分类方法。

植物分类学是各种应用植物学的基础，也是园林树木栽培和应用的基础，它根据植物的亲缘关系和进化地位对植物进行描述记载、鉴定、分类和命名，理论性强；而实用分类方法是人为的，不考虑植物之间的亲缘关系，以实用性为主要原则，如在园林应用中，园林树木一般按照生长习性、观赏特性和园林用途进行分类。

第一节 植物分类学方法

一、植物分类的等级

《国际植物命名法规》(International Code of Botanical Nomenclature, ICBN)规定的植物分类等级有界、门、纲、目、科、属、种等12个主要等级，各主要等级之下根据需要还可设"亚门"、"亚纲"等次要等级，从而形成金字塔式的阶层系统。这些等级必须按照法规所规定的顺序在严格意义上使用。现以日本晚樱为例，说明植物分类的等级(表1-1)。

植物分类的各级单位　　　　　　　　　表1-1

分类等级			举　例	
中名	拉丁名	英名	中名	拉丁名
界	Regnum	Kingdom	植物界	Plantae
亚界	Subregnum	Subkingdom	有胚植物亚界	Embryobionta
门	Divisio	Division	木兰植物门(被子植物门)	Magnoliophyta
亚门	Subdivisio	Subdivision		
纲	Class	Class	木兰植物纲(双子叶植物纲)	Magnoliopsida
亚纲	Subclass	Subclass	蔷薇亚纲	Rosidea
目	Ordo	Order	蔷薇目	Rosales
亚目	Subordo	Suborder	蔷薇亚目	Rosineae
科	Families	Family	蔷薇科	Rosaceae
亚科	Subfamilies	Subfamily	李亚科	Prunoideae
族	Tribus	Tribe		
亚族	Subtribus	Subtribe		
属	Genus	Genus	李属	*Prunus*
亚属	Subgenus	Subgenus	樱亚属	Subgenus *Cerasus*
组	Sectio	Section		
亚组	Subsectio	Subsection		
系	Series	Series		
亚系	Subseries	Subseries		

续表

分类等级			举 例	
中名	拉丁名	英名	中名	拉丁名
种	Species	Species	樱花	*Prunus serrulata*
亚种	Subspecies	Subspecies		
变种	Varietas	Variety	日本晚樱	*Prunus serrulata* var. *lannesiana*
亚变种	Subvarietas	Subvariety		
变型	Forma	Form		
亚变型	Subforma	subform		

当然，如表中所示的例子，当不需要某些等级时，也可以完全省略。在植物分类等级中，最常用的是科、属、种以及一些种下等级。

（一）种及常用的种下等级

"种"（Species）是物种的简称，是植物分类的基本单位。但是，如何给种一个确切的定义仍然是没有解决的问题。一般而言有两种观点，即形态学种和生物学种。

形态学种的划分主要根据植物的形态差别和地理分布，指具有一定形态特征并占据一定自然分布区的植物类群。同一个物种的个体间具有形态学上的一致性，与近缘种之间存在着地理隔离。

生物学种指出自同一祖先、遗传物质相同的一群个体。同一个物种可以进行基因交流，产生能育后代，而不同物种（包括近缘种）之间存在生殖隔离。

要全面地认识种的概念，既要考虑形态学上的标准，也要考虑遗传学和生态地理学上的标准。种是变化发展的，我们现在认识的种都是物种发展中的一个阶段，它有发生、发展以及灭亡的过程。

种往往具有较大的分布区域，由于分布区气候和生境条件的差异会导致种群分化为不同的生态型、生物型和地理宗，这是植物本身适应环境的结果。根据种内变异的大小，可以划分出不同的种下等级。

"亚种"（Subspecies）指形态上有比较大的差异，并具有较大范围地带性分布区域的变异类型。例如，沙棘（*Hippophae rhamnoides* Linn.）在我国有5个亚种，它们不但在叶片着生方式、腺鳞颜色、果实形状、枝刺等形态方面不同，而且各自具有较大的分布区，中国沙棘（subsp. *sinensis*）产于西北、华北至四川西部，云南沙棘（subsp. *yunnanensis*）产于云南西北部、西藏拉萨以东以及四川宝兴、康定以南，中亚沙棘（subsp. *turkestanica*）产于新疆以及塔吉克斯坦、吉尔吉斯斯坦、乌兹别克斯坦、阿富汗等地，蒙古沙棘（subsp. *mongolica*）产于新疆伊犁等地以及蒙古西部，江孜沙棘（subsp. *gyantsensis*）产于西藏拉萨、江孜和亚东一带。

"变种"（Variety）为使用最广泛的种下等级，一般指具有不同形态特征的变异居群，但没有大的地带性分布区域。如圆柏的变种偃柏（*Sabina chinensis* var. *sargentii*）、珙桐的变种光叶珙桐（*Davidia involucrata* var. *villmorimiana*）、薜荔的变种爱玉子（*Ficus pumila* var. *awkeotsang*）。

"变型"（Form）指形态上变异比较小的类型，如花色、叶色的变化等，而且没有一定的分布区，往往只有零星的个体存在。如圆柏的变型垂枝圆柏 [*Sabina chinensis* f. *pendula*（Franch.）W. C. Cheng et W. T. Wang]与圆柏的不同之处在于，枝条细长、小枝下垂、全为鳞叶，产于甘肃东南部等地。不过，很多植物的栽培类型被早期的分类学家作为变型命名，如国槐的变型龙爪槐（*So-*

phora japonica f. pendula），桃（Prunus persica）的变型白碧桃（f. albo-plena）、碧桃（f. duplex）、紫叶桃（f. atropurpurea）等。

此外，在生产实践中，还存在着一类由人工培育的栽培植物，它们在形态、生理、生化等方面具有特异的性状，当达到一定数量、成为生产资料并产生经济效益时可称为该种植物的栽培品种或品种（Cultivar）。因此，品种是栽培学上常用的名词，不是植物分类的等级，但在园林、园艺、农业等领域广泛应用。如圆柏的品种龙柏（Sabina chinensis 'Kaizuca'）、匍地龙柏（'Kaizuca Procumbens'）、塔柏（'Pyramidalis'）、球柏（'Globosa'）等。

（二）属

属（Genus）是形态特征相似、亲缘关系密切的种的集合。如毛白杨（Populus tomentosa）、山杨（P. davidiana）、银白杨（P. alba）、小叶杨（P. simonii）等，都具有"顶芽发达，芽鳞多数，花序下垂，花具有杯状花盘，苞片不规则分裂"等特点，而集合成杨属（Populus）；同样地，旱柳（Salix matsudana）、垂柳（S. babylonica）、白柳（S. alba）、河柳（S. chaenomeloides）等具有"无顶芽，侧芽芽鳞1枚，花序直立，花有腺体，无花盘，苞片全缘"等特点，集合成柳属（Salix）。

属的学名是一个拉丁词，第一个字母要大写。属名来源很多，有的来源于希腊语、拉丁语、阿拉伯语等的古名，如雪松属（Cedrus）、小檗属（Berberis）、黄杨属（Buxus），有的是地名拉丁化形成的，如台湾杉属（Taiwania）、福建柏属（Fokienia），有的由人名拉丁化形成，如珙桐属（Davidia）、重阳木属（Bischofia）。

（三）科

科（Family）是形态特征相似、亲缘关系相近的属的集合。如杨属（Populus）和柳属（Salix）具有"花单性异株，柔荑花序，无花被，侧膜胎座，蒴果，种子基部有白色丝状长毛，无胚乳"等共同特点而组成杨柳科（Salicaceae）。其他如桑科（Moraceae）、蔷薇科（Rosaceae）、木兰科（Magnoliaceae）、木犀科（Oleaceae）等，均由亲缘关系相近的属集合而成。科的大小差别很大，最小的科只有1属1种，如银杏科（Ginkgoaceae）、杜仲科（Eucommiaceae），而豆科则有650余属18000余种。

科的学名由模式属的词干加词尾"-aceae"构成，如松科（Pinaceae）的模式属是松属（Pinus），其词干部分"Pin"加上词尾"-aceae"则构成了松科的学名。此外，有8个科具有两个合法的学名，如豆科（Leguminosae 或 Fabaceae）、藤黄科（Guttiferae 或 Clusiaceae）、禾本科（Gramineae 或 Poaceae）。

二、植物的命名

每一种植物都有自己的名称而区别于别种植物，但由于各国对同一种植物所叫的名字不同，即使同一个国家的不同地区亦不尽相同，有时同一名称在不同地区代指不同的植物。这样就造成了"同名异物"和"同物异名"现象，不利于学术交流和生产实践的应用。因此，有必要找出一种大家共同遵守、共同使用的名称，这就是植物的拉丁学名。

植物的命名，受《国际植物命名法规》的管理和制约。1753年，瑞典著名的博物学家林奈发表了植物分类历史上著名的《植物种志》，用拉丁文记载并描述了当时所知的植物，并固定地采用了"双名法"给每种植物命名。1867年，在巴黎召开的第一次国际植物学会颁布了简要的植物法规，规定以"双名法"作为植物学名的命名法。

　　所谓双名法，就是指植物的学名由两个拉丁词构成，第一个词是植物所隶属的属名，词首字母大写，第二个词是种加词，起着标志这一植物种的作用，此外还要加上命名人姓氏的缩写。如银杏的学名为"*Ginkgo biloba* Linn."，其中"*Ginkgo*"为银杏属的属名，"*biloba*"为种加词，意为"二裂的"，指银杏的叶片先端常常二裂，"Linn."是命名人瑞典博物学家 Linnaeus 的姓氏缩写。如果命名人为两人，则在两人名间用"et"或"&"相连，如水杉（*Metasequoia glyptostroboides* Hu et W. C. Cheng）由我国分类学家胡先骕和郑万钧共同发表；如果由一人命名，由另外的人正式发表，则在两人名间连以"ex"，前者为命名人，后者为发表的作者，如细叶桢楠（*Phoebe hui* W. C. Cheng ex Yang）。如果为杂交种，则将"×"加在种加词前面，或将母本和父本的种加词以"×"相连，如什锦丁香（*Syringa* × *chinensis* Wall.）是花叶丁香和欧洲丁香的天然杂交种。

　　种下等级的命名，则在种名之后，加上亚种、变种或变型等的缩写词（亚种为 subsp. 或 ssp，变种为 var.，变型为 f.），再加上亚种、变种或变型的加词，最后附以命名人姓氏缩写。如厚朴的亚种凹叶厚朴学名为 *Magnolia officinalis* Rehd. et Wils. subsp. *biloba*（Rehd. et Wils.）W. C. Cheng et Law，黄荆的变种荆条学名为 *Vitex negundo* Linn. var. *heterophylla*（Franch.）Rehd.，雪球荚蒾的变型蝴蝶荚蒾学名为 *Viburnum plicatum* Thunb f. *tomentosum*（Thunb.）Rehd.。

　　栽培品种的命名受《国际栽培植物命名法规》（International Code of Nomenclature for Cultivated Plants，ICNCP）的管理。品种名称由它所隶属的植物种或属的学名，加上品种加词构成，品种加词必须放在单引号（' '）内，词首字母大写，用正体。如鸡爪槭的品种红枫 *Acer palmatum* 'Atropurpureum'、月季品种和平 *Rosa* 'Peace'。

三、植物分类的原理和方法

　　经典的植物分类学主要依据植物形态学和解剖学的特征进行植物分类，同时结合植物的地理分布。随着科学的发展，植物学的其他领域不断为分类学提供了大量证据，使得植物分类学出现了许多分支领域。

（一）经典分类学

　　经典分类学（Classical taxonomy）主要利用植物器官的外部形态和一些解剖学特征进行植物分类，如根、茎、叶、花、果实、种子等的形态结构。在属以上分类群的分类中，生殖器官的特征最为重要，如花的结构组成、花瓣和心皮的离合、雄蕊定数与否、胎座类型、果实类型、胚珠数目等。如唇形科具有唇形花冠和二强雄蕊，豆科均为荚果，壳斗科的坚果外具有壳斗，槭树科的双翅果等，而蔷薇科内的亚科分类也主要依据果实类型。营养器官的特征也是分类的重要依据，尤其是在种的分类中，如枝叶被毛的情况、叶片的大小、叶缘形态等。

（二）实验分类学

　　实验分类学（Experimental taxonomy）是通过植物栽培实验和杂交实验（种内杂交、种间杂交）的手段，来确定形态分类难于确定的分类群之间的一些差异是由生态环境引起的，还是遗传因素的原因，从而对其进行分类。经典分类对种系的划分有时忽略了生态条件对物种外部形态的影响，而实验分类更多的是从生态学和遗传学角度研究分类问题，对于探讨种的起源、种和种下等级的划分，以及种间亲缘关系研究有重要意义。

（三）细胞分类学

　　细胞学资料用作分类学的依据，就是细胞分类学（Cytotaxonomy）。主要对细胞中染色体数目、结构、形态及行为进行研究，即染色体组型和核型分析。染色体是遗传物质的载体，性状稳定，对于验证形态分类结果、植物亲缘关系的确定、杂种识别等具有重要意义。如传统分类中一直将芍药属(*Paeonia*)置于毛茛科，但细胞学研究表明，该属植物的染色体基数为 $x=5$，与毛茛科其他植物不同，再结合该属形态特征方面的特点，以及化学分类的资料，有些学者将芍药属从毛茛科中分出，单独成立了芍药科甚至芍药目。

（四）化学分类学

化学资料作为分类学证据的研究，早在 200 多年前就开始了，但化学分类学(Chemotaxonomy)作为一门科学则是在 20 世纪 60 年代前后才建立起来的。不同类群的植物常具有不同的化学成分，据此研究植物体变异规律，可以揭示物种在分子水平上所反映出的特异性，从而揭示植物之间的关系。在化学分类中使用较多的有生物碱、黄酮类、萜烯类、有机酸、鞣类等次生性的代谢物，控制植物新陈代谢的各种酶的测定，以及蛋白质的血清鉴定和电泳。芍药科的成立也得到了化学证据的支持，即芍药属不含有毛茛科植物中普遍存在的毛茛苷和木兰花碱两种生物碱。

（五）数量分类学

数量分类学(Numerical taxonomy)是随着电子计算机技术的发展而建立起来的边缘学科，它采用数量的方法来评价植物类群之间的相似性，并根据相似性值对植物进行归类。数量分类可以处理大量的表型性状，包括形态学、细胞学、分子生物学等各个方面的各种性状，经过数量化后，按照一定的数学模型，应用计算机运算得出结果。

四、植物分类检索表的编制和使用

植物分类检索表是鉴别植物种类的重要工具之一，各类植物志、树木志在科、属、种的描述前常编写有相应的分类检索表。当需要鉴定一种不知名的植物时，可以利用相关工具书内的分科、分属和分种检索表，查出植物所属的科、属以及种的名称，从而鉴定植物。

检索表是根据二歧分类的原理，以对比的方式编制的。就是把各种植物的关键特征进行综合比较，找出区别点和相同点，然后一分为二，相同的归在一项下，不同的归在另一项下。在相同的一项下，又以另外的不同点分开，依此类推，最终将所有不同的种类分开。编制检索表时，应选择那些最容易观察到、区别显著的特征，不要选择那些模棱两可的特征。区别时先从大的方面区别，再从小的方面区别。

常用的检索表有定距式和平行式两种。定距式检索表也叫阶梯式检索表，即每一序号排列在一定的阶层上，下一序号向右错后一位；平行式检索表也叫齐头式检索表，检索表各阶层序号都居于每行左侧首位。

在使用检索表时，必须对所要鉴定树种的形态特征进行全面细致的观察，这是鉴定工作能否成功的关键所在。然后，根据检索表的编排顺序逐条由上向下查找，直到检索到需要的结果为止。

（1）为了确保鉴定结果正确，一定要防止先入为主、主观臆测和倒查的倾向。

（2）检索表的结构都是以两个相对的特征编写的，而两个对应项号码是相同的，排列的位置也是相对称的。鉴定时，要根据观察到的特征，应用检索表从头按次序逐项往下查，绝不允许随意跳过一项或多项而去查另一项，因为这样特别容易导致错误。

（3）要全面核对两项相对性状，也即在看相对的两项特征时，每查一项，必须对另一项也要查看，然后再根据植物的特征确定到底哪一项符合你要鉴定的植物特征，要顺着符合的一项查下去，直到查出为止。假若只看一项就加以肯定，极易发生错误。在整个检索过程中，只要查错一项，将会导致整个鉴定工作的错误。因此，在检索过程中，一定要克服急躁情绪，按照检索步骤小心细致地进行。

(4) 在核对了两项性状后仍不能作出选择时，或植物缺少检索表中的要求特征时，可分别从两个对立项下同时检索，然后从所获得的两个结果中，通过核对两个种的描述作出判断。如果全部符合，证明鉴定的结论是正确的，否则还需进一步加以研究，直至完全正确为止。

对木犀科常见的几个属编制检索表如下。

定 距 式 检 索 表

1. 翅果或蒴果。
　2. 翅果。
　　3. 果体圆形，周围有翅；单叶，全缘 ·· 雪柳属 *Fontanesia*
　　3. 果体倒披针形，顶端有长翅；复叶，小叶具齿 ···························· 白蜡属 *Fraxinus*
　2. 蒴果。
　　4. 枝中空或片隔状髓；花黄色，先叶开放 ·································· 连翘属 *Forsythia*
　　4. 枝实心；花紫色、红色、白色 ··· 丁香属 *Syringa*
1. 核果或浆果。
　5. 核果；单叶，对生。
　　6. 花冠裂片4～6，线形，仅在基部合生 ······························· 流苏树属 *Chionanthus*
　　6. 花冠裂片4，短，有长短不等的花冠筒。
　　　7. 圆锥或总状花序，顶生 ·· 女贞属 *Ligustrum*
　　　7. 圆锥花序腋生，或花簇生叶腋 ·· 木犀属 *Osmanthus*
　5. 浆果；复叶，稀单叶；对生或互生 ··· 素馨属 *Jasminum*

平 行 式 检 索 表

1. 翅果或蒴果 ·· 2
1. 核果或浆果 ·· 5
2. 翅果 ··· 3
2. 蒴果 ··· 4
3. 果体圆形，周围有翅；单叶，全缘 ·· 雪柳属 *Fontanesia*
3. 果体倒披针形，顶端有长翅；复叶，小叶具齿 ······························ 白蜡属 *Fraxinus*
4. 枝中空或片隔状髓；花黄色，先叶开放 ·· 连翘属 *Forsythia*
4. 枝实心；花紫色、红色、白色 ·· 丁香属 *Syringa*
5. 核果；单叶，对生 ··· 6
5. 浆果；复叶，稀单叶；对生或互生 ·· 素馨属 *Jasminum*
6. 花冠裂片4～6，线形，仅在基部合生 ··· 流苏树属 *Chionanthus*
6. 花冠裂片4，短，有长短不等的花冠筒 ·· 7
7. 圆锥或总状花序，顶生 ·· 女贞属 *Ligustrum*
7. 圆锥花序腋生，或花簇生叶腋 ··· 木犀属 *Osmanthus*

第二节 园林应用中的分类

一、根据树木生长习性分类

(一) 乔木类

树体高大(通常高在 5m 以上),具有明显而高大主干的树木称为乔木。

依成熟期的高度,乔木可分为大乔木、中乔木和小乔木。大乔木高 20m 以上,如毛白杨(*Populus tomentosa*)、雪松(*Cedrus deodara*)、柠檬桉(*Eucalyptus citriodora*)等;中乔木高 11~20m,如合欢(*Albizia julibrissin*)、白玉兰(*Magnolia denudata*)、垂柳(*Salix babylonica*)等;小乔木高 5~10m,如海棠、紫丁香(*Syringa oblata*)、梅花等。

依习性,乔木还可分为常绿乔木和落叶乔木;依叶片类型则可分为针叶树和阔叶树。

(二) 灌木类

树体矮小(通常高在 5m 以下),主干低矮或无明显的主干、分枝点低的树木称为灌木。有些乔木树种因环境条件限制或人为栽培措施可能发育为灌木状。灌木也有常绿和落叶、针叶和阔叶之分。灌木还可分为丛生灌木、匍匐灌木和半灌木等类别。

丛生灌木无主干而由近地面处多分枝,如千头柏(*Platycladus orientalis* 'Sieboldii')、棣棠。匍匐灌木干枝均匍地生长,如铺地柏(*Sabina procumbens*)、平枝栒子(*Cotoneaster horizontalis*)等。半灌木的茎枝上部越冬枯死,仅基部为多年生、木质化,如富贵草(*Pachysandra terminalis*)、金粟兰(*Chloranthus spicatus*)、苦参(*Sophora flavescens*)和悬钩子属(*Rubus*)的部分种类。

(三) 藤本类

即木质藤本植物,指自身不能直立生长,必须依附他物而向上攀缘的树种,也称为攀缘植物。按攀缘习性的不同,藤本类可分为缠绕类、卷须类、吸附类等。

缠绕类依靠自身缠绕支持物而向上延伸生长,如紫藤(*Wisteria sinensis*)、中华猕猴桃、常春油麻藤(*Mucuna sempervirens*)。卷须类依靠特殊的变态器官——卷须而攀缘,如具有茎卷须的葡萄(*Vitis vinifera*),具有叶卷须的炮仗花(*Pyrostegia ignea*)、鞭藤(*Flagellaria indica*)等。吸附类具有气生根或吸盘(二者均可分泌黏胶将植物体粘附于他物之上),依靠吸附作用而攀缘,如具有吸盘的爬山虎(*Parthenocissus tricuspidata*)、五叶地锦(*P. quinquefolia*),具有气生根的扶芳藤(*Euonymus fortunei*)、薜荔(*Ficus pumila*)等。

(四) 竹类植物和棕榈植物

竹类植物和棕榈植物均为常绿性,有乔木、灌木,也有少量藤本。由于其生物学特性、生态习性、繁殖和栽培方式均比较独特,不同于一般的园林树木,故常常单列为一类。如乔木型的桂竹(*Phyllostachys reticulata*)、粉单竹(*Bambusa chungii*)等竹类植物,槟榔(*Areca catechu*)、蒲葵(*Livistona chinensis*)等棕榈植物;灌木型的阔叶箬竹(*Indocalamus latifolius*)、鹅毛竹(*Shibataea chinensis*)等竹类植物和棕竹(*Rhapis excelsa*)、矮棕竹(*R. humlilis*)等棕榈植物。

二、根据树木的观赏特性分类

(一) 形木类

即观形树种,指树形独特,以树形为主要观赏要素的树种,如雪松、南洋杉(*Araucaria cunning-*

hamii)、垂柳、龙爪槐、苏铁(*Cycas revoluta*)、棕榈(*Trachycarpus fortunei*)等。

(二)叶木类

即观叶树种,指叶形或叶色奇特、美丽,以观叶为主要目的的树种,如叶形奇特的变叶木(*Codiaeum variegatum*)、龟甲冬青(*Ilex crenata* 'Mariesii')、八角金盘(*Fatsia japonica*);秋叶红艳的黄栌(*Cotinus coggygria*)、枫香(*Liquidambar formosana*)、鸡爪槭(*Acer palmatum*);叶片在整个生长期内呈红紫色的红枫(*A. palmatum* 'Atropurpureum')、紫叶小檗(*Berberis thunbergii* 'Atropurpurea')等。

(三)花木类

即观花树种,指花朵秀美芳香,以观花为主要目的的树种,如山茶、牡丹、含笑(*Michelia figo*)、扶桑(*Hibiscus rosa-sinensis*)、白玉兰、棣棠、蜡瓣花(*Corylopsis sinensis*)、金丝桃(*Hypericum monogynum*)、木棉(*Bombax ceiba*)、山梅花(*Philadelphus incanus*)。

(四)果木类

即观果树种,指果实色泽艳丽或果形奇特,而且挂果期长,以观果为主要目的的树种,如杨梅(*Myrica rubra*)、南天竹、佛手(*Citrus medica* var. *sarcodactylus*)、木瓜(*Chaenomeles sinensis*)、紫珠(*Callicarpa japonica*)等。

(五)枝干类

即观枝干树种,指树干、枝条奇特或具有异样色彩,可供观赏的树种,如白皮松、红瑞木(*Swida alba*)、光皮梾木(*S. wilsoniana*)、白桦(*Betula platyphylla*)、血皮槭(*Acer griseum*)、龟甲竹(*Phyllostachys edulis* 'Heterocycla')等。

三、根据树木的园林用途分类

(一)孤植树类

指个性较强,观赏价值高,在园林中适于孤植、可独立成景的树种,也叫园景树、独赏树或标本树。一般要求树体高大雄伟、树形美观,或具有特殊观赏价值,且寿命较长,如树形壮观美丽的雪松、云杉、南洋杉、苏铁、榕树(*Ficus microcarpa*),花朵秀美的白玉兰、梅花、凤凰木(*Delonix regia*),秋叶美丽的银杏、鹅掌楸等。

(二)绿荫树类

指枝叶繁茂,可防夏日骄阳,以取绿荫为主要目的,并形成景观的树种。一般要求树体高大、树冠宽阔、枝叶茂盛。其中植于庭院、公园、草坪、建筑周围的又称庭荫树,植于道路两边的又称行道树。因行道树在树种选择、栽培管理方面比较特别,常单列为一类。

(三)行道树类

凡是植于道路两边,供遮荫并形成景观的树种称行道树。按道路类型,行道树又可分为街道树、公路树、园路树、甬道树(墓道树)等。在北方,行道树一般选用落叶乔木树种,常用的有悬铃木(*Platanus hispanica*)、国槐(*Sophora japonica*)、毛白杨、白蜡(*Fraxinus chinensis*)等。

(四)绿篱树类

凡是用来分隔空间、屏障视线,作范围或防范之用的树种称为绿篱树。常用的绿篱树种有黄杨(*Buxus sinica*)、大叶黄杨(*Euonymus japonicus*)、小叶女贞(*Ligustrum quihoui*)等。

依用途,绿篱可分为保护篱、观赏篱、境界篱等;依高低,可分为高篱、中篱和矮篱;依配植及管理方式，则可分为自然篱、散植篱、整形篱。

（五）垂直绿化类

指在园林中用作棚架、栅栏、凉廊、山石、墙面等处作垂直绿化的植物，主要为藤本类，如适于棚架绿化的葡萄、中华猕猴桃，适于凉廊绿化的紫藤、木通（*Akebia quinata*），适于墙面绿化的爬山虎等。

（六）木本地被类

指园林中用于覆盖地面的低矮灌木和部分藤本植物，如砂地柏（*Sabina vulgaris*）、铺地柏、箬竹、地被月季、小叶扶芳藤（*Euonymus fortunei* 'Minimus'）等。

（七）花灌木类

指花朵美丽芳香或果实色彩艳丽的灌木和小乔木类，也包括一些观叶类，因此，花灌木一般是观花、观果、观叶或具有奇特观赏价值的灌木和小乔木的总称。

花灌木种类繁多，用途广泛，是园林中最重要的绿化材料，如日本晚樱（*Prunus serrulata* var. *lannesiana*）、棠棣、碧桃（*Prunus persica* f. *duplex*）、丁香、木槿（*Hibiscus syriacus*）、夹竹桃（*Nerium indicum*）、南天竹、红桑（*Acalypha wilkesiana*）等。

（八）盆栽及造型类

主要指适于盆栽观赏和制作树桩盆景的树种。这类树木要求生长缓慢，枝叶细小，耐修剪，易造型，如常用的榔榆（*Ulmus parvifolia*）、六月雪（*Serissa japonica*）等。

（九）防护树类

指适于用作防护林的树种，如城市、水库、河流周围起防风、防噪、防尘、防沙、固堤、防火等作用的林带或片林。防护类树木大多抗逆性较强，如抗二氧化硫的女贞（*Ligustrum lucidum*）、构树（*Broussonetia papyrifera*）、臭椿（*Ailanthus altissima*），抗氯气的大叶黄杨，抗氟化氢的垂柳，抗乙烯的悬铃木、黑松（*Pinus thunbergii*），防火的珊瑚树（*Viburnum odoratissimum*）、银杏，防风的榆树等均是常用的防护树。

（十）室内装饰类

主要指那些耐阴性强、观赏价值高、适于室内盆栽观赏的树种，如散尾葵（*Dypsis lutescens*）、鹅掌柴（*Schefflera heptaphylla*）、瓜栗（*Pachira aquatica*）。

第三节 园林树木分类的形态学基础

树木形态是进行树种描述、比较和鉴定的重要基础知识，熟知树木形态、正确使用树木形态术语是学习园林树木学的重要基础。

一、生活型

生活型（life form）是植物对综合环境条件长期适应而反映出来的外貌。树木的生活型可以分为乔木、灌木和木质藤本3类。

（一）乔木（tree）

具有明显直立的主干而上部有分枝的树木，通常高在5m以上。依成熟期的高度，乔木可分为大乔木（高20m以上）、中乔木（高11~20m）和小乔木（高5~10m）；依习性还可分为常绿乔木和落叶乔木；依叶片类型则可分为针叶树和阔叶树。

（二）灌木（shrub）

主干低矮或无明显的主干、分枝点低的树木，通常高5m以下。灌木也有常绿和落叶、针叶和阔叶之分。灌木还可分为丛生灌木、匍匐灌木和半灌木（亚灌木）等类别。

（三）木质藤本（woody liana）

自身不能直立生长，必须依附他物而向上攀缘的树种。按攀缘习性的不同，可分为缠绕类、卷须类、吸附类等。

二、营养形态

（一）树皮

树皮（bark）是树木识别和鉴定的重要特征之一，但应注意的是，树皮形态常受到树龄、树木生长速度、生境等的影响。树皮特征包括质地、开裂和剥落方式、颜色、开裂深度、附属物等，其中开裂和剥落的方式是常用的特征，而对于部分树种而言，树皮的颜色和附属物则是识别的重要依据。

常见的树皮开裂方式（图1-1）有：平滑，如梧桐（*Firmiana simplex*），细纹状开裂，如水曲柳（*Fraxinus mandshurica*）；方块状开裂，如柿树（*Diospyros kaki*）、君迁子（*D. lotus*）；鳞块状开裂，如白皮松、赤松（*Pinus densiflora*）；纵裂，如细纵裂的臭椿，浅纵裂的麻栎（*Quercus acutissima*），深纵裂的刺槐（*Robinia pseudoacacia*），不规则纵裂的栓皮栎（*Quercus variabilis*）、黄檗（*Phellodendron amurense*）；横裂，如山桃（*Prunus davidiana*）。

图1-1　树皮开裂方式

从左至右——上排：梧桐、水曲柳、柿树、白皮松；下排：臭椿、刺槐、栓皮栎、山桃

树皮的剥落方式常见的有：片状剥落，如悬铃木、木瓜、白皮松、榔榆；长条状剥落，如水杉、侧柏（*Platycladus orientalis*）；纸状剥落，如白桦、红桦（*Betula albo-sinensis*）。

树皮的颜色，除了普通的黑色、褐色外，红桦为红色，梧桐为绿色，白桦为白色。

此外，树皮内部特征可用利刀削平观察，如柿树具有火焰状花纹，苦木具有兰花状花纹，黄檗、小檗(*Berberis thunbergii*)为黄色等。

(二) 芽

芽(bud)是未伸展的枝、叶、花或花序的幼态。根据生长位置、排列方式、有无芽鳞包被、发育形成的器官等，可以将芽分为不同的类别，这些特征以及芽的形状、芽鳞特征等，都是树木分类和识别的依据之一(图 1-2)。

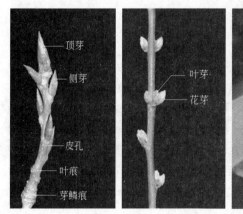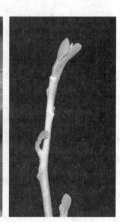

图 1-2　芽的类型
从左至右：顶芽和侧芽；并生芽；叠生芽；裸芽

1. 顶芽和侧芽

生长于枝顶的芽称顶芽(terminal bud)，生长于叶腋的芽称侧芽(lateral bud)或腋芽(axillary bud)。有些树种的顶芽败育，而位于枝顶的芽由最近的侧芽发育形成，即假顶芽(pseudoterminal bud)，因此并无真正的顶芽，应根据假顶芽基部的叶痕进行判断，如榆(*Ulmus*)、椴(*Tilia*)、板栗(*Castanea mollissima*)等。

2. 单芽、叠生芽、并生芽

一般树种的叶腋内只有一个芽，即单芽。有些树种则具有两个或两个以上的芽，直接位于叶痕上方的侧芽称为主芽(main bud)，其他的芽称为副芽(accessory bud)。当副芽位于主芽两侧时，这些芽称为并生芽(collateral bud)，如桃、山桃、牛鼻栓(*Fortunearia sinensis*)、郁李(*Prunus japonica*)；当副芽位于主芽上方时，这些芽称为叠生芽(superposed bud)，如桂花、皂荚(*Gleditsia sinensis*)、胡桃(*Juglans regia*)、野茉莉(*Styrax japonica*)、流苏树(*Chionanthus retusus*)。

3. 鳞芽和裸芽

芽根据有无芽鳞可分为鳞芽(scaly bud)和裸芽(naked bud)。芽鳞(bud scales)是叶或托叶的变态，保护幼态的枝、叶、花或花序。大多数树木是鳞芽，裸芽相对较少，常见的有枫杨(*Pterocarya stenoptera*)、木绣球(*Viburnum macrocephalum*)、苦木(*Picrasma quassioides*)、山核桃(*Carya cathayensis*)、白棠子树(*Callicarpa dichotoma*)、皱叶荚蒾(*Viburnum rhytidophyllum*)等。

对于鳞芽而言，芽鳞可少至 1 枚，如柳属(*Salix*)。而当芽鳞多于 1 枚时，其排列方式有：覆瓦状(imbricate)排列,如杨属(*Populus*)、蔷薇科、壳斗科;镊合状(valvate)排列,如漆树(*Rhus verniciflua*)、苦楝(*Melia azedarach*)、赤杨(*Alnus japonica*)。此外,木兰科、无花果(*Ficus carica*)、油桐(*Vernicia fordii*)等的芽为芽鳞状托叶所包被。

4. 叶柄下芽

简称柄下芽(submerged bud),指有些树种的芽包被于叶柄内,有些部分包被可称为半柄下芽,如悬铃木属(*Platanus*)、国槐、刺槐、黄檗。

5. 叶芽、花芽和混合芽

叶芽(leaf bud)开放后形成枝和叶,花芽(flower bud)开放后形成花或花序,混合芽(mixed bud)开放后形成枝叶和花或花序。

(三)枝条

枝条(twig)是位于顶端,着生芽、叶、花或果实的木质茎。着生叶的部位称为节(node),两节之间的部分称为节间(internode)。

1. 长枝和短枝

根据节间发育与否,枝条可分为长枝(long shoot)和短枝(short shoot)两种类型(图1-3)。长枝是生长旺盛、节间较长的枝条,具有延伸生长和分权的习性;短枝是生长极度缓慢、节间极短的枝条,由长枝的腋芽发育而成。大多数树种仅具有长枝,一些树种则同时具有长枝和短枝,如银杏、落叶松(*Larix gmelinii*)、枣树(*Ziziphus jujuba*)。有些树种如苹果属(*Malus*)、梨属(*Pyrus*)、毛白杨等的生殖枝(花枝)具有短枝的特点。根据短枝顶芽发育与否,短枝分为无限短枝(indeterminate short shoot)和有限短枝(determinate short shoot)。无限短枝每年形成顶芽,具有伸长生长的功能,如银杏、金钱松,有时由于节间的伸长,短枝顶端可发育出长枝。有限短枝不形成顶芽,顶端常着生几枚叶片,并和叶片形成一个整体,这种短枝仅在松属中出现,是松属植物针叶着生的基础。

图1-3 银杏的长枝和短枝

此外,有些树种还具有一种特殊的营养枝,俗称脱落性小枝。此种枝条为一年生,叶腋内无芽,秋季与叶片一起脱落。如水杉、落羽杉(*Taxodium distichum*)、枣树。由于叶腋内无芽,常被初学者误认为复叶。

2. 叶痕、叶迹、托叶痕和芽鳞痕

(1)叶痕(leaf scar):叶片脱落后在枝条上留有叶痕,叶痕的形状有新月形、半圆形、马蹄形等(图1-4)。

(2)叶迹(leaf trace):叶柄内的维管束在叶片脱落后留下的痕迹,称为叶迹,也可以在叶痕中观察。叶迹的形状、数目和排列因树种不同而异。形状有圆点形、新月形、马蹄形、C形、V形、U形、一字形、圆环形,有的为单纯的1个、2个、3个或多个,有的则数个聚生成1组、3组、5组至多组,整齐排列。

(3)托叶痕(stipule scar):托叶脱落后在枝条上留下的痕迹,常位于叶痕的两侧,有点状、眉状、线状、环形等,如环状的托叶痕是木兰科、榕属(*Ficus*)等植物的重要识别特征之一(图1-5)。

图 1-4　叶痕和叶迹　　　　　　　图 1-5　木兰科植物的环状托叶痕

（4）芽鳞痕（bud-scale scar）：鳞芽开放、芽鳞脱落后枝条的基部留下的痕迹即芽鳞痕，是判断枝条年龄的重要依据。有些树种的芽开放后芽鳞并不立即脱落，而宿存于枝条基部，其形态也成为树种识别的依据，如红皮云杉（*Picea koraiensis*）宿存芽鳞反曲，而同属的青杆（*P. wilsonii*）宿存芽鳞则不反曲。

3. 髓

髓（pith）是枝条中部的组织，质地和颜色可用于识别树种。

大多数树种为实心髓（solid pith），包括海绵质髓和均质髓。海绵质髓由松软的薄壁组织组成，如臭椿、苦楝、接骨木（*Sambucus williamsii*）；均质髓由厚壁细胞或石细胞组成，如麻栎、栓皮栎。有些树种为空心髓（hollow pith），如溲疏（*Deutzia crenata*）、连翘（*Forsythia suspensa*）；另有一些树种为片状髓（chambered pith），如枫杨、杜仲（*Eucommia ulmoides*）、胡桃（图 1-6）。

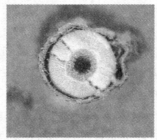

图 1-6　枝髓的类型
从左至右：实心髓；空心髓；片状髓

髓的断面形状也有不同，主要有：圆形，如白榆（*Ulmus pumila*）、白蜡；多边形，如槲树（*Quercus dentata*）；五角形，如杨树的萌生枝；三角形，如赤杨；方形，如荆条（*Vitex negundo* var. *heterophylla*）等。

此外，髓的颜色也是识别树种的依据之一，如葡萄属（*Vitis*）的髓部为褐色，而相近的蛇葡萄属（*Ampelopsis*）则为白色。

4. 枝条的变态和附属物

枝条的变态及枝条上的各种附属物也是树木分类和识别的依据，主要有以下几类（图 1-7）：

（1）枝刺（thorns）：为枝条的变态，生于叶腋内，或枝条的先端硬化成刺，基部可有叶痕，其上

图 1-7　枝条的变态和附属物

从左至右：枝刺、皮刺、木栓翅、皮孔、毛被

常可着生叶、芽等，分枝或否，如圆叶鼠李(*Rhamnus globosa*)、刺榆(*Hemiptelea davidii*)、沙棘、皂荚、甘肃山楂(*Crataegus kansuensis*)、枸橘(*Poncirus trifoliata*)。

(2) 茎卷须：为枝条的变态，如葡萄(*Vitis vinifera*)、扁担藤(*Tetrastigma planicaule*)、葎叶蛇葡萄(*Ampelopsis humilifolia*)。

(3) 叶刺(foliar spine)和托叶刺(stipular spine)：是叶和托叶的变态，发生于叶和托叶生长的部位。叶刺可分为由单叶形成的叶刺，如小檗属(*Berberis*)，和由复叶的叶轴变成的叶轴刺，如锦鸡儿属(*Caragana*)。托叶刺常成对出现，位于叶片或叶痕的两侧，如枣树、酸枣和刺槐。

(4) 皮刺(prickles)：为表皮和树皮的突起，位置不固定，除了枝条外，其他器官如叶、花、果实、树皮等处均可出现皮刺，如五加(*Eleutherococcus nodiflorus*)、刺楸(*Kalopanax septemlobus*)、玫瑰(*Rosa rugosa*)、花椒(*Zanthoxylum bungeanum*)。

(5) 木栓翅(corky wing)：木栓质突起呈翅状，见于大果榆(*Ulmus macrocarpa*)、黑榆(*U. davidiana*)、卫矛(*Euonymus alatus*)、栓翅卫矛(*E. phellomanes*)等。

(6) 皮孔(lenticelle)：是枝条上的通气结构，也可在树皮上留存，其形状、大小、分布密度、颜色因植物而异，如樱花(*Prunus serrulata*)的皮孔横裂，白桦、红桦的皮孔线形横生，毛白杨的皮孔菱形等。

此外，枝条的颜色、蜡被以及毛被(星状毛、丁字毛、分枝毛、单毛)、腺鳞均为树种识别的重要特征，如枝条绿色的棣棠、迎春(*Jasminum nudiflorum*)、青榨槭(*Acer davidii*)，红色的红瑞木、云实(*Caesalpinia decapetala*)，白色的银白杨(*Populus alba*)等。

(四) 叶

叶(leaf)是鉴定、比较和识别树种常用的形态，在鉴定和识别树种时，叶具有明显和独特的容易观察和比较的形态特征。叶在树种形态特征中是变异比较明显的一部分，但是每个树种叶的变异仅发生在一定的范围内。

植物的叶，一般由叶片(blade)、叶柄(petiole)和托叶(stipule)三部分组成(图1-8)，不同植物的叶片、叶柄和托叶的形状是多种多样的。

图 1-8　叶的组成示意图

具叶片、叶柄和托叶三部分的叶，称为完全叶(complete leaf)，如白梨(*Pyrus bretschneideri*)、月季(*Rosa chinensis*)；有些叶只具其中一或两个部分，称为不完全叶(incomplete leaf)，其中无托叶的最为普遍，如丁香(*Syringa oblata*)。有些植物的叶具托叶，但早落，应加以注意。

叶片是叶的主要组成部分，在树种鉴定和识别中，常用的形态主要有叶序、叶形、叶脉、叶先端、叶基、叶缘及叶表毛被和毛的类型。

1. 叶序

叶序(phyllotaxy)即叶的排列方式，包括互生、对生和轮生(图 1-9)。

图 1-9 叶的着生

(*a*)二列状互生；(*b*)螺旋状互生；(*c*)簇生；(*d*)、(*e*)对生；(*f*)轮生

互生：每节着生一叶，间间明显，如桃、垂柳。又可分为：二列状互生，如榆科植物、板栗；螺旋状互生，如红皮云杉、麻栎、石楠(*Photinia serrulata*)。

对生：每节相对着生两叶，如小蜡(*Ligustrum sinense*)、腊梅、元宝枫。

轮生：每节有规则地着生 3 个或 3 个以上的叶片，如楸树(*Catalpa bungei*)、梓树(*C. ovata*)、夹竹桃、紫锦木(*Euphorbia cotinifolia* subsp. *cotinoides*)、黄蝉(*Allemanda schottii*)、糖胶树(*Alstonia scholaris*)等。

此外，有些树种由于短枝上的节间极度缩短，叶片排列呈簇生状，如金钱松、雪松。阔叶树中存在叶片集生枝顶的现象，如厚朴、杜鹃花、海桐、结香(*Edgeworthia chrysantha*)等，也是由于节间缩短引起的，其本质的排列方式仍是属于互生。

2. 叶的类型

叶的类型包括单叶和复叶(图 1-10)。叶柄上着生 1 枚叶片，叶片与叶柄之间不具关节，称为单叶(simple leaf)；叶柄上具有 2 片以上叶片的称为复叶(compound leaf)。复叶有以下几类：

(1) 单身复叶(unifoliate compound leaf)：外形似单叶，但小叶片和叶柄间具有关节，如柑橘

图 1-10 叶的类型

(*a*)单叶；(*b*)单身复叶；(*c*)三出复叶；(*d*)掌状复叶；(*e*)一回羽状复叶；(*f*)二回羽状复叶

(*Citrus reticulata*)、柚子(*C. maxima*)。

(2) 三出复叶(terately compound leaf)：叶柄上具有 3 枚小叶，可分为：掌状三出复叶，如枸橘；羽状三出复叶，如胡枝子(*Lespedeza bicolor*)。

(3) 掌状复叶(palmately compound leaf)：多数小叶着生于总叶柄的顶端，如七叶树(*Aesculus chinensis*)、木通、五叶地锦。

(4) 羽状复叶(pinnately compound leaf)：复叶的小叶排列成羽状，生于叶轴的两侧，形成一回羽状复叶，分为奇数羽状复叶，如化香(*Platycarya strobilacea*)、蔷薇、国槐、盐麸木(*Rhus chinensis*)；偶数羽状复叶，如黄连木(*Pistacia chinensis*)、锦鸡儿(*Caragana sinica*)。若一回羽状复叶再排成羽状，则可形成二回以至三回羽状复叶，如合欢、苦楝。复叶中的小叶大多数对生，少数为互生，如黄檀(*Dalbergia hupeana*)、北美肥皂荚(*Gymnocladus dioicus*)。

复叶和单叶有时易混淆，这是由于对叶轴和小枝未加仔细区分。叶轴和小枝实际上有着显著的差异，即：①叶轴上没有顶芽，而小枝具芽；②复叶脱落时，先是小叶脱落，最后叶轴脱落，小枝上只有叶脱落；③叶轴上的小叶与叶轴一般成一平面，小枝上的叶与小枝成一定角度。

3. 叶的形状

叶形(leaf shape)即叶片或复叶的小叶片的轮廓(图 1-11)。

被子植物常见的叶形有：

(1) 鳞形，如柽柳(*Tamarix chinensis*)；

(2) 披针形，如山桃、蒲桃(*Syzygium jambos*)；

(3) 卵形，如女贞、日本女贞(*Ligustrum japonicum*)；

(4) 椭圆形，如柿树、白鹃梅(*Exochorda racemosa*)、君迁子；

(5) 圆形，如中华猕猴桃(*Actinidia chinensis*)；

(6) 菱形，如小叶杨(*Populus simonii*)、乌桕(*Sapium sebiferum*)；

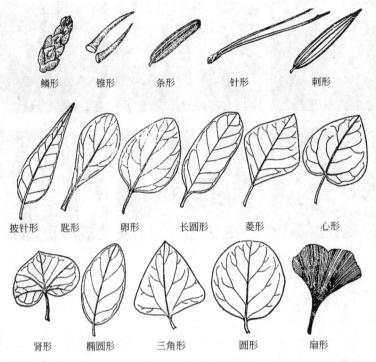

鳞形　　　锥形　　　条形　　　针形　　　刺形

披针形　匙形　　卵形　　长圆形　菱形　　心形

肾形　　椭圆形　三角形　圆形　　扇形

图 1-11　叶形示意图

(7) 三角形，如加拿大杨(*Populus × canadensis*)、白桦；

(8) 倒卵形，如白玉兰、蒙古栎(*Quercus mongolica*)；

(9) 倒披针形，如木莲(*Manglietia fordiana*)、雀舌黄杨(*Buxus bodinieri*)、照山白(*Rhododendron micranthum*)。

很多树种的叶形可能介于两种形状之间，如三角状卵形、椭圆状披针形、卵状椭圆形、广卵形或阔卵形、长椭圆形等。

裸子植物的叶形主要包括：针形，如白皮松、雪松；条形，如日本冷杉(*Abies firma*)、水杉；四棱形，如红皮云杉；刺形，如杜松(*Juniperus rigida*)、铺地柏；钻形或锥形，如柳杉(*Cryptomeria japonica* var. *sinensis*)；鳞形，如侧柏、日本扁柏(*Chamaecyparis obtusa*)、龙柏(*Sabina chinensis* 'Kaizuca')。

4. 叶脉

叶脉(leaf venation)是贯穿于叶肉内的维管组织及外围的机械组织。

树木常见的叶脉类型(图 1-12)有：

(1) 羽状脉(pinnate veins)：主脉明显，侧脉自主脉两侧发出，排成羽状，如白榆、麻栎。

(2) 三出脉(ternate veins)：三条近等粗的主脉由叶柄顶端或稍离开叶柄顶端同时发出，如天目琼花(*Viburnum opulus* var. *calvescens*)、三桠乌药(*Lindera obtusilob*)、枣树。如果主脉离开叶柄顶端(叶片基部)发出，则称为离基三出脉(triplinerved)，如樟树(*Cinnamomum camphora*)。

(3) 掌状脉(palmate veins)：三条以上近等粗的主脉由叶柄顶端同时发出，在主脉上再发出二级

图 1-12　叶脉

(*a*)羽状脉；(*b*)三出脉；(*c*)掌状脉

侧脉，如元宝枫、水青树(*Tetracentron sinense*)、洋紫荆(*Bauhinia variegata*)。掌状脉常见的有五出、七出，有些树种可为九至十一出脉。

(4) 平行脉(parallel veins)：叶脉平行排列，如竹类植物。

5. 叶先端、叶基和叶缘

(1) 叶端(leaf apices)：指叶片先端的形状，主要有：渐尖，如麻栎、鹅耳枥(*Carpinus turczaninowii*)；突尖，如大果榆、红丁香(*Syringa villosa*)；锐尖，如金钱槭(*Dipteronia sinensis*)、鸡麻(*Rhodotypos scandens*)；尾尖，如郁李(*Prunus japonica*)、乌桕、省沽油(*Staphylea bumalda*)；钝，如广玉兰、菝葜(*Smilax china*)；平截，如鹅掌楸；凹缺以至二裂，如凹叶厚朴(*Magnolia officinalis* subsp. *biloba*)、中华猕猴桃。

(2) 叶基(leaf bases)：指叶片基部的形状(图 1-13)，主要有：下延，如圆柏、宁夏枸杞(*Lycium barbarum*)；楔形(包括狭楔形至宽楔形)，如木槿、李(*Prunus salicina*)、蚊母树(*Distylium racemosum*)、连翘；圆形，如胡枝子、紫叶李(*Prunus cerasifera* 'Pissardii')；截形或平截，如元宝枫；心形，如紫荆(*Cercis chinensis*)；耳形，如辽东栎(*Quercus wutaishanica*)；偏斜，如欧洲白榆(*Ulmus laevis*)等。

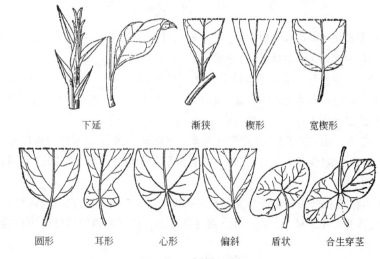

下延　　　渐狭　楔形　　宽楔形

圆形　　耳形　　心形　　偏斜　　盾状　　合生穿茎

图 1-13　叶基部示意图

(3) 叶缘(leaf margins)：即叶片边缘的变化，包括全缘、波状、有锯齿和分裂等(图 1-14)。

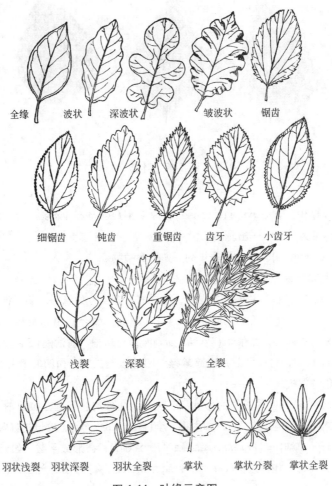

全缘　　波状　　深波状　　皱波状　　锯齿

细锯齿　　钝齿　　重锯齿　　齿牙　　小齿牙

浅裂　　深裂　　全裂

羽状浅裂　羽状深裂　　羽状全裂　　掌状　　掌状分裂　掌状全裂

图 1-14　叶缘示意图

全缘叶的叶缘不具任何锯齿和缺裂，如女贞、白玉兰。

波状的叶缘呈波浪状起伏，如樟树、胡枝子。

锯齿的类型众多，主要有：单锯齿，如光叶榉(Zelkova serrata)；重锯齿，如大果榆；钝锯齿，如豆梨(Pyrus calleryana)；尖锯齿，如青檀(Pteroceltis tatarinowii)。有的锯齿先端有刺芒，如麻栎、栓皮栎、樱花，有的锯齿先端有腺点，如臭椿。

分裂的情况有三裂、羽状分裂(裂片排列成羽状，并具有羽状脉)和掌状分裂(裂片排列成掌状，并具有掌状脉)，并有浅裂(裂至中脉约 1/3)、深裂(裂至中脉约 1/2)和全裂(裂至中脉)之分。

6. 叶片附属物

毛被(indumentum)是指一切由表皮细胞形成的毛茸，叶片的毛被是树木识别的重要特征之一。叶片被有的毛被主要有柔毛、绒毛、星状毛、腺毛等类别，这些术语同样可以用于描述枝条、花、果实等的毛被。

柔毛：毛被柔软，不贴附表面，如柿树、小蜡。

绢毛：毛被较长，柔软而贴附，有丝绸光泽，如三桠乌药、芫花(*Daphne genkwa*)。

绒毛：毛被柔软绵状，常缠结或呈垫状，如银白杨。

硬毛：毛被短粗而硬直，如腊梅、葛藤(*Pueraria montana* var. *lobata*)。

睫毛：毛被成行生于叶缘，如黄檗、探春(*Jasminum floridum*)。

星状毛：毛从中央向四周分枝，形如星状，如溲疏、糠椴(*Tilia mandshurica*)。

腺毛：毛被顶端具有膨大的腺体，如胡桃楸(*Juglans mandshurica*)、大字杜鹃(*Rhododendron schlippenbabachii*)。

丁字毛：毛从中央向两侧各分一枝，外观形如一根毛，如花木蓝(*Indigofera kirilowii*)、毛梾(*Swida walteri*)。

分枝毛：毛被呈树枝状分枝，如毛泡桐(*Paulownia tomentosa*)。

盾状毛(腺鳞)：毛被呈圆片状，具短柄或无，如牛奶子(*Elaeagnus umbellata*)、迎红杜鹃(*Rhododendron mucronulatum*)。

此外，裸子植物的叶，下面或上面常常有由气孔整齐排列形成的气孔带(图 1-15)。气孔带的宽窄、排列等特征，是分类和识别的依据。

图 1-15 白豆杉叶下面的气孔带

三、生殖形态

(一) 花

花(flower)从外向里是由萼片、花瓣、雄蕊群和雌蕊群组成的(图 1-16)，下面还有花托和花梗。在花的组成中，会出现部分缺失的现象，这样的花称为不完全花，反之为完全花。

图 1-16 鼠李属花的结构

1. 花梗与花托

(1) 花梗(pedicel)：花梗是着生花的小枝，也是花朵和茎相连的短柄。不同植物花梗长度变异很大，也有的不具花梗。

(2) 花托(receptacle)：花托是花梗的顶端部分，花部按一定方式排列其上，形态各异，一般略呈膨大状，还有圆柱状(如白玉兰)、凹陷呈碗状(如桃)、壶状(如多花蔷薇)等，有时花托在雌蕊基部形成膨大的盘状，称为花盘(flower disc)，如葡萄、枣树、鼠李等均具花盘。

2. 花被

花被(perianth)是花萼(sepal)和花瓣(petal)的总称。当花萼和花瓣的形状、颜色相似时，称为同被花(homochlamydeous flower)，每一片称为花被片(tapel)，如白玉兰；当花萼、花瓣不相同时，为异被花(heterochlamydeous flower)，如山桃；当花萼、花瓣同时存在时，为双被花(dipetalous flower)，如国槐、日本樱花(*Prunus yedoensis*)；当花萼存在、花瓣缺失时，为单被花(monochlamydeous flower)，如白榆；当花萼、花瓣同时缺失时，为无被花（anchlamydeous flower），又称裸花（nude flower），如杨柳科。

花萼由萼片组成，花冠由花瓣组成，花萼和花瓣的数目、形状、颜色等特征，是分类的重要依据。花萼通常绿色，有些树种的花萼大而颜色类似花瓣。萼片彼此完全分离的，称为离生萼；萼片多少连合的，称为合生萼。在花萼的下面，有的植物还有一轮花萼状物，称为副萼，如木槿、木芙蓉（*Hibiscus mutabilis*）。花萼不脱落，与果实一起发育的，称为宿萼，如枸杞（*Lycium chinense*）。

当花瓣离生时，为离瓣花（polypetalous flower），如紫薇；当花瓣合生时，为合瓣花（sympetalous flower），如柿树，连合部分称为花冠筒，分离部分称为花冠裂片。花冠的对称性（symmetry）是系统分类的重要依据，包括辐射对称（actinomorphic）如海棠花、连翘，以及两侧对称（zygomorphic）如刺槐、毛泡桐等（图1-17）。花冠的形状一般有蝶形、漏斗形、唇形、钟形、高脚碟状、坛状、辐状、舌状等。

图1-17　花冠的对称性：辐射对称（左）与两侧对称（右）

3. 雄蕊群

雄蕊群（androeceum）是一朵花内全部雄蕊（stamen）的总称，在完全花中，位于花被和雌蕊群之间。雄蕊由花丝和花药组成，有的树种无花丝，花药的开裂方式有纵裂、横裂、孔裂、瓣裂等。

雄蕊的数目和合生程度不同，是树木识别的基础，是科、属分类的重要特征。除了普通的离生（distinct）雄蕊外，常见的有二强（didynamous）雄蕊（如荆条）、四强（tetradynamous）雄蕊、单体（monandrous）雄蕊（如木槿、苦楝）、二体（diandrous）雄蕊（如刺槐）、多体（polyandrous）雄蕊（如金丝桃）、聚药（synantherous）雄蕊等（图1-18）。

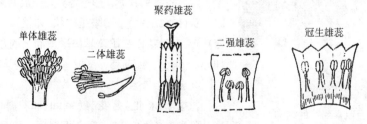

图1-18　雄蕊类型示意图

4. 雌蕊群

雌蕊群（gynoeceum）是一朵花内全部雌蕊（pistil）的总称。一朵花中可以有1至多枚雌蕊，在完全花中，雌蕊位于花的中央，由子房(ovary)、花柱(stylus)、柱头(stigma)组成。

心皮(carpel)是构成雌蕊的基本单位，是具有生殖作用的变态叶。心皮的数目、合生情况和位置也是树木识别的基础，是科、属分类的重要特征。

一朵花中的雌蕊由一个心皮组成的为单雌蕊(simple pistil)，如豆科；由多数心皮组成，但心皮之间相互分离的为离生雌蕊(apocarpous gynaecium)，如木兰科；由多数心皮合生组成的为合生雌蕊(compound pistil)，如多数树木的雌蕊。

子房是雌蕊基部的膨大部分，有或无柄，着生在花托上，其位置有以下几种类型(图 1-19)：

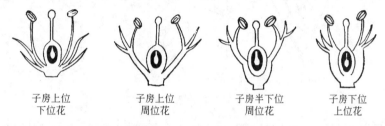

子房上位　　　子房上位　　　子房半下位　　　子房下位
下位花　　　　周位花　　　　周位花　　　　　上位花

图 1-19　子房位置示意图

(1) 上位子房(superior ovary)：花托多少凸起，子房只在基底与花托中央最高处相接，或花托多少凹陷，与在它中部着生的子房不相愈合。前者由于其他花部位于子房下侧，称为下位花，如牡丹、山茶；后者由于其他花部着生在花托上端边缘，围绕子房，故称周位花，如蔷薇属(*Rosa*)。

(2) 半下位子房(subinferior ovary)：花托或萼片一部分与子房下部愈合，其他花部着生在花托上端内侧边缘，与子房分离，这种花也为周位花，如圆锥绣球(*Hydrangea paniculata*)。

(3) 下位子房(inferior ovary)：子房位于凹陷的花托之中，与花托全部愈合，或者与外围花部的下部也愈合，其他花部位于子房之上，这种花则为上位花，如白梨。

(二) 花序

当枝顶或叶腋内只生长一朵花时，称为单生花(solitary)，如白玉兰。当许多花按一定规律排列在分枝或不分枝的总花柄上时，形成了各式花序(inflorescence)，总花柄称为花序轴。花序着生的位置有顶生和腋生。

花序的类型复杂多样，表现为主轴的长短、分枝与否、花柄有无以及各花的开放顺序等的差异。根据各花的开放顺序，可分为两大类(图 1-20)。

1. 无限花序

无限花序(indefinite inflorescence)的主轴在开花时可以继续生长，不断产生花芽，各花的开放顺序是由花序轴的基部向顶部依次开放或由花序周边向中央依次开放。它又可分为以下几种常见的类型：

(1) 总状花序(raceme)：花序轴单一，较长，上面着生花柄长短近于相等的花，开花顺序自下而上，如刺槐、稠李、文冠果。总状花序再排成总状则为圆锥花序(panicle)或复总状花序，如国槐、栾树(*Koelreuteria paniculata*)、珍珠梅(*Sorbaria kirilowii*)。

(2) 伞房花序(corymb)：同总状花序，但上面着生花柄长短不等的花，越下方的花其花梗越长，

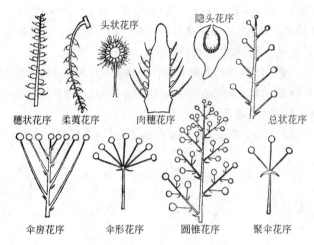

穗状花序　柔荑花序　　头状花序　　肉穗花序　　隐头花序　　　　　　总状花序

伞房花序　　　　伞形花序　　　圆锥花序　　聚伞花序

图 1-20　花序类型示意图

使花几乎排列于一个平面上，如山楂。花序轴上的分枝成伞房状排列，每一分枝又自成一伞房花序即为复伞房花序，如花楸(*Sorbus pohuashanensis*)、粉花绣线菊(*Spiraea japonica*)。

(3) 伞形花序(umbel)：花自花序轴顶端生出，各花的花柄近于等长，如笑靥花(*Spiraea prunifolia*)、珍珠绣线菊(*S. thunbergii*)。若花序轴顶端丛生若干长短相等的分枝，每分枝各自成一伞形花序则为复伞形花序，如刺楸。

(4) 穗状花序(spike)：花序轴直立、较长，上面着生许多无柄的花，如胡桃楸、山麻杆(*Alchornea davidii*)的雌花序。

(5) 柔荑花序(catkin)：花轴上着生许多无柄或短柄的单性花，常下垂，一般整个花序一起脱落，如杨属、柳属等。

(6) 头状花序(head)：花轴短缩而膨大，花无梗，各花密集于花轴膨大的顶端，呈头状或扁平状，如构树的雌花序、柘树(*Cudrania tricuspidata*)、四照花(*Dendrobenthamia japonica* var. *chinensis*)。

(7) 隐头花序(hypanthodium)：花轴特别膨大，中央部分向下凹陷，其内着生许多无柄的花，如无花果(*Ficus carica*)等榕属的种类。

2. 有限花序

有限花序(definite inflorescence)也称聚伞类花序(cyme)，开花顺序为花序轴顶部或中间的花先开放，再向下或向外侧依次开花，有单歧聚伞花序、二歧聚伞花序(如大叶黄杨)、多歧聚伞花序(如西洋接骨木)。聚伞花序可再排成伞房状、圆锥状等，如柚木(*Tectona grandis*)的圆锥花序由二歧聚伞花序组成。

(三) 果实

果实(fruit)的类型较多，是识别树木的重要特征。在一些树木中果实仅由子房发育形成，称为真果(true fruit)，如桃；另一些树木中，花的其他部分(花托、花被等)也参与果实的形成，这种果实称为假果(spurious fruit)，如梨。果实的类型可以从不同方面来划分。

一朵花中如果只有一枚雌蕊、只形成一个果实的，称为单果(simple fruit)。一朵花中有许多离生雌蕊，每一雌蕊形成一个小果，相聚在同一花托之上的，称为聚合果(aggregate fruits)，如望春玉兰(*Magnolia biondii*)为聚合蓇葖果、领春木(*Euptelea pleiosperma*)为聚合翅果。如果果实是由整个花序发育而来，则称为聚花果(collective fruit)，如桑、无花果。

如果按果皮的性质来划分，有肥厚肉质的肉果(fleshy fruit)，也有果实成熟后果皮干燥无汁的干果(dry fruit)，肉果和干果又各区分若干类型，在树木识别中，常见的果实类型有以下几种(图1-21)：

| 聚合蓇葖果 | 聚合核果 | 聚花果 | 蓇葖果 | 荚果 | 颖果 | 胞果 |

| 瓣裂 | 室背开裂 | 空间开裂 | 翅果 |

| 坚果 | 浆果 | 柑果 | 梨果 | 核果 |

图1-21　果实类型示意图

(1) 浆果(berry)：肉果中最为习见的一类，由一个或几个心皮形成，一般柔嫩、肉质而多汁，内含多数种子，如葡萄、柿。枸橘的果实也是一种浆果，特称为柑果(hesperidium)，由多心皮具中轴胎座的子房发育而成，外果皮坚韧革质，有很多油囊分布。

(2) 核果(drupe)：通常由单雌蕊发展而成，内含一枚种子，如桃、李、杏。

(3) 梨果(pome)：多为下位子房的花发育而来，果实由花托和心皮愈合后共同形成，属于假果，如梨、苹果。

(4) 荚果(legume)：单心皮发育而成的果实，成熟后沿背缝和腹缝两面开裂，如刺槐。有的虽具荚果形式但并不开裂，如合欢、皂荚等。

(5) 蓇葖果(follicle)：由单心皮发育而成，成熟后只沿一面开裂，如沿心皮腹缝开裂的牡丹、梧桐，沿背缝开裂的望春玉兰。

(6) 蒴果(capsule)：由合生心皮的复雌蕊发育而成的果实，子房一室至多室，每室种子多粒，成熟时开裂，如金丝桃、紫薇。

(7) 瘦果(achene)：由1至几个心皮发育而成，果皮硬，不开裂，果内含1枚种子，成熟时果皮与种皮易于分离，如腊梅为聚合瘦果。

(8) 颖果(caryopsis)：果皮薄，革质，只含一粒种子，果皮与种皮愈合、不易分离，如竹类的果实。

(9) 翅果(samara)：果皮延展成翅状，如榆属、槭属。

(10) 坚果(nut)：外果皮坚硬木质，含一粒种子的果实，如板栗、麻栎、榛子(*Corylus hetero-phylla*)。

（四）裸子植物的孢子叶球

裸子植物没有真正的花，在开花期间形成的繁殖器官称之为球花(cone)，即孢子叶球(strobilus)(图 1-22)。

图 1-22　裸子植物的生殖器官形态

(*a*)苏铁雄球花；(*b*)苏铁大孢子叶：下部着生胚珠；(*c*)花旗松球果：露出三裂的苞鳞；
(*d*)雄球花纵切；(*e*)雌球花纵切；(*f*)罗汉松种子及下面由套被发育来的种托

典型的球花仅在南洋杉科、松科、杉科和柏科中出现，其他科不明显。根据性别，球花分为雄球花和雌球花，雌球花发育为球果。

雄花(male cone)结构十分简单，由小孢子叶和中轴组成。小孢子叶(microsporophyll)相当于被子植物的雄蕊，具有 1 至多数花粉囊(pollen sacs，也称为花药)。花粉囊数目在裸子植物的不同类群中存在差异，如松科为 2，杉科常为 3～5，柏科为 2～6，三尖杉科常为 3，红豆杉科为 3～9。

雌球花(female cone)由珠鳞(ovulate scale)、苞鳞(bract)和胚珠(ovule)着生在中轴上形成，胚珠在授粉期间完全裸露。南洋杉科、松科、杉科和柏科的珠鳞呈鳞片状，着生在由叶变态形成的苞鳞腋内，胚珠着生在珠鳞的腹面。

不具典型球花的苏铁科的珠鳞为变态的叶片，胚珠着生在中下部两侧，银杏科的胚珠着生在顶生珠座上，珠座具长柄，罗汉松科的胚珠生于套被中，红豆杉科的胚珠则生于珠托上，套被和珠托均具柄。

第二章　园林树木的生物学特性和生态习性

植物所生活的空间称作环境。植物与环境之间有着密切的关系，各种环境因子均影响植物的生长发育。因此，了解植物与环境之间的关系，对于园林树木的栽培、繁殖和园林应用都具有重要的意义。环境因子主要包括温度因子、水分因子、光照因子、土壤因子和空气因子等，但它们对植物的影响是综合的。

第一节　园林树木的生态习性

一、温度因子

温度是限制植物生长和分布的主导因子，地球上气候带的划分就是按照温度因子——年均温度进行的。我国自南向北跨热带、亚热带、温带和寒带，地带性植被分别为热带雨林和季雨林（云南、广西、台湾、海南等省区的南部）、亚热带常绿阔叶林（长江流域大部分地区至华南、西南）、暖温带落叶阔叶林（即夏绿林，东北南部、黄河流域至秦岭）及寒温带针阔混交林和针叶林（东北地区）。同一气候带内树木的引种栽培一般不成问题，但是气候带之间进行树木引种应当注意各种树种对温度的适应范围。南方树木引进北方后，常常受到冻害或被冻死，而北方树木南移后则常常因冬季低温不够而叶芽不能正常萌发和开花、结实不正常，或因不能适应南方的夏季高温而受灼伤，高山树木在低海拔地区栽培与北方树木南移的情况相似。

（一）温度三基点

温度对园林树木生长发育的影响主要是通过对植物体内各种生理活动的影响而实现的。植物的各种生理活动都有最低、最高和最适温度，称为温度三基点。树木生长的温度范围一般为 $4℃\sim36℃$，但因植物种类和发育阶段不同而不同。热带植物如椰子树（*Cocos nucifera*）、橡胶树（*Hevea brasiliensis*）要求日均气温 18℃ 以上才开始生长，亚热带植物如柑橘、樟树一般在 15℃ 开始生长，温带植物如桃树、国槐在 10℃ 开始生长，而寒温带植物如白桦、云杉在 5℃ 甚至更低就开始生长。树木生长活动的最高极限温度大抵不超过 $50℃\sim60℃$，其中原产于热带干燥地区和沙漠地区的种类较耐高温，如沙棘（*Hippophae rhamnoides var. sinensis*）、沙枣（*Elaeagnus angustifolia*）等；而原产于寒温带和高山的树木则常在 35℃ 左右的气温下即发生生命活动受阻现象，而在 50℃ 左右常常死亡，如花楸（*Sorbus pohuashanensis*）、白桦、红松（*Pinus koraiensis*）等。树木对低温的忍耐力差别更大，如红松可耐 -50℃ 低温，紫竹可耐 -20℃ 低温，而不少热带植物在 0℃ 以上时即受害，如轻木（*Ochroma pyramidale*）在 5℃ 死亡，椰子、橡胶在 0℃ 前叶片变黄而脱落。

（二）季节性变温

地球上除了南北回归线之间和极圈地区以外，根据一年中温度因子的变化可分为四季。四季的划分以候均温度为标准，候均温度小于 10℃ 为冬季，大于 22℃ 为夏季，$10℃\sim22℃$ 之间属于春季和秋季。不同地区的四季长短差别很大，既取决于所处的纬度，也与其他因子如地形、海拔、季风等因子有关。植物由于长期适应于这种季节性的温度变化，就形成一定的生长发育节奏，即物候期。在园林建设中，必须对当地的气候变化以及植物的物候期有充分的了解，才能发挥植物的最佳园林功能以及进行合理的栽培管理措施。

（三）昼夜变温

气温的日变化中，在接近日出时有最低值，在下午 1～2 时有最高值。一日中的最高值与最低值之差称为"日较差"或"气温昼夜变幅"。植物对昼夜温度变化的适应性称为"温周期"。

总体上，昼夜变温对植物生长发育是有利的。一般而言，在一定的日较差情况下，种子发芽、植物生长和开花结实均比恒温情况下为好。这主要是由于植物长期适应了这种昼夜温度的变化。

植物的温周期特性与其遗传性和原产地日温变化有关。原产于大陆性气候地区的植物适于较大的日较差，在日变幅为10℃~15℃条件下生长发育最好，原产于海洋性气候区的植物在日变幅为5℃~10℃条件下生长发育最好，而一些热带植物则要求较小的日较差。

（四）突变温度

温度对树木的伤害，除了由于超过树木所能忍受范围的情况外，在树木本身能忍受的温度范围之内，也会由于温度发生急剧变化而使树木受害甚至死亡。温度的突变可分为突然低温和突然高温两种情况。高温对植物的危害主要是使细胞内的蛋白质凝固从而失去活性，而低温的危害主要是细胞内外结冰从而造成质壁分离。

突然低温可由强大寒潮南下引起，对植物的伤害可分为寒害、霜害、冻害、冻拔、冻裂等。寒害指气温在0℃以上使植物受害甚至死亡，受害的为热带植物，如轻木、榴莲。霜害指当气温降至0℃时，空气中过饱和水汽凝结成霜使植物受害。如果霜害持续的时间短，而且气温缓慢回升，许多植物可以复原，如果霜害持续时间长而且气温回升迅速，植物受害部位不易恢复。

冻害由气温降至0℃以下、细胞间隙出现结冰现象引起，严重时导致质壁分离。植物抵抗突然低温的能力以休眠期最强，营养生长期次之，生殖期抗性最弱。同一植物的不同器官或组织的抗低温能力亦不相同，以茎干的抗性最强，叶片次之，果及嫩叶又次之，雌蕊以外的花器又次之，心皮再次之，胚珠最弱。但是以具体的茎干部位而言，则以根颈即茎与根交接处的抗寒能力最弱。这些知识，对园林工作者在植物的防寒养护管理措施方面是很重要的。

冻拔常出现于高纬度的寒冷地带以及高山地区，当土壤含水量过高时，由于土壤结冰而膨胀升起，连带将植物抬起，至春季解冻时土壤下沉而植物留在原位造成根部裸露死亡。这种现象多发生于苗期和草本植物。

在北方高纬度地区，不少树皮薄和木射线较宽的树种如毛白杨、山杨(*Populus davidiana*)、七叶树等的茎干向阳面越冬时易发生冻裂。这是由于树干组织白天被阳光很快晒热，而日落后温度急剧变低，树干内部和表面温差很大所致。对抗寒性弱的树种进行树干包扎、缚草或涂白可预防冻裂。

此外，影响树木生长的温度因子还有极端高温、极端低温等，这对于树木的引种工作尤其重要。目前在各地园林造景中，外来树木的应用非常普遍，在引种中应当注意不同树种的温度适应范围，尤其是对极端低温和极端高温的适应能力。

二、水分因子

水是园林树木及一切生命生存和繁衍的必要条件。对于园林树木而言，由于不同的种类长期生活在不同的水分条件环境中，形成了对水分需求关系上不同的生态习性和适应性。根据树木对水分需求的不同，可以将树木分为以下三个类型。

（一）旱生树种

这类树种具有极强的耐旱能力，能生长在干旱地带，在生理和形态方面形成了适应大气和土壤干旱的特性。旱生树种按适应干旱的机制不同，可分为硬叶树种和冷生树种。硬叶树种叶片质地较厚硬，常革质而有光泽，角质层厚，表皮细胞多层，气孔常生于下表皮而且下陷；细胞渗透压很高。本类树种均为深根性，根系发达，如柽柳（*Tamarix chinensis*）、沙拐枣（*Calligonum mongolicum*）、梭梭（*Haloxylon ammodendron*）、硬叶栎类、夹竹桃等。冷生树种树体矮小，常呈团丛或匍匐状，如生长于寒冷而干燥的高山地区的铺地柏类等垫状灌木，以及生于寒冷而多湿的寒带、亚寒带地区的欧石楠类（*Erica* spp.）。此外，多浆植物也是一类适应干旱机制的旱生植物，如不少仙人掌科和景天科植物。

（二）中生树种

大多数园林树木属于中生树种，它们不能忍受过分干旱和水湿的条件。但其中又有耐旱和耐湿树种之分，如耐旱性强的油松（*Pinus tabuliformis*）、侧柏、白皮松、荆条（*Vitex negundo* var. *heterophylla*）、酸枣（*Ziziphus jujuba* var. *spinosa*）等，倾向于旱生植物的特点，耐湿性强的垂柳等，则倾向于湿生植物的特点，但仍以在干湿适中的中生环境中生长最好。

（三）湿生树种

本类树种需要生长在潮湿的环境中，在干燥或中生的环境中常常生长不良或死亡。园林中应用的湿生树种大多是阳性的，如水松、落羽杉（*Taxodium distichum*）、水椰（*Nypa fruticans*）、红树（*Rhizophora apiculata*）等。

在造景中，掌握树木的耐旱和耐湿能力是十分重要的。常见园林树种中，耐旱力强的树种有白皮松、油松、黑松、赤松、马尾松（*Pinus massoniana*）、侧柏、圆柏（*Sabina chinensis*）、木麻黄（*Casuarina equisetifolia*）、沙枣、火炬树（*Rhus typhina*）、火棘（*Pyracantha fortuneana*）、青冈（*Cyclobalanopsis glauca*）、旱柳（*Salix matsudana*）、响叶杨（*Populus adenopoda*）、化香、榔榆、构树、合欢、黄连木、臭椿、麻栎、枫香、檵木（*Loropetalum chinense*）、苦楝、梧桐、君迁子、丁香、千头柏、紫穗槐（*Amorpha fruticosa*）、溲疏、木槿、夹竹桃、枸骨（*Ilex cornuta*）、荚蒾、石榴（*Punica granatum*）、花椒、葛藤、云实等。耐旱力中等的有紫玉兰（*Magnolia liliflora*）、绣球（*Hydrangea macrophylla*）、山梅花（*Philadelphus incanus*）、海桐（*Pittosporum tobira*）、樱花、海棠、杜仲（*Eucommia ulmoides*）、金丝桃、女贞、接骨木、锦带花（*Weigela florida*）、鸡爪槭、灯台树（*Swida controversum*）、紫荆等。耐旱力较弱的有四照花、华山松（*Pinus armandii*）、水杉、杉木（*Cunninghamia lanceolata*）、水松、白兰花（*Michelia alba*）、檫木（*Sassafras tzumu*）等。

耐湿力强的有落羽杉、池杉（*Taxodium distichum* var. *imbricatum*）、水松、棕榈、垂柳、旱柳、枫杨、桑树（*Morus alba*）、赤杨、苦楝、乌桕、白蜡、柽柳、紫穗槐等。耐湿力中等的有水杉、广玉兰（*Magnolia grandiflora*）、国槐、臭椿、紫薇（*Lagerstroemia indica*）、丝棉木（*Euonymus maackii*）、迎春、枸杞（*Lycium chinense*）等。耐湿力较弱的有马尾松、柏木（*Cupressus funebris*）、枇杷（*Eriobotrya japonica*）、桂花、海桐、女贞、白玉兰、紫玉兰、无花果、腊梅、刺槐、毛泡桐（*Paulownia tomentosa*）、楸树（*Catalpa bungei*）、花椒、核桃（*Juglans regia*）、合欢、梅花、桃、紫荆等。有的树种既耐旱又耐湿，如垂柳、旱柳、桑树、榔榆、紫穗槐、紫藤、乌桕、白蜡、雪柳（*Fontanesia fortunei*）、柽柳等；而有的树种既不耐旱又不耐湿，如白玉兰、大叶黄杨等，在园林应用和栽培管理中应分别对待。

三、光照因子

光是绿色植物光合作用不可缺少的能量来源，也正是绿色植物通过光合作用将光能转化为化学能，贮存在有机物（葡萄糖）中，才为地球上的生物提供了生命活动的能源。影响树木生长的光照因子主要是光照强度，而光质和光照时间对树木的影响相对较小。按照对光强的适应，园林树木可分为三类。

(一) 阳性树

在全日照条件下生长最好而不能忍受庇荫的树种，一般光补偿点较高，若光照不足，往往生长不良，枝条纤细，叶片黄瘦，不能正常开花，如落叶松、油松、赤松、马尾松、落羽杉、池杉、水松、枣树、白桦、杜仲、檫木、苦楝、刺槐、白刺花(*Sophora davidii*)、旱柳、臭椿、泡桐、核桃、黄连木、麻栎、桃树、柽柳、柠檬桉、火炬树、合欢、椰子、木麻黄、木棉等。

(二) 中性树

又称耐阴树种。对光的要求介于阳性树和阴性树之间，有些种类耐阴性很强。大多数树种属于中性树，其中中性偏阳的有白榆、朴树(*Celtis sinensis*)、榉树(*Zelkova schneideriana*)、樱花等；中性稍耐阴的有华山松、国槐、枫杨、圆柏、龙柏、七叶树、元宝枫(*Acer truncatum*)、鸡爪槭、四照花、木槿、枇杷、黄檗、女贞、金丝桃、迎春、丁香、溲疏等；耐阴性强的有紫杉(*Taxus cuspidata*)、罗汉柏(*Thujopsis dolabrata*)、棣棠、桃叶珊瑚(*Aucuba japonica*)、八角金盘、紫金牛(*Ardisia japonica*)、含笑、棕竹、野扇花(*Sarcococca ruscifolia*)、富贵草、红背桂(*Excoecaria cochinchinensis*)、常春藤(*Hedera helix*)、薜荔等，这些树种常可应用于建筑物的背面或疏林下。

(三) 阴性树

在弱光下生长最好，一般要求为全日照的 1/5 以下，不能忍受全光，否则叶片焦黄枯萎，甚至死亡，如生于常绿阔叶林中的扁枝越橘、热带雨林中的部分天南星科植物。常见的园林树木中没有真正的阴性树种。

四、土壤因子

土壤是树木生长的基础，土壤通过水分、肥力以及酸碱度等来影响树木的生长，其中土壤酸碱度对树木的影响很大。自然界中的土壤酸碱度是气候、母岩、土壤中的无机和有机成分、地下水等多个因素综合作用的结果。根据土壤的酸碱度，可分为强酸性土(pH 值<5.0)、酸性土(pH 值 5.0~6.5)、中性土(pH 值 6.5~7.5)、碱性土(pH 值 7.5~8.5)和强碱性土(pH 值>8.5)几类。而根据植物对土壤酸碱度的适应，可分为三类植物。

(一) 酸性土植物

在土壤 pH 值小于 6.5 时生长最好的植物。酸性土植物主要分布于暖热多雨或寒冷潮湿地区，如马尾松、池杉、红松、白桦、山茶、油茶、杜鹃、含笑、桉树、栀子(*Gardenia jasminoides*)、吊钟花(*Enkianthus quinqueflorus*)、美丽马醉木(*Pieris formosa*)、印度橡皮树(*Ficus elastica*)、木荷(*Schima superba*)、红千层(*Callistemon rigidus*)等。

(二) 中性土植物

在土壤 pH 值在 6.5~7.5 之间最为适宜的植物。大多数树木是中性土植物，如水松、桑树、苹果(*Malus pumila*)、樱花等。有些树种适应于钙质土，常被称为"喜钙树种"，如侧柏、柏木、青檀、榉树、榔榆、花椒、蚬木(*Excentrodendron tonkinense*)、黄连木等。

(三) 碱性土植物

适宜生长于 pH 值大于 7.5 的土壤中的植物。碱性土植物大多数是大陆性气候条件下的产物，多分布于炎热干燥的气候条件下，如柽柳、杠柳（*Periploca sepium*）、沙棘、沙枣、仙人掌等。

此外，在我国还有大面积的盐碱地，其中大部分是盐土，真正的碱土面积较小。了解耐盐碱树种尤其是耐盐树种对于园林造景是极为重要的。一般而言，土壤中主要含有 NaCl 和 Na_2SO_4 等盐分时多呈中性，含有 Na_2CO_3、$NaHCO_3$ 和 K_2CO_3 较多时则往往呈现碱性。真正的喜盐植物很少，如黑果枸子、梭梭等，但有不少树种耐盐碱能力强，可在盐碱地区用于园林绿化，如适于黄河流域应用的耐盐碱树种有侧柏、龙柏、白榆、郎榆、银白杨、苦楝、白蜡、绒毛白蜡（*Fraxinus velutina*）、桑树、旱柳、臭椿、刺槐、泡桐、梓树（*Catalpa ovata*）、榉树、君迁子（*Diospyros lotus*）、杜梨（*Pyrus betulaefolia*）、白梨、皂荚、杏树、国槐、合欢、枣树、香茶藨子（*Ribes odoratum*）、白刺花、迎春、毛樱桃（*Prunus tomentosa*）、紫穗槐、文冠果（*Xanthoceras sorbifolia*）、枸杞、火炬树、柽柳、沙枣、沙棘等。

五、空气因子

空气的主要成分是氮（约占 78%）和氧（约占 21%），还有一定数量的氩和二氧化碳（约 320×10^{-6}），以及一些不固定的成分，包括烟尘、二氧化硫、一氧化碳、氟化氢、氨、氯化氢、氯气、臭氧、碳氢化合物（如乙烯）、氮氧化合物（如二氧化氮）等多种污染物质。在各种污染物质中，对植物危害最大的是二氧化硫、臭氧和过氧乙酰硝酸酯（由碳氢化合物经光照形成）。

树木种类不同，抗污染的能力不同，针叶树种的抗性大多不如阔叶树。部分树木对多种大气污染物有较强的抗性，如大叶黄杨、海桐、蚊母树、山茶、日本女贞、凤尾兰（*Yucca gloriosa*）、构树、无花果、丝棉木、木槿、苦楝、龙柏、广玉兰、黄杨、白蜡、泡桐、楸树、小叶女贞、悬铃木、臭椿、国槐、山楂（*Crataegus pinnatifida*）、银杏、丁香、白榆等。

就各种污染物而言，抗二氧化硫的树种主要有龙柏、铅笔柏（*Sabina virginiana*）、柳杉、杉木、女贞、日本女贞、樟树、广玉兰、棕榈、高山榕（*Ficus altissima*）、木麻黄、桂花、珊瑚树、枸骨、大叶黄杨、黄杨、雀舌黄杨、海桐、蚊母树、山茶、栀子、蒲桃（*Syzygium jambos*）、夹竹桃、丝兰（*Yucca smalliana*）、凤尾兰、桑树、苦楝、刺槐、加拿大杨、旱柳、白蜡、垂柳、构树、白榆、朴树、栾树、悬铃木、臭椿、国槐、山楂、银杏、杜梨、枫杨、山桃、泡桐、楸树、梧桐、紫薇、海州常山（*Clerodendrum trichotomum*）、无花果、石榴、黄栌、丁香、丝棉木、火炬树、木槿、小叶女贞、枸橘（*Poncirus trifoliata*）、紫穗槐、连翘、紫藤、五叶地锦等，而雪松、羊蹄甲（*Bauhinia purpurea*）、杨桃（*Averrhoa carambola*）、白兰花、合欢、香椿（*Toona sinensis*）、杜仲、梅花、落叶松、油松、白桦、美国凌霄（*Campsis radicans*）等则对二氧化硫敏感。

抗氯气和氯化氢的有大叶黄杨、海桐、蚊母树、日本女贞、凤尾兰、夹竹桃、龙柏、侧柏、构树、白榆、苦楝、国槐、臭椿、合欢、木槿、接骨木、无花果、丝棉木、紫荆、紫藤、紫穗槐、杠柳、五叶地锦等。

抗氟化氢的有龙柏、罗汉松（*Podocarpus macrophyllus*）、夹竹桃、日本女贞、广玉兰、棕榈、大叶黄杨、雀舌黄杨、海桐、蚊母树、山茶、凤尾兰、构树、木槿、刺槐、梧桐、无花果、小叶女贞、白蜡、桑树等。

抗汞污染的有夹竹桃、棕榈、桑树、大叶黄杨、紫荆、绣球、桂花、珊瑚树、腊梅等。

抗光化学烟雾（由汽车排出的尾气经紫外光照射后形成，主要成分为臭氧）的有银杏、黑松、柳杉、悬铃木、连翘、海桐、海州常山、日本女贞、扁柏、夹竹桃、樟树、青冈等。

空气的流动形成风,风对植物是有利的,如风媒花的传粉和果实、种子的传播都离不开风,但大风对植物有害,它可能会使树木连根拔起。抗风树种大多根系发达深广、材质坚韧,如马尾松、黑松、圆柏、柠檬桉、厚皮香(*Ternstroemia gymnanthera*)、假槟榔(*Archontophoenix alexandrae*)、椰子、蒲葵、木麻黄、竹类、池杉、榉树、枣树、麻栎、白榆、胡桃、国槐等,而红皮云杉、番石榴(*Psidium guajava*)、榕树、木棉、刺槐、桃树、雪松、悬铃木、加拿大杨、泡桐、苹果、垂柳等的抗风力弱。

第二节 园林树木的生物学特性

树木是多年生植物,从繁殖开始,经过或长或短的生长发育过程才能进入开花结实阶段,直到最后衰老死亡完成其生命过程。树木发育存在着两个生长发育周期,即年周期和生命周期。研究树木生长发育规律对于正确地选用树种、制订栽培和养护方案、有预见性地调控树木生长发育、充分发挥树木的园林功能具有重要价值。

一、树木的生命周期

树木的生命周期指树木从繁殖开始,经过幼年、成年、老年直到个体生命结束为止的全部生活史。不同树木的生命周期中,存在着相似的生长与衰亡变化规律。

(一)离心生长与离心秃裸

树木自播种发芽或经营养繁殖成活后,直至形成最大的树冠为止,以根颈为中心,根和茎总是以离心的方式进行生长。根在土壤中逐年形成各级骨干根和侧生根,茎干不断向上和四周生长形成各级骨干枝和侧生枝,占据愈来愈大的空间。根系和茎干的这种生长方式称离心生长。由于受遗传性和树体生理以及环境条件的影响,树木的离心生长总是有限的,任何树种都只能达到一定的大小和范围。

在根系离心生长过程中,骨干根上最早形成的须根由基部至根端出现逐步衰亡,称为"自疏";同样,地上部分由于离心生长,外围生长点不断增多,枝叶茂密,使内膛光照不良,同时因壮枝竞争养分的能力强而使膛内早年形成的侧生小枝得到的养分减少、长势减弱,逐年由骨干枝基部向枝端方向出现枯落,这种现象称"自然打枝"。在树木离心生长过程中,以离心方式出现的根系自疏和树冠的自然打枝统称为离心秃裸。

(二)向心更新与向心枯亡

随着树龄的增加,由于离心生长和离心秃裸,造成地上部分大量的枝芽生长点及其产生的叶、花、果都集中在树冠的外围,枝端重心外移,骨干枝角度变大,甚至弯曲下垂。加上地下远处的吸收根与树冠外围枝叶间的运输距离增大,使端枝生长势减弱。当树木生长接近在该地达到最大树体时,某些中心干明显的树种,其中心干延长枝发生分叉或弯曲,称为"截顶"或"结顶"。

当离心生长日趋衰弱,具有长寿潜伏芽的树种,常于主枝弯曲高位处萌生直立旺盛的徒长枝,开始进行树冠的更新。徒长枝仍按照离心生长和离心秃裸的规律形成新的小树冠,俗称"树上长树"。随着徒长枝的扩展,加速主枝和中心干的先端出现枯梢,全树由许多徒长枝形成新的树冠,逐渐代替原来衰亡的树冠。当新树冠达到最大限度后，同样会出现先端衰弱，从而萌发新的徒长枝。这种枯亡和更新的发生，一般都是由冠外向内膛、由顶部向下部，直到根颈部分而进行的，因而称作向心枯亡和向心更新。

不同树种的更新方式和能力很不相同。一般而言，离心生长和离心秃裸几乎所有树种均出现，而向心枯亡和向心更新只有具有长寿潜伏芽的种类才出现，而其中的乔木种类尤为明显，如国槐常常出现向心更新。潜伏芽寿命短的树种则较难更新，如桃；无潜伏芽的树种难以向心更新，如棕榈。此外，有些树种还可靠萌蘖更新。

（三）实生树和营养繁殖树的生命周期

繁殖方式不同，同一树种的生命周期会有差异。

以种子繁殖形成的实生树，其生命周期一般可以划分为幼年和成年(成熟)两个阶段。从种子萌发到具有开花潜能(具有形成花芽的生理条件，但不一定就开花)之前的一段时期称为幼年阶段。中国民谚的"桃三杏四梨五年"指的就是这些树种的幼年期。不同树种的幼年阶段差别很大，如矮石榴、紫薇的播种苗当年或次年就可开花，牡丹要5~6年，而银杏则达15~20年。幼年阶段后，树木获得了形成花芽的能力。开花是树木进入性成熟的最明显的特征，经过多年开花结实后，树木逐渐出现衰老和死亡现象。

实生大树尽管已经进入了成年阶段，但同一株树的不同部位所处的阶段并不一致。树冠外围的枝能开花结果，显然处于成年阶段，而树干基部萌发的枝条常常还处在幼年阶段，即"干龄老，阶段幼；枝龄小，阶段老"。这在给观赏树木或果树修剪整形以及进行扦插繁殖时均应注意。

营养繁殖树一般已通过了幼年阶段，因此没有性成熟过程。只要生长正常，有成花诱导条件，随时就能成花。有些树种由于长期采用无性繁殖，非常容易衰老，也与此有关，如垂柳。

二、树木的年周期

在一年中，树木的生命活动会随着季节变化而发生有规律的变化，出现萌芽、抽枝、展叶、开花、果实成熟、落叶等物候现象。树木这种每年随环境周期性变化而出现的形态和生理机能的规律性变化，称为树木的年生长周期。

由于温带地区的气候在一年中有明显的四季，所以温带落叶树木的物候季相变化最为明显。落叶树的年周期可以明显地分为生长期和休眠期，在二者之间又各有一个过渡时期。从春季开始萌芽生长，至秋季落叶前为生长期；落叶后至翌年萌芽前，为适应冬季低温等不良环境条件，处于休眠状态，为休眠期。

（一）休眠转入生长期

这一时期处于树木将要萌芽前到芽膨大待萌时止。树木休眠的解除，通常以芽的萌发作为形态指标，而生理活动则更早。如在温带地区，当日平均温度稳定在3℃时(有些树木是0℃)，树木的生命活动加速，树液流动，芽逐渐膨大直至萌发，树木从休眠转入生长期。

树木在此期抗寒能力降低，遇突然降温，萌动的芽和枝干西南面易受冻害，干旱地区还易出现枯梢现象。

（二）生长期

从树木萌芽生长至落叶，即包括整个生长季节。这一时期在一年中所占的时间较长。在此期间，树木随季节变化，会发生极为明显的变化，出现各种物候现象，如萌芽、抽枝展叶或开花、结实，并形成新器官如叶芽、花芽。生长期的长短因树种和树龄不同而有不同，叶芽萌发是茎生长开始的标志，但根系的生长比茎的萌芽要早。

树木萌芽后，抗寒力显著下降，对低温变得敏感。

(三) 生长转入休眠期

秋季叶片自然脱落是树木进入休眠的重要标志。在正常落叶前，新梢必须经过组织成熟过程才能顺利越冬。树木的不同器官和组织进入休眠的早晚不同。某些芽的休眠在落叶前较早就已发生，皮层和木质部进入休眠也早，而形成层迟，故初冬遇寒流形成层易受冻。地上部分主枝、主干进入休眠较晚，而以根颈最晚，故也易受冻害。

刚进入休眠的树木，处在初休眠(浅休眠)状态，耐寒力还不强，如遇间断回暖会使休眠逆转，突然降温常遭冻害。

(四) 相对休眠期

秋季正常落叶到次春树木开始生长为止是落叶树木的休眠期。在树木的休眠期，短期内虽然看不出有生长现象，但体内仍进行着各种生命活动，如呼吸、蒸腾、芽的分化、根的吸收、养分的合成和转化等。落叶休眠是温带树木在进化过程中对冬季低温环境形成的一种适应性。另一方面，有些树木必须通过一定的低温阶段才能萌发生长。一般原产温带的落叶树木，休眠期要求一定的0℃～10℃的累计时数，原产暖温带的树木要求一定的5℃～15℃的累计时数，冬季低温不足会引起次年萌芽和开花参差不齐。

常绿树并非周年不落叶，而是叶的寿命较长，多在一年以上，如松属(*Pinus*)为2～5年，冷杉属(*Abies*)为3～10年，红豆杉属(*Taxus*)可达6～10年。每年仅仅脱落部分老叶(一般在春季与新叶展开同时)，又能增生新叶，因此全树终年连续有绿叶存在，其物候动态比较复杂，尤其是热带地区的常绿阔叶树。如有些树木在一年内能多次抽梢、多次开花结实，甚至在同一植株上可以看到抽梢、开花、结实等多个物候现象重叠交错的情况。

三、树木的物候观测

物候是地理气候研究、栽培树木的区域区划以及制订树木科学栽培措施的重要依据，而且树木所呈现的季相变化对于种植设计也具有很大意义。

树木物候期的早晚，主要与树种本身的生物学特性有关，还受纬度、经度和海拔高度的影响。在我国，树木的物候表现为，南方物候现象在春夏季出现得比北方早(萌芽、开花早)，在秋季出现得比北方迟(落叶晚)；同一纬度，东部沿海地区物候现象出现得比西部内陆地区迟。不同的树种具有不同的物候期，如垂柳在早春气温0℃～5℃即开始发芽，而黄檀要到气温15℃左右才发芽。同一树种在不同地区的物候期也不同，如桃在杭州3月下旬就开花，而在北京要在4月底至5月初开花。

对树木的物候期进行观测和记录，称为物候观测。物候观测是探索和认识植物的生长发育与气候变化相关规律的重要方法，其目的是解决林业生产和园林建设的实际问题，如本地树种的育苗、移植、嫁接、管理时间的安排，在园林设计中绿化配植树种的选择，树木引种区域的划分，病虫害及各种自然灾害的防治等都首先需要掌握树种的物候期。

树木物候期观测的项目主要有(表2-1)：

表 2-1

园林树木物候观测记录表

| 编号 | | 观测地点 | | | 地理位置：北纬 | | 东经 | | 海拔　　m | |
| 生境 | | 地形 | | 土壤 | | 伴生植物 | | 小气候 | 养护情况 | |

树种	树液流动开始期	萌芽期				展叶期				开花期					果实发育期					新梢生长			秋叶变色及脱落期						备注
		花芽膨大始期	花芽开放期	叶芽膨大始期	叶芽开放期	展叶始期	展叶盛期	春色叶呈现始期	春色叶变绿期	开花始期	开花盛期	开花末期	最佳观花起止日	二次开花期	幼果出现期	生理落果期	果实成熟期	果实脱落期	可供观果起止日	新梢开始生长期	新梢停止生长期	多次抽梢情况	秋叶开始变色期	秋叶全部变色期	落叶始期	落叶盛期	落叶末期	可供观秋叶期	

(1) 树液流动开始期：以新伤口出现滴状液汁为准。

(2) 萌芽期：包括芽膨大始期、芽开放期或显蕾期。对于较大的鳞芽而言，芽鳞间出现浅色条纹时为芽膨大期，对于较小的芽体或裸芽，可借助放大镜凭经验观察。

(3) 展叶期：包括展叶始期、展叶盛期、春色叶呈现始期、春色叶变绿期等。幼叶在芽中呈各种卷叠式，芽开放后叶片逐渐平展；阔叶树的叶片有 50% 以上展开，针叶树的针叶长度已长达正常叶长度的 1/2 以上为展叶盛期；全树有 90% 以上的叶展开为展叶末期或称叶全展。从园林树木景观设计的角度，还可观测春色叶树种的色叶呈现期。

(4) 开花期：包括开花始期、开花盛期(盛花期)、开花末期、多次开花期等。树上有 5% 的花朵的花瓣展开，或柔荑花序伸长到正常长度的 1/2，能见到雄蕊或子房，或裸子植物能看到花药或胚珠为开花始期(初花期)；全树 50% 以上的花朵开放，或柔荑花序或裸子植物雄球花开始散出花粉，或裸子植物的胚珠或被子植物的柱头顶端出现水珠为开花盛期；全树残留 5% 以下的花朵，或柔荑花序或裸子植物的雄球花散粉完毕为开花末期。对于多次开花的植物，应分别观测记载。

(5) 果实生长发育和落果期：包括幼果出现期、果实生长周期、生理落果期、果实或种子成熟期、脱落期等，比较难掌握。一般性物候观测主要观测果实(和种子)成熟的始期、盛期和末期。果实(和种子)成熟的标志以其生长到正常的形状、大小、颜色、气味为特征。有些树种的果实是第二年成熟，如麻栎、栓皮栎，有些树种的果实成熟后很快脱落，如白榆，也有一些树种的果实成熟后在树上留存时间很长，如悬铃木。

(6) 新梢生长周期：包括新梢开始生长期、枝条生长周期、新梢停止生长期等。除了记载新梢开始生长和停止生长的日期，还应观测有无 2 次或 3 次生长。根据需要进行生长长度的定期测量，可以了解枝条的生长周期。

(7) 花芽分化期：通过对芽体的解剖观测。

(8) 叶秋季变色期：秋叶由绿色变为红色、黄色、橙色等，记录变色的始期、盛期，对秋色叶树种的配植具有重要价值。有些树种基本不变色或变化不甚明显。

(9) 落叶期：包括落叶始期、落叶盛期、落叶末期等。全树有 5%～10% 的叶子正常脱落为落叶始期，全树有 50% 以上的叶落下为落叶盛期，全树仅留存 5% 以下的叶片即为落叶末期。部分落叶树如麻栎、栓皮栎等，叶片变色枯萎后并不脱落或部分脱落，第二年春季才落净。

第三章　园林树木的观赏特性

园林树木的观赏特性，即树木美的表现是多方面的，包括形态美、色彩美和意境美(风韵美、联想美)等几个方面，以个体美或群体美的形式构成园林景观。

对于不同类型的树种而言，其观赏特性的表现不同，如形木类贵在其独特的树形，花木类贵在其秀美的花朵。这些千姿百态的园林树木，能随着季节与年龄的变化而有所丰富和发展。春季梢头嫩绿、花团锦簇，夏季绿叶成荫、浓影覆地，秋季嘉实累累、色香俱备，冬季白雪桂枝、银装素裹，春夏秋冬景观各异。以年龄而论，树木在不同的年龄时期亦有不同形貌，如松树在幼龄时全株团簇，壮龄时亭亭如华盖，老年时则枝干盘虬有飞舞之姿。

园林中的建筑、雕塑、溪瀑、山石等景观构成要素，均需有恰当的园林树木与之相互衬托、掩映以减少人工做作的痕迹，增加景趣，例如，庄严宏伟、金瓦红墙的宫殿式建筑，配以苍松翠柏，则无论在色彩和形体上均可收到"对比"、"烘托"的效果，而庭前朱栏之外、廊院之间对植玉兰，春来万蕊千花，红白相映，极为相宜。

第一节 园林树木的树形及其观赏特性

树形是园林树木重要的观赏要素之一，对园林景观的构成起着至关重要的作用，尤其是对乔木树种而言更是如此。不同的树形可以引起观赏者不同的视觉感受，因而具有不同的景观效果。若经合理配植，树形可产生韵律感、层次感等不同的艺术效果。

树形由树干和树冠两方面决定，不同的树种各有其独特的树形，这主要由于不同的分枝方式决定，也与萌芽力和成枝力有关，均由树种的遗传特性决定。树木的分枝方式有总状分枝、合轴分枝和假二叉分枝三种类型。总状分枝往往可形成柱状、塔形或圆锥形的树冠，如多数裸子植物、杨树、银杏；合轴分枝的树种大多形成球形或卵球形等较为开阔的树冠，如柳、桃、杏、核桃等；假二叉分枝与合轴分枝相似，也形成较为开阔的树冠，如丁香、梓树、泡桐。

树形也受环境因子的影响，例如生长于高山和海岛的树木，树冠常因风吹而偏向一侧。另外，同一树种的树形也随着树木的生长发育过程而呈现有规律的变化，如银杏的树形从幼年到老年期呈现尖塔形、圆锥形、圆球形的变化。一般所称的树形指生长在正常环境中的成年树的外貌。从园林应用的角度，可以将常见园林树木的树形分为以下几类。

1. 圆柱形

中央领导干较长，分枝角度小，枝条贴近主干生长(图 3-1)。圆柱状的狭窄树冠多有高耸、静谧的效果，尤其以列植时最为明显。常见的有杜松、塔柏(*Sabina chinensis* 'Pyramidalis')、窄冠型池杉、塔状银杏(*Ginkgo biloba* 'Fastigiata')、新疆杨(*Populus alba* var. *pyramidalis*)、钻天杨(*P. nigra* var. *italica*)、箭杆杨(*P. nigra* var. *thevestina*)等。另外，国外培育了大量的柱状树木品种，如柱形红花槭(*Acer rubrum* 'Columnare')、直立紫杉(*Taxus baccata* 'Standishi')、柱形美洲花柏(*Chamaecyparis lawsoniana* 'Columnaris')、塔形欧洲七叶树(*Aesculus*

图 3-1 圆柱形

hippocastanum 'Pyramidalis')等，部分品种在国内有栽培。

2. 尖塔形

这类树形的顶端优势明显，主枝近于平展，整个树体从底部向上逐渐收缩，呈金字塔形（图 3-2）。尖塔形树冠不但端庄，而且给人一种刺破青天的动势，常可作为视线的焦点，充当主景。如雪松、窄冠侧柏（*Platycladus orientalis* 'Zhaiguancebai'）、幼年期南洋杉、日本金松（*Sciadopitys verticillata*）、日本扁柏、辽东冷杉（*Abies holophylla*）以及幼年期的银杏和水杉等。

3. 圆锥形

树冠较丰满，呈或狭或阔的圆锥体状（图 3-3）。圆锥形树冠有严肃、端庄的效果，若植于小土丘的上方，还可加强小地形的高耸感。常绿树如圆柏、侧柏、北美香柏（*Thuja occidentalis*）、柳杉、竹柏（*Podocarpus nagi*）、老年期冷杉（*Abies fabri*）、云杉、马尾松、华山松、罗汉柏、广玉兰、厚皮香等，落叶树如落叶松、金钱松、水杉、落羽杉、鹅掌楸、毛白杨、灯台树等。

图 3-2 尖塔形　　　　　　　　　图 3-3 圆锥形

4. 卵球形和圆球形

主干不明显或至有限的高度即分枝，整体树形呈现球形、卵球形、扁球形等（图 3-4、图 3-5），多有朴实、浑厚的效果，给人以亲切感。这类树种繁多，乔木树种如樟树、苦槠（*Castanopsis sclerophylla*）、元宝枫、重阳木（*Bischofia polycarpa*）、梧桐、黄栌、黄连木、无患子（*Sapindus saponaria*）、乌桕、枫香、丝棉木、榆树、杜仲、白蜡、梅花、杏树等；灌木一般受人为干扰较大，但大多数的树冠团簇丛生，如海桐、球柏（*Sabina chinensis* 'Globosa'）、千头柏、千头柳杉（*Cryptomeria japonica* 'Vilmoriniana'）、洒金珊瑚、大叶黄杨、榆叶梅（*Prunus triloba*）、绣球、棣棠等。

5. 垂枝形

垂枝形树种常具有明显悬垂或下垂的长枝条（图 3-6），能够形成优雅、飘逸和柔和的气氛，给人以轻松、宁静之感，适植于水边、草地等处。常见的有垂柳、龙爪槐、垂枝黄栌、垂枝桑（*Morus alba* 'Pendula'）、垂枝白蜡（*Fraxinus angustifolia* 'Pendula'）、垂枝桦（*Betula pendula*）等。此外，合欢、鸡爪槭、千头椿以及老年期的油松等具伞形树冠，与垂枝形有相似的效果。

6. 偃卧及匍匐形

灌木的树形。植株主干和主枝匍匐地面生长，上部分枝直立或否（图 3-7），如偃柏（*Sabina chinensis* var. *sargentii*）、鹿角桧（*Sabina chinensis* 'Pfitzriana'）、匍地龙柏（*Sabina chinensis* 'Kaizuca Procumbens'）、铺地柏、砂地柏、偃松（*Pinus pumila*）、平枝枸子、匍匐枸子（*Cotoneaster adpressus*）等，适于用作木本地被或植于岩石园。

图 3-4　圆球形（乔木）

图 3-5　圆球形（灌木）

图 3-6　垂枝形

图 3-7　偃卧形

7. 拱垂形

灌木的树形。枝条细长而拱垂（图 3-8），株形自然优美，多有潇洒之姿，宜供点景用，或在坡地、水边及自然山石旁适当配植，如连翘、云南黄馨（*Jasminum mesnyi*）、迎春、笑靥花（*Spiraea prunifolia*）、枸杞、胡枝子（*Lespedeza bicolor*）、柽柳等。

8. 棕榈形

主干不分枝，叶片大型，集生于主干顶端（图 3-9）。棕榈形树体特异，能展现热带风光，如棕榈、蒲葵、椰子等棕榈植物，苏铁科和番木瓜科的植物，杪椤（*Alsophila spinulosa*）等木本蕨类。

9. 风致形

该类植物形状奇特，姿态百千（图 3-10），如黄山松（*Pinus taiwanensis*）常年累月受风吹雨打的锤炼，形成特殊的扯旗形，还有一些在特殊环境中生存多年的老树、古树，具有或歪或扭或旋等不规则姿态。这类植物通常用于视线焦点，孤植独赏。

图3-8 拱垂形

图3-9 棕榈形

总体而言，针叶乔木类的树形以尖塔形和圆锥形居多，加上多为常绿树，故多有严肃、端庄的效果，园林中常用于规则式配植；阔叶树的树形以卵圆形、圆球形等居多，多有浑厚朴素之效，常作自然式配植。

除了自然树形外，园林造景中常对一些萌芽力强、耐修剪的树种进行整形，将树冠修剪成人们所需要的各种人工造型，例如，作行道树应用的悬铃木常修剪成杯状；梅花和桃花多修剪成自然开心形；枝叶密集的黄杨、雀舌黄杨、小叶女贞、大叶黄杨、海桐、枸骨等常修剪成球形、柱状、立方体等各种几何形体或动物形状，用于园林点缀。

图3-10 风致形

第二节 园林树木的叶及其观赏特性

在树木的生长周期中，叶片出现的时间最久。叶的观赏特性主要由叶形和叶色决定，而且叶片的大小和质地不同，给人的感觉也不相同。

图3-11 鹅掌楸的叶

一、叶的形态美

园林树木叶的大小、形状以及在枝干上的着生方式各不相同。以大小而言，小的如侧柏、柽柳的鳞形叶长2~3mm，大的如棕榈类的叶片可长达5~6m甚至10m以上。一般而言，叶片大者粗犷，如泡桐、臭椿、悬铃木；小者清秀，如黄杨、胡枝子等。

叶片的基本形状主要有：针形、条形、披针形、椭圆形、卵形、圆形、三角形等。而且还有单叶、复叶之别，复叶又有羽状、掌状、三出等类别。而另有一些叶形奇特的种类，以叶形为主要观赏要素，如银杏呈扇形、鹅掌楸呈马褂状（图3-11）、琴叶榕（*Ficus lyrata*）呈琴肚形、槲树（*Quercus dentata*）呈葫芦形、龟背竹（*Monstera deliciosa*）

形若龟背，其他如龟甲冬青、变叶木、龙舌兰、羊蹄甲等亦叶形奇特，而芭蕉、软叶刺葵（*Phoenix roebelenii*）、苏铁、椰子等大型叶具有热带情调，可展现热带风光。

二、叶的色彩美

园林树木的叶色与花色及果色一样，也是重要的观赏要素。除了常见的绿色以外，许多树种的叶片在春季、秋季，或在整个生长季内甚至常年呈现异样的色彩，像花朵一样绚丽多彩。利用园林植物的不同叶色可以表现各种艺术效果，尤其是运用秋色叶树种和春色叶树种可以充分表现园林的季相美。

以叶色为主要观赏要素的树种可称为色叶树种，包括春色叶树种、常色叶树种、斑色叶树种和秋色叶树种等几类。色叶树种的叶色表现主要与叶绿素、胡萝卜素和叶黄素以及花青素的含量和比例有关，而这些色素的含量和比例又往往与气候和环境条件有关，其中尤以秋色叶树种和春色叶树种为甚。气候因素如温度因子，环境条件如光强、光质，栽培措施如肥水管理等，均可引起叶内各种色素尤其是胡萝卜素和花青素比例的变化，从而影响色叶树种的色彩。

（一）春色叶树种

春色叶树种是指春季新发生的嫩叶呈现显著不同叶色的树种。有些常绿树的新叶不限于春季发生，一般称为"新叶有色类"，但为方便起见，这里也统称为春色叶树种。

春色叶树种的新叶一般呈现红色、紫红色或黄色，如石楠、臭椿的春叶为紫红色，山麻杆的春叶为胭脂红色，垂柳、朴树的新叶为黄色，而樟树的春叶或紫红或金黄。早春的低温有利于花青素的合成，因而大多数春色叶树种的叶色，尤其是红色和紫红色的种类是由花青素的含量决定的。对许多常绿的春色叶树种而言，新叶初展时，如美丽的花朵一样艳丽，因而产生类似开花的观赏效果。

（二）常色叶树种

常色叶树种大多数是由芽变或杂交产生、并经人工选育的观赏品种，其叶片在整个生长期内或常年呈现异色。

常见栽培的种类中，红色的有红枫、红羽毛枫（*Acer palmatum* 'Dissectum Ornatum'）等；紫色和紫红色的有紫叶李、紫叶桃（*Prunus persica* 'Atropurpurea'）、紫叶小檗、红桑等；黄色的有金叶女贞（*Ligustrum* 'Vicary'）、金叶假连翘（*Duranta erecta* 'Golden Leaves'）、金叶风箱果（*Physocarpus opulifolium* 'Lutens'）、金黄球柏（*Platycladus orientalis* 'Semperaurescens'）等。

常色叶树种的叶色表现同样也与叶绿素、胡萝卜素和叶黄素的含量和比例有关，并受环境条件和栽培水平的制约，如光强可以直接影响其色彩的鲜艳程度。如紫叶小檗在全光照条件下叶片紫红，在50%光强下，大约一半的叶片变成绿色，而在20%光强下则大部分叶片变为绿色，因而在应用中不宜用于树荫下。

（三）斑色叶树种

斑色叶树种是指绿色叶片上具有其他颜色的斑点或条纹，或叶缘呈现异色镶边（可统称为彩斑）的树种，包括覆轮斑（彩斑分布于叶片周围）、条带斑（带状条斑均匀分布于叶片基部与叶尖间的组织）、虎皮斑（彩斑以块状随机地分布于叶片上）、扫迹斑（彩斑沿叶脉向外分布，直至叶缘）、切块斑（彩斑分布于叶片中脉的一侧，另一侧为正常色）等。可由叶绿体缺失、染色体畸变、嵌合体等方式形成，也可因病毒侵入而形成，如槭树杂色病毒、桃叶珊瑚斑驳病毒均可引起叶部彩斑。

斑色叶树种资源极为丰富，许多常见树种都有具有彩斑的观赏品种。常见栽培的有洒金东瀛珊瑚(*Aucuba japonica* 'Variegata')、金心大叶黄杨(*Euonymus japonica* 'Aureus')、银边大叶黄杨('Albo-marginatus')、金边瑞香(*Daphne odora* 'Marginata')、银边海桐(*Pittosporum tobira* 'Variegatum')、金边女贞(*Ligustrum ovalifolium* 'Aurueo-marginatum')、金边六月雪(*Serissa japonica* 'Aureo-marginata')、花叶锦带花(*Weigela florida* 'Variegata')、金边胡颓子(*Elaeagnus pungens* 'Aurea')等。

此外，有些树种的叶片表面和背面呈现显著不同的颜色(可称为"双色叶树种")，在微风吹拂下色彩变幻，亦颇美观，如红背桂叶片表面绿色、背面紫红色，胡颓子(*Elaeagnus pungens*)、木半夏和银白杨叶片背面银白色。

(四) 秋色叶树种

秋色叶树种是指那些秋季树叶变色比较均匀一致，持续时间长、观赏价值高的树种。尽管所有的落叶树种在秋季都有叶片变色现象，但色泽不佳或持续时间短，使其观赏价值降低，不宜称为秋色叶树种。秋色叶树种主要为落叶树，但少数常绿树种秋叶艳丽，也可作为秋色叶树种应用。大多数秋色叶树种的秋叶呈现红色，并有紫红、暗红、鲜红、橙红、红褐等变化和各种过渡性颜色，部分种类秋叶黄色。

常见秋叶红色的树种有枫香、鸡爪槭、三角枫(*Acer buergerianum*)、黄连木、黄栌、乌桕、榉树、盐肤木、火炬树、连香树(*Cercidiphyllum japonicum*)、卫矛、榉树、花楸树、爬山虎、五叶地锦等；秋叶为黄色的有银杏、金钱松、鹅掌楸、白蜡、无患子、黄檗；秋叶古铜色或红褐色的有水杉、落羽杉、水松等。在常绿树种中，南天竹、厚皮香、木荷、扶芳藤等的秋叶红艳；而山杜英(*Elaeocarpus sylvestris*)等杜英属的种类，在秋季及整个生长季节中，老叶脱落前变为红色，也甚为美观。

秋色叶树种叶片变色的原因主要是气候因素的变化引起叶片内各种色素的比例发生了变化。秋季气温降低，叶绿素合成受阻，并最后被破坏，使得其他色素如花青素、胡萝卜素的颜色相对显现。秋叶变红主要是花青素的作用。花青素是黄烷衍生物，以可溶性糖苷的形式存在于叶片中，已发现的种类主要呈红色或紫红色，少数呈蓝色，这与花青素B环的取代基有关；而且，即使同一种花青素，其颜色也会有变化(与细胞液的酸碱度有关)。秋叶变黄主要是胡萝卜素的作用，如银杏、鹅掌楸、金钱松等。胡萝卜素为戊二烯的衍生物，有60余种，多呈黄色或橙色。由于多种色素的配合，秋色叶树种的秋叶可呈现出红、黄、橙、紫等多种色彩。

不同的小气候条件对秋色叶树种的叶色转变和保持有一定的影响。一般来说，昼夜温差和夜间低温是叶片转色的主要限制因子；而适当的低温、湿润的空气和土壤以及背风的环境则是使秋叶保持鲜艳并延长观赏期的关键。

第三节　园林树木的花朵及其观赏特性

花朵的绽放是树木生活史中最辉煌的时刻。花朵的观赏价值表现在花的形态美、色彩美、花香等方面。花的形态美既表现在花朵或花序本身的形状，也表现在花朵在枝条上排列的方式。花朵有各式各样的形状和大小，有些树种的花形特别，极为优美，如金丝桃的花朵金黄色，细长的雄蕊灿若金丝(图3-12)；珙桐头状花序上2枚白色的大苞片如同白鸽展翅，被誉为"东方鸽子树"；吊灯花(*Hibiscus schizopetalus*)的花朵下垂，花瓣细裂，蕊柱突出，宛如古典的宫灯；蝴蝶荚蒾(*Viburnum plicatum* f. *tomentosum*)花序宽大，周围一轮白色不孕花似群蝶飞舞，而中间的可孕花如同珍珠，故有"蝴蝶戏珠花"之称；红千层的花序则颇似实验室常用的试管刷。

图 3-12　金丝桃的花

一、花相

花或花序在树冠、枝条上的排列方式及其所表现的整体状貌称为花相，有纯式和衬式两大类。纯式花相开花时叶片尚未展开，衬式花相在展叶后开花或为常绿树。就花朵在树冠上的排列而言，花相主要有以下类型。

1. 独生花相

花序一个，生于干顶(图3-13)，如苏铁。

2. 干生花相

花或花序生于老茎上，形成"老茎生花"现象(图3-14)。主要产于热带湿润地区，如槟榔、菠萝蜜(*Artocarpus heterophyllus*)、可可(*Theobroma cacao*)、鱼尾葵(*Caryota ochlandra*)、紫荆等。

图 3-13　独生花相

图 3-14　干生花相

3. 线条花相

花或花序排列在小枝上形成细长的花枝(图3-15)。由于枝条习性的不同，花枝表现形式各异，有的呈拱形下垂，有的呈直立剑状，如纯式花相的迎春、连翘，衬式花相的三裂绣线菊。

4. 星散花相

花或花序数量较少，疏布于树冠的各个部分(图3-16)，如白兰花、鹅掌楸。

图 3-15 线条花相

图 3-16 星散花相

5. 团簇花相

花或花序大而多，密布于树冠各个部位，具有强烈的花感（图 3-17），如白玉兰、紫玉兰、木绣球。

6. 覆被花相

花或花序分布于树冠的表层，形成覆伞状（图 3-18），如合欢、泡桐、七叶树、珍珠梅、接骨木、金银木（*Lonicera maackii*）。

图 3-17 团簇花相

图 3-18 覆被花相

7. 密满花相

花或花序密生于全树的各个小枝上，使树冠宛如一个大花团，如毛樱桃、樱花、榆叶梅。

二、花色

花色是花的主要观赏要素，园林树木的花色也极为多样。在众多花色中，白色、黄色和红色为三大主色，具有这三种花色的种类最多。

1. 红色和紫红色

碧桃、樱花、贴梗海棠（*Chaenomeles speciosa*）、榆叶梅、玫瑰、石榴、合欢、紫荆、凤凰木、山茶、扶桑、夹竹桃、木棉、红千层等。

2. 白色

木绣球、白丁香（*Syringa oblata* var. *alba*）、溲疏、山梅花、白玉兰、女贞、珍珠梅、白梨、白鹃梅、笑靥花、刺槐、毛白杜鹃、栀子、茉莉（*Jasminum sambac*）等。

3. 黄色

腊梅、金缕梅（*Hamamelis mollis*）、迎春、连翘、黄蔷薇（*Rosa hugonis*）、棣棠、金丝桃、栾树、金钟花（*Forsythia viridissima*）、金花茶、黄蝉（*Allemanda schottii*）、黄杜鹃（*Rhododendron molle*）、黄兰（*Michelia champaca*）、云南黄馨等。

4. 蓝色和蓝紫色

紫丁香、紫藤、木槿、泡桐、绣球、醉鱼草（*Buddleja lindleyana*）、假连翘（*Duranta erecta*）、蓝花楹（*Jacaranda acutifolia*）等。

此外，有些树种具杂色花或者在开花过程中花色变化，如桃花、梅花、山茶等都有"洒金"类品种，一株树、一朵花甚至一个花瓣上的色彩不同，金银木、金银花（*Lonicera japonica*）等花朵初开时白色，后渐变黄色，绣球花朵或白或蓝或红，色彩富于变化。

三、花香

花香也是园林树木重要的观赏要素，"疏影横斜水清浅，暗香浮动月黄昏"道出了玄妙横生、意境空灵的梅花清香之韵。香花树种已经在园林中得到应用和重视，但目前尚无统一的评价和归类标准。花香可以刺激人的嗅觉，从而给人带来一种无形的美感——嗅觉美，如茉莉之清香，含笑、桂花之甜香，白兰、栀子花之浓香，玉兰之淡香，米兰之幽香等。

此外，为了更好地进行树木造景，也必须了解不同树木的花期。春季是万紫千红的季节，大多数树木盛花，如白玉兰、迎春、梅花、日本樱花、金钟花、连翘、山茶、牡丹、海棠、榆叶梅等；夏季开花树木较少，但有紫薇、夹竹桃、栾树、合欢、广玉兰、木槿、栀子、石榴、海州常山、糯米条（*Abelia chinensis*）等；秋季有胡枝子、油茶、茶梅（*Camellia sasanqua*）、木芙蓉、桂花、羊蹄甲（*Bauhinia purpurea*）、十大功劳（*Mahonia bealei*）、胡颓子；冬季有腊梅、八角金盘、枇杷以及梅花和山茶的早花品种等。

第四节　园林树木的果实及其观赏特性

树木的果实大多在秋季成熟，累累硕果挂满枝头，给人以美满丰盛的感觉。许多树木的果实不但具有很高的经济价值，而且具有突出的美化作用，可以成为园林景观的重要组成要素。果实的观赏特性主要表现在形态和色彩两个方面。

一、果实的形态

果实的形态美一般以"奇"、"巨"、"丰"为标准。

"奇"指果形奇特，如铜钱树（*Paliurus hemsleyanus*）的果实形似铜币，腊肠树（*Cassia fistula*）的果实形似香肠，秤锤树（*Sinojackia xylocarpa*）的果实形似秤锤，紫珠的果实宛若晶莹透亮的珍珠等。"巨"指单果或果穗巨大，如柚（*Citrus maxima*）单果径达 15～20cm，其他如石榴、柿子、苹果、木瓜等均果实较大，而火炬树、葡萄、南天竹虽果实不大，但集生成大果穗。"丰"指全株结果繁密，如火棘、紫珠、花楸、金橘（*Fortunella japonica*）等。

二、果实的色彩

果实的颜色有着更大的观赏意义，"一年好景君须记，正是橙黄橘绿时"描绘的美妙景色正是果实的色彩效果。果实的颜色丰富多彩、变化多端，有的艳丽夺目，有的玲珑剔透，有的平淡清秀。一般而言，果实的色彩以红紫为贵，以黄次之。现将各种果色的树种列举如下。

1. 果实呈红色

桃叶珊瑚、小檗、铁冬青（*Ilex rotunda*）、山楂、南天竹、柿子、石榴、樱桃（*Prunus pseudocerasus*）、火棘、越橘（*Vaccinium vitis-idaea*）、金银木、荚蒾（*Viburnum dilatatum*）、珊瑚树、接骨木、紫金牛。

2. 果实呈黄色

柚子、佛手、木瓜、梅、杏、瓶兰（*Diospyros armata*）、沙棘、枇杷、芒果（*Mangifera indica*）、金橘、南蛇藤（*Celastrus orbiculatus*）、梨。

3. 果实呈白色

红瑞木、球穗花楸（*Sorbus glomerulata*）、湖北花楸（*S. hupehensis*）、陕甘花楸（*S. koehneana*）、雪果（*Symphoricarpos albus*）、芫花、乌桕（种子）。

4. 果实呈蓝紫色

紫珠、葡萄、葎叶蛇葡萄（*Ampelopsis humilifolia*）、十大功劳、蓝果忍冬（*Lonicera coerulea* var. *edulis*）、白檀（*Symplocos paniculata*）。

5. 果实呈黑色

女贞、小叶女贞、油橄榄（*Olea europaea*）、刺楸、圆叶鼠李、常春藤。

第五节　园林树木的枝干及其观赏特性

树木的树干、树皮、枝条也具有一定的观赏意义，主要表现在形态和色彩两个方面。

树木主干、枝条的形态千差万别，各具特色，或直立、或弯曲，或刚劲、或细柔。

常见的枝干具有特色的树种有：树皮不开裂、干枝光滑的柠檬桉、槟榔、紫薇等；树皮呈片状剥落、斑驳的番石榴、白皮松、木瓜、悬铃木、榔榆、光皮梾木（*Swida wilsoniana*）（图3-19）等；树皮呈纸质剥落的白桦（图3-20）、红桦等；小枝下垂的垂柳、垂枝桦（*Betula pendula*）、龙爪槐、垂枝榆（*Ulmus pumila* 'Pendula'）等；小枝蟠曲的龙爪柳（*Salix matsudana* 'f. tortuosa'）、龙桑（*Morus alba* 'Tortuosa'）、龙爪枣（*Ziziphus jujuba* 'Tortuosa'）等；枝干具有刺毛的楤木（*Aralia chinensis*）、峨眉蔷薇（*Rosa omeiensis*）、红腺悬钩子（*Rubus sumatranus*）等。此外，榕树的气生根和支柱根（图3-21）、落羽杉和池杉的呼吸根、人面子（*Dracontomelon duperreranum*）的板根均极为奇特。

图3-19　光皮梾木的树干

图 3-20 白桦的树干　　　　　　　　　图 3-21 榕树的支柱根

就色彩而言，枝干绿色的有棣棠、迎春、梧桐、青榨槭、绿萼梅、野扇花、国槐、木香、竹类植物等；枝干黄色的有黄金槐、美人松（*Pinus sylvestris* var. *sylvestriformis*）、黄皮京竹（*Phyllostachys aureosulcata* 'Aureocaulis'）等；枝干白色的有白桦、垂枝桦、纸皮桦（*Betula papyrifera*）、粉箪竹、银白杨、银杏、胡桃、柠檬桉等；枝干红色和紫红色的有红桦、山桃、红瑞木、赤松、云实等。

第六节　园林树木的意境美

园林树木的观赏特性，除了表现在本身的形态和色彩外，还包括其意境美，或曰风韵美，是人们赋予植物的一种感情色彩，是自然美的升华，往往与不同国家、地区的风俗和文化有关。

在我国悠久的历史中，许多花木被人格化，赋予了特殊的含义，如梅花之清标高韵、竹子节格刚直。松、竹、梅被誉为"岁寒三友"，象征着坚贞、气节和理想，代表高尚的品质；迎春、梅花、山茶、水仙被誉为"雪中四友"；梅、兰、竹、菊被称为"四君子"；而庭前植玉兰、海棠、迎春、牡丹和桂花则称"玉堂春富贵"。宋朝张景修的十二客之说，以牡丹为贵客、梅花为清客、菊花为寿客、瑞香为佳客、丁香为素客、兰花为幽客、莲花为净客、桂花为仙客、茉莉为远客、蔷薇为野客、芍药为近客、酴醾为雅客。此外，我国历代文人墨客留下了大量描绘花木的诗词歌赋，也成为树木意境美的重要内容，刘禹锡吟咏栀子、桃花、杏花，杜牧常以杏花、荔枝为题，而扬州琼花之名满天下，实因文人的大量咏颂而起。

现将部分园林树木的寓意列举如下。松柏象征着长寿、永年和坚贞，《论语·子罕》云："岁寒而后知松柏之后凋也。"竹子表示虚心有节和潇洒，"未出土时便有节，及凌云处更虚心。"古人常以"玉可碎而不改其白，竹可焚而不毁其节"来比喻人的气节。香椿象征着长寿，《庄子逍遥游》"上古有大椿者，以八千岁为春，八千岁为秋。"柳树枝条细柔、随风依依，象征着情意绵绵，且"柳"与"留"谐音，古人常以柳喻别离，《诗经·小雅》有"昔我往矣，杨柳依依。"桑梓代表故乡，《诗经·小雅》有"维桑与梓，必恭敬止"，意为家乡的桑树与梓树是父辈种植的，对它们应表示敬意，自古以来桑树与梓树均常植于庭院。红豆表示相思、恋念，王维《红豆诗》云："红豆生南国，春来发几枝，愿君多采撷，此物最相思。"梅花冰中孕蕾、雪里开花，象征高洁，杨维桢的"万花敢向雪中开，一树独先天下春"成为梅花的传神之作。

第四章　园林树木的防护功能和生产功能

第一节　园林树木改善环境的功能

植物是城市生态环境的主体，在改善空气质量、除尘降温、增湿防风、蓄水防洪以及维护生态平衡、改善生态环境中起着主导和不可替代的作用。植物的生态效益和环境功能是众所公认的，因此植物造园最具价值的功能是生态环境功能。建设"生态园林"的观点也正是基于这一点。

一、空气质量方面

（一）维持空气中二氧化碳和氧气的平衡

绿色植物在进行光合作用时，大量吸收二氧化碳，放出氧气，是氧气的天然加工厂。通常情况下，大气中的二氧化碳含量约为 0.032%，但在城市环境中，二氧化碳含量有时高达 0.05% ～0.07%。在光合作用中，绿色植物每从大气中吸收 44g 二氧化碳，可放出 32g 氧气。据统计，全球植物每年吸收二氧化碳约 9.36×10^{13} kg，放出氧气 6.83×10^{13} kg。

绿色植物对维持城市环境中氧气和二氧化碳的平衡有着重要作用。计算表明，一株叶片总面积为 1600m^2 的山毛榉每小时可吸收二氧化碳约 2352g，释放氧气 1712g，大约 160m^2 的叶面积可以满足一个人的需氧量。

（二）分泌杀菌素

空气中含有许多致病的细菌，而不少园林树木如香樟、黄连木、松、榆、侧柏等能分泌挥发性的植物杀菌素，可杀死空气中的细菌。因此，公园绿地的空气中的细菌数远比闹市区少。研究表明，圆柏分泌出的杀菌素可杀死白喉、肺结核、痢疾等病原体，松树所挥发的杀菌素烯萜为一种碳化氢不饱和物，对肺结核病人有良好的作用。

已知具有杀菌能力的园林树种有：油松、白皮松、华山松、雪松、柳杉、侧柏、圆柏、金黄球柏、桑树、核桃、栾树、国槐、杜仲、黄栌、盐麸木、泡桐、悬铃木、臭椿、碧桃、紫叶李、金银木、珍珠梅、紫穗槐、紫丁香、桉树、肉桂（*Cinnamomum cassia*）、黎檬（*Citrus limonia*）、黄杨、沙枣、月桂（*Laurus nobilis*）、欧洲七叶树（*Aesculus hippocastanum*）、合欢、枇杷、枸橘、构树、银杏、绒毛白蜡、元宝枫、海州常山、紫薇、木槿等。

（三）吸收有害气体

城市环境尤其是工矿区空气中的污染物很多，最主要的有二氧化硫、酸雾、氯气、氟化氢、苯、酚、氨及铅汞蒸气等，这些气体虽然对植物生长是有害的，但在一定浓度下，有许多植物对它们亦具有吸收能力和净化作用。

在各种有害气体中，以二氧化硫的数量最多、分布最广、危害最大。绿色植物的叶片吸收二氧化硫的能力最强，在处于二氧化硫污染的环境里，有的植物叶片内吸收积聚的硫含量可高达正常情况下含量的 5～10 倍，随着植物的叶片衰老和凋落、新的叶片产生，植物体又可恢复吸收能力。据测定，植物叶片吸收二氧化硫的能力为所占土地吸收能力的 8 倍以上，臭椿、金银花、卫矛、旱柳、山桃、锦带花、桑、夹竹桃、广玉兰、罗汉松、龙柏、银杏、垂柳、悬铃木等树木吸收二氧化硫的能力较强。

各种植物有不同程度的吸收氯气的能力，1hm^2 干叶量为 2500kg 的刺槐林，可吸收氯 42kg。旱柳、臭椿、赤杨、水蜡（*Ligustrum obtusifolium*）、花曲柳（*Fraxinus rhynchophylla*）、雪柳、山梅花、白榆、银桦、君迁子、构树、合欢、紫荆等也有较强的吸氯能力。

生长在有氨气环境中的植物，能直接吸收空气中的氨作为自身营养（可满足本体需要量的 10%～20%）。不少植物如大叶黄杨、女贞、悬铃木、石榴、榆树等可在铅、汞等重金属存在的环境中正常生长。女贞、泡桐、梧桐、榉树、垂柳、银桦、乌桕、蓝桉、刺槐、大叶黄杨等有较强的吸氟能力。

（四）阻滞粉尘

空气中的大量尘埃除含有土壤微粒外，尚含有细菌和其他金属性粉尘、矿物粉尘等，既危害人们的身体健康，也对半导体元器件和精密仪器等的产品质量有明显影响。树木的枝叶茂密，可以大大降低风速，从而使大尘埃下降，不少植物的躯干、枝叶外表粗糙，在小枝、叶子处生长着绒毛，叶缘锯齿和叶脉凹凸处及一些树木分泌出的一些黏液，都能对空气中的小尘埃有很好的粘附作用。粘满灰尘的叶片经雨水冲刷，又可恢复吸滞灰尘的能力。据观测，有绿化林带阻挡的地段，比无树木的空旷地降尘量少 23.4%～51.7%，飘尘量少 37%～60%。

树木的滞尘能力与树冠高低、总叶片面积、叶片大小、着生角度、表面粗糙程度等条件有关。综合这些因素证明，刺楸、榆树、朴树、重阳木、刺槐、臭椿、悬铃木、女贞、泡桐等树种的防尘效果较好。

二、温度方面

树木有浓密的树冠，树叶面积一般是其树冠面积的 20 倍。太阳光辐射到树冠时，有 20%～25% 的热量被反射回天空，35%被树冠吸收，加上树木蒸腾作用所消耗的热量，树木可有效降低空气温度。据测定，有树荫的地方比没有树荫的地方一般要低 3℃～5℃，如北京天安门广场夏季白天气温一般比郊区高出 2℃～3℃。

树荫能阻挡阳光直射入室内，又因屋顶、墙面和四周地面在绿荫之下，其表向所受的太阳辐射热比一般没有绿化之处要低 4～15 倍，传入室内的热量大幅度减少，这是导致夏季室温减低的一个重要原因。垂直绿化对于降低墙面温度的作用很明显。据原建科院在复旦大学第一舍的测定（1958年8月）证明，以爬满了地锦的外墙面与没有绿化的外墙面相比表面温度平均相差 5℃ 左右。另据测定，在房屋东墙上爬满地锦，上午可使墙壁温度降低 4.5℃。

由于不同树种的树干大小不同，叶片的疏密度、质地不同，所以其遮荫能力和降温效果也不同。据吴翼对合肥市部分行道树的测量结果，银杏、刺槐、悬铃木与枫杨的遮荫降温效果最好，而垂柳、槐、旱柳、梧桐较差。

当树木成片栽植时，不仅降低林内温度，而且由于林内、林外的气温差形成对流的微风，从而使降温效果影响到林外，而且微风可使人们感到舒适。

而在冬季树木落叶后，由于树枝、树干的受热面积比无树地区的受热面积大，同时由于无树地区的空气流动大、散热快，所以在树木较多的小环境中，气温要比空旷处略高。当然，树木在冬季的增温效果远不如夏季的降温效果明显。

三、空气湿度

树木对改善小环境的空气湿度具有很大作用，这主要由于树木可以向空气中蒸腾大量水分。据测定，阔叶林一般比同面积裸地蒸发的水量高 20 倍，$1hm^2$ 油松林一天的蒸腾量为 $43600\sim50200kg$，而宽 10.5m 的乔灌木林带，可使近 600m 范围内的空气湿度显著增加。南京多以悬铃木作为行道树，在夏季对北京东路与北京西路的相对湿度所作的测定表明，因北京西路上行道树完全郁闭，其相对湿度最大差值可达 20% 以上。

不同树种的蒸腾能力差别很大，一般阔叶树的蒸腾能力高于针叶树，如榆树、杨树、椴树、栎树、槭树等均高，而松类较低。

此外，在过于潮湿的地区，例如在半沼泽地带，如大面积种植蒸腾强度大的树种，有降低地下水位而使地面干燥的功效。

四、光照方面

城市公园绿地中的光线与街道、建筑间的光线是有差别的。阳光照射到树林上时，大约有 20%～25% 被叶面反射，有 35%～75% 为树冠所吸收，有 5%～40% 透过树冠投射到林下。因此，林中的光线较弱。

又由于植物所吸收的光波段主要是红橙光和蓝紫光，而反射的部分，主要是绿色光，所以，从光质上来讲，林中及草坪上的光线具有大量绿色波段的光。这种绿光要比街道广场铺装路面的光线柔和得多，对眼睛保健有良好作用，而就夏季而言，绿光能使人在精神上觉得爽快和宁静。

五、减弱噪声

城市环境中充满各种噪声，而树木通过其枝叶的微振作用能减弱噪声。减噪作用的大小，取决于树种的特性。叶片大而有坚硬结构的或叶片像鳞片状重叠的，防噪效果好；落叶树种在冬季仍留有枯叶的防噪效果好(如鹅耳枥、栎树)；林内有复层结构和枯枝落叶层的有好的防噪效果。

一般来说，噪声通过林带后比空地上同距离的自然衰减量多 10～15dB。据南京环境保护办公室测定：噪声通过 18m 宽、由两行圆柏及一行雪松构成的林带后减少 16dB；而通过 36m 宽的同类林带后，则减少 30dB。

隔声减噪效果比较好的树种有雪松、圆柏、龙柏、水杉、悬铃木、梧桐、垂柳、云杉、樟树、榕树、柳杉、珊瑚树、椤木石楠、海桐、桂花、女贞等。

第二节　园林树木保护环境的功能

一、涵养水源，保持水土

我国水土流失面积达 $1.5\times10^6km^2$，每年损失的土壤达 $5\times10^{13}kg$。树木对保持水土有非常显著的功能。树木通过树冠、树干、枝叶阻截天然降水，可以缓和天然降水对地表的直接冲击，从而减少土壤侵蚀。同时树冠还截留了一部分雨水，植物的根系能紧固土壤，这些都能防止水土流失。当自然降雨时，约有 15%～40% 的水量被树冠截留或蒸发，有 5%～10% 的水量被地表蒸发，地表的径流量仅占 0%～1%，大多数的水，即占 50%～80% 的水量被林地上一层厚而松的枯枝落叶所吸收，然后逐步渗入到土壤中，变成地下径流，因此具有涵养水源、保持水土的作用。这种水经过土壤、岩层的不断过滤，流向下坡或泉池溪涧。这也就是许多山林名胜，如黄山、庐山、雁荡山瀑布直泻、水源长流，以及杭州虎跑等泉流涓涓、终年不竭的原因。

在园林工作中，为了涵养水源、保持水土，应选择树冠大、郁闭能力强、截留雨量大的树种，例如，柳、胡桃、枫杨、水杉、冷杉、圆柏、柘(*Cudrania tricuspidata*)、夹竹桃、胡枝子、紫穗槐、葛藤、杠柳、砂地柏、锦鸡儿、沙棘等都是良好的水土保持树种。

二、防风固沙

当风遇到树木时，在树木的迎风面和背风面均可降低风速，但以背风面降低的效果最为显著。所以，在为了防风目的而设置林带时，应将被防护区设置在林带的背面。防风林带的方向应与主风向垂直。一般种植防风林带多采用三种种植结构，即紧密不易透风的结构、疏透结构和通风结构。三种结构的防护效果不同。据中国科学院林业土壤研究所的观测，疏透结构和通风结构的防护距离要比紧密结构的为大，减弱风速的效果也较好(表 4-1)。

不同结构林带的防风效果(以旷野风速为 100%)　　　　表 4-1

平均风速减弱量(%) ＼ 水平位置范围	0～5 倍树高	0～10 倍树高	0～15 倍树高	0～20 倍树高	0～25 倍树高	0～30 倍树高
紧密结构	25	37	47	54	60	65
疏透结构	26	31	39	46	52	57
通风结构	49	39	40	44	49	54

为了防风固沙而种植防护林带时，应选择抗风力强、生长较快而寿命长的乡土树种，最好具有尖塔形或柱形树冠而叶片较小。如杨、柳、榆、桑、白蜡、马尾松、黑松、圆柏、相思树(*Acacia confusa*)、木麻黄、假槟榔、紫穗槐、沙枣、柽柳等均是较好的防风林带树种。

三、其他防护功能

许多园林树种的枝叶含有大量水分、不易燃烧，一旦发生火灾，可以阻止、隔离火势蔓延。如珊瑚树，即使叶片全都烤焦，也不发生火焰。日本对防火树种作过较多研究，防火效果好的树种还有厚皮香、山茶、油茶、罗汉松、蚊母、八角金盘、夹竹桃、石栎(*Lithocarpus glaber*)、海桐、女贞、冬青(*Ilex chinensis*)、枸骨、大叶黄杨、银杏、栓皮栎、麻栎、臭椿、棕榈、苦槠、栲(*Castanopsis fargesii*)、青冈栎、红楠(*Machilus thunbergii*)、榕树、苦木等。

部分园林树木能够阻隔、吸收部分放射性物质及射线，例如，空气中含有 1Ci/cm³ 以上碘时，在中等风速情况下，1kg 叶片在 1h 内可吸附阻滞 1Ci 的放射性碘，其中 1/3 进入叶片组织，2/3 吸附在叶子表面。不同植物吸收阻滞放射性物质的能力也不同，常绿阔叶树比常绿针叶树净化能力高得多。美国近年研究发现，酸木树(*Oxydendrum arboreum*)具有很强的抗放射污染能力，如果种于污染源周围，可以减少放射性污染的危害。

此外，在热带海洋地区可以于浅海泥滩种植红树林作防浪林，沿海地区还可种植防海潮风的林带以防盐分侵袭。

四、监测大气污染

除了对大气污染抗性强的树种可以用于污染区进行园林绿化外，一些对大气污染敏感的树种则可作为监测大气污染的手段，以确保人们生活在合乎健康标准的环境中。

二氧化硫的浓度达到 $(1\sim5)\times10^{-6}$ 时，人才能闻到，当浓度达到 $(10\sim20)\times10^{-6}$ 时，人就会有咳嗽、流泪等受害症状，但敏感植物在浓度为 0.3×10^{-6} 时经过几小时就可在叶脉之间出现点状或块状的黄褐色或黄白色斑。可用于监测二氧化硫的植物有地衣类植物、紫花苜蓿（*Medicago sativa*）、菠菜（*Spinacia oleracea*）、胡萝卜（*Daucus carota*）、凤仙花（*Impatiens balsamina*）、锦葵（*Malva sylvestris*）等，树种则有紫丁香、枫杨、连翘、雪松、红松、油松、茉莉花等。

氟和氟化氢的浓度在 $(0.002\sim0.004)\times10^{-6}$ 时对敏感植物即可产生影响，叶子的伤斑最初多出现在叶尖和叶缘，然后向中心扩展。监测植物主要有唐菖蒲（*Gladiolus gandavensis*）、玉簪（*Hosta planlaginea*）、郁金香（*Tulipa gesneriana*）、地黄（*Rehmannia glutinosa*）、万年青（*Rohdea japonica*）、萱草（*Hemerocallis fulva*）、草莓（*Fragaia ananassa*）、榆叶梅、葡萄、杜鹃、樱桃、雪松等。

能够监测氯和氯化氢的植物有波斯菊（*Cosmos bipinnatus*）、金盏菊（*Calendula officinalis*）、天竺葵（*Pelargonium hortorum*）、蛇目菊（*Coreopsis tinctoria*）、锦葵、石榴、苹果、落叶松、油松、竹子等。

能够监测光化学烟雾的植物有烟草（*Nictoria tabacum*）、菠菜、莴苣（*Lactuca sativa*）、西红柿（*Lycopersicon esculentum*）、兰花、秋海棠、矮牵牛（*Petunia hybrida*）、蔷薇、丁香、牡丹、木兰、银槭、梓树、葡萄等。

此外，对汞的监测可用女贞，对氨的监测可用向日葵（*Helianthus annuus*），对乙烯的监测可用棉花（*Gossypium hirsutum*）。

第三节 园林树木的生产功能

园林树木的生产功能，是指大多数园林树木具有生产物质财富、创造经济价值的作用。树木的全部或部分，如根、茎、叶、花、果、种子以及所分泌的乳胶、汁液等，许多可以入药、食用或作工业原料。另一方面，由于运用某些园林树木提高了园林质量，因而增加了经济收入，并使游人在精神上得到休息，这也是一种生产功能。

在园林树木结合生产时必须因地制宜，处理好生产功能与其他功能的关系。树木的防护、美化功能是主导的、基本的，生产功能是次要的、派生的，不能过分强调生产功能而影响了主导功能的发挥。在不影响园林树木美化、绿化和防护功能的前提下，可以从树木生产的产品中创造价值。

果品类：桃、杏、山楂、柿子、海棠、柑橘、龙眼（*Dimocarpus longan*）、荔枝（*Litchi chinensis*）、杨梅、芒果、枇杷、葡萄、猕猴桃等。

淀粉类：板栗、枣、银杏、栲树、麻栎、栓皮栎等。

油脂类：核桃、山核桃（*Carya cathayensis*）、榛子、松类、乌桕、山茶、油茶、文冠果、无患子、油橄榄、沙棘、瓜栗（*Pachira aquatica*）、油棕等。

纤维类：杨、榆、青檀、刺槐、桑、胡枝子、芫花、构树、南蛇藤、葛藤、毛竹、木棉、棕榈等。

香料类：茉莉、含笑、白兰花、玫瑰、桂花、柠檬桉、白千层（*Melaleuca cajuputi* subsp. *cumingiana*）、肉桂、月桂、香叶树（*Lindera communis*）、木姜子、鹰爪花（*Artabotrys hexap-*

etatus）等。

鞣料类：落叶松、云杉、南酸枣（*Choerospondias axillaries*）、栎类、化香、盐麸木、诃梨勒（*Terminalia chebula*）等。

树脂、树胶类：柏类、松类、冷杉、桃、杜仲、橡胶树、枫香、漆树等。

药用类：五味子、侧柏、草麻黄（*Ephedra sinica*）、牡丹、枳、使君子、连翘、枸杞、杜仲、接骨木、槟榔、厚朴（*Magnolia officinalis*）、十大功劳、大叶醉鱼草（*Buddleja davidii*）、阿穆尔小檗（*Berberis amurensis*）、紫玉兰、三尖杉（*Cephalotaxus fortunei*）等。

此外，如糖槭（*Acer saccharum*）、复叶槭（*A. negundo*）可制糖，栀子、木槿可作食品色素。

第五章　园林树木的配植

第一节 园林树木的配植原则

完美的植物景观设计必须是科学性与艺术性的高度统一。因此，在进行园林树种配植时，既应考虑树种的生物学特性、生态习性和观赏特性，又应考虑美学中有关的季相和色彩、对比和统一、韵律和节奏，以及意境表现等艺术性问题。这里主要从树种特性本身进行探讨。

1. 满足功能要求的原则

园林树木的功能表现在美化功能、改善和保护环境的功能、生产功能三个方面。在进行树木配植时，必须首先确定以谁为主，并最好能兼顾其他功能。如城市、工厂周围的防护林带以防护功能为主，在树种选择、配植上应主要考虑如何降低风速、污染、风沙；行道树以美化和遮荫为主要目的，配植上则应主要考虑其美观和遮荫效果；大型风景区内，若结合生产营造大面积桃园，则应选择果桃类品种，并适当配植花桃类品种。

2. 种间关系处理

一般而言，除了孤植、纯林等配植方式外，都是多种园林树种生长于同一个环境中，而种间竞争是普遍存在的，必须处理好种间关系。最好的配植是模仿自然界的群落结构，将乔木、灌木和草本植物有机结合起来，形成稳定的群落，从而取得长期的效果。在种间关系处理上，主要应考虑乔木与灌木、深根性与浅根性、速生与慢生、喜光与耐阴等几个方面。此外，一些植物的他感作用也应考虑，例如，核桃对桃树的生长有抑制作用，梨树和海棠锈病以柏树为中间寄主，应避免将它们配植在一起。

3. 适用原则

适用原则包括两个方面，一个是满足树种的生态要求，即树木配植必须符合"适地适树"的原则，各种园林树种在生长发育过程中，对温度、光照、水分、空气等环境因子都有不同的要求。另一个是满足园林造景的功能要求，园林树木的配植必须与园林的总体布局相一致，与环境相协调，即"因地制宜"，因而不同的地形地貌、不同的园林绿地类型、不同的景观和景点对园林树木的要求不同，如在规则式园林、大门、主干道、整形广场、大型建筑附近多采用对植、列植等规则式植物造景，而在自然山水园的草坪、水畔多利用植物的自然姿态进行自然式造景。

4. 美观原则

不论何类园林树木，不论在园林中作何目的，均应尽量美观，并近期与远期相结合，预先考虑树木年龄、季节、气候的变化，如树木的体量和冠形随着树龄的增加而变化，其成年期是否还与环境协调应预先考虑。在配植中，应因地制宜，合理布局，强调整体的协调一致，考虑平面和立面构图、色彩、季相的变化，以及与水体、建筑、园路等其他园林构成要素的配合，并注意不同配植形式之间的过渡，如群植以高大乔木居中为主体和背景，以小乔木为外缘，外围和树下配以花灌木，林冠线和林缘线宜曲折丰富，栽植宜疏密有致。

5. 多样性原则

由于城市生态环境的恶化，生态园林、植物造景已经成为园林绿化的主流。多样性原则就是生态园林的要求。生态园林的真正意义是物种多样性和造景形式的多样性，只有达到物种的多样性，才能形成稳定的植物群落，实现真正意义上的可持续发展；只有达到造景形式的多样性，才能形成丰富多彩、引人入胜的园林景观。

　　从物种多样性的角度，既要突出重点，以显示基调的特色，又要注重尽量配植较多的种类和品种，以显示人工创造"第二自然"中蕴藏的植物多样性。从造景形式多样性的角度，除了一般的园林造景以外，城市森林、垂直绿化(电线杆、桥柱、围墙、交通护栏、高架桥)、屋顶花园、地被植物等多种造景形式都应当重视。

　　此外，园林树木的配植，应在满足以上原则的前提下，注重以最经济的手段获得最佳的景观效果，并且注重地方特色的表现。尽量选用乡土树种不但可以节约资金，而且最能适应当地环境，并且能形成地方特色，防止园林景观千篇一律。乡土树种既包括当地原生树种，也包括由外地引进时间较久、已经适应当地风土的外来树种。例如哈尔滨市位于东北平原以榆树为主的森林草原区，整个城市榆树很多，而且长势好，是该市的乡土树种，哈尔滨市因此被称为"榆都"，同时由于俄国人在哈尔滨市居住期间带来了大量的丁香品种，因此现在丁香在哈尔滨的园林绿化中也占有重要地位。

第二节　园林树木配植的形式

一、规则式配植

　　园林树木的配植形式多种多样、千变万化，但可归纳为两大类，即规则式配植和自然式配植。

　　规则式配植即按一定的几何图形栽植，具有一定的株行距或角度，整齐、庄严，常给人以雄伟的气魄感。适用于规则式园林和需要庄重的场合，如寺庙、陵墓、广场、道路、入口以及大型建筑周围等，包括中心植、对植、列植、环植等。

　　法国、意大利、荷兰等国的古典园林中，植物景观主要是规则式的，植物被整形修剪成各种几何形体以及鸟兽形体，据说这始于体现人类征服一切的思想，也与规则式建筑的线条、外形，乃至体量等统一，如用欧洲紫杉修剪成绿墙，与古城堡的城墙非常协调。

(一) 中心植

　　在布局的中心点独植一株或一丛称为中心植(图 5-1)。中心植常用于花坛中心、广场中心等处，要求树形整齐、美观，一般为常绿树，如雪松、苏铁、金塔柏(*Platycladus orientalis* 'Beverleyen-sis')、石楠、整形大叶黄杨等。

(二) 对植

　　树形美观、体量相近的同一树种，以呼应之势种植在构图中轴线的两侧称为对植(图 5-2)。对植

图 5-1　中心植

图 5-2　对植

常用于房屋和建筑前、广场入口、大门两侧、桥头两旁、石阶两侧等，起衬托主景的作用，或形成配景、夹景，以增强透视的纵深感。多选用生长较慢的常绿树，适宜树种如松柏类、云杉和冷杉、大王椰子、假槟榔、银杏、龙爪槐、整形大叶黄杨、石楠等。

（三）列植

树木呈行列式种植称为列植（图5-3），有单列、双列、多列等类型。列植主要用于道路两旁（行道树）、广场、建筑周围、防护林带、农田林网、水边种植等。园林中常见的灌木花径和绿篱从本质上讲，也是列植，只是株行距很小。

就行道树而言，既可单株种列植，也可两种或多种树种混用，但应注意节奏与韵律的变化，西湖苏堤中央大道两侧以无患子、重阳木和三角枫等分段配植，效果很好。在形成片林时，列植常采用变体的三角形种植，如等边三角形、等腰三角形等。

（四）环植

有环形、半圆形、弧形等，可单环，也可多环重复（图5-4），常用于花坛、雕塑和喷泉的周围，可衬托主景的雄伟，也可用于布置模纹图案。树种以低矮、耐修剪的整形灌木为主，尤其是常绿或具有色叶的种类最为常用，如球桧、金黄球柏、黄杨、紫叶小檗、金叶女贞等。

图5-3 列植

图5-4 环植

二、自然式配植

自然式配植并无一定的模式，即没有固定的株行距和排列方式，自然、灵活，富于变化，体现宁静、深邃的气氛。适用于自然式园林、风景区和一般的庭院绿化，中国式庭园、日本式茶庭及富有田园风趣的英国式庭园多采用自然式配植。常见的自然式配植有孤植、丛植、群植和林植等。

（一）孤植

在一个较为开旷的空间，远离其他景物种植一株乔木称为孤植（图5-5）。孤植树可作为景观中心视点或起引导视线的作用，并可烘托建筑、假山或活泼水景，不论在何处，孤植树都不是孤立存在的，它总和周围的各种景物配合，以形成一个统一

图5-5 孤植

的整体。孤植常用于庭院、草坪、假山、水面附近、桥头、园路尽头或转弯处等，广场和建筑旁也常配植孤植树。

孤植树主要表现单株树木的个体美，因而要求植株姿态优美，或树形挺拔、雄伟、端庄，如雪松、南洋杉、樟树、榕树、木棉、桉树，或树冠开展、枝叶优雅、线条宜人，如鸡爪槭、垂柳，或花果美丽、色彩斑斓，如樱花、玉兰、木瓜，如选择得当、配植得体，孤植树可起到画龙点睛的作用。

(二) 丛植

由两三株至一二十株同种或异种的树木按照一定的构图组合在一起，使其林冠线彼此密接而形成一个整体的外轮廓线，这种配置方法称为丛植 (图5-6)。

在自然式园林中，丛植是最常用的配植方法之一，可用于桥、亭、台、榭的点缀和陪衬，也可专设于路旁、水边、庭院、草坪或广场一侧，以丰富景观色彩和景观层次，活跃园林气氛。运用写意手法，几株树木丛植，姿态各异、相互趋承，便可形成一个景点或构成一个特定空间。

图5-6　丛植

与孤植相比，丛植除了考虑树木的个体美外，还要考虑树丛的群体美，并要很好地处理株间关系和种间关系。株间关系主要对疏密远近等因素而言，种间关系主要对不同乔木树种之间以及乔木与灌木之间的搭配而言，组成一个树丛的树种不宜过多，否则既易引起杂乱、繁琐的感觉，又不易处理种间关系。选择主要树种时，最需注意适地适树，宜选用乡土树种，以反映地方特色。

以观赏为主要目的的树丛，为了延长观赏期一般选用几种主要树种，并注意树丛的季相变化，最好将春季观花、秋季观果的花灌木以及常绿树种配合使用，并可于树丛下配植常绿地被，但应注意生态习性的互补。例如，在华北地区，"油松—元宝枫—连翘"树丛或"黄栌—丁香—珍珠梅"树丛可布置于山坡，"垂柳—碧桃"树丛则可布置于溪边池畔、水榭附近以形成桃红柳绿的景色，并可在水体内种植荷花、睡莲、水生鸢尾；在江南，"松—竹—梅"树丛布置于山坡、石间是我国传统的配植形式，谓之"岁寒三友"，"松"苍劲古雅，不畏霜雪风寒，具有坚贞不屈、高风亮节的品格，"竹"未曾出土先有节、纵凌云处也虚心，被视作最有气节的君子，而"梅"凌寒怒放，一树独先天下春。以遮荫为主要目的的树丛常全部选用乔木，并多用单一树种，如毛白杨、朴树，也可于树丛下适当配植耐阴的花灌木。

图5-7　群植

(三) 群植

群植指成片种植同种或多种树木，常由二三十株以至数百株的乔灌木组成(图5-7)。群植常用作背景，在大型公园中也可作为主景。群植是为了模拟自然界中的树群景观，根据环境和功能要求，可多达数百株，可由一种也可由多种乔、灌木组成，单纯树群和混交树群各有优点，要因地制宜地加以应用。对于混交树群而言，一般以一两种乔木树种为主体，与其他树种搭配。

园林中的树群设计应当源于自然而高于自然，把客观的自然树群形象与设计者的感受情思结合起来，抓住自然树群最本质的特征加以表现，求神似而非形似。宋·郭熙在《林泉高致》中说，"千里之山，不能尽奇，万里之水，岂能尽秀"，此虽为画理，但与园林设计之理是共通的。群植主要表现树木的群体美，要求整个树群疏密自然，林冠线和林缘线变化多端，并适当留出林间小块隙地，配合林下灌木和地被植物的应用，以增添野趣。

大多数园林树种均适合群植，如以秋色叶树种而言，枫香、元宝枫、黄连木、黄栌、槭树等群植均可形成优美的秋色，南京中山植物园的"红枫岗"，以黄檀、榔榆、三角枫为上层乔木，以鸡爪槭、红枫等为中层形成树群，林下配植洒金珊瑚、吉祥草(*Reineckea carnea*)、土麦冬(*Liriope spicata*)、石蒜(*Lycoris radiata*)等灌木和地被，景色优美。

同丛植相比，群植不但所用的树木的株数增加、面积扩大，而且是人工组成的小群落。配植中更需要考虑树木的群体美、树群中各树种之间的搭配，以及树木与环境的关系。乔木树群多采用密闭的形式，故应适当密植以及早郁闭，而郁闭后树群内的环境已经发生了变化，树群内只能选用耐阴的灌木和地被。

（四）林植

林植是大面积、大规模的成带成林状的配植方式，一般以乔木为主，主要用作防护、隔离等作用，有自然式林带、密林和疏林等形式，而从植物组成上分，又有纯林和混交林的区别，景观各异。

1. 自然式林带

一般为狭长带状的风景林，可由数种乔、灌木所组成，亦可只由一种树木构成，如防护林、护岸林等可用于城市周围、河流沿岸等处，宽度随环境而变化。配植时既要注意种间关系和防护功能，也要考虑美观上的要求。紧密结构的自然式林带，林木的株行距较小，以便及早郁闭，供防尘、隔声、屏障视线、隔离空间或作背景等用；以防风为主的林带，则以疏松结构者为宜。

2. 疏林

郁闭度一般为0.4~0.6，常由单纯的乔木构成，不布置灌木和花卉，但留出小片林间隙地(图5-8)。用于大型公园的休息区，并与大片草坪相结合，形成疏林草地形式，在景观上具有简洁、淳朴之美。疏林中的树种应具有较高的观赏价值，常用树种有白桦、水杉、枫香、金钱松、毛白杨等，树种和植要三五成群，疏密相间，有断有续，错落有致，务使构图生动活泼。

图5-8 疏林

3. 密林

一般用于大型公园和风景区，郁闭度常在0.7~1.0之间，林间常布置曲折的小径，可供游人散步等，但一般不供游人作大规模活动，不少公园和景区的树林是利用原有的自然植被略加改造形成的，如长沙岳麓山、广州越秀山等。可分纯林和混交林两类。

纯林由一种树木组成。栽植时可为规则的或自然的，但前者经若干年后分批疏伐，渐成为疏密有致的自然式纯林。纯林以选乡土树种为妥，多为乔木，有时也可为灌木，从景观角度考虑，一般选用观赏价值较高、生长健壮的适生树种，如马尾松、油松、白皮松、水杉、枫香、侧柏、桂花、元宝枫、毛白杨、杏、黄栌、黑松以及竹子等。

混交林是由两种或两种以上乔灌木所构成的郁闭群落，其间植物种间关系复杂而重要，除要考虑空间各层之间和植株之间的相互均衡外，还要考虑地下根系深浅及株间的相互均衡。在进行混交、

选择树种时，须多注意向自然学习，如在华北山区常见油松、元宝枫与胡枝子天然混交，就可仿用到园林中。油松为阳性树，可作为主要树种，元宝枫为弱阳性树，可作为伴生树种，胡枝子作为第三层下木，既可改良土壤，又有观赏和防护作用。

（五）散点植

以单株或双株、三株的丛植为一个点，在一定面积上进行有节奏和韵律的散点种植(图 5-9)。强调点与点之间的呼应和动态联系，特点是既体现个体的特征又使其处于无形的联系之中。

图 5-9　苏铁的散点植

第六章　园林树木的选择与应用

第一节　行道树的选择与应用

行道树植于道路两边和分车带中，以美化、遮荫和防护为目的并形成景观。行道树的应用对于完善道路服务体系、提高道路服务质量、改善生态环境有着十分重要的意义。行道树可分为街道树、公路树、园路树、甬道树(墓道树)等，但狭义的行道树一般仅指街道树。行道树可以为车辆、行人庇荫，减少铺装路面的辐射热和反射光，起到降温、防风、滞尘和减弱噪声的作用。

由于城市街道的环境条件一般比较差，如土壤干燥板结、烟尘和有毒气体危害较重、铺装地面的强烈辐射、建筑物的遮荫、空中电线电缆的障碍、地下管线的影响等，因此行道树首先应当能够适应城市街道这个特殊的环境，对不良因子有较强的抗性。要选择那些耐瘠薄、抗污染、耐损伤、抗病虫害、根系较深、干皮不怕阳光曝晒、对各种灾害性气候有较强抵御能力的树种。一般选择乡土树种，也可选用已经长期适应当地气候和环境的外来树种。其次，行道树还应能方便行人和车辆行驶。一般选择乔木或小乔木，要求主干通直，分枝点高，冠大荫浓，萌芽力强，耐修剪，基部不易发生萌蘖，落叶期短而集中，大苗移植易于成活。

符合行道树要求的树种非常多，因此选择的余地很大，但目前我国多数地区的行道树种比较单调，雷同现象严重，缺乏特色，应根据当地的实际情况，丰富其多样性。同时，随着各地城市道路的不断加宽，行道树与其他植物材料的搭配也应多样化。常用的行道树有悬铃木、银杏、国槐、毛白杨、白蜡、合欢、梧桐、银白杨、圆冠榆(*Ulmus densa*)、白榆、旱柳、柿、樟树、广玉兰、榉树、七叶树、重阳木、小叶榕、银桦(*Grevillea robusta*)、凤凰木、相思树、洋紫荆、木棉、蒲葵、大王椰子等。

行道树一般采用规则式配植，其中又有对称式和非对称式。多数情况下道路两侧的立地条件相同，宜采用对称式，当两侧的条件不同时，可采用非对称式。最常见的行道树形式为同一树种、同一规格、同一株行距的行列式栽植。

对于公路树而言，要求树种耐干旱瘠薄能力更强，枝下高宜在 4m 以上，以防遮挡视线，如刺槐、旱柳、臭椿、白蜡、枫杨、相思树、桉树、木麻黄等均可作公路树。

园路树主要应突出树木的观赏特性，而其他方面的要求不太严格，除了普通的行道树种以外，多数观花类乔木或小乔木可作园路树，如常用的白玉兰、紫丁香、樱花、日本樱花、石榴、鸡爪槭、海棠花等。

甬道树主要选择常绿的松柏类，如侧柏、圆柏、柏木、龙柏、油松、柳杉、罗汉松等，其他如女贞、石楠、珊瑚树、银杏等也常见应用。

第二节　庭荫树的选择与应用

庭荫树主要用于遮挡夏日骄阳，以取绿荫为主要目的，并装点空间、形成景观。由于最常用于建筑形式的庭院中，故习称庭荫树。

在园林中，庭荫树可用于庭院和各类休闲绿地，多植于路旁、池边、亭廊附近、草地和建筑周围，可孤植，也可三五株丛植、散植，在规整的有轴线布局的地点也可列植，或在游人较多的地方成组散植。晋朝诗人陶渊明所说的"方宅十余亩，草屋八九间，榆柳荫后檐，桃李罗堂前"，指的就是庭荫树的配植。

庭荫树以遮荫为主，但树种选择时亦应注重其观赏特性。一般要求为大中型乔木，树冠宽大，枝叶浓密。庭院内应用的庭荫树一般选择落叶树种，而且不宜距建筑物窗前过近，以免终年阴暗抑郁，热带地区也常选用常绿树。

常用的庭荫树主要有梧桐、国槐、毛白杨、元宝枫、柿树、栾树、旱柳、枫杨、苦楝、梓树、白榆、朴树、珊瑚朴(Celtis julianae)、油松、白皮松、樟树、广玉兰、青冈、紫楠(Phoebe sheareri)、楠木(P. zhenna)、女贞、红豆树(Ormosia hosiei)、银杏、枫香、榉树、合欢、鹅掌楸、七叶树、南酸枣、相思树、橄榄(Canarium album)、蒲葵、榕树、龙眼、荔枝、银桦、桉树、椰子树，其中许多花木和果木类乔木树种都是优良的庭荫树。

第三节　孤植树的选择与应用

孤植树也叫园景树、独赏树或标本树等，指个性较强，观赏价值高，适于园林中孤植的树种，造景中突出体现树木单株的个体美。常用于庭院、广场、草坪、假山、水面附近、园路交叉处、建筑旁、桥头等各处。孤植树在古典庭院和自然式园林中均应用很多，我国苏州古典园林中常见应用，而英国草坪上孤植欧洲槲栎几乎成为英国自然式园林的特色之一。

孤植树常植于庭园或公园中，应具有独特的观赏价值，如油松的枝叶繁茂、树姿苍古，槭树的枝叶婆娑、秋叶红艳，玉兰的满树繁花、宛若琼岛。从功能上讲，孤植树可作为局部园林空间的主景，以展示树木独特的个体美，也可发挥遮荫功能。

一般选择大中型乔木，要求树体高大、挺拔、端庄，树冠宽广，树姿优美，而且寿命较长，既可以是常绿树，也可以是落叶树，如雪松、油松、白皮松、南洋杉、冷杉、云杉、樟树、广玉兰、榕树、腊肠树、桂花等常绿树，鹅掌楸、银杏、玉兰、木棉、毛白杨、椴树、重阳木、无患子、凤凰木、洋白蜡(Fraxinus pennsylvanica)、水杉、金钱松等落叶树都是优美的孤植树，其中秋色金黄的鹅掌楸、无患子、银杏等，若孤植于空旷的大草坪上，秋季金黄色的树冠在蓝天和绿草的映衬下显得极为壮观。事实上，许多古树名木从景观构成的角度而言，实质上起着孤植树的作用。此外，一些枝叶优雅、线条宜人或花果美丽的小乔木如鸡爪槭、合欢、木瓜、垂丝海棠(Malus halliana)、日本樱花也可作孤植树。

第四节　绿篱树种的选择与应用

绿篱树指密植成行，用来分隔空间、屏障视线，作范围、防范或装饰美化之用的树种。关于绿篱(或称树篱、植篱)的应用，中国早在三千年前即有"折柳樊圃"的记载，北魏贾思勰的《齐民要术》则系统介绍了用酸枣、榆等制作绿篱的方法和步骤。但在中国古典园林中，绿篱应用并不多，而现代园林中一度广泛应用(但形式和种类过于单调)。日本自古以来，也多用杨桐植篱作为划分祭神斋场的境界，因此杨桐被称为"神木"或"境木"。

绿篱多选用常绿树种，并应具有以下特点：树体低矮、紧凑，枝叶稠密；萌芽力强，耐修剪；

生长较缓慢，枝叶细小；树高适合需要。但不同的绿篱类型对材料的要求也不尽相同。大叶黄杨、罗汉松和珊瑚树被称为海岸三大绿篱树种。

绿篱类型繁多，依用途可分为保护篱、境界篱和观赏篱；依材料则有花篱、果篱、叶篱、蔓篱、竹篱、刺篱等；依整形方式可分为自然篱、散植篱和整形篱；依高低可分为高篱、中篱和矮篱。

保护篱主要用于住宅、庭院或果园周围，多选用有刺树种，如枸橘、花椒、枸骨、马甲子(Paliurus ramosissimus)、火棘、椤木石楠、龙舌兰(Agave americana)等。境界篱用于庭园周围、路旁或园内之局部分界处，也供观赏，常用的有黄杨、大叶黄杨、罗汉松、侧柏、圆柏、小叶女贞、紫杉等。观赏篱见于各式庭园中，以观赏为目的，如花篱可选用茶梅、杜鹃、扶桑、木槿、锦鸡儿等；果篱可选用火棘、南天竹、小檗、枸子等；蔓篱可选用葡萄、蔷薇、金银花等；竹篱可选用凤尾竹(Bambusa multiplex 'Fernleaf')、菲白竹(Pleioblastus fortunei)等。

按高度划分高篱、中篱和矮篱的标准尚不统一。根据《中国农业百科全书·观赏园艺卷》：高篱高于1.7m(人的视平线)，中篱高0.5～1.7m，矮篱高0.5m以下。因此，珊瑚树、杨桐、罗汉松、柳杉、日本女贞等均可构成高篱，一般高3～8m，具有防风之效，珊瑚树篱兼有防火功能；黄杨、小叶女贞、海桐、小叶罗汉松(Podocarpus macrophyllus var. maki)、紫杉等均可形成中篱，常见的花篱和果篱也为中篱；六月雪、假连翘、菲白竹等可形成矮篱，除作境界外，还常用作花坛、草坪和喷泉、雕塑周围的装饰、组字、构成图案，起到标志和宣传作用，也常用作基础种植材料。

不同高度的绿篱还可组合使用，形成双层甚至多层形式，横断面和纵断面的形状也变化多端。常见的有波浪式、平头式、圆顶式、梯形等。单体的树木还可修剪成球形、方形、柱状，与绿篱组合为别致的艺术绿垣。

此外，许多绿篱树由于枝叶密集而且耐修剪，可经修剪和攀扎制作成具有立体艺术造型的绿雕塑，用于园林点缀，可以起到锦上添花或画龙点睛的作用。西方多以修剪方式，中国除了修剪外，还常用攀扎。常见的绿雕塑形式有球形、方形、塔形、圆柱形、三棱形等规则几何形体，拱门、城堡、伞、钟、花瓶、飞机、旗帜等物体形状，狮子、老虎、仙鹤、孔雀、蘑菇等各种动植物造型。

第五节　垂直绿化树种的选择与应用

垂直绿化是指利用攀缘植物装饰建筑物墙面、栅栏、棚架、山石等立体空间的一种绿化形式。由于适应环境而长期演化，攀缘植物形成了不同的攀缘习性。

缠绕类攀缘植物依靠自身缠绕支持物而向上延伸生长，攀缘能力强，如紫藤、金银花、鸡血藤(Millettia reticulata)、葛藤。卷须类攀缘植物依靠特殊的变态器官卷须而攀缘，攀缘能力也比较强，如葡萄、蛇葡萄、扁担藤(Tetrastigma planicaule)。吸附类攀缘植物具有气生根或吸盘，依靠吸附作用而攀缘，如爬山虎、五叶地锦、常春藤、凌霄、络石(Trachelospermum jasminoides)、薜荔，攀缘能力最强。蔓生类没有特殊的攀缘器官，为蔓生悬垂植物，靠细柔而蔓生的枝条攀缘，有的种类枝条具有倒钩刺，在攀缘中起一定作用，如蔷薇、木香、叶子花(Bougainvillea spectabilis)、软枝黄蝉(Allemanda cathartica)、云实等，攀缘能力最弱。

就各类垂直绿化形式而言，附壁式造景可用于各种墙面、断崖悬壁、挡土墙、大块裸岩、桥梁(桥墩)、楼房等设施的绿化，以吸附类攀缘植物为主，如爬山虎、薜荔、凌霄、络石、小叶扶芳藤、常春藤。篱垣式造景主要用于篱架、栏杆、铁丝网、栅栏、矮墙、花格的绿化，几乎所有的攀缘植物均可用于此类造景，如千金藤(*Stephania japonica*)、络石、铁线莲、扶芳藤、凌霄、蔷薇、藤本月季、猕猴桃、金银花、使君子(*Quisqualis indica*)、炮仗花。棚架式造景是园林中应用最广泛的垂直绿化方式，卷须类和缠绕类攀缘植物均可供棚架造景使用，紫藤和葡萄是应用最广泛的两种植物，此外，木通、菝葜(*Smilax china*)、常春油麻藤、炮仗花以及枝蔓细长的蔓生类也是适宜的材料，如叶子花、蔷薇等。利用攀缘植物点缀假山置石，若欲表现植被茂盛的状况，可选择枝叶茂密的种类，如五叶地锦、紫藤、凌霄、扶芳藤，并配合其他树木花草；若主要表现山石的优美，可稀疏点缀络石、小叶扶芳藤、薜荔等枝叶细小的种类。

此外，随着城市建设，各种立柱如电线杆、路灯灯柱、高架路立柱、立交桥立柱不断增加，它们的绿化已经成为垂直绿化的重要内容之一。从一般意义上讲，吸附类的攀缘植物最适于立柱式造景，不少缠绕类植物也可应用，但立柱所处的位置大多交通繁忙，汽车废气、粉尘污染严重，土壤条件也差，高架路下的立柱还存在着光照不足的缺点，因此，在选择植物材料时应当充分考虑这些因素，选用那些适应性强、抗污染并耐阴的种类，如五叶地锦、常春油麻藤、常春藤、络石、爬山虎、小叶扶芳藤等。园林中一些枯树如能加以绿化，可给人一种枯木逢春的感觉。

第六节　木本地被植物的选择与应用

木本地被植物指园林中用以覆盖地面的低矮树木，它们可以有效地控制杂草滋生、减少尘土飞扬、防止水土流失并减少日光辐射，用有生命的绿色地毯来装点园林，把树木、花草、道路、建筑、山丘、水面等各个风景要素更好地联系和统一起来，使之构成有机整体，并对这些风景要素起着衬托的作用，从而形成多层次的绿化布置，形成绿荫覆盖、高低错落、生机盎然的优美景观。木本地被植物拥有一般草本地被植物所不具有的优点，主要表现在以下几个方面：生态效益好；管理方便，管理成本低；观赏价值高；适宜于特殊地段，如地形起伏较大的坡岸、石崖、树间；种类繁多，有些种类非常耐阴，适于树下及背阴处使用。

木本地被植物同草本地被植物有着相似的基本要求，一般应具有以下特点：

(1) 植株低矮，最好能够紧贴地面生长。

(2) 易于分枝，在不加修剪的情况下，自然分枝力强，容易形成密丛。

(3) 适应性强，在粗放管理的情况下可以生长良好。

(4) 观赏价值高，或花果艳美密集，或色彩斑斓，最好能够四季常绿或有明显的季相变化。

(5) 生长迅速，可以尽快蔓延，防止杂草滋生。

适于作为木本地被植物应用的主要有以下三类植物，即匍匐灌木类、低矮丛生灌木类和木质藤本类。匍匐灌木类是最理想的木本地被植物，由于植株低矮，紧贴地面分枝，能够横向延伸，高生长极其有限，因而可以在长时间内保持预期效果，如铺地柏、砂地柏、偃柏、平枝枸子、匍匐枸子等。低矮丛生灌木类主要有紫金牛、越橘、金露梅(*Potentilla fruticosa*)、日本木瓜(*Chaenomeles japonica*)、萼距花(*Cuphea hookeriana*)、六月雪、八角金盘、矮紫小檗(*Berberis thunbergii* 'Atropurpurea Nana')、鹅毛竹(*Shibataea chinensis*)、翠竹、菲白竹等。适于用作地被植物的木质藤本植物有小叶扶芳藤、硬骨凌霄(*Tecomaria capensis*)、常春藤、薜荔、络石等。

第七章 园林树种的调查与规划

园林树种的调查与规划是城市绿地系统规划的重要组成部分，是科学选择、合理应用园林树种的主要依据。无论是从保护城市环境、维护和改善城市生态平衡的要求出发，还是从园林美学的角度来讲，都要求城市必须具备较大数量的绿量，并以其特性来丰富城市景观。从这个意义上讲，城市园林绿化建设的速度、质量、艺术水平及综合效益的发挥，很大程度上取决于城市园林植物尤其是园林树种的选择和应用。

园林绿化树种资源不仅是一个城市自然气候特征的反映，也是经济与社会发展的标志。树种的调查是对城市的树种资源进行全面的本底资源清查或专项的调查，其目的是为了搞清一个城市的园林绿化树种的现状、记录相关历史资料与分析总结经验。树种调查能够为树种规划提供最基本的科学依据，是做好树种规划的基础，并可进一步为苗木产业服务，促进社会经济和谐发展。

第一节　园林树种的调查

树种调查是指对当地树木种类、生境、生长状况、绿化效果等方面作综合的调查，必须以实事求是的态度，认真做好这项工作，才能为树种规划提供科学依据。

树种调查要在当地园林主管部门、有关教学科研单位或有一定技术实力的绿化公司主持下进行，必须有一批专业人员参加。调查前，应该首先对城市的自然条件、绿化情况以及历史进行调查，然后分析全市园林绿地的类型和各种生态环境，在对树木种类全面调查的基础上，选择典型和代表性强的调查点进行普查。根据调查结果，写出调查报告。

调查范围应根据城市结构布局和绿地系统规划中各类绿地的划分确定，同时对城市附近的自然植被中的树种进行调查，以为城市绿化提供新的资源。

一、城市自然条件调查

除了调查城市的自然地理位置、地形、地貌、土壤、水文等条件外，还应调查导致植物灾难性死亡的自然灾害，如台风、旱风等，记载那些对植物生长不利的条件，例如，对于南部沿海城市而言，夏季台风往往对园林树种造成大的伤害，在城市自然条件调查中应当了解台风发生的规律和强度，以便在树种规划中有针对性地选择抗风树种。而重庆有与其他城市所不同的特点——山城、旱城、火炉城、雾城。土壤瘠薄，夏季干旱，高温季节达5个月，4月下旬至10月超过35℃的天气长达80天，最高气温高达40℃，全年有雾天多达120天，工业污染比较严重。针对这样的环境，园林树种应选择耐干旱瘠薄、抗污染能力强的种类。

二、城市绿化情况调查

一般来说，城市绿化情况调查包括普查和定期观测两种。无论哪种都需要做好园林树种的观测记录。普查观测的树种不需要编号，长期观测的树种则应编号。

调查中，应调查不同绿地类型园林树种的应用和表现情况，尤其是在造景中的应用。针对代表性的调查点，除了记录树木种类、抗性、生长表现等项目外，还应逐棵清点数量、观察其立地条件，统计出各种树木的数量，以及常绿与落叶、乔木与灌木的种、株数比等，以便为树种规划提供科学依据。

三、园林树种调查项目

园林树种调查的具体项目见表 7-1。

园林树种调查表　　　　　　　表 **7-1**

编号：	树种中名：	学名：	科别：
栽植地点：	来源：乡土、引种	树龄：	
类别：落叶树、常绿树；针叶树、阔叶树；乔木、灌木、藤本			
冠形：卵形、圆形、塔形、伞形等	干形：通直、弯曲	生长势：强、中、弱	
树高：	冠幅：东西 南北	胸径或灌木基径：	
主要观赏性状：			
其他重要性状：			
繁殖方式：实生、扦插、嫁接、萌蘖			
园林用途：行道树、庭荫树、防护树、园景树、垂直绿化、地被等			
配植方式：			
生　　境：			
土壤条件：类型—— 质地——沙土、壤土、黏土 pH 值——			
肥力——好、中、差 水分——水湿、湿润、干旱			
病虫害危害程度：严重、较重、较轻、无 病虫种类：			
主要空气污染物及抗性：			
伴生树种：			
适应性综合评价分级：			
标本编号：	照片编号：	调查人：	调查日期：

四、调查结果的分析与树种评价

外业调查结束后，应将调查资料集中，编写树种名录，填写树种调查统计表(表 7-2)，并进行分析总结，写出调查报告。调查报告的主要内容包括：

(1) 前言：包括调查目的、意义、组织情况及参加人员、调查方法步骤等内容。

(2) 城市自然地理概况：包括城市的地理位置、地形、地貌、海拔、气象、水文、土壤、污染情况以及附近的自然植被等。

(3) 城市社会与经济发展概况。

(4) 城市园林绿化现状：对当地绿化现状进行简要介绍和评述，可根据绿地类别进行论述。

(5) 树种调查结果：统计各类调查表格，可主要包括行道树种表、公园树种表、抗性树种表、古树名木表、本地特色树种表等，相关项目可参考表 7-2；同时在适应性综合评价分级基础上，进行分类统计(表 7-3)。根据统计结果，进行文字说明。

(6) 经验与教训：总结树种引种驯化、规划、栽培与管理的成功经验与失败教训。

(7) 群众与专家意见：当地群众及有关专家的意见。

(8) 参考文献。

(9) 附件：调查记录表；照片资料；腊叶标本；工作记录等。

园林树种调查统计表　　　　　　　　　表 7-2

树种类别：

编号	树种名称	来源	调查株数	树龄	树高	胸径或基径	最大冠幅	生长势	适应性									配植方式	园林用途	备注
									耐阴力	耐寒力	耐旱力	耐水力	耐盐碱	耐瘠薄	耐风沙	病虫害	抗污染			

注：(1) 应按照树种类别分别填写，例如常绿针叶类、落叶阔叶类等。

(2) 生长势和各个方面的适应性均分为强、中、弱三级，用1、2、3表示。

(3) 病虫害分为严重、较重、较轻、无四级，分别用1、2、3、4表示。

(4) 树龄、树高、胸径或基径均分为平均和最大；冠幅包括东西和南北。

(5) 适应性还可填写耐高温力、抗风力等。

(6) 抗污染能力可分别填写不同的污染物。

园林树种生长情况分级统计表　　　　　　　　表 7-3

树木分类	树种数	生长状况分级				
		优	良	较优	较差	最差
常绿针叶乔木						
常绿阔叶乔木						
落叶针叶乔木						
落叶阔叶乔木						
常绿针叶灌木						
常绿阔叶灌木						
落叶阔叶灌木						
常绿藤本						
落叶藤本						
总计						

第二节　园林树种的规划

　　树种规划就是对城市园林绿化所用树种进行全面合理的安排。根据各类绿地的需要，在树种调查的基础上，按比例选择一批适应当地自然条件、能最大限度地发挥园林绿化功能的树种。

一、园林树种规划的原则
（一）符合自然植被分布规律

　　在进行城市园林树种规划时，要充分考虑植物的地带性分布规律和特点，使城市绿化面貌能充分反映当地自然景观的地域性特点，例如，杭州市地处亚热带，地带性植被为常绿阔叶林；北京市地处温带，地带性植被为落叶阔叶林，在进行树种规划时必须首先考虑这一自然植被分布规律。

（二）适地适树的原则

适地适树指以树种的生物学与生态学特性为依据，根据城市的气候、土壤、生物与其他生态因子选择能够正常健壮生长的树种进行绿化。适地适树是园林树种选择的重要原则。一般而言，基调树种应当选择乡土树种，其他树种也应以乡土树种为主，并可适当选用经过长期考验的外来树种。

乡土树种是长期适应当地气候与环境的重要生物资源，适应性强，病虫害少，抗逆性强，有些乡土树种在当地利用的历史非常悠久并形成了当地的乡土文化特色。乡土树种苗源也比较充分，易于大苗移植和栽培管理，省时、省力、省资金，能最大限度地发挥园林树木的各种功能。当然，也并非所有的乡土树种都适于园林绿化，应该根据调查结果进行选择。

同时，还应合理应用引种时间长、已经适应本地气候和环境条件的外来树种，这对于丰富城市植物景观，提高园林绿地的综合功能也具有不可忽视的作用，例如，天津市和山东东营市由于自然分布着大面积盐碱地，原生的乡土树种很少，而外来树种绒毛白蜡已经完全适应了当地的环境，该树种也成为当地重要的园林造景材料。

（三）多样性的原则

园林树种作为园林生态系统组成的重要功能成分，是体现生态功能效益的关键元素。生态功能效益的发挥要求生态系统具有相当的复杂性，如要求乔、灌、草的空间组合，要求不同季节、不同树种生态的互补，以满足城市园林在不同季节、地段对园林的需求。以乔木为主体，形成城市园林绿地的骨架，做到乔、灌、藤、花、草全面合理安排，可以体现生态系统的复杂性，营建多样性与多元化的生态园林景观。确定基调树种和骨干树种后，应该尽量多地选择一般树种。

（四）近期和远期相结合的原则

树种规划应遵循近期和远期相结合的原则，有计划地分步落实。解决好快长树与慢长树、常绿树与落叶树的衔接、比例和综合效益问题，使城市园林绿地始终保持有序的发展。

此外，还应注重选择抗性树种，尤其是选择抗污染、滞尘隔声能力强，遮荫、降温、改善环境效果好的树种作为城市绿化的骨干树种，以改善城市生态环境。

二、园林树种规划的内容

在树种调查和分析评价基础上，在城市生态学、生态园林学、风景美学、城市规划学等学科的理论指导下，根据城市发展规划，综合所在地植被自然规律和城市园林绿化现状，因地制宜地确定城市园林树种的主要比例关系，选择城市园林的基调树种、骨干树种和一般树种，并提出城市园林树种驯化和树种发展的方向。

（一）树种比例关系的确定

树种比例关系的确定是维持本地区生态环境的基础，是提高城市园林绿化水平的关键性问题，也是搞好园林绿化建设的重要依据。应依照自然植被分布规律，科学地确定树种的比例关系。主要比例关系包括常绿树与落叶树的比例、乔木与灌木的比例、针叶树种与阔叶树种的比例、快长树与慢长树的比例。

（二）基调树种的确定

基调树种指能充分体现地方特色并在城市普遍绿化的主要树种，在各类绿地均要使用，能形成城市统一的基调。一般以普遍种植且历史较长的乡土乔木树种作为基调树种，此类树种的突出特点是种类少，但使用数量大，多选 1~4 种，例如，黄河流域城市可以选择国槐、毛白杨等，长江流域城市则可选择樟树、枫香、女贞等乡土树种作为基调树种。

(三) 骨干树种的确定

骨干树种是指根据不同功能类型的绿地，选用具有不同使用和景观价值的树种，并在不同的园林类型中起骨干作用。根据绿地的不同类型，在不排除基调树种的同时，选择不同的骨干树种，一般由 20~30 种树种组成，如在黄河流域，行道树可以选择国槐、法桐、银杏、合欢、毛白杨、垂柳、白蜡、苦楝、五角枫等，防护林带可以选择旱柳、刺槐、白榆、油松、紫穗槐等。

此外，按照多样性原则，在突出基调树种、骨干树种的同时，根据树种调查结果，可以将调查中表现在良好以上的树种均作为一般树种，并在充分利用当地树种资源的前提下，根据不同绿地类型引种部分边缘树种，进一步丰富城市植物景观，提高生态环境效益。

第八章 园林树种各论

园林树木属于种子植物中的木本植物。种子植物具有胚珠，由胚珠发育成种子，靠种子繁殖后代。种子植物又根据胚珠有无子房包被或种子有无果皮包被，分为裸子植物与被子植物两类。

第一节 裸子植物 GYMNOSPERMAE

乔木、稀灌木或藤木。次生木质部具管胞，稀具导管，韧皮部仅有筛管。叶多为针形、条形、披针形，稀椭圆形或扇形。球花单性，胚珠裸生于大孢子叶上，大孢子叶从不形成密闭的子房，胚珠发育成种子。

裸子植物在地球上分布广泛，常组成大面积森林，具有重要的生态意义和经济价值。多为重要用材树种和纤维、树脂、栲胶等资源树种，不少为著名园林绿化树种，有些是药用植物。全球共 15 科 74 属 900 余种，我国连引种栽培约 12 科 44 属 250 余种。

一、苏铁科 Cycadaceae

常绿木本，树干常粗短，不分枝或少分枝。叶 2 型：羽状营养叶集生于茎端；鳞片状叶褐色，互生于主干上，外有粗糙绒毛。雌雄异株，雄球花直立，单生树干顶端，小孢子叶扁平，螺旋状排列，腹面着生多数小孢子囊，精子有纤毛，能游动；大孢子叶上部羽状分裂或近于不分裂，生于树干顶部羽状叶和鳞叶之间，胚珠 2～10。种子呈核果状，胚乳丰富。

关于苏铁科的范围，有狭义和广义两种，狭义的苏铁科仅包括苏铁属约 60 种，而广义的苏铁科则有 11 属 240 余种 (包括托叶铁科或称蕨铁科Stangeriaceae 和泽米铁科Zamiaceae)，星散分布于亚洲、非洲、中南美洲、大洋洲及太平洋岛屿的热带亚热带地区。我国 1 属约 16 种，产华南和西南。

多数植物 (尤其是苏铁属) 多可作庭院及盆栽观赏树种；干髓有淀粉，可供食用；嫩叶及种子外种皮可食；大孢子和种子供药用。

苏铁属 Cycas Linn.

主干柱状，直立，髓心大。营养叶羽状全裂，中脉显著。雄球花长卵形或圆柱形；雌球花松散或不形成雌球花，大孢子叶扁平，上部羽状分裂，全体密被黄褐色绒毛。种子的外种皮肉质，中种皮木质，内种皮膜质。

约 60 种，分布于亚洲东部和南部、非洲东部、澳大利亚北部和太平洋岛屿。我国约 16 种。

苏铁 (铁树) Cycas revoluta Thunb. (图 8-1)

【形态特征】乔木，树干常不分枝，在热带地区高达 8～15m，有明显螺旋状排列的菱形叶柄残痕。羽状叶长 0.5～2.0m，革质而坚硬，羽片条形，长 8～18cm，宽 4～6mm，边缘显著反卷。雄球花长圆柱形，长 30～70cm，小孢子叶木质，密被黄褐色绒毛，背面着生多数花药；雌球花扁球形，大孢子叶长 14～22cm，羽状分裂，下部两侧着生 (2) 4～6 枚裸露的直生胚珠。种子倒卵形，微扁，红褐色或橘红色，长 2～4cm。花期 6～8 月；种熟期 10 月。

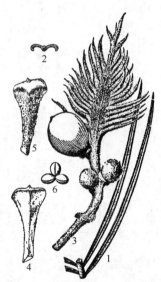

图 8-1 苏铁
1—羽片一段；2—羽状裂片横切片；
3—大孢子叶及种子；4、5—小孢子
叶的背、腹面；6—聚生的花药

【分布与习性】产我国东南沿海和日本，我国野外已灭绝。华南和西南地区常见栽植，长江流域和华北多盆栽。喜光，喜温暖湿润气候，不耐寒。喜肥沃湿润的沙壤土，不耐积水。生长缓慢，寿命长。

【繁殖方法】分蘖、播种、埋插等法繁殖。

【园林用途】树形古朴，主干粗壮坚硬，叶形羽状，四季常青，为重要观赏树种。用于装点园林，不但具有南国热带风光，而且显得典雅、庄严和华贵。常植于花坛中心，孤植或丛植草坪一角，对植门口两侧，也可植为园路树。苏铁也是著名的大型盆栽植物，用于布置会场、厅堂；其羽状叶是常用的插花衬材和造型材料。

附：篦齿苏铁(*Cycas pectinata* Buch.-Ham.)，高达 16m，树干上部常 2 叉分枝，树皮光滑。羽状叶长 0.7～1.2m，羽片 50～100 对，长 9～20cm，宽 5～7mm，边缘稍反曲；大孢子叶顶片卵圆形至三角状卵形，胚珠 2～4 枚。种子卵圆形，长 4.5～6cm，红褐色。产热带亚洲，为广布种，我国云南西南部有分布。常植为庭园观赏树。

攀枝花苏铁(*Cycas panzhihuaensis* L. Zhou & S. Y. Yang)，灌木状，高 2～3m；叶片长 0.7～1.3m，宽 18～25cm，羽片 70～120 对，条形，长 12～20cm，宽 6～7mm，叶柄有短刺。雄球花纺锤状圆柱形，长 25～45cm，径 8～12cm。雌球花球形或半球形，紧密，大孢子叶 30 枚以上，上部宽菱状卵形，密被黄褐色绒毛，篦齿状分裂。分布于四川西南部与云南北部，生于海拔 1100～2000m 稀树灌丛中，适应干旱河谷的特殊生境。

二、银杏科 Ginkgoaceae

落叶乔木。有长枝和短枝，鳞芽。叶扇形，具长柄，在长枝上螺旋状排列，在短枝上簇生；叶脉 2 叉状。雌雄异株，球花生于短枝顶端叶腋或苞腋；雄球花呈柔荑花序状，雄蕊多数，每雄蕊有花药 2，精子有纤毛，能游动；雌球花有长柄，柄端分 2 叉，叉端有 1 盘状珠座，内生 1 直立胚珠。种子呈核果状，子叶 2，发芽时不出土。

本科植物发生于古生代石炭纪末期，至中生代三叠纪、侏罗纪种类繁盛，新生代第四纪冰期后仅孑遗 1 属 1 种，为我国特产。珍贵用材和观赏树种，种子可供食用及药用。

银杏属 *Ginkgo* Linn.

仅 1 种，形态特征同科。

银杏(白果树)*Ginkgo biloba* Linn. (图 8-2)

【形态特征】高达 40m，胸径 4m；树皮灰褐色，纵裂；大枝斜展；老树树冠广卵形或球形，青壮年树冠圆锥形。长枝上的叶顶端常 2 裂；短枝上的叶顶端波状，常不裂；叶扇形，上缘宽 5～8cm，基部楔形；叶柄长 5～8cm。种子椭圆形或球形，外种皮肉质，熟时淡黄色或橙黄色，被白粉；中种皮骨质，白色，具 2～3 条纵脊；内种皮膜质，红褐色。花期 3～5 月；种熟期 8～10 月。

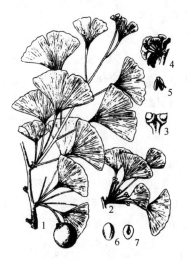

图 8-2 银杏
1—种子和长短枝；2—雌球花枝；3—雌球花上端；4—雄球花枝；5—雄蕊；6—除去外种皮种子；7—种仁纵剖面

【栽培品种】黄叶银杏('Aurea'),叶片在生长季节黄色。斑叶银杏('Variegata'),叶绿色,有黄斑。塔状银杏('Fastigiata'),分枝角度小,大枝靠近主干生长,树冠呈狭尖塔形或近柱状。垂枝银杏('Pendula'),枝条下垂。

【分布与习性】我国特产,浙江天目山可能有野生分布,沈阳以南、广州以北各地广为栽培。日本、朝鲜和欧美各国均有引种。适应性强,在年平均气温 10～18℃,冬季绝对最低气温不低于 −20℃,年雨量600～1500mm 的气候条件下生长最好。阳性;对土壤要求不严,在 pH 值4.5～8 的酸性土至钙质土中均可生长,以中性土或微酸性土最为适宜;较耐旱,不耐积水;对大气污染有一定抗性,尤其对二氧化硫、铬酸、苯酚、乙醚、硫化氢等污染有较强的抵抗能力。深根性,抗风,抗火;寿命极长,生长较慢。

【繁殖方法】播种、嫁接、扦插、分蘖繁殖。

【园林用途】树姿优美,冠大荫浓,秋叶金黄,而且叶形奇特,是优良的庭荫树、园景树和行道树。在公园草坪、广场等开旷环境中,适于孤植或丛植。若与枫香、槭树等秋季变红的色叶树种混植,观赏效果更好。作行道树时,宜用于宽阔的街道,并最好选择雄株。银杏老根古干,隆肿突起,如钟似乳,适于作桩景,是川派盆景的代表树种之一。

三、南洋杉科 Araucariaceae

常绿乔木,具树脂,大枝轮生。叶螺旋状互生,稀在侧枝上近对生,下延。雌雄异株,稀同株;雄球花圆柱形,单生或簇生叶腋或枝顶;雌球花椭圆形或近球形,单生枝顶;雄蕊和苞鳞多数,螺旋状排列,珠鳞不发育或与苞鳞合生;胚珠1,倒生。球果直立,卵圆形或球形,2～3 年成熟;种鳞木质,有 1 粒种子,通常在球果基部及顶端的种鳞内不含种子。种子扁平。

3 属41 种,主要分布于南半球热带和亚热带地区(南美洲、大洋洲)。我国引入 2 属约 10 种,供观赏。

南洋杉属 *Araucaria* Juss.

常绿乔木。叶鳞形、钻形、披针形或卵状三角形,顶端尖锐,基部下延。球果大,直立,苞鳞木质、扁平,顶端具尖头,反曲或向上弯曲。种子无翅或具两侧与苞鳞合生的翅。子叶2,稀4,发芽时出土或否。

约 18 种,分布于大洋洲、南美洲及太平洋岛屿。我国引入约有 7 种,其中 3 种栽培较普遍。

分 种 检 索 表

1. 叶形小,钻形、鳞形、卵形或三角状,中脉明显或否,无平行细脉;雄球花生枝顶;种子有翅,子叶出土。
  2. 叶卵形、三角状卵形或三角状钻形,上下扁或背部具纵脊;球果椭圆状卵形……… 南洋杉 *A. cunninghamii*
  2. 叶锥形,通常两侧扁,四菱状;球果近球形 ……………………………… 异叶南洋杉 *A. heterophylla*
1. 叶形大,扁平,披针形或卵状披针形,具多数平行细脉;雄球花生叶腋;球果的苞鳞先端具有急尖的三角状
    尖头,尖头向外反曲;种子无翅,子叶不出土 ………………………………… 大叶南洋杉 *A. bidwillii*

1. 南洋杉 *Araucaria cunninghamii* Sweet(图 8-3)

【形态特征】大乔木,在原产地高达 70m;幼树树冠呈整齐的尖塔形,老树呈平顶状。主枝轮生,平展或斜展,侧生小枝密集下垂。幼树及侧枝上的叶排列疏松,开展,锥形、针形、镰形或三角形,较软,长 0.7～1.7cm,微具 4 棱;大树和花枝之叶排列紧密,前伸,上下扁,卵形、三角状

卵形或三角形，长 0.6～1.0cm。球果椭圆状卵形，长 6～10cm，径 4.5～7.5cm；苞鳞先端有长尾状尖头向后弯曲，种子两侧有薄翅。

【分布与习性】原产澳大利亚东北部和巴布亚新几内亚。华南地区常见栽培，长江流域及其以北地区盆栽。喜光，稍耐阴；喜暖热湿润的热带气候和肥沃土壤，耐 0℃ 低温和轻微霜冻。

【繁殖方法】播种或扦插繁殖。扦插繁殖宜选剪徒长枝或主轴作插穗，若选用侧枝，则苗木树形不佳。

【园林用途】树体高大雄伟，树形端庄，姿态优美，是世界五大公园树之一，可形成别具特色的热带风光。最宜作园景树孤植，以突出表现其个体美；也可丛植于草坪、建筑周围，以资点缀，并可列植为行道树。在北方，南洋杉是重要的盆栽植物，常用于布置会场、厅堂和大型建筑物的门厅。

2. 异叶南洋杉 Araucaria heterophylla (Salisb.) Franco

树冠狭塔形，小枝平展或下垂，侧枝常呈羽状排列。幼树和侧生小枝之叶排列疏松，钻形，上弯，长 0.6～1.2cm，通常两侧扁，3～4 棱；大树和花枝之叶排列较密，宽卵形或三角状卵形，长 0.5～0.9cm。球果近球形，长 8～12cm，宽 7～11cm；苞鳞先端具上弯的三角状尖头。

原产澳大利亚诺福克岛。华南各地引种栽培，供庭园观赏。

3. 大叶南洋杉 Araucaria bidwillii Hook. (图 8-4)

大枝平展，树冠塔形，侧生小枝密生、下垂。叶辐射伸展，较大，卵状披针形、披针形或三角状卵形，扁平或微内曲，无主脉，具多数并列细脉。幼树及营养枝之叶较花果枝和老树之叶为长，排列较疏，长达 2.5～6.5cm，花果枝和老树的叶长 0.7～2.8cm。雄球花单生于叶腋，圆柱形。球果宽椭圆形或近球形，长达 30cm，径 22cm；苞鳞先端三角状急尖，尖头外曲。种子无翅。花期 6 月；球果第 3 年秋后成熟。

原产澳大利亚东北部沿海地区。华南有引种栽培，作庭院树，生长良好。

图 8-3　南洋杉

1～3—枝叶；4—球果；
5～8—苞鳞背腹面、侧面及俯视

图 8-4　大叶南洋杉

1—球果；2～5—苞鳞和舌状种鳞的背腹面、侧面及俯视；6—雄球花枝；7～9—雄蕊背腹面及侧面；10—枝叶

四、松科 Pinaceae

常绿或落叶乔木，稀灌木。叶条形、针形、四棱形，螺旋状排列、簇生或束生。球花单性，雌雄同株；雄球花具多数雄蕊，每雄蕊具 2 花药，花粉有气囊；雌球花具多数珠鳞和苞鳞，每珠鳞具 2 倒生胚珠；珠鳞与苞鳞分离；雄蕊、珠鳞均螺旋状排列。球果 1～3 年成熟，熟时种鳞宿存或脱落，木质或革质，发育的种鳞各具 2 粒种子；种子有翅或无翅。

10 属约 235 种，多产于北半球，组成广袤的森林。我国 10 属 84 种，分布几遍全国；另引入 24 种。

重要的用材树种，多数种类可作园林绿化，有些种类可供采脂、提炼松节油等多种化工原料，有些种类的种子可食。

分 属 检 索 表

1. 仅具长枝，无短枝；叶条形扁平或具四棱，螺旋状散生(冷杉亚科 Subfam. Abietoideae)。
    2. 叶两面中脉隆起；球果直立 ·· 油杉属 *Keteleeria*
    2. 叶上面中脉凹下，稀两面隆起但球果下垂。
        3. 球果成熟后种鳞自中轴脱落；球果腋生，直立 ·························· 冷杉属 *Abies*
        3. 球果成熟后种鳞宿存。
            4. 球果顶生，通常下垂，稀直立。
                5. 叶枕微隆起或不明显；叶扁平，仅下面有气孔线。
                    6. 球果较大，苞鳞伸出种鳞之外，先端 3 裂；小枝无或微有叶枕 ······ 黄杉属 *Pseudotsuga*
                    6. 球果小，苞鳞不露出，稀微露，先端不裂或 2 裂；小枝有隆起或微隆起的叶枕······ 铁杉属 *Tsuga*
                5. 小枝有显著隆起的叶枕；叶四棱状或扁棱状条形，四面有气孔线，或条形扁平微扁平，仅上面有气孔线，中脉两面隆起；球果的苞鳞极小 ·············· 云杉属 *Picea*
            4. 球果腋生，初直立后下垂，苞鳞短，不露出；叶在节间上端排列紧密，似簇生状 ······ 银杉属 *Cathaya*
1. 具长枝和短枝，叶条形扁平或针形，在长枝上散生，在短枝上簇生，或成束着生。
    7. 具长枝和发达的短枝；叶条形或针形，在长枝上散生，在短枝上簇生(落叶松亚科 Subfam. Laricoideae)。
        8. 叶扁平条形，柔软，落叶性；球果当年成熟。
            9. 雄球花单生于短枝顶端；种鳞宿存；芽鳞先端钝；叶宽 2mm 以内 ·············· 落叶松属 *Larix*
            9. 雄球花簇生于短枝顶端；种鳞脱落；芽鳞先端尖；叶宽 2～4mm ·············· 金钱松属 *Pseudolarix*
        8. 叶针形，坚硬；常绿性；球果翌年成熟，成熟时种鳞自中轴脱落 ·············· 雪松属 *Cedrus*
    7. 具长枝和不发达的短枝；叶针形，成束着生；常绿性；球果 2～3 年成熟，种鳞宿存，背面上方具鳞盾和鳞脊(松亚科 Subfam. Pinoideae) ······················· 松属 *Pinus*

(一) 油杉属 *Keteleeria* Carr.

常绿乔木。叶条形，螺旋状排列，两面中脉隆起。雄球花簇生枝顶，雌球花单生枝顶。球果直立，当年成熟；种鳞木质，宿存；苞鳞短于种鳞，不露出或微露出，先端 3 裂。种翅宽长，厚膜质，种子连翅与种鳞近等长；子叶 2～4，发芽时不出土。

5 种，产中国、老挝、越南。我国 5 种均产，分布于长江流域及其以南地区。为重要用材和园林绿化树种。

分 种 检 索 表

1. 叶长 1.2～3cm，宽 2～4mm，上面无气孔线 ······························· 油杉 *K. fortunei*
1. 叶较狭长，长 2～6.5cm，宽 2～3mm，上面中脉两侧各有 2～10 条气孔线 ············ 云南油杉 *K. evelyniana*

1. 油杉 *Keteleeria fortunei* (Murr.) Carr.

【形态特征】高达 30m，胸径 1m；树皮暗灰色，纵裂；树冠塔形。1 年生小枝干后橘红色或淡粉红色。叶条形，排成 2 列，表面亮绿色，背面淡绿色；长 1.2～3cm，宽 2～4mm，先端钝，幼树或萌芽枝之叶长达 4cm，先端具刺尖头，上面无气孔线，下面中脉两侧各有 12～17 条气孔线。球果圆柱形，长 6～18cm，径 5～6.5cm，中部种鳞宽圆形，种翅先端最宽。花期 3～4 月；球果 10 月成熟。

【变种】江南油杉 [**var. *cyclolepis*** (Flous) Silba]，叶较薄，长 1.5～4cm，宽 2～4mm，先端圆或

凹入，种鳞菱形、菱状圆形，较厚，先端圆，种翅中部最宽。矩鳞油杉 [var. *oblonga* (W. C. Cheng & L. K. Fu) L. K. Fu & Nan Li]，种鳞矩圆形，极薄。

【分布与习性】产浙江、福建、广东、广西、贵州、湖南、江西、云南等地，生于海拔 200～1400m 地带。越南北部也有分布。阳性树，喜温暖湿润气候，在酸性红壤和黄壤中生长良好，在石灰性土壤中也能生长；耐干旱瘠薄。萌芽力弱。深根性。

【繁殖方法】播种繁殖。生长缓慢，苗期喜光，但在盛夏需短期遮荫。

【园林用途】树体高大挺拔，大枝水平开展，树形美观，是优良的风景树，适于开阔的广场或草坪区列植，也适于孤植、丛植。此外，还是重要的山地风景林造林树种。

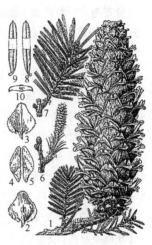

图 8-5 云南油杉

1—球果枝；2—种鳞背面及苞鳞；
3—种鳞腹面；4、5—种子背腹面；
6—雌球花枝；7—雄球花枝；
8、9—叶的上下面；
10—叶横切面

2. 云南油杉 *Keteleeria evelyniana* Sweet (图 8-5)

高达 40m，胸径 60cm。1 年生枝干后红褐色或淡紫褐色，多少有毛，2～3 年生枝淡黄褐色；冬芽球形或卵圆形。叶条形，窄长，长 2～6.5cm，宽 2～3.5mm，先端微凹或钝，上面中脉两侧各有 2～10 条、下面有 14～19 条气孔线。球果圆柱形，长 9～20cm，径 4～6.5cm；种鳞宽卵形或斜方状宽卵形，上部圆，边缘外曲，背部露出部分被短毛。球果 10 月成熟。

产云南、贵州、四川等地，常生于海拔 700～2900m 山地、河谷。老挝、越南也有分布。

附：铁坚油杉 [*Keteleeria davidiana* (Bertr.) Beissn]，叶条形，长 2～5cm，宽 3～4.5mm，先端圆钝或微凹，幼树或萌芽枝之叶具刺状尖头，上面无气孔线。种鳞卵形或近斜方状卵形，边缘反曲，有细齿。产于秦岭、大巴山以南各地。

（二）冷杉属 *Abies* Mill.

常绿乔木，树干端直，树冠尖塔形；仅具长枝，小枝有圆形叶痕。叶条形扁平，上面中脉凹下，下面有两条白色气孔带，螺旋状排列或扭成 2 列状，树脂道 2，中生或边生。球花单生于叶腋。球果直立，长卵形或圆柱形；种鳞木质，熟时从中轴上脱落；苞鳞微露或不露出；种翅宽长。

约 50 种，分布于亚洲、欧洲、中北美及非洲北部高山地区。我国 22 种，产于东北、华北、西北、西南以及广西、浙江及台湾的高山地带，常组成大面积纯林。

分 种 检 索 表

1. 苞鳞露出或微露出；叶先端凹或钝。
    2. 叶边缘反卷或微反卷，先端凹或钝；苞鳞微露，有急尖头向外反卷 ……………………… 冷杉 *A. fabri*
    2. 叶边缘不反卷，幼树叶先端 2 叉状；苞鳞先端有急尖头，直伸 …………………… 日本冷杉 *A. firma*
1. 苞鳞不露出。
    3. 一年生枝无毛，叶先端急尖或渐尖 ………………………………………… 辽东冷杉 *A. holophylla*
    3. 一年生枝密生毛，营养枝之叶先端凹缺或 2 裂 ……………………… 臭冷杉 *A. nephrolepis*

1. 冷杉 *Abies fabri* (Mast) Craib. (图 8-6)

【形态特征】高达 40m，树冠尖塔形。树皮灰色或深灰色，薄片状开裂。大枝斜展，1 年生枝淡褐色或灰黄色，凹槽内疏生短毛或无毛。叶长 1.5～3cm，先端微凹或钝，边缘反卷或微反卷，下面有 2 条白色气孔带，树脂道边生。球果卵状圆柱形或短圆柱形，长 6～11cm，熟时暗蓝黑色，微被白粉；苞鳞微露出，通常有急尖头向外反曲。种子长椭圆形，与种翅近等长。花期 5 月；球果 10 月成熟。

【分布与习性】产四川西部海拔 1500～4000m 地带，常组成大面积纯林。喜冷凉而湿润的气候，耐寒性强，不耐干燥和酷热，耐阴性强；喜富含腐殖质的中性或酸性棕色森林土。生长速度中等，寿命长。

【繁殖方法】播种繁殖。

【园林用途】树形端庄，树姿优美，幼树树冠常为尖塔形，老树则变为卵状圆锥形，易形成庄严、肃穆的气氛。适于陵园、公园、广场或建筑附近应用，宜对植、列植，也适于单种配植成树丛或植为花坛中心树。在山地风景区，宜大面积成林，尤以纯林的景观效果最佳。萌芽力弱，修剪易损树势，应尽量保持自然生长状态。

2. 日本冷杉 *Abies firma* Sieb. & Zucc. (图 8-7)

【形态特征】原产地高达 50m，胸径 2m；树冠塔形。1 年生枝淡黄灰色，凹槽中有细毛。叶长 2.5～3.5cm，幼树之叶先端 2 叉状，树脂道常 2 个边生；壮龄树及果枝叶先端钝或微凹，树脂道 4，中生 2，边生 2。球果长 10～15cm，熟时淡褐色，苞鳞长于种鳞，明显外露。种子具较长的翅。

【分布与习性】原产日本，华东地区常见栽培，以庐山生长最好。喜冷凉湿润气候，耐阴性强，喜深厚肥沃的酸性或中性沙质土壤；不耐烟尘。

【繁殖方法】播种繁殖。

【园林用途】树冠尖塔形，秀丽挺拔，是优美的庭园观赏树种。

图 8-6　冷杉

1—雄球花枝；2—雄蕊；3—雌球花枝；4—苞鳞腹
面及珠鳞、胚珠；5—球果枝；6—种鳞
背面及苞鳞；7—叶的上、下面；
8—种子背、腹面

图 8-7　日本冷杉

1—球果枝；2—种鳞背面及苞鳞；
3—种子；4、5—叶的上下面及顶端

3. 臭冷杉(臭松)*Abies nephrolepis* (Trantv.) Maxim

【形态特征】高达 30m，胸径 50cm，树冠尖塔形至圆锥形。1 年生枝密生褐色短柔毛。叶条形，长 1~3cm，上面亮绿色；营养枝之叶端有凹缺或 2 裂。球果卵状圆柱形或圆柱形，长 4.5~9.5cm，熟时紫黑色或紫褐色。花期 4~5 月；球果 9~10 月成熟。

【分布与习性】产东北和河北、山西等地；俄罗斯远东及朝鲜也产。喜冷湿气候及深厚湿润的酸性土壤。浅根性，生长较慢。

【繁殖方法】播种繁殖。

【园林用途】树冠尖圆形，青翠秀丽，是良好的园林绿化树种。在自然风景区，宜与云杉等混交种植。

4. 辽东冷杉(杉松) *Abies holophylla* Maxim. (图 8-8)

【形态特征】高达 30m，胸径 1m。叶条形，长 2~4cm，宽 1.5~2.5mm，先端急尖或渐尖，无凹缺，下面有 2 条白色气孔带，果枝上的叶上面也有 2~5 条不明显的气孔带。球果圆柱形，苞鳞长不及种鳞之半，绝不露出。

【分布与习性】分布于东北地区，产黑龙江东南部、吉林东部及辽宁东部；俄罗斯和朝鲜也有分布。耐阴性强，喜冷湿气候和深厚、湿润、排水良好的酸性暗棕色森林土；不耐高温及干燥，浅根性；抗烟尘能力较差；不耐修剪。

【繁殖方法】播种繁殖。

【园林用途】树姿优美，是优良的山地风景林树种，也常用于庭园观赏。

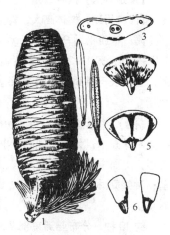

图 8-8 辽东冷杉

1—球果枝；2—叶；3—叶横切面；
4、5—种鳞背腹面；6—种子

附：巴山冷杉(*Abies fargesii* Franch.)，叶长 2~3cm，宽 2~4mm，先端凹缺，下面有 2 条白色气孔带。球果卵状圆柱形，长 5~8cm，径 3~4cm，黑紫色或红褐色；中部种鳞肾形或扇状肾形，苞鳞露出，上部宽大，边缘有不规则缺齿，先端为突尖。产陕西、甘肃、四川、河南和湖北。

(三) 黄杉属 *Pseudotsuga* Carr.

常绿乔木。小枝有微隆起的叶枕，基部无芽鳞或有少数宿存芽鳞。叶条形，上面中脉凹下，树脂道 2，边生。雄球花单生叶腋；雌球花单生枝顶，珠鳞小，苞鳞显著，直伸或向后反曲。球果下垂；种鳞木质，熟时张开；苞鳞露出，先端 3 裂；种子连翅较种鳞为短。

约 6 种，分布于亚洲东部(中国、日本)及北美洲西部。我国 3 种，产长江流域至西南、台湾等地，另引入栽培 2 种。

黄杉 *Pseudotsuga sinensis* Dode (图 8-9)

【形态特征】高达 50m，胸径 1m；幼树树皮浅灰色，老则灰色或深灰色，裂成不规则厚块片。1 年生枝淡黄色或淡黄灰色。叶长 2~2.5cm，宽 1.5~2mm，先端凹缺。球果卵形或椭圆状卵形，长 5.5~8cm，径 3.5~4.5cm；种鳞近扇形或扇状斜方形，上部宽圆或微窄，基部斜形，两侧有凹缺，露出部分密生褐色毛；苞鳞露出部分向后反曲；种子三

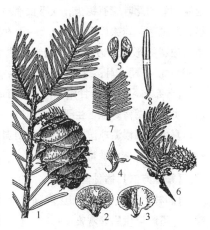

图 8-9 黄杉

1—球果枝；2、4—种鳞及苞鳞；3—种鳞腹面；
5—种子背腹面；6—雌球花枝；
7—雄球花枝；8—叶

角状卵圆形，种翅长于种子。花期4月；球果10～11月成熟。

【分布与习性】产湖北和湖南西部、四川东部、贵州、云南，生于海拔800～2800m山地，常在山脊薄层黄壤形成小片纯林，或散生阔叶林中。幼树稍耐阴，喜温凉湿润气候，对土壤要求不严。

【繁殖方法】播种繁殖。

【园林用途】树体高大，树形优美，可作风景区造林树种，也可供城市园林造景应用。

附：花旗松［*Pseudotsuga menziesii* (Mirbel) Franco］，高达100m，胸径达4m。叶条形，长1.5～3cm，宽1～2mm，先端钝或微尖，无凹缺，下面有2条灰绿色气孔带。种鳞斜方形或近菱形；苞鳞长于种鳞，显著露出。原产加拿大和美国西部、墨西哥，我国庐山、北京等地引种栽培。

（四）铁杉属 *Tsuga* Carr.

常绿乔木，分枝不规则。小枝较细，微下垂，有隆起或微隆起的叶枕，基部有宿存芽鳞。叶条形，上面中脉凹下或微隆起，树脂道1，内生。雄球花单生叶腋；雌球花单生枝顶。球果下垂；种鳞薄木质，熟时张开，不脱落；苞鳞不露出，稀较长而露出；种子上端有翅，腹面有油点。

约10种，分布亚洲东部及北美洲。我国4种，产秦岭及长江以南各省区，以西南地区较多。耐阴性强，喜凉润多雨的酸性土环境，生长较慢。

铁杉 *Tsuga chinensis* (Franch.) Pritz. (图8-10)

【形态特征】高达50m，胸径1.6m；树皮纵裂成块状脱落；树冠塔形。1年生枝淡黄色或淡黄灰色，凹槽内有短毛。叶排成不规则2列，长1.2～2.7cm，宽2～3mm，先端凹缺，全缘，幼树之叶缘有锯齿；仅下面有气孔带，灰绿色，初被白粉，后脱落。球果卵形，长1.5～2.7cm，径1.2～1.6cm；种鳞五边状卵形、正方形或近圆形，边缘微内曲；种子连翅长7～9mm。花期4月；球果10月成熟。

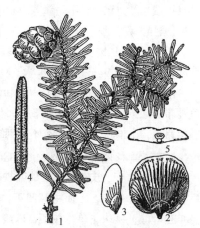

图8-10 铁杉
1—球果枝；2—种鳞背面及苞鳞；3—种子；
4—叶的下面；5—叶的横切面

【分布与习性】产甘肃和陕西南部、河南和湖北西部、四川、贵州、湖南等地，生于海拔1000～3500m地带，常形成纯林，喜生于气候温凉湿润、空气相对湿度大、酸性而排水良好的山地棕色森林土地带。

【繁殖方法】播种繁殖。

【园林用途】可作分布区内高山地带森林更新及造林树种。树形壮丽，也是优良的山地风景林树种，并可栽培供庭园观赏。

附：长苞铁杉（*Tsuga longibracteata* W.C.Cheng），叶辐射状伸展，长1.1～2.4cm，宽1～2.5mm，先端尖或微钝，中脉上面平或基部微凹，两面均有气孔线。球果圆柱形，长2～5.8cm，径1.2～2.5cm；种鳞近斜方形，先端圆或宽圆；苞鳞长匙形，先端尖，露出。产贵州、湖南、广东、广西、江西、福建等地。

（五）银杉属 *Cathaya* Chun & Kuang

仅1种，我国特产。

银杉 *Cathaya argyrophylla* Chun & Kuang （图8-11）

【形态特征】常绿乔木，高达20m。树皮暗灰色，不规则薄片状开裂；侧生小枝生长缓慢，因早期顶芽死亡而成距状；叶枕稍隆起。1年生枝黄褐色，密生短柔毛，后脱落。叶镰状条形，在长枝上螺旋状排列，在短枝上近轮状簇生；上面中脉凹下，下面有2条白色气孔带；长枝叶长4～5cm，短枝叶长不足2.5cm。雄球花单生于2年生枝叶腋；雌球花单生于新枝下部叶腋。球果卵圆形，长3～6cm，当年成熟；种鳞13～16枚，熟时张开，蚌壳状，木质，宿存，种鳞远大于苞鳞；种子有翅。

【分布与习性】产广西东北部(龙胜、金秀)、重庆(南川、武隆)、贵州(道真、桐梓)及湖南南部，但数量稀少，多分布于海拔900～1900m的针阔混交林中或山脊。喜温暖湿润气候及排水良好的酸性土壤；幼树耐阴，成树趋于喜光；较耐干旱，忌积水。

图8-11　银杉

1—球果枝；2—小枝一段；3—雄球花枝；
4—雌球花枝；5—苞鳞腹面及珠鳞、胚珠；
6—种鳞背、腹面；7—种子；
8—叶的横切面

【繁殖方法】播种或嫁接繁殖。

【园林用途】银杉是我国特产的珍稀树种，国家一级保护植物，有树中"大熊猫"之称，被称为"活化石植物"、"华夏森林瑰宝"，其树史可追溯到新生代第三纪晚期。树体挺拔秀丽，姿态优美，枝叶茂密，树冠塔形，分枝平展，碧绿的线形叶背面有两条银白色的气孔带，宛如碧玉片上镶嵌的银色花边，每当微风吹拂，银光闪闪，美丽动人，银杉以此而得名。宜孤植于大型建筑前庭或丛植、群植于大草坪中，也可列植、群植。

（六）云杉属 *Picea* Dietr.

常绿乔木，枝轮生；小枝具木钉状叶枕。叶四棱状条形，四面均有气孔带，或为扁平条形，中脉两面隆起，上面有两条气孔带，螺旋状排列。树脂道多为2，边生。雄球花多单生叶腋，雌球花单生枝顶。球果卵形或圆柱形，下垂；种鳞近革质，宿存；苞鳞极小或退化，种翅倒卵形。

约35种，产北半球，组成大面积森林。我国16种，分布于东北、华北、西北、西南和台湾的高山地带，另引入栽培2种。

分 种 检 索 表

1. 一年生枝褐色、黄褐色；宿存芽鳞反曲；叶四面均有气孔带。
  2. 一年生枝无白粉；球果长5～9cm。
    3. 叶顶端尖，横剖面微扁四棱形，叶表面每边5～8条气孔线 ·················· 红皮云杉 *P. koraiensis*
    3. 叶顶端钝或钝尖，横剖面四棱形，叶表面每边6～7条气孔线 ················· 白杆 *P. meyeri*
  2. 一年生枝多少有白粉和柔毛；叶顶端急尖；球果长8～12cm ················· 云杉 *P. asperata*
1. 一年生枝灰白色、淡黄灰白色，几无毛；宿存芽鳞不反曲；叶长0.8～1.8cm，气孔带不明显，四面均为绿色；球果长4～8cm，径2.5～4cm ······················· 青杆 *P. wilsonii*

1. 红皮云杉 *Picea koraiensis* Nakai

【形态特征】高达30m，树冠尖塔形，树皮裂缝常为红褐色。大枝斜展或平展；1年生枝黄褐色，无白粉，无毛或有疏毛；宿存芽鳞反曲。叶锥状四棱形，长1.2～2.2cm，先端尖。球果卵状圆柱形，长5～8cm，熟时黄褐至褐色，种鳞露出部分平滑。种子三角状倒卵形，上端有膜质长翅。

【分布与习性】分布于东北及内蒙古，生于海拔300～1800m地带，常组成混交林；华北和东北常见栽培。朝鲜北部和俄罗斯远东也产。喜冷凉气候，耐寒，夏季高温干燥对生长不利；耐阴，喜湿润，也较耐干旱，不耐过度水湿；喜微酸性深厚土壤。生长缓慢，寿命长。根系较浅，根部易暴露而枯死，平时管理中应注意及时壅土。

【繁殖方法】播种繁殖。

【园林用途】树姿优美，苍翠壮丽，是著名的园林树种。最适于规则式园林中应用，宜对植或列植，但孤植、丛植或群植成林也极为壮观。因其耐阴，可用于建筑背面。

2. 青杆 *Picea wilsonii* Mast. (图8-12)

【形态特征】树冠圆锥形，1年生枝淡灰白色或淡黄灰白色，无毛。冬芽卵圆形，无树脂，宿存芽鳞紧贴小枝，不反曲。叶横断面菱形或扁菱形，较细密，长0.8～1.3(1.8)cm，宽1.2～1.7mm，先端尖，气孔带不明显，四面均为绿色。球果长5～8cm，熟时黄褐色或淡褐色；种鳞先端圆或急尖，鳞背露出部分较平滑。花期4月；球果10月成熟。

【分布与习性】我国特产，分布于华北、西北至华中，北京、山东等地常见栽培。耐阴、耐寒、耐干冷气候，在深厚、湿润、排水良好的中性或微酸性土壤上生长良好。

【繁殖方法】播种繁殖。

【园林用途】树形整齐，叶较细密。可在花坛中心、草地、门前、公园、绿地栽植。

3. 云杉 *Picea asperata* Mast. (图8-13)

【形态特征】高达45m，胸径1m；树皮淡灰褐色；树冠尖塔形。1年生枝褐黄色，疏生或密生短柔毛，稀无毛。冬芽有树脂，宿存芽鳞反曲。叶四棱状条形，长1～2cm，先端尖，四面有气孔线。

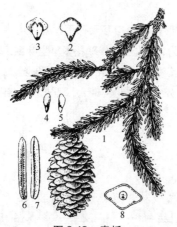

图8-12 青杆

1—球果枝；2—种鳞背面及苞鳞；3—种鳞腹面；
4、5—种子背腹面；6、7—叶表、背面；
8—叶横剖面

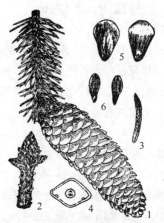

图8-13 云杉

1—球果枝；2—小枝及芽；
3、4—叶及其横剖面；
5—种鳞；6—种子

球果近圆柱形，长8～12cm，熟时栗褐色；种鳞倒卵形，先端圆或圆截形，全缘，鳞背露出部分具明显纵纹；种子倒卵形。花期4～5月；球果9～10月成熟。

【分布与习性】我国特有树种，产四川、陕西、甘肃等省。稍耐阴，喜冷凉、湿润气候，耐干燥及寒冷，浅根性。

【繁殖方法】播种繁殖。

【园林用途】枝叶茂密，苍翠壮丽。下枝能长期存在，园林中宜孤植、群植或作风景林栽植。

4. 白杆 *Picea meyeri* Rehd. & Wils.

高达30m，树冠塔形，小枝黄褐色或红褐色，常有短柔毛，宿存芽鳞反曲。叶四棱状条形，长1.3～3cm，宽约2mm，四面有白色气孔带，呈粉状青绿色，先端微钝。球果长6～9cm，鳞背露出部分有条纹。

我国特有树种，产河北、山西及内蒙古等地，为华北高海拔山区的主要树种之一。也是优良的庭园观赏树种，北京、辽宁、河北等地常栽培观赏。

（七）落叶松属 *Larix* Mill.

落叶乔木。小枝下垂或否，具长枝和距状短枝。叶条形，在长枝上螺旋状着生，在短枝上簇生。雌雄球花分别单生于短枝顶端。球果直立；种鳞革质，宿存；苞鳞不露出或微露出，或长而显著露出；子叶6～8，发芽时出土。

约16种，分布于北半球寒冷地区，常形成广袤的森林。我国10种，产东北、华北、西北、西南等地，另引进2种。喜高寒气候，是优良的山地风景林树种。

分种检索表

1. 小枝不下垂。球果卵圆形或长卵圆形；苞鳞较种鳞为短，不露出或球果基部的苞鳞微露出。
  2. 种鳞上部边缘不反曲或微反曲；一年生长枝色浅，不为红褐色，无白粉。
    3. 一年生长枝较粗，径1.5～2.5mm；短枝径3～4mm；球果成熟时上端的种鳞微张开或不张开 …………
    …………………………………………………………………… 华北落叶松 *L. principis-rupprechtii*
    3. 一年生长枝较细，径约1mm；短枝径2～3mm；球果成熟时上端的种鳞张开 ………… 落叶松 *L. gmelinii*
  2. 种鳞上部边缘显著向外反曲，背面有褐色细小疣状突起和短粗毛；一年生长枝红褐色，有白粉 ………
  …………………………………………………………………………………… 日本落叶松 *L. kaempferi*
1. 小枝下垂。球果圆柱形或卵状圆柱形；苞鳞较种鳞为长，显著露出；一年生长枝红褐色或淡紫褐色 ………
…………………………………………………………………………………………… 红杉 *L. potaninii*

1. 华北落叶松 *Larix principis-rupprechtii* Mayr. (图8-14)

【形态特征】高达30m，胸径1m，树冠圆锥形。大枝平展，小枝不下垂或枝梢略垂，1年生枝淡黄褐色或淡褐色，常无白粉，较粗，径1.5～2.5mm；短枝径3～4mm。叶窄条形，扁平，长2～3cm，宽约1mm。球果长卵形或卵圆形；种鳞26～45枚，背面光滑无毛，边缘不反曲；苞鳞短于种鳞。种子有长翅。花期4～5月；球果9～10月成熟。

【分布与习性】产河北、河南和山西，生于海拔600～2800m山地。辽宁、内蒙古、山东、甘肃、新疆等省区有引种栽培。强阳性，耐寒；对土壤要求不严，略耐盐碱，有一定的耐湿和耐旱力。寿命长，根系发达。

【繁殖方法】播种繁殖。

【园林用途】树冠整齐，叶轻柔而潇洒，可形成优美的风景林。

2. 落叶松 *Larix gmelinii* (Rupr.) Rupr.

【形态特征】高达 30m；树皮暗灰色或灰褐色。1 年生枝淡黄色，基部常有长毛。叶倒披针状条形，长 1.5～3cm，宽不足 1mm，先端钝尖，上面平。球果卵圆形，熟时上端种鳞张开，黄褐色或紫褐色，长 1.2～3cm，径 1～2cm，种鳞三角状卵形，先端平，微圆或微凹；苞鳞先端长尖，不露出。花期 5～6 月；球果 9 月成熟。

【分布与习性】产东北大兴安岭和小兴安岭，生于海拔 300～1700m 地带。强阳性，耐严寒，对土壤的适应性广，为大兴安岭针叶林主要树种，常组成大面积纯林。

【繁殖方法】播种繁殖。

【园林用途】东北地区重要的造林树种，也是优良的山地风景林树种。

3. 红杉（西南落叶松）*Larix potaninii* Batal.（图 8-15）

高达 30m；树冠圆锥形；大枝平展，小枝下垂；1 年生枝红褐色或淡紫褐色。叶倒披针状狭条形，长 1.2～3.5cm，宽 1～1.5mm。球果圆柱形，长 3～5cm，径 1.5～2.5cm，成熟时紫褐色至灰褐色；种鳞正方形或长圆方形，先端平，背部有小疣状突起和短毛；苞鳞比种鳞长，显著外露，常直伸。

产甘肃南部和四川西部；生于海拔 2500～4100m 地带。树形壮丽挺拔，树冠圆锥形，秋叶金黄色，是优良的山地风景林树种。

4. 日本落叶松 *Larix kaempferi* (Lamb.) Carr.

高达 35m，胸径达 1m；树皮暗灰褐色，1 年生枝紫褐色，有白粉，幼时被褐色毛。叶长 2～3cm，宽约 1mm。球果广卵圆形或圆柱状卵形，长 2～3.5cm，径 1.8～2.8cm；种鳞卵状长方形或卵状方形，紧密，边缘波状，显著外曲；苞鳞不露出。

原产日本，我国东北、华北等地引种。

（八）金钱松属 *Pseudolarix* Gord.

仅 1 种，我国特产，孑遗植物。

金钱松 *Pseudolarix amabilis* (Nelson.) Rehd.（图 8-16）

【形态特征】落叶乔木，高达 40m，胸径 1.5m；树冠宽圆锥形，树皮深褐色，深裂成鳞状块片。大枝不规则轮生，有长、短枝之分，短枝距状；1 年生长枝淡红褐色，后变黄褐色或灰褐色，无毛。冬芽卵球形。叶条形，柔软，长 2～5.5cm，宽 1.5～4mm，在长枝上螺旋状排列，在短枝上 15～30

图 8-14 华北落叶松
1—球果枝；2—球果；
3—种鳞；4—种子

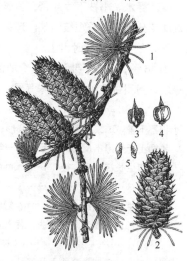

图 8-15 红杉
1—球果枝；2—球果；3—种鳞背面及苞鳞；4—种鳞腹面；5—种子

枚簇生，呈辐射状平展。雌雄同株，雄球花簇生短枝顶端，雌球花单生短枝顶端。球果卵圆形或倒卵形，直立，当年成熟；种鳞木质，脱落；种子有翅。花期4～5月；球果10～11月成熟。

【分布与习性】我国特产，分布于长江中下游以南低海拔温暖地带。普遍栽培。喜光，喜温暖湿润气候，也较耐寒，可耐短期－20℃低温。适于中性至酸性土壤，忌石灰质土壤，不耐干旱和积水。深根性。

【繁殖方法】播种繁殖。种子大小年明显，幼树球果内的种子多为空粒，采种应选择20年生以上生长旺盛的母树。此外，用10年生以下的幼树采穗枝插，成活率也可达70%～80%。

【园林用途】树姿挺拔雄伟，秋叶金黄色，短枝上的叶簇生如金钱状，故有"金钱松"之称，是世界五大公园树种之一。园林中适于配植在池畔、溪旁、瀑口、草坪一隅，孤植或丛植，以资点缀；也可作行道树或与其他常绿树混植；风景区内则宜群植成林，以观其壮丽秋色。

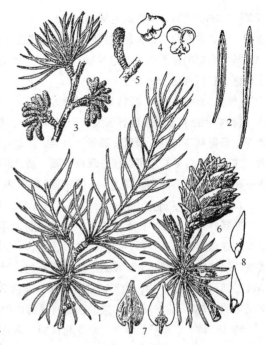

图8-16 金钱松

1—长短枝；2—叶；3—雄球花枝；4—雄蕊；
5—雌球花枝；6—球果枝；7—种鳞；8—种子

（九）雪松属 *Cedrus* Trew

常绿乔木，树干端直；大枝平展或斜展，有长、短枝之分，短枝距状。叶三棱状针形，坚硬。在长枝上螺旋状排列，在短枝上簇生状。雌雄异株，雄、雌球花分别单生于短枝顶端。球果大，直立，2～3年成熟；种鳞木质，宽大，扇状倒三角形，排列紧密，熟时与种子同时脱落；苞鳞小，不露出。

4种，分布于北非、小亚细亚至喜马拉雅山区。我国1种，另引入栽培2种。

雪松 *Cedrus deodara* (Roxb.) G. Don（图8-17）

【形态特征】高达75m，树冠塔形，枝下高极低。树皮淡灰色，不规则块片剥落。小枝细长，微下垂，1年生枝淡灰黄色，密生短绒毛。针叶长2.5～5cm。球果卵圆形或椭圆状球形，长7～12cm，熟时红褐色；种子近三角形，种翅宽大。花期10～11月；球果翌年10月成熟。

【栽培品种】金叶雪松（'Aurea'），树冠塔形，针叶春季金黄色，入秋黄绿色，冬季粉绿黄色。银叶雪松（'Argentea'），叶较长，银白色或带蓝色。垂枝雪松（'Pendula'），大枝散展而下垂。银梢雪松（'Albospica'），小枝顶梢绿白色。

【分布与习性】原产于喜马拉雅山西部及喀喇昆仑山海拔

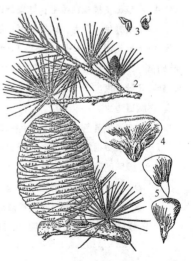

图8-17 雪松

1—球果枝；2—雄球花枝；
3—雄蕊；4—种鳞；5—种子

1200～3300m 地带，常组成纯林或混交林，我国西藏西南部有天然林。国内各地普遍栽培。喜温和湿润气候，亦颇耐寒，大苗耐短期－25℃低温。阳性树，苗期及幼树有一定的耐阴能力；喜土层深厚而排水良好的微酸性土，忌盐碱；耐旱，忌积水；性畏烟，含二氧化硫气体会使嫩叶迅速枯萎。浅根性，抗风性弱。

【繁殖方法】播种、扦插或嫁接繁殖。

【园林用途】雪松是世界五大公园树种之一，树体高大，树形优美，下部大枝平展自然，常贴近地面，显得整齐美观。最适宜孤植于草坪、广场、建筑前庭中心、大型花坛中心，或对植于建筑物两旁或园门入口处；也可丛植于草坪一隅。成片种植时，雪松可作为大型雕塑或秋色叶树种的背景。由于树形独特，下部侧枝发达，一般不宜和其他树种混植。

（十）松属 *Pinus* Linn.

常绿乔木，稀灌木；大枝轮生。冬芽显著，芽鳞多数。叶2型：鳞叶(原生叶)在长枝上螺旋状排列，在苗期为扁平条形，后退化成膜质片状；针叶(次生叶)常2、3或5针一束，生于鳞叶腋部不发育的短枝顶端，基部为芽鳞组成的叶鞘所包，叶鞘宿存或早落。雌雄同株，雄球花多数，聚生于新枝下部；雌球花1～4，生于新枝近顶端。球果2～3年成熟；种鳞木质，宿存，露出部分为鳞盾，有明显的鳞脊或无，鳞盾的中央或顶部有隆起或微凹的鳞脐，有刺或否；种子有翅或无翅。

约110种，广布于北半球，北至北极圈，南达北非、中美、马来西亚和苏门答腊。我国23种，分布几遍全国，另从国外引入栽培16种。

分 种 检 索 表

1. 叶鞘早落，叶内具维管束1个(单维管束松亚属)。
  2. 针叶3针一束；鳞脐背生；树皮不规则片状剥落，有乳白色斑块 ………………………… 白皮松 *P. bungeana*
  2. 针叶5针一束；鳞脐顶生。
    3. 种子无翅或具极短翅；针叶长6～15cm；球果长9cm以上。
      4. 小枝密生黄褐色柔毛；球果熟时种鳞不张开；种子不脱落 ………………………… 红松 *P. koraiensis*
      4. 小枝绿色，无毛；球果熟时种鳞张开；种子脱落 ………………………… 华山松 *P. armandii*
    3. 种子具长翅；针叶长3.5～5.5cm；球果较小，长4.0～7.5cm ……………… 日本五针松 *P. parviflora*
1. 叶鞘宿存，叶内具维管束2个(双维管束松亚属)。
  5. 针叶2针一束。
    6. 树脂道边生。
      7. 小枝淡橘黄色，被白粉；种鳞较薄，鳞盾平；树皮裂片近膜质 ……………………… 赤松 *P. densiflora*
      7. 小枝淡黄褐色或灰褐色，无白粉。
        8. 鳞盾肥厚隆起、微隆起或平，鳞脐有短刺或无；针叶长10cm以上。
          9. 针叶粗硬，鳞盾肥厚隆起，鳞脐有刺，球果淡黄色或淡褐色 ……………… 油松 *P. tabuliformis*
          9. 针叶细软，鳞盾平或微隆起，鳞脐无刺，球果栗褐色 ……………… 马尾松 *P. massoniana*
        8. 鳞盾显著隆起，鳞脊明显，鳞脐疣状突起；针叶粗短而硬，长4～9cm，常扭转；树干上部树皮淡黄色 ……………………………………………… 樟子松 *P. sylvestris* var. *mongolica*
  6. 树脂道中生。
    10. 冬芽褐色或栗褐色，针叶较细软 …………………………………………… 黄山松 *P. taiwanensis*
    10. 冬芽银白色，针叶粗硬 ………………………………………………………… 黑松 *P. thunbergii*

5. 针叶 3 针一束或与 2 针并存。

11. 枝条每年生长 1 轮，1 年生小球果生于近枝顶处 ··· 云南松 *P. yunnanensis*

11. 枝条每年生长 2 至数轮，1 年生小球果生于小枝侧面。

12. 树脂道多 2 个，中生；鳞脐具基部粗壮而反曲的尖刺；种子红褐色 ·················· 火炬松 *P. taeda*

12. 树脂道 2~9，内生；鳞脐瘤状，具短尖刺；种子黑色并有灰色斑点 ············· 湿地松 *P. elliottii*

1. 白皮松 *Pinus bungeana* Zucc. ex Endl. (图 8-18)

【形态特征】高达 30m，或从基部分成数干。树冠阔圆锥形或卵形；老树树皮片状剥落，内皮乳白色；幼树树皮灰绿色，平滑。1 年生枝灰绿色，无毛；冬芽红褐色。叶 3 针一束，粗硬，长 5~10cm，略弯曲，叶鞘早落。球果卵圆形，长 5~7cm，熟时淡黄褐色；鳞盾近菱形，横脊显著；鳞脐背生，具三角状短尖刺。种翅短，易脱落。花期 4~5 月；球果翌年 10~11 月成熟。

【分布与习性】我国特产，分布于陕西、山西、河南、甘肃南部、四川北部和湖北西部，在辽宁以南至长江流域各地广为栽培。适应性强，耐旱，耐寒，但不耐湿热；对土壤要求不严，在中性、酸性和石灰性土壤上均可生长。阳性树，稍耐阴。对二氧化硫及烟尘污染抗性较强。

【繁殖方法】播种繁殖，种子应层积处理。注意防治立枯病。

【园林用途】白皮松是珍贵观赏树种，树干呈斑驳的乳白色，极为醒目，衬以青翠的树冠，独具奇观。旧时多植于皇家园林和寺院中，如北京景山、碧云寺等，北海团城现存有

图 8-18　白皮松

1—球果枝；2、3—种鳞；4~6—种子；
7、8—针叶及横切面；9—雌球花；
10—雄球花枝；11—雄蕊背腹面

800 多年生的白皮松。白皮松既可与假山、岩洞、竹类植物配植，使苍松、翠竹、奇石相映成趣，所谓"松骨苍，宜高山，宜幽洞，宜怪石一片，宜修竹万竿"，又可孤植、丛植、群植于山坡草地，或列植、对植。

2. 日本五针松 *Pinus parviflora* Sieb. & Zucc.

【形态特征】原产地高达 25m。树冠圆锥形；树皮灰黑色，不规则鳞片状剥裂。小枝密生淡黄色柔毛。叶蓝绿色，5 针一束，较短细，长 3.5~5.5cm，有白色气孔线；树脂道 2，边生；叶鞘早落。球果卵圆形或卵状椭圆形，长 4~7.5cm；种鳞长圆状倒卵形，鳞脐凹下；种子具长翅。

【栽培品种】银尖五针松（'Albo-terminata'），又称白头五针松，针叶先端黄白色。短叶五针松（'Brevifolia'），针叶细短，密生。矮生五针松（'Nana'），低矮灌木，枝叶密生。旋叶五针松（'Tortuosa'），针叶旋转状弯曲。黄叶五针松（'Variegata'），针叶全部黄色或有黄斑。

【分布与习性】原产日本，华东地区常见栽培。耐阴性较强，对土壤要求不严，但喜深厚湿润而排水良好的酸性土。生长缓慢。

【繁殖方法】播种、扦插或嫁接繁殖，其中以扦插和嫁接较常用。

【园林用途】树姿优美，枝叶密集，针叶细短而呈蓝绿色，望之如层云簇拥，为珍贵园林树种。以

其树体较小，尤适于小型庭院与山石、厅堂配植，常丛植。在日本，本种是小巧玲珑的"茶庭"中常用的植物材料。日本五针松也是著名的盆景材料，尤其是短叶和矮生品种，更是盆景材料之珍品。

3. 华山松 *Pinus armandii* Franch.

【形态特征】高达30m，树皮灰绿色；枝平展，树冠广圆锥形。小枝平滑无毛；叶5针一束，细柔，长8～15cm，径约1～1.5mm，树脂道3，中生或边生；叶鞘早落。球果大，圆锥状长卵形，长10～20cm，径5～8cm，成熟时种鳞张开，种鳞先端不反曲。种子无翅或近无翅。

【分布与习性】产我国中部、西南及台湾，生于海拔1000～3300m地带。缅甸北部也有分布。各地栽培。喜温和凉爽、湿润气候，耐寒力强；弱阳性；对土壤要求不严，最宜深厚、湿润、疏松的中性或微酸性壤土，在钙质土上也能生长，不耐盐碱，耐瘠薄能力不如油松和白皮松。

【繁殖方法】播种繁殖。

【园林用途】树体高大挺拔，针叶苍翠，冠形优美，是优良的庭园绿化树种，孤植、丛植、列植或群植均可，用作园景树、行道树或庭荫树。

4. 红松 *Pinus koraiensis* Sieb. & Zucc. (图8-19)

【形态特征】乔木，高达50m；树冠卵状圆锥形；树皮灰褐色，内皮红褐色，鳞片状脱落。1年生枝密生锈褐色绒毛。叶5针一束，长6～12cm；叶鞘早落；树脂道3，中生。球果长9～14cm；熟时种鳞不张开，种鳞先端向外反曲，鳞脐顶生；种子大，倒卵形，无翅，长1.5cm，宽约1.0cm。花期5～6月；球果次年9～11月成熟。

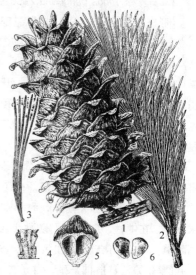

图8-19 红松

1—球果枝；2—枝叶；3—一束针叶；
4—小枝一段；5—种鳞腹面；6—种子

【分布与习性】产东北长白山及小兴安岭，生于海拔200～1800m山地；俄罗斯、朝鲜和日本北部也有分布。幼树稍耐阴，成年后喜光；耐寒性强，适于冷凉湿润气候，不耐热；喜生于深厚肥沃、排水良好、适当湿润的微酸性土。浅根性，水平根发达。生长速度中等偏慢。

【繁殖方法】播种繁殖。

【园林用途】树形雄伟高大，是东北地区森林风景区的重要造林树种，也常植于庭园观赏。

5. 油松 *Pinus tabuliformis* Carr. (图8-20)

【形态特征】高达25m；青壮年树冠广卵形，老树冠呈平顶状；树皮灰褐色，不规则块片剥落，裂缝及上部树皮红褐色；1年生枝较粗，淡灰褐色或褐黄色，无毛。冬芽红褐色，圆柱形。叶2针一束，粗硬，长(6)10～15cm，径1～1.5mm；树脂道5～9，边生。球果卵圆形，长4～9cm，

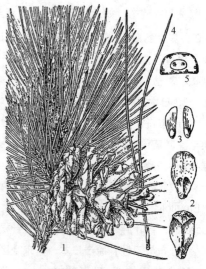

图8-20 油松

1—球果枝；2—种鳞；3—种子；
4—一束针叶；5—针叶横剖面

熟时淡褐色。鳞盾扁菱形肥厚隆起，微具横脊，鳞脐凸起有刺。花期4～5月；球果翌年9～10月成熟。

【变种】扫帚油松(var. *umbraculifera* Liou & Wang)，小乔木，大枝向上斜伸，形成帚状树冠；针叶较粗。产河北、辽宁。

【分布与习性】产东北南部、华北、西北至湖北、湖南、四川，生于海拔100～2600m山地。朝鲜也有分布。强阳性，不耐庇荫；耐−30℃以下低温；喜微酸性至中性土，不耐盐碱；耐干旱瘠薄。深根性，抗风力强，寿命长。

【繁殖方法】播种繁殖。移植应在早春新梢萌动前或雨季进行，带土球，悉心保护顶芽。

【园林用途】油松是华北地区最常见的松树，在中国传统文化中，象征着坚贞不屈、不畏强暴的气质，古人常以苍松表示人的高尚品格，并称松为"百木长"。《礼记·礼器》云："其在人也，如竹箭之有筠也，如松柏之有心也，二者居天下之大端矣。故贯四时而不改柯易叶。"

油松树干挺拔苍劲，盘根樛枝，皮粗厚而望之如龙鳞，且年龄愈老愈奇，四季常绿，不畏风雪严寒。在园林造景中，既可孤植、丛植、对植，也可群植成林。小型庭院中多孤植或丛植，并配以山石，所谓"墙内有松，松欲古，松底有石，石欲怪"。在大型风景区内，油松是重要的造林树种。如泰山风景区中，油松是主要的风景树种之一。

6. 赤松 *Pinus densiflora* Sieb. & Zucc.

【形态特征】高达30m。树皮橙红色，呈不规则鳞状薄片脱落；树冠圆锥形或伞形；冬芽红褐色。1年生枝橙黄色，略有白粉。叶2针一束，长8～12cm，比黑松、油松细软。树脂道4～6(9)，边生。球果卵圆形或卵状圆锥形，长3～5.5cm；种鳞较薄，鳞盾扁菱形，较平。

【栽培品种】千头赤松('Umbraculifera')，丛生大灌木，高达5m，多分枝，树冠呈圆顶伞形。黄叶赤松('Aurea')，又名黄金松，针叶入冬呈现黄色。垂枝赤松('Pendula')，枝条下垂。

【分布与习性】产我国北部沿海至长白山和黑龙江东部。日本、朝鲜和俄罗斯也有分布。强阳性，不耐庇荫；喜微酸性至中性土，在黏重土壤中生长不良，不耐盐碱；耐干旱瘠薄，忌水涝。深根性，抗风力强。

【繁殖方法】播种繁殖。

【园林用途】树皮橙红，斑驳可爱，幼时树形整齐，老时虬枝蜿垂，是优良的观赏树木。适于对植或草坪中孤植、丛植，也适于与假山、岩洞、山石相配，均疏影翠冷、萧瑟宜人。千头赤松、垂枝赤松树形优美，最适于台坡、草坪、园路及雕塑周围的列植、丛植。

7. 黑松 *Pinus thunbergii* Parl. (图8-21)

【形态特征】树皮黑灰色，裂成不规则较厚鳞状块片；幼树树冠狭圆锥形，老时呈伞形；小枝淡褐黄色，粗壮。冬芽银白色，圆柱形。叶2针一束，粗硬，长6～12cm，径1.5～2mm；树脂道6～11，中生，叶先端针刺状。球果圆锥形，长4～6cm，熟时褐色，鳞盾微肥厚，横脊显著，鳞脐

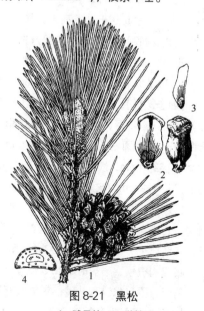

图8-21 黑松

1—球果枝；2—种鳞；

3—种子；4—针叶横剖面

微凹有短刺。花期 4~5 月；球果翌年 10 月成熟。

【分布与习性】原产日本及朝鲜，我国东部各地及湖北、云南等地栽培。喜光并略耐阴，喜温暖湿润的海洋性气候；对土壤要求不严，并较耐碱，在 pH 值为 8 的土壤上仍能生长；耐干旱瘠薄，忌水涝。深根性。

【繁殖方法】播种繁殖。

【园林用途】冬芽银白色，极为醒目，造景形式与油松相近，可参考之。另外，黑松耐海潮风，为著名的海岸绿化树种，是我国东部和北部沿海地区优良的海岸风景林、防风、防潮和防沙树种，也是制作树桩盆景的材料，并可作嫁接日本五针松及雪松之砧木。

8. 樟子松（獐子松、海拉尔松） *Pinus sylvestris* Linn. var. *mongolica* Litv.

【形态特征】高达 30m。老树皮下部黑褐色，上部黄褐色，鳞片状开裂；1 年生枝淡黄褐色，无毛。冬芽褐色或淡黄褐色。叶 2 针一束，粗硬，常扭转，长 4~9cm，径约 1.5~2mm；树脂道 6~11，边生。球果长卵形，长 3~6cm，淡褐灰色，鳞盾长菱形，鳞脊呈 4 条放射线，肥厚，特别隆起，向后反曲，鳞脐疣状凸起，具易脱落短刺。花期 5~6 月；球果翌年 9~10 月成熟。

【变种】长白松 [var. *sylvestriformis* (Takenouchi) W. C. Cheng & C. D. Chu]，又名美人松。树干上部树皮棕黄色至金黄色；冬芽红褐色，卵球形；针叶较细，长 5~8cm，径约 1~1.5mm。产吉林东南部，生于海拔 800~1600m 山地。

【分布与习性】樟子松是欧洲赤松（*Pinus sylvestris* Linn.）分布至远东的一个地理变种，产黑龙江大兴安岭、海拉尔以西和以南沙丘地带。蒙古北部和俄罗斯东部也有分布。极喜光，适应严寒气候，耐 -50~-40℃ 的低温和严重干旱，为我国松属中最耐寒的树种。喜酸性土壤，在干燥瘠薄、岩石裸露、沙地、陡坡均可生长良好，忌盐碱土和排水不良的黏重土壤。深根性，抗风沙。

【繁殖方法】播种繁殖。

【园林用途】树干端直高大，枝条开展，枝叶四季常青，为优良的庭园观赏绿化树种，也是东北地区用材林、防护林和"四旁"绿化的理想树种，防风固沙效果显著。

9. 马尾松 *Pinus massoniana* Lamb. （图 8-22）

【形态特征】高达 40m；树皮红褐色至灰褐色；树冠在壮年期呈狭圆锥形，老年期则开张如伞。1 年生枝淡黄褐色，无白粉；冬芽圆柱形，先端褐色。叶 2 针一束，长 12~20cm，径约 1mm，质地柔软；树脂道 4~7，边生。球果卵圆形，长 4~7cm。花期 4~5 月；球果次年 10~12 月成熟。

【分布与习性】分布广，是长江流域及其以南最常见的松树，北达河南西部、陕西东南部，多分布于海拔 800m 以下，在西部可分布到海拔 1200m。强阳性，幼苗也不耐阴；喜温暖湿润气候，耐短时 -18℃ 低温；喜酸性黏质土壤，耐干旱瘠薄，不耐水涝和盐碱；对氯气有较强的抗性。

【繁殖方法】播种繁殖。

【园林用途】树体高大雄伟，在江南常组成大面积森林，

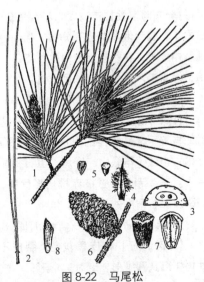

图 8-22 马尾松

1—雄球花枝；2—针叶；3—叶横剖面；
4—芽鳞；5—雄蕊；6—球果枝；
7—种鳞；8—种子

是重要的风景资源，也是优良的园林造景材料，最适于群植成林。

10. 黄山松 Pinus taiwanensis Hayata

【形态特征】树皮深灰褐色，老树树冠伞形；1年生枝淡黄褐色。冬芽深褐色，卵圆形。叶2针一束，长5～13cm，多为7～10cm，较马尾松粗硬；树脂道3～7(9)，中生。球果卵圆形，长3～5cm，径3～4cm，鳞盾扁菱形稍肥厚而隆起，横脊显著，鳞脐具短刺。

【分布与习性】我国特产，主产华东和台湾等地，广西、贵州、湖北、云南等地也有分布，在华东多生于海拔800m以上山地，常与壳斗科树种混生。喜凉爽湿润的高山气候，耐－22℃低温，不耐高温，喜排水良好的酸性黄壤，生长速度较马尾松慢。

【繁殖方法】播种繁殖。

【园林用途】树姿优美，是自然风景区中、高山地重要森林组成树种，如黄山、庐山、天目山海拔800m以上均由黄山松组成风景林，黄山著名的"迎客松"就是黄山松。生于岩石间者常树干弯曲，树冠偃盖如画，是制作桩景的优良材料。

11. 云南松 Pinus yunnanensis Franch. (图8-23)

【形态特征】高达30m。1年生枝粗壮，淡红褐色；冬芽红褐色，粗大。叶通常3针一束，间或2针一束，长10～30cm，径约1～1.2mm，微下垂，树脂道4～5，边生或中生。球果圆锥状卵形，长5～11cm，径3.5～7cm；鳞脐微凹或微隆起，有短刺。

【变种】地盘松［var. *pygmaea* (Hsüeh) Hsüeh]，灌木高达2m，自基部分枝，针叶长7～13cm，较硬，树脂道2，边生，或1个中生。球果簇生，长4～5cm。分布于四川西南部和云南，生于干旱阳坡。

【分布与习性】产西南地区，云南、四川、广西、贵州、西藏等地均有分布，生于海拔400～3100m，多组成大面积纯林或与其他树种混交。最喜光，适应冬春干旱无严寒、夏秋多雨无酷热、干湿季分明的印度洋季风型气候。

【繁殖方法】播种繁殖。

【园林用途】为西南地区重要的用材树种，也供园林观赏。

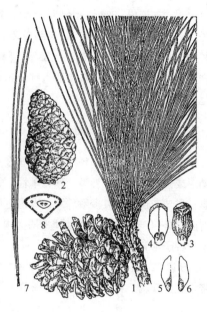

图8-23 云南松
1—球果枝；2—球果；3、4—种鳞背腹面；
5、6—种子背腹面；7——束针叶；
8—针叶横切面

12. 火炬松(火把松) Pinus taeda Linn.

【形态特征】在原产地高达54m，胸径2m；树冠呈紧密圆头状，树皮老时呈暗灰褐色。枝条每年生长数轮，小枝黄褐色或淡红褐色，幼时微被白粉。叶3针一束，罕2针一束，刚硬，稍扭转，长15～25cm，径约1.5mm；叶鞘长达2.5cm；树脂道2，中生。球果卵状长圆形，长7.5～15(20)cm，几无柄，成熟时暗红褐色；鳞盾沿横脊显著隆起，鳞脐具基部粗壮而反曲的尖刺。

【分布与习性】原产美国东南部；华东、华中、华南均有引栽，北至河南、山东，常用于低山丘陵造林。极喜光，喜温暖湿润气候，适生于酸性或微酸性土壤，在土层深厚肥沃、排水良好处生长较快。不耐水涝及盐碱土。深根性。

【繁殖方法】播种繁殖。

【园林用途】重要采脂树种，长江流域常见栽培。适于风景区大面积造林，也可供庭园观赏。

13. 湿地松 *Pinus elliottii* Engelm.

与火炬松相近，叶2针、3针一束并存，粗硬，长18～30cm，径达2mm，树脂道2～9，多内生，叶鞘长1.3cm；球果柄可长达3cm。

原产美国东南部，我国20世纪30年代开始引栽。极喜光；耐40℃的极端高温和−20℃的极端低温；既耐水湿，亦耐干瘠，在低洼沼泽地以及华东沿海海岸造林，生长表现均佳，但长期积水生长不良。

附：南亚松(*Pinus latteri* Mason)，1年生枝深褐色，无毛，无白粉；冬芽褐色。针叶2针一束，长15～27cm，径约1.5mm，树脂道2～3，中生或内生；球果圆柱形，长5～10cm，熟时红褐色，梗长约1cm；鳞盾近斜方形，上部厚，隆起，下部平，有横脊和纵脊，鳞脐稍凹下；种翅长约2cm。产海南、广东、广西；东南亚也有分布。喜暖热气候，耐干旱瘠薄，耐高温，在焚风袭击的环境下也能生长。

五、杉科 Taxodiaceae

常绿或落叶乔木；树干端直，树皮长条片脱落。叶螺旋状排列，稀交互对生，披针形、钻形、鳞形或条形，同型或异型。球花单性，雌雄同株；雄球花具多数雄蕊，各具花药2～9个，花粉无气囊；雌球花顶生，具多数珠鳞，珠鳞与苞鳞半合生或完全合生，或珠鳞甚小或苞鳞退化，每珠鳞内有胚珠2～9个；雄蕊、珠鳞均螺旋状排列，稀交互对生。球果木质或革质，发育种鳞具2～9粒种子，种子常有翅。

9属12种(现一般将金松属 *Sciadopitys* 分出，成立单种的金松科 Sciadopityaceae)，主产北温带。我国5属5种，主要分布于长江流域以南温暖地区；另引入栽培3属4种。

分属检索表

1. 叶和种鳞均为螺旋状排列。
  2. 球果的种鳞(或苞鳞)扁平。
    3. 常绿性；种鳞或苞鳞革质；种子两侧有翅。
      4. 叶条状披针形，有锯齿；种鳞小，苞鳞大，每种鳞3粒种子 ………………………… 杉木属 *Cunninghamia*
      4. 叶锥形或鳞状锥形，全缘，苞鳞甚小，每种鳞2粒种子 ……………………………… 台湾杉属 *Taiwania*
    3. 半常绿，有条形叶的小枝冬季脱落，有鳞形叶的小枝不脱落；种鳞木质，先端有6～10裂齿，每种鳞2粒种子，种子下端有长翅 ……………………………………………… 水松属 *Glyptostrobus*
2. 球果的种鳞盾形，木质。
  5. 常绿性，每种鳞有2～7粒种子。
    6. 叶锥形，螺旋状排列；球果几无柄，直立，种鳞上部3～7齿裂 ………………………… 柳杉属 *Cryptomeria*
    6. 叶条形，在侧枝上排成2列；球果有柄，下垂；种鳞无齿 ……………………… 红杉属 *Sequoia*
  5. 落叶或半常绿；侧生小枝冬季与叶俱落，叶条形或锥形，每种鳞有2粒种子 ……… 落羽杉属 *Taxodium*
1. 叶和种鳞均对生；叶条形，排成2列，冬季与无芽小枝同落；种鳞盾形，木质 ……… 水杉属 *Metasequoia*

（一）杉木属 *Cunninghamia* R. Brown ex Rich. & A. Rich.

1种1变种，产我国、老挝和越南北部。

杉木 *Cunninghamia lanceolata* (Lamb.) Hook. (图8-24)

【形态特征】常绿乔木，高达30m；幼树树冠尖塔形，老时广圆锥形。干形通直，树皮灰黑色。叶条状披针形，叶螺旋状着生，在主枝上辐射伸展，在小枝上扭转成2列状，叶基下延，叶缘有细锯齿，长2~6cm，宽3~5mm，上面深绿色，下面沿中脉两侧各有1条白色气孔带。雄球花簇生枝顶，每雄蕊具3花药；雌球花1~3个集生枝顶，苞鳞与珠鳞合生，苞鳞大，扁平革质，先端尖，边缘有不规则细锯齿，珠鳞小，胚珠3。球果卵球形，长2.5~4.5cm，径约2.5~4cm，熟时黄棕色；每种鳞腹面3枚种子，种子扁平，两侧具窄翅。花期3~4月；球果10~11月成熟。

【变种】台湾杉木 [**var. *konishii*** (Hayata) Fujita]，球果较小，长约1.8~3cm，径约1.2~2.5cm，叶较小。产我国台湾和福建，老挝也有分布。

【分布与习性】广布，北至淮河、秦岭南麓，东自台湾、福建和浙江沿海，南至广东、海南，西至云南、四川的广大区域内均有分布和栽培。喜光，幼年稍耐阴；喜温暖湿润气候，不耐寒冷和干旱，但在湿度适宜的情况下，可耐短期-17℃低温；喜排水良好的酸性土壤，不耐盐碱。浅根性，速生，萌芽、萌蘖力强。对有毒气体有一定抗性。

【繁殖方法】播种或扦插繁殖。

【园林用途】树干通直，树形美观，终年郁郁葱葱，是美丽的园林造景材料。适于群植成林，可用于大型绿地中作为背景，也可列植，用于道路绿化；风景区内则可营造风景林。南方重要速生用材树种。

（二）柳杉属 *Cryptomeria* D. Don

1种1变种，产中国和日本。

柳杉 *Cryptomeria japonica* (Thunb. ex Linn. f.) D. Don **var. *sinensis*** Miq. (图8-25)

——*Cryptomeria fortunei* Hooibrenk ex Otto & Dietr.

【形态特征】常绿乔木，高达40m；树冠狭圆锥形或圆锥形。树皮红褐色，长条片状脱落；大枝近轮生，小枝常下垂。叶钻形，螺旋状略成5行排列，基部下

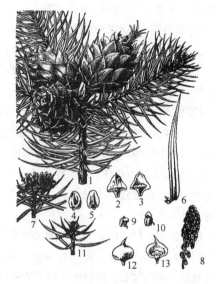

图8-24 杉木

1—球果枝；2—苞鳞背面；3—苞鳞腹面及种鳞；
4、5—种子；6—叶；7、8—雄球花枝；
9、10—雄蕊；11—雌球花枝；12、13—苞鳞

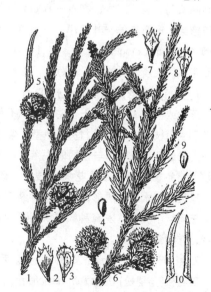

图8-25 柳杉(1~5)、日本柳杉(6~10)

1、6—球果枝；2、7—种鳞背面及苞鳞上部；
3、8—种鳞腹面；4、9—种子；5、10—叶

延，先端微内曲，长 1～1.5cm，幼树及萌枝之叶长达 2.4cm，四面有气孔线。雄球花单生小枝顶部叶腋，多数密集成穗状；雌球花单生枝顶，珠鳞与苞鳞合生，仅先端分离。球果球形，径 1.2～2cm。种鳞约 20 枚，木质、盾形，上部肥大，3～7 裂齿。发育种鳞常具 2 粒种子；种子微扁，周围有窄翅。花期 4 月；球果 10 月成熟。

【分布与习性】我国特有树种，产福建、江西、四川、云南和浙江西北部，长江流域及其以南地区广泛栽培，北达河南和山东。中等喜光；喜温暖湿润、云雾弥漫、夏季较凉爽的山区气候；喜深厚肥沃的沙质壤土，忌积水。浅根性，侧根发达，主根不明显。对二氧化硫、氯气、氟化氢均有一定抗性。

【繁殖方法】播种或扦插繁殖，以播种最为常用。

【园林用途】树形圆整高大，树姿雄伟，最适于列植、对植，或于风景区内大面积群植成林，浙江天目山的大树华盖景观主要由柳杉形成，从山脚禅源寺到开山老殿，沿途柳杉保存完好，胸径在 1m 以上的就有近 400 株。在庭院和公园中，可于前庭、花坛中孤植或草地中丛植。柳杉枝叶密集，性又耐阴，也是适宜的高篱材料，可供隐蔽和防风之用。此外，在江南，柳杉自古以来常用为墓道树。

附：日本柳杉 [*Cryptomeria japonica* (Thunb. ex Linn. f.) D. Don]（图 8-25），与柳杉的区别：叶直伸，先端通常不内曲，长 0.4～2cm。球果较大，径 1.5～2.5(3.5)cm；种鳞 20～30 枚，先端裂齿和苞鳞的尖头均较长，每种鳞具种子 2～5 粒。原产日本，我国东部各地普遍栽培。常见品种有：扁叶柳杉('Elegans')，灌木，分枝密；叶扁平柔软，长 1～2.5cm，光绿色，秋后变为红褐色。短叶柳杉('Araucarioides')，叶较硬、短，且长短不等，长叶和短叶在小枝上交错成段。鳞叶柳杉('Dacrydioides')，小枝细密，叶长 5～8mm，较扁平，鳞形或锥状鳞形，排列紧密。千头柳杉('Vilmoriniana')，矮小灌木，高 40～60cm，树冠球形或卵圆形，小枝密集，短而直伸；叶甚小，长 3～5mm，排列紧密。圆球柳杉('Compactoglobosa')，高 1～2m，枝条开展，侧枝短而密集，成紧密的圆丛；叶短小，长 4～10mm，坚硬。

（三）落羽杉属 *Taxodium* Rich.

落叶或半常绿乔木，干基膨大，常有膝状呼吸根。具脱落性侧生小枝。叶螺旋状排列，2 型：条形叶在无芽的 1 年生枝上排成 2 列，冬季与枝同时脱落；钻形叶着生在有芽的小枝上，冬季宿存。雄球花集生枝顶；雌球花单生去年枝顶。球果种鳞木质，盾形，苞鳞与种鳞仅先端分离，向外凸起呈三角状小尖头；发育种鳞各具种子 2。种子呈不规则三角形，有锐脊状厚翅。

2 种，产美国、墨西哥及危地马拉。我国均有引种。

落羽杉（落羽松）*Taxodium distichum* (Linn.) Rich.（图 8-26）

【形态特征】落叶乔木，原产地高达 50m，树干基部常膨大，具膝状呼吸根。1 年生小枝褐色；着生叶片的侧生小枝排成 2 列，冬季与叶俱落。叶条形，长 1.0～1.5cm，扁平，

图 8-26　落羽杉(1～3)、池杉(4～5)

1—球果枝；2—种鳞顶部；3—种鳞侧面；
4—小枝及叶；5—小枝与叶局部

螺旋状着生，基部扭转成羽状，排列较疏。球果圆球形，径约2.5cm。花期3月；球果10月成熟。

【变种】池杉 [var. imbricatum (Nutt.) Croom] (图8-26)，又名池柏，树冠狭窄，多呈尖塔形或近于柱状，大枝向上伸展；叶钻形或条形扁平，长4～10mm，略内曲，常在枝上螺旋状伸展，下部多贴近小枝。

【分布与习性】原产北美东南部，生于亚热带排水不良的沼泽地区。华东等地常见栽培。强阳性，不耐庇荫；喜温暖湿润气候；极耐水湿，能生长于短期积水地区。喜富含腐殖质的酸性土壤。

【繁殖方法】播种和扦插繁殖。

【园林用途】树形壮丽，性好水湿，常有奇特的屈膝状呼吸根伸出地面，新叶嫩绿，入秋变为红褐色，是世界著名的园林树种。适于水边、湿地造景，可列植、丛植或群植成林，也是优良的公路树。在江南平原地区，则可作为农田林网树种。池杉的耐湿能力尤强，在公园的沼泽和季节性积水地区，可以营造"水中森林"，别有一番情趣。

附：墨西哥落羽杉(*Taxodium mucronatum* Tenore)，半常绿或常绿大乔木，在原产地高达50m。树干上有很多不定芽萌发的小枝。侧生小枝不为2列。叶条形，扁平，长约1cm，排成较紧密的羽状2列。原产墨西哥及美国西南部，南京、武汉等地有引种栽培。

(四) 水松属 *Glyptostrobus* Endl.

仅1种，我国特产。第四纪冰川期后的孑遗植物。

水松 *Glyptostrobus pensilis* (Staunt. ex D. Don) K. Koch. (图8-27)

【形态特征】落叶或半常绿乔木，一般高8～10m，稀达25m；树冠圆锥形。生于潮湿土壤者树干基部常膨大，并有呼吸根伸出土面。小枝绿色。叶互生，3型：鳞形叶长约2mm，宿存，螺旋状着生于1～3年生主枝上，贴枝生长；条形叶长1～3cm，宽1.5～4mm，扁平而薄，生于幼树1年生小枝和大树萌生枝上，常排成2列；条状钻形叶长4～11mm，生于大树的1年生短枝上，辐射伸展成3列状。后两种叶冬季与小枝同落。雌雄同株，球花单生于具鳞叶的小枝顶端。球果倒卵球形，长2～2.5cm；种鳞木质而扁平，倒卵形；发育种鳞具2粒种子，种子椭圆形微扁，种子下部具长翅。花期1～2月；球果10～11月成熟。

【分布与习性】华南和西南零星分布，多生于河流沿岸；长江流域多有栽培。强阳性，喜温暖湿润气候；喜中性和微碱性土壤(pH值7～8)，在酸性土上生长一般；耐水湿；主根和侧根发达；萌芽、萌蘖力强，寿命长。

【繁殖方法】播种或扦插繁殖。

【园林用途】著名的古生树种，曾在白垩纪和新生代广布于北半球，第四纪冰川后，在欧美和日本等地灭绝，仅存我国。树形美观，秋叶红褐色，并常有奇特的呼吸根，是优良的防风固堤、低湿地绿化树种。可成片植于池畔、

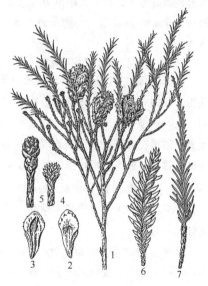

图8-27 水松

1—球果枝；2—种鳞背面及苞鳞先端；3—种鳞腹面；4—雌球花枝；5—雄球花枝；6—着生条状钻形叶的小枝；7—着生条状钻形叶(上部)及鳞形叶(下部)的小枝

湖边、河流沿岸、水田隙地。韶关南华寺附近有不少水松古树，华南植物园的水松林秋色秀美则已成为羊城新八景之一——"龙洞琪林"。英国 1894 年引入。

（五）水杉属 *Metasequoia* Miki ex Hu & W. C. Cheng

仅 1 种，我国特产，有活化石之称，第四纪冰川期后的子遗植物。

水杉 *Metasequoia glyptostroboides* Hu & W. C. Cheng（图 8-28）

【形态特征】落叶乔木，高达 40m；幼时树冠尖塔形，后变为圆锥形；树皮灰褐色，长条片脱落。树干基部常膨大；大枝近轮生，小枝及侧芽均对生；冬芽显著，芽鳞交互对生。叶交互对生，长 0.8～3.5cm，叶基扭转排成 2 列，条形扁平，冬季与侧生无芽小枝一同脱落。雄球花单生于去年生枝侧，排成圆锥花序状；雌球花单生枝顶。雄蕊、珠鳞均交互对生。球果近球形，具长梗；种鳞木质，盾状，发育种鳞具种子 5～9 粒。种子扁平，周围有狭翅。花期 2～3 月；球果 10～11 月成熟。

【分布与习性】我国特产，分布于湖北、重庆、湖南交界处；现世界各地广植，在我国已成为长江中、下游平原河网地区重要的"四旁"绿化树种。阳性树，喜温暖湿润气候，抗寒性颇强，在东北南部可露地越冬。喜深厚肥沃的酸性土或微酸性土，在中性至微碱性土上亦可生长，能生于含盐量 0.2% 的盐碱地上；耐旱性一般，稍耐水湿，但不耐积水。

图 8-28 水杉
1—球果枝；2—雄球花枝；3—球果；
4—种子；5—雄球花；6—雄蕊

【繁殖方法】播种或扦插繁殖。

【园林用途】水杉是国家一级重点保护树种，著名的子遗植物，其树史可追溯到白垩纪。树姿优美挺拔，叶色翠绿鲜明，秋叶转棕褐色，是著名的风景树。最宜列植堤岸、溪边、池畔，群植在公园绿地低洼处或成片与池杉混植，均可构成园林佳景，并兼有固堤护岸、防风效果。

（六）台湾杉属 *Taiwania* Hayata

1 种，星散分布于台湾、湖北、贵州、云南等省，缅甸北部也有分布。

台湾杉（秃杉）*Taiwania cryptomerioides* Hayata（图 8-29）
——*Taiwania flousiana* Caussen.

【形态特征】常绿大乔木，高达 75m，胸径 3.5m。树冠圆锥形，树皮灰黑色，呈不规则条状剥落，内皮红褐色。大枝平展，小枝细长下垂。叶厚革质，螺旋状排列，2 型：大树之叶鳞形，长 2～5(9)mm；幼树及萌枝之叶钻形，长 1～2.5cm，宽 1.2～2mm，直伸或微向内弯。雄球花 2～7 个簇

图 8-29 秃杉
1—球果枝；2—枝、叶一段；
3、4—种鳞背、腹面；5、6—种子

生于枝顶；雌球花单生枝顶，直立，苞鳞退化。球果圆柱形，长 1.5～2.2cm，熟时褐色；种鳞革质，宿存，扁平，中部种鳞阔倒三角形；发育种鳞具 2 粒种子，种子扁平，倒卵形或椭圆形，两侧具窄翅。花期 4～5 月；球果 10～11 月成熟。

【分布与习性】产云南、贵州、湖北等地。上海、杭州、南京有栽培。喜光，适生于温凉和夏秋多雨、冬春干燥的气候，喜排水良好的红壤、山地黄壤或棕色森林土，浅根性，生长快，寿命长。

【繁殖方法】播种繁殖。

【园林用途】树体高大，姿态雄伟，枝条婉柔下垂，蔚然可观。在适生区为优良风景林树种。

（七）北美红杉属 *Sequoia* Endl.

仅 1 种，产北美洲。我国引入栽培。

北美红杉（红杉、长叶世界爷）*Sequoia sempervirens* (Lamb.) Endl.（图 8-30）

【形态特征】常绿乔木，在原产地高达 110m，胸径达 8m；树冠圆锥形或尖塔形，枝条水平开展；树皮红褐色，厚达 15～25cm。叶 2 型：鳞形叶长约 6mm，螺旋状排列，贴生于小枝或微开展；条形叶长 0.8～2cm，排成 2 列，下面有白色气孔带。雄球花单生于枝顶或叶腋，雌球花单生于短枝顶端，珠鳞 15～20，胚珠 3～7。球果下垂，卵状椭圆形或卵球形，长 2～2.5cm，径 1.2～1.5cm，褐色；种子椭圆状长圆形，两侧有翅。

【分布与习性】特产于美国西部加利福尼亚沿海地区，常组成纯林或与花旗松混交成林。台湾、福建、广西、云南、江西、浙江、江苏等地栽培。喜空气和土壤湿润，耐阴，不耐干燥。根际萌芽性强，易于萌芽更新。

图 8-30　北美红杉
1—枝叶；2—小枝一段，
示叶着生；3—叶片

【繁殖方法】播种、扦插繁殖。

【园林用途】红杉是世界上最高大的树种，树形壮丽，枝叶密生，适于池畔、水边、草坪孤植或群植，也适于宽阔道路两旁列植。1971 年，美国总统尼克松先生访问我国时曾经赠送红杉树苗 1 株、巨杉 [*Sequoiadendron giganteum* (Lindl.) J. Buchholz] 树苗 3 株，栽植于杭州西湖风景区，红杉已大量繁殖，常见栽培。

六、柏科 Cupressaceae

常绿乔木或灌木。叶鳞形或刺形，鳞叶交互对生，刺叶交互对生或 3 叶轮生。球花单性，雌雄同株；雄蕊和珠鳞均交互对生或 3 枚轮生，雌球花具珠鳞 3～18，每珠鳞各具 1～3 个直生胚珠，苞鳞与珠鳞合生，仅尖头分离。球果 1～2 年成熟，熟时开裂或肉质合生。种子具窄翅或无翅。

20 属约 125 种，广布于南北两半球。我国 8 属 33 种，引入栽培 1 属 15 种，分布几遍全国。多为优良的用材树种和园林绿化树种。

分属检索表

1. 球果种鳞木质或近革质，熟时开裂，种子通常有翅，稀无翅。

　2. 种鳞扁平或近扁平，球果当年成熟。

　　3. 种鳞木质，厚，背部顶端有一弯曲钩状尖头，种子无翅 ·············· 侧柏属 *Platycladus*

　　3. 种鳞近革质，薄，顶端有钩状突起，种子两侧有翅 ················· 崖柏属 *Thuja*

　2. 种鳞盾形，球果翌年或当年成熟。

　　4. 鳞叶小，长 2mm 以内；种子两侧具窄翅。

　　　5. 球果当年成熟 ··· 扁柏属 *Chamaecyparis*

　　　5. 球果翌年成熟 ··· 柏木属 *Cupressus*

　　4. 鳞叶大，长 3～6mm；种子上部具 2 枚大小不等的翅 ·············· 福建柏属 *Fokienia*

1. 球果肉质，浆果状，熟时不开裂，种子无翅。

　6. 叶全为刺叶或鳞叶，或同一株树上二者兼有，刺叶下延生长 ·············· 圆柏属 *Sabina*

　6. 叶全为刺叶，基部有关节，不下延生长 ································ 刺柏属 *Juniperus*

（一）侧柏属 *Platycladus* Spach.

仅 1 种，分布于中国、朝鲜和俄罗斯东部。

侧柏 *Platycladus orientalis*（Linn.）Franco（图 8-31）

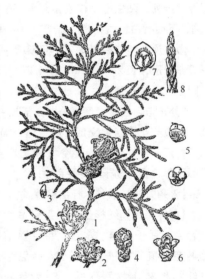

【形态特征】乔木，高达 20m；幼树树冠尖塔形，老树为圆锥形或扁圆球形。老树干多扭转，树皮淡褐色，细条状纵裂。小枝扁平，排成一平面；叶鳞形，交互对生，灰绿色，长 1～3mm，先端微钝。雌雄同株，球花单生于小枝顶端。雌球花具 4 对珠鳞，仅中间 2 对珠鳞各有 1～2 胚珠。球果当年成熟，开裂，种鳞木质，背部中央有一反曲的钩状尖头。种子长卵圆形，无翅。花期 3～4 月；球果 9～10 月成熟。

【栽培品种】千头柏（'Sieboldii'），丛生灌木，枝密生，树冠呈紧密的卵圆形至扁球形。金塔柏（'Beverleyensis'），树冠塔形，叶金黄色。金黄球柏（'Semperaurescens'），又名金叶千头柏，矮型紧密灌木，树冠近于球形，枝端之叶金黄色。北京侧柏（'Pekinensis'），枝条细长，略开展，小枝纤细；叶甚小，两边彼此重叠；球果径约 1cm。窄冠侧柏（'Zhaiguancebai'），树冠窄，枝条向上伸展，叶光绿色。

图 8-31　侧柏
1—球果枝；2—球果；3—种子；4—雄球花；
5—雄蕊；6—雌球花；7—珠鳞及胚珠；
8—鳞叶枝

【分布与习性】产东北、华北，经陕、甘、西南达川、黔、滇，现栽培几遍全国。适生范围极广，喜温暖湿润，也耐寒，耐 -35℃ 低温；喜光；对土壤要求不严，无论酸性土、中性土或碱性土上均可生长，耐瘠薄，并耐轻度盐碱；耐旱力强，忌积水。萌芽力强，耐修剪。抗污染，对二氧化硫、氯气、氯化氢等有毒气体和粉尘抗性较强。

【繁殖方法】播种繁殖。各品种常采用扦插、嫁接等法繁殖。

【园林用途】树姿优美，幼树树冠呈卵状尖塔形，老树则呈广圆锥形，耸干参差，恍若翠旌，枝叶低垂，宛如碧盖，每当微风吹动，大有层云浮动之态。园林中应用广泛，已有两千余年的栽培历史，自古以来即栽植于寺庙、陵墓和庭院中。

由于四季常青，常列植或对植于寺庙和墓地，象征森严和肃穆，如泰山岱庙、陕西黄陵县轩辕庙均有两千年以上的古柏，大多仍枝干苍劲、气魄雄伟。在庭院和城市公共绿地中，孤植、丛植或列植均可；也可作绿篱，是北方重要的绿篱树种之一。此外，侧柏也是北方重要的山地造林树种，在山地风景区，既可营造纯林，也可与油松、黑松、黄栌等营造混交林。此外，侧柏还是嫁接龙柏的常用砧木。

（二）崖柏属 Thuja Linn.

乔木；枝平展。生鳞叶的小枝扁平，排成平面。鳞叶较小，交叉对生。雌雄同株，球花单生枝顶；雄球花具多数雄蕊；雌球花具 3～5 对珠鳞，仅下部 2～3 对珠鳞各具 1～2 胚珠。球果当年成熟，长圆形或长卵形；种鳞薄，近革质，扁平，顶端具钩状突起，发育种鳞各具 1～2 种子。种子扁平，两侧有翅。

5 种，分布于东亚和北美。我国 2 种，即崖柏(Thuja sutchuenensis Franch)和朝鲜崖柏(Thuja koraiensis Nakai)，分别产于长白山和重庆城口，处于濒危状态；另引入栽培 3 种。

分 种 检 索 表

1. 中生鳞叶尖头下方有圆形透明腺点，芳香 ·················· 北美香柏 T. occidentalis
1. 中生鳞叶背部平，无腺点，有时有纵槽，鳞叶揉碎时无香气 ·················· 日本香柏 T. standishii

1. 北美香柏 Thuja occidentalis Linn. (图 8-32)

【形态特征】高达 20m，树皮红褐色；树冠狭圆锥形。鳞叶长 1.5～3mm，中生鳞叶尖头下方有圆形透明腺点，芳香。球果长椭圆形，长 8～13mm，径约 6～10mm。种鳞多 5 对，扁平，革质，较薄；下面 2～3 对发育，各具种子 1～2。种子扁平，椭圆形，两侧有翅。

【分布与习性】原产北美，常生于含石灰质的湿润地区；华东各城市有栽培。喜光，有一定耐阴力；较耐寒，在北京可露地越冬；耐瘠薄，耐修剪，能生长在潮湿的碱性土壤上，抗烟尘和有毒气体能力强。

【繁殖方法】播种、扦插或嫁接繁殖。

【园林用途】树形端庄，树冠圆锥形，给人以庄重之感，适于规则式园林应用，可沿道路、建筑等处列植，也可丛植和群植；如修剪成灌木状，可植于疏林下，或作绿篱和基础种植材料。

图 8-32 北美香柏

1—球果枝；2—种子

2. 日本香柏 Thuja standishii (Gord.) Carr.

在原产地高达 18m。大枝开展，先端微下垂；树冠宽塔形。生鳞叶的小枝较厚，下面的鳞叶无白粉或微有白粉，鳞叶长 1～3mm，先端尖，中间的鳞叶背部平，无腺点，有时有纵槽，两侧的鳞叶稍短或与中间鳞叶近等长；侧生小枝之叶先端钝；鳞叶揉碎时无香气。球果卵圆形，长 8～10mm，暗褐色；种鳞 5～6 对，仅中部 2～3 对发育。

原产日本。庐山、杭州、南京、青岛及浙南山地引入栽培，生长良好。

（三）扁柏属 Chamaecyparis Spach

乔木。叶鳞形，生鳞叶的小枝通常扁平，排成一平面，平展或近平展。雌雄同株，球花单生枝顶，雌球花具 3～6 对珠鳞，胚珠 1～5。球果当年成熟，发育种鳞有种子 1～5。子叶 2 枚。

6种，分布于东亚和北美。我国台湾产红桧（*Chamaecyparis formosensis* Mats. ）和台湾扁柏 [*Chamaecyparis obtusa* var. *formosana* (Hayata) Rehd.]，为重要用材树种，引入栽培4种。

分 种 检 索 表

1. 生鳞叶小枝下面有不明显白粉，鳞叶先端钝；球果径8～12mm，种鳞4对 ·················· 日本扁柏 *C. obtusa*
1. 生鳞叶小枝下面白粉显著，鳞叶先端锐尖；球果径约6mm，种鳞5～6对 ·············· 日本花柏 *C. pisifera*

1. **日本扁柏** *Chamaecyparis obtusa* (Sieb. & Zucc.) Endl. (图8-33)

【形态特征】在原产地高达40m。树冠尖塔形。生鳞叶小枝背面有不明显白粉；鳞叶长1～1.5mm，肥厚，先端钝，紧贴小枝。球果球形，径8～12mm，种鳞4对，种子近圆形，两侧有窄翅。花期4月；球果10～11月成熟。

【栽培品种】云片柏（'Breviramea'），小乔木，生鳞叶的小枝排成规则的云片状。洒金云片柏（'Breviramea Aurea'），与云片柏相似，但顶端鳞叶金黄色。凤尾柏（'Filicoides'），丛生灌木，小枝短，在主枝上排列紧密，鳞叶小而厚，顶端钝，常有腺点，深亮绿色。孔雀柏（'Tetragona'），灌木或小乔木，枝条近直展；生鳞叶的小枝辐射状排列，先端四棱形；鳞叶背部有纵脊。

【分布与习性】原产日本。华东各城市均有栽培。中等喜光，喜温暖湿润气候，不耐干旱和水湿，浅根性。

【繁殖方法】播种繁殖。各观赏品种多采用扦插或嫁接繁殖。

【园林用途】树形端庄，枝叶多姿，与日本花柏、罗汉柏、日本金松同为日本珍贵名木。园林中孤植、列植、丛植、群植均适宜，也可用于风景区造林，若经整形修剪，也是适宜的绿篱材料。品种甚多，形态各异，常修剪成球形等几何形体，尤适于草地、庭院内丛植，或台坡边缘、园路两侧列植，也是优美的盆栽材料。

2. **日本花柏** *Chamaecyparis pisifera* (Sieb. & Zucc.) Endl. (图8-34)

【形态特征】与日本扁柏相近，区别在于：生鳞叶小枝下面白粉显著，鳞叶先端锐尖，两侧叶较中间叶稍长。球果较小，径约6mm，种鳞5～6对，种子三角状卵形，两侧有宽翅。

图8-33 日本扁柏

1—球果枝；2—球果；3—种子；4. —鳞叶排列

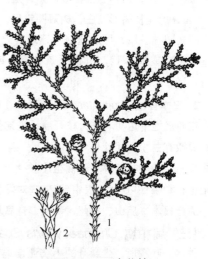

图8-34 日本花柏

1—球果枝；2—鳞叶放大

【分布与习性】原产日本；华东各城市均有栽培。习性和用途可参考日本扁柏。

栽培品种线柏（'Filifera'），灌木或小乔木，树冠球形，小枝线形，细长下垂，鳞叶先端长锐尖；金线柏（'Filifera Aurea'），似线柏，但叶金黄色；绒柏（'Squarrosa'），灌木或小乔木，树冠塔形；小枝不规则着生，不扁平而呈苔状；叶长6～8mm，为柔软的条状刺形，3～4枚轮生，背面有2条白色气孔带；羽叶花柏（'Plumosa'），灌木或小乔木，枝叶紧密，鳞叶较细长而开展，鳞状钻形或稍呈刺状，质软，长3～4mm，开展呈羽毛状，形态介于原种和绒柏之间；银斑羽叶花柏（'Plumosa Argentea'），似羽叶花柏，但枝端的叶雪白色；金斑羽叶花柏（'Plumosa Aurea'），似羽叶花柏，但幼枝新叶呈金黄色。

附：红桧（*Chamaecyparis formosensis* Mats.），高达57m，直径达6.5m；树皮淡红褐色。鳞叶菱形，长1～2mm，先端锐尖，背面有腺点；小枝上面之叶绿色，下面之叶有白粉。我国台湾特有树种，产于中央山脉、阿里山等地海拔1000～2000m地带。台湾主要用材树种之一。

（四）柏木属 *Cupressus* Linn.

乔木，稀灌木；生鳞叶的小枝四棱形或圆柱形，不排成一平面，稀扁平而排成一平面。鳞叶交互对生，仅幼苗或萌枝上的叶为刺形。雌雄同株，球花单生枝顶。球果圆球形，翌年成熟；种鳞4～8对，木质，盾形，熟时开裂，发育种鳞有5至多数种子；种子扁，有棱角，两侧具窄翅。子叶2～5。

约17种，分布于亚洲、北美洲、欧洲东南部和非洲北部。我国5种，引入栽培4种。

分种检索表

1. 生鳞叶的小枝扁平而排成平面、下垂，鳞叶先端锐尖；球果径0.8～1.2cm ················ 柏木 *C. funebris*
1. 生鳞叶的小枝不排成平面、不下垂，鳞叶先端钝或稍尖；球果大，径1.5～3cm ····· 干香柏 *C. duclouxiana*

1. 柏木 *Cupressus funebris* Endl. (图8-35)

【形态特征】高达35m；树冠圆锥形；树皮淡灰褐色，裂成长条片状剥落。小枝细长下垂，生鳞叶的小枝扁平而排成一个平面，两面绿色，较老的小枝圆柱形。鳞叶长1～1.5mm，先端锐尖，中生鳞叶背面有条状腺体。雄球花长2.5～3mm，雄蕊6对；雌球花长3～6mm。球果圆球形，径0.8～1.2cm；种鳞4对，盾形，木质，能育种鳞有种子5～6枚。花期3～5月；球果次年5～6月成熟。

【分布与习性】我国特有树种，广布于长江流域及其以南各地，北达甘肃和陕西南部，生于海拔2000m以下。阳性树，略耐侧方荫蔽；喜温暖湿润，是亚热带石灰岩山地代表性针叶树；对土壤适应性强，耐干瘠，略耐水湿。浅根性，萌芽力强，耐修剪，抗有毒气体。

【繁殖方法】播种繁殖。

【园林用途】树冠整齐，小枝细长下垂、姿态潇洒宜人，栽培历史悠久。在庭园中应用，适于孤植或丛植，尤其在古建筑周围，可与建筑风格协调，相得益彰。旧时常植于陵墓，宜群植成林以形成柏木森森的景色，或沿道路列植形成甬道，也

图8-35　柏木
1—球花、球果枝；2—小枝放大示鳞叶；
3、4—雄蕊；5—雌球花；
6—球果；7—种子

具有庄严、肃穆的气氛。

2. 干香柏(冲天柏) *Cupressus duclouxiana* Hickel(图 8-36)

【形态特征】枝条密集，树冠近球形或广卵形。生鳞叶的小枝不排成平面、不下垂；1 年生小枝圆柱形或近方形，径约 1mm，绿色。鳞叶长约 1.5mm，交互对生，排列紧密，先端钝或稍尖，蓝绿色，微被蜡质白粉，无明显的腺点。球果球形，径约 1.5～3cm，熟时暗褐色或微带紫色，常微被白粉，种鳞 4～5 对，木质、盾形，顶部有不整齐的放射状皱纹；种子近卵形，有窄翅，褐色。

【分布与习性】产云南中部和西北部、四川西南部、西藏东南部和贵州，生于海拔 1400～3300m 地带，多数为疏林或散生于干热山坡林中。喜温暖湿润，耐旱。适生于我国西南季风地区，能生于酸性土及石灰性土壤，尤以石灰性土壤为好，为喜钙树种。

【繁殖方法】播种繁殖。

【园林用途】是西南地区石灰岩山地的重要造林树种，也是优良的园林造景材料。

(五) 福建柏属 *Fokienia* Henry & Thomas

仅 1 种，主产我国，越南和老挝北部也有分布。

福建柏 *Fokienia hodginsii* (Dunn.) Henry & Thomas(图 8-37)

【形态特征】常绿乔木，高达 20m；树皮紫褐色，浅纵裂。生鳞叶的小枝扁平，排成一平面，3 出羽状分枝。鳞叶 2 型，小枝上下中央之叶较小，紧贴，两侧之叶较大，对折而互覆于中央之叶的侧边；下面的鳞叶有白色气孔带。鳞叶长 4～7mm，幼树及萌芽之叶可长达 10mm，先端尖或钝尖。雌雄同株，球花单生枝顶；雌球花具 6～8 对珠鳞，胚珠 2。球果翌年成熟，近球形，径 2～2.5cm；种鳞木质，盾形，顶端中央微凹，有一凸起的小尖头，熟时张开。种子卵形，长约 4mm；上部有两个大小不等的薄翅；子叶 2，出土。花期 3～4 月；球果翌年 10～11 月成熟。

图 8-36　干香柏

1—枝条；2—雄球花枝；3—雄球花；4—小枝
一段，示鳞形叶着生；5—球果；6—雌球花

图 8-37　福建柏

1—球果枝；2—种子

【分布与习性】产我国中亚热带至南亚热带，生于海拔600～1800m的中山以下。幼树耐阴，但成株喜光；适于亚热带山地温暖多雨潮湿气候。浅根性，侧根发达。

【繁殖方法】播种繁殖。

【园林用途】树干挺拔雄伟，大枝平展，鳞叶扁宽，蓝白相间，奇特可爱，已引入园林中栽培。适于片植、列植、混植或孤植草坪中。国家二级重点保护树种。

（六）圆柏属 *Sabina* Mill.

乔木或灌木；冬芽不显著。叶刺形或鳞形，幼树之叶均刺形，大树之叶全为刺形或全为鳞形，或同一树上二者兼有；刺叶常3枚轮生或交叉对生，基部无关节，下延生长；鳞叶交叉对生。雌雄异株或同株，球花单生枝顶。球果呈浆果状，种鳞肉质合生，通常翌年成熟，稀当年或第3年成熟；种鳞2～4对；种子1～6，无翅。

共约50种，分布于北半球高山地带。我国有17种，另引入栽培2种。本属亦有并入刺柏属（*Juniperus*）中的。

分 种 检 索 表

1. 叶全为鳞叶，或鳞叶、刺叶并存，或仅幼树全为刺叶。
　2. 球果卵形或近球形；刺叶3叶轮生或交互对生，鳞叶背面腺体位于中部以下；乔木。
　　3. 鳞叶先端钝，刺叶3枚轮生，等长；球果翌年成熟，种子2～4 ·················· 圆柏 *S. chinensis*
　　3. 鳞叶先端尖，刺叶对生，不等长；球果当年成熟，种子1～2 ·················· 铅笔柏 *S. virginiana*
　2. 球果倒三角状或叉状球形；壮龄树几全为鳞叶，背面腺体位于中部；幼树多刺叶 ····· 砂地柏 *S. vulgaris*
1. 叶全为刺叶。
　4. 直立灌木；球果具1粒种子 ·································· 粉柏 *S. squamata* 'Meyeri'
　4. 匍匐灌木；球果具2～3粒种子 ·································· 铺地柏 *S. procumbens*

1. 圆柏（桧柏、桧）*Sabina chinensis*（Linn.）Ant.（图8-38）

【形态特征】乔木，高达20m；树冠尖塔形或圆锥形，老树则呈广卵形、球形或钟形。树皮灰褐色，裂成长条状。叶2型：鳞叶交互对生，先端钝尖，生鳞叶的小枝径约1mm；刺叶常3枚轮生，长6～12mm。球果翌年成熟，近球形，径6～8mm，熟时暗褐色，被白粉。种子2～4，卵圆形。花期4月；球果次年10～11月成熟。

【变种与变型】偃柏 [var. *sargentii*（Henry）W. C. Cheng & L. K. Fu]，灌木，高60～80cm，冠幅可达3m。大枝匍地而生，小枝上伸成密丛状；幼树为刺叶，鲜绿色或蓝绿色，长3～6mm，交叉对生，排列紧密；老树多为蓝绿色的鳞叶。产黑龙江，俄罗斯和日本也产。垂枝圆柏[f. *pendula*（Franch.）W. C. Cheng & W. T. Wang]，枝条细长，小枝下垂，全为鳞叶。产甘肃东南部、陕西南部，北京等地栽培。

【栽培品种】龙柏（'Kaizuca'），树冠较狭窄，树干挺直，侧枝螺旋状向上抱合；鳞叶密生，无或偶有刺形叶。

图8-38　圆柏

1—球果枝；2—刺叶小枝放大；

3—鳞叶小枝放大；4—雄球花枝；

5—雄球花；6—雌球花

金龙柏（'Kaizuca Aurea'），与龙柏相近，但枝端之叶金黄色。匍地龙柏（'Kaizuca Procumbens'），无直立主干，大枝就地平展。金叶桧（'Aurea'），直立灌木，鳞叶初为金黄色，后变绿色。塔柏（'Pyramidalis'），枝直展，密集，树冠圆柱状塔形；多为刺叶，间有鳞叶。鹿角桧（'Pfitzriana'），丛生灌木，主干不发育，大枝自地面向上伸展。球柏（'Globosa'），丛生灌木，基部多分枝，不加修剪则树体自然呈球形；枝密生，多为鳞叶，间有刺叶。金球桧（'Aureoglobosa'），绿叶丛中杂有金黄色枝叶。银斑叶桧（'Albo-variegata'），部分枝叶为银白色。

【分布与习性】我国广布，自内蒙古南部、华北各省，南达两广北部，西至四川、云南、贵州均有分布，多生于海拔 2300m 以下。朝鲜、日本、缅甸也有分布。喜光，幼龄耐庇荫，耐寒而且耐热（耐 -27℃ 低温和 40℃ 高温）；对土壤要求不严，能生于酸性土、中性土或石灰质土中，对土壤的干旱及潮湿均有一定抗性，耐轻度盐碱；抗污染，对二氧化硫、氯气、氟化氢等多种有毒气体均有较强的抗性，并能吸收硫和汞，阻尘和隔声效果良好。

【繁殖方法】播种繁殖。各品种采用扦插或嫁接繁殖。

【园林用途】圆柏是著名的园林绿化树种，早在秦汉时期就已栽培观赏。与侧柏相似，圆柏也常植于庙宇、墓地等处，各地常见古树。苏州光福邓尉司徒庙内的 4 株圆柏古树，相传为东汉邓禹手植，因姿态奇古，蜿蜒虬曲，被称为"清、奇、古、怪"，并有"清奇古怪画难状，风火雷霆劫不磨"的赞语，为吴中一绝。圆柏在公园、庭院中应用也极为普遍，列植、丛植、群植均适，性耐修剪而且耐阴，作绿篱也比侧柏优良，其下枝不易枯死。还是著名的盆景材料。

圆柏品种繁多，观赏特性各异，在造景中的应用方式也各不相同。龙柏适于建筑旁或道路两旁列植、对植，也可作花坛的中心树；偃柏、匍地龙柏、鹿角桧适于悬崖、池边、石隙、台坡栽植，或于草坪上成片种植，偃柏并适于高山风景区应用；球柏适于规则式配植，尤其适于花坛、雕塑、台坡边缘等地环植或列植；金叶桧、金龙柏的色叶品种株形紧密，绿叶丛中点缀着金黄色的枝梢，素雅美观，可修剪成球形或动物形状，宜对植、丛植或列植，也可形成彩色绿篱。

圆柏梨锈病、圆柏苹果锈病、圆柏石楠锈病等病害以圆柏为越冬寄主，虽对圆柏危害不大，但对梨树、苹果树、海棠、石楠等危害很大。因此，应避免将圆柏与以上树种配植在一起。

2. 铅笔柏（北美圆柏） *Sabina virginiana* (Linn.) Ant.

【形态特征】在原产地高达 30m；树冠圆锥形或柱状圆锥形。叶 2 型：鳞叶先端急尖或渐尖，刺叶交互对生，长 5~6mm。球果近球形，长 5~6mm，当年成熟，蓝绿色，被白粉，有 1~2 粒种子。花期 3 月；球果 10 月成熟。

【分布与习性】原产北美；华东和华北常见栽培。适应性强，耐干旱瘠薄，并耐盐碱，生长速度较圆柏为快；抗污染。

【繁殖方法】播种、扦插繁殖。

【园林用途】树形挺拔，枝叶清秀，为优良绿化树种。木材为高级铅笔杆材料。

3. 铺地柏 *Sabina procumbens* (Endl.) Iwata & Kusaka

【形态特征】匍匐小灌木，高达 75cm，冠幅 2m 以上；枝条沿地面伏生，枝梢向上斜展。叶全为刺叶，条状披针形，先端锐尖，长 6～8mm，常 3 枚轮生；上面凹，有 2 条白色气孔带，气孔带常在上部汇合；下面蓝绿色。球果近球形，径 8～9mm，熟时黑色，被白粉。种子 2～3，有棱脊。

【分布与习性】原产日本。我国黄河流域至长江流域各地常见栽培。阳性树，耐旱性强，较耐寒，忌低湿。

【繁殖方法】扦插、嫁接、压条或播种繁殖。

【园林用途】枝干匍匐，植株贴地而生，姿态蜿蜒匍匐，色彩苍翠葱茏，是理想的木本地被植物，可配植于草坪角隅、悬崖、池边、石隙、台坡、林缘等处，尤适于岩石园应用。还是著名的盆景材料，常用于制作悬崖式盆景。

4. 砂地柏（叉子圆柏） *Sabina vulgaris* Ant.（图 8-39）

【形态特征】匍匐灌木，高不及 1m，稀为直立灌木或小乔木。枝密生，斜上伸展。叶 2 型：刺叶出现在幼树上，稀在壮龄树上与鳞叶并存，3 枚轮生，长 3～7mm，上面凹，下面拱形，中部有腺体；壮龄树几全为鳞叶，鳞叶斜方形或菱状卵形，长 1～2.5mm，先端微钝或急尖，背面有明显腺体。雌雄异株，稀同株；雄球花椭圆形，长 3～4mm；雌球花曲垂。球果生于下弯的小枝顶端，卵球形或球形，径 5～9mm，熟时蓝黑色，有蜡粉；种子 1～2 粒。

【分布与习性】产西北和内蒙古至四川北部，欧洲南部和中亚、俄罗斯远东也有分布，华北各地常见栽培。阳性树，极耐干旱瘠薄，能在干燥的沙地和石山坡上生长良好，喜生于石灰质的肥沃土壤。

【繁殖方法】扦插、压条或播种繁殖。

【园林用途】可作园林中的护坡、地被材料，也是优良的水土保持和固沙树种。

图 8-39 砂地柏

5. 粉柏（翠柏） *Sabina squamata*（Buch. - Ham.）Ant. 'Meyeri'

为高山柏（*Sabina squamata*）的品种。直立灌木，高 1～3m，小枝密生，刺叶排列紧密，条状披针形，长 6～10mm，3 叶轮生，两面被白粉，呈翠绿色。球果卵圆形，径约 6mm，种子 1 粒。各地常栽培观赏。原种分布于西部、南部至阿富汗、缅甸等国。

（七）刺柏属 *Juniperus* Linn.

乔木或灌木；冬芽显著。全为刺叶，3 叶轮生，基部有关节，不下延生长。雌雄同株或异株；球花单生叶腋；雄球花具 5 对雄蕊；雌球花具 3 枚珠鳞，胚珠 3，生于珠鳞之间。球果 2～3 年成熟，浆果状；种鳞 3，肉质合生。种子通常 3，无翅。

约 10 种，分布于亚洲、欧洲及北美。我国产 3 种，引入栽培 1 种。

分 种 检 索 表

1. 叶上面微凹，两侧各有 1 条较绿色边缘宽的白色气孔带，在先端汇合……………………… 刺柏 *J. formosana*

1. 叶上面深凹成槽，槽内有 1 条窄的白粉带 ……………………………………………………… 杜松 *J. rigida*

1. 刺柏 *Juniperus formosana* Hayata(图 8-40)

【形态特征】高达 12m，树冠窄塔形或圆柱形。小枝下垂。叶条状刺形，长 1.2～2cm，宽 1～2mm，先端渐尖，具锐尖头；上面微凹，中脉隆起，两侧各有 1 条较绿色边缘宽的白色气孔带，在先端汇合；下面绿色，有光泽。球果近球形，径6～9mm。熟时淡红褐色，被白粉或白粉脱落；种子半月形，具 3～4 棱脊。花期 3 月；球果翌年 10 月成熟。

【分布与习性】我国特产，分布广，主产长江流域至青藏高原东部，各地常栽培观赏。喜光，喜温暖湿润气候，适应性广，耐干瘠，常生于石灰岩上或石灰质土壤中。

【繁殖方法】播种或嫁接繁殖，嫁接以圆柏、侧柏为砧木。

【园林用途】因其枝条斜展，小枝下垂，树冠塔形或圆柱形，姿态优美，故有"垂柏"、"堕柏"之称。适于庭园和公园中对植、列植、孤植、群植。也可作水土保持树种。

2. 杜松 *Juniperus rigida* Sieb. & Zucc. (图 8-41)

【形态特征】小乔木，高达 10m，常多干并生。枝近直展，树冠圆柱形、塔形或圆锥形。小枝下垂。刺叶坚硬，先端锐尖，长 1.2～1.7cm，上面深凹成槽，槽内有 1 条窄的白粉带，背面有明显纵脊。球花单生叶腋，球果呈浆果状，种鳞肉质、合生。

图 8-40 刺柏
1—球果枝；2—雄花枝；3—刺叶放大；
4—雄蕊背腹面；5—球果；6—种子

图 8-41 杜松
1—球果枝；2—刺叶侧面；
3—刺叶横切面

【分布与习性】产东北、华北、西北等地；朝鲜、日本也有分布。阳性树种，耐干旱寒冷气候。喜光，稍耐阴；对土壤要求不严，耐干旱瘠薄，但在湿润、排水良好的砾质粗沙土壤上生长最好。

【繁殖方法】播种、扦插繁殖。

【园林用途】树冠塔形或圆柱形，姿态优美，适于庭园和公园中对植、列植、孤植、群植。

七、罗汉松科 Podocarpaceae

常绿乔木或灌木。叶螺旋状着生，稀对生或交叉对生。雌雄异株，稀同株；雄球花穗状，雄蕊多数，螺旋状互生，花药2；雌球花具多数或少数螺旋状着生的苞片，部分、全部或仅顶端的苞腋着生1胚珠，胚珠为囊状或杯状套被所包围，稀无套被。种子核果状或坚果状，全部或部分为肉质或薄而干的假种皮所包，苞片与轴愈合发育为肉质种托，或不发育；有胚乳，子叶2。

6～8属约180种，以南半球为分布中心，产热带、亚热带，少数产南温带及北半球热带和亚热带地区。我国2～4属12种，产中南、华南和西南地区。多为优美的园林绿化树种，陆均松、鸡毛松为海南岛常绿季雨林的主要组成树种，材质优良。

罗汉松属 *Podocarpus* L'Her. ex Persoon

乔木，稀灌木。叶螺旋状排列、近对生或交叉对生，条形、披针形、卵形或鳞形。雌雄异株，雄球花单生或簇生叶腋；雌球花常单生叶腋。种子当年成熟，核果状，全部为肉质假种皮所包，生肉质种托上，或种托不发育。

约116种，分布于东亚和南半球热带至温带。我国11种，分布于长江流域以南，多为优美的庭园观赏树种。

有些学者将本属分为罗汉松属(*Podocarpus*)、鸡毛松属(*Dacrycarpus*)和竹柏属(*Nageia*)，本书采用广义的分类。

分 种 检 索 表

1. 种子腋生，有梗；种托肥厚或不发育；叶大，同形，不为鳞形、锥形或锥状条形。
  2. 叶条形，螺旋状着生；种托肥厚 ·· 罗汉松 *P. macrophyllus*
  2. 叶长卵形、卵状披针形或披针状椭圆形，对生或近对生；种托不发育 ············ 竹柏 *P. nagi*
1. 种子顶生，无梗，种托稍肥厚肉质；叶小，鳞形、锥形或锥状条形 ················ 鸡毛松 *P. imbricatus*

1. 罗汉松 *Podocarpus macrophyllus* (Thunb.) D. Don(图8-42)

【形态特征】乔木，高达20m。树冠广卵形；树皮灰褐色，薄片状脱落。叶条形，螺旋状着生，长7～12cm，宽7～10mm，先端尖，两面中脉明显。雄球花3～5簇生叶腋，圆柱形，长3～5cm。种子卵圆形，径约1cm，熟时假种皮紫黑色，被白粉；种托肉质，椭圆形，红色或紫红色。花期4～5月；种熟期8～9月。

【变种】短叶罗汉松［var. *maki* (Sieb.) Endl.］，小乔木或灌木，枝向上伸展；叶密生，长2.5～7cm，宽5～7mm，先端钝圆。产日本，我国江南至华南、西南栽培观赏。狭叶罗汉松(var. *angustifolius* Blume)，灌木或小乔木，叶长5～12cm，宽3～6mm，先端渐狭成长尖头。产贵州、江西、四川和日本。柱冠罗汉松(var. *chingii* N. E. Gray)，树冠柱状，分枝直立性强，叶片长0.8～3.5cm，宽1～4mm，先端钝或稍尖。产江苏、四川和浙江。

【分布与习性】产长江以南至华南、西南各地；日本也有分布。耐寒性较弱，但在华北南部小气候条件下可露地越冬。较耐阴；喜排水良好而湿润的沙质壤土，耐海风海潮。萌芽力强，耐修剪，抗病虫害及多种有害气体。生长速度较慢，寿命长。

【繁殖方法】播种或扦插繁殖。

【园林用途】树形优美，四季常青，种子形似头状，生于红

图8-42　罗汉松

1—种子枝；2—雄球花枝

紫色的种托上，如身披红色袈裟的罗汉，故有罗汉松之名，江南寺院和庭院中均常见栽培。罗汉松秋季满树紫红点点，颇富奇趣，宜作庭荫树，孤植、对植、散植于厅堂之前均为适宜，与竹、石相配，形成小景，亦颇雅致。枝叶密集，耐修剪、耐阴，是优良的绿篱材料，被誉为世界三大海岸绿篱树种之一，也可营造沿海防护林。还是优良的盆景材料。

2. 竹柏 *Podocarpus nagi* (Thunb.) Zoll. & Mor. ex Zoll. (图 8-43)

——*Nageia nagi* (Thunb.) Kuntz.

【形态特征】高达 20m，树冠广圆锥形。叶对生或近对生，长卵形、卵状披针形或披针状椭圆形，长 3.5～9cm，宽 1.5～2.5cm；无中脉，叶脉细密，多数并列，酷似竹叶；表面深绿色，有光泽，背面黄绿色。雄球花常呈分枝状。种子球形，径约 1.2～1.5cm，熟时假种皮暗紫色，种托干瘦，不膨大。花期 3～4 月；种熟期 9～10 月。

【栽培品种】黄纹竹柏('Variegata')，叶面有黄色斑纹，偶见栽培。

【分布与习性】产我国中亚热带以南，生于海拔 200～1200m 常绿阔叶林中及灌丛、溪边，常见栽培。日本也有。耐阴性强，忌高温烈日；喜温暖湿润，耐短期-7℃低温，在上海、杭州等地可安全越冬；对土壤要求不严，喜生于肥沃的沙质壤土，忌干旱。不耐修剪。

【繁殖方法】播种或扦插繁殖。

【园林用途】树干修直，树皮平滑，树冠阔圆锥形，枝条开展，枝叶青翠而有光泽，叶茂荫浓，是一优美的庭园绿化树种。宜丛植、群植，也适于建筑前列植，或用作行道树。此外，竹柏也常植为墓地树。

3. 鸡毛松 *Podocarpus imbricatus* Blume (图 8-44)

高达 30m。枝条开展或下垂；小枝密生，纤细，下垂或向上伸展。叶 2 型，下延生长：幼树、萌枝或小枝上部的叶锥状条形，长 6～12mm，羽状 2 列，形似羽毛；老枝及果枝之叶鳞形或锥状鳞形，长 2～3mm，先端内曲。种子卵圆形，熟时肉质套被红色，无柄，生于肉质种托上。

图 8-43 竹柏

1—种枝；2—雄球花枝；3—雄球花；
4—雄蕊；5—雌球花枝

图 8-44 鸡毛松

1—种子枝；2—条形叶；
3—鳞叶；4—种子

产海南、广东、广西、云南等地；越南、菲律宾、印度尼西亚等地也有分布。喜温暖湿润气候和山地黄壤。是华南南部优良的园林绿化及造林树种。

附：百日青（*Podocarpus neriifolius* D. Don），与罗汉松相近，叶片条状披针形，先端长渐尖，长7~15cm，宽9~13mm，幼树之叶可长达30cm，宽达2.5cm。产于华东南部至西藏南部，常栽培，耐寒性较差。

八、三尖杉科 Cephalotaxaceae

常绿乔木或灌木，小枝常对生。叶条形或条状披针形，螺旋状着生，侧枝之叶基部扭转排成2列，上面中脉隆起，下面有2条宽气孔带。雌雄异株，雄球花6~11聚生成头状，腋生，基部着生多数苞片；雌球花具长梗，常生于小枝基部的苞腋，花梗上部的花轴具数对交互对生的苞片，每苞片的腋部着生2直生胚珠，胚珠基部具囊状珠托。种子核果状，翌年成熟，全包于由珠托发育而成的假种皮内，外种皮骨质，内种皮膜质。

1属约8~11种，产亚洲东部和南部。我国6种，引入栽培1种。除了作用材和园林绿化树种外，枝、根、叶和种子可提取多种植物碱，对治疗白血病和淋巴瘤有一定疗效。

三尖杉属 *Cephalotaxus* Sieb. & Zucc. ex Endl.

形态特征同科。

分 种 检 索 表

1. 叶条状披针形，长4~13cm，宽3~4.5mm，微弯 ·············· 三尖杉 *C. fortunei*
1. 叶条形，长2~5cm，宽3mm，通常直 ·············· 粗榧 *C. sinensis*

1. 三尖杉 *Cephalotaxus fortunei* Hook. f. (图 8-45)

【形态特征】高达20m；树冠广圆形；树皮褐色或红褐色。小枝基部有宿存芽鳞。叶排成2列，条状披针形，长4~13cm，宽3~4.5mm，微弯曲，先端尖，背面有2条白色气孔带，比绿色边带宽3~5倍。种子椭圆状卵形，长约2.5cm，熟时假种皮紫色或紫红色，顶端有小尖头。花期4月；种熟期8~10月。

【分布与习性】产于秦岭、大别山至华南北部、西南，常生于海拔1000m以下，在西南可达3000m。较耐阴；喜温暖湿润气候，也有一定的耐寒性，在山东中部可露地越冬；喜湿润、肥沃而排水良好的沙壤土。

【繁殖方法】播种、扦插繁殖。

【园林用途】小枝下垂，树姿优美，可植为庭院观赏树种，适于孤植和几株丛植，也可用作隐蔽树、背景树及绿篱树。材用，枝、叶、根、种子药用。

2. 粗榧 *Cephalotaxus sinensis* (Rehd. & Wils.) Li (图 8-46)

【形态特征】灌木或小乔木。叶条形，长2~5cm，宽约3mm，通常直，叶基圆形或圆截形，质地较厚，中脉明显，下面有两条白粉气孔带，较绿色边带宽2~4倍。种子2~5生于总梗上端，卵圆形或近球形，长1.8~2.5cm，顶端中央有尖头。花期3~4月；种子10~11月成熟。

【分布与习性】我国特产，产长江流域及其以南地区。喜温凉湿润气候及黄壤、黄棕壤、棕色森林土。耐寒性强于三尖杉，在北京选择适宜的小气候环境可露地越冬。

【繁殖方法】播种繁殖。

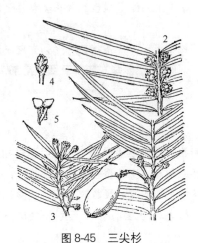

图 8-45 三尖杉
1—种子及雌球花枝；2—雄球花枝；
3—雌球花枝；4—雌球花；5—雌球花
上之苞片与胚珠

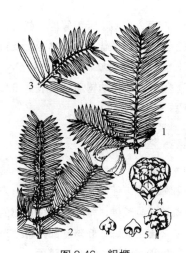

图 8-46 粗榧
1—种子枝；2—雄球花枝；3—雌球花枝；
4—雄球花；5—雄球花上之苞片与雄蕊

【园林用途】树干较低矮，树形不甚整齐，可成片配植于其他树群的边缘或沿草地、建筑周围丛植。叶、枝、种子、根可提取多种植物碱，对治疗白血病及淋巴肉瘤等有一定的疗效。

九、红豆杉科 Taxaceae

常绿乔木或灌木。叶条形或披针形，螺旋状互生或交叉对生。雌雄异株，稀同株；雄球花单生叶腋或苞腋，或排成穗状球花序集生枝顶，雄蕊多数；雌球花单生或成对生于叶腋或苞腋，胚珠单生于顶部苞片发育的杯状、盘状或囊状的珠托内。种子核果状或坚果状，全部或部分被珠托发育成的肉质假种皮所包，当年或翌年成熟。

5 属 21 种，主产北半球，仅澳洲红豆杉(*Austrotatxus spicata* Campton)1 属 1 种产南半球。我国 4 属 11 种，多为优良观赏和用材树种。此外，香榧的种子为著名干果。

分 属 检 索 表

1. 小枝不规则互生，叶螺旋状排列，上面中脉隆起；种子生于红色杯状肉质假种皮中⋯⋯⋯⋯ 红豆杉属 *Taxus*
1. 小枝近对生或轮生，叶交互对生，上面中脉不明显或微明显；种子全包于肉质假种皮中⋯⋯⋯ 榧树属 *Torreya*

（一）红豆杉属 *Taxus* Linn.

乔木，小枝不规则互生。叶条形至披针形，螺旋状排列，基部扭转排成 2 列，上面中脉隆起，下面有 2 条气孔带。雌雄异株，球花单生叶腋；雄球花球形，有梗；雌球花近无梗，珠托圆盘状。种子坚果状，当年成熟，生于红色杯状肉质假种皮中。

9 种，分布于北半球温带至亚热带。中国 3 种，引入栽培 1 种。

分 种 检 索 表

1. 叶排列较疏，2 列，通常上部渐窄，先端渐尖或微急尖；芽鳞脱落或部分宿存于小枝基部。
  2. 叶较短，条形，微呈镰状或较直，通常长 1.5～2.2cm，宽 2～3mm，下面中脉带上密生均匀而细小的圆形角质乳头状突起点，其色泽常与气孔带相同；种子多呈卵圆形 ⋯⋯⋯⋯ 红豆杉 *T. wallichiana* var. *chinensis*

2. 叶较宽长，披针状条形或条形，常呈弯镰状，通常长 2～4.5cm，宽 3～5mm，下面中脉带的色泽与气孔带不同，中脉带上局部有成片或零星的角质乳头状突起点，稀无；种子多为倒卵圆形 ··························
·· 南方红豆杉 *T. wallichiana. var. mairei*
1. 叶排列密，不规则两列，条形，较直，上下近等宽，先端急尖，小枝基部有宿存芽鳞 ····· 紫杉 *T. cuspidata*

1. 紫杉(东北红豆杉) *Taxus cuspidata* Sieb. & Zucc. (图 8-47)

【形态特征】高达 20m；树冠阔卵形或倒卵形；树皮赤褐色。枝平展或斜展，密生，小枝基部有宿存芽鳞。1 年生小枝绿色，秋后淡红褐色。叶条形，直或微弯，长 1～2.5cm，宽 2.5～3mm，在主枝上螺旋状排列，在侧枝上呈不规则 2 列，上面绿色，有光泽，下面有 2 条淡黄绿色气孔带，中脉上无乳头状突起。种子卵圆形，上部通常具 3～4 钝脊；假种皮红色，杯状。花期 5～6 月；种熟期 9～10 月。

【栽培品种】伽罗木('Nana')，低矮灌木，树冠半球形，枝叶密生。产日本，我国东部和北部常栽培观赏。

【分布与习性】产东北地区；日本、朝鲜、俄罗斯也有分布。耐阴，喜寒冷而湿润环境，喜肥沃、湿润、疏松、排水良好的棕色森林土，在积水地、沼泽地、岩石裸露地生长不良。浅根性，耐寒性强，寿命长。

【繁殖方法】播种或嫩枝扦插。

【园林用途】树形端庄，枝叶茂密，树冠阔卵形或倒卵形，雄株较狭而雌株较开展，枝叶浓密而色泽苍翠，园林中可孤植、丛植和群植，或用于岩石园、高山植物园，也可修剪成形。性耐阴，适于用作树丛之下木。

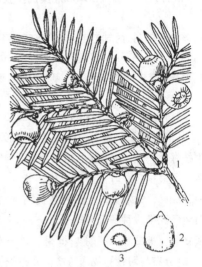

图 8-47 紫杉
1—种子枝；2—种子；3—种子横剖面

2. 红豆杉 *Taxus wallichiana* Zucc. var. *chinensis* (Pilger) Florin

高达 30m，或呈灌木状。叶条形，略弯曲，长 1～3.2(多为 1.5～2.2)cm，宽 2～4(多为 3)mm，叶缘微反曲，背面有 2 条宽的黄绿色或灰绿色气孔带，绿色边带极狭窄；中脉上密生细小凸点。种子多呈卵圆形，有 2 棱，假种皮杯状，红色。

产甘肃南部、陕西南部、湖北、四川等地，多生于海拔 1500～2000m 的山地，喜温暖湿润气候，多生于沟谷阴处。

3. 南方红豆杉 *Taxus wallichiana* Zucc. var. *mairei* (Lem. & H. Léveillé) L. K. Fu & Nan Li (图 8-48)

与红豆杉相近，但叶较宽而长，多呈镰状，长 2～3.5 (4.5)cm，宽 3～4(5)mm，叶缘不反卷，背面的绿色边带较宽，中脉上的凸点较大，呈片状分布。种子多呈倒卵圆形。

产长江流域以南各省区及河南、陕西、甘肃等地。印度

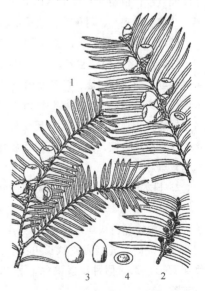

图 8-48 南方红豆杉
1—球果枝；2—雄球花枝；
3—种子；4—种子横剖面

北部、缅甸、越南也有分布。

（二）榧树属 *Torreya* Arn.

乔木，小枝近对生或轮生。叶交互对生，基部扭转排成 2 列，条形或条状披针形，坚硬，上面中脉不明显或微明显，下面有 2 条气孔带。种子核果状，全包于肉质假种皮中，翌年秋季成熟。

6 种，产中国、日本和北美洲。我国 3 种，另引入栽培 1 种。

分 种 检 索 表

1. 叶先端有凸起的刺状短尖头，基部圆或微圆，长 1.1～2.5cm；2～3 年生小枝暗黄绿色或灰褐色，稀微带紫色 ·· 榧树 *T. grandis*

1. 叶先端有较长的刺状尖头，基部微圆或楔圆，长 2～3cm；2～3 年生小枝淡红褐色或微带紫色 ··············
·· 日本榧树 *T. nucifera*

1. 榧树 *Torreya grandis* Fort. ex Lindl.（图 8-49）

【形态特征】高 25m；树冠广卵形。大枝轮生。1 年生枝绿色，2～3 年生小枝黄绿色、淡褐黄色或暗绿黄色，稀淡褐色。叶条形，直伸，长 1.1～2.5cm，宽 2.5～3.5mm，先端尖，上面绿色而有光泽，下面有 2 条黄白色气孔带。种子近椭圆形，长 2～4.5cm，熟时假种皮淡褐色，被白粉。花期 4～5 月；种子次年 10 月成熟。

【分布与习性】我国特产，分布于长江流域和东南沿海地区，以浙江诸暨栽培最多。喜光，幼树耐阴；喜温暖湿润气候，也耐 -15℃ 低温；喜酸性而深厚肥沃的黄壤、红壤和黄褐土，耐干旱，怕积水。寿命长，抗烟尘。

【繁殖方法】播种、嫁接、扦插或压条繁殖。

【园林用途】树冠整齐，枝叶繁茂，适于庭园造景，可供门庭、前庭、中庭、门口孤植或对植，也适于草坪、山坡、路旁丛植。品种香榧（'Merrillii'）为我国特有的著名干果树种和观赏树种，栽培历史悠久，风景区内可结合生产，成片种植，同时也可作为秋色叶树种和早春花木的背景。

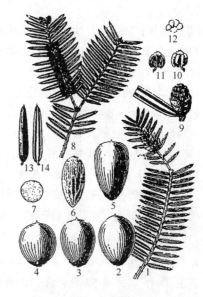

图 8-49　榧树

1—雌球花枝；2～5—种子；6—种子（去假种皮）；
7—种子横剖面（去假种皮及外种皮）；8—雄球花枝；
9—雄球花；10～12—雄蕊；13、14—叶表、背面

2. 日本榧树 *Torreya nucifera* (Linn.) Sieb. & Zucc.

原产地高达 25m；树皮灰褐色或淡红褐色，幼树平滑，老则裂成鳞状薄片脱落。1 年生小枝绿色，2 年生枝绿色或淡红褐色，3～4 年生枝红褐色或微带紫色，有光泽。叶条形，长 2～3cm，宽 2.5～3mm，先端有刺状长尖头，上面微拱圆，下面气孔带黄白色或淡褐黄色。种子椭圆状倒卵圆形，熟时假种皮紫褐色，长 2.5～3.2cm，径 1.3～1.7cm。花期 4～5 月；种子翌年 10 月成熟。

原产日本。青岛、南京、上海、杭州等地引种栽培。播种或嫩枝扦插。生长缓慢，供庭院观赏，可孤植、丛植和群植。

十、麻黄科 Ephedraceae

灌木或草本状半灌木；茎直立或匍匐，多分枝，小枝对生或轮生，绿色，圆筒状，具节。叶退化为膜质的鞘，对生或轮生，基部多少合生。雌雄异株，稀同株；雄球花单生或数个丛生，具2~8对或2~8轮(每轮3片)苞片，每苞片腹面1雄花，雄蕊2~8枚，花丝连合成1~2束；雌球花亦具2~8对或2~8轮苞片，仅顶端1~3枚苞片有雌花，雌花具顶端开口的囊状假花被，包于胚珠外。种子1~3，当年成熟，熟时苞片肉质或干膜质，假花被发育成革质假种皮。

1属约40种，广布于亚洲、美洲、欧洲东南部和非洲北部等干旱荒漠地区。我国14种，除长江下游和珠江流域外，各地均有分布，以西北地区和云南、四川高山地带种类较多。

多数种类含有生物碱，为重要药用植物；生于荒漠和土壤瘠薄处，有固沙保土的作用；麻黄雌球花的苞片成熟时肉质多汁，可食，俗称"麻黄果"。

麻黄属 *Ephedra* Linn.

形态特征同科。

分 种 检 索 表

1. 小枝节间长1.5~2.5cm，径约1mm；雌球花常2个对生 ················· 木贼麻黄 *E. equisetina*
1. 小枝节间长3~4cm，径约2mm；雌球花单生 ······························ 草麻黄 *E. sinica*

1. 木贼麻黄 *Ephedra equisetina* Bunge

【形态特征】高约1m；茎直立或斜生。小枝径约1mm，节间短，长1.5~2.5cm，有不明显的纵槽，常被白粉而呈灰绿色或蓝绿色。叶膜质鞘状，略带紫红色，大部分合生，仅先端分离，裂片2，长约2mm。雄球花无梗，单生或3~4个集生；雌球花常2个对生于节上，成熟时苞片变红色、肉质，呈长卵圆形，长约7mm。种子长圆形。花期5~7月；种子8~9月成熟。

【分布与习性】分布于我国北部和西部；俄罗斯和蒙古也产。常生于干旱或半干旱地区的山顶、山脊以及多石山坡和荒漠。旱生植物，性强健，耐干冷，极耐干旱瘠薄，适生于灰棕色的荒漠土和栗钙土上。

【繁殖方法】播种繁殖。

【园林用途】株形特别，与蕨类植物的木贼和被子植物的木麻黄相似，茎枝绿色，四季常青，雌球花成熟时苞片呈红色而肉质，可栽培供园林观赏，用作地被或固沙植物，各地植物园中多有引种栽培。此外，麻黄类植物还是著名中药。

2. 草麻黄 *Ephedra sinica* Stapf(图8-50)

【形态特征】草本状灌木，高20~40cm，无明显的直立木质茎或木质茎横卧地面似根状茎。小枝直伸或略曲，节间长3~4cm，径约2mm。雄花序多呈穗状，常具总柄；雌球花单生。种子通常2，包于肉质红色的苞片内，黑红或灰褐色。花

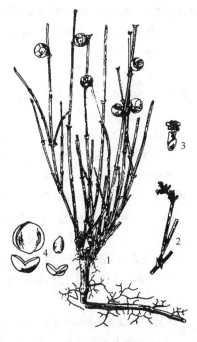

图8-50 草麻黄

1—成熟的雌球花植株；2—雄花枝；

3—雄花；4—种子及苞片

期5～6月；种熟期6～9月。

　　【分布与习性】产河南、河北、陕西、山西、内蒙古、辽宁、吉林等地。性强健，耐寒，适应性强，在山坡、平原、干燥荒地及草原均能生长，常形成大面积单纯群落。

　　【园林用途】茎绿色，四季常青，可作地被植物和固沙保土植物。富含生物碱，为重要药用植物。

第二节　被子植物 ANGIOSPERMAE

　　木本或草本。次生木质部常具导管及管胞，韧皮部具筛管及伴胞。叶多宽阔。具典型的花；胚珠藏于子房内，发育成种子，子房发育成果实。

　　被子植物起源于侏罗纪末期或下白垩纪初期，距今1亿3500万年，一般认为由种子蕨进化而来，是现代植物界中最繁茂、最高级的类群。全球共有413科10000余属235000种，我国分布的约251科3148属约30000种。被子植物具有广泛的经济价值，与人类的生产、生活关系极为密切，对改善环境、保护环境、维持生态平衡有重要意义。

一、木兰科 Magnoliaceae

　　乔木或灌木，常绿或落叶。单叶互生，全缘，稀浅裂；托叶大，包被幼芽，脱落后枝上留有环状托叶痕，或同时在叶柄上亦留有疤痕。花两性，顶生或腋生，稀单性；花被片2至多轮，每轮3(4)片，有时外轮较小，呈萼片状；雄蕊多数，分离，花丝短，花药条形，2室；离心皮雌蕊多数，胚珠2至多数。花被片、雄蕊、雌蕊均螺旋状排列在柱状隆起的花托上。聚合果，小果为蓇葖或带翅坚果。

　　14属约300种，主要分布于亚洲和美洲热带至温带。我国9属约110种，主产长江流域以南，华南至西南最多。

分 属 检 索 表

1. 叶全缘，稀先端凹缺而呈2裂；聚合蓇葖果，开裂。
　　2. 花顶生，雌蕊群无柄。
　　　　3. 每心皮具4枚或较多胚珠 ·· 木莲属 Manglietia
　　　　3. 每心皮具2枚胚珠 ·· 木兰属 Magnolia
　　2. 花腋生，雌蕊群具显著的柄 ·· 含笑属 Michelia
1. 叶通常4～6裂，先端平截；聚合果，小果为翅状坚果，不开裂 ·················· 鹅掌楸属 Liriodendron

（一）木莲属 Manglietia Blume

　　常绿乔木。花单生枝顶，花被片常9枚，3轮，有时更多；雄蕊多数；雌蕊群无柄，心皮多数，每心皮4至多数胚珠。聚合果近球形；蓇葖木质，宿存，顶端通常有喙，2瓣裂。

　　约40种，分布于亚洲热带和亚热带。我国29种，产长江流域以南，多为常绿阔叶林的主要组成树种。

　　木莲 Manglietia fordiana (Hemsl.) Oliv.（图8-51）

　　【形态特征】高达20m；嫩枝和芽有红褐色短毛，皮孔和环状托叶痕明显。叶厚革质，狭倒卵形、狭椭圆状倒卵形或倒披针形，长8～17cm，宽2.5～5.5cm，先端尖，基部楔形，背面灰绿色，常有白粉；叶柄红褐色。花梗有褐色毛；花纯白色；花被片9，外轮较大而薄，椭圆形，长6～7cm，宽3～4cm。聚合蓇葖果卵形，长2～5cm，蓇葖肉质，深红色，成熟后木质，紫色。花期5月；果期10月。

【分布与习性】产华南、西南，常生于海拔1200m以下的花岗岩、砂岩山地丘陵。喜温暖湿润气候和排水良好的酸性土壤；不耐干热；幼年耐阴，后喜光。

【繁殖方法】播种繁殖。

【园林用途】树干通直圆满，树形美观，花朵艳丽而清香，是美丽的园林树木。

附：红花木莲 [*Manglietia insignis* (Wall.) Blume]，高达30m，叶倒披针形或长圆状椭圆形，长10～26cm，宽4～10cm，光绿色。花朵大，花被片9～12，腹面红色。果实紫红色，长7～12cm。花期5月；果期9～10月。产湖南、广西、四川、贵州、云南、西藏等地，常散生于海拔900～1200m的常绿阔叶林中。资源较少，已列入《中国植物红皮书》。

毛桃木莲 [*Manglietia kwangtungensis* (Merrill) Dandy]，高达20m，树皮灰色；小枝、芽、幼叶、叶背面和果梗密生锈褐色绒毛；叶革质，倒卵状椭圆形至倒披针形，长12～25cm，宽4～8cm，花乳白色，芳香，果实红色，长5～7cm。花期5～6月；果期8～12月。产湖南、福建、广东和广西。

图 8-51　木莲
1—花枝；2～4—三轮花被片；
5—雄蕊；6—雌蕊群；7—果

（二）木兰属 *Magnolia* Linn.

乔木或灌木，顶芽大。叶全缘，稀先端2裂。花两性，大而美丽，单生枝顶，花被片9～21，近相等，有时外轮较小，带绿色，呈萼片状；花丝扁平；雄蕊群和雌蕊群相连接，雌蕊具胚珠2枚。聚合蓇葖果，蓇葖沿背缝开裂。种子成熟时悬挂于丝状种柄上，外种皮肉质，鲜红或橙红色。

约90种，分布于我国、日本、马来群岛和中北美洲。我国30余种，主产于长江以南各地，并引入栽培数种。花大而美丽、芳香，多为观赏树种。

有些学者将本属分为木兰属（*Magnolia*）、厚朴属（*Houpoëa*）、长喙木兰属（*Lirianthe*）、天女花属（*Oyama*）、玉兰属（*Yulania*），本书仍采用广义的分类。

分 种 检 索 表

1. 落叶性；叶片纸质、膜质。
  2. 花开于叶前；冬芽有2枚芽鳞状托叶。
    3. 花被片极相似，纯白色，9枚；叶片倒卵形或倒卵状椭圆形，先端宽圆具突尖 …… 白玉兰 *M. denudata*
    3. 花被片极不相似，外轮短小呈萼片状。
      4. 萼片3，绿色，披针形；花瓣紫色，无芳香；叶椭圆状倒卵形 ……………………… 紫玉兰 *M. liliflora*
      4. 外轮短小；内两轮花被片白色或淡紫红色，有芳香。
        5. 花白色；叶多为长圆状披针形，侧脉10～15对；蓇葖果密被小瘤点………… 望春玉兰 *M. biondii*
        5. 花淡紫红色；叶倒卵形，侧脉7～9对；蓇葖果有白色皮孔 ………… 二乔玉兰 *M.* × *soulangeana*
  2. 花于叶后开放；冬芽有1枚芽鳞状托叶。
    6. 花生于枝顶；叶5～9集生枝顶，呈假轮生状，长15cm以上，侧脉20～30对 ……… 厚朴 *M. officinalis*
    6. 花与叶对生；叶不集生枝顶，长6～12cm，侧脉6～8对 ………………………………… 天女花 *M. sieboldii*

1. 常绿性，叶片厚革质。

 7. 托叶与叶柄分离，叶柄上无托叶痕，叶背面密被锈褐色短绒毛 ………………… 广玉兰 *M. grandiflora*

 7. 托叶与叶柄合生，叶柄上有托叶痕，叶背面幼时有长绒毛 ………………… 山玉兰 *M. delavayi*

 1. 白玉兰(玉兰) *Magnolia denudata* Desr. (图 8-52)

 【形态特征】落叶乔木，高达 15m；树冠卵形或近球形。花芽大而显著，密毛。叶片倒卵状椭圆形，长 10~15cm，先端突尖。花大，径约 12~15cm，白色，芳香，花被片相似，9 片，肉质。聚合蓇葖果圆柱形，长 8~12cm，种子红色。花期 3~4 月，先叶开放；果期 9~10 月。

 【栽培品种】紫花玉兰('Purpurescens')，又名应春花，花被片背面紫红色，里面淡红色，易与紫玉兰相混，但树体较高大，花被片 9 枚，相似。重瓣玉兰('Plena')，花被片 12~18 枚。

 【分布与习性】产江西、浙江、湖南和贵州，生于海拔 500~1000m 林中，现全国各大城市广为栽培。喜光，稍耐阴；喜温暖气候，但耐寒性颇强，耐 –20℃ 低温，在北京及其以南各地均正常生长；喜肥沃、湿润而排水良好的弱酸性土壤，也能生长于中性至微碱性土(pH 值 7~8)中。根肉质，不耐水淹。抗二氧化硫。

 【繁殖方法】播种、扦插、压条、嫁接繁殖。不耐移植，在北方不宜在晚秋或冬季移栽，一般以春季开花前或花谢后而尚未展叶时进行为佳。

 【园林用途】花大而洁白、芳香，开花时极为醒目，宛若琼岛，有"玉树"之称，是著名的早春花木。适于建筑前列植或在入口处对植，也可孤植、丛植于草坪或常绿树前。我国古代民间传统宅院配植中讲究"玉堂富贵"，以喻吉祥如意和富有，其中"玉"即指玉兰。上海市市花。

 2. 紫玉兰(辛夷、木兰) *Magnolia liliflora* Desr. (图 8-53)

 【形态特征】落叶灌木，高达 3m，常丛生。小枝紫褐色，无毛。叶片椭圆状倒卵形或倒卵形，长 8~18cm，宽 3~10cm，先端急尖或渐尖，基部楔形。花大，花被片9(12)；花萼 3，绿色，披针形，长 2~3.5cm，早落；花瓣 6，肉质，外面紫色或紫红色，长 8~10cm，内面浅紫色或近于白色。花期 3~4 月，先叶开放；果期 9~10 月。

图 8-52 白玉兰

1—叶枝；2—冬芽；

3—花枝；4—雌、雄蕊群；5—果

图 8-53 紫玉兰

1—花枝；2—果枝；3—雄蕊；

4—雌、雄蕊群；5—外轮花被片和雌蕊群

【分布与习性】产福建、湖北、四川、云南西北部，生于海拔300～1600m山坡林缘，常栽培。喜光，稍耐阴；喜温暖湿润气候，也较耐寒；对土壤要求不严，但在过于干燥的黏土和碱土上生长不良；肉质根，忌积水。萌蘖力和萌芽力强，耐修剪。

【繁殖方法】分株、压条繁殖。移植一般在春季开花前或秋季落叶后进行，小苗需带宿土，大苗宜带土球。

【园林用途】早春著名花木，其花瓣"外斓斓似凝紫，内英英而积雪"，为庭园珍贵花木之一。株形低矮，特别适于庭院之窗前、草地边缘、池畔丛植、孤植，可与翠竹青松配植，以取色彩调和之效。另外，紫玉兰可作为嫁接白玉兰和二乔玉兰等木兰科植物的砧木。花蕾入药，名"辛夷"。

3. 二乔玉兰 *Magnolia × soulangeana* (Lindl.) Soul. -Bod.

落叶小乔木或大灌木，高6～10m。小枝无毛。叶片倒卵形，长6～15cm，宽4～7.5cm，先端短急尖，上面基部中脉常残存有毛，下面多少被柔毛。花先叶开放，径约10cm，芳香；花被片6～9，外轮小，呈花瓣状，长约为内轮长的1/2～2/3，先端钝圆或尖，基部较狭，外面基部为浅红色至深红色，上部及边缘多为白色，里面近白色。聚合蓇葖果长约8cm，径约3cm，种子深褐色。花期2～3月；果期9～10月。

本种是白玉兰和紫玉兰的杂交种，由Soulange-Bodin在1820～1840年间杂交育成，约20个品种，花被片的形状和大小、芳香的有无等性状变异较大，耐寒性优于二亲本。国内外庭园中常见栽培。

4. 望春玉兰(望春花) *Magnolia biondii* Pamp. (图8-54)

落叶小乔木，高6～12m。小枝灰绿色，无毛。叶多为长圆状披针形，长10～18cm，宽3.5～6cm，先端急尖，基部阔楔形，侧脉10～15对。花先叶开放，花被片9，外轮3片紫红色，狭倒卵状条形，长约1cm；内两轮近匙形，白色，外面基部带紫红色，长4～5cm，宽1.3～2.5cm，内轮的较狭小。聚合蓇葖果圆柱形，长8～14cm，常因部分不育而扭曲；蓇葖浅褐色，密生突起瘤点。花期3月；果期9月。

产甘肃、陕西、河南、湖北、湖南、四川等地，山东等地栽培。优良园林绿化树种，花可提前浸膏做香精。据考证，本种是中药辛夷的正品。

5. 厚朴 *Magnolia officinalis* Rehd. & Wils.

【形态特征】落叶乔木，高达20m；树皮厚，不开裂，油润而带辛辣味。小枝粗壮；顶芽发达，长达4～5cm。叶大，集生枝顶，长圆状倒卵形，长22～45cm，宽10～24cm，先端圆或钝尖，下部渐狭为楔形，侧脉20～30对，下面被灰色柔毛和白

图8-54　望春玉兰

1—枝叶；2—花；3—苞片；4～6—外轮、中轮和内轮花被片；7—雌蕊群和雄蕊群；8—雄蕊；9—聚合果

粉；叶柄粗，长3～4cm，托叶痕长为叶柄的2/3。花白色，径10～15cm，芳香；花被片9～12(17)，长8～10cm，外轮淡绿色，其余白色。聚合果圆柱形，长9～15cm，蓇葖发育整齐，紧密，先端具突起的喙。花期5～6月；果期8～10月。

【亚种】凹叶厚朴 [subsp. *biloba* (Rehd. & Wils.) Law]，叶先端凹缺成2个钝圆裂片，但幼苗之叶先端并不凹缺。通常叶较小，侧脉较少。

【分布与习性】产于秦岭以南多数省区，主产四川、贵州、湖南和湖北。喜光，幼时耐阴，喜温暖湿润气候和肥沃、疏松的酸性至中性土，不耐干旱和水涝。生长速度中等偏快。

【繁殖方法】播种或分蘖繁殖。

【园林用途】叶大荫浓，花大而洁白，干直枝疏，可用作行道树及园景树。树皮为常用的重要药材，根皮、种子、花果亦可药用。

6. 天女花 *Magnolia sieboldii* K. Koch. (图 8-55)

【形态特征】落叶小乔木，高达 10m。小枝及芽有柔毛，托叶状芽鳞 1 片。叶宽倒卵形，长 9～13cm，宽 4～9cm，先端突尖，基部圆形或宽楔形，下面有短柔毛和白粉；叶柄长 1～4cm。花在新枝上与叶对生，直径 7～10cm，花梗长 3～7cm，下垂；花被片 9，外轮淡粉红色，其余白色。聚合果狭椭圆形，长 5～7cm，成熟时紫红色；蓇葖卵形，先端尖。花期 5～6 月，花叶同放或比叶晚；果期 8～9 月。

【分布与习性】分布于辽宁、安徽、浙江、福建、江西、广西等地，常生于阴坡、半阴坡的沟谷边；日本和朝鲜亦产。为古生树种。喜庇荫，喜凉爽湿润的气候和深厚肥沃的酸性土壤，耐寒，不耐热，也不耐干旱和盐碱。

【繁殖方法】播种、分株或嫁接繁殖。

【园林用途】株形美观，枝叶茂盛；花梗细长，花朵随风飘摆如天女散花，花色淡雅、芬芳扑鼻，为著名的园林观赏树种。最适于山地风景区应用，也可丛植或孤植于庭院、草坪观赏。花入药；叶可提取芳香油。

7. 广玉兰(荷花玉兰) *Magnolia grandiflora* Linn. (图 8-56)

【形态特征】常绿乔木，在原产地高达 30m。小枝、叶下面、叶柄密被褐色短绒毛。叶厚革质，椭圆形或长圆状椭圆形，长 10～20cm，宽 4～9cm，先端钝圆，上面深绿色而有光泽，下面锈褐色，叶缘略反卷；叶柄长 2～4cm，无托叶痕。花白色，芳香，径 15～20cm；花被片 9～12，厚肉质，倒卵形。聚合果短圆柱形，长 7～10cm，密被灰褐色绒毛。花期 5～6 月；果期 10 月。

图 8-55 天女花

1—花枝；2—聚合蓇葖果

图 8-56 广玉兰

1—花枝；2—雄蕊；3—雌蕊群纵切面；

4—雌蕊；5—雄蕊群和雌蕊群

【分布与习性】原产北美东南部；长江流域至珠江流域多有栽培。喜光，幼苗耐阴；喜温暖湿润气候，也耐短期－19℃的低温；对土壤要求不严，但最适于肥沃湿润的酸性土和中性土。根系发达，生长速度中等偏慢。对烟尘和二氧化硫有较强的抗性。

【繁殖方法】播种、嫁接繁殖。

【园林用途】树姿雄伟，叶片光亮浓绿，花朵大如荷花而且芳香馥郁，是优美的庭荫树和行道树。可孤植于草坪、水滨，列植于路旁或对植于门前；在开旷环境，也适宜丛植、群植。由于枝叶茂密，叶色浓绿，也是优良的背景树，可植为雕塑、铜像以及红枫等色叶树种的背景。

8. 山玉兰 *Magnolia delavayi* Franch.

常绿乔木，高达 12m。小枝暗绿色，被淡黄褐色平伏毛。叶片厚革质，卵形至卵状椭圆形，长 10～32cm，宽 5～20cm，下面幼时密被交织长绒毛及白粉，后仅脉上有毛，侧脉 11～16 对，网脉致密，干后两面突起；先端圆钝；托叶痕几达托叶全长。花朵大，乳白色，径约 15～20cm。花期 4～6 月；果期 8～10 月。

产西南地区，云南广为栽培。是珍贵的常绿花木，叶片光亮翠绿，花朵大而花姿秀美。

附：夜香木兰 [*Magnolia coco* (Lour.) DC.]，又名夜合花。常绿灌木或小乔木，各部无毛；叶椭圆形至倒卵状椭圆形，长 7～14cm，宽 2～4.5cm，侧脉 8～10 对；花梗下弯，花径 3～4cm，芳香，入夜香气更加浓郁；花被片 9，外轮带绿色，其余纯白色。产浙江、福建、台湾、广东、广西和云南，为著名庭院观赏树种。现广植于亚洲东南部。

（三）含笑属 *Michelia* Linn.

常绿乔木或灌木。叶全缘，托叶与叶柄贴生或分离。花两性，单生叶腋，芳香；花被片 6～21 枚，每轮 3 或 6 枚，近相等，稀外轮较小；雌蕊群有柄，心皮多数或少数，胚珠 2 至数枚。聚合蓇葖果，通常部分蓇葖不发育。种子红色。

约 70 种，分布于亚洲热带至亚热带。我国 39 种，主产西南部至东部。

分 种 检 索 表

1. 托叶与叶柄贴生，叶柄上留有托叶痕。
  2. 叶柄长 2～4mm，托叶痕达叶柄顶端；花被片 6 枚，卵圆形·· 含笑 *M. figo*
  2. 叶柄长 1.5～4cm；花被片 10 枚以上，披针形。
    3. 花白色，叶下面被短柔毛，托叶痕为叶柄长的 1/2 以下 ·················· 白兰 *M. alba*
    3. 花黄色，叶下面被平伏长绢毛，托叶痕为叶柄长的 1/2 以上·················· 黄兰 *M. champaca*
1. 托叶与叶柄分离，叶柄上无托叶痕。
  4. 幼枝、芽和叶下面被白粉；叶长 8～16cm ·················· 深山含笑 *M. maudiae*
  4. 幼枝、芽和新叶密被锈色绒毛；叶长 17～23cm ·················· 金叶含笑 *M. foveolata*

1. 含笑 *Michelia figo* (Lour.) Spreng. (图 8-57)

【形态特征】灌木，一般高 2～3m，树冠圆整。芽、幼枝和叶柄均密被黄褐色绒毛。叶革质，肥厚，倒卵状椭圆形，长 4～9cm，短钝尖；叶柄长 2～4mm，托叶痕达叶柄顶端。花梗长 1～2cm，密被毛；花极香，淡黄色或乳白色，花被片 6，边缘略呈紫红色，肉质，长 1～2cm；雌蕊群无毛。聚合果长 2～3.5cm；蓇葖扁圆。花期 4～6 月；果期 9 月。

【分布与习性】产华南，现长江以南各地广为栽培。喜温暖湿润，不耐寒；喜半阴环境，不耐烈日；要求排水良好、肥沃疏松的酸性壤土，不耐干旱瘠薄；对氯气有较强的抗性。

【繁殖方法】以扦插繁殖为主，亦可播种、压条、嫁接和分株。

【园林用途】含笑树形、叶形俱美，花朵香气浓郁，是热带和亚热带园林中重要的花灌木。可广泛应用于庭院、城市园林和风景区绿化，因喜半阴，最宜配植于疏林下或建筑物阴面。也可盆栽观赏。花、叶可提取香精，供药用和化妆品用。

2. 白兰 *Michelia alba* DC.

【形态特征】乔木，高达17m，枝广展，树冠阔伞形。幼枝和芽绿色，密被淡黄白色微柔毛，后渐脱落。叶薄革质，长椭圆形或披针状长椭圆形，长10～27cm，宽4～9.5cm，下面疏被短柔毛；托叶痕为叶柄长的1/2以下。花白色，极香；花被片10枚以上，披针形，长3～4cm，宽3～5mm；雌蕊群有毛，柄长约4mm，部分心皮不发育。聚合果疏生小果。花期4～10月，通常不结实。

图 8-57　含笑
1—花枝；2、3—内轮、外轮花被片；
4—雌蕊群；5—聚合果

【分布与习性】原产于印度尼西亚爪哇，现广植于东南亚；华南常见栽培，长江流域及其以北地区常见盆栽。喜日照充足、暖热湿润和通风良好的环境，怕寒冷，冬季温度低于5℃时易发生寒害。根系肉质而肥嫩，既不耐旱也不耐涝。喜富含腐殖质、排水良好、疏松肥沃的酸性沙质壤土。对二氧化硫、氯气等有毒气体比较敏感，抗性差。

【繁殖方法】嫁接繁殖为主，也可扦插和播种。嫁接可用黄兰、含笑、醉香含笑或紫玉兰作砧木，切接、靠接均可。

【园林用途】花色洁白、芳香清雅，花期长，是华南著名的园林树种，可作行道树和庭园绿化。在长江流域多盆栽。花朵可制作胸花、头饰，也可窨制茶叶；花浸膏供药用，叶可提取芳香油。

3. 黄兰 *Michelia champaca* Linn. (图8-58)

与白兰相似，但枝斜上展，树冠狭伞形，芽、嫩枝、嫩叶和叶柄均被淡黄色平伏毛，叶卵形至椭圆形，先端长渐尖，下面被平伏短绢毛；托叶痕长达叶柄的1/2以上；花被片15～20，倒披针形，乳黄色，极芳香。花期6～7月。聚合果长7～15cm，蓇葖倒卵状椭圆形，长1～1.5cm。花期6～7月；果期9～10月。

分布于西藏东南部和云南南部及西南部；印度、缅甸、越南也产。

花芳香浓郁，树形美丽，为著名的观赏树种，华南各地常见栽培，也是当地的重要造林树种。长江流域及其以北地区盆栽。

4. 深山含笑 *Michelia maudiae* Dunn.

【形态特征】乔木，高达20m。幼枝、芽和叶下面被白粉。叶革质，长圆状椭圆形或倒卵状椭圆形，长8～16cm，钝尖，网脉

图 8-58　黄兰
1—花枝；2—果枝；3—部分叶背面放大
示毛被；4～6—外轮至内轮花被片；
7—雄蕊

在两面明显；叶柄无托叶痕。花白色，花被片9，外轮倒卵形，长5～7cm，内两轮较狭窄。聚合果长10～12cm，蓇葖卵球形。花期3～5月；果期9～10月。

【分布与习性】产长江流域至华南，生于海拔600～1500m常绿阔叶林中。喜温暖湿润气候；要求阳光充足的环境，但幼苗期需荫蔽。根系发达，萌芽力强。

【繁殖方法】播种繁殖。

【园林用途】树形端庄，枝叶光洁，花大而洁白，是优良的园林造景树种，华东地区园林中已常见应用。

5. 金叶含笑 *Michelia foveolata* Merr. ex Dandy（图8-59）

图8-59 金叶含笑
1—果枝；2—花；3—苞片；4～6—外轮、中轮和内轮花被片；7—雄蕊群和雌蕊群

【形态特征】乔木，高达30m，树干通直。芽、幼枝和新叶密被锈色绒毛。叶厚革质，长圆状椭圆形或宽披针形，长17～23cm；网脉两面明显凸起，形成蜂窝状。花芳香，花被片9～12，乳白并略带黄绿色，基部紫色。花期3～5月；果期9～11月。

【分布与习性】产长江流域以南至华南、云南，为常绿阔叶林重要组成树种。越南北部也产。喜温暖湿润的中亚热带气候；酸性、中性和微碱性土壤均能适应。

【繁殖方法】播种繁殖。

【园林用途】芽苞、幼枝、新叶均密被锈色绒毛，在阳光下熠熠生辉；花色美丽，生长较快。适于作行道树，也可用于公园、庭院造景。

附：云南含笑（*Michelia yunnanensis* Franch. ex Finet & Gagnep.），又名皮袋香。灌木，芽、嫩枝、嫩叶上面、叶柄、花梗密被深红色平伏毛；叶倒卵形至狭倒卵状椭圆形，长4～10cm，宽1.5～3.5cm，侧脉7～9对；花梗粗短，花白色，极芳香；花被片6～12(17)，倒卵形。花期3～4月。分布于云南中部和南部、西藏东南部、四川、贵州。优良观赏植物，昆明、丽江、广州等地栽培。

（四）鹅掌楸属 *Liriodendron* Linn.

落叶乔木。叶具长柄，马褂形，先端平截或微凹，4～6裂；托叶与叶柄离生。花两性，单生枝顶；花被片9，近相等，或外轮萼片状；雄蕊、雌蕊均多数，螺旋状排列于花托上；胚珠2。聚合果纺锤形，小果木质，顶端延伸成翅。

2种，产东亚和北美。我国1种，引入栽培1种。

鹅掌楸（马褂木）*Liriodendron chinense* (Hemsl.) Sarg.（图8-60）

图8-60 鹅掌楸
1—花枝；2—雄蕊；3—果；4—具翅小坚果

【形态特征】高达40m；树冠圆锥形。叶片形似马褂，长12～15cm，先端截形或微凹，每边1个裂片，向中部缩入，老叶背面有乳头状白粉点。花黄绿色，杯形，径5～6cm；花被片长3～3.5cm，花丝长约0.5cm。聚合果长7～9cm。花期5～6月；果期10月。

【分布与习性】产华东、华中和西南地区，生于海拔900～1200m林中。越南北部也产。喜光，喜温暖湿润气候，耐短期

－15℃低温。喜深厚肥沃、湿润而排水良好的酸性或弱酸性土壤(pH 值4.5～6.5)。不耐旱，也忌低湿水涝。对二氧化硫有中等抗性。

【繁殖方法】播种或扦插繁殖。不耐移植，移栽应在春季刚刚萌芽时进行，并带土球。缓苗期长，定植后应精心管理，并在当年冬季注意防寒。

【园林用途】树形端庄，叶形奇特，花朵淡黄绿色，美而不艳，秋叶金黄，是极为优美的行道树和庭荫树，适于孤植、丛植于安静休息区的草坪和大型庭园，或用作宽阔街道的行道树。

附：美国鹅掌楸(*Liriodendron tulipifera* Linn.)，与鹅掌楸的区别在于：叶片两侧各有 2～3 个裂片；老叶背面无白粉点；花被片长 4～6cm，黄绿色，有蜜腺；花丝长约 1～1.5cm。原产北美东南部，南京、青岛、庐山、昆明等地栽培。长势优于鹅掌楸，耐寒性更强。

另外，杂种鹅掌楸(*Liriodendron chinense* × *L. tulipifera*)为以上两种的杂交种，叶形变异较大，花黄白色。杂种优势明显，生长势超过亲本，10 年生植株高可达 18m，胸径达 25～30cm；耐寒性也强。

二、番荔枝科 Annonaceae

常绿或落叶，乔木或灌木，有时攀缘状，植物体具油细胞；单叶互生，全缘，羽状脉。花两性，稀单性，辐射对称，萼片与花瓣常相似；萼片 3；花瓣通常 6，2 轮，稀 3 或 4 枚；雄蕊多数，螺旋排列，心皮 1 至多个，离生，少数合生；成熟心皮离生，少数合生成一肉质的聚合浆果；种子通常有假种皮。

129 属 2300 种以上，广布于全球热带和亚热带，尤以东半球为多。我国 24 属 120 种，分布于西南、华南至台湾。

分属检索表

1. 直立乔灌木，花单生或集生，与叶对生或生于叶腋之上 ……………………………… 番荔枝属 *Annona*
1. 攀缘灌木，花常单生于钩状总花梗上 ……………………………… 鹰爪花属 *Artabotrys*

(一) 番荔枝属 *Annona* Linn.

灌木或乔木，被单毛或星状毛。花单生或集生，与叶对生或生于叶腋之上；萼片 3；花瓣 6，2 轮，外轮与内轮明显不同；雄蕊多数，聚生，药隔膨大；心皮多数，通常近合生，结果时与花托融合而成一肉质的聚合浆果。

约 100 种，分布于热带美洲和非洲。我国引入栽培 7 种，见于东南部至西南部，果可食。

番荔枝 *Annona squamosa* Linn. (图 8-61)

【形态特征】落叶或半常绿小乔木，高达 5m，多分枝；树皮灰白色。叶排成 2 列；叶片薄纸质，椭圆状披针形，长6～17.5cm，宽 4.5～7.5cm，全缘，先端短尖至圆钝；侧脉8～15对，在上面平。花蕾披针形；花单生或 2～4 朵簇生，青黄色或绿色，下垂，长约 2cm；外轮花瓣肉质，长圆形，内轮退化。聚合浆果球形，径 5～10cm，有多数瘤状突起，外被白粉，成熟时黄绿色。花期 5～6 月；果期 6～11 月。

【分布与习性】原产西印度群岛，现热带地区广植。我国

图 8-61 番荔枝

1—果枝；2—花；3—除去花瓣的花；

4—花萼外面观；5—花瓣内面观；

6、7—雄蕊背腹面；8、9—心皮

南部栽培。喜暖热湿润气候,不耐 0℃ 以下低温,最适于年平均气温 22℃ 以上、年降雨量 1500～2500mm、相对湿度 80% 以上的地区;对土壤适应能力较强,但宜排水良好、土质肥沃。

【繁殖方法】播种繁殖。

【园林用途】番荔枝为小乔木,分枝多,枝条细软而下垂;果实具瘤状突起,颇似佛像头部之瘤,故有"佛头果"或"释迦头果"之称,味道甘美芳香,是热带佳果之一。园林中适于庭院孤植、丛植。

附:牛心果(*Annona glabra* Linn.),常绿小乔木;叶卵形、椭圆状卵形至矩圆形,长 6～20cm,宽 3～8cm,侧脉在叶上面凸起;花蕾卵圆形或球形;果实黄色至橙色,卵球形,长 5～12cm,径约 5～8cm,较平滑。原产热带美洲,华南地区常见栽培。

(二) 鹰爪花属 Artabotrys R. Brown

攀缘灌木,常借钩状的总花梗攀缘于他物上。花通常单生于钩状总花梗上,芳香;萼片 3,基部合生;花瓣 6,2 轮,下部凹陷,上部收缩;花托平或凹陷;雄蕊多数,有时外围有退化雄蕊;心皮 4 至多数,胚珠 2。小果浆果状,椭圆状倒卵形或球形,果托坚硬。

约 100 种,分布于热带和亚热带。我国 8 种,产西南、华南和东南部。

鹰爪花 Artabotrys hexapetatus (Linn. f.) Bhandari (图 8-62)

【形态特征】常绿攀缘灌木。叶纸质,长圆形或阔披针形,长 6～16cm,宽 2.5～6cm,先端渐尖,全缘。花 1～2 朵生于钩状总梗上,淡绿色或淡黄色,径约 (2.5)4～6cm,芳香;花瓣长圆状披针形,长 3～4.5cm。浆果卵圆形,长 2.5～4cm,径约 2.5cm。花期 5～8(11) 月;果期 6～12 月。

图 8-62 鹰爪花
1—果枝;2—花枝;3—花;4—花萼外面观;5—除去花瓣的花;6、7—外、内轮花瓣;8、9—雄蕊;10—雌蕊群和花托;11、12—心皮

【分布与习性】产热带亚洲,我国分布于华南、西南,北达浙江南部,常见栽培。幼龄喜阴,成年趋于喜光;喜温暖湿润气候和疏松肥沃而排水良好的土壤,忌寒冷和干风,不耐积水。萌芽力强,耐修剪。

【繁殖方法】播种或扦插繁殖。

【园林用途】鹰爪花是热带地区优良的藤本花木,多植于墙边以资攀缘,也适于花架、花棚的垂直绿化,或用于山石、林间点缀。同时,鹰爪花还是著名的香料植物,其花朵含芳香油 0.75%～1.0%,极芳香,我国南部和台湾妇女常簪于头上,以资装饰。

三、腊梅科 Calycanthaceae

落叶或常绿灌木;皮部有油细胞。鳞芽或叶柄内芽。单叶,对生,全缘,羽状脉;无托叶。花两性,单生;花被片多数,螺旋状着生于杯状花托外围,内轮的呈花瓣状;能育雄蕊 5～20,生于花托顶端,花丝短,花药 2 室,退化雄蕊 5～25;离生单心皮雌蕊 5～35 个,胚珠 2 枚。聚合瘦果,果托坛状;瘦果具 1 种子。

2属9种，分布于东亚和北美。我国2属7种，产于东部和南部，另引入2种，供观赏。

分 属 检 索 表

1. 常绿或落叶灌木；花单生叶腋，黄色或淡黄色；能育雄蕊5～6，退化雄蕊5～6 ……… 腊梅属 Chimonanthus
1. 落叶灌木；花单生枝顶，红褐、紫褐或黄白色；雄蕊10～20 …………………… 夏腊梅属 Calycanthus

（一）腊梅属 Chimonanthus Lindl.

常绿或落叶灌木；鳞芽。叶纸质或近革质。花单生叶腋，芳香；花被片10～27，黄色或淡黄色；能育雄蕊5～6，稀4～7，退化雄蕊5～6，钻形；离心皮雌蕊5～15。

6种，我国特产。

腊梅 Chimonanthus praecox (Linn.) Link. (图8-63)

【形态特征】落叶灌木，高达4m。小枝淡灰色，有纵条纹和椭圆形皮孔。叶近革质，椭圆状卵形至卵状披针形，长7～15cm，上面粗糙，有硬毛，下面光滑无毛。花鲜黄色，芳香，直径1.5～2.5cm，内层花被片有紫褐色条纹。瘦果长圆形，微弯，长1～1.3cm，栗褐色，生于壶形果托中。花期(12)1～3月，先叶开放；果9～10月成熟。

【变种】素心腊梅(var. concolor Makino)，花被片全部黄色，无紫斑。磬口腊梅(var. grandiflora Makino)，叶长可达20cm，花径达3～3.5cm，外轮花被片淡黄色，内轮花被片有红紫色条纹。

图8-63 腊梅

1—叶枝；2—果枝；3—花枝；4—花纵切面；
5—花托纵切面；6～9—花被片；10—雄蕊；
11—退化雄蕊；12—雌蕊纵切

【分布与习性】产我国中部，湖北、湖南等省仍有野生；各地普遍栽培，其中以河南鄢陵最为著名。喜光，稍耐阴；耐寒。喜深厚而排水良好的轻壤土，在黏性土和盐碱地生长不良。耐干旱，忌水湿。萌芽力强，耐修剪。对二氧化硫有一定抗性，能吸收汞蒸气。

【繁殖方法】分株、压条、扦插、播种或嫁接繁殖均可。以嫁接为主，分株为次。

【园林用途】腊梅是我国特有的珍贵花木，花开于隆冬，凌寒怒放，花香四溢。适于孤植或丛植于窗前、墙角、阶下、山坡等处，可与苍松翠柏相配植，也可布置于入口的花台、花池中。在江南，可与南天竹等常绿观果树种配植，则红果、绿叶、黄花相映成趣。腊梅也可盆栽观赏，并适于造型，民间传统的腊梅桩景有"疙瘩梅"、"悬枝梅"以及屏扇形、龙游形等。镇江市市花。

附：柳叶腊梅(Chimonanthus salicifolius S.Y.Hu)，半常绿灌木，叶薄革质，长椭圆形或条状披针形，长3～11cm，宽1～3cm，下面有白粉和柔毛。花径2～2.8cm，花被片15～17，淡黄色；果脐周围不隆起。花期9～10月。产江西、浙江、安徽等地。

亮叶腊梅(Chimonanthus nitens Oliv.)，常绿灌木，枝叶有香气；叶椭圆状披针形或卵状披针形，先端尾尖；花径7～10mm。产安徽、福建、广西、广东、贵州、云南、湖北、湖南、江苏、陕西、浙江，生山地疏林中。

（二）夏腊梅属 Calycanthus Linn.

落叶灌木。叶柄内芽或鳞芽。叶全缘或具稀疏浅锯齿。花单生枝顶；花被片15～30，红褐、紫褐或黄白色，具紫红色边晕或散生紫红色斑纹；雄蕊 10～20，花丝被毛；心皮 11～35，离生。瘦果暗褐色，椭圆形。

　　3 种，产东亚和北美。我国 1 种，引入栽培 2 种。

　　夏腊梅 *Calycanthus chinensis* (W. C. Cheng & S. Y. Chang) W. C. Cheng & S. Y. Chang ex P. T. Li（图 8-64）

　　—— *Sinocalycanthus chinensis* W. C. Cheng & S. Y. Chang

　　【形态特征】高达 3m；树皮灰白色。小枝对生；冬芽为叶柄基部所包被。叶阔卵状椭圆形至卵圆形，长 13～29cm，宽 8～16cm。花径约 4.5～7cm；花被片 2 型：外围的大而薄，白色，边缘具红晕，9～14 片；内面的 9～12 片乳黄色，腹面基部散生淡紫色斑纹，呈副花冠状。果托钟形，瘦果褐色，基部密被灰白色绒毛。花期 5～6 月；果期 9～10 月。

　　【分布与习性】特产华东，分布于浙江（临安县、天台县）和安徽（歙县）等地，生于海拔 600～1000m 山地溪边。喜凉爽湿润气候和富含腐殖质的微酸性土壤，耐阴，不耐干旱瘠薄。

　　【繁殖方法】播种繁殖，也可扦插、压条或分株。

　　【园林用途】花朵大而美丽，花形奇特，花色素雅，果实颇似形状别致的花瓶，是一美丽的夏季花木。园林中宜应用于林下、沟谷等环境中，也可于庭院之窗前屋后亭际丛植，但园林造景中尚很少应用。

　　附：美国腊梅（*Calycanthus floridus* Linn.），落叶灌木，高 1～4m。柄下芽或近柄下芽。叶椭圆形或卵圆形，长 5～15cm，宽 2～6cm。花生于短侧枝顶端，直径 4～7cm，有香气。花被片 15～30，线形至椭圆形，褐紫色至红褐色。原产地花期 5～7 月；果期 9～10 月。南京、杭州、庐山有栽培。

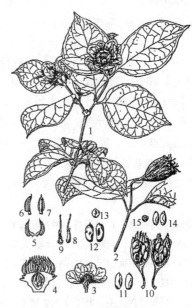

图 8-64　夏腊梅

1—花枝；2—果枝；3、4—花纵切面；5、6—雄蕊
侧面观；7—雄蕊腹面观；8—雌蕊；9—子房
纵切面，示胚珠着生；10—果托纵切面；
11—种子；12—瘦果；13—瘦果基部
的疤痕；14—席卷的子叶；
15—子叶横切面

四、樟科 Lauraceae

　　乔木或灌木（仅无根藤属 *Cassythe* Linn. 为缠绕性寄生草本），具油细胞，各部有香气。单叶，互生，稀对生或轮生，全缘，偶具缺裂；无托叶。花两性，少单性或杂性，圆锥、总状、聚伞或伞形等各种花序，有苞片或聚为总苞，花期明显。花被基部连合为筒即花被筒，裂片 6（稀 4），2 轮，雄蕊 3～4 轮，每轮 3 枚，花丝基部两侧各有 1 腺体或无，最内轮雄蕊常退化，花药瓣裂，4 或 2 室；子房上位，1 室，1 胚珠。浆果或核果，常具宿存的花被。种子无胚乳，子叶肥大。

　　45 属约 2000～2500 种，主要分布于热带和亚热带，主产东南亚和热带美洲。我国约 25 属 445 种，主产于长江流域及其以南地区。

分 属 检 索 表

1. 圆锥花序，花两性；苞片小，不形成总苞。

2. 花被片脱落；叶 3 出脉或羽状脉；果生于肥厚果托上 ···················· 樟属 *Cinnamomum*

2. 花被片宿存；叶羽状脉，花柄不增粗。

  3. 花被裂片薄而长，向外开展或反曲 ···················· 润楠属 *Machilus*

  3. 花被裂片厚而短，直立或紧抱果实基部 ···················· 楠木属 *Phoebe*

1. 总状花序或伞形花序，花单性，稀两性；苞片大，形成总苞。

  4. 伞形花序。

    5. 花部 2 出数，花被裂片 4 ···················· 月桂属 *Laurus*

    5. 花部 3 出数，花被裂片 6 ···················· 山胡椒属 *Lindera*

  4. 总状花序；果柄及果托顶端肥大；落叶性 ···················· 檫木属 *Sassafras*

（一）樟属 *Cinnamomum* Trew

常绿乔木或灌木。叶互生或对生，多为 3 出脉和离基 3 出脉，少为羽状脉，脉腋常有腺体。圆锥花序，常生于顶部叶腋；花两性，花被筒杯状，裂片于花后脱落，能育雄蕊 9，花药 4 室，第 1、2 轮雄蕊花药内向，第 3 轮雄蕊花丝有腺体、花药外向，最内轮雄蕊退化。浆果状核果，基部有萼筒发育形成的盘状或杯状果托。

250 种，分布于亚洲热带和亚热带地区、澳大利亚和太平洋岛屿。我国 49 种，主产于长江以南各地。

分 种 检 索 表

1. 果期花被片脱落；芽鳞明显，覆瓦状排列；叶互生，羽状脉或离基 3 出脉，脉腋常有腺窝。

  2. 老叶两面无毛，花序长 3～10cm，无毛 ···················· 樟树 *C. camphora*

  2. 老叶两面或下面被毛，花序长 7～15cm。

    3. 小枝、叶下面、花序均被白色绢毛，侧脉约 4 对 ···················· 银木 *C. septentrionale*

    3. 小枝和花序无毛，叶下面密生绢毛；侧脉 4～6 对 ···················· 猴樟 *C. bodinieri*

1. 果期花被片宿存或下半部残存；芽鳞对生；叶对生或近对生，3 出脉或离基 3 出脉，脉腋无腺窝。

  4. 小枝、叶下面和叶柄无毛或近无毛。

    5. 花序无毛，果托近平截 ···················· 天竺桂 *C. japonicum*

    5. 花序轴和分枝密被灰白柔毛，果托具整齐 6 齿裂 ···················· 阴香 *C. burmanii*

  4. 小枝、叶下面、叶柄及花序轴密被淡黄色或灰黄色柔毛 ···················· 肉桂 *C. cassia*

1. 樟树（香樟）*Cinnamomum camphora* (Linn.) Presl. (图 8-65)

【形态特征】乔木，高达 30m；树冠广卵形或球形；树皮灰黄褐色，纵裂。叶互生，近革质，卵形或卵状椭圆形，长 6～12cm，宽 2.5～5.5cm，边缘波状，下面微有白粉，脉腋有腺窝；离基 3 出脉。花序长 3.5～7cm，花绿色或带黄绿色。果实近球形，直径 6～8mm，紫黑色；果托盘状。花期 4～5 月；果期 8～11 月。

【分布与习性】分布于长江以南各地；日本和朝鲜也产。较喜光。喜温暖湿润气候和深厚肥沃的酸性或中性沙壤土，稍耐盐碱；较耐水湿，不耐干旱瘠薄。寿命长，可达千年以上。有一定抗海潮风、耐烟尘和有毒气体能力，并能吸收多种有毒气体。

图 8-65　樟树

1—果枝；2—果实；3—花纵剖面；4—雄蕊

【繁殖方法】播种繁殖为主，软枝扦插、根蘖也可。

【园林用途】树姿雄伟，春叶色彩鲜艳，且枝叶幢幢，浓荫遍地，是江南最常见的绿化树种，广泛用作庭荫树、行道树，也可用于营造风景林和防护林。樟树也是珍贵的用材树种，木材有香气；根、干、枝、叶可提取樟脑和樟油；种子可榨油。

2. 天竺桂(浙江樟) *Cinnamomum japonicum* Sieb.

——*Cinnamomum chekiangense* Nakai

【形态特征】高达 10～15m；树冠卵状圆锥形；树皮光滑，不开裂。小枝较细，红色或红褐色，光滑无毛。叶近对生或上部互生，革质，卵状矩圆形或矩圆状披针形，长 7～10cm，宽 3～3.5cm，两面无毛；离基 3 出脉近于平行；脉腋无腺体；叶柄粗壮，红褐色。花序腋生，无毛，长 3～4.5(10)cm；花黄绿色，径约 4.5mm。果实椭圆形，长约 7mm，径约 5mm。花期 4～5 月；果期 7～9 月。

【分布与习性】产华东各省，多生于海拔 1000m 以下常绿阔叶林或山谷杂木林中。日本和朝鲜也有分布。中性树，幼年期耐阴；喜温暖湿润气候和排水良好的酸性及中性土；忌积水。抗二氧化硫。

【繁殖方法】播种繁殖。

【园林用途】树干通直，树姿优美，四季常绿，是优良的园林造景树种，可供行道树和园景树之用，孤植、列植、丛植均宜。其枝叶茂密，抗污染，隔声效果好，可作工矿区绿化和防护林带材料。

3. 肉桂 *Cinnamomum cassia* Presl. (图 8-66)

【形态特征】小乔木，高 5～10m；树皮厚，灰褐色；幼枝四棱形，芽、小枝、叶柄和花序轴密被灰黄色短绒毛。叶厚革质，近对生或枝梢叶互生，长椭圆形，长 8～16(30)cm，宽 4～6(9)cm，下面疏被黄色柔毛；3 出脉，在上面凹陷，下面突起，第 2 级侧脉波状横行，极明显。花白色，花被片两面被毛。果实椭圆形，黑紫色，长 1cm，果托浅碗状。花期 5～6 月；果期翌年 2～3 月。

图 8-66　肉桂
1—花枝；2—花；3—果序

【分布与习性】产热带亚洲，华南各地有栽培。喜南亚热带暖热多雨气候，抗寒性远较樟树和浙江樟弱；苗期喜阴而忌强光，成年树则喜光，稍耐阴；适于酸性基岩发育的肥沃疏松的红黄壤，pH 值以 4.5～5.5 为宜。苗期生长慢，萌芽力强。深根性，抗风力强。

【繁殖方法】播种繁殖。

【园林用途】树形整齐美观，枝叶芳香，在华南可植为庭园绿化树种。树皮、枝叶花果均供药用及香料用，主用树皮即"桂皮"，各部可提取桂油；木材供家具、板料用。

4. 阴香 *Cinnamomum burmanii* (Nees & T. Nees) Blume (图 8-67)

【形态特征】高达 20m，胸径 80cm。树皮光滑，有近似肉桂的香味。叶近对生，卵形或长椭圆形，长 5～10cm，宽 2～4.5cm，两面无毛，离基 3 出脉，脉腋无腺体，叶上面常有虫瘿。花序长 3～5cm，花序轴和分枝密被灰白柔毛，花被裂片内外被柔毛。果长卵形，长 8mm，果托杯状，6 齿裂。

【分布与习性】分布于华南和云南；印度、缅甸、越南、印度尼西亚和菲律宾也产。在南亚热带常绿阔叶林和季雨林中分布普遍。耐阴，喜温热多雨气候，不耐寒。

【繁殖方法】播种繁殖。

【园林用途】树冠浓荫，叶色光绿，为优良的行道树和庭园绿化树种。

5. 银木 *Cinnamomum septentrionale* Hand.-Mazz.

高达 25m。小枝较粗，具棱脊。小枝、叶下面、花序均被白色绢毛。叶椭圆形或椭圆状倒披针形，长 10～15cm，宽 5～7cm，侧脉约 4 对，弧曲。花序长达 15cm，多花密集。

产四川和湖北西部以及陕西和甘肃南部，在成都平原常见栽培。

6. 猴樟 *Cinnamomum bodinieri* Lévl.

高达 16m。小枝紫褐色，无毛。叶卵形或椭圆状卵形，长 8～17cm，宽 3～10cm，下面苍白色，密生绢毛；侧脉 4～6 对，网脉两面不明显。花序长(5)10～15cm，无毛。

产华中至西南地区。

图 8-67 阴香

1—花枝；2—花纵剖面；3—第一、二轮雄蕊；
4—第三轮雄蕊；5—退化雄蕊；6—果实

（二）楠木属 *Phoebe* Nees

常绿乔木。叶革质，互生，羽状脉，全缘。花两性，圆锥花序，花被片6，雄蕊性状同樟属。浆果卵形或椭圆形，花被片宿存，包被果实基部，多直立而且紧贴，稀松散。

100 种以上，分布于亚洲热带和亚热带地区。我国 35 种，均产于长江流域及其以南地区。多为珍贵用材树种。

分 种 检 索 表

1. 叶椭圆形，稀披针形或倒披针形，长 7～11cm，先端渐尖，横脉及小脉在背面不明显 ········ 楠木 *P. zhenna*
1. 叶倒卵形或倒卵状披针形，长 8～22cm，叶脉在下面突起，网脉致密 ····················· 紫楠 *P. sheareri*

1. 楠木 *Phoebe zhenna* S. Lee & F. N. Wei (图 8-68)

【形态特征】高达 30m，胸径 1.5m；树干通直。小枝较细，被灰黄色或灰褐色柔毛。叶椭圆形至长椭圆形，稀披针形或倒披针形，长 7～11cm，先端渐尖，基部楔形，背面密被柔毛，侧脉 8～13 对，横脉及小脉在背面不明显；叶柄长 l.2～2cm。花序长 7.5～12cm。果椭圆形，长 1.1～1.4cm，紫黑色，宿存花被片革质。花期 4～5 月；果 9～10 月成熟。

【分布与习性】产于湖北西部、湖南西部、贵州及四川盆地，多生于海拔 1500m 以下阔叶林中，成都平原习见栽培。中性树，幼时耐阴，喜温暖湿润气候及肥沃、湿润而排水良好之中性或微酸性土壤。生长速度缓慢，寿命长。深根性，萌蘖力强。

【繁殖方法】播种繁殖。

【园林用途】树干高大端直，树冠雄伟，是优良的风景树，在成都平原广为栽培。适于孤植、丛植或配植于建筑周围，也常作行道树，在山地风景区适于营造大面积风景林。也是中国珍贵用材树种。

2. 紫楠 *Phoebe sheareri* (Hemsl.) Gamble (图 8-69)

【形态特征】高达 20m，胸径 60cm；树皮灰褐色，纵裂。幼枝、叶下面、叶柄和花序密被黄褐色绒毛。叶倒卵形或倒卵状披针形，长8～22cm，先端突渐尖或短尾尖，下部渐狭为楔形，叶脉在上面凹下，下面突起，有时被白粉，侧脉9～13对，网脉致密，结成网格状。花序长7～15cm，上部分枝；花被片两面被毛。果卵形，宿存花被片松散，果梗上部肥大。花期5～6月；果期10～11月。

图 8-68 楠木
1—花枝；2—果

图 8-69 紫楠
1—果枝；2—花；3—雄蕊

【分布与习性】广布于长江流域及其以南各省，为本属中分布最北的树种。中南半岛亦产。耐阴，喜温暖湿润气候及深厚、肥沃、湿润而排水良好的微酸性及中性土，在石灰岩山地也可生长。深根性，萌芽性强。

【繁殖方法】播种及扦插繁殖。

【园林用途】树形端庄美观，叶大荫浓，是优良的庭园绿化树种，在草坪孤植、丛植或配植于建筑周围均适宜，也可作行道树；在山地风景区可营造大面积风景林。

附：细叶桢楠(*Phoebe hui* W. C. Cheng ex Yang)，叶椭圆状披针形至椭圆状倒披针形，长5～8cm，宽1.5～3cm，下面网脉不明显，叶柄长0.6～1.6cm；花序长4～8cm。分布于陕西南部、四川和云南东北部，在四川成都平原常与桢楠混生，也常见栽培。

浙江楠(*Phoebe chekiangensis* P. T. Li)，与紫楠相近，花序和小枝密生黄褐色绒毛，但叶片稍小而狭，果实较大，椭圆状卵形，长1.2～1.5cm，种子多胚性，子叶不等大。产华东，杭州等地常栽培观赏。

（三）润楠属 *Machilus* Nees

常绿乔木或灌木。顶芽大，有多数覆瓦状鳞片。叶革质，互生，全缘，羽状脉。花两性，结构与楠木属相同，唯花被片薄而长，花后宿存并开展或反曲。浆果球形，果柄顶端不增粗或微增粗。

约100种，分布于东南亚和东亚热带、亚热带地区。我国82种，主产于长江流域及其以南地区，北达山东、甘肃和陕西南部。

分 种 检 索 表

1. 叶长5～13cm，宽2～4cm，两面无毛，背面有白粉；侧脉7～12对 ·························· 红楠 *M. thunbergii*

1. 叶长 14～32cm，宽 3.5～8cm，幼时下面被平伏银白色绢毛；侧脉 14～24 对……… 薄叶润楠 *M. leptophylla*

1. 红楠（红润楠） *Machilus thunbergii* Sieb. & Zucc. (图 8-70)

【形态特征】乔木，高 10～15(20)m，胸径达 1m，生于海边者常呈灌木状。树皮幼时灰白色，平滑，后变黄褐色。小枝无毛。顶芽卵形或长卵形，芽鳞仅边缘有毛。叶倒卵形至倒卵状披针形，长 5～13cm，宽 3～6cm，先端钝或突尖，基部楔形，两面无毛，背面有白粉；侧脉 7～12 对。花序生于新枝基部，长 5～12cm，花被片矩圆形，长约 5mm。果扁球形，径 0.8～1cm，熟时蓝黑色，果柄鲜红色。花期 2～4 月；果期 7～8 月。

【分布与习性】产东亚，我国自山东崂山以南至华东、华南、台湾均有分布，生于海拔 800m 以下山坡、沟谷阔叶林中。日本和朝鲜也产。较耐阴；喜温暖湿润气候，也颇耐寒，是该属耐寒性最强树种，抗海潮风；喜深厚肥沃的中性或酸性土。

【繁殖方法】播种繁殖。

【园林用途】树形端庄，枝叶茂密，新叶鲜红、老叶浓绿，果梗鲜红色，生于海边者树冠层次特别分明，形若灯台，甚为美观，是优良的园林观赏树种。宜丛植于草地、山坡、水边，在东部和南部沿海、海岛可作海岸防风林带树种。

图 8-70 红楠
1—果枝；2—花序

2. 薄叶润楠（华东楠、大叶楠） *Machilus leptophylla* Hand.-Mazz.

高达 28m。顶芽大，近球形。叶常集生枝顶而呈轮生状，倒卵状长圆形，长 14～24(32)cm，宽 3.5～7(8)cm，幼时下面被平伏的银白色绢毛；侧脉 14～20 (24)对。果球形，径约 1cm，成熟时红色并变黑色，果序梗鲜红色。

产东南各省，贵州也有分布。耐阴性强，常生于海拔 300～1200m 的山地阴湿沟谷，喜肥沃湿润的酸性黄壤。

树姿优美，枝叶茂密苍翠，是优良的庭园观赏树种。

（四）檫木属 *Sassafras* Trew

落叶乔木。叶互生或集生枝顶，全缘或 2～3 裂，羽状脉或离基 3 出脉。花两性或杂性，总状花序顶生；花被片 6，花后脱落；雄花具发育雄蕊 9，第 3 轮花丝基部具 2 个腺体，花药 2 室；两性花花药 4 室；雌花具退化雄蕊 6 或 12。浆果近球形；果柄及果托顶端肥大，肉质，橙红色。

3 种，间断分布于东亚和北美。我国 2 种，产于长江以南和台湾。

檫木（檫树） *Sassafras tzumu* (Hemsl.) Hemsl. (图 8-71)

【形态特征】高达 35m，胸径 2.5m；树冠广卵形或椭球形。树皮幼时绿色，不裂；老时深灰色，不规则纵裂。小枝

图 8-71 檫木
1—花枝；2—果枝；3—花：外面观；
4—花：纵剖面；5—第一、二轮雄蕊；
6—第三轮雄蕊；7—退化雄蕊

绿色，无毛。叶互生并常集生枝顶，卵形，长 8～20cm，全缘或 2～3 裂，背面有白粉；叶柄长 2～7cm。花两性，黄色，有香气；花被片披针形。果熟时蓝黑色，外被白粉；果柄肥大，红色；果托浅碟状。花期 2～3 月，叶前开放；果 7～8 月成熟。

【分布与习性】分布于长江流域至华南及西南。不耐庇荫，喜温暖湿润气候及深厚而排水良好之酸性土壤。不甚耐旱，忌水湿，在气温高、阳光直射时树皮易遭日灼伤害。深根性，萌芽力强。生长速度较快。

【繁殖方法】播种繁殖，也可分根繁殖。

【园林用途】树干通直，姿态清幽，部分秋叶经霜变红，红绿相间，艳丽多彩，为世界观赏名木之一，也是我国南方红壤及黄壤山区主要速生用材造林树种。园林中适于孤植或丛植于庭园建筑物前、台坡、草坪一角，或作行道树；也可用于山地风景区营造秋色林。

(五) 月桂属 *Laurus* Linn.

常绿乔木。叶互生，革质，羽状脉。雌雄异株或两性花，伞形花序腋生，苞片大，4 枚。花被裂片 4；雄花有雄蕊 8～14，通常 12，排成 3 轮，第一轮花丝无腺体，第 2、3 轮花丝中有 2 无柄肾形腺体，花药 2 室，内向；雌花有退化雄蕊 4，与花被裂片互生，花丝顶端有 2 无柄肾形腺体；子房 1 室，花柱短，柱头稍增大，胚珠 1。浆果卵形，花被筒不增大或稍增大。

2 种，产地中海沿岸至大西洋加拿利群岛。我国引入 1 种。

月桂 *Laurus nobilis* Linn. (图 8-72)

【形态特征】高达 12m，易生根蘖，栽培者常呈灌木状；分枝角度较小，树冠长卵形。叶片长圆形或长圆状披针形，长 5～12cm，宽 1.8～3.2cm，先端渐尖，基部楔形，叶缘波状，无毛，网脉明显。雌雄异株；伞形花序开花前呈球形；苞片近圆形，外面无毛，内面被绢毛；花被裂片黄色。果实卵形，暗紫色。花期 3～5 月；果期 8～9 月。

【分布与习性】原产地中海沿岸各国。华东、台湾、四川、云南等地栽培，北方温室常盆栽。喜光，稍耐阴；喜温暖湿润气候和疏松肥沃土壤，在酸性、中性和微碱性土壤上均能生长良好，耐短期 -8℃ 低温；耐干旱，萌芽力强。

图 8-72 月桂
1—雄花枝；2、3—伞形花序；
4—雄花纵切面；5—第一轮雄蕊果序；
6—第二、三轮雄蕊；7—雌花纵切面

【繁殖方法】扦插或播种繁殖。扦插采用硬枝、嫩枝均可，嫩枝扦插以带踵为好。

【园林用途】月桂为著名的芳香油树种，树形整齐、枝叶茂密，春季黄花满树，也是优美的观赏树种。可孤植、对植、丛植，也可列植于建筑前作高篱，还可修剪成球体、长方体等几何形体用于草地、公园、街头绿地的点缀。

(六) 山胡椒属 *Lindera* Thunb.

落叶或常绿乔灌木。叶互生或近对生，全缘，偶 3 裂，羽状脉或 3 出脉。雌雄异株；伞形花序，腋生；苞片 4；花药 2 室。浆果近球形或椭圆形，有杯状果托或无。

约 100 种，分布于亚洲和北美洲热带、亚热带地区，少数种类分布于温带，以亚洲为分布中心。我国 38 种，主产于长江流域及其以南地区，1 种分布北达辽东半岛。

分 种 检 索 表

1. 叶长 6～8cm，羽状脉，下面被柔毛。果近球形 ·· 香叶树 *L. communis*
1. 叶长 3～5cm，3 出脉，下面密生灰黄色柔毛，果椭圆形 ···························· 乌药 *L. aggregata*

1. 香叶树 Lindera communis Hemsl.

【形态特征】常绿灌木或小乔木，高 4～10m。叶革质，椭圆形或卵状长椭圆形，长 6～8cm，全缘，羽状脉，上面有光泽，下面被柔毛。果实近球形，直径约 8～10mm，成熟时深红色。花期 3～4月；果期 9～10 月。

【分布与习性】产华中、华南及西南各省区，多生于低山丘陵的疏林中。适应性强，耐阴；喜温暖气候和湿润的酸性土。萌芽力强，耐修剪。

【繁殖方法】播种繁殖。

【园林用途】枝叶扶疏，果实红艳，园林中可栽培观赏。叶片和果实可提取芳香油；种子含油率 50% 以上，可榨油供食用或工业用。

2. 乌药 Lindera aggregate (Sims) Kosterm. (图 8-73)

【形态特征】常绿灌木，高达 5m；根有纺锤形或结节状膨大。小枝黄绿色。叶互生，卵圆形或椭圆形，长 3～5cm，基部圆形，下面苍白色，密生灰黄色柔毛；3 出脉。伞形花序 6～8 簇生于短枝上，花梗长 4mm。果实椭圆形，长约 9mm。花期 3～4 月；果期 6～9 月。

【分布与习性】产于秦岭以南，南至华南北部，东至台湾；越南、菲律宾也产。喜光，也颇耐阴，对土壤要求不严，荒坡瘠地均可生长。

【繁殖方法】播种或扦插繁殖。

【园林用途】乌药株形丰满，新叶黄色，密生黄色柔毛，阳光下熠熠生辉，花朵细小密集，也颇美观。适于林间空地、林缘、草坪、坡地散植。

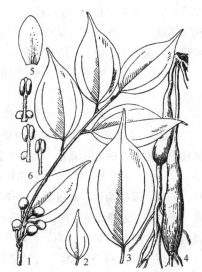

图 8-73 乌药
1—果枝；2、3—叶；4—根；
5—花被片；6—雄蕊

附：三桠乌药（*Lindera obtusiloba* Bl. ），高 3～10m；树皮黑棕色；小枝黄绿色。叶近圆形或扁圆形，长宽均约 5～11cm，3 裂或全缘，下面被棕黄色绢毛或近无毛，3 出脉。伞形花序 5～6 个生于总苞内，无总梗；花黄色，花被裂片外被长柔毛。果暗红色或紫黑色。产辽宁、甘肃、华北南部至长江流域及四川、西藏。秋叶亮黄色，可植于庭园观赏。

山胡椒 [*Lindera glauca* (Sieb. & Zucc.) Blume]，又名牛筋树、假死柴。落叶灌木或小乔木，高达 8m；叶互生或近对生，近革质，宽椭圆形或倒卵形，长 4～9cm，宽 2～4cm，下面苍白色，有灰色柔毛，羽状脉。果球形，直径约 7mm，有香气。广泛分布于长江流域及以南地区，北达山西、河南、山东等地。

五、八角科 Illiciaceae

常绿乔木或灌木，全株无毛，具油细胞，有香气。单叶，互生或集生枝顶，常革质，全缘，羽状脉，无托叶。两性花，单生或2～3朵集生叶腋，花被片9～15(39)，每轮3片，雄蕊10至多数，花丝短而粗壮；心皮通常7～15，分离，单轮排列，1室、1胚珠；花托扁平。聚合蓇葖果，沿腹缝线开裂；种子椭圆形或卵形，种皮坚硬，光滑，胚乳油质。

1属约40种，分布于亚洲东南部和美洲。我国27种，产于西南、南部至东部。

八角属 Illicium Linn.

形态特征同科。

分 种 检 索 表

1. 心皮常为8，蓇葖多为8，不整齐，先端较钝；雄蕊11～20 ……………………………… 八角 I. verum
1. 心皮7～13，蓇葖多为7～13，整齐，先端较尖，有尖头；雄蕊6～14。
   2. 心皮7～8，雄蕊11～14 …………………………………………………… 红茴香 I. henryi
   2. 心皮10～14，雄蕊6～11 ……………………………………………… 莽草 I. lanceolatum

1. 八角 Illicium verum Hook. f.（图8-74）

【形态特征】乔木，高达15m；树皮不规则浅裂。叶椭圆状长圆形或椭圆状倒卵形，长5～14cm，宽2～5cm，先端钝尖或短渐尖，基部狭楔形，侧脉在两面不明显，叶柄长约1cm。花被片6～12，粉红色至深红色；雄蕊11～20；心皮常为8。聚合蓇葖果常为8，不整齐，红褐色，先端较钝，果梗长3～5cm。一年两次开花，以春季开花最多，秋季较少。2～3月开花，8～10月果熟；8～9月开花，翌年2～3月果熟。

【分布与习性】主产广西和广东，以广西南部为栽培中心。耐阴，尤其幼树需庇荫；喜温暖；要求土层深厚疏松、排水良好、腐殖质丰富的酸性沙质壤土。枝条脆，根系浅，抗风力弱。

【繁殖方法】播种繁殖。种子含油，易丧失发芽力，宜随采随播。

【园林用途】树冠塔形，枝叶浓密，红花点点，颇为美观。在园林中可丛植或孤植，用于草地、疏林下、建筑物阴面的绿化。八角也是珍贵的经济树种，果皮、种子和叶均含芳香油，为优良的调味香料和医药原料，木材纹理直、结构细、有香气，供细木工、家具等用。

图8-74 八角

1—花果枝；2—雄、雌蕊群；3—雌蕊群；
4—雄蕊；5—花被片；6—蓇葖；7—种子

2. 红茴香 Illicium henryi Diels

【形态特征】高3～8m；树皮灰白色。芽近卵形，叶片长披针形、倒披针形或倒卵状椭圆形，长10～15cm，宽2～4cm，先端长渐尖，基部楔形。花红色，单生或2～3朵簇生；花梗长1.5～4.5cm；花被片10～14，雄蕊11～14；心皮通常7～8。聚合果径约1.5～3cm，蓇葖整齐，先端长尖。花期 4～5 月；果期 9～10 月。

【分布与习性】产于秦岭、大别山以南至华南、西南。生于海拔 300～2500m 的山谷湿润地区。耐阴，较耐寒，喜土层排水良好的酸性土。

【繁殖方法】播种繁殖。

【园林用途】树姿优美，枝叶茂盛，花朵红色，可供观赏，上海、南京等地园林中有应用，于水边、石旁、路边、草地等处孤植、丛植均宜。叶、果实可提取芳香油。果实有毒。

3. 莽草(披针叶茴香、红毒茴) *Illicium lanceolatum* A. C. Smith

【形态特征】灌木或小乔木，高达 10m；树皮和老枝灰褐色。叶互生，并常簇生于枝顶，倒披针形、披针形，或倒卵状椭圆形，长 6～15cm，宽 1.5～4.5cm，先端尾尖或渐尖，基部狭楔形。花红色或深红色，花被片 10～15；雄蕊 6～11；雌蕊 10～14。蓇葖 10～13，先端具细长(长 3～7mm)而弯曲的尖头；种子褐色光亮。花期 4～6 月；果期 8～10 月。

【分布与习性】主产华东，北达河南，西至湖北，生于海拔 300～1500m 的阴湿沟谷。对二氧化硫等有害气体抗性较强。

【繁殖方法】播种繁殖。

【园林用途】树姿优美，可作城市园林绿化树种。果实和叶有强烈香气，可提取芳香油，根和果实有毒，种子有剧毒。

六、五味子科 Schisandraceae

木质藤本，常绿或落叶。单叶，互生，常有透明腺点；叶柄细长，无托叶。花单性，常单生叶腋，有时数朵集生于叶腋或短枝上，雌雄异株或同株；花被片 6 至多数，大小相似，或外面和里面的较小而中间的稍大；雄蕊多数，分离或部分至全部合生，花丝短至无；心皮多数，离生，生于肉质花托上，胚珠 2～5。聚合浆果穗状或球状；种子 1～5，胚乳丰富，胚小。

2 属约 39 种，主产东亚和东南亚，1 种产于北美洲东部。我国 2 属约 27 种，分布于东北至西南各地。

分属检索表

1. 芽鳞常宿存；果时花托伸长，聚合果穗状 ·· 五味子属 *Schisandra*
1. 芽鳞常早落；果时花托不伸长，聚合果球状或椭圆状 ····························· 南五味子属 *Kadsura*

(一) 五味子属 *Schisandra* Michx.

藤本。芽鳞较大，常宿存。叶纸质或膜质。花单生，稀成对或数朵集生；花被片 5～12(20)，2～3 轮，大小和形状相似或中间的稍大，覆瓦状排列；雄蕊 5～60，组成椭圆状、头状或不规则多角形的肉质雄蕊群，花药小，常分离；心皮 12～120，离生，胚珠 2～3。果时花托伸长，聚合果穗状。种子 2 或 1。

约 22 种，主产亚洲东南部，仅 1 种产于美国东南部。我国 19 种，产于东北至西南、东南各地。

北五味子 *Schisandra chinensis* (Turcz.) Baill. (图 8-75)

【形态特征】落叶藤本，除幼叶下面被短柔毛外，余无毛。幼枝红褐色，老枝灰褐色，枝皮片状剥落。叶膜质，宽椭圆形、卵形或倒卵形，长 5～10cm，宽 3～5cm，疏生短腺齿，基部全缘；侧脉

5～7对，网脉纤细而不明显；叶柄长1～4cm。花白色或粉红色，花被片6～9，长圆形或椭圆状长圆形；雄蕊5；心皮17～40，子房卵形，柱头鸡冠状。聚合果长1.5～8.5cm；小浆果红色，近球形，径约6～8mm。花期5～7月；果期7～10月。

【分布与习性】产东北亚地区，我国分布于东北、华北和西北，常生于海拔500～1800m的阴坡和林下、灌丛中。喜湿润荫蔽环境，耐阴性强，耐寒，喜肥沃湿润、排水良好的土壤。

【繁殖方法】压条、分株、播种或扦插繁殖。

【园林用途】叶片秀丽；花朵淡雅而芳香，果实红艳，是优良的垂直绿化材料，可作篱垣、棚架、门亭绿化材料或缠绕大树、点缀山石。果实为著名药材"五味子"；茎可作调味品。

附：华中五味子(*Schisandra sphenanthera* Rehd. & Wils.)，与北五味子相近，但叶片较窄，花朵橙黄色或橘红色，雄蕊10～15。分布于华中至四川、云南，北达秦岭和伏牛山一带，耐寒性远较北五味子差。

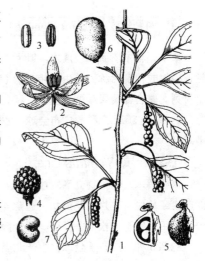

图8-75 北五味子

1—果枝；2—雄花；3—雄蕊；4—雌蕊群；
5—雌蕊；6—小浆果；7—种子

（二）南五味子属 *Kadsura* Kaempf. ex Juss.

藤本，无毛。叶革质或纸质，全缘或有锯齿，常有透明腺点。花单生，稀2～4，花梗细长；花被片7～24，排成数轮，覆瓦状排列；雄蕊12～80，合生成头状或圆锥状雄蕊群；雌蕊20～300。聚合浆果球状或椭圆状。种子2～5，两侧扁，肾形或卵状心形。

16种，产于亚洲东部和东南部。我国8种，产于东部至西南部。

南五味子 *Kadsura longipedunculata* Finet & Gagnep. (图8-76)

【形态特征】常绿藤本，茎枝长达6m，全株无毛。叶长圆状披针形、倒卵状披针形或卵状长圆形，长5～13cm，宽2～6cm，先端渐尖，基部楔形，叶缘有疏锯齿；侧脉5～7对；叶柄长0.6～2.5cm。雌雄异株，花单生叶腋。雄花花被片8～17，椭圆形，白色或淡黄色，雄蕊群球形；雌花花被片与雄花相似，心皮多数。聚合浆果球形，径约2～3.5cm，深红色。花期6～8月；果期9～11月。

【分布与习性】产长江流域以南各地，常生于海拔1000m以下山坡、山谷及溪边阔叶林和灌丛中。喜温暖湿润气候，不耐寒；适生于排水良好的酸性至中性土壤。

【繁殖方法】播种和扦插繁殖。

【园林用途】叶片光绿，花朵芳香，果实艳丽，是花、果、叶兼供观赏的优良攀缘植物，最适于攀附篱垣、花架和阴湿的岩石，也可用于缠绕松、枫等大树，以形成自然野趣。根、茎、种子供药用；茎、叶、果实可提取芳香油。

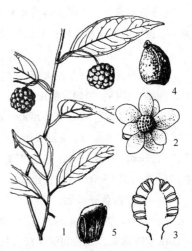

图8-76 南五味子

1—果枝；2—雄花；3—雄蕊群纵切面；
4—雌蕊；5—雄蕊

七、毛茛科 Ranunculaceae

草本，稀木质藤本或灌木。叶互生或基生，少对生，单叶或复叶，常掌状分裂；无托叶。花两性，辐射或两侧对称，单生或组成总状、聚伞、圆锥等各种花序；雄蕊、雌蕊常多数而离生，螺旋状排列。聚合蓇葖果或聚合瘦果，稀为浆果或蒴果。

约60属2500余种，广布全球，主产北温带，尤以亚洲东部种类最多。我国39属900余种，各地均产。

铁线莲属 *Clematis* Linn.

木质藤本，稀为直立灌木或草本。叶对生，3出或羽状复叶，少单叶。聚伞花序或圆锥状花序，偶簇生或单生；萼片呈花瓣状，通常4或6～8，花蕾时呈镊合状排列；无花瓣；雄蕊和心皮多数，分离，每心皮有1枚下垂胚珠。聚合瘦果，先端有伸长的呈羽毛状的花柱。

约300种，广布于全球，主产北温带。我国147种，广布全国，以西南地区最多，大多数种类花朵和果实均美丽，可栽培观赏，部分种类供药用。

分 种 检 索 表

1. 叶全缘或有少数浅缺刻；萼片6枚，白色 ·· 铁线莲 *C. florida*
1. 叶缘有锯齿；萼片4枚，蓝色；退化雄蕊呈花瓣状 ·················· 大瓣铁线莲 *C. macropetala*

1. 铁线莲 *Clematis florida* Thunb. (图 8-77)

【形态特征】藤本，落叶或半常绿，长约4m；茎下部木质化。2回3出复叶，小叶卵形或卵状披针形，长2～5cm；网脉明显。花单生叶腋，直径5～8cm；萼片6枚，白色，倒卵圆形或匙形，长达3cm，宽1.5cm；雄蕊紫红色。瘦果倒卵形，扁平，宿存花柱伸长成喙状，下部有开展的短柔毛。

【栽培品种】重瓣铁线莲（'Plena'），退化雄蕊呈花瓣状，绿白色或白色。蕊瓣铁线莲（'Sieboldii'），雄蕊部分变为紫色花瓣状。

【分布与习性】产长江流域及其以南各地，生于低山丘陵。喜光，但侧方庇荫生长更好；喜疏松而排水良好的石灰质土壤；耐寒性较差。

【繁殖方法】播种、压条、分株、扦插、嫁接繁殖。

【园林用途】铁线莲花大而美丽，叶色油绿，而且花期长，是优美的垂直绿化材料，适于点缀园墙、棚架、凉亭、门廊、假山置石，均极为优雅别致。

2. 大瓣铁线莲 *Clematis macropetala* Ledeb. (图 8-78)

【形态特征】藤本。2回3出复叶，小叶片9，纸质，卵状披针形或菱状椭圆形，长2～4.5cm，宽1～2.5cm，顶端渐尖，基部楔形。花钟状，直径3～6cm；萼片4枚，蓝色或淡紫色，狭卵形或卵状披针形，长3～4cm；退化雄蕊呈花瓣状，与萼片近等长。瘦果倒卵形，长5mm，宿存花柱长4～4.5cm，被灰白色长柔毛。花期7月；果期8月。

【分布与习性】产青海、甘肃、陕西、宁夏、山西、河北、辽宁等地，生于海拔1700～2000m地带。俄罗斯远东、西伯利亚和蒙古东部也有分布。性强健，对土壤要求不严，耐寒性强。

【繁殖方法】播种、分株繁殖。

【园林用途】花朵大而蓝紫色，花期正值盛夏的少花季节，是优美的园林造景材料，适于点缀棚架、门廊、篱垣。

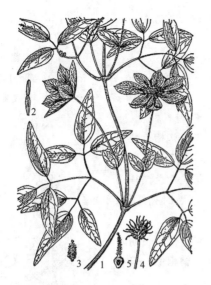

图 8-77　铁线莲　　　　　　　　图 8-78　大瓣铁线莲

1—花枝；2—雄蕊；3—心皮；　　　　1—花枝；2—退化雄蕊；

4—聚合果；5—瘦果　　　　　　　3—雄蕊；4—瘦果

八、小檗科 Berberidaceae

灌木或多年生草本。叶互生或基生，单叶或复叶；有或无托叶。花两性，花序各式，萼片和花瓣覆瓦状排列，离生，2 至多轮，每轮 3(2～4) 枚，花瓣有或无蜜腺；雄蕊常与花瓣同数而对生，或为花瓣的 2 倍，花药瓣裂或纵裂；心皮 1，子房上位，1 室，胚珠 1 至多数。花柱短或无。浆果或蒴果，少为蓇葖果。种子胚小，胚乳丰富。

17 属约 650 种，主要分布于北半球温带和亚热带高山。我国 11 属 330 种，广布全国，主产四川、西藏和云南。

分 属 检 索 表

1. 单叶，在短枝上簇生；枝条有刺 ·· 小檗属 Berberis
1. 羽状复叶，互生，枝条无刺。
　2. 1 回羽状复叶，小叶边缘常有刺齿 ··· 十大功劳属 Mahonia
　2. 2 至 3 回羽状复叶，小叶全缘 ·· 南天竹属 Nandina

（一）小檗属 Berberis Linn.

落叶或常绿灌木，枝常具叶刺，茎的内皮或木质部常呈黄色。单叶，互生或在短枝上簇生。花黄色，小苞片 2～4；萼片 6，稀 3 或 9，花瓣状；花瓣 6，黄色，近基部常有腺体；雄蕊 6，与花瓣对生，花药瓣裂。浆果红色或黑色。

约 500 种，广布于亚洲、欧洲、美洲和非洲北部。我国 215 种，南北皆产，以西部和西南为分布中心，许多种类是优美的观花和观果灌木。

分 种 检 索 表

1. 落叶灌木。

2. 花1～5朵组成簇生状伞形花序；叶全缘，倒卵形或匙形，长0.5～2cm ···················· 小檗 *B. thunbergii*
2. 总状花序，由4～25朵花组成；叶全缘或有锯齿。
   3. 叶为倒卵状椭圆形或椭圆形，有刺毛状细锯齿 ················· 阿穆尔小檗 *B. amurensis*
   3. 叶为狭倒披针形，通常全缘 ································· 细叶小檗 *B. poiretii*
1. 常绿灌木 ································· 豪猪刺 *B. julianae*

1. 小檗（日本小檗） *Berberis thunbergii* DC. （图8-79）

【形态特征】落叶灌木，高2～3m。小枝红褐色，有沟槽；刺通常不分叉，长0.5～1.8cm。叶倒卵形或匙形，长0.5～2cm，先端钝，基部急狭，全缘；表面暗绿色，背面灰绿色。花浅黄色，1～5朵组成簇生状伞形花序。果实椭圆形，长约1cm，成熟时亮红色。花期5月；果期9月。

【栽培品种】紫叶小檗（'Atropurpurea'），叶片在整个生长期内紫红色。矮紫小檗（'Atropurpurea Nana'），与紫叶小檗相似，但植株低矮。金叶小檗（'Aurea'），叶金黄色。

【分布与习性】原产日本，我国各地广泛栽培。喜光，略耐阴。喜温暖湿润气候，亦耐寒。对土壤要求不严，耐旱，喜深厚肥沃、排水良好的土壤。萌蘖性强，耐修剪。

【繁殖方法】播种或扦插繁殖。扦插应用最广，硬枝扦插于春季进行，也可结合冬剪，插于温室或塑料棚中，次年5～6月即可分栽；嫩枝扦插在7～9月进行，用当年生半木质化枝条作插穗。

【园林用途】小檗枝细叶密，花黄果红，枝条也为红紫色，适于作花灌木丛植、孤植、或作刺篱。紫叶小檗是20世纪20年代在欧洲育成的，约40年代传入我国，各地普遍栽培，叶片紫红，远观效果甚佳，萌芽力强，耐修剪，是优良的绿篱和地被材料，可与金叶女贞、金叶假连翘等配色作模纹图案。

图8-79 小檗
1—花枝；2—叶；3—花；4—果枝

2. 阿穆尔小檗（黄芦木） *Berberis amurensis* Rupr.

【形态特征】落叶灌木，高达3m。小枝有沟槽，灰黄色；刺常3分叉，长1～2cm。叶片椭圆形或倒卵形，长3～8cm，宽2.5～5cm，基部渐狭，边缘有刺毛状细锯齿，背面网脉明显，常有白粉。花淡黄色，10～25朵排成下垂的总状花序。果实椭圆形，长6～10mm，亮红色，有白粉。花期4～5月；果期8～9月。

【分布与习性】产东北和华北；俄罗斯、朝鲜、日本也有分布。适应性强，喜凉爽湿润环境，耐寒，较耐阴，常生于山坡沟边、干瘠处及阴湿林下；在肥沃湿润、排水良好的土壤中生长良好。萌芽力强，耐修剪。

【繁殖方法】播种、扦插繁殖。

【园林用途】花朵黄色密集、秋果红艳，可栽培观赏。宜丛植于草地、林缘，点缀池畔或配植于岩石园中，也适于自然风景区和森林公园内应用。以其枝叶密生、棘刺发达，也是优良的保护篱材料。全株含生物碱，尤其以根皮为甚，可入药。

3. 细叶小檗 *Berberis poiretii* Schneid.（图 8-80）

【形态特征】落叶灌木，高 2m。小枝灰褐色或黄褐色，常密被黑色疣点，有棱；刺 3 分叉或单一，长 4～9mm。叶狭倒披针形，长 1.5～4cm，宽 0.5～1cm，先端急尖，基部楔形，全缘或上部有锯齿。总状花序下垂，长 3～6cm，有花 4～15 朵；花黄色，花瓣倒卵形。果实椭圆形，长约 9mm，红色。花期 5～6 月；果期 8～10 月。

【分布与习性】产东北、西北和华北等地。生于海拔 600～2300m 的山地灌丛、荒漠或林下。朝鲜、蒙古、俄罗斯远东也有分布。喜光，也耐阴；耐寒；耐干旱瘠薄，萌芽力强。

【繁殖方法】播种或扦插繁殖。

【园林用途】同阿穆尔小檗。根、茎入药，可作黄连代用品。

4. 豪猪刺 *Berberis julianae* Schneid.

常绿灌木，高 1～3m。小枝光滑无毛；刺 3 分叉，长达 4cm，坚硬。叶硬革质，卵状披针形或披针形，长 3～8cm，宽 1～2.5cm，边缘有 10～20 刺状锯齿；叶柄长 1～4mm。花黄色，15～30 朵簇生，直径 6～7mm；萼片 6，花瓣状；花瓣长椭圆形，顶端微凹。浆果椭圆形，蓝黑色，长约 8mm，径 4～5mm。花期 4 月；果期 9 月。

图 8-80 细叶小檗
1—果枝；2—花；
3—花瓣和雄蕊；4—雌蕊；5—果

产华中、西南等地，生于山坡灌丛中。叶丛美丽，是优美的庭园树种，适于丛植，也是优良的绿篱材料。

（二）十大功劳属 *Mahonia* Nutt.

常绿灌木。枝条无刺。1 回羽状复叶，互生，小叶无柄，边缘有刺齿，托叶小。总状花序簇生，花两性，黄色，外有小苞片；萼片 9，3 轮；花瓣 6，2 轮，常有基生腺体 2 或不明显；雄蕊 6，花药瓣裂。浆果球形，暗蓝色，少数红色，外被白粉。

60 种，分布于亚洲东部和东南部、拉丁美洲和北美洲。我国 31 种，主产于西南各地。

分 种 检 索 表

1. 小叶狭披针形，边缘有 5～10 对刺齿 ·························· 十大功劳 *M. fortunei*

1. 小叶卵形或卵状椭圆形，边缘有 2～5 对刺齿 ·················· 阔叶十大功劳 *M. bealei*

1. 阔叶十大功劳 *Mahonia bealei* (Fort.) Carr.（图 8-81）

【形态特征】高 1.5～4m，树皮黄褐色，小叶 7～15，卵形至卵状椭圆形，长 5～12cm，叶缘反卷，有大刺齿 2～5 对，侧生小叶无柄，顶生小叶柄长 1.5～6cm。总状花序长 5～13cm，6～9 个簇生，花黄褐色，芳香；花梗长 4～6mm。果实卵圆形，蓝黑色，被白粉，长约 1cm，径约 6mm。花期 11 月至翌年 3 月；果期 4～8 月。

【分布与习性】产于秦岭、大别山以南，长江流域各地园林中常见栽培。喜温暖湿润气候；耐半阴；不耐严寒；可在酸性土、中性土至弱碱性土中生长，但以排水良好的沙质壤土为宜。萌蘖力较强。

【繁殖方法】播种、扦插或分株繁殖。移植宜在春季或秋季进行，应带土球。

【园林用途】四季常青，叶片奇特，秋叶红色，赏心悦目。可用于布置花坛、岩石园、庭院、水榭，常与山石配置，也可作境界绿篱树种，还可作冬季切花材料。

2. 十大功劳(狭叶十大功劳) _Mahonia fortunei_ (Lindl.) Fedde

高达 2m，全体无毛。小叶 5～9，无柄或近无柄，侧生小叶狭披针形至披针形，长 5～11cm，宽 0.9～1.5cm，顶生小叶较大，边缘每侧有刺齿 5～10。花黄色，总状花序长 3～7cm，4～10 条簇生，花梗长 1～4mm。果实蓝黑色，外被白粉。花期 7～9 月；果期 10～11 月。

产于长江以南地区，多生于海拔 2000m 以下的阴湿沟谷。日本、印度尼西亚、美国也有栽培。

枝干挺直，叶形奇特，花朵鲜黄，十分典雅，常植于庭院、林缘、草地边缘，也可点缀假山、岩石，或作绿篱和基础种植材料。根、茎和种子供药用。

(三) 南天竹属 _Nandina_ Thunb.

1 种，产东亚。

南天竹 _Nandina domestica_ Thunb. (图 8-82)

【形态特征】常绿丛生灌木，高达 2m，全株无毛。2～3 回羽状复叶，互生，中轴有关节，小叶全缘，椭圆状披针形，长 3～10cm，革质，先端渐尖，基部楔形，两面无毛，表面有光泽。圆锥花序顶生，长 20～35cm；花白色，芳香，直径 6～7mm；萼多数，多轮；花瓣 6，无蜜腺；雄蕊 6，1 轮，与花瓣对生。浆果球形，径约 8mm，鲜红色，有 2 粒扁圆种子。花期 5～7 月；果期 9～10 月。

【栽培品种】玉果南天竹('Leucocarpa')，果实黄白色。锦叶南天竹('Capillaris')，树形矮小，叶细裂如丝。紫果南天竹('Prophyrocarpa')，果实成熟后呈淡紫色。

【分布与习性】产中国与日本，我国分布于华东、华南至西南，北达河南、陕西。广泛栽培。喜半阴；喜温暖气候和肥沃湿润而排水良好的土壤。生长速度较慢。萌芽力强，萌蘖性强，寿命长。

【繁殖方法】播种、分株或扦插繁殖。

【园林用途】茎干丛生，枝叶扶疏，初夏繁花如雪，秋季果实累累、殷红璀璨，状如珊瑚，而且经久不落，雪中观赏尤觉动人，是赏叶观果的佳品。适于庭院、草地、路旁、水际丛植及列植，在古典园林中，常植于阶前、花台，配以沿阶草、

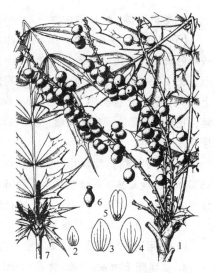

图 8-81　阔叶十大功劳

1—果枝；2～4—外、中、内萼片；
5—花瓣；6—雌蕊；7—花枝

图 8-82　南天竹

1—花枝；2—果枝；3—叶部分（放大）；
4—花；5—花萼和花瓣；6—雄蕊；
7—雌蕊；8—果

麦冬等常绿草本植物。也可盆栽观赏。枝叶或果枝是良好的插花材料。根、叶、果可入药。

九、木通科 Lardizabalaceae

木质藤本，稀直立灌木（猫儿屎属*Decaisnea* Hook. f. & Thoms.）。掌状复叶，互生，稀羽状复叶；无托叶。花单性，少杂性，单生或总状花序、伞房花序。萼片6，花瓣状，2轮，有时3；无花瓣或小而呈蜜腺状；雄蕊6，花丝分离或连合成管，花药突出；子房上位，心皮3至多数，分离，1室，胚珠1至多数。果实为肉质的蓇葖果或浆果，成熟时多汁，沿腹缝开裂或不开裂；种子有胚乳，胚细小。

9属50余种，大部分产亚洲东部，南美洲有2个单型属。我国7属37种，主产于黄河流域以南各省区。

分属检索表

1. 掌状复叶，小叶3～5；萼片3，无花瓣 ··· 木通属 *Akebia*

1. 3出复叶；花萼片和花瓣均6，花瓣小而呈蜜腺状 ··············· 大血藤属 *Sargentodoxa*

（一）木通属 *Akebia* Decne

落叶或半常绿木质藤本，光滑无毛。掌状复叶有长柄；小叶3～5，有短柄。雌雄同株，腋生总状花序，雌花在下，雄花在上。萼片3，雄蕊6，离生；心皮3～12，圆柱形，胚珠多数，侧膜胎座。肉质蓇葖长椭圆形，成熟时沿腹缝开裂；种子多数，黑色。

5种，分布于亚洲东部。我国4种，分布于黄河流域以南各地。

木通 *Akebia quinata* (Thunb.) Decne（图8-83）

【形态特征】落叶或半常绿藤本，长达9m，全株无毛。掌状复叶，互生或簇生于短枝顶端；小叶5，倒卵形或椭圆形，长3～6cm，全缘，先端钝或微凹。花序中上部为多数雄花，下部为1～2朵雌花；花淡紫色，芳香，雌花径2.5～3cm，雄花径1.2～1.6cm。蓇葖果常仅1个发育，长6～8cm，呈肉质浆果状，成熟时紫色、开裂。花期4～5月；果期9～10月。

【分布与习性】产东亚，我国分布于黄河以南各省区。喜光，稍耐阴；喜温暖湿润环境，但在北京以南可露地越冬；适生于肥沃湿润而排水良好的土壤。

【繁殖方法】播种、压条或分株繁殖。

【园林用途】叶片秀丽，花朵淡紫色而芳香，果实初为翠绿，后变紫红，观赏价值高，是垂直绿化的良好材料，可用于篱垣、花架、凉廊的绿化，或令其缠绕树木、点缀山石。果实可食并入药，茎蔓和根可入药，种子可榨油，含油率43％。

图8-83　木通、三叶木通

1—木通；2—三叶木通

附：三叶木通 [*Akebia trifoliata* (Thunb.) Koidz.]（图8-83），小叶3，卵圆形、宽卵圆形或长卵形，长4～7cm，宽3～4.5cm，基部圆形或宽楔形，边缘具明显波状浅圆齿。雄花淡紫色，雌花红褐色，果实长达10cm，成熟时略带紫色。产长江流域，常生长于低海拔山坡林下草丛中。喜阴湿，较耐寒。在微酸性、多腐殖质的黄壤中生长良好，也能适应中性土壤。

（二）大血藤属 *Sargentodoxa* Rehd. & Wils.

仅1种，主要分布于我国。老挝和越南北部也有分布。有的分类学家将本属另立为大血藤科（Sargentodoxaceae）。

大血藤 *Sargentodoxa cuneata* (Oliv.) Rehd. & Wils. (图8-84)

【形态特征】落叶大藤本，长达7m，小枝光滑；茎折断常有红色汁液流出。3出复叶排成掌状，先端渐尖，背面淡绿色；顶生小叶为菱状卵形，基部楔形，长7～12cm，宽3.5～7cm；侧生小叶斜卵形，较小。花单性，雌雄同株，总状花序腋生、下垂；花钟状，黄绿色，有芳香，萼片和花瓣均6枚，花瓣小而呈蜜腺状；雄蕊6，与花瓣对生；心皮极多数，分离，螺旋状着生于膨大的花托上，胚珠1枚。聚合果，由多个近球形的肉质小浆果（成熟心皮）着生于一卵形的花托上所组成。花期5月；果期9～10月。

图8-84 大血藤

1—花枝；2—果；3—雌蕊；
4—雄蕊；5—种子；6—花萼

【分布与习性】产华中、华东、华南和西南各地，北达陕西。较喜光，喜湿润和富含腐殖质的酸性土壤。常生于海拔500m以上的阳坡疏林和灌丛中，或攀缘于树木上。

【繁殖方法】播种或压条繁殖。

【园林用途】叶形奇特，花朵黄色而芳香，花序大而密花，是优良的垂直绿化材料。园林中可用于缠绕花格、花架，南京有应用。

十、水青树科 Tetracentraceae

落叶乔木；具明显短枝。木质部无导管。单叶，掌状脉，单生于短枝顶端或互生于1年生长枝上；托叶与叶柄合生。穗状花序，生于短枝顶端；花两性，萼片4；无花瓣；雄蕊4，与萼片对生；上位子房，4心皮，基部合生，每室5～6胚珠，生腹缝线上。蒴果，4深裂，基部有宿存的花柱4。种子小，胚乳丰富、油质。

1属1种，产中国及东南亚等国。

水青树属 *Tetracentron* Oliv.

形态特征同科。

水青树 *Tetracentron sinense* Oliv. (图8-85)

【形态特征】落叶大乔木，高达40m；树皮灰褐色，老时片状剥落。具长短枝，长枝细长、下垂，幼时紫红色；短枝距状，侧生，有叠生环状的叶痕和芽鳞痕。芽鳞2片。叶单生于短枝顶端，宽卵形或椭圆状卵形，长7～16cm，宽4～12cm；先端渐尖，基部心形，叶缘具腺齿，无毛，叶背微被白粉；叶脉掌状5～7出；叶柄长2～4cm。穗状花序长6～15cm，下垂；花小，黄绿色，径1～2mm。蒴果矩圆形，长3～5mm，棕色，

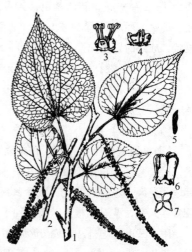

图8-85 水青树

1—花枝；2—果枝；3—花；4—心皮；
5—种子；6—果；7—果横剖

种子4～6粒。花期6～7月；果期9～10月。

【分布与习性】产于甘肃东南部、陕西秦岭、河南西部、湖北、四川、贵州、湖南、云南、西藏东南部等地，多生于海拔1000～3500m的山地林缘、溪边。印度、越南、缅甸北部和尼泊尔也有分布。喜光，幼树稍耐阴；喜凉爽湿润气候，适于湿润而排水良好、富含腐殖质的酸性或中性土壤。深根性。

【繁殖方法】播种繁殖。

【园林用途】水青树是古老的子遗树种。树姿美观，幼叶红色，园林中可供草坪孤植或路旁列植，也适于庭院中植为庭荫树。分布区虽广，但数量较少，已列为国家重点保护树种。

十一、连香树科 Cercidiphyllaceae

落叶乔木，具明显短枝。无顶芽，芽鳞2枚。单叶，在长枝上对生或近对生，在短枝上单生；托叶与叶柄连生，早落。花单性异株，单生或簇生叶腋，无花被，但有苞片4。雄花近无梗，花丝细长，雄蕊15～20，花药两室，纵裂；雌花具短柄，心皮4～6，胚珠多数，排成2列。聚合蓇葖果，沿内侧向腹缝线开裂，成熟时扭转呈外向；种子多数，有翅。胚乳丰富。

1属2种，分布于中国和日本。为古老的子遗植物，化石可见于晚白垩纪。以前将本科置于木兰目，近代分类学家认为与金缕梅科近缘。

连香树属 *Cercidiphyllum* Sieb. & Zucc.

形态特征同科。

连香树 *Cercidiphyllum japonicum* Sieb. & Zucc. (图8-86)

【形态特征】落叶乔木，高达25m，胸径达1m。小枝褐色，无毛，有长枝和距状短枝，后者在长枝上对生。叶在长枝上对生，在短枝上单生；卵圆形或近圆形，长4～7cm，宽3.5～6cm；先端圆或钝尖，基部心形，边缘具钝圆腺齿；掌状脉5～7条。叶柄紫红色，长1～2.5cm。花先叶开放或与叶同放，花柱残存。蓇葖果圆柱形，稍弯曲，幼时绿色，熟时紫黑色，微被白粉，长8～20cm，种子有翅，连翅长5～6mm。花期4月；果期9～10月。

【分布与习性】分布于山西、河南、陕西、甘肃、四川至华东、华中各地，多生于海拔600～2700m的山谷、沟旁、低湿地或山坡杂木林中，盛产于湖北西部和四川一带的溪边上。喜湿润气候，颇耐寒；较耐阴，幼树需要在林下弱光处生长；喜酸性棕壤和红黄壤，也可在中性土上生长。深根性。萌蘖力强，树干基部常萌生许多新枝。生长速度中等偏慢。

【繁殖方法】播种、扦插、压条或分蘖繁殖。

图8-86 连香树

1—枝叶；2—果枝；3—果实

【园林用途】连香树为著名的子遗树种，树体高大雄伟，叶形奇特，新叶亮紫色，秋叶黄色或红色，枝条微红，均极为悦目，是优良的山地风景树种。因树姿古雅优美，也极适于庭院前庭、水滨、池畔及草坪中孤植或丛植，或作行道树。树皮耐火力强，植于建筑物周围有防火功能。材轻而质柔，纹理直，淡褐色，为家具和建筑等原料。

十二、领春木科 Eupteleaceae

落叶灌木或乔木。单叶，互生，羽状脉，无托叶。花小，先叶开放，两性，6～12朵簇生叶腋；花无花被，雄蕊6～19，心皮8～31，离生，1轮，子房1室。聚合翅果，小果不对称，具膜质翅，下端渐细成柄状。种子椭圆形，有胚乳。

1属2种，分布于东亚；我国1属1种。

领春木属 *Euptelea* Sieb. et Zucc.

形态特征同科。

领春木 *Euptelea pleiosperma* Hook. f. & Thoms. （图8-87）

【形态特征】乔木，高达15m，或为灌木状；树皮小块状开裂。小枝无毛，紫黑色或灰色；皮孔椭圆形，枝条基部具多数叠生环状芽鳞痕。芽卵形，芽鳞多数，为鞘状叶柄基部包被。叶纸质，卵形或近圆形，稀椭圆状卵形或椭圆状披针形，长5～16cm，宽3～15cm，叶缘疏生不规则锯齿，基部全缘，先端渐尖至尾尖，基部宽楔形；背面被白粉，无毛或脉上被平伏毛，脉腋具簇生毛；侧脉6～11对；叶柄长2～6cm。花药条形，红色，长于花丝，药隔延长成附属物；心皮6～12，子房偏斜，具长柄。小翅果长0.5～2cm，不规则倒卵形，柄长0.8～1cm，种子黑色。花期4～5月；果期7～10月。

【分布与习性】产华北南部、长江流域至西南各地，生于海拔900～3600m的溪边或林缘。印度、不丹也有分布。喜湿润、凉爽气候，喜光照充足，也具有较强的耐阴能力。

图8-87　领春木

1—果枝；2—花

【繁殖方法】播种或扦插繁殖。

【园林用途】树姿优美清雅，叶形美观，果形奇特，是优良的园林绿化树种。为第三纪孑遗植物，具原始性状，对研究被子植物的系统演化具有重要科研价值。

十三、悬铃木科 Platanaceae

落叶乔木，树皮片状剥落。幼枝和叶被星状毛；顶芽缺，侧芽为柄下芽，芽鳞1。单叶，互生，掌状分裂，掌状脉；托叶圆领状，早落。花单性同株，雌、雄花均为头状花序，生于不同花枝上，球形，下垂；萼片3～8；花瓣3～8，倒披针形；雄花有3～8个雄蕊；雌花有3～8个分离心皮，子房上位，1室。果序球形，由许多圆锥形小坚果组成，小果基部周围有褐色长毛，花柱宿存，种子1。

1属8～11种，分布于北美洲、亚洲西南部、欧洲东南部，1种分布于亚洲东南部（老挝和越南北部）。我国不产，引入栽培3种。

悬铃木属 *Platanus* Linn.

形态特征同科。

分 种 检 索 表

1. 果序常 1～2 个生于果序轴上；花 4～6 基数；叶常 3～5 裂，中裂片宽小于或近等于长，托叶长于 1～3cm。

2. 果序常 2 个生于 1 个果序轴上，花柱刺毛状；花 4 基数；叶常 5 裂；托叶长 1～1.5cm ·······
··· 二球悬铃木 P. hispanica

2. 果序常单生，平滑；花常 4～6 基数，叶多 3(5)裂；托叶长 2～3cm ············ 一球悬铃木 P. occidentalis

1. 果序常 3～5 个生于果序轴上；花 4 基数；叶 5～7 裂，中裂片长大于宽；托叶长不及 1cm ···········
··· 三球悬铃木 P. orientalis

1. 二球悬铃木（英桐、悬铃木）*Platanus hispanica* Muench.（图 8-88）

——*Platanus acerifolia*（Ait.）Willd.

【形态特征】高达 35m，树冠圆形或卵圆形；树皮灰绿色，片状剥落，内皮平滑，淡绿白色。嫩枝、叶密被褐黄色星状毛。叶片三角状宽卵形，掌状 5 裂，有时 3 或 7 裂；叶缘有不规则大尖齿，中裂片三角形，长宽近相等；叶基心形或截形。花 4 基数。果序常 2 个(偶 1～3 个)生于 1 个总果柄上；宿存花柱刺状，长 2～3mm。花期 4～5 月；果期 9～10 月。

【分布与习性】原产亚洲西南部和欧洲。可能为三球悬铃木与一球悬铃木的杂交种，性状介于二者之间。我国南自两广及东南沿海，西南至四川、云南，北至辽宁均有栽培，在哈尔滨生长不良，呈灌木状。喜光，耐寒、耐旱，也能耐湿；对土壤要求不严，无论酸性、中性或碱性土均可生长，并耐盐碱。萌芽力强，耐修剪。对烟尘和二氧化硫、氯气等有毒气体的抗性较强。

【繁殖方法】播种或扦插繁殖。

【园林用途】树形雄伟端庄，叶大荫浓，干皮光滑，适应性强，为世界著名行道树和庭园树，被誉为"行道树之王"，世界各地广为栽培。

2. 三球悬铃木（法桐）*Platanus orientalis* Linn.（图 8-89）

树皮灰绿褐色至灰白色，呈薄片状剥落，内皮洁白。叶长 8～16cm，宽 9～18cm，掌状 5～7 裂，裂片长大于宽，叶基阔楔形或截形，边缘有不规则锯齿；托叶小，基部鞘状，短于 1cm。花 4 基数。果序径 2～2.5cm，3～6 个 1 串；宿存花柱长，呈刺毛状。

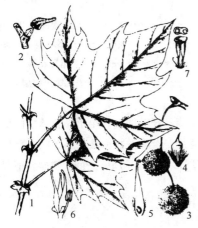

图 8-88 二球悬铃木

1—枝叶；2—柄下芽；3—果序；4—果；5—雌蕊纵剖面；
6—雌花中偶见退化雄蕊；7—雄蕊及横剖面

图 8-89 三球悬铃木

1—果枝；2—小坚果

原产欧洲东南部和亚洲西南部，久经栽培。据记载，我国晋代即有引种，今陕西户县存有古树，西北及山东、河南等地有栽培。

3. 一球悬铃木 (美桐) *Platanus occidentalis* Linn.

高达 40m。树皮常固着干上，不脱落。叶多 3(5) 浅裂，宽 10~22cm，中裂片阔三角形，宽大于长；托叶较大，长 2~3cm，基部鞘状，上部扩大为喇叭状。花 4~6 基数。果序通常单生，偶 2 个 1 串，果序表面较平滑，宿存花柱短。

原产北美东南部；我国北部、中部有栽培，作行道树。

十四、金缕梅科 Hamamelidaceae

常绿或落叶，乔木或灌木。单叶，互生，全缘、有锯齿或掌状分裂，常有托叶。花单性或两性、杂性，头状、穗状或总状花序；通常 4~5 基数，有时无花瓣；雄蕊 4~5 或多数；子房下位或半下位，2 心皮，通常顶端分离，2 室，花柱 2，中轴胎座，胚珠多数或 1。蒴果木质，2~4 裂。

约 30 属 140 种，分布于亚洲、南美洲、北美洲、非洲、大洋洲和太平洋岛屿，主产亚洲东部。我国 18 属 74 种，主要分布于西南部、中部至台湾。

分 属 检 索 表

1. 胚珠和种子多数；叶具掌状脉，稀羽状脉(具头状花序)。
  2. 落叶或常绿性；花单性，无花瓣；蒴果全部藏在头状果序内。
    3. 落叶性，叶掌状 3~7 裂，掌状脉；花柱宿存·················· 枫香属 *Liquidambar*
    3. 常绿性，叶不分裂，羽状脉；花柱脱落 ························ 蕈树属 *Altingia*
  2. 常绿性；花两性或杂性；蒴果突出头状果序外。
    4. 花两性或杂性，花瓣线形、白色，或无花瓣；掌状叶脉；托叶大，革质 ·········· 马蹄荷属 *Exbucklandia*
    4. 花两性，花瓣匙形、红色；羽状叶脉；无托叶 ················ 红花荷属 *Rhodoleia*
1. 胚珠和种子 1；总状花序或穗状花序；叶具羽状脉，不分裂。
  5. 具花瓣，两性花；子房半下位。
    6. 花瓣线形，4 数，花序短穗状，果序近头状。
      7. 花药 2 室，叶具锯齿，落叶性·················· 金缕梅属 *Hamamelis*
      7. 花药 4 室，叶全缘，常绿或半常绿 ················ 檵木属 *Loropetalum*
    6. 花瓣倒卵形，5 数，总状花序下垂 ················ 蜡瓣花属 *Corylopsis*
  5. 无花瓣，单性或杂性花；子房上位 ················ 蚊母树属 *Distylium*

(一) 枫香属 *Liquidambar* Linn.

落叶乔木，树液有香气。叶掌状 3~7 裂，掌状脉，有锯齿；托叶线形，早落。花单性同株，无花瓣；雄花序头状或穗状，数个排成总状，无花被，但有苞片，雄蕊多数；雌花序头状，单生，常有数枚刺状萼片；子房半下位，2 室，胚珠多数。头状果序球形，蒴果木质，室间 2 瓣裂，宿存刺状花柱。种子有狭翅。

5 种，产东亚和北美温带、亚热带。我国 2 种，引入栽培 1 种。

枫香 *Liquidambar formosana* Hance (图 8-90)

【形态特征】高达 40m，胸径 1.4m；有芳香树液。树冠广卵形。小枝灰色，略被柔毛。叶宽卵形，长 6~12cm，掌状 3 裂(萌枝叶常 5~7 裂)，裂片先端尾尖，基部心形或截形，有细锯齿。果序直径 3～4cm，下垂，宿存花柱长达 1.5cm，刺状萼片宿存。
花期 3～4 月；果期 10 月。

【分布与习性】产中国和日本，我国分布于长江流域及
其以南地区。喜光，幼树稍耐阴，喜温暖湿润气候，耐干旱
瘠薄，不耐水湿。萌芽性强，对二氧化硫、氯气等有毒气体
抗性较强。幼年期生长较慢，壮年后生长速度较快。

【繁殖方法】播种繁殖，也可扦插繁殖。

【园林用途】树干通直，树冠广卵形，是江南地区最著
名的秋色叶树种。叶片入秋经霜，幻为春红，艳丽夺目，故
古人称之为"丹枫"。适宜长江流域及其以南地区用于园林
造景，宜于低山风景区内大面积成林。在城市公园和庭园
中，可植于瀑口、溪旁、水滨，也可与无患子、银杏等黄叶
树种，冬青、柑橘、茶梅等秋花秋果树种配植形成树丛。

图 8-90　枫香

1—花枝；2—果枝；

3—雌蕊；4—雄蕊；5—种子

（二）蚊母树属 *Distylium* Sieb. & Zucc.

常绿乔木或灌木。叶全缘或有缺刻，羽状脉，托叶早
落。花单性或杂性，雄花常与两性花同株；穗状或总状花序
腋生，花小；萼片 2～6，大小不等或无；无花瓣；雄蕊 4～8，花药 2 室；子房上位，外有星状绒毛，
2 室，1 胚珠，花柱细长。蒴果木质，顶端开裂为 4 个果瓣。

18 种，分布于亚洲东部、南部和中美洲。我国 12 种，产长江流域以南。

分 种 检 索 表

1. 叶椭圆形，长 3～7cm，宽 1.5～3.5cm，长约为宽的 2 倍，全缘 ……………………… 蚊母树 *D. racemosum*
1. 叶长圆形或倒披针形，长 5～11cm，长达宽的 3 倍，先端具小齿突 …………… 杨梅叶蚊母树 *D. myricoides*

1. 蚊母树 *Distylium racemosum* Sieb. & Zucc. (图 8-91)

【形态特征】乔木，高达 25m，栽培者常呈灌木状，树
冠开展呈球形。小枝和芽有盾状鳞片。叶厚革质，椭圆形
至倒卵形，长 3～7cm，宽 1.5～3.5cm，先端钝或略尖，
基部宽楔形，全缘。总状花序长约 2cm，雄花位于下部，
雌花位于上部；花药红色。果卵形，密生星状毛，花柱宿
存。花期 4～5 月；果期 9～10 月。

【变种】细叶蚊母树 [var. *gracile* (Nak.) Liu & Liao]，
叶片较小，长 2～3cm。产台湾。

【栽培品种】彩叶蚊母树（'Variegatum'），叶片较阔，
有黄白色斑块。

【分布与习性】产东南沿海，多生于海拔 800m 以下的
低山丘陵；日本和朝鲜也产。喜光，稍耐阴；喜温暖湿润
气候，耐寒性不强；对土壤要求不严。萌芽力强，耐修剪。
对烟尘和多种有毒气体有较强的抗性。

图 8-91　蚊母树

1—果枝；2—花

【繁殖方法】播种、扦插繁殖。

【园林用途】枝叶密集，叶色浓绿，树形整齐美观，常修剪成球形，适于草坪、路旁孤植、丛植，或用于庭前、入口对植；也可植为雕塑或其他花木的背景。因其防尘、隔声效果好，亦适于作为防护绿篱材料或分隔空间用。

2. 杨梅叶蚊母树 *Distylium myricoides* Hemsl.（图 8-92）

常绿灌木或乔木；嫩枝有鳞垢，老枝无毛。叶薄革质，叶片长圆形或倒披针形，长 5～11cm，宽 2～4cm，顶端尖，基部楔形，边缘上部数个小齿突，两面均无毛，侧脉在上面不显著，干后下陷，在下面隆起。总状花序长 1～3cm，雄花位于下部，两性花位于上部；雄蕊 3～8，花丝短，花药红色。蒴果木质，卵圆形，长 1～1.2cm，室背及室间开裂。

广布于长江流域以南各地，散生于海拔 300～800m 的山地常绿阔叶林中。果实和树皮含鞣质，可作栲胶原料，根入药。

附：小叶蚊母树［*Distylium buxifolium*（Hance）Merr.］，嫩枝无毛或稍被毛，芽被褐色柔毛。叶片倒披针形或长圆状倒披针形，长 3～6cm。产长江流域以南。

(三) 檵木属 *Loropetalum* R. Brown

常绿或半常绿灌木至小乔木，有锈色星状毛。叶革质，全缘。花两性，短穗状或头状花序顶生；花部 4 数；萼不显著；花瓣条形；花药 4 室；子房半下位，2 室，1 胚珠。蒴果木质，熟时 2 瓣裂，每瓣又 2 浅裂。种子长卵形，黑色而有光泽。

3 种，分布于中国、印度和日本。我国 3 种均产，分布于东部至西南部，除供观赏外，木材供细工用。

檵木 *Loropetalum chinense*（R. Brown）Oliv.（图 8-93）

【形态特征】常绿或半常绿灌木或小乔木，高 4～10m，偶可高达 20m。小枝、嫩叶及花萼均有锈色星状短柔毛。叶椭圆状卵形，长 2～5cm，基部歪圆形，先端锐尖，背面密生星状柔毛。花序由 3～8 朵花组成；花瓣条形，浅黄白色，长 1～2cm；苞片线形。果近卵形，长约 1cm，有星状毛。花期 4～5 月；果期 8～9 月。

图 8-92 杨梅叶蚊母树

1—果枝；2—花；3—萼片；
4—雄蕊；5—雌蕊

图 8-93 檵木

1—果枝；2—花枝；3—花；
4—除去花瓣的花；5—雄蕊侧面

【变种】红花檵木(var. *rubrum* Yieh)，灌木，叶暗紫色，花淡红色至紫红色，花期长，以春季为盛。

【分布与习性】产长江流域至华南、西南；常生于海拔1000m以下的荒山灌丛和林缘。日本和印度也有分布。适应性强。喜光，喜温暖湿润气候，也颇耐寒，耐干旱瘠薄，最适生于微酸性土。

【繁殖方法】播种、压条或扦插繁殖。

【园林用途】檵木树姿优美，花瓣细长如流苏状，花繁密而显著，初夏开花如覆雪，颇为美丽；红花檵木叶片与花朵均为紫红色，艳丽夺目，而且花期甚长，是珍贵的庭园观赏树种。适于庭院、草地、山坡、林缘丛植或散植，也可孤植于石间。此外，檵木是制作桩景的优良材料。

(四) 金缕梅属 Hamamelis Linn.

落叶小乔木或灌木。裸芽长卵形，被绒毛。叶具波状齿或全缘，羽状脉；托叶披针形，早落。短穗状或头状花序，花两性，4数；萼齿卵形；花瓣条形；雄蕊4，花丝短，花药2室；退化雄蕊4，鳞片状，子房近上位或半下位，1胚珠，垂生。蒴果木质，上半部2裂片，每瓣复2浅裂，内果皮骨质，干后常与木质外皮分离。种皮角质，有光泽。

约5种，分布于东亚和北美。我国1种，另引入栽培2种。

金缕梅 Hamamelis mollis Oliv. (图8-94)

【形态特征】高3~6m。叶倒卵形，长8~16cm，基部心形，不对称，叶缘有波状锯齿，表面有短柔毛，背面有灰白色绒毛。花先叶开放，头状或短穗状花序，生叶腋；花瓣4枚，带状细长，黄色，极美丽，长约1.5cm。萼片宿存。蒴果卵圆形，长1.2cm，宽1cm，密被黄褐色星状毛。花期3~4月；果期10月。

【分布与习性】产华东至华南，常生于中低海拔的山坡、溪边灌丛中。喜光并耐半阴；喜温暖湿润气候，也较耐寒，不耐高温和干旱；对土壤要求不严，在酸性至中性土壤中均可生长。

【繁殖方法】播种繁殖，也可压条或分株。

【园林用途】我国特有的著名花木，早春开花，花色金黄、花瓣如缕，轻盈婀娜，远望疑似腊梅，故有金缕梅之称。适于配植在庭院角隅、池边、溪畔、山石间或树丛边缘，孤植、丛植均宜，以常绿树为背景效果更佳。国外早有引种。

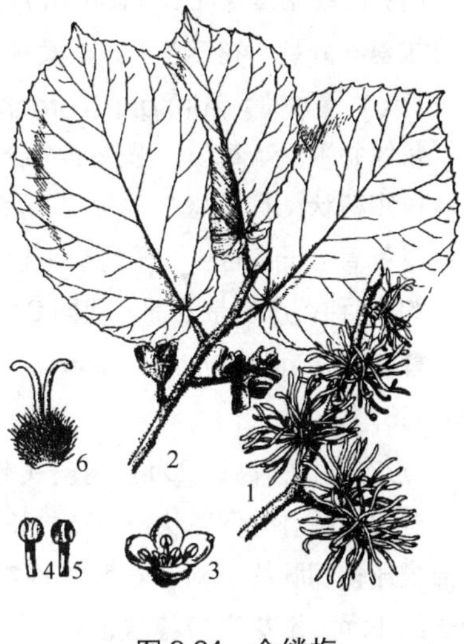

图8-94 金缕梅

1—花枝；2—果枝；3—花；

4、5—雄蕊；6—雌蕊

(五) 蜡瓣花属 Corylopsis Sieb. & Zucc.

落叶灌木。叶有锯齿，羽状脉；托叶叶状，脱落。花两性，黄色；总状花序下垂，基部有数枚大形鞘状苞片；花萼5齿裂；花瓣5，宽而有爪；雄蕊5；子房半下位。蒴果木质，2或4裂，内有2黑色种子；花柱宿存。

约30种，分布于东亚。我国20种，产西南部至东南部。

蜡瓣花(中华蜡瓣花) *Corylopsis sinensis* Hemsl. (图 8-95)

【形态特征】高 2～5m。小枝及芽密被短柔毛。叶薄革质，倒卵形至倒卵状椭圆形，长 5～9cm，先端短尖或稍钝，基部歪心形，具锐尖齿，背面有星状毛。花序长 3～5cm，由 10～18 朵花组成。花黄色，芳香，花瓣匙形，长约 5～6mm。蒴果卵球形，有褐色星状毛。花期 3 月，叶前开放；果期 9～10 月。

【分布与习性】产长江流域及其以南地区，常生于海拔1000～1500m 左右的山地林中。性颇强健，喜光，耐半阴，喜温暖湿润气候和肥沃、湿润而排水良好的酸性土壤，较耐寒。

【繁殖方法】播种、扦插、压条、分株均可。

【园林用途】花期早而芳香，早春枝条上黄花成串，累累下垂，质若涂蜡，甚为秀丽，而且叶形秀丽雅致。适于丛植路边、林缘、草地，以常绿树或粉墙为背景效果较好，也可点缀于假山、岩石间、建筑周围或与紫荆、桃花、梅花等混植，颇具雅趣。

图 8-95　蜡瓣花
1—果枝；2—花序；
3—花；4—雌蕊和退化雄蕊

附：阔瓣蜡瓣花(*Corylopsis platypetala* Rehd. & Wils.)，嫩枝无毛或被腺毛。叶片卵形或宽卵形，退化雄蕊不分裂，花瓣斧形，具短柄，长 3～4mm，宽约 4mm。产于安徽、湖北和四川。

(六) 蕈树属 *Altingia* Noronha

常绿乔木。叶革质，卵形至披针形，羽状脉；托叶细小，早落。花单性同株，无花瓣。雄花序头状或短穗状，具苞片 1～4 枚，常多个雄花序再排成总状；雌花 5～30 朵排成头状花序，总苞片3～4；萼筒与子房合生，子房半下位，花柱 2，脱落性，胚珠 30～50。

约 11 种，产热带亚洲。我国 8 种。多数种类的树皮流出的树脂供药用，或者香料及定香之用。

蕈树(阿丁枫) *Altingia chinensis* (Champ.) Oliver ex Hance(图 8-96)

【形态特征】高达 20m。树皮灰色；当年生枝无毛；芽卵形，有短柔毛。叶倒卵状矩圆形，长 7～13cm，宽 3～4.5cm，基部楔形；侧脉约 7 对，在两面均突起，上面网脉明显；叶柄长约 1cm。雄花序短穗状，长约 1cm；雌花序有花 15～26朵，苞片卵形或披针形，长 1～1.5cm，花序梗长 2～4cm。头状果序近球形，径约 1.7～2.8cm。花期 3～6 月；果期 7～9 月。

【分布与习性】分布于华东及广东、广西、贵州、云南等地，越南北部也产。喜光，生长迅速，萌芽力强。

【繁殖方法】播种繁殖。

【园林用途】干形通直，树冠圆锥形，枝繁叶茂，树形优美，是优良的园林绿化观赏树种。材质致密、坚韧，也是优

图 8-96　蕈树
1—花枝；2—雄花序剖面；3、4—雄花；
5—雌花剖面；6—果枝；7—雌花
序剖面；8—蒴果

良的用材树种。

（七）红花荷属 *Rhodoleia* Champ. ex Hook.

常绿乔木或灌木。叶全缘，羽状脉，基部常有3出脉，下面常粉白色；无托叶。头状花序腋生，具花序梗，有花5～8，托以多个覆瓦状排列的苞片；萼筒极短，平截，萼齿不明显；花瓣4～6，红色；雄蕊6～10，与花萼近等长或稍短，花柱线形，与花丝近等长，胚珠12～18，2列着生。果上半部室间及室背4裂。种子扁平。

10种，产亚洲热带和亚热带地区。我国6种，产西南至南部，为美丽的观赏树。

红花荷 *Rhodoleia championii* Hook.（图 8-97）

【形态特征】高达12m。嫩枝粗壮。叶厚革质，卵形，长7～13cm，基部宽楔形；侧脉7～9对，网脉不明显；叶柄长3～5.5cm。花序下垂，长3～4cm，具花5朵；花序梗长2～3cm；鳞状苞片5～6枚。花瓣匙形，长2.5～3.5cm(栽培条件下长达4cm)，宽6～8mm，红色；雄蕊与花瓣等长。花期3～4月；果期9～10月。

【分布与习性】产广东中部、西部和沿海岛屿以及香港，生于山地常绿阔叶林中。喜湿润和较为凉爽的山地气候；喜弱光，但不耐荫庇，幼树忌烈日直射；适于疏松肥沃而排水良好的酸性土，不耐盐碱，稍耐干旱，忌积水。

【繁殖方法】播种繁殖。种子无休眠期，可采后即播。

【园林用途】花朵红色，开花时满树红艳，为美丽的观花树种，可植为行道树和庭院观赏树。

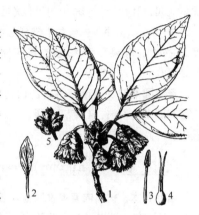

图 8-97　红花荷
1—花枝；2—花瓣；3—雄蕊；
4—雌蕊；5—果序

（八）马蹄荷属 *Exbucklandia* R. W. Brown

常绿乔木。小枝具环状托叶痕，节肿大。托叶2，形大，革质，椭圆形，包芽，早落。头状花序腋生，具花7～16，花序具柄；萼齿不明显或瘤状；花瓣线形，白色，2～5，先端2裂，或无花瓣；雄蕊10～14，花丝线形，花药2室，纵裂。蒴果木质，上半部室间及室背4裂，每室种子6，仅下部的发育完全。胚乳薄，子叶扁平。

4种，分布于热带亚洲。我国3种，产于华南及西南等地。

分 种 检 索 表

1. 叶基心形，偶为短的阔楔形，蒴果长7～9mm，表面平滑 ·············· 马蹄荷 *E. populnea*

1. 叶基阔楔形，蒴果长10～15mm，表面常有瘤状突起 ·············· 大果马蹄荷 *E. tonkinensis*

1. 马蹄荷 *Exbucklandia populnea* (R. Brown ex Griffith) R. W. Brown

【形态特征】高达20m。小枝被柔毛，具环状托叶痕，节肿大。叶革质，宽卵圆形，全缘或掌状3浅裂，长10～17cm，宽9～13cm，先端尖，基部心形；掌状脉5～7；叶柄长3～6cm；托叶长2～3cm，宽1～2cm。花序单生或再组成圆锥状；花瓣线形，白色，长2～3mm或无花瓣。果序径约2cm，有果实8～12枚；果实椭圆形，长7～9mm，径5～6mm。

【分布与习性】产云南、贵州、广西等地；热带亚洲也有分布。生于海拔800～1200m的山地常绿阔叶林或混交林中。中等喜光，喜温暖湿润气候和肥沃、湿润而排水良好的土壤。生长速度较慢。

【繁殖方法】播种、分株、压条或扦插繁殖均可。

【园林用途】树形美观，枝叶茂密，是优良的园林风景树。树皮耐火力强，为优良的防火树种。

2. 大果马蹄荷 _Exbucklandia tonkinensis_ (Lec.) H. T. Chang (图 8-98)

高达 30m；嫩枝有褐色柔毛。叶革质，阔卵形，长 8～13cm，宽 5～9cm，先端渐尖，基部阔楔形；全缘或幼叶掌状 3 浅裂，掌状脉 3～5；上面深绿色，下面无毛，常有细小瘤状突起；叶柄长 3～6cm；托叶狭矩圆形，长 2～4cm，宽 0.8～1.3cm。花序单生或数个排成总状；无花瓣。头状果序宽 3～4cm，有果实 7～9 枚；果实卵圆形，长 11～15mm，径 8～10mm。

产我国南部及西南部各省的山地常绿林中，包括福建、江西和湖南的南部，海南，广西，云南东南部，多生于低海拔山谷。越南北部也有分布。

图 8-98　大果马蹄荷

1—果枝；2—花

十五、杜仲科 Eucommiaceae

落叶乔木，树体内有弹性胶丝。枝有片状髓心，无顶芽。单叶，互生，羽状脉；无托叶。雌雄异株，无花被；雄花簇生于苞腋内，具短柄，雄蕊 6～10，花药条形，花丝极短；雌花单生于苞腋；子房上位，2 心皮，1 室，胚珠 2。翅果扁平，长椭圆形，周围有翅，顶端微凹。

1 属 1 种，我国特产。

杜仲属 _Eucommia_ Oliv.

形态特征同科。

杜仲 _Eucommia ulmoides_ Oliv. (图 8-99)

【形态特征】高达 20m；树干端直，树冠卵形至圆球形。全株各部分(枝叶、树皮、果实等)有白色弹性胶丝。叶片椭圆形至椭圆状卵形，长 6～18cm，宽 3～7.5cm；叶缘有锯齿，表面网脉下陷，有皱纹。翅果长 3～4cm，宽 1～1.3cm，顶端 2 裂。花期 3～4 月，先叶或与叶同放；果期 10 月。

【分布与习性】我国特产，分布于华东、中南、西北及西南，黄河流域以南有栽培。喜光，喜温暖湿润气候。在土层深厚疏松、肥沃湿润而排水良好的土壤生长良好。耐干旱和水湿的能力均一般；在 pH 值 5～8.6 的酸性、中性至碱性土壤上均可生长，耐轻度盐碱。深根性，萌芽力强。

【繁殖方法】播种繁殖，也可扦插、压条或分蘖繁殖。

【园林用途】杜仲是著名的特用经济树种，栽培历史悠久，3 世纪即传入欧洲。树形整齐，枝叶茂密，园林中可作庭荫树和行道树，也可在草地、池畔等处孤植或丛植。在风景

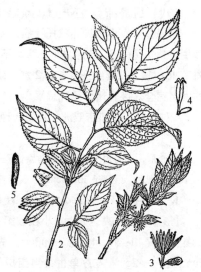

图 8-99　杜仲

1—雄花枝；2—果枝；3—雄花；

4—雌花；5—种子

区可结合生产绿化造林。

十六、榆科 Ulmaceae

落叶乔木或灌木。小枝细，无顶芽。单叶，互生，排成2列，有锯齿，基部常不对称，羽状脉或3出脉；托叶早落。花小，两性或单性同株，簇生或雌花单生。萼片4～8；无花瓣；雄蕊与花萼同数对生，稀2倍，花丝劲直；子房上位，1～2室，悬垂胚珠1。翅果、坚果或核果。种子无胚乳。

约16属230余种，分布于热带和温带。我国8属约46种，南北均产。除为庭园观赏树外，有的种类木材坚硬而不易裂，是优良的用材树种。

分 属 检 索 表

1. 羽状脉，侧脉7对以上。
  2. 枝条无刺。
    3. 花两性，翅果，叶缘常有重锯齿·· 榆属 *Ulmus*
    3. 花单性或杂性，核果偏斜，叶缘为整齐单锯齿·························· 榉属 *Zelkova*
  2. 小枝具长枝刺，果翅位于果上半部，歪斜呈鸡冠状 ·········· 刺榆属 *Hemiptelea*
1. 3～5出脉，侧脉6对以下。
  4. 核果球形，外果皮肉质。
    5. 叶中上部以上有锯齿或近全缘；侧脉不伸入锯齿先端·············· 朴属 *Celtis*
    5. 叶基部以上有锯齿，侧脉直达齿端 ························· 糙叶树属 *Aphananthe*
  4. 坚果，周围具木质翅·································· 青檀属 *Pteroceltis*

（一）榆属 *Ulmus* Linn.

乔木，稀灌木。芽鳞栗褐色或紫褐色，花芽近球形。叶缘具重锯齿或单锯齿，羽状脉。花两性，簇生或组成短总状花序；萼钟形，宿存，4～9裂。翅果扁平，顶端凹缺，果核周围有翅。

约40种，分布于北半球。我国21种，遍布全国，多产于长江以北，另引入栽培3种。

分 种 检 索 表

1. 春季开花，生于去年生枝上；花萼钟状，浅裂。
  2. 花簇生或簇生状聚伞花序，花序轴极短；花梗长不及6mm。
    3. 果核位于翅果中部或近中部，上端不接近缺口。
      4. 翅果较小，长1～2cm，无毛，小枝无木栓翅················ 白榆 *U. pumila*
      4. 翅果较大，长2～3.5cm，有毛，小枝常具木栓翅········ 大果榆 *U. macrocarpa*
    3. 果核位于翅果上部，上端接近缺口 ······················ 圆冠榆 *U. densa*
  2. 花排成短聚伞花序，花序轴稍伸长；花梗纤细下垂，长6～20mm ········ 欧洲榆 *U. laevis*
1. 秋季开花，簇生于叶腋；花萼杯状，深裂 ························ 榔榆 *U. parvifolia*

1. 白榆（榆树） *Ulmus pumila* Linn. (图8-100)

【形态特征】高达25m，胸径1m。树冠圆球形；树皮纵裂，粗糙。叶卵状长椭圆形，长2～8cm，宽1.2～3.5cm，先端尖，基部偏斜，边缘有不规则单锯齿。花簇生于去年生枝上；花萼浅裂。翅果近圆形，径1～1.5cm，顶端有缺口，种子位于中央。花期3～4月，先叶开放；果期4～5月。

【栽培品种】垂枝榆（'Pendula'），树冠伞形，小枝细长、下垂。钻天榆（'Pyramidalis'），树干通直，树冠狭窄，生长迅速。

【分布与习性】产东北、华北、西北和西南，长江流域等地有栽培；俄罗斯、蒙古和朝鲜也有分布。喜光，耐寒、耐旱；喜肥沃、湿润而排水良好的土壤，较耐水湿。耐干旱瘠薄和盐碱土，在含盐量达 0.3% 的氯化物盐土和 0.35% 的苏打盐土、pH 值达 9 时仍可生长，如土壤肥沃，耐盐能力上限达 0.63%，尤其对 Cl^- 的适应能力很强。主根深，侧根发达，抗风力、保土力强；萌芽力强。对烟尘和氟化氢等有毒气体的抗性较强。

【繁殖方法】播种繁殖。榆树为合轴分枝式，为培育通直大苗，在苗期可适当密植，并注意修剪侧枝，以促主干向上生长。此外，也可用根插育苗。垂枝榆宜用榆树作砧木嫁接繁殖。

【园林用途】白榆是华北地区的乡土树种，树体高大，绿荫较浓，小枝下垂，尤其是春季榆钱满枝，未熟色青，待熟则白，颇有乡野之趣，而且适应性强，是城乡绿化的重要树种，适植于山坡、水滨、池畔、河流沿岸、道路两旁，也可用于营造防护林。榆树老桩也是优良的盆景材料。

图 8-100　白榆
1—叶枝；2—花枝；
3—果枝；4—花；5—果实

在欧美各国，榆树（主要是欧洲白榆和美国榆）是重要的行道树和公园树种，榆与椴、七叶树、悬铃木一起被称为世界四大行道树。

2. 榔榆（小叶榆） *Ulmus parvifolia* Jacq.（图 8-101）

【形态特征】高达 25m；树冠扁球形至卵圆形；树皮不规则薄鳞片状剥落。小枝红褐色至灰褐色。叶较小而质厚，长椭圆形至卵状椭圆形，长 2～5cm，边缘有单锯齿。花簇生叶腋，秋季开花。翅果长椭圆形，长约 1cm。花期 8～9 月；果期 10～11 月。

【分布与习性】产黄河流域以南地区；日本和朝鲜也有分布。喜光，稍耐阴；喜温暖气候，耐 -20℃ 的短期低温；喜肥沃、湿润土壤，也耐干旱瘠薄和水涝，在酸性、中性和石灰性土壤上均可生长。深根性；萌芽力强。抗污染，对烟尘和二氧化硫等有毒气体的抗性较强。

【繁殖方法】播种繁殖。

【园林用途】树皮斑驳，枝叶细密，姿态潇洒，具有较高的观赏价值，在庭院中孤植、丛植，或与亭榭、山石配植均很合适，也是优良的行道树和园景树。还是优良的盆景材料。

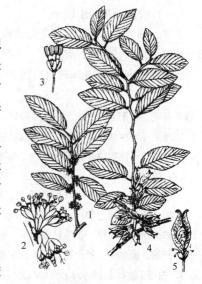

图 8-101　榔榆
1—花枝；2—花簇生；
3—花；4—果枝；5—果

3. 大果榆（黄榆） *Ulmus macrocarpa* Hance

【形态特征】高达 10m。小枝淡黄褐色，有毛，有时具 2～4 条木栓翅。叶倒卵形，长 5～9cm，先端突尖，基部偏斜，叶缘有重锯齿；质地粗糙，厚而硬，表面有粗毛。果倒卵形，径 2.5～3.5cm，具黄褐色长毛。

【分布与习性】产东北和华北；朝鲜和俄罗斯也有分布。适应性强，喜光，耐干旱瘠薄。

【繁殖方法】播种繁殖。

【园林用途】深秋叶片红褐色，点缀山林颇为美观，是北方秋色叶树种之一，可栽培观赏。

4. 圆冠榆 *Ulmus densa* Litw. (图 8-102)

【形态特征】落叶乔木，树冠圆球形。幼枝多少被毛，2～3 年生枝常被蜡粉；冬芽卵圆形。叶卵形、菱状卵形或椭圆形，长 4～10cm，宽 2.5～5cm，基部偏斜，幼叶上面有硬毛，下面脉腋簇生毛。翅果倒卵状椭圆形或椭圆形，长 10～15mm，果核位于翅果中上部，接近缺口。

【分布与习性】原产俄罗斯；我国新疆的南疆和伊犁地区、内蒙古、北京有引种，生长良好。喜光，耐干旱和寒冷。

【繁殖方法】播种、扦插繁殖。

【园林用途】树形美观，常植为行道树。

5. 欧洲榆 *Ulmus laevis* Pall.

小枝灰褐色，初有毛，后脱落；冬芽纺锤形。叶片倒卵形或倒卵状椭圆形，长 3～10cm，基部极歪斜，叶缘有重锯齿。簇生状短聚伞花序，有花 20～30 朵；花梗纤细下垂，长 6～20mm。翅果卵形或卵状椭圆形，两面无毛，边缘有睫毛。

原产欧洲。我国东北、华北和西北各地有栽培。

图 8-102 圆冠榆
1—果枝；2—叶；3—翅果

（二）榉属 *Zelkova* Spach

落叶乔木。冬芽卵形，先端不紧贴小枝。单叶，互生，羽状脉，具桃尖形单锯齿，脉端直达齿尖。花杂性同株，4～5 数，雄花簇生新枝下部，雌花或两性花 1～3 簇生新枝上部叶腋。核果小，上部歪斜。

5 种，产欧洲东南部至亚洲。我国 3 种，产辽东半岛至西南以东广大地区。

榉树（大叶榉） *Zelkova schneideriana* Hand.-Mazz. (图 8-103)

【形态特征】高达 35m，胸径 0.8m；树冠倒卵状伞形；树皮深灰色，光滑。冬芽常 2 个并生。小枝细长，密被柔毛。叶椭圆状卵形，长 3～10cm，先端渐尖，基部宽楔形，桃形锯齿排列整齐，内曲，上面粗糙，背面密生灰色柔毛。果不规则扁球形，径约 4mm，有皱纹。花期 3～4 月；果期 10～11 月。

【分布与习性】产秦岭和淮河以南至华南、西南各地，常散生于海拔 1000m 以下的山地阔叶林中和平原，在滇藏可达海拔 2800m。喜光，略耐阴。喜温暖湿润气候，喜深厚、肥沃、湿润的土壤，尤喜石灰性土，耐轻度盐碱，不耐干瘠。深根

图 8-103 光叶榉(1～2)、
榉树(3～5)
1、3—果枝；2、5—果实；4—雄花

性，抗风强。耐烟尘，抗污染，寿命长。

【繁殖方法】播种繁殖。

【园林用途】树冠呈倒三角形，枝细叶美，绿荫浓密，入秋叶色红艳，春叶也呈紫红色或嫩黄色，是江南地区重要的秋色树种。古代常植于庭院及住宅周围，是优良的庭荫树，最适于孤植或三五株丛植，以点缀亭台、假山、水池、建筑等。在草坪、广场可丛植或群植，还是很好的行道树，可用于街道、公路、园路的绿化。

附：光叶榉 [*Zelkova serrata* (Thunb.) Makino] (图8-103)，高达30m。幼枝疏被柔毛，后脱落。冬芽单生。叶卵形至卵状披针形，长3～10cm，宽1.5～5cm，质地较薄，表面较光滑，亮绿色，两面幼时被毛，后脱落；叶缘锯齿较开张。主产长江流域，西达四川、云南，北达辽宁(大连)、山东、甘肃和陕西，散生于海拔700m以上的山地；朝鲜、日本也有分布。

(三) 刺榆属 *Hemiptelea* Planch.

仅1种。产中国和朝鲜。

刺榆 *Hemiptelea davidii* (Hance) Planch. (图8-104)

【形态特征】落叶小乔木，高可达10m；树皮暗灰色，深纵裂。枝刺硬，长2～10cm，幼时有毛。冬芽卵形，常3枚聚生叶腋。叶椭圆形至椭圆状矩圆形，稀倒卵状椭圆形，长4～7cm，宽1.5～3cm，两面无毛，叶缘具钝的单锯齿，羽状脉，侧脉直达锯齿先端。花杂性，与叶同放，单生或2～4朵簇生于当年生枝叶腋；萼4～5裂，雄蕊4～5；子房上位，花柱2裂。坚果斜卵形，长5～7mm，扁平，上半部有鸡冠状翅，基部有宿萼。花期4～5月；果期9～10月。

【分布与习性】产东北中南部、华北、西北、华东、华中等地，南达广西北部，多生于山麓及沙丘等较干燥的向阳地段。朝鲜亦产。喜光，耐寒，耐旱，对土壤适应性强。

【繁殖方法】播种、扦插、分株繁殖。

【园林用途】树形优美，树冠耐修剪，枝具刺，既适合园林中丛植观赏，也是优良的绿篱材料。木材坚硬、致密。

图 8-104　刺榆
1—果枝；2—两性花；3—雄花；4—果实

(四) 朴属 *Celtis* Linn.

落叶或常绿乔木。树皮深灰色，不裂。冬芽小，卵形，先端紧贴小枝。叶缘中部以上有锯齿或近全缘；3出脉弧状弯曲，不直伸入齿端。花杂性同株，4～5数。核果近球形，果肉，味甜。

约60种，主要分布于热带和亚热带，少数产温带。我国11种，除新疆和青海外各地均产。

分 种 检 索 表

1. 枝叶有毛；核果橙红色，果梗与叶柄近等长或稍长。
　　2. 果实直径4～6mm；叶下面沿脉和脉腋有毛，果梗与叶柄近等长 ················· 朴树 *C. sinensis*
　　2. 果实直径1～1.3cm；叶下面密被黄色绒毛，果梗粗壮，长于叶柄 ················· 珊瑚朴 *C. julianae*
1. 枝叶无毛；核果紫黑色，果梗长为叶柄的2倍以上 ················· 小叶朴 *C. bungeana*

1. 朴树 Celtis sinensis Pers. (图 8-105)

【形态特征】高达 20m，胸径 1m；树冠扁球形。幼枝有短柔毛，后脱落。叶宽卵形、椭圆状卵形，长 3～9cm，宽 1.5～5cm，基部偏斜，中部以上有粗钝锯齿；沿叶脉及脉腋疏生毛。花淡黄绿色。核果圆球形，橙红色，径 4～6mm，果柄与叶柄近等长。花期 4 月；果期 9～10 月。

【分布与习性】产黄河流域以南至华南；越南、老挝和朝鲜也有分布。弱阳性，较耐阴；喜温暖气候和肥沃、湿润、深厚的中性土，既耐旱又耐湿，并耐轻度盐碱。根系深，抗风力强。抗污染，尤其对二氧化硫和烟尘抗性强，并有较强的滞尘能力。寿命长。

【繁殖方法】播种繁殖。

【园林用途】树冠宽广，春季新叶嫩黄，夏季绿荫浓郁，秋季红果满树，是优美的庭荫树，宜孤植、丛植，可用于草坪、山坡、建筑周围、亭廊之侧，也可作行道树。因其抗烟尘和有毒气体，适于工矿区绿化。

图 8-105 朴树(1～4)、小叶朴(5)
1、5—果枝；2—两性花；3—雄花；4—果核

2. 珊瑚朴 Celtis julianae Schneid.

【形态特征】高达 30m。小枝、叶柄、叶下面均密被黄色绒毛。叶厚，较大，卵状椭圆形，长 6～11cm，宽 3.5～8cm，上面稍粗糙，下面网脉明显突起；中部以上有钝齿；叶柄长 1～1.5cm。果橘红色，径 1～1.3cm；果柄长 1.5～2.5cm。花期 3～4 月；果期 9～10 月。

【分布与习性】产长江流域及四川、贵州、陕西、甘肃等地。习性同朴树，但耐寒性稍差。

【繁殖方法】播种繁殖。

【园林用途】树势高大，冠阔荫浓，早春满树着生红褐色肥大花丛，状若珊瑚，秋季果球形、橘红色，观赏效果良好。是优良的行道树和庭荫树。

3. 小叶朴(黑弹树) Celtis bungeana Blume (图 8-105)

【形态特征】高达 10m。小枝无毛，萌枝幼时密毛。叶狭卵形至卵状椭圆形、卵形，长 3～7(15)cm，宽 2～4(5)cm，先端长渐尖，锯齿浅钝或近全缘；两面无毛，或仅幼树及萌枝之叶背面沿脉有毛。核果近球形，熟时紫黑色，径 4～5mm；果柄长为叶柄长之 2～3 倍，长 10～25mm，细软。花期 4～5 月；果期 9～11 月。

【分布与习性】产东北南部、西北、华北，经长江流域至西南。稍耐阴，喜深厚湿润的中性黏土。

【繁殖方法】播种繁殖。

【园林用途】可植为庭荫树和行道树。

(五) 糙叶树属 Aphananthe Planch.

落叶乔木或灌木；叶有锯齿，基出 3 脉或羽状脉。花单性同株；雄花排成密集聚伞花序，雌花单生叶腋。花萼和雄蕊 4～5。核果卵状或近球形，内果皮坚硬。

5 种，分布于东亚和大洋洲、马达加斯加、墨西哥。我国 2 种，产长江流域及其以南各省区。

糙叶树 *Aphananthe aspera* (Thunb.) Planch. (图 8-106)

【形态特征】高 25m，胸径 1m。小枝被平伏硬毛，后脱落。叶卵形或椭圆状卵形，长 4～14.5cm，宽 1.8～4.0(7.5)cm，先端渐尖，基部近圆形或宽楔形，基脉 3 出，侧脉伸达齿尖，上下两面有平伏硬毛；叶柄长 5～17mm。雄花序生于新枝基部叶腋，雌花单生新枝上部叶腋；花萼 5(4)裂。果近球形，径 8～13mm，黑色，密被平伏硬毛，具宿存花萼及花柱。花期 4～5 月；果期 10 月。

【分布与习性】产长江以南，南至华南北部，西至四川、云南，东至台湾；生于海拔 1000m 以下，常散生于阔叶林中。朝鲜、日本、越南也有分布。喜光，略耐阴；喜温暖湿润气候，适生于深厚肥沃土壤中。

【繁殖方法】播种繁殖。

【园林用途】树姿婆娑，叶形秀丽，浓荫匝地，是绿荫树之佳选，其年龄愈老，则树干多瘤而愈古奇。山东崂山太清宫附近，有糙叶树千年古木，高约 18m，胸围达 3.7m，树干弯而苍劲，势若苍龙出海，有"龙头榆"之称，相传为唐代所植。

图 8-106 糙叶树
1—果枝；2—小枝一段；3、4—叶表面和叶背面的一部分；5—雄花；6—雌花

（六）青檀属 *Pteroceltis* Maxim.

仅 1 种，我国特产。

青檀(翼朴) *Pteroceltis tatarinowii* Maxim. (图 8-107)

【形态特征】落叶乔木，高达 20m，胸径 1.5m；树干常凹凸不平。树皮灰色，薄片状剥落，内皮灰绿色。小枝细弱，冬芽卵圆形，红褐色。叶卵形或卵圆形，长 3～13cm，宽 2～4cm，先端渐尖或尾尖，叶缘除基部外有锐尖锯齿；基脉 3 出，侧脉不达齿端；叶柄长 5～15mm。花单性同株，生于当年生枝叶腋。雄花簇生于下部，花被片与雄蕊 5；雌花单生于上部叶腋，花被片 4，披针形，子房侧向压扁。坚果两侧有薄木质翅，近圆形，径约 1～1.7cm，果柄纤细。花期 4～5 月；果期 8～9 月。

【分布与习性】产于辽宁、华北、西北，经长江流域至华南、四川等地，多生于海拔 800m 以下，在四川可达海拔 1700m。适应性强，喜光，稍耐阴；喜生于石灰岩山地，也能在花岗岩、砂岩地区生长；耐干旱瘠薄，根系发达。萌芽力强。寿命长。

【繁殖方法】播种繁殖。果成熟后易飞散，应及时采收。

【园林用途】树体高大，树冠开阔，宜作庭荫树、行道树；可孤植、丛植于溪边，适合在石灰岩山地绿化造林。木材可作建筑、家具等用材；树皮纤维优良，为著名的宣纸原料。

图 8-107 青檀
1—果枝；2—雄花；3—雌花；4—雄蕊

十七、桑科 Moraceae

乔木、灌木或藤本，稀草本，常有乳汁，有时有刺。单叶，互生，稀对生，托叶早落。花单性

同株或异株，组成头状或柔荑花序，或生于一中空的花序托内壁上而成隐头花序；单被花，萼片4(1~6)，雄蕊与花萼同数对生；子房上位稀下位，通常1室，1胚珠，花柱2。聚花果或隐花果，由瘦果、核果或坚果组成，外包肥大增厚的肉质花萼。

约43属1400种，广布，主产热带和亚热带地区。我国9属144种，主产长江以南各省区。

分 属 检 索 表

1. 柔荑花序或头状花序。
  2. 雄花序为柔荑花序；叶缘有锯齿。
    3. 雌、雄花均为柔荑花序；聚花果圆柱形 ·· 桑属 *Morus*
    3. 雄花为柔荑花序，雌花为头状花序；聚花果圆球形 ···································· 构树属 *Broussonetia*
  2. 雌、雄花序均为头状花序；叶全缘或3裂。
    4. 枝有刺；花雌雄异株，雄蕊4 ··· 柘属 *Cudrania*
    4. 枝无刺；花雌雄同株，雄蕊1 ··· 桂木属 *Artocarpus*
1. 隐头花序；小枝有环状托叶痕 ·· 榕属 *Ficus*

（一）桑属 *Morus* Linn.

落叶乔木或灌木。无顶芽，侧芽芽鳞3~6。叶互生，3~5出脉，有锯齿或缺裂；托叶披针形，早落。花单性异株或同株，柔荑花序；花被和雄蕊4。小瘦果藏于肉质花萼内，集成聚花果。

16种，主要分布于北温带。我国11种，各地均产。

分 种 检 索 表

1. 叶缘锯齿尖或钝，无刺芒。
  2. 叶表面近光滑，背面脉腋有毛；花柱极短，柱头2裂 ···························· 桑树 *M. alba*
  2. 叶表面粗糙，背面密被短柔毛；花柱明显，长约4mm，柱头2裂，与花柱等长 ···· 鸡桑 *M. australia*
1. 叶缘锯齿有刺芒 ··· 蒙桑 *M. mongolica*

1. 桑树(白桑、家桑) *Morus alba* Linn. (图 8-108)

【形态特征】乔木，高达15m，树冠倒广卵形。树皮、小枝黄褐色，根皮鲜黄色。叶卵形或广卵形，长6~15cm，宽4~12cm，边缘有粗大锯齿，有时分裂，表面无毛，有光泽，背面脉腋有簇毛。花柱极短或无，柱头2裂。聚花果(桑葚)长卵形至圆柱形，长1~2.5cm，熟时紫黑色、红色或黄白色。花期4月；果期5~6月。

【栽培品种】龙桑('Tortuosa')，又称九曲桑，枝条扭曲向上，叶片不分裂。鲁桑('Multicaulis')，灌木或小乔木，枝条粗壮，叶片大而肥厚，长达15~30cm，宽10~20cm，浓绿色，不分裂；果实较大，长2.5~3cm。

【分布与习性】广布树种，自东北至华南均有栽培和分布，以长江流域和黄河流域最为常见。喜光，耐寒，耐干旱瘠薄和水湿，在微酸性、中性和石灰性土壤上均可生长，耐盐碱。深根性；萌芽力强，耐修剪。抗污染，对烟尘和硫化氢、二氧化氮等有毒气体的抗性较强。

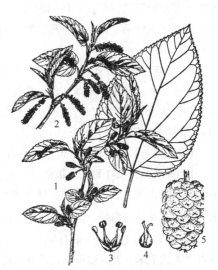

图 8-108 桑树

1—雌花枝；2—雄花枝；3—雄花；
4—雌花；5—聚花果；

【繁殖方法】播种、嫁接、扦插、压条、分根等法繁殖均可，扦插、压条和播种均常用。龙桑等品种嫁接繁殖。

【园林用途】树冠宽阔，枝叶茂密，秋叶变黄，抗污染能力强，是优良的园林绿化树种，常植为庭荫树。自古以来桑树与梓树均常植于庭院，故以"桑梓"指家乡。

2. 鸡桑 *Morus australia* Poir.

灌木或小乔木。叶卵形，叶缘粗锯齿无刺芒，有时3～5裂；表面粗糙，背面有毛。雌雄异株，花柱明显，柱头2裂，与花柱等长。聚花果圆柱形，长1～1.5cm，成熟时紫红色。

主产华北、中南及西南；日本、朝鲜、印度、印度尼西亚也有分布。常生于石灰岩山地。

3. 蒙桑 *Morus mongolica* (Bureau)Schneid.

小乔木或灌木。叶卵形或椭圆状卵形，长8～18cm，叶缘有刺芒状锯齿，常有不规则裂片，叶表面光滑无毛，背面脉腋常有簇毛。雌雄异株，花柱明显，柱头2裂。

产于东北、华北至华中及西南各省。秋叶金黄色，可栽培观赏。

（二）构树属 *Broussonetia* L'Her. ex Vent.

落叶乔木或灌木，无顶芽。叶有锯齿，不分裂或3～5裂；托叶早落。雌雄异株，稀同株；雄花组成柔荑花序，稀头状花序；雌花组成头状花序，花柱线状。聚花果球形，肉质，由很多橙红色小核果组成。

4种，分布于亚洲东部和太平洋岛屿。我国4种，南北均有分布。

构树(楮)*Broussonetia papyrifera* L'Her. ex Vent. (图8-109)

【形态特征】乔木，高达15m；树冠开张，卵形至广卵圆形。树皮浅灰色或灰褐色，平滑。小枝、叶柄、叶背、花序柄均密被长绒毛。小枝粗壮，灰褐色或红褐色。叶互生，有时近对生；卵圆形至宽卵形，长8～13cm，不分裂或不规则2～5深裂，上面密生硬毛。聚花果球形，熟时橘红色或鲜红色。花期4～5月；果期7～9月。

【分布与习性】分布广，自西北、华北至华南、西南均产。喜光，不耐阴；耐干旱瘠薄，也耐水湿。喜钙质土，但在酸性土、中性土上也可生长，耐盐碱。抗污染，其中抗烟尘能力很强。萌芽力和萌蘖力均强。

【繁殖方法】播种繁殖。也可用根插、枝插、分株或压条。

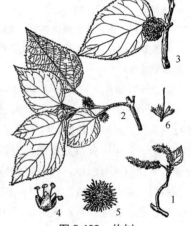

图8-109 构树

1—雄花枝；2—雌花枝；3—果枝；
4—雄花；5—雌花序；6—雌蕊

【园林用途】枝叶繁茂，虽然观赏价值一般，但抗逆性强，抗污染，滞尘能力强，可作城乡绿化树种，尤其适于工矿区和荒山应用。构树古名楮、穀、穀桑等，古代作为造纸原料栽培，自汉迄唐宋，楮纸均极发达。

（三）柘属 *Cudrania* Tréc

落叶乔木或灌木，有时蔓缘状，常具枝刺。无顶芽。叶全缘，不裂或3裂，羽状脉；托叶小，早落。雌雄异株，雄、雌花均为腋生球形头状花序。聚花果球形，肉质。

约6种，分布于东亚和澳大利亚。我国5种，主产西南及东南。有些学者将本属并入*Maclura*。

柘(柘桑)*Cudrania tricuspidata* (Carr.)Bureau ex Lavall. (图8-110)

【形态特征】灌木或小乔木，可高达 10m；树皮薄片状剥落。小枝无毛，枝刺长 0.5～2cm。叶卵圆形或卵状披针形，长 5～11cm，宽 3～6cm，先端渐尖，全缘或 3 裂；侧脉 4～6 对；下面灰绿色；叶柄长 1～2cm。雄花序径约 0.5cm，雌花序径约 1～1.5cm。聚花果球形、肉质、红色，径约 2.5cm。花期 5～6 月；果期 9～10 月。

【分布与习性】产北京以南、陕西、河南至华南、西南各地，生于低山、丘陵灌丛中，习见；日本也有分布。喜光，耐干旱瘠薄，喜钙质土，较耐寒。生长缓慢。

【繁殖方法】播种繁殖。

【园林用途】可作绿篱、刺篱，也是重要的荒山绿化及水土保持树种。

附：构棘〔*Cudrania cochinchinensis* (Lour.)Kudo ex Masam.〕，又名山荔子。常绿攀缘或直立灌木；叶倒卵状椭圆形或长椭圆形，侧脉 7～10 对，两面无毛，聚花果橙红色，径 2～5cm，无柄。可作垂直绿化材料。

(四) 桂木属(波罗蜜属) *Artocarpus* J. R. Forst. & G. Forst.

常绿乔木，有顶芽。叶互生，羽状脉；全缘或羽状分裂；托叶形状大小不一；小枝有或无环状托叶痕。雌雄同株，花生于一肉质的总轴上。雄花序长圆形，雄蕊 1；雌花序球形，雌花花萼管状，下部陷入花序轴中，子房 1 室。聚花果椭球形，瘦果外被肉质宿存花萼。

约 50 种，分布于热带亚洲至太平洋岛屿。我国 14 种，分布于华南。

波罗蜜(木波罗) *Artocarpus heterophyllus* Lam. (图 8-111)

图 8-110　柘树

1—具刺枝；2—雌花枝；3—雌花；
4—雌蕊；5—雄花；6—果枝

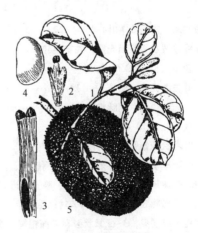

图 8-111　波罗蜜

1—叶枝；2—雄花；3—雌花；
4—核果；5—聚花果

【形态特征】高达 15m，老树常有板根。小枝无毛，有环状托叶痕。叶厚革质，椭圆形至倒卵形，长 7～15cm，宽 3～7cm，全缘，幼树和萌生枝之叶常分裂，两面无毛，背面粗糙；侧脉 6～8 对。花序生于树干或大枝上。聚花果椭圆形或球形，长 0.3～1m，径 25～50cm，黄色，具坚硬六角形瘤体和粗毛；瘦果长椭圆形，长约 3cm，径 1.5～2cm。花期 2～3 月；果期 7～8 月。

【分布与习性】原产印度。我国台湾、华南和云南常栽培。喜温暖湿润的热带气候，在年均温度

22～25℃、无霜冻、年降雨量 1400～1700mm 以上地区适生；最喜光；在酸性至轻碱性黏壤土、沙壤土上均可生长，忌积水。速生，一般 6～8 年开始结实，寿命达百年以上。

【繁殖方法】播种、嫁接、扦插或压条繁殖。

【园林用途】树姿端正，冠大荫浓，花有芳香，老茎开花结果，富有特色，为优美的庭园观赏树，也是热带著名的果树，果实硕大、鲜美，园林中可结合生产应用。

附：白桂木（*Artocarpus hypargyreus* Hance），高达 25m；树皮片状剥落。幼枝被白色平伏毛。叶椭圆形或倒卵形，全缘，幼树叶羽裂，长 8～15cm，宽 4～7cm，托叶早落，枝条无环状托叶痕。花序单生叶腋，雄花序长 1.5～2cm。聚花果球形，直径 3～4cm，浅黄至橙黄色。花期 6 月。产云南、广东、广西和海南，生于常绿阔叶林中。材质优良；乳汁可提取硬性胶；果生食或糖渍，或作调味用。

面包树（*Artocarpus communis* Forest.），叶片卵形或卵状椭圆形，长 10～50cm，常 3～8 羽状分裂，裂片披针形；花序单生叶腋，雄花序长约 15cm；聚花果倒卵形或近球形，长 15～30cm，具圆形瘤状突起。原产太平洋群岛，华南有栽培。北方温室也常栽培观赏。

（五）榕属 *Ficus* Linn.

常绿或落叶，乔木、灌木或藤本，常具气生根。托叶合生，包被芽体，落后在枝上留下环状托叶痕。叶多互生，常全缘。花雌雄同株，生于囊状中空顶端开口的肉质花序托内壁上，形成隐头花序，生于老茎干上或腋生。隐花果（榕果）肉质，内藏瘦果。

约 1000 种，主要分布于热带和亚热带。我国 97 种，产长江以南各地，主产华南和西南，另引入栽培多种，常用作园林观赏。

分 种 检 索 表

1. 乔木或灌木，常绿或落叶。
  2. 叶全缘或波状，表面光滑；隐花果较小。
    3. 叶较小，长 4～8cm。
      4. 叶先端钝尖；侧脉 5～6 对 ·· 榕树 *F. microcarpa*
      4. 叶先端锐尖；侧脉细密 ·· 垂叶榕 *F. benjamina*
    3. 叶较大，长 10～30cm。
      5. 叶羽状脉，侧脉 7 对以上。
        6. 叶厚革质，侧脉多数，平行而直伸；隐花果卵状椭圆形 ············· 印度橡皮树 *F. elastica*
        6. 叶薄革质，侧脉 7～10 对；隐花果近球形 ······················· 绿黄葛树 *F. virens*
      5. 叶基出脉 3 条，侧脉 5～7 对；隐花果成熟时红色或淡红色 ··········· 高山榕 *F. altissima*
  2. 叶有锯齿或缺裂，3～5 掌状裂，表面粗糙；隐花果较大，径约 3cm，长约 5cm ········· 无花果 *F. carica*
1. 常绿藤本；叶基 3 主脉，先端圆钝 ··· 薜荔 *F. pumila*

1. 榕树（小叶榕）*Ficus microcarpa* Linn. f.（图 8-112）

【形态特征】常绿大乔木，高达 25m。各部无毛。树冠开展，阔伞形，有气生根悬垂或入土生根，复成一干，形似支柱。叶互生，倒卵形至椭圆形，长 4～8cm，宽 3～4cm，先端钝尖，基部楔形，革质，全缘或略波状；羽状脉，侧脉 3～10 对。隐花果腋生，近扁球形，径约 8mm，无梗，熟时紫红色。花期 5～6 月；果期 10 月。

【栽培品种】黄斑榕（'Yellowe-stripe'），叶缘黄色而具绿色条带。黄金榕（'Golden-leaves'），新叶乳黄色至金黄色，后变为绿色。华南和台湾栽培颇多。垂枝银边榕（'Milky Stripe'），小枝下垂，叶狭倒卵形或椭圆形,叶缘呈乳白色或略呈乳黄色而混有绿色条带,背面具多数腺体。

【分布与习性】分布于热带亚洲,华南和西南有分布并常见栽培,多生于海拔 1900m 以下山地、平原。喜光,也耐阴,喜温暖湿润气候,深厚肥沃、排水良好的酸性土壤。生长快,寿命长。

【繁殖方法】扦插繁殖,极易生根。也可播种。

【园林用途】树冠宽阔,枝叶浓密,气生根多而下垂,交错盘缠,入土即成一支柱,形成"独木成林"奇观,是华南重要的绿荫树。树体庞大,不适于普通庭院造景,宜植于环境空旷之处以资庇荫并形成景观,如孤植于草坪、池畔、桥头等处,也适于河流沿岸、宽阔道路两旁列植。华南各地常见以榕树为主景的植物景观,如广西阳朔著名的大榕树景点,福州森林公园也有胸围 10m、树冠 1000m² 、树龄千年的古榕。

图 8-112　榕树

1—叶;2—果枝;3—气生根

2. 印度橡皮树 *Ficus elastica* Roxb. ex Hernem.

【形态特征】常绿乔木,高达 30m,全株光滑无毛。小枝粗壮,顶芽为托叶包被,深红色。叶片宽大、厚革质,长椭圆形或矩圆形,略向主脉对折,长 10~30cm,宽 7~10cm,先端渐尖,全缘,表面光绿色。隐花果卵状长圆形,长约 1cm,径约 5~8mm,无柄,成熟时黄绿色。花期 11 月。

【栽培品种】金边橡皮树('Aureo-marginatus'),叶片边缘金黄色,入秋更为明显。花叶橡皮树('Variegata'),叶面有黄白色斑纹。白斑叶橡皮树('Doescheri'),叶片较狭窄,有白色斑块。金星叶橡皮树('Goldstar'),叶片大而圆,幼时明显带红褐色,后稍淡,边缘散生稀疏的细小斑点。

【分布与习性】原产热带亚洲,云南瑞丽和盈江等地有野生分布;华南常栽培观赏,其他地区温室栽培。喜光,也耐阴;喜温暖湿润气候,不耐寒冷;要求肥沃而排水良好的土壤,以酸性至中性土为佳。

【繁殖方法】扦插、压条繁殖。

【园林用途】橡皮树是热带著名的庭园观赏树种,常用作园景树,适于大型庭院的庭前、草地、路旁、水边植之。广州街道,常见以橡皮树与榕树间植为行道树。花叶橡皮树和金边橡皮树树形较小,叶色甚美丽,适宜盆栽。

3. 绿黄葛树 *Ficus virens* Ait. (图 8-113)

【形态特征】落叶或半常绿乔木,高达 26m,具板根或支柱根,幼时附生状。叶薄革质,长椭圆形或卵状椭圆形,长 10~16cm,宽 4~7cm,全缘,无毛,侧脉 7~10 对;托叶卵状披针形,长 5~10cm。果近球形,径 0.7~1.2cm,熟时黄色或红色。花期 5~8 月。

【变种】黄葛树 [var. *sublanceolata* (Miq.) Corn.],叶片近披针形,长达 20cm,先端渐尖,果实无总梗。分布于陕西南部、湖北、四川、广西、云南等地,较原种更为常见,在四川沿江各地常见于江边。

【分布与习性】产于华南和西南,北达浙江、四川,多生于海拔 300~1000m 地带;热带亚洲和澳大利亚北部也有分布。阳性树;喜温暖湿润气候,不耐寒冷;耐干旱瘠薄,根系发达、庞大,穿透力强,能生长于裸露岩石地带。

【繁殖方法】播种或扦插繁殖。

【园林用途】树大荫浓,是优良的庭荫树和行道树,常见栽培。

4. 无花果 _Ficus carica_ Linn.（图 8-114）

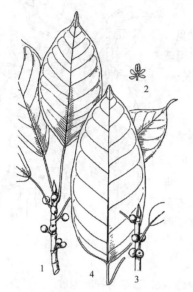

图 8-113　绿黄葛树(1、2)、黄葛树(3、4)
1、3—果枝；2—雄花；4—叶片

图 8-114　无花果
1—果枝；2—雄花；3—雌花；4—雌蕊；5—果序纵剖面

【形态特征】落叶小乔木或灌木状，高 3m 以上；树冠圆球形。小枝粗壮，节间明显。叶厚纸质，广卵形或近圆形，3～5 掌状裂，裂片有粗锯齿或全缘，表面粗糙，背面有柔毛。隐花果扁球形或倒卵形、梨形，长 5～6cm，直径 3cm 以上，黄绿色、紫红色或近于白色。花果期因产地和栽培条件而异，自春至秋果实陆续成熟。

【分布与习性】原产地中海一带，现温带和亚热带地区常见栽培。喜光，喜温暖气候，在－12℃ 时新梢受冻；喜排水良好的沙壤土，耐旱而不耐涝。侧根发达，根系浅。抗二氧化硫和硫化氢等有毒气体。

【繁殖方法】常用扦插繁殖，也可分株、压条繁殖。

【园林用途】无花果是一种古老的果木，在公元前 3000 年，地中海沿岸和西南亚居民就有栽培，大约在唐代传入我国。叶片深绿而深裂如掌，果实黄色至紫红色；果期甚长，自春至秋陆续成熟，既是著名的果树，也是优良的造景材料，园林中可结合生产栽培，配植于庭院房前、墙角、阶下、石旁也甚适宜。

5. 高山榕（大叶榕）_Ficus altissima_ Blume

常绿大乔木，高达 30m。顶芽被毛。叶宽卵形至宽卵状椭圆形，长 10～19cm，宽 5～10cm，厚革质，基出脉 3 条，侧脉 5～7 对。隐头花序无梗，成对腋生。隐花果成熟时红色或带黄色，卵圆形，直径 1.5～1.9cm。花期 3～4 月；果期 5～7 月。

产华南南部至海南、云南，生于山地、河谷、林缘；东南亚各地也产。华南地区常栽培观赏。

6. 垂叶榕（细叶榕）_Ficus benjamina_ Linn.

常绿乔木，高达 20m。枝叶稠密，柔软下垂。叶薄革质，表面光滑，卵形或卵状椭圆形，长 4～8cm，宽 2～4cm，先端锐尖。果球形，黄色或红色，成对或单生叶腋，径 0.8～1.2cm。花期 8～11 月。

产华南和云南、贵州；印度、越南和马来西亚也有分布。喜温暖、多湿、光照充足且通风的环境，耐阴，不耐寒。对土壤要求不严。可作行道树、庭荫树，也可盆栽观赏。

7. 薜荔 *Ficus pumila* Linn.（图 8-115）

【形态特征】常绿藤本，借气生根攀缘生长。小枝有褐色绒毛。叶全缘，2 型：在不生花序的枝上小而薄，心状卵形，长 1～2.5cm，叶柄长 0.5～1cm；在着生花序的枝上大而革质，卵状椭圆形，长 5～10cm，宽 2～3.5cm。雌雄异株，隐花果单生，梨形或倒卵形，长 3～6cm，成熟时黄绿色或微带红色，富含淀粉。花期 5～6 月；果期 7～9 月。

【变种】爱玉子［var. *awkeotsang*（Makino）Corn.］，叶片长椭圆状卵形，长 7～12cm，宽 3～5cm，下面密生锈色柔毛；隐花果长椭圆形，长 6～8cm，直径 3～5cm，两端稍尖，总梗短，表面有白色斑点。产台湾、福建等地。

【栽培品种】花叶薜荔（'Variegata'），叶片小，具粉红色和乳黄色斑纹。

【分布与习性】产长江流域至华南、西南；日本和越南也有分布。性强健，生长迅速；耐阴，喜温暖湿润的气候；对土壤要求不严，但以酸性土为佳。

图 8-115　薜荔
1—果枝；2—不育枝；3—雄花；4—瘿花

【繁殖方法】扦插或压条，还可播种繁殖。

【园林用途】气生根发达，具有很强的攀缘能力。在园林造景中，最适于假山、石壁、墙垣、石桥、树干、楼房的绿化，也用于水边驳岸的点缀。耐阴性强，也是优良的林下地被。瘦果可做凉粉，藤叶药用。

十八、胡桃科 Juglandaceae

落叶乔木，稀常绿。奇数羽状复叶，互生，无托叶。花单性同株，雄花组成柔荑花序，生于去年生枝叶腋或新枝基部，花被不规则，与苞片合生；雌花组成穗状花序，生于枝顶，花被与苞片和子房合生，子房下位，2 心皮合生，1 胚珠。核果状或翅果状坚果，种子无胚乳。

9 属约 60 种，主要分布于北半球温带及亚热带地区。我国 7 属 20 种，南北均产。

分属检索表

1. 枝具片状髓心。
  2. 核果状坚果，无翅；鳞芽 ·· 胡桃属 *Juglans*
  2. 坚果有翅；裸芽或鳞芽。
    3. 果翅向两侧伸展；雄花序单生叶腋；雄花花被不整齐 ·················· 枫杨属 *Pterocarya*
    3. 果翅圆盘状，果核位于中央；雄花序 2～4 集生叶腋；雄花花被整齐 ·············· 青钱柳属 *Cyclocarya*
1. 枝条髓心充实。
  4. 雄柔荑花序下垂，3 条簇生；果为核果状，外果皮 4 瓣裂 ·············· 山核桃属 *Carya*
  4. 雌雄花序均直立，集生枝顶；果苞宿存，革质；小坚果扁平，两侧有窄翅 ·············· 化香树属 *Platycarya*

（一）胡桃属 *Juglans* Linn.

乔木。枝有片状髓心。鳞芽，芽鳞少数。叶揉之有香味，小叶全缘或有疏锯齿。雄花花被片 1～4，雄蕊 8～40；雌花花被 4 裂，柱头羽毛状。核果状坚果，果核有不规则皱脊，基部 2～4 室。

约20种，主要分布于北半球温带和亚热带地区，并延伸至南美洲。我国3种，引入栽培2种，产东北至西南。

分 种 检 索 表

1. 小枝无毛或近无毛；小叶5～9(11)枚，全缘，背面脉腋有簇毛 ·························· 胡桃 *J. regia*
1. 小枝幼时密被毛；小叶9～19枚，叶缘具细锯齿，背面被绒毛及柔毛 ·················· 核桃楸 *J. mandshurica*

1. 胡桃(核桃) *Juglans regia* Linn. (图 8-116)

【形态特征】高达30m，胸径1m；树冠广卵形至扁球形；树皮灰白色。1年生枝绿色，无毛或近无毛。小叶5～9(11)枚，近椭圆形，长6～14cm，先端钝圆或微尖，基部钝圆或偏斜，全缘或幼树及萌生枝之叶有锯齿，背面脉腋有簇毛。雌花1～3(5)朵成穗状花序。果球形，径4～5cm，果核近球形，有不规则浅刻纹和2纵脊。花期4～5月；果期9～10月。

【分布与习性】原产于我国新疆及阿富汗、伊朗一带，新疆霍城、新源、额敏一带海拔1300～1500m山地有大面积野胡桃林。据传为汉朝张骞带入内地，现广泛栽培。喜光，喜凉爽气候，不耐湿热，在年平均气温8～14℃，极端最低气温−25℃以上，年降水量400～1200mm的气候条件下生长正常。喜深厚、肥沃而排水良好的微酸性至微碱性土壤，在瘠薄地和土壤含盐量超过0.2%的盐碱地以及地下水位过高处生长不良。深根性，有粗大的肉质直根，耐干旱而怕水湿。

【繁殖方法】播种、嫁接繁殖。嫁接繁殖可用芽接和枝接，以核桃楸、枫杨或化香作砧木。

【园林用途】树冠开展，树皮灰白、平滑，树体内含有芳香性挥发油，有杀菌作用，是优良的庭荫树。园林中可在草地、池畔等处孤植或丛植，也适于成片种植，由于树冠宽大，成片栽植时不可过密。

2. 核桃楸*(胡桃楸) *Juglans mandshurica* Maxim. (图 8-117)

图 8-116　胡桃
1—果枝；2—雄花枝；3—雌花；
4—果核纵剖面；5—果核横剖面

图 8-117　核桃楸
1—幼果枝；2—果核

---

　*过去一般将核桃楸(*Juglans mandshurica*)和野核桃(*J. cathayensis*)作为2个不同的种，核桃楸主要分布于东北和华北，野核桃主要分布于黄河以南地区。在《中国植物志》(英文版)中，已将野核桃及其变种华东野核桃(*J. cathayensis* var. *formosana*)并入核桃楸。

【形态特征】乔木，高达 25m，有时呈灌木状；树冠宽卵形。小枝幼时密被毛。复叶长 40～90cm，叶柄及叶轴被或疏或密的腺毛；小叶(7)9～19 枚，侧生者无柄，顶生者柄长 1～5cm，椭圆形、长椭圆形或卵状椭圆形至长椭圆状披针形，长 6～16cm，宽 2～7.5cm，背面被绒毛或柔毛，沿中脉有腺毛；基部偏斜，叶缘具细锯齿。雄花序长 9～40cm；果序有果实 5～10(13) 枚；果球形、卵球形至椭圆形，长 3～7.5cm，径 3～5cm，密被腺毛；果核具 6～8 条纵脊。花期 4～5 月；果期 8～10 月。

【分布与习性】产东北、华北、长江流域至西南，生于海拔 500～2800m 的山坡、河谷混交林中。朝鲜也产。强阳性，耐寒性强。喜湿润、深厚、肥沃而排水良好的土壤，不耐干瘠。深根性，抗风力强。

【繁殖方法】播种繁殖。

【园林用途】核桃楸为东北地区三大珍贵用材树种之一。北方常作嫁接胡桃之砧木。园林用途同胡桃。

(二) 山核桃属 Carya Nutt.

落叶乔木。枝髓充实。裸芽或鳞芽。小叶具锯齿。无花被，雄花柔荑花序 3 个生于一总梗上，下垂，雌花 2～10 朵排成穗状。核果状坚果，外果皮木质，4 瓣裂，果核圆滑或有纵脊。

约 17 种，分布于东亚和北美。我国 4 种，分布于华东至广西、贵州、云南等地，引入栽培 1 种。

分种检索表

1. 鳞芽，被黄色短柔毛；小叶 11～17，下面脉腋簇生毛 ……………………… 美国山核桃 C. illinoensis
1. 裸芽，密生黄褐色腺鳞；小叶 5～7，背面密生黄褐色腺鳞 ………………………… 山核桃 C. cathayensis

1. 美国山核桃(薄壳山核桃) Carya illinoensis K. Koch. (图 8-118)

【形态特征】在原产地高达 55m；树冠初为圆锥形，后变为长圆形至广卵形。鳞芽，被黄色短柔毛。小叶 11～17，呈不对称的卵状披针形，常镰状弯曲，长 9～13cm，下面脉腋簇生毛。果 3～10 集生，长圆形，长 4～5cm，有 4 纵脊，果壳薄，种仁大。花期 5 月；果期 10～11 月。

【分布与习性】原产北美洲，我国于 20 世纪初引种，北自北京，南至海南岛都有栽培，以长江中下游地区较多。喜光，喜温暖湿润气候，最适生长在年平均温度 15～20℃，年降雨量 1000～2000mm 地区。适生于深厚肥沃的沙壤土，不耐干瘠，耐水湿，对土壤酸碱度适应性较强，在 pH 值 4～8 之间均可。深根性，根系发达，根部有菌根共生，寿命长。

【繁殖方法】播种繁殖，一些果用的优良品种则采用嫁接繁殖，砧木为本砧实生苗。

【园林用途】著名干果树种，树体高大，根深叶茂，树姿雄伟壮丽。在适生地区是优良的行道树和庭荫树，还可植作风景林，也适于河流沿岸、湖泊周围

图 8-118 美国山核桃
1—花枝；2—雌花；3—果核横剖面；4—冬态枝

及平原地区"四旁"绿化。材质优,供军工或雕刻用。种仁味美,种仁含油率 70% 以上,是重要的干果油料树种。

2. 山核桃 *Carya cathayensis* Sarg.

【形态特征】高达 30m,树冠开展,扁球形。裸芽,密生黄褐色腺鳞。小叶 5～7 枚,披针形或倒披针形,长 7.5～22cm,背面密生黄褐色腺鳞。雌花 1～3 朵生枝顶。果实卵圆形或倒卵形,长 2～2.5cm。

【分布与习性】我国特产,分布于长江流域,以浙江和安徽为主产地,多生于低海拔山地。

【繁殖方法】播种繁殖。

【园林用途】为著名的木本油料和干果树种。可用于生态防护林建设,是山区城镇园林结合生产的优良树种。

(三)枫杨属 *Pterocarya* Kunth

落叶乔木,枝髓片状,鳞芽或裸芽。小叶有细锯齿。花序下垂,雄花序单生叶腋,花被片 1～4,雄蕊 6～18;雌花序单生新枝上部,雌花单生苞腋,具 2 小苞片,花被 4 裂。果序下垂,坚果有翅。

约 6 种,分布于亚洲东部和西南部。我国 5 种 2 变种,南北均产。

枫杨(枰柳)*Pterocarya stenoptera* C. DC.(图 8-119)

【形态特征】高达 30m,胸径 1m。裸芽,密生锈褐色腺鳞。小枝、叶柄和叶轴有柔毛。羽状复叶长 14～45cm,叶轴有翅;小叶 10～28 枚,长椭圆形至长椭圆状披针形,长 4～11cm,有细锯齿,顶生小叶常不发育。果序长 20～40cm;果近球形,具 2 椭圆状披针形果翅。花期 4～5 月;果期 8～9 月。

【分布与习性】广布于华北、华东、华中至华南、西南各省区,在长江流域和淮河流域最为常见;朝鲜也有分布。喜光,喜温暖湿润,也耐寒;耐湿性强;对土壤要求不严,在酸性至微碱性土壤上均可生长。深根性,萌芽力强。抗烟尘和二氧化硫等有毒气体。

【繁殖方法】播种繁殖。

【园林用途】枫杨树冠宽广,枝叶茂密,夏秋季节则果序杂悬于枝间,随风而动,颇具野趣。适应性强,可作公路树、行道树和庭荫树之用,庭园中宜植于池畔、堤岸、草地、建筑附近,尤其适于低湿处造景。对有毒气体有一定的抗性,也适于工矿区绿化。

图 8-119 枫杨

1—花枝;2—果枝;3—冬态枝;4—具苞片雌花;5—去苞片雌花;6—雄花;7—果

附:湖北枫杨(*Pterocarya hupehensis* Skan),与枫杨相似,叶轴无窄翅;小叶 5～11 枚,长椭圆形或卵状椭圆形,长 6～12cm,先端渐尖,稀钝圆;果序长 20～40cm,果序轴疏被毛或近无毛;果翅半圆形或近圆形,长 1～1.5cm,平展。产于河南、陕西、湖北、四川、贵州等地,生于海拔 700～2000m 的沟谷、河边湿润地带疏林中。用途同枫杨。

(四)青钱柳属 *Cyclocarya* Iljinsk.

1 种,我国特产。

青钱柳（摇钱树、麻柳） *Cyclocarya paliurus* (Batal.) Iljinsk. (图 8-120)

【形态特征】落叶乔木，高达 30m，胸径 80cm。裸芽具柄，被褐色腺鳞。枝具片状髓心；幼枝密被褐色毛，后渐脱落。奇数羽状复叶，小叶 7～9(13) 枚，椭圆形或长椭圆状披针形，长 3～14cm，具细锯齿，上面中脉密被淡褐色毛及腺鳞，下面被灰色腺鳞，叶脉及脉腋被白色毛。雌雄同株，雌雄花均为下垂的柔荑花序，雄花序长 7～17cm，2～4 集生于去年生枝叶腋，雄花具 2 小苞片及 2 花被片，雄蕊 20～30；雌花序长 20～26cm，单生枝顶，具花 7～10，雌花具 2 小苞片及 4 花被片，柱头 2 裂。坚果，果翅圆形，径 2.5～6cm。花期 5～6 月；果期 9 月。

【分布与习性】产于安徽、江苏、浙江、江西、福建、台湾、广东、广西、陕西南部、湖南、湖北、四川、贵州、云南东南部；生于海拔 420～1100m(东部)[～2500m(西部)] 山区。喜光，在混交林中多为上层林木。要求深厚、肥沃土壤；稍耐旱。萌芽性强。抗病虫害。

【繁殖方法】播种繁殖。种子易随采随播或春播。

【园林用途】树形优美，果实奇特，可作庭荫树。木材细致，可作家具及工业用材。树皮含纤维及鞣质，可作造纸及提制栲胶原料。

（五）化香树属 *Platycarya* Sieb. & Zucc.

落叶乔木。小枝髓心充实。鳞芽。小叶有锯齿。柔荑花序直立，雄花序 3～15 个集生，雌花序单生或 2～3 个集生，有时雌花序位于雄花序下部；无花被。果序呈球果状，果苞革质，宿存；坚果扁，两侧有窄翅。

1～2 种，产中国、日本、朝鲜和越南。

化香树 *Platycarya strobilacea* Sieb. & Zucc. (图 8-121)

图 8-120　青钱柳

1—花枝；2、3—雄花；4—雌花；5—果实

图 8-121　化香树

1—花枝；2、3—雄花及苞片；4、5—雌花
及苞片；6—果序；7—果

【形态特征】高达 15m；树皮灰色，浅纵裂。羽状复叶，长 (6)8～30cm；互生；小叶 (1)7～

15(23)枚，卵状披针形或长椭圆状披针形，长3～11cm，宽1.5～3.5cm，叶缘有细尖重锯齿，基部歪斜。两性花序和雄花序在小枝顶端排成伞房状，直立。果序卵状椭圆形、长椭圆状圆柱形或近球形，长2.5～5cm，径(1.2)2～3cm；苞片披针形，长6～10mm，宽2～3mm。坚果连翅近圆形或倒卵状椭圆形，长约5mm。花期5～7月；果期7～10月。

【分布与习性】产长江流域至西南、华南，北达山东、河南、陕西，常生于低山丘陵的疏林和灌丛中，为习见树种；日本和朝鲜也产。喜光，耐干旱瘠薄，为荒山绿化先锋树种；对土壤要求不严，酸性土至钙质土上均可生长。

【繁殖方法】播种繁殖。

【园林用途】园林中可丛植观赏，也用于荒山绿化，还可用作嫁接胡桃、山核桃和美国山核桃的砧木。

十九、杨梅科 Myricaceae

常绿或落叶，灌木或乔木。植物体被圆形树脂腺体，芳香。单叶，互生；常无托叶。花单性，无花被，雌雄异株或同株，柔荑花序；雄蕊4～8；雌蕊由2心皮合成，子房上位，1室，1胚珠，柱头2。核果，外被蜡质瘤点及油腺点。

3属约50种，主要分布于热带和亚热带地区。我国1属4种。

杨梅属 *Myrica* Linn.

常绿灌木或乔木。叶全缘或有锯齿，常集生枝顶；无托叶。雌雄异株。核果，外果皮薄或稍肉质，被肉质乳头状突起或树脂腺体。

约50种，分布于热带至温带。我国4种，产长江以南和西南各地。

杨梅 *Myrica rubra* Sieb. & Zucc. (图8-122)

【形态特征】常绿乔木，高达15m。树冠近球形。幼枝和叶背面有黄色树脂腺体。叶长圆状倒卵形或倒披针形，长6～16cm，先端圆钝，基部狭楔形，两面无毛，全缘或先端有浅齿，幼树和萌枝之叶中部以上有锯齿。雄花序单生或簇生叶腋，长1～3cm，带紫红色；雌花序单生叶腋，长0.5～1.5cm，红色。核果球形，径约1～1.5(3)cm，深红色，或紫色、白色，多汁。花期3～4月；果期6～7月。

【分布与习性】长江以南各省区均有分布和栽培；日本、朝鲜和菲律宾也有分布。中性树，较耐阴，不耐烈日；喜温暖湿润气候和排水良好的酸性土壤，但在中性和微碱性土壤中也可生长。深根性，萌芽力强。对二氧化硫、氯气等有毒气体抗性较强。

【繁殖方法】播种、压条或嫁接繁殖，生产上优良品种的繁殖均采用嫁接法。

图8-122 杨梅
1—果枝；2—雌花枝；3—雄花枝；
4—雌花；5—雄花

【园林用途】杨梅在古代即为著名水果和庭木，树冠圆整、树姿幽雅，枝叶繁茂、密荫婆娑，果实密集而红紫，可谓"红实缀青枝，烂漫照前坞"。在园林造景中，既可结合生产，于山坡大面积种植，果熟之时，景色壮观；也可于庭院房前、亭际、墙隅、假山石边、草坪等各处孤植、丛植，均丹实离离，斑斓可爱。

二十、壳斗科(山毛榉科) Fagaceae

常绿或落叶乔木，稀灌木。芽鳞覆瓦状排列。单叶，互生，羽状脉；托叶早落。花单性，雌雄同株；单被花，花被4~7裂；雄花多为柔荑花序，雄蕊与花被片同数或为其倍数，花丝细长；雌花1~3(5)朵生于总苞内，总苞单生、簇生或集生成穗状，子房下位，3~6室，2胚珠，仅1个发育成种子，花柱与子房室同数，宿存。坚果，1~3(5)个生于由总苞木质化形成的壳斗内，壳斗全部或部分包围坚果，小苞片鳞形、刺形、披针形或粗糙突起；种子无胚乳。

8属约900~1000种，分布于温带、亚热带和热带。我国7属294种，落叶树类主产东北、华北，常绿树类主产长江以南，在华南、西南地区最盛，是亚热带常绿阔叶林的主要树种。

分 属 检 索 表

1. 雄花序直立或斜展，雄花有退化雌蕊；壳斗具果1~3(5)。
  2. 落叶；枝无顶芽；子房6室；壳斗球状，密被分叉针刺，坚果1~3 ·················· 栗属 Castanea
  2. 常绿；枝具顶芽；子房3室。
    3. 壳斗球状，稀杯状，常有刺，内含1~3坚果；叶2列，全缘或有齿；果脐隆起········ 栲属 Castanopsis
    3. 壳斗盘状或杯状，稀球状，无刺，内含1坚果；叶非2列，常全缘；果脐凹陷 ····· 石栎属 Lithocarpus
1. 雄花序下垂，雄花无退化雌蕊；壳斗具1果。
  4. 壳斗小苞片覆瓦状排列，紧密或张开，不结合成同心圆环带(即分离)；落叶或常绿··········· 栎属 Quercus
  4. 壳斗小苞片鳞形，结合成同心圆环带；常绿 ·············· 青冈栎属 Cyclobalanopsis

(一) 栗属 Castanea Mill.

落叶乔木，稀灌木；无顶芽，芽鳞3~4。叶2列状互生，有锯齿，侧脉直达齿端呈芒状。雄柔荑花序直立，腋生，花被6裂，雄蕊10~12；雌花1~3(7)朵生于多刺的总苞内，着生于雄花序下部或单独成花序，子房6室。壳斗球形，密被分枝长刺，全包坚果；坚果1~3个。

约12种，分布于北半球温带和亚热带。我国4种，广布。果实富含淀粉和糖类，是优良的干果树种。

分 种 检 索 表

1. 小枝有灰色绒毛；壳斗有坚果1~3粒，稀更多。
  2. 叶背面被灰白色短柔毛，壳斗大，直径6~9cm，果径1~3cm ················· 板栗 C. mollissima
  2. 叶背面具黄褐色腺鳞，壳斗小，直径3~4cm，果径不及1.5cm ················· 茅栗 C. seguinii
1. 小枝无毛，紫褐色；叶背略有星状毛或无毛；壳斗径2.5~3.5cm，内有坚果1粒 ·········· 锥栗 C. henryi

1. 板栗 Castanea mollissima Blume(图 8-123)

【形态特征】乔木，高达15m；树冠扁球形。小枝有灰色绒毛。叶矩圆状椭圆形至卵状披针形，长8~18cm，基部圆或宽楔形，叶缘有芒状齿，上面亮绿色，下面被灰白色星状短柔毛。花序直立，多数雄花生于上部，数朵雌花生于基部。壳斗球形，密被长针刺，直径6~9cm，内含1~3个坚果。花期4~6月；果期9~10月。

【分布与习性】我国特产，各地栽培，以华北及长江流域最为集中。喜光，耐-30℃低温；耐旱，喜空气干燥；对土壤要求不严，最适于深厚湿润、排水良好的酸性至中性土壤，在pH值7.5以上的钙质土或含盐量超过 0.2% 的盐碱土以及过于黏重、排水不良的地区生长不良。深根性，根系发达，萌蘖力强。对有毒气体如二氧化硫、氯气的抵抗力较强。

【繁殖方法】播种繁殖为主，也可嫁接。

【园林用途】树冠宽大，枝叶茂密，可用于草坪、山坡等地孤植、丛植或群植，庭院中以两三株丛植为宜。板栗是我国栽培最早的干果树种之一，被誉为"铁秆庄稼"，是园林结合生产的优良树种。可辟专园经营，亦可用于山区绿化。

2. 锥栗 *Castanea henryi* (Skan) Rehd. & Wils.

高达 30m，胸径 1.5m。小枝无毛，紫褐色。叶宽披针形或卵状披针形，长 12～18(23)cm，宽 3～7cm，先端长渐尖或尾尖，叶背略有星状毛或无毛。雌花单独形成花序。壳斗径 2.5～3.5cm，内有坚果 1 粒，卵形，径 1.5～2cm，先端尖。

图 8-123　板栗

1—花枝；2—果枝；3—雄花；4—雌花；5—壳斗及果；6—果；7—叶背部分放大

产秦岭南坡以南至五岭以北各地，但台湾和海南不产，常生于海拔 100～1800m 的丘陵山地。珍贵用材和干果树种。树干通直，树形美观，可植为庭荫树。

3. 茅栗 *Castanea seguinii* Dode

小乔木或灌木状。小枝有灰色绒毛。叶长椭圆形或倒卵状长椭圆形，长 6～14cm，叶背具黄褐色腺鳞。壳斗径 3～4cm，内有坚果 3 个，有时多达 5～7 个，球形或扁球形。

产大别山以南、五岭南坡以北各地，常生于海拔 400～2000m 的低山丘陵、灌木林中。耐干旱瘠薄，可作为嫁接板栗的砧木。

(二) 栲属 (锥属) *Castanopsis* (D. Don) Spach.

常绿乔木。有顶芽，芽鳞多数。叶 2 列状互生，全缘或有齿，革质。雄花序细长而直立，花被 5～6 裂，雄蕊 10～12；雌花 1～5 朵生于总苞内，子房 3 室，花柱 3。壳斗近球形，稀杯状，外壁具刺，稀为瘤状或鳞状。坚果 1～3，翌年或当年成熟。

约 120 种，分布于亚洲热带和亚热带地区。我国 58 种，分布于江南各地至华南、西南，主产于云南和两广。

分 种 检 索 表

1. 壳斗外壁具刺，叶全缘或近顶端疏生浅齿。
　　2. 壳斗刺密生；叶两面绿色，有时下面灰白色 ·················· 甜槠 *C. eyrei*
　　2. 壳斗刺疏生；叶下面密被棕红色或棕黄色粉末状鳞秕 ·················· 栲树 *C. fargesii*
1. 壳斗外壁无刺，具鳞片；叶缘中上部有锐锯齿，下面淡银灰色，有蜡层 ·················· 苦槠 *C. sclerophylla*

1. 苦槠 *Castanopsis sclerophylla* (Lindl.) Schott. (图 8-124)

【形态特征】高 5～10m，稀达 15m；树冠球形；树皮暗灰色，纵裂。小枝有棱沟，绿色，无毛。叶厚革质，长椭圆形，长 7～14cm，宽 3～6cm，叶缘中上部有锐锯齿，下面淡银灰色，有蜡层。果序长 8～15cm，坚果单生于壳斗中，壳斗球形或半球形，全包或包被坚果大部分，鳞片三角形或瘤状突起；坚果近球形，径 1～1.4cm。花期 4～5 月；果期 9～11 月。

【分布与习性】产长江中下游以南地区，但西南和五岭南坡以南不产，生于海拔 1000m 以下山地。幼年较耐阴，喜温暖湿润气候，也较耐寒，是本属中分布最北(陕南)的种类；喜湿润肥沃的酸性和中性土，也耐干旱瘠薄；对二氧化硫等有毒气体抗性强。

【繁殖方法】播种繁殖。

【园林用途】树体高大雄伟，树冠圆球形，枝叶茂密，可在草坪上孤植、丛植，也可群植作背景树。由于抗污染，可用于工矿区绿化及防护林带。

2. 甜槠 *Castanopsis eyrei* (Champ.) Tutch.

高达 20m；树皮浅裂。枝叶无毛。叶卵形、卵状披针形或长椭圆形，长 5～13cm，先端尾尖，基部不对称，全缘或近顶端疏生浅齿，两面绿色，有时叶背灰白色。壳斗宽卵形，刺密生，基部或中部以下合生为刺束，有时连生成刺环。坚果宽圆锥形，径 1～1.4cm，无毛，果脐小于坚果底部。花期 4～5 月；果期翌年 9～11 月。

产长江以南各地(云南、海南除外)。适应性强，是南方常绿林的重要树种。用途同苦槠。

3. 栲树 *Castanopsis fargesii* Franch.（图 8-125）

图 8-124 苦槠
1—果枝；2—雄花枝；3—雌花枝；
4—雄花；5—雌花；6—果

图 8-125 栲树
1—果枝；2～5—叶：示叶形变化；
6～9—壳斗和坚果

高达 30m，树皮浅灰色，不裂或浅裂。幼枝、叶下面、叶柄密被红褐色或红黄色粉末状鳞秕。叶长椭圆形或卵状长椭圆形，长 7～15cm，全缘或近顶端偶有 1～3 对钝齿。果序长达 18cm。壳斗球形，刺粗短，疏生。坚果 1 个，卵球形。花期 4～5 月；果期翌年 8～10 月。

产长江以南，南至华南，西达西南，东至台湾省，为栲属中在我国分布最广的一种。耐阴，山谷阴坡生长最好，形成纯林。园林用途同苦槠。

附：钩栲(*Castanopsis tibetana* Hance)，高达 30m，枝叶无毛。叶卵状椭圆形、卵形至倒卵状椭圆形，长 15～30cm，宽 5～10cm，叶缘至少在顶端有尖锯齿，侧脉直达齿端；幼叶背面红褐色，老叶背面淡棕灰色或银灰色；壳斗圆球形，连刺径约 6～8cm，刺长 1.5～2.5cm，基部合生成刺束；坚果 1 个，扁圆锥形。产华东至华南、西南，杭州等地栽培。

（三）石栎属（柯属）*Lithocarpus* Blume

常绿乔木，具顶芽。芽鳞和叶均螺旋状排列，不为 2 列。叶全缘，稀有齿。花序直立，雄花常 3 朵聚成一簇，雄蕊 10～12，雄花序单生或多个排成圆锥状；雌花单朵或 3～5(7)聚成一簇生于花序轴上，子房 3 室；有时雌雄同序。壳斗碗状或杯状，部分包被坚果，或全包；坚果 1，翌年成熟。

约 300 种，主产亚洲热带和亚热带，1 种产北美洲。我国 123 种，产秦岭南坡以南，主产云南和两广。

石栎（柯）*Lithocarpus glaber* (Thunb.) Nakai（图 8-126）

【形态特征】高达 20m；树冠半球形；树皮青灰色，不裂。小枝密生灰黄色绒毛。叶厚革质，长椭圆形或倒卵状椭圆形，长 6～14cm，宽 2.5～5cm，先端突尖至尾尖，基部楔形，全缘或近顶端略有钝齿，嫩叶下面中脉被短毛和秕糠状蜡质鳞秕，干后灰白色。壳斗浅碗状，高 0.5～1cm，部分包坚果，鳞片三角形；坚果长椭圆形，长 1.5～2.5cm，具白粉。花期 7～11 月；果翌年 7～11 月成熟。

【分布与习性】产秦岭南坡以南各地，但北回归线以南少见，海南和云南南部不产，常生于海拔 1000m 以下低山丘陵。日本也有分布。喜光，也较耐阴，喜温暖湿润气候和深厚土壤，也耐干旱瘠薄。萌芽力强。

【繁殖方法】播种繁殖。

图 8-126　石栎
1—果枝；2—雄花序；3—雄花；4—果

【园林用途】树冠宽大，枝叶茂密，终年常青，可作庭荫树或植为高篱，用作隐蔽，也适宜风景区大面积造林；在公园中，可于空旷处孤植，也可丛植作为花灌木和秋色叶树种的背景。

附：绵石栎 [*Lithocarpus henryi* (Seem.) Rehd. & Wils.]，1 年生枝具棱，无毛。叶窄长椭圆形，长 6.5～22cm，宽 3～6cm，基部两侧略不对称，全缘，背面灰绿色，有蜡质鳞层，干后常为灰白色。壳斗浅碗状，高 0.6～1.4cm；坚果卵形，高 1.2～2cm，径 1.5～2.4cm。产于陕西、湖北、湖南、贵州、四川等地。

（四）栎属 *Quercus* Linn.

常绿、半常绿或落叶乔木，稀灌木；有顶芽，芽鳞多数。叶螺旋状互生。雄花序下垂，花被 4～7 裂，雄蕊 6(4～12)；雌花序穗状，直立，雌花单生总苞内，子房 3(2～5)室。壳斗杯状、碟状、半球形或近钟形，包围坚果 1/3～3/4；小苞片鳞形、线形或钻形，覆瓦状排列，紧贴、开展或反曲。坚果 1，当年或翌年成熟。

约 300 种，主要分布于北半球温带和亚热带。我国 35 种，广布，多为温带阔叶林的主要成分。

分 种 检 索 表

1. 落叶乔木。

2. 叶卵状披针形至长椭圆形，边缘有刺芒状尖锯齿；果两年熟。

   3. 叶下面有灰白色星状毛；树皮木栓层发达 ·· 栓皮栎 *Q. variabilis*

   3. 叶下面无毛，淡绿色；树皮木栓层不发达 ··· 麻栎 *Q. acutissima*

2. 叶倒卵形，边缘波状或分裂，叶缘有波状齿，齿端无刺芒；果当年熟。

    4. 壳斗苞片披针形，柔软反卷，红棕色；小枝、叶背密被绒毛；叶柄极短 ·············· 槲树 *Q. dentata*

    4. 壳斗苞片鳞片状，或背部呈瘤状突起，排列紧密，不反卷。

      5. 叶背面有灰白色或灰黄色星状绒毛。

       6. 小枝、叶柄、叶背面密生灰褐色绒毛；叶柄长 3～5mm ·············· 白栎 *Q. fabri*

       6. 小枝、叶柄无毛，叶背面密生灰白色星状绒毛；叶柄长 l～3cm ·········· 槲栎 *Q. aliena*

      5. 叶背无毛，或仅沿脉有疏毛。

       7. 叶柄长 2～3cm，叶缘 5～7 深裂，裂片再尖裂 ·························· 沼生栎 *Q. palustris*

       7. 叶柄长 2～5mm，叶缘具波状圆钝裂齿。

        8. 壳斗苞片背面呈瘤状突起；圆钝齿及侧脉各 7～11 对 ·············· 蒙古栎 *Q. mongolica*

        8. 壳斗苞片背部无瘤状突起；圆钝齿及侧脉各 5～7(10) 对 ·········· 辽东栎 *Q. wutaishanica*

1. 常绿小乔木或灌木，叶倒卵形或狭椭圆形，中部以上疏生锯齿 ····························· 乌冈栎 *Q. phillyraeoides*

1. 麻栎 *Quercus acutissima* Carr. (图 8-127)

【形态特征】落叶乔木，高达 30m；树冠广卵形；树皮深纵裂。叶长椭圆状披针形，长 9～16cm，宽 3～5cm，先端渐尖，基部近圆形，叶缘有刺芒状锐锯齿，下面淡绿色，幼时有短绒毛；侧脉 13～18 对。壳斗杯状，包围坚果 1/2，苞片钻形，反曲，有毛；坚果卵球形或卵状椭圆形，高 2cm，径 1.5～2cm。花期 4～5 月；果期翌年 10 月。

【分布与习性】麻栎是我国分布最广的栎类之一，最北界达东北南部，南界为两广、海南。日本、朝鲜、越南、印度、缅甸、尼泊尔、泰国、柬埔寨等国也有分布。喜光，幼树耐侧方庇荫。对气候、土壤的适应性强，在 pH 值为 4～8 的酸性、中性及石灰性土壤中均能生长。耐干旱瘠薄，不耐积水。抗污染。深根性，主根明显，抗风力强；不耐移植。萌芽力强。

图 8-127 麻栎

1—果枝；2—花枝；3—雄花；4、5—雌花；6—果；7—叶背部分放大

【繁殖方法】播种繁殖。种子落地后常很快发芽，故在 9～10 月间，当壳斗由绿变黄时，应及时采收。

【园林用途】树干通直，树冠雄伟，浓荫如盖，秋叶金黄或黄褐色，季相变化明显，园林中可孤植、丛植或群植，也适于工矿区绿化。根系发达，适应性强，是营造防风林、水源涵养林及防火林带的优良树种。壳斗为重要栲胶原料。

2. 栓皮栎 *Quercus variabilis* Blume(图 8-128)

与麻栎相似，但树皮的木栓层特别发达，富弹性。叶片背面有灰白色星状毛，老时也不脱落。壳斗包围坚果 2/3，果近球形或卵形，顶端平圆。

分布和习性与麻栎近似，但较麻栎耐旱，较耐火。园林应用同麻栎。另外，栓皮栎为特用经济树种，其栓皮为国防及工业重要材料。

3. 槲树（波罗栎） *Quercus dentata* Thunb.（图8-129）

图8-128　栓皮栎
1—雄花枝；2—果枝；3—果；
4—叶背面部分放大

图8-129　槲树
1—果枝；2—花枝；3—雄花；4—雄蕊；
5—花萼；6—叶背局部

【形态特征】落叶乔木，高达25m；树冠椭圆形。小枝粗壮，有沟棱，密被黄褐色星状绒毛。叶倒卵形至椭圆状倒卵形，长10～30cm，先端钝圆，基部耳形，有4～10对波状裂片或粗齿，下面密被星状绒毛；叶柄长2～5mm，密被棕色绒毛。壳斗杯状，包围坚果1/2～2/3；小苞片长披针形，棕红色，张开或反曲；果卵形或椭圆形，长1.5～2.3cm。花期4～5月；果期9～10月。

【分布与习性】产东北东南部、华北、西北至长江流域和西南，生于海拔2700m以下的山地阳坡或松栎林中。喜光，稍耐阴；耐寒；耐干旱瘠薄，忌低湿。对土壤要求不严，酸性土和钙质土上均可生长。深根性，萌芽力强。抗烟尘和有毒气体，耐火力强。

【繁殖方法】播种繁殖。

【园林用途】树形奇雅，叶大荫浓，秋叶红艳，是著名的秋色叶树种之一，日本园林中常见应用。可孤植，供遮荫用，或丛植、群植以赏秋季红叶，也可以作灌木处理，于窗前、中庭孤植一丛，别饶风韵。

4. 白栎 *Quercus fabri* Hance

落叶乔木，高达20m。小枝密生灰色至灰褐色绒毛。叶倒卵形至椭圆状倒卵形，长7～15cm，先端钝或短渐尖，基部楔形至窄圆形，有波状粗钝齿，背面密被灰黄褐色星状绒毛，侧脉8～12对；叶柄长3～5mm，被褐黄色绒毛。壳斗碗状，包围坚果约1/3，小苞片排列紧密；坚果长椭圆形。花期4月；果10月成熟。

产淮河以南、长江流域至华南、西南各省区。喜光，喜温暖气候，萌芽力强。

5. 槲栎 *Quercus aliena* Blume

落叶乔木，高达25m，胸径1m。树冠广卵形。小枝无毛，芽有灰色毛。叶倒卵状椭圆形，长

10～22cm，先端钝圆，基部耳形或圆形，具波状钝齿，侧脉 10～14 对；背面密生灰色星状毛；叶柄长 1～3cm，无毛。壳斗碗状，小苞片鳞形。

产华东、华中、华南及西南各省区。喜光，耐干旱瘠薄，萌芽力强。

6. 蒙古栎 *Quercus mongolica* Fisch.（图 8-130）

【形态特征】落叶乔木，高达 30m。小枝粗壮，无毛，具棱。叶倒卵形，长 7～19cm，先端钝或短突尖，基部窄耳形，具 7～11 对圆钝齿或粗齿，下面无毛；侧脉 7～11 对；叶柄长 2～5mm，无毛。壳斗浅碗状，包围坚果 1/3～1/2，小苞片鳞形，具瘤状突起。果卵形或椭圆形，径 1.3～1.8cm，高 2～2.3cm。花期 5～6 月；果期 9～10 月。

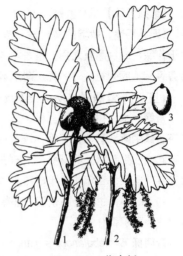

图 8-130　蒙古栎
1—果枝；2—雄花枝；3—果

【分布与习性】产东北、内蒙古、河北、山西、山东等地；日本、朝鲜、俄罗斯也有分布。喜光，喜凉爽气候，耐寒性强，可耐 -40℃ 低温，耐干旱瘠薄。

【繁殖方法】播种繁殖。

【园林用途】为适生地区主要落叶阔叶树种之一。秋叶紫红色，别具风韵，也是优良的秋色叶树种。

7. 辽东栎* *Quercus wutaishanica* Mayr.

　　——*Quercus liaotungensis* Koidz.

落叶乔木，高达 15m。幼枝绿色，无毛。叶倒卵形或长倒卵形，长 5～17cm，先端圆钝或短突尖，基部窄圆或耳形，叶缘具有 5～7 对波状圆齿，幼时沿脉有毛，老时无毛；侧脉 5～7 对；叶柄无毛。雄花序长 5～7cm；雌花序长 0.5～2cm。壳斗浅杯形，包着坚果约 1/3，小苞片扁平三角形，无瘤状突起，疏被短绒毛；坚果卵形或卵状椭圆形，径 1～1.3cm，高约 1.5cm，顶端有短绒毛。花期 5～6 月；果期 9～10 月。

产东北、华北、西北、四川等地。喜光，耐干旱瘠薄能力特强。用途同蒙古栎。

8. 沼生栎 *Quercus palustris* Muench.

落叶乔木，高达 25m。树皮暗灰褐色，不裂。小枝褐绿色，无毛。叶卵形或椭圆形，长 10～20cm，宽 7～10cm，顶端渐尖，基部楔形，边缘具 5～7 深裂，裂片再尖裂，两面无毛。壳斗杯形，包围坚果 1/4～1/3；小苞片鳞形，排列紧密；坚果长椭圆形，径 1.5cm，长 2～2.5cm，淡黄色。

原产美洲。河北、北京、辽宁、山东等省市有引种栽培，生长良好。

树冠宽大，扁球形，为优良行道树和庭荫树。

9. 乌冈栎 *Quercus phillyraeoides* A. Gray（图 8-131）

【形态特征】常绿小乔木或灌木，高达 10m。小枝细长，幼时被绒毛。叶片倒卵形或狭椭圆形，长 2～6(8)cm，中部以上疏生锯齿。雄花序长 2.5～4cm，花序轴被黄褐色绒毛；雌花序长 1～4cm。壳斗杯状，包围坚果 1/2～2/3，小苞片三角形，长约 1mm，排列紧密；坚果长椭圆形，高 1.5～1.8cm，

　　　　* 在《中国植物志》（英文版）中，辽东栎*Quercus wutaishanica* Mayr. 被并入蒙古栎*Quercus mongolica* Fisch.。本书作为不同的种处理。

径 8mm。花期 3～4 月；果期 9～10 月。

【分布与习性】产陕西、河南，经长江流域至两广和福建，常生于海拔 300～1200m 的山坡、山顶和山谷密林中；日本也有分布。适应性强，喜光，也较耐阴；在干旱瘠薄的阳坡、岩石裸露的山脊都能生长。

【繁殖方法】播种繁殖。

【园林用途】栽培的乌冈栎一般呈灌木状，树冠自然、低矮，疏密有致，大枝屈曲，姿态优美。适于作绿篱或供隐蔽之用，也是常绿阔叶林或落叶阔叶林的优良下木，还可修剪成球形，用于草地、路旁等丛植或列植。乌冈栎还耐潮风，非常适于沿海地区庭园造景。

（五）青冈栎属 *Cyclobalanopsis* Oerst.

常绿乔木；树皮光滑，稀深裂。芽鳞多数，覆瓦状排列。叶全缘或有锯齿。花被 5～6 深裂；雄花序多簇生新枝基部，下垂；雌花序穗状，顶生，直立，雌花单生于总苞内，子房常 3 室，柱头侧生带状或顶生头状。壳斗杯状、碟形、钟形，稀全包，鳞片愈合成同心环带，环带全缘或具齿裂；每壳斗 1 坚果，当年或翌年成熟。

约 150 种，主要分布于亚洲热带和亚热带。我国 69 种，分布极广，在秦岭和淮河流域以南山地常组成大面积森林。

青冈栎 *Cyclobalanopsis glauca* (Thunb.) Oerst. (图 8-132)

图 8-131　乌冈栎
1—果枝；2～4—叶形变异

图 8-132　青冈栎
1—果枝；2—雄花枝；3—雄花；4—雌花序

【形态特征】高达 20m，胸径 1m。树皮平滑不裂；小枝青褐色，幼时有毛，后脱落。叶长椭圆形或倒卵状长椭圆形，长 6～13cm，先端渐尖，边缘上半部有疏齿，背面被白色平伏单毛。壳斗杯状，包围坚果 1/3～1/2，苞片结合成 5～8 条同心圆环。坚果卵形或椭圆形，径 0.9～1.4cm，高 1～1.6cm，无毛。花期 4～5 月；果 10～11 月成熟。

【分布与习性】产于长江流域及其以南地区，北达河南、陕西、青海、甘肃；日本和朝鲜也产。

喜温暖多雨气候，较耐阴；在酸性、弱碱性和石灰岩土壤上均可生长良好。萌芽力强，耐修剪；深根性。抗有毒气体能力较强。

【繁殖方法】播种繁殖。

【园林用途】树冠宽椭圆形，枝叶茂密，树姿优美，四季常青，是良好的绿化树种，适于淮河流域以南各地应用。可供大型公园、风景区内群植成林，也可用作背景树。以其萌芽力强、具隔声和防火能力，也可植为高篱，并是良好的防风林带、防火林带树种。

二十一、桦木科 Betulaceae

落叶乔木或灌木；无顶芽。单叶，互生，羽状脉，有锯齿；托叶早落。花单性同株；雄花排成下垂的柔荑花序，花1~3朵生于苞腋，花被4裂或无，雄蕊2~14；雌花排成圆锥形、球果状、穗状或近于头状花序式的柔荑花序，每苞腋内有2~3朵雌花，花被与子房合生或无花被；子房下位，2室，胚珠1，花柱2。坚果，有翅或无翅，外具总苞。

6属约150~200种，主产北温带。我国6属89种，各地均产，主产北部、中部和西南部。北温带森林的重要组成树种，有些种类种子可食或榨油。也用于造林和园林绿化。

有些学者将本科分为桦木科(Betulaceae)和榛科(Corylaceae)。

分 属 检 索 表

1. 坚果扁平，有翅，包藏于革质或木质鳞片状果苞内，组成球果状或柔荑状果序；雄花花被片4裂，雄蕊2~4。
   2. 果苞薄，3裂，脱落；冬芽无柄 ……………………………………………………………… 桦木属 Betula
   2. 果苞厚，5裂，宿存；冬芽有柄 ……………………………………………………………… 桤木属 Alnus
1. 坚果卵形或球形，无翅，包藏于叶状或囊状草质果苞内，组成簇生或穗状果序；雄花无花被，雄蕊3~14。
   3. 果实小而多数，集生成下垂之穗状，果苞叶状 ……………………………………………… 鹅耳枥属 Carpinus
   3. 果实大，簇生，外被叶状、囊状或刺状果苞 ……………………………………………………… 榛属 Corylus

（一）桦木属 Betula Linn.

乔木或灌木，树皮多光滑，常纸状剥落，皮孔线形横生。幼枝常具树脂点。冬芽无柄，芽鳞多数。雄花序球果状长柱形，于当年秋季形成，翌春开放，开放后呈典型柔荑花序特征，雄蕊2；雌花序球果状短圆柱形或长圆柱形；果苞革质，3裂，熟后脱落，每苞3坚果。坚果扁平，两侧具膜质翅。

约50~60种，主要分布于北半球寒温带和温带，少数种类分布至北极圈和亚热带山地。我国32种，分布于东北、华北、西北、西南以及南方中山地区。

分 种 检 索 表

1. 树皮白色；叶脉5~8对。
   2. 果翅与果实等宽或稍宽 …………………………………………………………………… 白桦 B. platyphylla
   2. 果翅宽达果实的2倍，枝条细长下垂 ……………………………………………………… 垂枝桦 B. pendula
1. 树皮橘红色；叶脉10~14对 ………………………………………………………………… 红桦 B. albosinesnsis

1. 白桦 Betula platyphylla Suk. (图8-133)

【形态特征】高达27m；树皮白色，纸质薄片状剥落。叶三角状卵形、菱状卵形或三角形，下面密被树脂点，长3~7cm，先端尾尖或渐尖，基部平截至宽楔形，有重锯齿；侧脉5~8对。果序圆柱形，长2~5cm；果苞长3~6mm，中裂片三角形。小坚果椭圆形或倒卵形。花期4~5月；果期8~9月。

【分布与习性】产东北、华北和西南；俄罗斯、蒙古、朝鲜北部和日本也有分布。阳性树，耐寒性强，在沼泽地、干燥阳坡和湿润阴坡均能生长，喜酸性土。生长速度快。

【繁殖方法】播种繁殖。

【园林用途】树皮洁白呈纸片状剥落，树体亭亭玉立，枝叶扶疏、秋叶金黄，是中高海拔地区优美的山地风景树种。在适宜地区也是优良的城市园林树种，孤植或丛植于庭院、草坪、池畔、湖滨，列植于道路两旁均颇美观，若以云杉等常绿的针叶树为背景，前面铺以碧绿的草坪，则白干、黄叶、绿草相映成趣，可产生极为优美的效果。

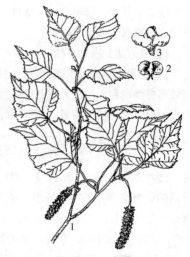

图 8-133　白桦
1—果枝；2—小坚果；3—果苞

2. 垂枝桦 *Betula pendula* Roth.

【形态特征】高达 25m，树皮灰白色，薄片状剥落。枝条细长下垂，红褐色，皮孔显著，小枝被树脂粒。叶三角形、菱状卵形或三角状卵形，长 3～7cm；侧脉 5～7 对。果序长 2～4cm，径达 1cm。坚果倒卵形，果翅宽达果实的 2 倍。

【分布与习性】产新疆阿尔泰山；欧洲、小亚细亚、西伯利亚也有分布。喜光，抗寒，耐 -50℃低温；喜湿润，多生于山区中下部、河谷、河滩潮湿地带。

【繁殖方法】播种繁殖。

【园林用途】树形优美，秋叶变黄，是优良的城乡绿化树种，可用于营造农田防护林，新疆园林中已有应用。

3. 红桦 *Betula albosinesnsis* Burkill

【形态特征】高达 30m；树皮暗橘红色，纸质薄片状剥落，横生白色皮孔。小枝无毛。叶卵形或椭圆状卵形，基部圆形或阔楔形，长 4～9cm，有不规则重锯齿；侧脉 10～14 对。果序单生，稀 2 个并生，长 2～5.5cm，果苞中裂片显著长于侧裂片；坚果椭圆形。花期 4～5 月；果期 6～7 月。

【分布与习性】产甘肃南部、宁夏(六盘山)、青海、河北、河南、山西、陕西南部、湖北西部、四川东部，多生于海拔 1000m 以上的落叶阔叶林中。较耐阴，喜湿润，耐寒性强。野生常见于高山阴坡或半阴坡。

【繁殖方法】播种繁殖。

【园林用途】树皮橘红色，光洁亮丽，宜片植为风景林，在草坪上散植、丛植均佳。

(二) 桤木属 *Alnus* Mill.

乔木或灌木。冬芽有柄，芽鳞 2，稀 3～6。雄花序圆柱形，秋季形成，翌春开放，下垂，每苞 3 花，雄蕊 4；雌花序短，每苞 2 花。果序呈球果状，果苞木质，先端 5 裂，宿存。坚果扁平，两侧具膜质翅。

约 40 种，主产北半球温带至亚热带。我国 10 种，分布于东北、华北至西南和华南，为喜光、速生树种，常有根瘤。

分 种 检 索 表

1. 果序具短梗，2～8 个集生。

　2. 叶卵圆形或近圆形，先端圆，具不规则粗锯齿和缺刻，侧脉 5～6 对 ………………… 辽东桤木 *A. sibirica*

2. 叶倒卵状椭圆形或长椭圆形，先端尖，有细锯齿，侧脉 7~10 对 …………………… 日本桤木 A. japonica
1. 果序单生叶腋，果序梗纤细，长 4~7cm；叶椭圆状倒卵形，侧脉 8~16 对 ………… 桤木 A. cremastogyne

1. 日本桤木(赤杨) *Alnus japonica* (Thunb.) Steud. (图 8-134)

【形态特征】高达 6~15m；树皮灰褐色。冬芽有柄，芽鳞 2。小枝被油腺点，无毛。短枝上的叶倒卵形、长倒卵形，长 4~6cm，宽 2.5~3cm，基部楔形，先端骤尖、锐尖至渐尖，边缘具疏锯齿；长枝上的叶披针形、椭圆形，少长倒卵形，较大，长可达 15cm，下面脉腋有簇生毛；侧脉 7~11 对。萌枝之叶具粗锯齿。雄花序 2~5 枚排成总状。果序椭圆形，2~5(8) 枚排成总状或圆锥状，长约 2cm，直径 1~1.5cm，果序梗粗壮，长约 1cm。坚果椭圆形至倒卵形，具狭翅。花期 2~3 月；果期 9~10 月。

【分布与习性】产吉林、辽宁、河北、山东、河南、安徽、江苏、台湾等地，生于海拔 800~1500m 的山坡林中、河边，江苏北部有栽培。俄罗斯远东地区、日本和朝鲜也有分布。喜水湿，常生于低湿滩地、河谷、溪边，形成纯林或与枫杨、河柳等混生。生长速度快；萌芽力强。

【繁殖方法】播种繁殖。

【园林用途】日本桤木是低湿地、护岸固堤、改良土壤的优良造林树种，适于水边、池畔等处列植或丛植，庭院中植为庭荫树也颇适宜。能改良土壤，与其他树种混交可促进后者生长。

2. 桤木 *Alnus cremastogyne* Burk. (图 8-135)

图 8-134 日本桤木
1—果枝；2—果苞；3—坚果；4—雄花

图 8-135 桤木
1—果枝；2—果苞；3—坚果；4—雄花序枝；5—雄花

【形态特征】高达 40m。芽具短柄。小枝无毛。叶倒卵形、椭圆状倒卵形、椭圆状倒披针形或椭圆形，长 6~15cm，先端突短尖或钝尖，无毛，下面密被树脂点，疏生细钝锯齿；侧脉 8~10 对。雄花序单生，长 3~4cm。果序单生叶腋，矩圆形，长 1.5~3.5cm，果序梗纤细、下垂，长 4~8cm。花期 2~3 月；果期 11 月。

【分布与习性】我国特有树种，分布于四川、贵州北部、浙江、陕西南部和甘肃东南部，长江流域常有栽培。喜温暖气候，喜湿润，多生于溪边和河滩低湿地，在干瘠山地也能生长；对土壤要求不严，酸性、中性和微碱性土均可。

【繁殖方法】播种繁殖。

【园林用途】生长速度快，是重要的速生用材树种，也是护岸固堤、改良土壤、涵养水源的优良树种。

3. 辽东桤木 *Alnus sibirica* Fisch. ex Turcz.

高达 20m。幼枝褐色，密被灰色柔毛。叶卵圆形或近圆形，长 4～9cm，先端圆，叶缘具不规则粗锯齿和缺刻，下面粉绿色；侧脉 5～6(8) 对。果序近球形或长圆形，2～8 个集生，长 1～2cm，果序梗长 2～3mm。

产东北和山东，生于海拔 700～1500m 地带。习性和用途可参考日本桤木。

附：江南桤木(*Alnus trabeculosa* Hand.-Mazz.)，与日本桤木相近，但短枝和长枝上的叶均为倒卵状矩圆形、倒披针状矩圆形或矩圆形，长 6～16cm，宽 2.5～7cm，基部圆形或近心形，先端短尾尖；果序矩圆形，2～4 个呈总状排列。产华东至贵州、广东北部，日本也有分布。

(三) 鹅耳枥属 *Carpinus* Linn.

乔木。芽鳞多数。雄花序生于短侧枝之顶，花单生苞腋，无花被，雄蕊 3～13，花丝叉状；雌花序生于具叶的长枝之顶，每苞 2 花。果序下垂；果苞叶状，有锯齿。坚果卵圆形或椭圆状。

约 50 种，产北半球温带至热带地区，主产东亚。我国 33 种，广布。

鹅耳枥 *Carpinus turczaninowii* Hance (图 8-136)

【形态特征】小乔木，高 5～10m。树皮灰褐色，平滑，老时浅裂。小枝细，幼时有柔毛，后渐脱落。叶卵形、卵状椭圆形，长 2～6cm，宽 1.5～3.5cm，先端渐尖，基部楔形或圆形，有重锯齿；侧脉 10～12 对。果序长 3～6cm，果苞阔卵形至卵形，有缺刻；小坚果阔卵形，长约 3mm。花期 4～5 月；果期 8～10 月。

【分布与习性】产东北南部和黄河流域等地，常生于山坡杂木林中。稍耐阴，喜肥沃湿润的中性至酸性土壤，也耐干旱瘠薄，在干旱阳坡、湿润沟谷和林下均能生长。萌芽力强。

【繁殖方法】播种或分株繁殖。

【园林用途】树形不甚整齐，自然而颇有潇洒之姿，叶形秀丽雅致，秋季果穗婉垂也颇优美。树体不甚高大，最宜于公园草坪、水边丛植，均疏影横斜，颇富野趣，也极适于小型庭院堂前、石际、亭旁各处造景，孤植、丛植均可。在北方，鹅耳枥也是常见的树桩盆景材料。

图 8-136 鹅耳枥

1—花枝；2—雌花；3—雄花；4—苞片；5—雄蕊；6、7—果枝；8、9—果苞背面；10、11—果苞腹面；12、13—果实

附：千金榆(*Carpinus cordata* Blume)，高达 18m。叶椭圆状卵形或倒卵状椭圆形，长 8～15cm，基部心形，侧脉 15～20 对，细密而整齐，叶缘重锯齿具刺毛状尖头。果序长达 5～12cm；果苞卵状长圆形，长 1.5～2.5cm。产东北、华北、西北等地。可作行道树和园景树。

(四) 榛属 *Corylus* Linn.

灌木或小乔木；叶有不规则重锯齿或缺裂。雄花序圆柱状，每苞片内有 2 叉状的雄蕊 4～8 枚。果单生或簇生成头状，坚果包藏于钟状或管状的果苞内。

约 20 种，分布于北半球温带。我国 8 种，产东北至西南各地。

榛子 *Corylus heterophylla* Fisch. ex Trautv. (图 8-137)

【形态特征】高 2～7m，常丛生。叶片圆卵形或宽倒卵形，长 4～13cm，宽 3～8cm，先端近平截而有 3 突尖，基部心形，边缘有不规则重锯齿。雄花序 2～7 条排成总状、腋生、下垂。雌花无梗，1～6 朵簇生枝端。果苞钟状，密被细毛。坚果近球形，长 7～15mm。花期 4～5 月；果期 9 月。

【分布与习性】产东北、华北和西北等地；俄罗斯、朝鲜和日本也产。喜光，也稍耐阴；极耐寒，可耐 -45℃ 低温；耐干旱瘠薄；萌芽力强，萌蘖性强。在土层深厚、肥沃、排水良好的中性和微酸性山地棕色森林土上生长良好。

【繁殖方法】播种繁殖。植株基部萌蘖颇多，也可分株繁殖。

【园林用途】榛子是北方著名的油料和干果树种、木本粮食。株形丛生而自然，叶形奇特，可配植于自然式园林的山坡、山石旁或疏林下，也可植为绿篱。还是北方山区重要的绿化和水土保持灌木。

图 8-137 榛子
1—果枝；2—坚果；3—果实底部

二十二、木麻黄科 Casuariaceae

常绿乔木或灌木。小枝纤细、绿色，多节，酷似麻黄或木贼，轮生或假轮生。叶退化成鳞片状，每节 4～12 枚，基部合生成鞘状。花单性，雌雄同株或异株。雄花序穗状，雄花：花被片 1 或 2，早落，长圆形，雄蕊 1 枚。雌花序头状，生枝顶，雌花：无花被，雌蕊由 2 心皮组成，子房上位，1 室，2 胚珠。果序球果状，苞片木质。小坚果上端具膜质薄翅。

1 属约 65 种，主产大洋洲，伸展至太平洋岛屿、亚洲东南部和非洲东部。我国引入栽培 9 种。

木麻黄属 *Casuarina* Adans.

形态特征同科。

木麻黄 *Casuarina equisetifolia* Linn. (图 8-138)

【形态特征】高达 30～40m；树冠狭长圆锥形。幼树树皮赭红色，老树深褐色，纵裂，内皮鲜红色或深红色。小枝灰绿色，径 0.8～0.9mm，柔软下垂，6～8 棱，节间长 4～9mm。鳞片状叶 7(6～8) 枚轮生，淡绿色，近透明，长 1～3mm，紧贴小枝。雄花序棒状圆柱形，长 1～4cm，雌花序紫红色。果序椭圆形，长 1.5～2.5cm，径 1.2～1.5cm。花期 4～5 月；果期 7～10 月。

【分布与习性】原产澳大利亚东北部和太平洋岛屿，常生于近海沙滩和沙丘上。我国南部和东南沿海地区引种栽培。喜暖热湿润气候；幼苗不耐旱，但大树耐干旱；耐盐碱、抗沙压和海潮。主根深，侧根发达，具有固氮菌根，抗风力强。适于

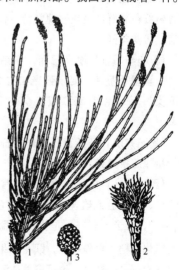

图 8-138 木麻黄
1—花枝；2—雌花序；3—果序

沙地，在深厚肥沃的中性或微碱性土壤上生长最好，在黏土上生长不良。

【繁殖方法】播种或扦插繁殖。

【园林用途】木麻黄是华南地区沿海地带优良的防风固沙和农田防护林先锋树种，园林中适于列植，是优良的行道树。也可群植成林，可与胭脂树、梭罗树、相思树、黄槿、露兜树等混交。

附：细枝木麻黄(*Casuarina cunninghamiana* Miq.)，鳞叶每轮 8(9～10)枚，不透明，小枝较木麻黄稍硬，直径 0.5～0.7mm，不易抽离端节；果序长 0.7～1.2cm；树皮淡红色。

粗枝木麻黄(*Casuarina glauca* Sieb. & Zucc.)，鳞叶每轮 12～16 枚，上部褐色，不透明，小枝径约 1.3～1.7mm，节韧难抽离，折曲时呈白蜡色；果序长 1.2～2cm；树皮内皮淡黄色。

二十三、紫茉莉科 Nyctaginaceae

草本或灌木、乔木，有时为具刺藤本。单叶，互生或对生，全缘，无托叶。花两性，单生或簇生，或聚伞花序，常围以有颜色的苞片组成的总苞；萼呈花冠状，合生成钟状、管状或漏斗状，顶部 3～5(10)裂；无花瓣；雄蕊 1 至多枚，分离或基部合生；子房上位，1 室，1 胚珠。瘦果，有棱或翅，包藏于宿存花萼内；种子有胚乳。

30 属约300 种，主产热带和亚热带，美洲尤盛。我国4 属10 种，引入2 属4 种。

叶子花属(三角花属)*Bougainvillea* Comm. ex Juss.

攀缘灌木，枝条有刺。叶互生。花常 3 朵簇生于大而美丽的叶状苞片中，总梗与苞片的中脉合生，苞片常红色或紫红色；萼筒绿色，顶端 5～6 裂；雄蕊 5～10；子房有柄。瘦果具 5 棱。

约 18 种，产南美洲。我国引入栽培 2 种，供观赏。

叶子花(三角花)*Bougainvillea spectabilis* Willd. (图 8-139)

【形态特征】常绿藤本，长达 10m 以上，枝条密生柔毛，有腋生枝刺。叶椭圆形或卵状椭圆形，长 5～10cm，有光泽。花生于新枝顶端，3 朵组成聚伞花序，为 3 枚大苞片包围，大苞片紫红色、鲜红色或玫瑰红色，偶白色。花期甚长，若温度适宜，可常年开花。

【分布与习性】原产巴西，华南、西南地区常见栽培。性强健，喜温暖湿润，要求强光和富含腐殖质的土壤，忌水涝。较耐炎热，气温达 35℃ 以上仍能正常生长。萌芽力强，耐修剪。

【繁殖方法】扦插繁殖。对于扦插不易生根的品种，可采用嫁接或压条繁殖。

图 8-139　叶子花
1—花枝；2—苞片和花；3—花；
4—雄蕊和雌蕊

【园林用途】枝蔓袅娜，终年常绿；苞片大而华丽，常为紫红色、鲜红色或玫瑰红色，偶白色或黄绿色，也有重瓣(重苞)品种，可全年开花。是优良的棚架、围墙、屋顶和各种栅栏的绿化材料，柔条拂地，红花满架，观赏效果甚佳。经人工绑扎，用于攀附花格、廊柱，则可形成美丽的花屏、花柱，也可培养成灌木。珠海市和深圳市市花。

附：光叶子花(*Bougainvillea glabra* Choisy.)，枝叶无毛或稍有毛，叶卵形或卵状披针形。苞片红色或淡紫色，椭圆形，长3～3.5cm；萼筒长1.5～2cm，绿色。品种斑叶叶子花（'Variegata'），叶面有白色斑纹。

二十四、五桠果科 Dilleniaceae

乔木或灌木，有时藤本。单叶，互生，全缘或有锯齿，侧脉多数，直伸而密，近平行；托叶缺或翅状而与叶柄合生。花两性，辐射对称；萼片5，宿存；花瓣5或更少；雄蕊多数，离生或连合成束，花药纵裂或孔裂；心皮多数，分离或多少合生，稀1；胚珠1至多数，基生胎座。聚合浆果或聚合蓇葖果；种子常有假种皮。

约10属500种，分布于热带和亚热带。我国2属5种，产云南、广东、广西和海南。

五桠果属 Dillenia Linn.

常绿或落叶乔木。叶大，有隆起的羽状脉，常有锯齿。花单生、数朵簇生或排成总状花序；萼片5，覆瓦状排列；花瓣5，薄，白色或黄色，早落；雄蕊极多数，2轮；心皮4～20，着生于隆起的花托上，离生或部分结合；胚珠数至多颗。聚合浆果球形，包藏于肥厚的宿萼内。

约65种，分布于亚洲热带、大洋洲、马达加斯加等地。我国3种，产于华南和西南。

大花五桠果（毛五桠果）*Dillenia turbinata* Finet & Gagnep.（图8-140）

【形态特征】常绿乔木，高达25m，嫩枝被锈褐色绒毛。叶革质，倒卵形或长倒卵形，长12～20cm，宽7～14cm，先端圆或稍尖，基部楔形，有锯齿，下面被灰褐色柔毛，侧脉15～25对；叶柄长2～6cm。总状花序顶生，花序梗长3～5cm，花3～5朵，花梗长1cm；花蕾径4～5cm；萼片肉质，卵形；花瓣黄色或浅红色，倒卵形，长5～7cm；外轮雄蕊长约2cm，内轮稍长。果实近球形，径4～5cm，暗红色。花期4～5月；果期6～7月。

【分布与习性】分布于云南、广西和海南等地，在海南低海拔林中、河岸、沟旁阴湿处习见。越南也有分布。喜温暖湿润气候，在土层深厚、腐殖质丰富的山地黄壤生长好，耐阴。

【繁殖方法】播种繁殖。

【园林用途】树冠浓密，叶片大型，花果均极为美丽，是优良的园林造景材料。

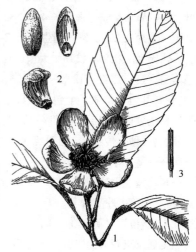

图8-140 大花五桠果
1—花枝；2—萼片；3—雄蕊

附：**五桠果**（*Dillenia indica* Linn.），花单生，花蕾球形，径达5～8cm，花白色；果实径约9～12cm。叶矩圆形或倒卵状矩圆形，长15～40cm，宽7～14cm，侧脉常30～40对。

小花五桠果（*Dillenia pentagyna* Roxb.），总状花序，具花2～7朵；花蕾径2cm以下，花较小，黄色。叶矩圆形或倒卵状矩圆形，长20～60cm，宽10～25cm，侧脉25～50对。

二十五、芍药科 Paeoniaceae

多年生草本或灌木。叶互生，常为2回3出复叶，或为羽状复叶，有叶柄；小叶全缘或分裂，裂片常全缘。花单生枝顶，或数朵生枝顶及茎上部叶腋，常大型，美丽；苞片 1～6，叶状，形状及大小多变并渐变为萼片，常宿存；萼片 2～9，常宽卵形；花瓣 4～13(栽培者多为重瓣)，常为倒卵形；雄蕊多数，离心发育；花盘杯状或盘状，革质或肉质，完全或部分包被心皮；心皮离生，1～5(8)枚，光滑或被毛；胚珠多数。聚合蓇葖果，沿腹缝线开裂；种子黑色或深褐色，光亮。

　　1 属约 30 种，分布于北温带，其中木本的牡丹类特产中国。我国约 15 种，多数花大而美丽，为著名观赏植物，兼作药用。

芍药属 *Paeonia* Linn.

　　形态特征和地理分布同科。

分 种 检 索 表

1. 花通常单生于枝顶，花盘革质，完全包住心皮，心皮密生柔毛。
　2. 叶通常为 2 回 3 出复叶，小叶通常 9 枚，卵形，不裂或 3～5 浅裂 ························· 牡丹 *P. suffruticosa*
　2. 叶为 2～3 回羽状复叶，小叶多达 19～33 枚，披针形或卵状披针形；花瓣有深紫黑色斑块 ··················
　　　　　　　　　　　　　　　　　　　　　　　　　　　　　　　　　　　　　　　紫斑牡丹 *P. rockii*
1. 花 2～3(5)朵生枝顶和叶腋；花盘肉质，仅包住心皮基部，心皮光滑无毛 ············· 滇牡丹 *P. delavayi*

1. 牡丹 *Paeonia suffruticosa* Andr. (图 8-141)

　　【形态特征】落叶小灌木，高达 2m。肉质根肥大。2 回 3 出复叶，小叶卵形至长卵形，长 4.5～8cm，宽 2.5～7cm，顶生小叶 3 裂，裂片又 2～3 裂，侧生小叶 2～3 裂或全缘；背面有白粉，平滑无毛。花单生枝顶，大型，径 10～30cm，单瓣或重瓣，花色丰富，紫、深红、粉红、白、黄、绿等色；苞片及花萼各 5；花盘紫红色，革质，全包心皮，心皮 5，稀更多。蓇葖果长圆形，密生黄褐色硬毛。花期 4～5 月；果期 8～9 月。

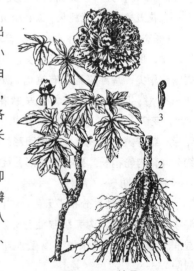

图 8-141　牡丹
1—花枝；2—根；3—心皮

　　【栽培品种】传统上，牡丹品种分为"三类六型八大色"，即单瓣类——葵花型，重瓣类——荷花型、玫瑰型、平头型，千瓣类——皇冠型、绣球型，有红、黄、白、蓝、粉、紫、绿、黑八色。目前全国牡丹品种约 1000 个，著名传统品种有'姚黄'、'魏紫'、'赵粉'、'首案红'等。

　　根据周家琪等人的研究，牡丹品种依花型可分为单瓣类、千层类、楼子类、台阁类，类以下可分为多型。

　　(1) 单瓣类：花瓣 1～3 轮，宽大，广卵形或倒卵状椭圆形；雌、雄蕊发育正常，结实。有单瓣型，如'泼墨紫'、'黄花魁'、'凤丹白'等品种。

　　(2) 千层类：花瓣多轮，自外向内层层排列、逐渐变小，无外瓣、内瓣之分；雄蕊着生于雌蕊周围，不散生于花瓣间，或雄蕊完全消失；雌蕊正常或瓣化。全花较扁平。有荷花型、菊花型和蔷薇型。

　　荷花型：花瓣 3～5 轮，宽大而且大小近一致；有正常的雄蕊和雌蕊；全花开放时花瓣稍内抱，形似荷花，如'似荷莲'、'大红袍'等品种。

　　菊花型：花瓣 6 轮以上，自外向内逐渐变小；有正常雄蕊，但数目减少；雌蕊正常或部分瓣化，如'紫二乔'、'粉二乔'等品种。

蔷薇型：花瓣极度增多，自外向内显著逐渐变小；雄蕊全部消失，雌蕊退化或全部瓣化，如'青龙卧墨池'、'鹅黄'等品种。

(3)楼子类：有明显而宽大的2～3轮或多轮外瓣；雄蕊部分乃至完全瓣化，形成细碎、皱折或狭长的内瓣；雌蕊正常或瓣化、消失。全花常隆起而呈楼台状。有托桂型、金环型、皇冠型和绣球型。

托桂型：外瓣2～3轮，宽大；雄蕊全部瓣化，但瓣化程度较低，多数呈狭长或针状瓣；雌蕊正常或退化变小，如甘肃品种'粉狮子'等少数品种。

金环型：外瓣2～3轮，宽大；近花心的雄蕊瓣化成细长花瓣，在雄蕊变瓣和外瓣之间残存1圈正常雄蕊，宛如金环，雌蕊正常，如'姚黄'、'赵粉'、'腰系金'等。

皇冠型：外瓣大而明显；雄蕊几乎全部瓣化或在雄蕊变瓣中杂以完全雄蕊和不同瓣化程度的雄蕊；雌蕊正常或部分瓣化，全花中心部分高耸，宛若皇冠状，如'蓝田玉'、'首案红'、'青心白'、'大瓣三转'等品种。

绣球型：雄蕊充分瓣化，在大小和形状上与外瓣难以区分，全花呈圆球形，内瓣与外瓣间偶尔夹杂少数雄蕊；雌蕊全部瓣化或退化成小型绿色，如'银粉金麟'、'假葛巾紫'、'绿蝴蝶'、'花红绣球'等品种。

(4)台阁类：花由两花上下重叠或数花叠合构成，共具1梗，上方花一般花瓣较少。有千层台阁型和楼子台阁型，或细分为菊花台阁型、蔷薇台阁型、皇冠台阁型、绣球台阁型。

菊花台阁型：由2朵菊花型的单花上下重叠而成，上方花常发育不充分、花瓣数目较少，如'火炼金丹'。

蔷薇台阁型：由2朵蔷薇型单花重叠而成，发育状况同菊花台阁型，如'脂红'、'昆山夜光'。

皇冠台阁型：由皇冠型花重叠而成，发育状况同上，如'璎珞宝珠'、'大魏紫'。

绣球台阁型：由绣球型花重叠而成，如'紫重楼'、'葛巾紫'。

【分布与习性】原产我国中部，栽培历史悠久，各地普遍栽培，以山东菏泽和河南洛阳最为著名。喜光，稍耐阴；喜温凉气候，较耐寒，畏炎热，忌夏季曝晒。喜深厚肥沃而排水良好之沙质壤土，忌黏重、积水或排水不良处，中性土最好，微酸、微碱亦可。根系发达，肉质肥大。生长缓慢。

【繁殖方法】播种、分株和嫁接繁殖。播种繁殖主要用于新品种繁育。9月种子成熟时采下即播，一般秋播当年只生根，第2年才出苗，4～5年可开花。分株繁殖适于各品种，在9～10月间进行，将4～5年生丛生植株挖出，去掉根上附土，阴干1～2天后，短截茎干，用手或利刀将植株顺势分为3～5份，每份必须带有适当根系和至少3～5个萌芽，切口处用1%硫酸铜溶液消毒，晾干后即可栽植。嫁接繁殖也在9～10月间进行，一般以芍药的肉质根作砧木，选用大株牡丹根际上萌发的新枝或枝干上的1年生短枝作接穗，采用枝接法。

【园林用途】牡丹花大而美，姿、色、香兼备，是我国的传统名花，素有"花王"之称。长期以来，我国人民把牡丹作为富贵吉祥、和平幸福、繁荣昌盛的象征，代表着雍容华贵、富丽高雅的文化品位。作为观赏植物栽培大约始于南北朝时期，在唐朝传入日本，1656年以后，荷兰、英国、法国等欧洲国家陆续引种，20世纪初传入美国。

牡丹品种繁多，花色丰富，群体观赏效果好，最适于成片栽植，建立牡丹专类园。在江南，由于地下水位较高，建立牡丹园应选择适宜位置，并抬高地势。在小型庭院，牡丹也适于门前、坡地专设牡丹台、牡丹池，以砖石砌成，孤植或丛植牡丹，配以麦冬、吉祥草等常绿草花，点缀山石，如《花镜》所言："牡丹、芍药之姿艳，宜玉砌雕台，佐以嶙峋怪石，幽篁远映。"

2. 紫斑牡丹 *Paeonia rockii* (S. G. Haw & Lauener) T. Hong & J. J. Li(图 8-142)

【形态特征】灌木，高达 1.8m。叶通常为 2～3 回羽状复叶，小叶多达 19～33 枚，披针形或卵状披针形，近全缘，长 2.5～11cm，宽 1.5～4.5cm，背面沿脉被长绒毛，基部截形至楔形，先端渐尖。花单生枝顶，径达 13～19cm，白色或粉红色，花瓣内面基部有深紫黑色斑块；苞片 3；花萼 3，绿色，卵圆形；花盘、花丝黄白色，花盘全包心皮，心皮 5(6)，密被毛。花期 4～5 月；果期 8 月。

【分布与习性】产甘肃东南部、陕西南部、河南西部和湖北西部，生于海拔 1100～2800m 的落叶阔叶林中或林缘、灌丛中。

【亚种】太白山紫斑牡丹(subsp. *taibaishanica* D. Y. Hong)小叶卵形或宽卵形，大多分裂。产陕西南部、湖北西部和甘肃南部，生于林缘、灌丛，也有栽培。耐寒性强。

【繁殖方法】播种、分株繁殖。

图 8-142　紫斑牡丹
1—花枝；2—雄蕊；3—果实

【园林用途】同牡丹。可能在唐代已有栽培，品种较多，并形成了仅次于中原牡丹品种群的第二大品种群——西北牡丹品种群(紫斑牡丹品种群)。栽培品种主要集中在甘肃境内的渭河、洮河和大夏河流域古丝绸之路经过的广大地区，栽培分布以甘肃、青海、陕西、宁夏等省区为主，华北、西北其他地区也有栽培。根皮入药，长期遭受过度采挖，野生者少见，应加强保护。

3. 滇牡丹(野牡丹)*Paeonia delavayi* Franch.

【形态特征】亚灌木，高达 1.5m；全体无毛。当年生小枝草质，基部有数枚鳞片。2 回 3 出复叶，宽卵形或卵形，长 15～20cm，羽状分裂；裂片 17～31，披针形或长圆状披针形，宽 0.7～2cm；叶柄长 4～8.5cm。花 2～5，生枝顶和叶腋，径 6～8cm；苞片 1～5，披针形，大小不等；萼 2～9，宽卵形，不等大；花瓣 9～12，红或红紫色，倒卵形，长 3～4cm；花盘肉质，包住心皮基部；心皮 2～4(8)，无毛。蓇葖果长约 3～3.5cm，径约 1～1.5cm。花期 5～6 月；果期 8～9 月。

【变种】黄牡丹 [var. *lutea* (Delavay ex Franch.) Finet & Gagnep.]，花瓣黄色，有时边缘红色或基部有紫色斑块。

【分布与习性】产云南西北部和北部、四川及西藏东南部，生于海拔 2100～3700m 的山地阳坡，常见于灌丛中和疏林中。

【繁殖方法】播种繁殖。

【园林用途】花红紫色，变种黄牡丹花金黄色，花期较晚，是培育牡丹新品种的重要野生种质资源，国外早有引种并用于杂交育种，培育出许多花朵金黄色的品种，国内较少栽培。根药用。

二十六、山茶科 Theaceae

乔木或灌木，多常绿。单叶，互生，羽状脉；无托叶。花通常两性，稀雌雄异株(*Eurya*)或雄花与两性花异株(*Ternstroemia*)；单生或簇生叶腋，稀总状花序；萼片 5～7，常宿存；花瓣 5，稀 4 或更多；雄蕊多数，1～6 轮，有时基部合生或成束；子房上位，3～5 室，2 至多数胚珠，中轴胎座。蒴果室背开裂，或为不开裂的浆果状或核果状。

约 19 属 600 种，广泛分布于热带和亚热带地区，我国有 12 属约 280 种，主产长江以南各地。

分 属 检 索 表

1. 蒴果，开裂；花两性，较大（山茶亚科 Subfam. Theoideae）。
　2. 种子大，球形，无翅；芽鳞 5 枚以上 ······················· 山茶属 Camellia
　2. 种子小而扁，有翅。
　　3. 常绿，叶全缘或有钝齿；子房每室 2～6 胚珠 ················· 木荷属 Schima
　　3. 落叶或半常绿，叶有锯齿；子房每室 2 胚珠 ············· 紫茎属 Stewartia
1. 果实呈浆果状，不开裂；花单性或两性，较小，直径 2cm 以下（厚皮香亚科 Subfam. Ternstroemioideae）。
　4. 花两性；叶簇生于枝端，侧脉不明显 ·················· 厚皮香属 Ternstroemia
　4. 花单性；叶排成 2 列 ····································· 柃木属 Eurya

（一）山茶属 *Camellia* Linn.

常绿小乔木或灌木。叶革质或薄革质，常有锯齿，具短柄。花单生或 2～3 朵簇生叶腋；花梗明显、苞片 2～10 枚、花萼 5(6) 枚、宿存（茶亚属 Camellia subg. Thea），或几无花梗、萼片和苞片混淆而不易区分、约 10 枚、常早落（山茶亚属 Camellia subg. Camellia）；花瓣 5～8，基部常多少结合；雄蕊多数，2～6 轮，外轮花丝连合成筒状并贴生于花瓣基部；子房 3～5 室，每室 4～6 胚珠。蒴果，室背开裂；种子球形或有角棱，无翅。

共约 120 种，分布于印度至东亚、东南亚。我国是中心产地，约有 97 种，主产西南、华南至东南，另引入栽培冬茶梅（*C. hiemalis* Nakai）、茶梅（*C. sasanqua* Thunb.）、冬红山茶（*C. uraku* Kitamura）等多种。

分 种 检 索 表

1. 花不为黄色，苞片 2 或与萼片分化不明显。
　2. 花较大，无梗或近无梗；萼片脱落。
　　3. 花径 6～19cm；枝叶无毛。
　　　4. 叶表面有光泽，网脉不显著 ··················· 山茶 C. japonica
　　　4. 叶表面无光泽，网脉显著 ················· 云南山茶 C. reticulata
　　3. 花径 4～6.5cm；芽鳞、叶柄、子房、果皮均有毛。
　　　5. 芽鳞表面有倒生柔毛；叶椭圆形至长椭圆状卵形 ·········· 茶梅 C. sasanqua
　　　5. 芽鳞表面有粗长毛；叶卵状椭圆形 ·················· 油茶 C. oleifera
　2. 花小，白色，具下弯花梗；萼片宿存 ················ 茶 C. sinensis
1. 花黄色，苞片 5～11，宿存 ····················· 金花茶 C. petelotii

1. 山茶（耐冬）*Camellia japonica* Linn.（图 8-143）

【形态特征】高 4～10m。幼枝灰褐色，当年生小枝紫褐色，无毛。叶椭圆形至矩圆状椭圆形，长 5～10.5cm，宽 2.5～6cm，叶面光亮，两面无毛；侧脉 6～9 对，网脉不显著；基部楔形至宽楔形，叶缘有细齿；叶柄长约 1cm。花单生或簇生于枝顶和叶腋，近无柄；苞片及萼片约 9 枚，无毛或被灰白色绒毛，外 4 片新月形或半圆形，长 2～5mm，里面的圆形至阔卵形，长 1～2cm，宿存至幼果期；直径 6～9cm，花色丰富，以白色和红色为主，原种花瓣 5～7 枚，先端有凹缺，栽培品种多重瓣；花丝、子房均光滑无毛，子房3室。蒴果球形，直径2.5～4.5cm。花期(12)1～4月，果秋季成熟。

【品种概况】品种繁多，至20世纪末，已登录2万个以上品种，花色有白、粉红、橙红、墨红、紫、深紫等以及具有花边、白斑、条纹等的复色品种。以花型进行分类，可分为单瓣类、复瓣类和重瓣类，每类之下又可分为多型。

(1) 单瓣类：花瓣5～7枚，1～2轮，基部连生，多呈筒状，雌雄蕊发育完全，能结实。1型，即单瓣型。这类品种通常称作金心茶，如'紫花金心'、'桂叶金心'、'亮叶金心'等。

图8-143　山茶
1—花枝；2—果

(2) 复瓣类：也称半重瓣类。花瓣20枚左右(多者连雄蕊变瓣可达50枚)，3～5轮，偶结实。分4型。

① 半曲瓣型：花瓣2～4轮，雄蕊变瓣与雄蕊大部分集中于花心，如'白绵球'、'新红牡丹'。

② 五星型：花瓣2～3轮，花冠呈五星状，雄蕊存在，雌蕊趋向退化，如'东洋茶'。

③ 荷花型：花瓣3～4轮，花冠呈荷花状，雄蕊存在，雌蕊趋向退化或偶存，如'丹芝'。

④ 松球型：花瓣3～5轮，排成松球状，雌雄蕊均存在，如'小松子'、'大松子'。

(3) 重瓣类：雄蕊大部分瓣化，加上花瓣自然增加，花瓣总数在50枚以上。分7型。

① 托桂型：大瓣1轮，雄蕊变瓣聚簇成多数径约3cm的小花球，簇生花心，如'金盘荔枝'。

② 菊花型：花瓣3～4轮，少数雄蕊变瓣聚集于花心，径约1cm，形成菊花形状的花冠，如'凤仙'、'海云霞'。

③ 芙蓉型：花瓣2～4轮，雄蕊集中聚生于近花心的雄蕊变瓣中或分散生于若干组雄蕊变瓣中，如'红芙蓉'、'花宝珠'、'绿珠球'。

④ 皇冠型：花瓣1～2轮，大量雄蕊变瓣簇集其上，并有数片较大的雄蕊变瓣居于正中，形成皇冠状，如'鹤顶红'、'花佛鼎'。

⑤ 绣球型：花瓣排列轮次不显，外轮花瓣和雄蕊变瓣很难区分，少数雄蕊散生于雄蕊变瓣间，如'大红球'、'七心红'。

⑥ 放射型：花瓣6～8轮，呈放射状，常显著呈六角形，雌雄蕊退化无存，如'粉丹'、'粉霞'、'六角白'。

⑦ 蔷薇型：花瓣8～9轮，形若重瓣蔷薇的花形，雌雄蕊均退化无存，如'雪塔'、'胭脂莲'、'花鹤翎'。

【分布与习性】原产我国及日本和朝鲜南部，浙江东部、台湾和山东崂山沿海海岛仍存在野生群落，生于海拔300～1100m的林中。世界各地广植。喜半阴，喜温暖湿润气候，酷热及严寒均不适宜，在气温-10℃时可不受冻害，气温高于29℃停止生长。喜肥沃湿润而排水良好的微酸性至酸性土壤(pH值5～6.5)，不耐盐碱，忌土壤黏重和积水。对海潮风有一定的抗性。

【繁殖方法】播种、扦插、压条或嫁接繁殖。播种多用于培育砧木和杂交育种。

【园林用途】山茶是中国的传统名花，叶色翠绿而有光泽，四季常青，花朵大、花色美，品种繁多，花期自11月至翌年3月，花期甚长而且正值少花的冬季，弥足珍贵。无论孤植、丛植，还是群植均无不适，庭院中，宜丛植成景。山茶耐阴，也抗海风，适于沿海地区栽培，且耐寒性较强，在山东青岛生长良好，崂山太清宫现尚有明朝古树，当地俗称耐冬。

2. 云南山茶（滇山茶） *Camellia reticulata* Lindl. （图 8-144）

【形态特征】乔木或灌木状，高 4～15m。小枝无毛，灰褐色。叶矩圆形至矩圆状椭圆形，稀椭圆形或宽椭圆形，长(4)6～10(14)cm，宽(2.5)3～5(6)cm，锯齿细尖，网状脉显著。花单生或 2～3 朵簇生，直径 7～10cm(某些品种花径超过 20cm)，淡红色至深紫色，稀白色，花瓣 5～7 枚(栽培品种中常见重瓣)，倒卵形至阔倒卵形，先端微凹；萼片形大，内方数枚呈花瓣状；子房3(5)室，密生柔毛。蒴果木质，扁球形或近球形，长 3.5～4cm，直径 4～5cm。花期 12 月至翌年 4 月，因品种而异；果期9～10月。

【分布与习性】我国特产，产云南西部及中部、贵州西部、四川西南部海拔 1900～3200m 的沟谷、阴坡湿润地带。喜半阴，忌日晒、干燥；喜富含腐殖质、排水良好的酸性(pH 值 4～5)土壤，不耐盐碱；根系浅，忌强风，不耐修剪。长寿树种。

【繁殖方法】播种、扦插或嫁接繁殖。播种多用于培育砧木和杂交育种。

【园林用途】花朵繁密，妍丽可爱，花开时如天边云霞，是很好的观赏花木。如今已成为云南庭园造景的重要材料，并形成了昆明、大理、楚雄 3 个栽培中心。约 17 世纪 70 年代传入日本，19 世纪 20 年代传入欧洲。昆明市市花。

3. 茶梅 *Camellia sasanqua* Thunb.

灌木或小乔木，高 1～3m，间有高达 12m 者，分枝稀疏。小枝、芽鳞、叶柄、子房、果皮均有毛，且芽鳞表面有倒生柔毛。叶片卵圆形至长卵形，长 4～8cm，表面略有光泽，脉上有毛。花多为白色，也有红色品种，花径 3.5～7cm。花期多为 11 月至翌年 1 月，部分品种花期可迟至 4 月。

原产日本，我国江南各地普遍栽培。宜丛植观赏，也是优良的基础种植及花篱材料。

4. 茶 *Camellia sinensis* (Linn.) O. Ktze. （图 8-145）

图 8-144 云南山茶

1—花枝；2—花解剖；3—雌蕊

图 8-145 茶

1—花枝；2—去花萼、花瓣后的花纵剖面；

3—子房横剖面；4—果（未开裂）

【形态特征】灌木或乔木，常呈丛生灌木状。嫩枝具细毛。叶薄革质，椭圆状披针形或长椭圆形，长 3～10cm，叶脉明显，背面有时有毛，先端钝尖。花单生叶腋或 2～3 朵组成聚伞花序，白色，花梗下弯；萼片 5～7，宿存；花瓣 5～9；子房密被白色柔毛。蒴果球形，径约 1.5cm，3 棱；种子棕褐色。花期 8～12 月；果期次年 10～11 月。

【变种】普洱茶［var. assamica（J. W. Mast.）Kitamura］，叶片椭圆形，长 8～14cm，宽 3.5～7.5cm，背面沿脉密被开张长柔毛，先端渐尖，子房上部光滑无毛。产云南、广西、广东、海南，泰国、老挝、缅甸、越南也有分布。

【分布与习性】原产我国及亚洲南部，长江流域及其以南各地有分布，生于海拔 100～2200m 的山地常绿阔叶林及灌丛中。常见栽培。喜光，喜温暖湿润气候，适宜栽培地区的年均气温 15～25℃、年均降水量 1000～2000mm，但也较耐寒，山东半岛引种栽培的生长尚好；喜酸性土，在中性或碱性土壤上生长不良。怕旱、涝。抗二氧化硫。

【繁殖方法】播种、扦插、压条繁殖。

【园林用途】茶为丛生灌木或小乔木，枝叶繁茂，树冠球形、团栾可爱，既是著名的饮料植物，也是优良的园林造景材料，适于路旁、台坡、池畔等地丛植，也可列植为绿篱。江南寺庙和日本茶庭中常植茶。"江南风致说僧家，石上清香竹里茶"。茶与苍松翠竹或梅花、桂花等植物相配亦为适宜，南京梅花山即以茶散植于梅树丛下，梅茶相配，既符合生态的要求，又增添景致、增加收入，其茶为南京著名的雨花茶。

5. 油茶 *Camellia oleifera* Abel.

小乔木或灌木。芽鳞有黄色粗长毛，嫩枝略有毛。叶卵状椭圆形，有锯齿；叶柄有毛。花白色，1～3 朵腋生或顶生，无花梗；萼片多数，脱落；花瓣 5～7，顶端 2 裂；雄蕊多数，外轮花丝仅基部合生；子房密生白色丝状绒毛。果厚木质，2～3 裂；种子黑褐色，有棱角。花期 10～12 月；果次年 9～10 月成熟。

分布于长江流域及以南各省，以河南南部为北界。重要木本油料树种，也可用于园林造景，适植于疏林下。

6. 金花茶 *Camellia petelotii*（Merrill）Sealy（图 8-146）
——*Camellia nitidissima* Chi；*Camellia chrysantha*（Hu）Thyama.

【形态特征】灌木或小乔木，高 2～5m。嫩枝淡紫色，无毛。叶矩圆状椭圆形至矩圆形，长 9～18cm，宽 3～6cm，先端尾状渐尖；上面深绿色，有光泽，侧脉显著下凹；下面黄绿色，散生黄褐色至黑褐色腺点。花单生，直径 5～6cm；苞片 8～10；萼片 5，卵形至阔卵形，光滑；花梗长 1～1.5cm；花瓣金黄色，10～14 枚，基部稍合生，具蜡质光泽，外面 4～5 枚阔椭圆形或近圆形，里面的稍窄长；子房无毛，3 室。蒴果扁球形，长 2.5～3.5cm，径 4～6cm；萼宿存。花期 11 月至次年 2 月；果期 10～12 月。

【分布与习性】产广西，生于海拔 900m 以下的丘陵或低山

图 8-146　金花茶
1—花枝；2—果

阴湿的沟谷和溪旁林下；越南也有分布。喜温暖湿润气候，耐 -5～ -4℃低温；苗期喜荫蔽，进入花期后，颇喜透射阳光。要求酸性至中性土，宜土质疏松、排水良好。主根发达，侧根少。萌芽性强，可萌芽更新。

【繁殖方法】播种繁殖，还可扦插或压条。果实成熟后及时采收，置室内通风处摊开，脱出种子，混干沙贮藏，春季播种。实生苗5～7年开花。

【园林用途】花色金黄，具蜡质光泽，晶莹可爱，被誉为"茶族皇后"，而且嫩叶紫红色，在亚热带地区可于常绿树群下丛植。近年来，以金花茶为主的杂交育种工作也进展较快，已经获得了'新黄'、'金背丹心'、'黄达'、'黄基'、'黄蝶'等品种。国家一级重点保护树种。

（二）木荷属 *Schima* Reinw. ex Blume

常绿乔木。芽鳞少数。叶革质，互生，全缘或有钝齿。花单生或成短总状花序，腋生，具长柄；萼片5，宿存；花瓣5，白色；雄蕊多数，花丝附生于花瓣基部；子房5室，每室2～6胚珠。蒴果球形，木质，室背5裂。种子肾形，扁平，边缘有翅。

约20种，分布于亚洲热带和亚热带。我国13种，产于华南和西南。

木荷（荷树）*Schima superba* Gardn. & Champ. (图8-147)

【形态特征】高达20m。树冠广卵形；树皮褐色，纵裂。嫩枝带紫色，略有毛。叶卵状长椭圆形至矩圆形，长10～12cm，叶端渐尖，叶基楔形，叶缘中部以上有钝锯齿。花白色，芳香，径约3cm。蒴果球形，径1.5～2cm。花期5～7月；果期9～11月。

【分布与习性】产长江以南各地。喜光，但幼树喜阴；喜温暖湿润气候，耐短期 -10℃低温；对土壤适应性较强，耐干旱瘠薄，但以富含腐殖质的酸性黄红壤为好。生长速度中等。

【繁殖方法】播种繁殖。

图8-147 木荷
1—花枝；2—果；3—示雌蕊；4—部分花瓣、雄蕊；5—种子

【园林用途】树姿优美，树冠浓密，四季常青，夏季白花满树，入冬叶色染红，新叶亦呈红色，艳丽可爱，是优良的园林观赏树种，可植为庭荫树，孤植、丛植于草地、水滨、山坡、庭院。叶片为厚革质，耐火烧，萌芽力又强，故可植为防火带树种。也适于营造山地风景林。

附：银木荷（*Schima argentea* Pritz. ex Diels.），高达30m，叶厚革质，长圆形或长圆状披针形，全缘，下面有银灰色蜡被和柔毛或无毛；种子周围有宽翅。产湖南、广西和西南各地。

（三）厚皮香属 *Ternstroemia* Mutis ex Linn. f.

乔木或灌木。叶常簇生枝顶，全缘，侧脉不明显。花单生叶腋；萼片5，宿存；花瓣5；雄蕊多数，2轮排列，花丝连合；子房2～4室，每室胚珠2至多数。果实呈浆果状，不开裂，种子2～4粒。

约90种，分布于南美洲、亚洲和非洲。我国13种，产长江以南各地。

厚皮香 *Ternstroemia gymnanthera* (Wight & Arn.) Sprague(图8-148)

【形态特征】灌木或小乔木，高3～8m。小枝粗壮，近轮生，多次分枝形成圆锥形树冠。叶倒卵

形或倒卵状椭圆形，长 5～8cm，全缘或略有钝锯齿，先端钝尖，叶基渐窄且下延，叶表中脉显著下凹，侧脉不明显。花淡黄色，径约 1.8cm，浓香，常数朵聚生枝顶或单生叶腋。果球形，花柱及萼片均宿存，绛红色并带淡黄色。花期 4～8 月；果期 7～10 月。

【分布与习性】产长江流域以南至华南；日本、朝鲜和印度、柬埔寨也产。喜阴湿环境，也耐光，能忍受 - 10℃低温；喜腐殖质丰富的酸性土，也能生于中性至微碱性土壤中。根系发达，抗风力强。萌芽力弱，不耐修剪。生长较慢。

【繁殖方法】播种或扦插繁殖。

【园林用途】枝条平展，层次分明；花开时浓香扑鼻；叶片经秋入冬转为绯红色，远看疑为红花满树，分外艳丽。适于门庭两侧、道路两旁对植及列植，草坪、墙角或疏林下丛植，也可配植于假山石旁。对二氧化硫、氯化氢、氟化氢等有毒气体抗性强并能吸收，适于工矿区绿化。华东地区园林中常见应用。

附：华南厚皮香(*Ternstroemia kwangtungensis* Merr.)，又名厚叶厚皮香。叶厚革质，倒卵形、近圆形或倒卵状椭圆形，下面有红色腺点；花白色，单生叶腋，下垂。产广东、福建、江西和湖南等地，耐寒性较差。

（四）紫茎属 Stewartia *Linn*.

落叶或半常绿灌木或小乔木。叶互生，有锯齿。花白色，单生叶腋；萼片 5～6，下有小苞片 1～2；花瓣 5～6；雄蕊多数，花药丁字着生；子房 5 室，每室有胚珠 2 颗。蒴果；种子有翅。

约 20 种，分布于东亚和北美。我国 15 种，产西南部至东部。

紫茎 *Stewartia sinensis* Rehd. & Wils. (图 8-149)

图 8-148 厚皮香
1—果枝；2—花枝；3—花

图 8-149 紫茎
1—果枝；2—种子；3—叶背毛被

——*Stewartia gemmata* S. S. Chien & W. C. Cheng

【形态特征】高 6～15m。树皮灰黄色或黄褐色，平滑；嫩枝有毛，冬芽芽苞 2～3 片。叶椭圆形至卵状椭圆形，长 6～10cm，宽 2～4.5cm，疏生锯齿；下面脉腋常有丛生毛；侧脉 7～10 对。花白色，径 4～5cm，芳香；苞片长卵形，长 2～2.5cm，先端尖；花瓣宽倒卵形；花药金黄色。蒴果近球形至卵圆形，宽 1.5~2cm。花期 5~7 月；果期 9~10 月。

【分布与习性】产华东至华中，西达贵州、四川和云南东北部，生于海拔 500~2200m 的灌丛和林中。华东地区常栽培。中等喜光，幼树耐阴；要求湿润、多雾而凉爽的山地气候，适生于腐殖质丰富的酸性黄红壤或黄壤。萌芽力强。

【繁殖方法】播种繁殖。

【园林用途】树冠层次分明，树皮剥落，露出棕黄色、金黄色或紫褐色光洁的内皮，阳光照耀下斑驳奇丽；开花时白瓣黄蕊，淡雅秀丽，而且花期正值春红落尽、林园寂寥之时，是优良的观赏树种。宜以常绿树为背景丛植，可用于树丛边缘或草坪一角，也适于庭院内厅堂之前的对植、列植。

（五）柃木属 *Eurya* Thunb.

灌木或小乔木。冬芽裸露；叶排成 2 列。花单性，腋生，通常成束生于短的花序柄上；萼片覆瓦状排列；花瓣 5，基部稍合生；雄蕊数枚至 25 枚，花药基着；子房 3(2~5)室；花柱分离或合生至顶部。核果状浆果。

约 130 种，分布于亚洲热带、亚热带和太平洋诸群岛。我国 83 种，广布于秦岭和长江以南各地，大多数种类可栽培观赏。

分 种 检 索 表

1. 嫩枝圆柱形，密生柔毛，叶长 2~3cm，宽 1.2~1.8cm，雄蕊约 20，药室有分格 ……… 滨柃 *E. emarginata*
1. 嫩枝具 2 棱，无毛；叶长 3~7cm，宽 1.5~3cm，雄蕊 12~15，花药不具分格 …………… 柃木 *E. japonica*

1. 滨柃 *Eurya emarginata* (Thunb.) Makino（图 8-150）

【形态特征】常绿灌木，高 1~2m。嫩枝圆柱形，粗壮，红棕色，密被黄褐色短柔毛；小枝几无毛。顶芽长锥形。叶厚革质，倒卵状披针形或倒卵形，长 2~3cm，宽 1.2~1.8cm，先端钝，微凹，基部楔形，两面无毛，具细微锯齿；侧脉 5~6 对，网脉在上面凹下、下面微突起；叶柄长 2~3mm。雌雄异株；雄花萼片圆，无毛，雄蕊 20，药室有分格；雌花子房球形，花柱长 1mm，顶端 3 裂。果实圆球形，直径 3~4mm，黑色。花期 10~11 月；果期次年 6~8 月。

图 8-150　滨柃
1—花枝；2—雄蕊；3—果实

【分布与习性】产福建、浙江、台湾等地，生于滨海地区山坡灌丛及海边岩石缝中。日本和朝鲜也有分布。喜阴湿，不耐高温干旱；萌芽力强，耐修剪。

【繁殖方法】播种、分株或扦插繁殖。

【园林用途】喜阴湿环境，耐修剪，是优良的绿篱和下木材料，可供庭院、草地、林下、池畔、路边、石际等处造景之用，也可盆栽观赏。对于潮风的抗性强，适于沿海地区应用。

2. 柃木 *Eurya japonica* Thunb.

灌木，高 1~3.5m，全株无毛。嫩枝具 2 棱；顶芽披针形。叶厚革质或革质，倒卵形至倒卵状椭圆形，长 3~7cm，宽 1.5~3cm，顶端钝或近圆形，边缘具疏钝锯齿；侧脉 5~7 对，在上面明显下凹，在下面凸起。花 1~3 朵腋生，花梗长约 2mm。雄花雄蕊 12~15，花药不具分格。雌花子房圆球形，无毛，3 室，花柱长约 1.5mm，顶端 3 浅裂。果圆球形，黑色；花柱宿存。花期 2~3 月；

果期9～10月。

产于江苏、安徽、浙江、台湾、福建等地，多生于滨海山地路旁或溪谷灌丛中。朝鲜、日本也有分布。为酸性土壤的指示性树种。园林中可植为群落下木，或作绿篱。

附：微毛柃(*Eurya hebeclados* L. K. Ling)，嫩枝和顶芽被微毛，嫩枝圆；叶片长4～10cm，有锯齿。产华东和广东、湖南、贵州。

米碎花(*Eurya chinensis* R. Brown)，嫩枝有2棱，被短柔毛或仅顶芽被短柔毛；叶片倒卵形或倒卵状椭圆形。产华东和华南，热带亚洲也有分布。

格药柃(*Eurya muricata* Dunn.)，嫩枝和顶芽无毛，嫩枝圆，花药有分格；叶片下面干后淡绿色。产华东、湖南、广东等地。

翅柃(*Eurya alata* Kob.)，嫩枝和顶芽无毛，嫩枝有4棱，花药不分格，花柱3浅裂；叶厚革质，长圆形或椭圆形，长4～7.5cm。产于秦岭以南各地，广布。

二十七、猕猴桃科 Actinidiaceae

木质藤本。单叶，互生，无托叶。花两性或雌雄异株，组成腋生聚伞花序；萼片、花瓣离生，5数，雄蕊10至多数；雌蕊5至多心皮；子房上位，5至多室，花柱离生或合生。浆果或不开裂蒴果。

2属80余种，分布于东亚。我国2属70余种，南北均有，主要集中于秦岭以南，横断山脉以东地区。

猕猴桃属 Actinidia Lindl.

冬芽小，包于膨大的叶柄内。叶缘有齿或偶全缘，叶柄长。花单生或聚伞花序，雄蕊多数，离生；子房多室，胚珠多数。浆果，种子细小。

55种，分布于东亚，个别种类至东南亚。我国有52种和众多变种，各地均产。

中华猕猴桃 Actinidia chinensis Planch. (图8-151)

【形态特征】缠绕藤本。幼枝密生灰棕色柔毛；髓白色，片隔状。叶圆形、卵圆形或倒卵形，长6～17cm，宽7～15cm，先端突尖、微凹或平截，叶缘有刺毛状细齿，上面暗绿色，沿脉疏生毛，下面密生绒毛。雌雄异株，花3～6朵成聚伞花序；花乳白色，后变黄色，直径3.5～5cm。浆果椭球形或近圆形，密被棕色茸毛。花期4～6月；果期8～10月。

【分布与习性】广布于长江流域及其以南各省区，北达陕西、河南。喜光，耐半阴。喜温暖湿润气候，较耐寒，喜深厚湿润肥沃土壤。肉质根，不耐涝，也不耐旱，主侧根发达，萌芽力强，耐修剪。

【繁殖方法】扦插、嫁接、播种繁殖。

【园林用途】优良的庭院观赏植物和果树，花朵乳白，并渐变为黄色，美丽而芳香，果实大而多，也有观花品种，如'江山娇'花朵深粉红色，'月月红'花朵玫瑰红色。用于造景

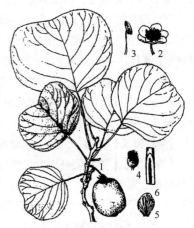

图8-151 中华猕猴桃

1—果枝；2—花；3—雄蕊；4—雌蕊；
5—花瓣；6—髓心

至少已有1200多年的历史，唐朝诗人岑参有"中庭井栏上，一架猕猴桃"的诗句，说明当时猕猴桃

已经进入园林。在造景中，既作棚架、绿廊、篱垣的攀缘材料，又可模仿自然状态下猕猴桃的生长状态，植于疏林中，让其自然攀附树木。

附：葛枣猕猴桃［*Actinidia polygama* (Sieb. & Zucc.) Maxim.］，枝条髓部白色、实心，枝条近无毛；叶卵形或椭圆状卵形，长7～14cm，宽4.5～8cm，有细锯齿，有时叶面前端部变为白色或淡黄色；花白色，芳香。果实卵球形，长2.5～3cm，无毛、无斑点。产东北、黄河中下游地区至湖南、湖北、四川、贵州和云南，生于中低海拔林下。

软枣猕猴桃［*Actinidia arguta* (Sieb. & Zucc.) Planch. ex Miq.］，与葛枣猕猴桃相近，但枝条髓部白色至淡褐色、片状分隔，广布，东北至长江流域、华南、西南各地均有分布。

二十八、藤黄科 Guttiferae(Clusiaceae)

乔木或灌木，稀为草本，在裂生的空隙或小管道内含有树脂或油。单叶，对生或轮生，全缘；一般无托叶。花序聚伞状或伞状，或为单生；小苞片通常生于花萼之紧接下方，与花萼难以区分。花两性或单性；花萼和花瓣(2)4～5(6)；雄蕊多数，离生或成4～5(10)束；子房上位，3～5或多个心皮合生，1～12室，胚珠1至多数。蒴果、浆果或核果。种子无胚乳。

40属1200种，广布于热带地区，少数属种产于温带。我国8属94种，并引入栽培多种，各地均产。本科经济意义大，许多种类的材质优良，是重要的用材树种，如铁力木(*Mesua ferrea* Linn.)、金丝李(*Garcinia paucinervis* Chun & How)；红厚壳(*Galophyllum*)、藤黄(*Garcinia*)等属的植物可提取有价值的树脂和树胶；马米苹果(*Mammea americana* Linn.)、莽吉柿(*Garcinia mangostana* Linn.)是热带著名果树；印度藤黄(*Garcinia indica* Choisy)和猪油果(*Pentadesma butyracea* Sabine)是重要的油脂植物。

金丝桃属 *Hypericum* Linn.

多年生草本或灌木。叶对生或轮生，有透明或黑色腺点，无柄或具短柄。花两性，单生或聚伞花序，黄色；萼片、花瓣各(4)5；雄蕊分离或基部合生成3～5束；子房上位，1室，有3～5个侧膜胎座，或3～5室而有中轴胎座，花柱3～5；胚珠极多数。蒴果，室间开裂，少为浆果。

约400种，分布于北半球温带和亚热带地区。我国55种，广布于全国，主产西南，有些供观赏用，有些入药。

金丝桃 *Hypericum monogynum* Linn. (图8-152)

——*Hypericum chinense* Linn.

【形态特征】常绿或半常绿灌木，高约1m。全株光滑无毛；小枝红褐色；叶无柄，椭圆形或长椭圆形，长4～8cm，基部渐狭略抱茎，背面粉绿色，网脉明显。花鲜黄色，径4～5cm，单生枝顶或3～7朵成聚伞花序；花丝较花瓣长，基部合生成5束；花柱合生，长达1.5～2cm，仅顶端5裂。果卵圆形，长约1cm，萼宿存。花期6～7月；果期8～9月。

【分布与习性】产我国黄河流域以南及日本。喜光，略耐阴，喜生于湿润的河谷或半阴坡。耐寒性不强，最忌干冷，忌积水。萌芽力强，耐修剪。

【繁殖方法】分株、扦插、播种繁殖。

【园林用途】株形丰满，自然呈球形，花叶秀丽，花开于盛夏的少花季节，花色金黄，是夏季不可缺少的优美花木。适于丛植，可供草地、路旁、石间、庭院装饰；也可与乔木树种配植成树丛，以增进景色。列植于路旁、草坪边缘、花坛边缘、门庭两旁均可，也可植为花篱。

　　附：金丝梅（*Hypericum patulum* Thunb.）（图 8-153），与金丝桃的区别在于，叶卵形至卵状长圆形。花丝短于花瓣，花柱离生，长不及 8mm。产长江流域以南。

图 8-152　金丝桃

1—花枝；2—雌蕊；3—果序；4—果；5—种子

图 8-153　金丝梅

1—花枝；2—雄蕊；3—果实；4—萼片

二十九、杜英科 Elaeocarpaceae

　　常绿乔木或灌木。单叶，互生或对生，有托叶。花通常两性，总状或圆锥花序；萼片 4~5；花瓣 4~5 或缺，顶端常撕裂状；雄蕊多数，分离，生于花盘上或花盘外，花药常顶孔开裂或短纵裂，药隔突出成喙状；子房上位，2 至多室，每室 2 至多数胚珠。核果、浆果或蒴果。

　　12 属约 550 种，分布于热带和亚热带。我国 2 属 53 种，引入 1 属 1 种，产西南至东部。

杜英属 *Elaeocarpus* Linn.

　　乔木。叶互生，有托叶。总状花序腋生；萼片 4~5；花瓣 4~5，白色，顶端常撕裂状；雄蕊 10~50，花药顶孔开裂；花盘常为 5~10 枚腺体，稀环状；子房 2~5 室，每室胚珠 2~6，花柱线形。核果 3~5 室，内果皮硬骨质，表面常有沟纹。

　　约 360 种，分布于亚洲、非洲和大洋洲热带和亚热带。我国 39 种，产西南部至东部。

分 种 检 索 表

1. 叶倒卵形或倒卵状披针形，长 4~8cm，宽 2~4cm，花白色，果长 1~1.6cm　…………山杜英 *E. sylvestris*
1. 叶披针形或倒披针形，长 7~12cm，宽 2~3.5cm，花黄白色，果长 2~3cm　………………杜英 *E. decipiens*

　　1. 山杜英 *Elaeocarpus sylvestris* (Lour.) Poir.（图 8-154）

　　【形态特征】高达 20m；树冠卵球形。树皮深褐色，平滑不裂。嫩枝无毛。叶薄革质，倒卵形或倒卵状披针形，长 4~8cm，宽 2~4cm（幼态叶长达 15cm，宽达 6cm），先端钝，叶缘有浅钝齿，基部狭楔形，下延生长；侧脉 5~6 对；叶柄长 1~1.5cm。总状花序长 4~6cm，下垂；花瓣白色，上部撕裂状，裂片 10～12 条，外侧基部有毛；雄蕊约 15 枚。核果椭球形，长 1～1.6cm，成熟时暗紫色。花期 4～5 月；果期 10～12 月。

【分布与习性】产长江流域以南至华南、西南，多生于海拔 1000m 以下的山地杂木林中。较耐阴，喜温暖湿润气候，不耐寒，在南京地区幼树常有冻害；喜酸性黄壤和红黄壤；根系发达，萌芽力强。对二氧化硫抗性较强。

【繁殖方法】播种繁殖。

【园林用途】枝叶茂密，绿叶丛中常混有少数鲜红色的老叶，花瓣细裂也颇为奇特，是一种优美的庭园树种。可丛植于草坪、山坡、庭院，也适于列植。

2. 杜英 *Elaeocarpus decipiens* Hemsl. (图 8-155)

图 8-154 山杜英(1～5)、秃瓣杜英(6、7)
1—花枝；2—果枝；3—花瓣；4—雌蕊；
5—雄蕊；6—叶片；7—部分果枝

图 8-155 杜英
1—果枝；2—花序；3—花瓣；
4—雄蕊；5—雌蕊

【形态特征】高达 15m。嫩枝被微毛。叶披针形或倒披针形，长 7～12cm，宽 2～3.5cm，先端钝尖，基部狭而下延；侧脉 7～9 对，网脉在两面均不明显；叶柄长约 1cm。花黄白色，花药无芒状药隔。核果椭圆形，长 2～2.5(3)cm。花期 6～7 月。

【分布与习性】产台湾、华南、西南以及东南沿海；日本也有分布。喜温暖湿润气候，宜排水良好的酸性土壤，较耐阴，萌芽力强，对二氧化硫的抗性强。

【繁殖方法】播种为主，也可扦插。

【园林用途】树冠圆整，枝叶繁茂，秋冬、早春叶片常显绯红色，红绿相间，鲜艳夺目，可用于园林绿化。

附：秃瓣杜英(*Elaeocarpus glabripetalus* Merr.)(图 8-154)，与山杜英相近，但叶片为倒披针形，长 8～12cm，宽 3～4cm，先端锐尖；侧脉 7～8 对；叶柄极短，长仅 4～7mm；花瓣撕裂为 14～18 条，外面无毛；雄蕊 20～30 枚。果实椭圆形，长 1～1.5cm。花期 7 月。产华东、华南至贵州、云南，常栽培观赏。

水石榕(*Elaeocarpus hainanensis* Oliv.)，叶狭倒披针形，长 7～15cm，宽 1.5～3cm；两面无毛，

侧脉 14～16 对。花序长 5～7cm，有花 2～6 朵。花梗长达 4cm；花白色，直径 3～4cm，花瓣倒卵形，先端撕裂，裂片 30 条；苞片叶状，长约 1cm。核果纺锤形，两端尖，长约 4cm。产海南、广西和云南等地，华南地区常栽培观赏。

三十、椴树科 Tiliaceae

乔木或灌木，稀草本；树皮富含纤维。单叶，互生，稀对生；托叶小，常早落。花两性，稀单性，整齐；聚伞或圆锥花序；萼片 5，稀 3 或 4；花瓣与萼片同数或缺，基部常有腺体；雄蕊多数，分离或基部合生成束；子房上位，2～10 室，每室 1 至多数胚珠，中轴胎座。浆果、核果、坚果或蒴果。

约 52 属 500 种，分布于热带和亚热带，少数属达温带。我国 11 属 70 种，各省均产。

分 属 检 索 表

1. 坚果或核果。
  2. 花瓣内侧基部无腺体，无雌雄蕊柄，坚果和核果，花序梗与舌状或带状苞片连生 ·············· 椴树属 *Tilia*
  2. 花瓣内侧基部有腺体，有雌雄蕊柄，核果，花序无舌状或带状苞片 ·················· 扁担杆属 *Grewia*
1. 蒴果，常绿乔木 ··· 蚬木属 *Excentrodendron*

（一）椴树属 *Tilia* Linn.

落叶乔木；顶芽缺，侧芽单生，芽鳞 2。叶掌状脉 3～7，基部常心形或平截，偏斜，有锯齿；具长柄。聚伞花序，花序梗与 1 枚大而宿存的舌状或带状苞片连生；有时具花瓣状退化雄蕊；子房 5 室，每室 2 胚珠。坚果或核果。

约 23～40 种，主要分布于北温带和亚热带。我国 19 种，坚果类主产温带，核果类主产亚热带。

分 种 检 索 表

1. 叶片下面仅脉腋有毛，上面无毛。
  2. 叶片先端常 3 裂，锯齿粗而疏 ······································· 蒙古椴 *T. mongolica*
  2. 叶片先端不分裂，或偶分裂，锯齿有芒尖 ······························· 紫椴 *T. amurensis*
1. 叶下面密被星状毛。
  3. 叶缘锯齿有芒状尖头，长 1～2mm；果有 5 条突起的棱脊 ···················· 糠椴 *T. mandshurica*
  3. 叶缘锯齿先端短尖；果无棱脊，有疣状突起 ·························· 南京椴 *T. miqueliana*

1. 糠椴（大叶椴）*Tilia mandshurica* Rupr. & Maxim.

【形态特征】高达 20m；树冠广卵形。1 年生枝黄绿色，密生灰白色星状毛；2 年生枝紫褐色，无毛。叶卵圆形，长 8～10cm，宽 7～9cm，先端短尖，基部歪心形或斜截形，有粗大锯齿，齿尖芒状，长 1.5～2mm；表面近无毛，背面密生灰色星状毛。花序由 7～12 朵花组成，苞片倒披针形；花黄色，有香气，花瓣条形，长 7～8mm；退化雄蕊花瓣状。果实近球形，径 7～9mm，密生黄褐色星状毛。花期 7～8 月；果期 9～10 月。

【分布与习性】产东北和内蒙古、河北、山东、河南等地；朝鲜和俄罗斯也有分布。喜光，也耐阴；喜冷凉湿润气候，耐寒性强；对土壤要求不严，微酸性、中性和石灰性土壤均可，但在干瘠和盐碱地上生长不良。深根性，萌蘖性强。

【繁殖方法】播种、分蘖或压条繁殖。种子后熟期长。

【园林用途】树冠整齐，树姿清丽，枝叶茂密，夏日满树繁花，花黄色而芳香，是优良的行道树和庭荫树。糠椴是世界四大行道树之一。

2. 紫椴(籽椴) *Tilia amurensis* Rupr. (图 8-156)

【形态特征】高达 25m。树皮平滑或浅纵裂。叶宽卵形至近圆形，长 4.5～6cm，宽 4～5.5cm，先端尾尖，基部心形，具细锯齿，上面无毛，下面脉腋有黄褐色簇生毛。花序有花 3～20 朵，黄白色，无退化雄蕊。果近球形，长 5～8mm，密被灰褐色星状毛。花期 6～7 月；果期 8～9 月。

【分布与习性】产东北及山东、河北；俄罗斯和朝鲜也有分布。喜光，幼树较耐庇荫；深根性树种；喜温凉、湿润气候；对土壤要求比较严格，喜土层深厚、排水良好的湿润沙质壤土；不耐水湿；萌蘖性强。

【繁殖方法】播种、分蘖繁殖。同糠椴。

【园林用途】树体高大，树姿优美，夏季黄花满树，秋季叶色变黄，花序梗上的舌状苞片奇特美观，是优良的行道树和绿荫树。

3. 蒙古椴 *Tilia mongolica* Maxim.

【形态特征】高 6～8m。叶三角状卵形或宽卵形，长 4～6cm，宽 3.5～5cm，基部心形或截形，先端常 3 裂，尾状尖，有不整齐粗锯齿；下面苍白色，脉腋有簇毛。花序有花 6～12 朵；花瓣和退化雄蕊均黄色，退化雄蕊 5 枚，较花瓣为小。果密被短绒毛。花期 7 月；果期 9 月。

【分布与习性】产内蒙古、辽宁、河北、河南和山西等地。喜生于肥沃、湿润、疏松的土壤，较耐阴。

【繁殖方法】播种、分蘖繁殖。

【园林用途】树体较矮小，适宜于庭院丛植或作园路树。

4. 南京椴(密克椴、米格椴) *Tilia miqueliana* Maxim. (图 8-157)

图 8-156 紫椴
1—花枝；2—果枝；3—花；4、5—叶下脉腋簇生毛

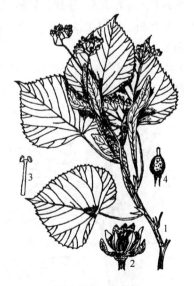

图 8-157 南京椴
1—花枝；2—花；3—雄蕊；4—雌蕊

高达 20m。小枝、芽、叶下面、叶柄、苞片两面、花序柄、花萼、果实均密被灰白色星状毛。叶卵圆形至三角状卵圆形，长 9～11cm，宽 7～9.5cm，具整齐锯齿，齿尖长约 1mm；上面深绿色，无毛。花序有花 3～6 朵，退化雄蕊花瓣状。果球形，径 9mm，无棱。

产江苏、浙江、安徽、江西、河南等地；日本也有分布。喜温暖湿润气候。优良的园林观赏树种，花为蜜源，并含有少量芳香油。

（二）扁担杆属 *Grewia* Linn.

灌木或乔木，直立或攀缘状，有星状毛。叶基出3脉。花丛生或聚伞花序，有时花序与叶对生；花萼显著；花瓣基部有鳞片状腺体；雄蕊分离；子房2~4室，每室胚珠2~8。核果常有纵沟，1~4分核。

约90种，分布于亚热带。我国约27种，广布于长江流域以南。

扁担杆（娃娃拳） *Grewia biloba* G. Don（图8-158）

【形态特征】落叶灌木或小乔木。小枝被粗毛。叶椭圆形或菱状卵形，长4~9cm，先端渐尖，基部圆形或阔楔形，锯齿不规则，基出3脉，叶柄、叶两面疏生星状毛或无毛。聚伞花序与叶对生，有花3~8朵；花淡黄绿色，径不足1cm；萼片外面被毛，内面无毛；雌蕊柄长0.5mm，子房有毛。果橙黄色或红色，2~4分核。花期6~7月；果期8~10月。

【变种】小花扁担杆［var. *parviflora* (Bunge) Hand. -Mazz.］，叶下面密被黄褐色软茸毛。

【分布与习性】分布于长江以南各地，变种小花扁担杆分布北达黄河流域。喜光，耐寒，耐干瘠。对土壤要求不严，在富有腐殖质的土壤中生长更为旺盛。

【繁殖方法】播种或分株繁殖。

【园林用途】果实橙红鲜艳，可宿存枝头数月之久，为良好观花、观果灌木，适于庭园、风景区丛植。果枝可瓶插。

（三）蚬木属 *Excentrodendron* Chang & Miao

常绿乔木。叶革质，全缘，基部圆形或楔形，基出3脉，脉腋有囊状腺体。花单性，圆锥花序腋生；萼片5；花瓣5或3~9，白色；雄蕊25~35，花丝合成5束；子房5室，每室2胚珠。蒴果，具纵翅5条。

2种，产我国西南部，其中1种亦产于越南北部。

蚬木 *Excentrodendron tonkinense* (A. Chevalier) Chang & Miao（图8-159）

图8-158 扁担杆

1—花枝；2—叶之星状毛；3—花纵剖面；

4—子房横剖面；5—果

图8-159 蚬木

1—花枝；2—花蕾；3—毛被；4—萼片；

5~7—雄蕊；8—花瓣；9—果枝

——*Excentrodendron hsienmu* (Chun & How) Chang & Miao

【形态特征】高达 40m，胸径 1m。树皮光滑。小枝无毛。叶卵圆形或卵状椭圆形，长 8～14(18) cm，宽 5～8(12) cm，先端渐尖或尾状尖，基部圆形，下面脉腋有簇生毛，基部除 3 出脉外，具明显边脉；叶柄长 3.5～6.5(10) cm。雄花序圆锥状，长 5～9cm，具 7～13 花；雌花序近总状，1～3 花。花梗无关节；苞片早落；花白色。果椭圆形，长约 2～3cm，瓣裂。花期 2～4 月；果期 6～7 月。

【分布与习性】产广西、云南，生于石灰岩丘陵山地常绿阔叶林中；越南北部也有分布。喜光，耐旱，耐瘠薄，喜石灰质土壤；深根性。

【繁殖方法】播种繁殖。

【园林用途】蚬木是热带和南亚热带地区珍贵的用材树种和石灰岩山地优良绿化树种。树冠浓密，四季常青，园林中适作行道树、庭荫树和园景树。

三十一、梧桐科 Sterculiaceae

乔木、灌木或草本；树皮常带有黏液或富含纤维；植物体幼嫩部分常被星状毛。单叶，互生，稀掌状复叶；托叶早落。花两性、单性或杂性，辐射对称，单生或成聚伞或圆锥等各式花序；萼片 5，多少合生；花瓣 5 或缺；雄蕊多数，花丝常连合成管状，稀少数而分离，常有退化雄蕊；子房上位，2～5 室，每室 2 至多数胚珠，中轴胎座，稀为单心皮。蓇葖果、蒴果或核果。

约 68 属 1100 种，主产热带、亚热带。我国 17 属 87 种，另引入栽培至少 6 属 9 种，主产华南至西南，以海南、云南最多。

分 属 检 索 表

1. 落叶乔木；花单性同株 ·· 梧桐属 *Firmiana*
1. 常绿乔灌木；花杂性 ·· 苹婆属 *Sterculia*

（一）梧桐属 *Firmiana* Mars.

落叶乔木。小枝粗壮；顶芽发达，密被锈色绒毛。单叶，互生，掌状分裂。花单性同株，顶生圆锥花序；萼 5 深裂，花瓣状；无花瓣；雄蕊 10～15，合生成筒状，花药聚生于雄蕊筒顶端；子房圆球形，有柄，5 室。蓇葖果成熟前沿腹缝线开裂，果瓣匙状，膜质，有 2～4 种子着生于果瓣近基部的边缘；种子球形，种皮皱缩。

约 15 种，产于亚洲。我国 3 种，主产于华南和西南，北达华北南部。

梧桐(青桐) *Firmiana simplex* (Linn.) W. F. Wight. (图 8-160)

——*Firmiana platanifolia* (Linn. f.) Mars.

【形态特征】乔木，高 15～20m。树干端直，树冠卵圆形；干枝翠绿色，平滑。叶掌状 3～5 裂，裂片全缘，径 15～30cm，基部心形，表面光滑，下面被星状毛；叶柄约与叶片等长。圆锥花序长 20～50cm；萼裂片长条形，黄绿色带红，开展或反卷，外面被淡黄色短柔毛。蓇葖果 5 裂，开裂呈匙形。花期 6～7 月；果期 9～10 月。

【分布与习性】原产我国及日本，黄河流域以南至华南、西南广泛栽培，尤以长江流域为多。喜光，喜温暖气候及土层深厚、肥沃、湿润、排水良好、含钙丰富的土壤。深根性，直根粗壮，不耐涝；萌芽力弱，不耐修剪。春季萌芽期晚，秋季落叶早，故有"梧桐一叶落，天下尽知秋"之说。

对多种有毒气体都有较强的抗性。

【繁殖方法】播种繁殖为主，也可扦插、分根。种子应层积催芽。

【园林用途】梧桐树干端直，干枝青翠，绿荫深浓，叶大而形美，且秋季转为金黄色，洁静可爱。为优美的庭荫树和行道树，于草地、庭院孤植或丛植均相宜。与棕榈、竹子、芭蕉等配植，点缀假山石园景，协调古雅。民间有"凤凰非梧桐不栖"之说，因此庭院中广为应用，"栽下梧桐树，引来金凤凰"，说的即为此树。

附：云南梧桐 [*Firmiana major* (W. W. Smith) Hand. - Mazz.]，与梧桐的主要区别是：树皮灰色，略粗糙；叶掌状3浅裂；花紫红色。产云南和四川西南部。枝叶茂盛，可作庭荫树和行道树。

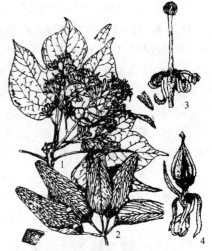

图 8-160　梧桐
1—花枝；2—果；3—雄花；4—雌花

（二）苹婆属 *Sterculia* Linn.

常绿乔木或灌木；被星状毛。单叶，全缘或分裂，稀掌状复叶。花杂性，圆锥花序腋生；萼管状，4～5裂；无花瓣；花药聚生于花丝筒顶端，包围退化雌蕊；子房上位，4～5心皮，胚珠2至多个，花柱基部合生，柱头5，靠合。蓇葖果，革质或木质，成熟时开裂，种子1至多数，具胚乳。

约100～150种，分布于热带，主产亚洲。我国26种，产南部至西南部，盛产云南。

分种检索表

1. 叶倒卵状椭圆形或椭圆形；萼筒与萼裂片等长；种子径 1.5cm ·················· 苹婆 *S. monosperma*
1. 叶长椭圆形至披针形；花萼 5，深裂至基部；种子径约 1cm ·················· 假苹婆 *S. lanceolata*

1. 苹婆(凤眼果、七姐果)*Sterculia monosperma* Ventenat(图 8-161)
　　——*Sterculia nobilis* Smith

【形态特征】乔木，高 10～15m。树冠卵圆形；树皮褐黑色。幼枝疏生星状毛，后变无毛。叶倒卵状椭圆形或矩圆状椭圆形，长 10～25cm，先端突尖或钝尖，基部近圆形，全缘，无毛，侧脉 8～10 对；叶柄长 2～5cm，两端均膨大呈关节状。花序长 8～28cm，下垂；花萼粉红色，萼筒与裂片等长。蓇葖果，椭圆状短矩形，长 4～8cm，被短绒毛，顶端有喙，果皮革质，熟时暗红色；种子 1～4，近球形，红褐色，长约 2cm，径 1.5cm。花期 4～5月；果期 10～11月。

【分布与习性】原产我国南部，有近千年的栽培史，以珠江三角洲栽培较多，广西、福建、台湾、海南也有栽培。印度、越南、印尼、马来西亚、斯里兰卡和日本等国均有分布。喜温耐湿，喜光，耐半阴，速生，开花期干旱易引起落花落果，秋冬季干旱常引起落叶，雨水充足则生

图 8-161　苹婆(1～3)、假苹婆(4～7)
1—果枝；2、5—雄花；3—雄花纵剖，
示雄蕊；4—花枝；6—雌花；7—果实

长和开花结果良好。

【繁殖方法】播种、扦插、高压和嫁接繁殖均可，以扦插为常用。

【园林用途】树形美观，树冠卵圆形，枝叶浓密，遮荫性能好，适于用作庭荫树、风景树及行道树。木材坚韧，可供制器具及板料。种子供食用，味如栗子。

2. 假苹婆 *Sterculia lanceolata* Cav. (图 8-161)

【形态特征】高达 10m。幼枝被毛。叶长椭圆形至披针形，长 9～20cm，宽 3.5～8cm，顶端急尖，基部钝形或近圆形，叶面无毛，背面几无毛，叶柄长 2.5～3.5cm，侧脉 7～9 对。圆锥花序长 4～10cm，花萼淡红色、5，深裂至基部，向外开展如星状。蓇葖果鲜红色，长椭圆形，长 5～7cm，宽 2～2.5cm，密被毛。种子 2～7，黑色光亮，椭圆状卵形，径约 1cm。花期 4～5 月；果期 8～9 月。

【分布与习性】产华南至西南，常生于溪边；缅甸、老挝、泰国及越南也有分布。喜光，耐半阴，稍耐湿，喜深厚的土壤。生长较快。

【繁殖方法】播种、扦插、高压和嫁接繁殖均可。

【园林用途】树冠开阔，树姿优美。秋季红果累累，色彩鲜艳，具有很高的观赏价值。

三十二、木棉科 Bombacaceae

乔木，常有板根。掌状复叶或单叶，互生；托叶早落。花两性，大而美丽，单生或簇生，萼杯状，常具副萼；花瓣 5，稀缺；雄蕊 5 至多数，花丝合生成筒状或分离，花药 1 室；子房上位，2～5 (10～15) 室，每室 2 至多数胚珠，中轴胎座。蒴果，室背开裂或不裂，果皮内壁有长毛，包被种子。

约 30 属 250 种，广布于热带，主产美洲。我国 1 属 3 种，引入栽培 6 属 10 种。

分属检索表

1. 花丝 40 枚以上。

　2. 落叶乔木；花瓣倒卵形，雄蕊管上部花丝集为 5 束或散生；种子长不及 5mm ·············· 木棉属 *Bombax*

　2. 常绿乔木；花瓣细长，雄蕊管上部花丝集为多束，每束再分离为 7～10 枚细长的花丝，种子长达 2.5cm

　·· 瓜栗属 *Pachira*

1. 花丝 3～15 枚，花萼花后枯萎宿存；果隔无毛 ·· 吉贝属 *Ceiba*

(一) 木棉属 *Bombax* Linn.

落叶大乔木，茎常具粗皮刺；枝髓大而疏松。掌状复叶，小叶全缘，无毛。花单生或簇生，先叶开放；萼杯状，不规则分裂；花瓣倒卵形；雄蕊多数，排成多轮，外轮花丝合成 5 束，与花瓣对生；子房 5 室，柱头 5 裂，胚珠多数。蒴果木质，室间 5 裂。

约 50 种，分布于热带。我国 2 种，产华南。

木棉(攀枝花、英雄树、烽火树)*Bombax ceiba* Linn. (图 8-162)

——*Gossampinus malabarica* (DC.) Merr.；*Bombax malabaricum* DC.

【形态特征】高达 25m；树干端直，通常具板根；幼树树干及枝具圆锥形皮刺。树皮灰白色；大枝平展，轮生；树冠伞形。小叶 5～7，矩圆形至矩圆状披针形，长 10～16cm，宽 3.5～5.5cm，先端渐尖，小叶柄长 1.5～4cm；侧脉 15～17 对。花径约 10cm，簇生枝端；花萼长 3～4.5cm，3～5浅裂；花瓣 5，红色或有时橘红色，厚肉质，长 8～10cm，宽 3～4cm。果椭圆形，长 10～15cm，木质，密生灰白色柔毛和星状毛；种子倒卵形，光滑。花期 3～4 月，先叶开放；果期 6～7 月。

【分布与习性】产亚洲南部至大洋洲，华南和西南有分布并常见栽培，多见于低海拔平地和缓坡、干热河谷。喜光，喜暖热气候，较耐旱。深根性，萌芽力强，生长迅速。树皮厚，耐火烧。

【繁殖方法】播种、分蘖、扦插繁殖。蒴果成熟后开裂，种子易随棉絮飞散，应及时采收。

【园林用途】树形高大雄伟，早春先叶开花，花朵鲜红，如火如荼，素有英雄树之称。华南各地常栽作行道树、庭荫树及庭园观赏树，尤其是珠江三角洲一带广泛应用，杨万里的"即是南中春色别，满城都是木棉花"和陈恭尹的"粤江二月三月天，千树万树朱花开"都描绘了广东木棉花期的盛景。

（二）瓜栗属 Pachira Aubl.

常绿乔木，间或落叶性。掌状复叶，互生，小叶 3～11，全缘或有齿。花单生叶腋或 2～3 朵簇生，苞片 2～3 枚；萼杯状，平截或具不明显浅齿，宿存；花瓣长圆形或线形；雄蕊多数，基部合生成管，上部分离为多束，每束 7～10 枚花丝；子房 5 室，胚珠多数；柱头 5 裂。蒴果，木质或革质，室背 5 裂，内面具长绵毛。

约 50 种，分布于热带美洲，我国引入栽培 1 种。

瓜栗（发财树、马拉巴栗）*Pachira aquatica* Aubl.（图 8-163）

图 8-162　木棉

1—叶枝；2—花枝；3—花纵剖面；
4—雄蕊；5—子房横剖面；6—果

图 8-163　瓜栗

1—花果枝；2—种子

——*Pachira macrocarpa*（Schl. & Cham.）Walp.

【形态特征】小乔木，高 4～5(18)m，树皮光滑。幼枝栗褐色，无毛。叶常聚生枝顶，小叶 5～11，全缘，矩圆形至倒卵状矩圆形，中部者长 13～24cm，宽 4.5～8cm，下面被锈色星状毛，近无柄；侧脉 16～20 对。花梗粗，被黄色星状毛。萼近革质；花瓣淡黄白色，狭披针形至线形，长达 15cm，上部反卷；雄蕊管较短，雄蕊下部黄色，上部红色；花柱深红色。蒴果椭圆形，长 9～10cm，径 4～6cm。种子长 2～2.5cm，深褐色，有白色螺纹，多胚。花期 5～11 月，果先后成熟。

【分布与习性】原产热带美洲，是海岸型热带稀树草原植物。现热带地区广泛栽培和归化，华南各地常见栽培。耐干旱、忌湿；喜温暖气候，耐－2℃寒潮，但幼苗忌霜冻；耐阴性强。

【繁殖方法】播种或扦插繁殖。

【园林用途】我国于20世纪50～60年代由古巴引入，最初作为油料和干果树种栽培，种子含油量45%，供食用，被称为树上花生。瓜栗枝叶稠密、翠绿，树冠如伞，树形优美，树干基部膨大，是近年来发展迅速的观叶植物。热带和南亚热带地区，可用于庭园绿化，于草坪、庭院、墙角、建筑周围等地孤植、丛植均宜。也是著名的室内盆栽观叶植物，广泛用于居室、宾馆、饭店、会场、商场的装饰布置。

(三) 吉贝属 *Ceiba* Miller

落叶乔木，树干和枝常有刺。掌状复叶，小叶3～5(9)，具短柄，无毛，背面苍白色，全缘或有齿。花单生或2～15朵簇生，先叶开放或与叶同放，下垂，辐射对称，稀两侧对称；萼钟状，不规则3～5(12)裂，厚，宿存；花瓣5，淡红色或黄白色，基部合生并贴生于雄蕊管上，与雄蕊和花柱一起脱落；雄蕊管短，花丝3～15，分离或分成5束；子房5室，花柱线形，胚珠多数。蒴果，木质或革质，室背5裂。

17种，主产热带美洲，非洲西部产1种。我国引入栽培1种。

吉贝(美洲木棉、爪哇木棉)***Ceiba pentandra*** (Linn.) Gaertn.

落叶大乔木，高达30m，板根小或无；树干常疏被刺，大枝轮生，平展，幼枝有刺。叶柄长7～14(25)cm，长于叶片；小叶5～9，矩圆形至披针形，长5～20cm，宽1.5～6.5cm，薄革质，光滑无毛，全缘或近顶端疏被细齿，先端短渐尖。花先叶开放或与叶同时开放，单生或多至15朵簇生近枝顶叶腋；萼高1.2～2cm，内面无毛；花瓣白色或粉红色，倒卵形至矩圆形，长2.5～4cm，外面被白色长柔毛；雄蕊管上部的花丝不等高分离，蒴果矩圆形，长7.5～15(26)cm，径3～5(11)cm，果梗长7～25cm，5裂，内面密生丝状绵毛。花期3～4月。

原产热带美洲，现广泛栽培于热带。我国云南、广西、广东等地栽培。

树形优美，花大而美丽，花期早，是优良的春季观花树种，常植为行道树。果内绵毛是救生圈、救生衣、床垫、枕头等的优良填充物，也作飞机上防冷、隔声的绝缘材料。

三十三、锦葵科 Malvaceae

草本、灌木或乔木，常被星状毛。单叶，互生，掌状脉；有托叶。花两性，单生、簇生或聚伞花序；萼3～5，分离或合生，常具副萼；花瓣5，在芽内旋转；雄蕊多数，花丝合生成筒状，花药1室；子房上位，2至多室，中轴胎座。蒴果，室背开裂或分裂为数个果瓣，或为浆果。

约100属1000种，广布于温带和热带。我国15属65种，南北均产，另引入栽培4属16种。

分 属 检 索 表

1. 蒴果，室背5裂 ·· 木槿属 *Hibiscus*
1. 浆果，肉质 ·· 悬铃花属 *Malvaviscus*

（一）木槿属 *Hibiscus* Linn.

草本或灌木，稀乔木。叶掌状分裂或否，基出 3～11 脉。花常单生叶腋；萼 5 裂，宿存，副萼较小；花瓣 5，基部与雄蕊筒合生，大而显著；子房 5 室，花柱顶端 5 裂。蒴果室背 5 裂。

约 200 种，分布于热带和亚热带。我国连引入栽培的共约 25 种，主产长江以南，多供观赏。

分 种 检 索 表

1. 叶有锯齿；副萼全部离生。
  2. 花瓣浅裂，副萼长达 5mm 以上。
    3. 叶卵形或菱状卵形，不裂或端部 3 浅裂。
      4. 叶菱状卵形，端部常 3 浅裂；蒴果密生星状绒毛 ……………………… 木槿 *H. syriacus*
      4. 叶卵形，不裂；蒴果无毛 ……………………………………… 扶桑 *H. rosa-sinensis*
    3. 叶卵状心形，掌状 3～5(7) 裂，密被星状毛和短柔毛 ……………… 木芙蓉 *H. mutabilis*
  2. 花瓣细裂如流苏状，副萼长不过 2mm ……………………………… 吊灯花 *H. schizopetalus*
1. 叶全缘或近全缘；副萼基部合生，上部 9～10 齿裂；花黄色 ………………… 黄槿 *H. tiliaceus*

1. 木槿 *Hibiscus syriacus* Linn. （图 8-164）

【形态特征】落叶灌木，高 2～5m。小枝幼时密被绒毛，后脱落。叶卵形或菱状卵形，长 3～6cm，基部楔形，常 3 裂，有钝齿，3 出脉，背面脉上稍有毛。花径 6～10cm，紫色、白色或红色，单瓣或重瓣。蒴果卵圆形，密生星状绒毛；种子肾形，有黄褐色毛。花期 6～9 月；果 9～11 月成熟。

【栽培品种】斑叶木槿（'Argenteo-variegata'），叶有不规则的白色斑块，沿叶缘排列或达中部。白花木槿（'Totus-albus'），花白色，单瓣。大花木槿（'Grandiflorus'），花单瓣，特大，桃红色。粉紫重瓣木槿（'Amplissimus'），花粉紫色，内面基部洋红色，重瓣。雅致木槿（'Elegantissimus'），花粉红色，重瓣。牡丹木槿（'Paeoniflorus'），花粉红或淡紫色，重瓣。紫红木槿（'Roseatriatus'），花紫红色，重瓣。琉璃木槿（'Coeruleus'），枝条直，花重瓣，天青色。

图 8-164　木槿
1—花枝；2—果枝；3—花纵剖面

【分布与习性】产东亚，我国分布于江南，自东北南部至华南各地常见栽培。喜光，稍耐阴；喜温暖湿润，但耐寒性颇强；耐干旱瘠薄，不耐积水。生长迅速，萌芽力强，耐修剪。抗污染，对二氧化硫、氯气、烟尘抗性均强。

【繁殖方法】播种、扦插、压条繁殖。扦插易生根。

【园林用途】夏秋开花，花期长而花朵大，是优良的花灌木，园林中宜作花篱，或丛植于草坪、林缘、池畔、庭院各处。抗污染，可用于工矿区绿化，并常植于城市街道的分车带中。

2. 扶桑（朱槿）*Hibiscus rosa-sinensis* Linn. （图 8-165）

【形态特征】常绿灌木，高达 5m。叶卵形至长卵形，长 4～9cm，先端渐尖，有粗齿或缺刻，3 出脉，表面有光泽。花冠漏斗状，通常鲜红色，也有白色、黄色和粉红色品种，径 6～10cm，雄蕊柱和花柱长，伸出花冠外。蒴果卵球形，长约 2.5cm，顶端有短喙，光滑无毛。花期全年，以 6～9

月为盛。

【栽培品种】深红扶桑('Van Houttei'),花深红色。彩瓣扶桑('Calleri'),花瓣基部朱红色,上半部黄色。花叶扶桑('Cooperi'),叶片狭长,有白色斑纹,花朵较小,朱红色。

【分布与习性】原产热带亚洲,华南有分布;各地常见栽培。喜温暖湿润气候,要求日光充足,不耐阴。对土壤的适应范围较广,以富含有机质的微酸性肥沃土壤最好。萌芽力强,耐修剪。

【繁殖方法】多用扦插繁殖,硬枝、嫩枝均易生根。

【园林用途】我国传统名花,在华南至少已有 1700 年以上的栽培历史。几乎全年开花不断,花大而艳,有红色、粉红、橙黄、白色以及杂色,花量多。长江流域以南可用于露地园林绿化,长江流域及以北地区室内盆栽。高大品种适于道路绿化或植为花篱,或于庭前、草地、水边、墙隅孤植、丛植;低矮品种适于盆栽或作基础种植材料。马来西亚国花。

3. 木芙蓉(芙蓉花)*Hibiscus mutabilis* Linn. (图 8-166)

图 8-165 扶桑　　　　　　　　　图 8-166 木芙蓉

【形态特征】落叶灌木或小乔木。小枝、叶片、叶柄、花萼均密被星状毛和短柔毛。叶广卵形,宽 7~15cm,掌状 3~5(7)裂,基部心形,缘有浅钝齿。花单生枝端叶腋,径达 8~10cm,白色、淡紫色,后变深红色;花梗长 5~8cm,近顶端有关节。蒴果扁球形,有黄色刚毛及绵毛,果瓣 5;种子肾形,有长毛。花期(8)9~10 月;果 10~11 月成熟。

【分布与习性】原产湖南,习见栽培。喜光,稍耐阴;喜温暖湿润气候,但耐寒性也甚强,河北、山东等地有露地栽培,冬季地上部分枯死,次年可重新萌发,秋季能正常开花;喜肥沃湿润而排水良好的中性或微酸性土壤。萌蘖性强,生长迅速。抗污染。

【繁殖方法】扦插、压条、分株、播种繁殖。

【园林用途】我国传统庭园花木,花大而美丽,品种繁多,花期晚,有拒霜花之名。最宜植于池畔、水滨,波光花影,相映益妍,潇洒而无俗韵,若杂以红蓼,映以白荻,犹如云霞散绮,绚烂异常。群植、丛植于庭院一隅、房屋周围、亭廊之侧亦适宜。成都市市花。

4. 黄槿 *Hibiscus tiliaceus* Linn.

【形态特征】常绿灌木或乔木，高达 10m，树冠圆阔，分枝浓密。叶近圆形，全缘或偶有不显之 3～5 浅裂，基部心形，表面深绿而光滑，背面灰白色并密生星状绒毛；基出 7～9 脉。聚伞花序，花梗长 1～3cm，基部有 1 对托叶状苞片；花钟形，直径 6～7cm，黄色，内面基部暗紫色；副萼基部合生，上部 9～10 齿裂，宿存。蒴果卵形，被柔毛。花期 6～8 月。

【分布与习性】产我国南部沿海和热带亚洲，多生于沿海沙地、河港两岸。喜温暖湿润、排水良好的酸性土壤，抗风力强，不耐寒。生长快，深根性。

【繁殖方法】播种或扦插繁殖。

【园林用途】花黄色，适应性强，是海岸防沙、防风及防潮树种；也可作行道树。

5. 吊灯花(拱手花篮)*Hibiscus schizopetalus* (Mast.) Hook. f.

枝细长拱垂，光滑无毛。叶椭圆形或卵状椭圆形，先端渐尖，基部广楔形，缘有粗齿，两面无毛。花单朵腋生，花梗细长，中部有关节；花鲜红色，下垂，径约 6～9cm，花瓣羽状深裂，向上反卷；雄蕊柱细长，显著突出于花冠外；副萼极小，长 1～2mm。

原产非洲热带；华南有栽培。不耐寒，长江流域及其以北各城市常温室盆栽观赏。扦插繁殖。几乎全年开花，是极美丽的观赏植物。

(二) 悬铃花属 *Malvaviscus* Adans.

灌木或小乔木，有时蔓生。叶浅裂或不分裂。花腋生，略倒垂，有总苞状小苞片(副萼)5～12；花萼钟状，5 裂；花瓣 5 片，直立而不开张；雄蕊柱突出于花冠外；子房 5 室，每室有胚珠 1 颗。肉质浆果，通常红色，后变干燥而分裂。

约 5 种，产于热带美洲，热带地区广泛栽培。我国引入栽培 2 种，为美丽的花木。

分 种 检 索 表

1. 叶披针形至狭卵形，基出脉 3，叶柄长 1～2cm；花悬垂，长 5cm，花梗长 1.5cm ⋯⋯⋯⋯⋯⋯
⋯⋯⋯⋯⋯⋯⋯⋯⋯⋯⋯⋯⋯⋯⋯⋯⋯⋯⋯⋯⋯⋯⋯⋯⋯ 垂花悬铃花 *M. penduliflorus*
1. 叶宽心形至圆心形，基出脉 5，叶柄长 2～5cm；花直立，长约 2.5cm，花梗长 3～4mm ⋯⋯⋯⋯⋯
⋯⋯⋯⋯⋯⋯⋯⋯⋯⋯⋯⋯⋯⋯⋯⋯⋯⋯⋯⋯⋯⋯⋯⋯⋯⋯ 小悬铃花 *M. arboreus*

1. 垂花悬铃花 *Malvaviscus penduliflorus* DC.

——*Malvaviscus arboreus* Cav. var. *penduliflorus* (DC) Schery

【形态特征】常绿灌木，高达 2m，小枝被反曲的长柔毛或光滑无毛。叶披针形至狭卵形，长 6～12cm，宽 2.5～6cm，先端长尖，基部宽楔形至近圆形，边缘具钝齿，两面近无毛或近脉上有星状柔毛；基出主脉 3 条；托叶线形，长约 4mm，早落；叶柄长 1～2cm，有柔毛。花单生于上部叶腋，悬垂，长约 5cm；花梗长约 1.5cm，被长柔毛；副萼 8，长 1～1.5cm，花萼略长于副萼；花冠筒状，仅上部略开展，鲜红色。全年开花，很少结果。

【分布与习性】原产地不详，可能为墨西哥，现世界热带地区广栽，我国引种历史悠久，华南及西南各地均有栽培。喜光，也能耐阴，喜高温高湿，耐烈日，不耐寒。在 12℃ 左右低温下，生长停滞，长期低于 6℃，嫩梢受冻。喜酸性土，不耐碱。较耐干旱和水湿。

【繁殖方法】扦插繁殖。

【园林用途】花期长，与朱槿、吊灯花并称华南的三大"长春花"或"无穷花"，可长成大灌木，一树开花数百朵，满树红艳，大有叶不胜花、红肥绿瘦之感。花朵含苞欲放却永不开展，花蕊柱突出，花梗稍长，花朵悬挂枝头，状如悬铃，艳丽而典雅。适宜孤植于水滨、花坛、庭院等各处，均枝条参差，颇为美观。也可整形修剪，形成各种造型。

2. 小悬铃花 *Malvaviscus arboreus* Cav.（图8-167）

与垂花悬铃花的区别在于，叶宽心形至圆心形，常3裂，基出主脉5；叶柄长2～5cm；花直立，较小，长约2.5cm，花梗长3～4mm。

我国文献中常将本种鉴定为 *Malvaviscus arboreus* var. *drummondii* (Torrey & A. Gray) Schery，实际上后者在我国极少见于栽培。

原产中美洲及美国东南部，世界温暖地区广泛栽培，有时逸为野生。我国福建、广东、云南等地栽培。供观赏。

图8-167 小悬铃花
1—花枝；2—雄蕊柱；3—花萼；
4—叶上面的星状毛

三十四、大风子科 Flacourtiaceae

灌木至乔木；单叶，互生，全缘或有齿缺；托叶早落。花两性或单性，单生叶腋，或为腋生或顶生的花束或总状花序；萼片2～7或更多；花瓣与萼片相似而同数，稀更多或缺；雄蕊多数；花盘肿胀；子房上位，1室，有胚珠数至多颗，侧膜胎座，有时2至多室。蒴果、浆果或核果。

87属约900种，主要分布于热带和亚热带，少数种类产于温带。我国12属39种，主产西南、华南和台湾。

山桐子属 *Idesia* Maxim.

1种，产东亚。

山桐子 *Idesia polycarpa* Maxim.（图8-168）

【形态特征】落叶乔木，高达8～15m，树冠球形；树皮灰色，光滑不裂；枝条近轮生，小枝纤细。叶互生，卵形或长椭圆状卵形，先端渐尖，基部心形，长12～23cm，叶缘疏生锯齿，表面深绿色，背面苍白色，脉腋簇生细毛；叶柄有2～4个紫色扁平腺体。圆锥花序下垂，长达20～25cm。花雌雄异株或杂性，黄绿色，芳香。花萼(3)6，两面有密柔毛；雄蕊多数；子房1室，5(3～6)个侧膜胎座。浆果球形，红色或红褐色，径7～8mm。花期5～6月；果期9～10月。

【变种】毛叶山桐子(var. *versicolor* Diels.)，叶片上面散生黄褐色毛，下面密生白色短柔毛。耐寒性较强。

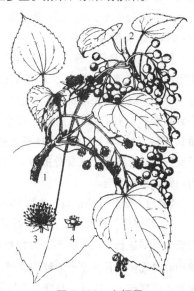

图8-168 山桐子
1—花枝；2—果枝；3—雄花；4—雌花

【分布与习性】产秦岭、大别山、伏牛山以南各地；日本和朝鲜也有分布。喜光，不耐阴，在向阳山坡、沟谷、林缘生长良好；喜温暖湿润，也较耐寒，毛叶山桐子可耐－14℃低温，在北京、山东等地均生长良好；喜深厚肥沃、湿润疏松的酸性和中性土。

【繁殖方法】播种繁殖。

【园林用途】树形开展，春季繁花满树，芬芳扑鼻，入秋红果串串，挂满枝头，入冬不落，是优良的观赏果木，而且秋叶经霜也变为黄色，十分美观。宜丛植于庭院房前、草地，也可列植于道路两侧。

三十五、柽柳科 Tamaricaceae

乔木、灌木或亚灌木。单叶，互生，常鳞片状，多具泌盐腺体；无托叶。花小，两性，总状或圆锥花序，稀单生；萼片和花瓣均4～5；雄蕊4～5或多数，着生于花盘上；子房上位，1室，胚珠2至多数，侧膜胎座，花柱2～5。蒴果，种子顶端有束毛或有翅。

3属约110种，分布于欧洲、亚洲和非洲，多生于草原和荒漠地区。我国3属32种，产温带至亚热带。

柽柳属 *Tamarix* Linn.

落叶灌木或小乔木；非木质化小枝纤细，冬季凋落。叶鳞形，抱茎。总状或圆锥花序，侧生或顶生；雄蕊4～5，与萼片对生，分离；花盘具缺裂；子房圆锥形，3～4心皮，1室，花柱3～4。蒴果3瓣裂；种子多数，微小，顶部有束毛。

约90种，分布于亚洲、非洲和欧洲。我国18种，各地均有分布或栽培。

柽柳(三春柳、红荆条) *Tamarix chinensis* Lour. (图 8-169)

【形态特征】高达7m；树冠圆球形；树皮红褐色。小枝红褐色或淡棕色。叶钻形或卵状披针形，长1～3mm，先端渐尖。总状花序集生为圆锥状复花序，多柔弱下垂；花粉红或紫红色，苞片线状披针形；雄蕊5；柱头3裂。果3裂，长3～3.5mm。花期4～9月。

图 8-169　柽柳
1—花枝；2—小枝放大；3—花；
4—雄蕊和雌蕊；5—花盘和花萼

【分布与习性】分布广，主产东北南部、海河流域、黄河中下游至淮河流域。喜光，不耐阴；耐寒、耐热；耐干旱，亦耐水湿；对土壤要求不严，耐盐碱，叶能分泌盐分。插穗在含盐量0.5%的盐碱地上能正常出苗，带根苗木能在含盐量0.8%的盐碱地上生长，大树在含盐量1%的重盐碱地上生长良好，并有降低土壤盐分的效能。深根性，萌芽力和萌蘖力均强，生长迅速。

【繁殖方法】扦插繁殖，也可分株、压条和播种繁殖。

【园林用途】柽柳古干柔枝，婀娜多姿，紫穗红英，艳艳灼灼，花期甚长，略具香气；叶经秋尽红，更加可爱。是优美的园林观赏树种，适于池畔、堤岸、山坡丛植，也可植为绿篱，尤其是在盐碱和沙漠地区，更是重要的观赏花木。此外，柽柳也是重要的防风固沙材料和盐碱地改良树种。老桩可作盆景，枝条可编筐。嫩枝、叶药用。

附：多花柽柳（*Tamarix hohenacheri* Bunge），灌木，高 1～3m；叶片卵状披针形；总状花序生于当年生枝上；花粉红色或稀白色，花瓣相互靠合而使花冠呈球形。

三十六、番木瓜科 Caricaceae

小乔木或灌木，具乳状汁液，常不分枝。叶有长柄，聚生于茎顶；叶片常掌状分裂，少全缘或羽状；无托叶。花单性或两性，同株或异株；雄花通常组成下垂的圆锥花序；雌花单生叶腋或数朵组成伞房花序；花萼极小，5 裂。雄花花冠管细长，雄蕊 10；雌花花瓣 5，有极短的管，子房上位，1 室或由假隔膜分成 5 室，侧膜胎座，胚珠多数，花柱 1 或 5，柱头多分枝；两性花花冠管极短或长，雄蕊 5～10。肉质浆果。

6 属约 34 种，产热带美洲及非洲，现热带地区广植。我国引入栽培 1 属 1 种。

番木瓜属 *Carica* Linn.

1 种。野生分布不详，世界热带地区广植，果供生食或浸渍用，未成熟果内流出的乳汁里可提取木瓜素，供药用。

番木瓜 *Carica papaya* Linn. (图 8-170)

【形态特征】常绿软木质小乔木，高达 8～10m，干通直，不分枝。叶簇生干顶，大而近圆形，径达 60cm，掌状 5～9 深裂，裂片再羽裂；叶柄长 0.6～1m，中空。花杂性，雄花排成长达 1m 的下垂圆锥花序，花冠乳黄色，雄蕊 10，5 长 5 短；雌花单生或数朵排成伞房花序，花瓣近基部合生，乳黄色或乳白色；子房上位，1 室，柱头流苏状，胚珠多数；两性花雄蕊 5 或 10，1 轮或 2 轮，子房较小。浆果，簇生于干顶周围，长圆形或倒卵状球形，长 10～30(50)cm，成熟时橙黄色。花果期全年。

【分布与习性】野生分布不详，栽培起源于中美洲，现世界热带地区广植。我国有引种，广植于南部及西南部。根系肉质，喜疏松肥沃的沙质壤土，忌积水。喜炎热和光照，不耐寒，生长适宜温度 26～32℃，10℃ 以下生长受到抑制。浅根系，怕大风。

【繁殖方法】播种繁殖。

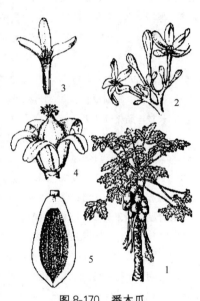

图 8-170 番木瓜
1—植株；2—花序；3—雄花；
4—雌花；5—果实纵剖

【园林用途】17 世纪初传入东方，我国栽培历史有 270 年左右。《岭南杂记》（1777 年）中有记载，称为"乳瓜"。树皮灰白色，树冠半圆形，叶片大型，果实直接着生于主干上，树姿优美奇特。特别适于小型庭园造景，可植于庭前、窗际、建筑周围，绿荫美果，两俱宜人，是华南重要的庭木。果实香甜可食。

三十七、杨柳科 Salicaceae

落叶乔木或灌木。单叶，互生，稀对生，有托叶。花单性异株，柔荑花序，直立或下垂，先叶开放或与叶同时开放；花生于苞片腋部，无花被；雄蕊 2 至多数，子房上位，2～4 心皮，1 室，侧膜胎座。蒴果，2～4 瓣裂，种子小，基部有白色丝状长毛，无胚乳。

3 属约 620 种，分布于寒温带、温带至亚热带。我国 3 属约 347 种，各地均有分布，尤以山地和北方较为普遍。为我国北方重要防护林、用材林和绿化树种。本科树种雌雄异株、极易杂交，多先叶开花、花期短，而且叶形多变化，分类识别较困难。

分 属 检 索 表

1. 小枝较粗，顶芽发达，芽鳞多数；花序下垂，苞片不规则缺裂，花盘杯状；叶片通常宽大，叶柄较长；萌枝髓心五角形 ·· 杨属 *Populus*
1. 小枝细，无顶芽，侧芽芽鳞 1；花序直立，苞片全缘，花有腺体 1～2，无花盘；叶片通常狭长，叶柄短；萌枝髓心圆形 ·· 柳属 *Salix*

（一）杨属 *Populus* Linn.

乔木。小枝较粗，萌枝髓心五角形。顶芽发达（胡杨无顶芽），芽鳞多数。枝有长短枝之分。叶互生，多为卵圆形、卵圆状披针形或三角状卵形，在不同的枝条（长枝、短枝、萌生枝）上常为不同的形状；叶柄长，侧扁或圆柱形。花序下垂，雄花序较雌花序稍早开放。苞片具不规则缺裂，花盘杯状；雄蕊 4 至多数，花丝较短，花药红色，风媒传粉。

约 100 种，广布于欧洲、亚洲和北美洲。我国约 71 种，此外还有众多的变种、变型和品种。

分 种 检 索 表

1. 叶两面不为灰蓝色；花盘不为膜质，宿存；萌枝叶分裂或有锯齿。
　2. 叶有裂片、缺刻或波状齿，叶缘无半透明边；苞片边缘具长毛。
　　3. 长枝与萌枝叶不为 3～5 掌状分裂，老叶下面及叶柄无毛或有灰色毛。
　　　4. 叶三角状卵形至阔卵形，叶缘缺刻状或具深波状齿；芽被毛 ·········· 毛白杨 *P. tomentosa*
　　　4. 叶近圆形，叶缘浅波状；芽无毛 ····················· 山杨 *P. davidiana*
　　3. 长枝与萌枝叶 3～5 掌状分裂，幼枝、叶柄及长枝叶下面密生白色绒毛 ·········· 银白杨 *P. alba*
　2. 叶缘有较整齐的锯齿；苞片边缘无长毛。
　　5. 叶柄侧扁无沟槽，叶缘半透明。
　　　6. 树冠宽大，叶近三角形，叶柄顶端常有腺体 ·········· 加拿大杨 *P.* × *canadensis*
　　　6. 树冠圆柱形，叶菱状三角形或菱状卵形，长大于宽，叶基无腺体 ····· 箭杆杨 *P. nigra* var. *thevestina*
　　5. 叶柄圆，有沟槽，叶缘不透明；叶小，长 4～12cm，菱状倒卵形 ·········· 小叶杨 *P. simonii*
1. 叶两面均为灰蓝色；花盘膜质，早落；幼树及萌枝叶披针形或条状披针形 ·········· 胡杨 *P. euphratica*

1. 毛白杨 *Populus tomentosa* Carr. (图 8-171)

【形态特征】高达 30m，胸径 1.5～2m；树冠卵圆形或圆锥形；树皮灰绿色至灰白色，皮孔菱形。芽卵形，略有绒毛。长枝之叶阔卵形或三角状卵形，长 10～15cm，宽 8～13cm，下面密生绒毛，后渐脱落，叶柄上部扁平，顶端常有 2～4 腺体；短枝之叶较小，卵形或三角状卵圆形，叶柄无腺体。叶缘有波状缺刻或锯齿。雌株大枝较为平展，花芽小而稀疏；雄株大枝多为斜生，花芽大而密集。蒴果 2 裂；种子细小，有长丝状毛。花期 3 月，叶前开放；果期 4～5 月。

【变型】抱头毛白杨（f. *fastigiata* Y. H. Wang），侧枝紧抱主干，树冠狭长呈柱状。

【分布与习性】我国特产，分布于华北、西北至安徽、江苏、浙江，以黄河流域中下游为中心产区。适应范围广，在年平均气温 11～15.5℃，年降雨量 500～800mm 的气候条件下生长最好。阳性树；对土壤要求不严，在酸性土至碱性土上均能生长；稍耐盐碱，土壤含盐量为 0.3% 时成活率可达

70%，在 pH 值为 8～8.5 时能够生长，但大于 8.5 时生长不良；耐旱性一般，在特别干瘠或低洼积水处生长不良。寿命长达 200 年以上。抗烟尘污染。

【繁殖方法】埋条、扦插、嫁接和分蘖等法繁殖，以嫁接法应用最多，常用扦插易于生根的加拿大杨及各种杂交杨为砧木，切接、腹接、芽接均可，成活率可高达 90% 以上。

【园林用途】树干通直，树皮灰白，树体高大、雄伟，叶片在微风吹拂时能发出欢快的响声，给人以豪爽之感。可作庭荫树或行道树，因树体高大，尤其适于孤植或丛植于大草坪上，或列植于广场、主干道两侧。为防止种子污染环境，绿化宜选用雄株。

2. 银白杨 *Populus alba* Linn. (图 8-172)

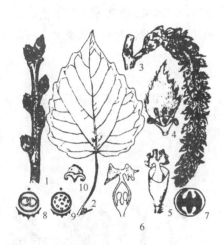

图 8-171 毛白杨

1—枝芽；2—叶；3—雄花序；4—雄花；5—雌花；
6—子房纵剖面；7—子房横剖面；8—雌花
花图式；9—雄花花图式；10—果

图 8-172 银白杨

1—叶枝；2—生雌花序的短枝；3—雄
花(带苞片)；4—雌花(带苞片)；5—雌
花(子房带花盘)；6—雄花

【形态特征】高 15～30m。树干不直，雌株更甚。树冠广卵形或圆球形。树皮灰白色，光滑，老时深纵裂。幼枝、叶及芽密被白色绒毛，老叶背面及叶柄密被白色毡毛。长枝之叶阔卵形或三角状卵形，掌状 3～5 浅裂，长 4～10cm，宽 3～8cm，有三角状粗齿，两面被白色绒毛，后上面脱落；短枝之叶较小，卵形或椭圆状卵形，叶缘有波状齿，上面光滑，下面被白色绒毛。蒴果细圆锥形，长约 5mm。花期 4～5 月；果期 5 月。

【变种】新疆杨(var. *pyramidalis* Bunge)，树冠圆柱形或尖塔形，枝条直立，侧枝开张角度小；树皮灰白或灰绿色，光滑；萌枝和长枝的叶掌状深裂，基部平截；短枝的叶圆形，下面绿色，几无毛。仅见雄株。

【分布与习性】产欧洲、北非、亚洲西部和西北部，我国仅新疆有野生天然林分布。西北、华北、辽宁南部及西藏等地有栽培。喜光，不耐阴。耐严寒，耐干旱气候，但不耐湿热，易发生病虫害且主干弯曲。耐盐碱，在含盐量 0.4% 以下的土壤中可生长良好，但不适于黏重土壤。深根性，根系发达，抗风、固土能力强。

【繁殖方法】分蘖、扦插繁殖。

【园林用途】同毛白杨。

3. 加拿大杨（欧美杨）*Populus × canadensis* Moench.（图 8-173）

【形态特征】高达 30m，胸径 1m；树冠开展呈卵圆形；树皮纵裂。小枝在叶柄下具 3 条棱脊，无毛；冬芽多黏质，先端不紧贴枝条。叶近三角形，长 7～10cm，先端渐尖，基部截形，锯齿钝圆，叶缘半透明，两面无毛；叶柄扁平而长，有时顶端有 1～2 个腺体。雄花序长 7～13cm，苞片淡黄绿色，花药紫红色。花期 4 月；果期 5～6 月。

【分布与习性】本种系美洲黑杨（*P. deltoides* Marsh.）与欧洲黑杨（*P. nigra* Linn.）的杂交种，品种繁多，广植于北半球温带。我国 19 世纪中叶引入，普遍栽培，尤以华北、东北及长江流域为多。耐寒，也能适应暖热气候；喜光，不耐阴；对土壤要求不严，对水涝、盐碱和瘠薄土地均有一定的耐性，最适于湿润而排水良好的冲积土。抗污染，对二氧化硫抗性强，并有吸收能力。萌芽力、萌蘖力均较强。速生，寿命短。雄株较多，雌株少见。

【繁殖方法】扦插繁殖。

【园林用途】生长速度快，树体高大，树冠宽阔，叶片大而具光泽，夏季绿荫浓密，是优良的庭荫树、行道树、公路树及防护林材料。也是速生用材树种。

4. 小叶杨 *Populus simonii* Carr.（图 8-174）

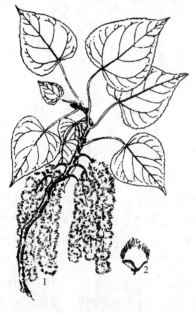

图 8-173　加拿大杨
1—果枝；2—果（已开裂）

图 8-174　小叶杨
1—长枝；2—短枝；3—雄花芽枝；4—雄花序；5、6—雄花及苞片；7、8—雌花及苞片；9—开裂的果实

【形态特征】高达 20m，胸径 50cm 以上。树冠近圆形。树皮灰绿色，老时暗灰色，粗糙纵裂。

小枝光滑，萌条及长枝有显著棱角。冬芽瘦尖，有黏质。叶菱状卵形、菱状倒卵形至菱状椭圆形，长 4～12cm，宽 2～8cm，中部以上最宽，先端突急尖或渐尖，基部楔形、宽楔形，具细钝锯齿，背面苍白色；叶柄近圆形，常带淡红色，表面有沟槽，无腺体。雄花序长 2～7cm，果序长达 15cm。花期 3～5 月；果期 4～6 月。

【变型】塔形小叶杨(f. *fastigiata* Schneid.)，枝条近于直立向上，树冠狭窄成塔形。

【分布与习性】产我国及朝鲜。广泛分布于东北、华北、西北、华东及西南各省区。喜光，适应性强，耐寒，亦耐热；耐干旱，又耐水湿；喜肥沃湿润土壤，亦耐干瘠及轻盐碱土。根系发达，抗风沙力强。萌芽力和根蘖力强。寿命较短。

【繁殖方法】播种或扦插繁殖。

【园林用途】适作行道树、庭荫树，也是防风固沙、保持水土、护岸固堤的重要树种。

5. 山杨 *Populus davidiana* Dode

【形态特征】高达 25m，树冠圆形。树皮灰绿色或灰白色，老时黑褐色，粗糙。小枝圆柱形，赤褐色，无毛。叶三角状卵圆形或近圆形，长宽约 3～6cm，边缘具有浅波状齿；萌枝的叶较大，三角状卵圆形；叶柄侧扁，长 2～6cm。有时有不显著腺体。果序长达 12cm；果卵状圆锥形，无毛，2 瓣裂，有短梗。花期 3～4 月；果期 4～5 月。

【分布与习性】产于东北、华北、西北、华中至西南高山。俄罗斯、朝鲜也有分布。极喜光，耐寒冷、干旱瘠薄，对土壤适应性较强，常于原生林破坏后形成小面积次生纯林。

【繁殖方法】播种或分株繁殖。

【园林用途】树形优美，白皮类型的树皮灰白色，与白桦相似，早春新叶红色，观赏价值高。是优良的山地风景林树种，也可用于营造防护林。

6. 箭杆杨 *Populus nigra* Linn. var. *thevestina* (Dode) Bean

【形态特征】树冠窄圆柱形。树皮灰白色，幼时光滑，老时基部稍裂。叶片三角状卵形至卵状菱形，长宽近相等，先端渐尖至长尖，基部楔形至圆形，两面无毛，边缘半透明，具钝细齿。只有雌株。原种产我国新疆以及西亚、欧洲。

【变种】钻天杨 [var. *italica* (Moench.) Koehne]，又名美国白杨。侧枝成 20°～30°角开展，树冠圆柱形；树皮暗灰褐色，老时深纵裂；芽长卵形，富黏质；长枝的叶扁三角形，宽大于长，长约 7.5cm，边缘半透明，有圆钝锯齿；短枝的叶菱状三角形至菱状卵圆形，长 5～10cm，宽 4～9cm，叶柄无腺点。黄河流域至长江流域广为栽培，起源不明。

【分布与习性】华北、西北各省广为栽培，欧洲、西亚和北非也有栽培，至今未发现野生。喜光，抗干旱气候，耐寒，稍耐盐碱，生长快。

【繁殖方法】扦插繁殖。

【园林用途】树姿优美，冠形窄圆紧凑，常用作公路行道树、农田防护林及"四旁"绿化。

7. 胡杨 *Populus euphratica* Oliv. (图 8-175)

【形态特征】高达 10～15m，稀灌木状；树冠球形。小枝细圆，灰绿色，幼时被毛。幼树及萌枝叶披针形或条状披针形，长 5～12cm，宽 0.3～2cm，全缘或疏生锯齿；大树叶卵形、扁圆形、肾形、三角形或卵状披针形，长 2～5cm，宽 3～7cm，上部缺刻或全缘，灰绿或淡蓝绿色；叶柄稍扁，长 1～3.5cm，顶端具 2 腺体。雄花序长 2～3cm，被绒毛。果序长达 9cm；果长卵圆形，长 1～

1. 2cm，2(3)裂，无毛。花期5月；果期6～7月。

【分布与习性】产新疆、青海、内蒙古、甘肃等地，南疆塔里木河流域及叶尔羌河、喀什河下游有大片纯林，生长良好。蒙古、俄罗斯以及埃及、印度、阿富汗、巴基斯坦等国也有分布。耐干旱、寒冷及干热气候，分布区年平均气温5.8～11.9℃，绝对最低气温－39.8℃，年降水量50～100mm。耐盐碱能力强，常在树干及大枝上泌结白色盐碱结晶，称胡杨碱。

【繁殖方法】播种繁殖，根蘖性强，常在大树周围萌生出多数植株，也可分蘖。

【园林用途】胡杨以强大的生命力闻名，素有"大漠英雄树"的美称，是分布区生态林建设的重要树种，也可栽培观赏。

附：响叶杨(*Populus adenopoda* Maxim.)，树皮灰白色，小枝初被柔毛，后渐脱落；芽无毛，有黏脂。叶卵形或卵状圆形，长5～15cm，宽4～7cm，基部截形或心形，边缘具内曲圆腺齿，下面幼时密被柔毛，后渐脱落；叶柄侧扁，长2～12cm，顶端有2显著腺体。花序长6～10cm，序轴有毛。果序长达12～20(30)cm，果卵状长椭圆形，2瓣裂，有短梗。产于秦岭、汉水、淮河流域以南至西南大部分地区。

图8-175　胡杨

1—果枝；2—萌生枝

（二）柳属 *Salix* Linn.

乔木或匍匐状、垫状、直立灌木。小枝细，圆柱形，髓心近圆形；无顶芽，侧芽芽鳞1。叶互生，少对生；叶片通常狭长，多为披针形，叶柄较短，托叶早落。花序直立或斜展，苞片全缘，花有腺体1～2，无花盘；雄蕊2至多数，花丝分离或合生，花药多黄色。蒴果2裂，种子细小，基部围有白色长毛。

约520种，主要分布于北半球温带和寒带，北半球亚热带和南半球种类极少，大洋洲无野生种，多为灌木，稀乔木。我国产257种以及诸多变种、变型，广布。

分 种 检 索 表

1. 乔木。
  2. 叶狭长，披针形至线状披针形，雄蕊2。
    3. 嫩枝无毛或近无毛。
      4. 枝条直伸或外展，叶长5～10cm ·················· 旱柳 *S. matsudana*
      4. 枝条下垂，叶长9～16cm ·················· 垂柳 *S. babylonica*
    3. 幼枝有银白色绒毛；叶披针形、线状披针形至倒卵状披针形，长5～12cm，宽1～3cm ······ 白柳 *S. alba*
  2. 叶较宽大，卵状披针形至长椭圆形，雄蕊3～5 ·················· 河柳 *S. chaenomeloides*
1. 灌木，雄花序密被白色绢毛，有光泽 ·················· 银芽柳 *S.* × *leucopithecia*

1. 旱柳(柳牙树)*Salix matsudana* Koidz.（图8-176）

【形态特征】高达18m，胸径0.8m；树冠倒卵形或近圆形。枝条直伸或斜展，浅黄褐色或带绿色，后变褐色，嫩枝有毛，后脱落。叶披针形，长5～10cm，宽1～1.5cm，先端长渐尖，基部楔形，无毛，叶缘有细锯齿，背面微被白粉；叶柄长5～8mm。雄蕊2，花丝分离，基部有长柔毛；雌花子房背腹面各具1个腺体。花期3～4月；果期4～5月。

【变型】龙爪柳［f. *tortuosa*（Vilm.）Rehd.］，枝条扭曲向上，生长势较弱，树体较小。馒头柳（f. *umbraculifera* Rehd.），小乔木，分枝密，枝条端稍齐整，形成半圆形树冠，状如馒头。绦柳（f. *pendula* Schneid.），枝条细长下垂，常被误认为是垂柳，但小枝黄色，叶披针形，较小，下面苍白色，雌花有2个腺体，可以区别。

【分布与习性】我国广布树种，以黄河流域为分布中心，北达东北各地，南至淮河流域和江浙，西至甘肃和青海，是北方平原地区常见的乡土树种之一。日本、朝鲜、俄罗斯也有分布。适应性强。喜光，不耐庇荫；耐寒；在干瘠沙地、低湿河滩和弱盐碱地上均能生长，以深厚肥沃、湿润的土壤最为适宜，在黏重土壤及重盐碱地上生长不良。耐干旱和耐水湿的能力都很强。

【繁殖方法】扦插繁殖，也可进行播种繁殖。

【园林用途】树冠丰满，生长迅速，发叶早、落叶迟，是我国北方常用的庭荫树和行道树，也常用作公路树、防护林及沙荒地造林、农村"四旁"绿化。品种龙爪柳枝干屈曲多姿，状若游龙，植于池塘岸边，大枝斜出水面，犹似蛟龙出水，颇有雅致。

2. 垂柳 *Salix babylonica* Linn.（图 8-177）

图 8-176　旱柳

1—叶枝；2—果枝；3—雄花；
4—雌花；5—果

图 8-177　垂柳

1—叶枝；2—雄花枝；3—雄花；4—雌花枝；
5—雌花；6—果枝；7—果

【形态特征】乔木，高达 18m，胸径 1m；树冠倒广卵形。小枝细长下垂，淡褐黄色或带紫色，无毛。叶互生，狭披针形或条状披针形，长 9～16cm，宽 0.5～1.5cm，先端长渐尖，基部楔形，无毛或幼叶微有毛，具细锯齿；叶柄长(3)5～10mm；托叶披针形。雄蕊 2，花丝分离，花药黄色，腺体 2；雌花子房仅腹面具 1 个腺体，背面无腺体。花期 3～4 月；果期 4～5 月。

【分布与习性】产长江流域及黄河流域，各地普遍栽培。亚洲、欧洲和北美洲各国均有引种。喜光，较耐寒；对土壤要求不严，最适于湿润的酸性至中性土壤上生长，但也能生于高燥之地。耐干旱能力较旱柳稍差，特耐水湿；根系发达，萌芽力强。抗有毒气体，并能吸收二氧化硫。

【繁殖方法】扦插繁殖。

【园林用途】枝条细长，随风飘舞，姿态优美潇洒，早春金黄，生长迅速，自古以来深受我国人民喜爱。最宜配植在水边，如桥头、池畔、河流、湖泊沿岸等处，纤条拂水，别有风致。与桃花间植可形成桃红柳绿之景，是江南园林春景的特色配植方式之一。也可作庭荫树、行道树、公路树。亦适用于工厂绿化，还是固堤护岸的重要树种。

3. 河柳(腺柳)*Salix chaenomeloides* Kimura. (图 8-178)

【形态特征】小乔木，小枝褐色或红褐色。叶片宽大，椭圆状披针形至椭圆形、卵圆形，长 4～8(10)cm，宽 1.8～3.5(4)cm，边缘有腺齿，下面苍白色，嫩叶常呈紫红色；叶柄顶端有腺点；托叶半圆形。雄蕊 3～5，花丝基部有毛，腺体 2；子房仅腹面有 1 腺体。果穗中轴有白色柔毛。花期 4月；果期 5 月。

【分布与习性】产辽宁南部、黄河中下游至长江中下游，多生于河边、湖滨。喜光，耐寒，耐水湿。

【繁殖方法】扦插、播种繁殖。

【园林用途】常种植于水旁，为重要的护堤、护岸绿化树种。

4. 白柳_Salix alba_ Linn. (图 8-179)

图 8-178　河柳
1—叶枝；2—雄花序；3—果序；4—雄花背
面(带苞片)；5—雌花(带苞片)

图 8-179　白柳
1—幼果枝；2—雌花；3—雄花枝；4—雄花

乔木，高达 20～25m。幼枝有银白色绒毛，老枝无毛。芽贴生，长约 6mm，宽 1.5mm。幼叶两面有银白色绢毛，老叶上面无毛。叶片披针形、线状披针形至倒卵状披针形，长 5～12(15)cm，宽 1～3(3.5)cm；侧脉 12～15 对；叶缘有细锯齿；叶柄长 2～10mm，有白色绢毛。雄蕊 2 枚。果序长 3～5.5cm。

原产新疆，多沿河生长，生于海拔 3100m 以下，是新疆栽培历史最悠久的树种之一；甘肃、内蒙古、青海、西藏有栽培。欧洲和西亚也有分布。

5. 银芽柳 Salix × leucopithecia Kimura.

【形态特征】灌木，高 2～3m。枝条绿褐色，具红晕；冬芽红褐色，有光泽。叶长椭圆形，长 9～15cm，缘具细锯齿，叶背面密被白毛，半革质。雄花序椭圆状圆柱形，长 3～6cm，早春叶前开放，盛开时花序密被银白色绢毛，颇为美观。

【分布与习性】原产日本，我国江南一带常有栽培。喜光，喜湿润，较耐寒。

【繁殖方法】扦插繁殖，栽培后每年须重剪，以促其萌发更多的开花枝条。

【园林用途】早春花序开放银白色，犹如满树银花，基部围以红色芽鳞，极为美观。可栽培供庭园观赏，也是重要的春季切花材料。

附：筐柳 [Salix linearistipularis (Franch.) Hao]，灌木或小乔木，叶披针形或线状披针形，长 6～15cm，宽 5～10mm，两端渐狭或上部较宽，幼叶有绒毛，下面苍白色，边缘有腺齿，外卷；托叶披针形或线状披针形，长达 1.2cm，萌生枝的托叶长达 3cm。分布于河北、山西、陕西、河南、甘肃等省，生于平原低湿地、河流湖泊岸边，常见栽培。枝条细柔，是很好的编织材料。适应性强，不择土壤，可作为固沙和护堤固岸树种。

杞柳(Salix integra Thunb.)，灌木，高 1～3m。小枝淡红色，无毛。叶近对生或对生，披针形或条状长圆形，长 2～5cm，宽 1～2cm，先端短渐尖，基部圆或微凹，背面苍白色，全缘或上部有尖齿，两面无毛；萌枝叶常 3 枚轮生。花序对生，稀互生。花期 5 月；果期 6 月。产黑龙江、吉林、辽宁、内蒙古、河北、河南、山东及安徽，生于山地河边、湿草地。用途同筐柳。

蒿柳(Salix viminalis Linn.)，灌木或小乔木；叶全缘，边缘反卷；背面密被白色绢毛；苞片椭圆状卵形或微倒卵状披针形，深褐或近黑色。产东北、河北、河南、山西西部、陕西东南部及新疆北部，常生于河边。朝鲜、日本、俄罗斯西伯利亚及欧洲亦有分布。叶背银白，叶形细长，适于水边绿化。

三十八、海桐花科 Pittosporaceae

常绿灌木或乔木。单叶，互生或轮生；无托叶。花两性，单生、伞房、聚伞或圆锥花序；萼片、花瓣、雄蕊均为 5；子房上位，2～3(5)心皮合生，胚珠多数，花柱单一。蒴果或浆果；种子多数，生于黏质的果肉里。

9 属约 250 种，广布于东半球热带和亚热带，尤其是澳大利亚。我国 1 属 46 种。

海桐花属 Pittosporum Banks ex Soland.

常绿灌木或乔木。单叶，互生，或因簇生枝顶而呈假轮生状，全缘或具波状齿。花单生或顶生圆锥或伞房花序；花瓣离生或基部合生，常向外反卷；子房 1 室或不完全 2～5 室。蒴果，2～5 裂，种子 2 至多数，藏于红色黏质瓢内。

约 150 种，分布于亚洲东南部至大洋洲，西至也门、马达加斯加、非洲南部。我国 46 种，产长江流域及其以南地区。

海桐 Pittosporum tobira (Thunb.) Ait. (图 8-180)

【形态特征】灌木或小乔木，高达 6m。树冠圆球形，浓密。小枝及叶集生于枝顶。叶倒卵状椭圆形，长 5～12cm，先端圆钝或微凹，基部楔形，边缘反卷，全缘，两面无毛。伞房花序顶生，花白色或黄绿色，径约 1cm，芳香。果卵球形，长 1～1.5cm，3 瓣裂；种子鲜红色，有黏液。花期 5 月；果期 10 月。

【栽培品种】银边海桐（'Variegatum'），叶片边缘白色。

【分布与习性】产中国东南沿海（台湾北部地区有野生）和日本、朝鲜，生于海拔 1800m 以下的林内、海滨沙地、石灰岩地区。南方各地普遍栽培。喜光，略耐半阴；喜温暖气候和肥沃湿润土壤。稍耐寒，在山东中南部和东部沿海可露地越冬。对土壤要求不严，在 pH 值 5～8 之间均可，黏土、沙土和轻度盐碱土均能适应，不耐水湿。萌芽力强，耐修剪。抗海风，抗二氧化硫等有毒气体。

【繁殖方法】播种或扦插繁殖。

【园林用途】枝叶茂密，叶色浓绿而有光泽，经冬不凋，初夏繁花如雪，香闻数里，入秋果实变黄，红色种子宛如红花一般，是园林中常用的观赏树种。常用作绿篱和基础种植材料，可修剪成球形用于园林点缀，孤植、丛植于草坪边缘，或对植于入口处，列植于路旁、台坡。

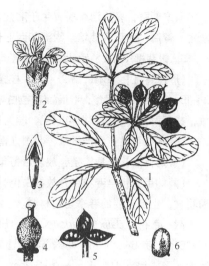

图 8-180　海桐

1—果枝；2—花；3—雄蕊；
4—雌蕊；5—果；6—种子

三十九、虎耳草科 Saxifragaceae

草本、灌木或小乔木。单叶，互生或对生，常有锯齿，羽状脉或 3～5 出脉，无托叶。花两性，稀单性。萼片、花瓣各 4～5；雄蕊与花瓣同数互生，或为其倍数；子房上位至下位，心皮 2，稀 3～5(10)；胚珠多数，中轴或侧膜胎座。蒴果或浆果，室背开裂。种子小，有翅。

80 属约 1200 种，广布全球，主产北温带。我国 29 属约 545 种，各地均有分布，主产西南。

分 属 检 索 表

1. 叶对生；子房 2～4 室，蒴果。
  2. 花序无不孕花。
    3. 花 4 出数；叶基出 3～5 脉；植物体常无星状毛 ·························· 山梅花属 *Philadelphus*
    3. 花 5 出数；叶脉羽状；植物体有星状毛 ····························· 溲疏属 *Deutzia*
  2. 花序边缘具大型不孕花，中央为两性花，叶脉羽状 ·············· 绣球属 *Hydrangea*
1. 叶互生；子房 1 室，浆果 ·· 茶藨子属 *Ribes*

（一）山梅花属 *Philadelphus* Linn.

落叶灌木，枝髓白色；茎皮通常剥落。单叶，对生，基部 3～5 出脉，全缘或有齿。花白色，常芳香；总状、圆锥或聚伞花序，稀单生；萼片、花瓣 4(5)；雄蕊多数(13～90)；子房 4(5) 室，下位或半下位。蒴果，4 瓣裂，萼片宿存。

约 70 种，产北温带，主产东亚。我国 22 种，各地均有分布，另引入数种，大多供观赏。

分 种 检 索 表

1. 叶上面被刚毛，下面密被白色长粗毛；两面被毛；花序轴、花梗、花萼外面均被毛 ······ 山梅花 *P. incanus*
1. 叶两面无毛或下面脉腋有簇毛；花萼外面及花梗无毛 ······················· 太平花 *P. pekinensis*

1. 山梅花 *Philadelphus incanus* Koehne(图8-181)

【形态特征】高达1.5~3.5m。2年生小枝灰褐色,表皮呈薄片状剥落;当年生小枝浅褐色或紫红色,被微毛或有时无毛。叶片卵形或阔卵形,长6~12.5cm,宽达10.5cm;花枝上的叶较小,卵形至卵状披针形,长4~8.55cm,宽3.5~6.5cm,边缘具疏锯齿,上面被刚毛,下面密被白色长粗毛;叶脉离基出3~5条。总状花序有花5~7(11)朵,下部的分枝有时具叶;花白色,径约2.5~3cm,无香味;花序轴、花梗、花萼外面均被毛;花柱长约5mm,先端稍有分裂。蒴果倒卵形,长7~9mm。花期5~6月;果期7~9月。

【分布与习性】产我国中部和西部,常生于海拔1200~1700m林缘灌丛中。性强健。喜光,稍耐阴,较耐寒;耐旱,怕水湿,不择土壤,最宜湿润肥沃而排水良好的壤土。萌芽力强,生长迅速。

【繁殖方法】播种、分株、压条、扦插繁殖均可,以分株应用较多。

【园林用途】花朵洁白如雪,花期长,且盛开于初夏,可作庭院和风景区绿化材料,宜丛植或成片种植在草地、山坡、林缘,与建筑、山石配植也适宜,还可植为自然式花篱。

2. 太平花(京山梅花)*Philadelphus pekinensis* Rupr. (图8-182)

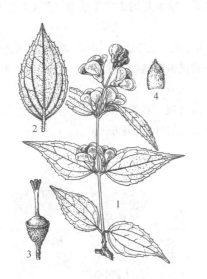

图8-181　山梅花
1—花枝;2—叶背面,示毛;
3—萼筒和雌蕊;4—萼片外面

图8-182　太平花
1—花枝;2—萼筒和雌蕊;
3—萼片腹面、背面观

灌木,高1~2m;2年生小枝紫褐色;当年生小枝无毛,黄褐色。叶卵形或阔椭圆形,长6~9.5cm,宽2.5~4.5cm,先端长渐尖;叶缘有疏齿;两面无毛或下面脉腋有簇毛;叶柄带紫色,长5~12mm,无毛。总状花序有花5~7(9)朵,花瓣白色,但常多少带乳黄色,微有香气,花萼外面、花梗及花柱均无毛,花柱与雄蕊等长,先端稍分裂。蒴果球形或倒圆锥形,直径5~7mm。花期5~7月;果期8~10月。

分布于东北、西北、华北、湖北等地。北方各地庭园常有栽培。用途同山梅花。

附:西洋山梅花(*Philadelphus coronarius* Linn.),与太平花相近,但花白色而有香气,花瓣较开张,花柱长不及雄蕊的一半,分离。原产南欧和小亚细亚,华北至长江流域有栽培。

（二）溲疏属 *Deutzia* Thunb.

落叶灌木，茎皮常片状剥落。常被星状毛。小枝中空。单叶，对生，羽状脉，有锯齿。圆锥或聚伞花序，稀单生。萼片、花瓣各5；雄蕊常10(12～15)枚，花丝常有翅；子房下位，花柱3～5，离生。蒴果，3～5瓣裂。

约60种，分布于北半球温带地区。我国约50种，各地均产，主产西南地区，多供观赏。

分 种 检 索 表

1. 圆锥花序具多花，长5～10cm ··· 溲疏 *D. crenata*
1. 聚伞花序有花1～3朵 ·· 大花溲疏 *D. grandiflora*

1. 溲疏（齿叶溲疏）*Deutzia crenata* Sieb. & Zucc. (图8-183)

【形态特征】高1～3m，老枝灰色，表皮薄片状剥落，无毛。小枝中空，红褐色，有星状毛。叶卵形至卵状披针形，长5～8cm，宽1～3cm，先端渐尖，叶缘具细圆锯齿，上面疏被4～5条辐线星状毛，下面稍密被10～15条辐线星状毛，毛被不连续覆盖；侧脉3～5对；叶柄长3～8mm，疏被星状毛。圆锥花序直立，长5～10cm，直径3～6cm，多花；萼三角形，密被锈褐色星状毛；花冠直径1.5～2.5cm，白色或外面略带红晕；花序、花梗、萼筒、萼裂片均疏被星状毛。蒴果半球形，直径约4mm。花期4～5月；果期8～10月。

【分布与习性】原产日本，长江流域常见栽培或逸为野生，北至山东、南达福建、西南达云南也有栽培。喜光，稍耐阴，喜温暖湿润的气候，喜富含腐殖质的微酸性和中性壤土。萌芽力强，耐修剪。

【繁殖方法】扦插、分株、压条或播种繁殖。

【园林用途】花朵洁白，初夏盛开，繁密而素净，是普遍栽培的优良花灌木。宜丛植于草坪、林缘、山坡，也是花篱和岩石园材料。花枝可供切花瓶插。根、叶、果可药用。

2. 大花溲疏 *Deutzia grandiflora* Bunge(图8-184)

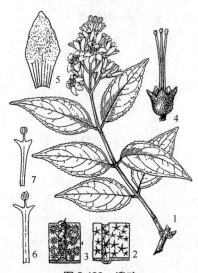

图8-183 溲疏

1—花枝；2—叶上面毛被；3—叶下面毛被；4—花萼
和雌蕊；5—花瓣；6—外轮雄蕊；7—内轮雄蕊

图8-184 大花溲疏

1—花枝；2—去花瓣及雄蕊之花，示花萼及
花柱；3—雄蕊；4—果；5—星状毛

灌木，高达 2m。老枝紫褐色，无毛。花枝开始极短，以后延长达 4cm，黄褐色。叶卵状菱形或椭圆状卵形，长 2～5.5cm，宽 1～3.5cm，边缘具大小相间的不整齐锯齿；上面被 4～6 条辐线星状毛；下面灰白色，密被 7～11 条辐线星状毛；侧脉 5～6 对。聚伞花序生于侧枝顶端，有花 1～3 朵；花白色，直径约 2.5～3cm。花梗、萼筒密被星状毛；萼片线状披针形，长为萼筒的 2 倍，疏被星状毛。蒴果半球形。花期 4～6 月；果期 9～11 月。

分布于东北南部、华北、西北等地，多生于山谷、路旁岩缝及丘陵低山灌丛中。朝鲜亦产。花朵较大，可栽培观赏。

附：小花溲疏（*Deutzia parviflora* Bunge），小枝褐色，疏被星状毛；叶卵形至窄卵形，长 3～6cm，顶端渐尖，具细齿，两面疏被星状毛，背面灰绿色。伞房花序，径约 4～7cm；花白色，径 1～1.2cm，花丝顶端有 2 齿。蒴果径 2～2.5mm，种子纺锤形。产东北、华北和西北，生于林缘、林内和灌丛中。花期初夏，花朵繁密，落花如雪，十分美观，而且对光照适应性强，可广泛应用于城市园林造景中。

（三）绣球属 *Hydrangea* Linn.

落叶灌木，树皮片状剥落。枝髓白色或黄棕色。单叶，对生，羽状脉，有锯齿，无托叶。花两性；顶生伞房状聚伞花序或圆锥花序，花序边缘具大型不孕花，具 3～5 花瓣状萼片；花序中央为两性花，较小，萼片和花瓣 4～5；雄蕊 8～25(常 10)；子房下位或半下位，2～5 室。蒴果。

约 73 种，主产东亚，少数种类产东南亚和南北美洲。我国 33 种，广布，主要分布于西部和西南部。

绣球(大八仙花)*Hydrangea macrophylla* (Thunb.) Ser. (图 8-185)

【形态特征】高 1～4m，树冠球形。小枝粗壮，无毛，皮孔明显；髓心大，白色。叶倒卵形至椭圆形，长 6～15cm，宽 4～11.5cm，有光泽，两面无毛，有粗锯齿，叶柄粗壮，长 1～3.5cm。伞房状聚伞花序近球形，直径 8～20cm，分枝粗壮，近等长，密被紧贴短柔毛；花密集，多数不育；不育花之扩大之萼片(假花瓣)4，卵圆形、阔倒卵形或近圆形，长 1.4～2.4cm，宽 1～2.4cm，粉红色、蓝色或白色，极美丽；可孕花极少数，雄蕊 10 枚。花期 6～8 月。

【栽培品种】银边绣球（'Maculata'），叶较狭小，叶缘乳白色。斑叶绣球（'Variegata'），叶面有白色至乳黄色斑块。

图 8-185　绣球

【分布与习性】产长江流域至华南、西南，北达河南，生于海拔 380～1700m 的山谷溪边或山顶疏林中。日本和朝鲜也有分布。长江以南各地庭园中常见栽培，华北南部可露地越冬。喜阴，喜温暖湿润气候；适生于湿润肥沃、排水良好而富含腐殖质的酸性土壤。萌蘖力和萌芽力强。抗二氧化硫等多种有毒气体。花色因土壤酸碱度的变化而变化，一般 pH 值 4～6 时为蓝色，pH 值 7 以上时为红色。

【繁殖方法】扦插、压条或分株繁殖。

【园林用途】生长茂盛，花序大而美丽，花色多变，或蓝或白或红，耐阴性强。适于配植在林下、水边、建筑物阴面、窗前、假山、山坡、草地等各处，宜丛植。也是优良的花篱材料，常于路边列植。亦为盆栽佳品。

附：圆锥绣球（*Hydrangea paniculata* Sieb.）（图 8-186），灌木或小乔木，高达 8m。小枝稍带方形。叶在上部节上有时 3 片轮生。圆锥花序顶生，长 8～25cm；萼片 4，大小不等；不孕花白色，后变淡紫色。花期 8～9 月。分布于长江流域至华南、西南各地；日本也有。夏秋季开花，花序大而美，适于公园、庭院丛植观赏，可配置于园路两侧、庭中堂前、窗下墙边。

东陵绣球（*Hydrangea bretschneideri* Dipp.），高 1～3(5) m，树皮薄，片状剥落。叶卵形至长椭圆形，长 7～16cm，宽 2.5～7cm；两面有毛，叶柄紫色；伞房状聚伞花序，直径 8～15cm，具少数不孕花，白色，后变为粉紫色。花期 6～7 月；果期 9～10 月。产华北、西北。

腊莲绣球（*Hydrangea strigosa* Rehd.），灌木，高约 3m，小枝被平伏粗毛。叶长圆形、披针形至倒披针形，长 8～30cm。伞房状聚伞花序；不育花白色或淡黄色，径 2～4cm，宽卵形；可育花粉蓝或紫蓝色，稀白色。花期 8～9 月。产长江流域。

图 8-186　圆锥绣球
1—花枝；2—花；3—蒴果；4—种子

（四）茶藨子属 Ribes Linn.

落叶灌木，稀常绿。无刺或有刺。单叶，互生或簇生，常掌状裂，无托叶。花两性或单性异株，总状花序或簇生；花(4)5 基数，花萼大，花瓣小或无；雄蕊与花萼同数对生；子房下位，1 室，多胚珠。浆果球形，花萼宿存。

约 160 种，主要分布于北半球温带和寒带，东亚种类最多。我国 54 种，主产西南、西北和东北，另引入栽培 5 种。

分 种 检 索 表

1. 叶较小，长宽约 3～5cm，背面有短柔毛；花瓣小，浅红色，长仅为萼片之半 ………… 香茶藨子 *R. odoratum*
1. 叶大，长宽约 4～10cm，下面密生白色柔毛；花瓣绿黄色 ………………………… 东北茶藨子 *R. mandshuricum*

1. 香茶藨子（黄花茶藨子）*Ribes odoratum* Wendl.（图 8-187）

【形态特征】高 1～2m。幼枝灰褐色，无刺，有短柔毛。叶倒卵形或圆肾形，长 3～4cm，宽 3～5cm，3～5 裂，基部截形或楔形，有粗齿，背面有短柔毛。总状花序具花 5～10 朵，花序轴密生柔毛，苞片卵形、叶状；花两性，黄色，萼筒细长，萼裂片黄色，花瓣小，浅红色，长仅为萼片之半。浆果球形或椭圆形，黄色或黑色，长 8～10mm。花期 4～5 月；果期 7～8 月。

【分布与习性】原产北美洲，华北地区引种栽培。适应性强，喜光，也稍耐阴，耐寒性强，对土壤要求不严，耐盐碱，萌蘖性强，耐修剪。

【繁殖方法】播种和分株繁殖。

【园林用途】花朵繁密，颇似丁香之形，黄色或红色，芳香；果实黄色，是花果兼赏的花灌木，适于庭院、山石、坡地、林缘丛植。果可食。

2. 东北茶藨子 *Ribes mandshuricum* (Maxim.) Komal. (图 8-188)

图 8-187　香茶藨子
1—花枝；2—叶；3—花；4—幼果

图 8-188　东北茶藨子
1—花枝；2—花；3—去花萼、花瓣，示雌蕊；
4—花萼展开，示花瓣及雄蕊；5—果枝

灌木，高达 2m。叶大，掌状 3～5 裂，长宽均约 4～10cm，基部心形，具尖锯齿，下面淡绿色，密生白色柔毛。总状花序长 2.5～9cm 或更长，初直立后下垂，萼黄绿色，倒卵形，反折；花瓣绿黄色。果实红色，直径 7～9mm。花期 5～6 月；果期 7～9 月。

产东北、华北至西北，多生于海拔 300～1800m 地带。朝鲜和俄罗斯西伯利亚也有分布。

附：华茶藨子(*Ribes fasciculatum* Sieb. & Zucc. **var.** *chinense* Maxim.)，花单性，雌雄异株，雄花 4～9 朵，雌花 2～4 朵，呈伞形簇生于叶腋；果实球形，红色。产东北南部至长江流域，常生于山坡林下，耐阴性较强。

刺果茶藨子(*Ribes burejense* Fr. Schmidt)，枝条密生长短不等的刚毛和刺，花单生或 2 朵簇生，玫瑰红色；果实橙黄色并具黄色条纹，有刺毛。产东北、华北和西北。

长白茶藨子(*Ribes komarovii* A. Pojark.)，叶近圆形，掌状 3 浅裂，长和宽均为 2～6cm；基部截形或楔形，锯齿钝，下面沿脉疏生腺毛。花淡绿色，萼片尖，花轴及花柄有腺毛。产黑龙江、吉林及辽宁东部等地。

四十、蔷薇科 Rosaceae

木本或草本，有刺或无刺。单叶或复叶，互生，极稀对生；常有托叶。花两性，稀单性，单生或伞房、圆锥花序；萼片、花瓣常 5，花瓣离生；雄蕊多数，着生于花托边缘；心皮 1 至多数，离生或合生，子房上位至下位，每室胚珠 1 至数个。蓇葖果、瘦果、梨果或核果，稀蒴果。

约 95～125 属约 2825～3500 种，分布于世界各地，主产北温带。我国 51～55 属 950 种，引入栽培多种，广布全国。

分亚科检索表

1. 蓇葖果，稀蒴果；心皮1～5(12)，离生或基部合生，子房上位；无或有托叶 ……………………
 …………………………………………………………………… 绣线菊亚科 Subfam. Spiraeoideae
1. 梨果、瘦果或核果，不开裂；有托叶。
  2. 心皮1或2～5个合生；梨果或核果。
   3. 子房下位、半下位；梨果或浆果状，稀小核果状………………… 苹果亚科 Subfam. Maloideae
   3. 子房上位；核果 ……………………………………………………… 李亚科 Subfam. Prunoideae
  2. 心皮多数离生；瘦果着生在膨大肉质的花托内或花托上 ………… 蔷薇亚科 Subfam. Rosoideae

Ⅰ. 绣线菊亚科 Subfam. Spiraeoideae

　　灌木，稀草本。单叶，稀复叶，有或无托叶。心皮1～5(12)，离生或基部合生，子房上位。蓇葖果，稀蒴果。22属约260种，我国8属约99种。

分属检索表

1. 蓇葖果，种子无翅；花小，径不及2cm。
  2. 单叶；伞形、伞形总状、伞房或圆锥花序。
   3. 无托叶；心皮离生；蓇葖果不膨大，沿腹缝线开裂 ……………………… 绣线菊属 Spiraea
   3. 有托叶；心皮基部合生；蓇葖果膨大，沿背腹两缝线开裂 ……………… 风箱果属 Physocarpus
  2. 奇数羽状复叶，有托叶；大型圆锥花序………………………………………… 珍珠梅属 Sorbaria
1. 蒴果，种子具翅；花较大，径2cm以上；单叶，无托叶 ………………………… 白鹃梅属 Exochorda

（一）绣线菊属 *Spiraea* Linn.

　　落叶灌木。单叶，互生，无托叶。花小，组成伞形、伞形总状、伞房或圆锥花序；萼筒钟状，花萼、花瓣各5；雄蕊15～60，着生花盘外缘；心皮5(3～8)，离生。蓇葖果5，沿腹缝线开裂。
　　约100种，分布于北半球温带至亚热带山区。我国70种，为优美的观赏灌木。

分种检索表

1. 伞形或总状花序，着生在短枝顶端；花白色。
  2. 伞形花序无总梗，生于枝侧，花序基部有叶状苞片。
   3. 叶椭圆形至卵形，背面常有毛 ……………………………………… 李叶绣线菊 S. prunifolia
   3. 叶线状披针形，光滑无毛 ………………………………………… 珍珠绣线菊 S. thunbergii
  2. 伞形总状花序有总梗，生于多叶的小枝顶，花序基部无叶状苞片。
   4. 叶菱状披针形或菱状长椭圆形，先端急尖，中部以上有缺刻状齿 ……… 麻叶绣线菊 S. cantoniensis
   4. 叶近圆形，先端钝，常3裂，中部以上有少数圆钝齿 ……………… 三裂绣线菊 S. trilobata
1. 复伞房花序或圆锥花序，着生在当年生长枝顶端；花粉红色至红色。
  5. 复伞房花序平顶 ……………………………………………………… 粉花绣线菊 S. japonica
  5. 圆锥花序长圆形或金字塔形 …………………………………………… 柳叶绣线菊 S. salicifolia

　　1. 李叶绣线菊(笑靥花) ***Spiraea prunifolia*** Sieb. & Zucc. (图 8-189)

　　【形态特征】高达3m。小枝细长，微具棱，幼枝密被柔毛，后渐无毛。叶卵形至椭圆状披针形，长2.5～5cm，叶缘中部以上有细锯齿，叶片下面沿中脉常被柔毛。伞形花序无总梗，具3～6花，基部具少量叶状苞片；花白色，重瓣，径1～1.2cm，花梗细长。花期3～4月，花叶同放。

　　【变种】单瓣笑靥花 [var. *simpliciflora* (Nakai) Nakai]，花单瓣，直径不及1cm。产安徽、福建、河南、湖北、江苏、湖南、浙江等地，生于海拔500～1000m的山坡、灌丛。

【分布与习性】主产长江流域及陕西、山东等地，常见栽培。日本和朝鲜也有分布。喜光，稍耐阴。喜肥沃、排水良好的壤土。萌芽、萌蘖力强，耐修剪。

【繁殖方法】播种、扦插或分株繁殖。

【园林用途】花洁白似雪，花姿圆润，花序密集，如笑颜初屐。可丛植于池畔、山坡、路旁、崖边，片植于草坪、建筑物角隅。老桩是制作树桩盆景的优良材料。

2. 珍珠绣线菊(珍珠花、喷雪花)*Spiraea thunbergii* Sieb.

【形态特征】高达 1.5m；枝细长，开展，常呈弧形弯曲。叶条状披针形，长 2～4cm，宽 5～7mm，先端长渐尖，基部狭楔形，有尖锐锯齿，两面无毛。伞形花序无总梗，有花 3～6 朵，基部丛生数枚叶状苞片；花白色，单瓣，径 6～8mm。蓇葖果 5，开张，无毛。花期 3～4 月；果期 7～8 月。

【分布与习性】产华东，黑龙江、辽宁、河南、山东等地有栽培。喜光，喜湿润和排水良好的土壤。

【繁殖方法】播种、扦插或分株繁殖。

【园林用途】叶形似柳，花白如雪，俗称"雪柳"，秋叶橘红色，甚美观，可丛植于草坪角隅或路边。根药用。

3. 麻叶绣线菊 *Spiraea cantoniensis* Lour. (图 8-190)

图 8-189　李叶绣线菊
1—花枝；2—花

图 8-190　麻叶绣线菊
1—花枝；2—叶；3—花纵剖面；4—果

【形态特征】高达 1.5m。小枝纤细拱曲，无毛。叶菱状披针形至菱状椭圆形，长 3～5cm，宽 1.5～2cm，先端急尖，基部楔形，叶缘自中部以上有缺刻状锯齿，两面光滑，叶下面青蓝色。伞形总状花序，有总梗，生于侧枝顶端，下部有叶，紧密，有花 15～25 朵，花白色。蓇葖果直立、开张。花期 4～6 月；果 7～9 月成熟。

【变种】重瓣麻叶绣线菊(var. *lanceata* Zab.)，叶披针形，近先端疏生细齿；花重瓣。

【分布与习性】原产我国东部和南部，各地广泛栽培。生长健壮，喜光，也耐阴，喜温暖湿润气候，稍耐寒；对土壤适应性强，耐瘠薄；萌芽力强，耐修剪。

【繁殖方法】播种、扦插或分株繁殖。

【园林用途】着花繁密，盛开时节枝条全为细巧的白花所覆盖，形成一条条拱形的花带，洁白可爱。可成片、成丛配植于草坪、路边、花坛、花径或庭园一隅，亦可点缀于池畔、山石之边。

4. 三裂绣线菊(三桠绣球) *Spiraea trilobata* Linn. (图 8-191)

【形态特征】高达 2m。小枝细瘦，开展，稍呈之字形弯曲，褐色，无毛。叶近圆形，长 1.7～3cm，中部以上具少数圆钝锯齿，先端常 3 裂，下面苍绿色，具 3～5 脉。花白色，15～30 朵组成伞形总状花序，有总梗。花期 5～6 月。

【分布与习性】产东北、西北、华北和华东等地，各地常见栽培。喜光，稍耐阴。耐寒，耐干旱，常生于半阴坡岩石缝隙间、林间空地、杂木林内或灌丛中。性强健，生长迅速。

【繁殖方法】播种、扦插或分株繁殖。

【园林用途】同麻叶绣线菊。

5. 粉花绣线菊(日本绣线菊) *Spiraea japonica* Linn. f. (图 8-192)

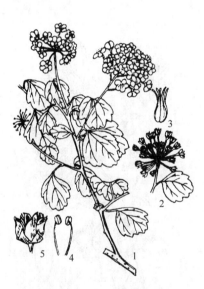

图 8-191 三裂绣线菊

1—花枝；2—果枝；3—雌蕊；4—雄蕊；5—果

图 8-192 粉花绣线菊

1—花枝；2—花纵剖面；3—果实

【形态特征】高达 1.5m；枝开展，直立。叶卵形至卵状椭圆形，长 2～8cm，宽 1～3cm，有缺刻状重锯齿，稀单锯齿，基部楔形；叶片下面灰绿色，脉上常有柔毛。复伞房花序着生当年生长枝顶端，密被柔毛，直径 4～14cm；花密集，淡粉红至深粉红色。花期 6～7 月；果期 8～10 月。

【变种】光叶粉花绣线菊 [*var. fortunei* (Planch.) Rehd.]，叶片矩圆状披针形，长 5～10cm，叶缘有尖锐重锯齿，先端短渐尖。花序直径 4～8cm，花粉红色。产甘肃、陕西至华东、华南和西南各地，生于海拔 700～3000m 的山坡和林间空地。

【分布与习性】原产日本、朝鲜，我国各地有栽培供观赏。适应性强，在半阴而潮湿的环境生长良好，耐瘠薄，耐寒，萌蘖力强。

【繁殖方法】播种、扦插或分株繁殖。

【园林用途】夏季开花，花朵粉红而繁密，是优良的花灌木，可丛植观赏，适于草地、路旁、林缘等各处，也可作基础种植材料。叶、根、果均供药用。

6. 柳叶绣线菊(绣线菊) *Spiraea salicifolia* Linn.

【形态特征】高达 2m，小枝黄褐色，略具棱。叶长椭圆形至披针形，长 4～8cm，宽 1～2.5cm，有细锐锯齿或重锯齿，两面无毛。圆锥花序生于当年生长枝顶端，长圆形或金字塔形，长 6～13cm；花密生，粉红色。花期 6～8 月；果期 8～9 月。

【分布与习性】产东北、内蒙古、河北等地；生于海拔 200～900m 的河流两岸、湿草地和林缘，常形成密集灌丛。日本、朝鲜、蒙古、西伯利亚以及东南欧也有分布。喜光，耐寒，喜肥沃湿润土壤，在干瘠地上生长不良。

【繁殖方法】播种或分蘖繁殖。

【园林用途】夏季开花，粉红色，是优良的花灌木，又为蜜源植物。

(二) 珍珠梅属 *Sorbaria* (Ser.) A. Br. ex Aschers.

落叶灌木。小枝圆筒形，开展。奇数羽状复叶互生，有锯齿；具托叶。花小，白色，大型圆锥花序顶生；萼片 5，反折；花瓣 5；雄蕊 20～50；心皮 5，基部相连。蓇葖果沿腹缝线开裂。

9 种，产温带亚洲。我国 3 种，分布于东北、华北至西南各地，供观赏。

珍珠梅(华北珍珠梅) *Sorbaria kirilowii* (Regel) Maxim. (图 8-193)

【形态特征】高达 3m。枝条开展，小枝绿色。小叶 13～21 枚，卵状披针形，长 4～7cm，具尖锐重锯齿，侧脉 15～23 对。花序长 15～20cm，径 7～11cm；萼片长圆形；雄蕊 20，与花瓣近等长；花柱稍侧生。蓇葖果长圆形，5 枚。花期 6～7 月；果期 9～10 月。

【分布与习性】产华北和西北，常生于海拔 200～1500m 的山坡、河谷或杂木林中；习见栽培。喜光又耐阴，耐寒，不择土壤。萌蘖性强，耐修剪。生长迅速。

【繁殖方法】播种、扦插及分株繁殖。

【园林用途】花叶清秀，花期极长而且正值盛夏，是很好的庭院观赏花木，适植于草坪边缘、水边、房前、路旁，常孤植或丛植，也可植为自然式绿篱；因耐阴，可用于背阴处。叶片能散发挥发性的植物杀菌素，对金黄葡萄球菌、结核杆菌的杀菌效果好，适合在结核病院、疗养院周围广泛种植。

图 8-193 东北珍珠梅(1、2)珍珠梅(3～6)

1—果枝；2—花纵剖；3—花枝；
4—花纵剖；5—果；6—种子

附：东北珍珠梅 [*Sorbaria sorbifolia* (Linn.) A. Br.]，又名山高粱。与华北珍珠梅相似，但雄蕊 40～50，长于花瓣；花柱顶生；萼片三角形；小叶侧脉 12～16 对。花期稍晚，7～8 月开花；果穗红褐色。分布于东北亚地区，我国产于东北及内蒙古，耐寒性更强。除供观赏外，皮、枝条、果穗均入药。

（三）白鹃梅属 *Exochorda* Lindl.

落叶灌木。单叶，互生，全缘或有齿；托叶无或小而早落。总状花序顶生，花大，白色；萼筒钟状，萼片 5；花瓣 5，有爪；雄蕊 15～30；心皮 5，连合，花柱分离。蒴果 5 棱，倒圆锥形，5 室，每室 1～2 粒有翅种子。

4 种，分布于亚洲中部至东部。我国 3 种。春季开花，花大而美，供观赏。

白鹃梅（金瓜果）*Exochorda racemosa* (Lindl.) Rehd. （图 8-194）

【形态特征】高达 5m，全株无毛。小枝微具棱。叶椭圆形至倒卵状椭圆形，长 3.5～6.5cm，全缘或上部有浅钝疏齿，下面苍绿色。花 6～10 朵，径 4cm，花瓣基部具短爪；雄蕊 15～20 枚，3～4 枚 1 束着生花盘边缘，并与花瓣对生。蒴果倒卵形。花期 4～5 月；果期 9 月。

【分布与习性】产长江流域，多生于海拔 500m 以下的低山灌丛中；各地常见栽培。性强健，喜光，也耐半阴；喜肥沃、深厚土壤，也耐干旱瘠薄；耐寒性颇强，可在黄河流域露地生长。

【繁殖方法】分株、扦插或播种繁殖，扦插采用嫩枝成活率较高。

【园林用途】树形自然，富野趣，花期值谷雨前后，花朵大而繁密，满树洁白，是一美丽的观赏花木，宜于草地、林缘、窗前、亭台附近孤植或丛植，或于山坡大面积群植，也可作基础种植材料。

附：红柄白鹃梅（*Exochorda giraldii* Hesse），叶柄紫红色，长 0.5～1.5cm；叶片全缘，稀顶端具锯齿；花近无梗，雄蕊 25～30 枚。产华东。

齿叶白鹃梅（*Exochorda serratifolia* S. Moore），叶片中上部有锐锯齿；花梗长 2～3mm；雄蕊 25 枚。产东北南部和华北。耐寒性强。

（四）风箱果属 *Physocarpus* Maxim.

落叶灌木，枝条开展。单叶，互生，常 3 裂，有锯齿，叶柄较长，基出 3 脉，有托叶。伞形总状花序顶生；萼片和花瓣 5；雄蕊 20～40 枚；心皮 1～5，基部合生。蓇葖果常肿大，沿背腹两缝线开裂。

约 20 种，主产北美。东亚产 1 种，我国有分布，另引入栽培 1 种。

风箱果 *Physocarpus amurensis* (Maxim.) Maxim. （图 8-195）

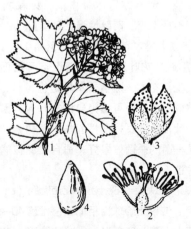

图 8-194　白鹃梅　　　　　　　　图 8-195　风箱果

1—花枝；2—果枝；3—花瓣　　　　　1—花枝；2—花；3—果实；4—种子

【形态特征】高达 3m；小枝幼时紫红色，稍弯曲。叶广卵形，长 3.5～5.5cm，宽约 3.5cm，基部心形，3～5 浅裂，有重锯齿。花序径约 3～4cm；花梗密生星状绒毛；花白色，径 0.8～1.3cm。蓇葖果膨大；种子黄色，有光泽。花期 5～6 月；果期 7～8 月。

【分布与习性】产我国东北和朝鲜、俄罗斯等地，生于山坡、山沟林缘和灌丛中。适应性强，耐寒，喜湿润而排水良好的土壤，也耐瘠薄，但夏季高温不利于生长。

【繁殖方法】分株、扦插或播种繁殖。

【园林用途】丛生灌木，株形开展，叶色鲜绿，花朵洁白，十分素雅，夏季果实呈现红色，也十分优美。可丛植于草地、林缘、山坡观赏或植为花篱，也可用于风景区大片种植。

另外，美国风箱果［*Physocarpus opulifolium* (Linn.) Maxim.］的品种金叶风箱果('Lutens')为近年来从国外引进的品种，叶片在整个生长期内呈金黄色。

Ⅱ. 蔷薇亚科 Subfam. Rosoideae

灌木或草本。复叶，稀单叶；有托叶。离生心皮多数或少数，子房上位。聚合瘦果，花托杯状、坛状、扁平或隆起，成熟时肉质或干硬，稀小核果。35 属约 1500 种，我国 22 属约 457 种。

分 属 检 索 表

1. 羽状复叶或掌状、3 出复叶，托叶与叶柄合生。
  2. 常有皮刺；花无副萼；瘦果多数，生于坛状肉质的花托内 ……………………………… 蔷薇属 Rosa
  2. 无皮刺；花具副萼 5；瘦果生于干燥凸起的花托上 ……………………………… 委陵菜属 Potentilla
1. 单叶；瘦果或小核果，着生在扁平或隆起的花托上。
  3. 叶互生；花黄色，5 出数，无副萼 ……………………………………………………… 棣棠属 Kerria
  3. 叶对生；花白色，4 出数，有副萼 …………………………………………… 鸡麻属 Rhodotypos

（一）蔷薇属 *Rosa* Linn.

落叶或常绿灌木，直立或攀缘，常有皮刺。奇数羽状复叶，互生，托叶常与叶柄连合，稀单叶。花单生或成花序，生于新枝顶端；花托壶形；萼片及花瓣各 5；雄蕊多数，生于萼筒上部；心皮多数，离生，包藏于壶状花托内。瘦果，着生于花托形成的果托内，特称蔷薇果。

约 200～250 种，广布于欧亚大陆、北非和北美洲温带至亚热带。我国 95 种，各地均有，大多数供观赏。

分 种 检 索 表

1. 花托壶状，平滑或被刺，瘦果生于花托内壁及底部。
  2. 柱头伸出花托口外很多，托叶与叶柄至少一半连合。
    3. 枝偃伏或攀缘状；小叶 5～9(11)，两面或下面有柔毛；花密集成圆锥状伞房花序，花柱靠合成柱状，与雄蕊近等长 ………………………………………………………… 多花蔷薇 R. multiflora
    3. 茎直立；小叶 3～5；花单生或数朵聚生；花柱分离，长约为雄蕊之半 ……………… 月季花 R. chinensis
  2. 柱头不伸出花托口外，托叶与叶柄连合或分离。
    4. 托叶与叶柄合生；茎直立或拱曲。
      5. 花白色或紫红色；叶上面叶脉凹下，有皱纹 ………………………………… 玫瑰 R. rugosa
      5. 花黄色。
        6. 枝拱曲，小枝具扁刺及刺毛 ………………………………………………… 黄蔷薇 R. hugonis

　　6. 枝直立，小枝具硬直皮刺，无刺毛 ……………………………………………… 黄刺玫 *R. xanthina*
　4. 托叶与叶柄分离；小叶 3～5；茎攀缘或匍匐 …………………………………… 木香花 *R. banksiae*
1. 花托杯状，密被刺毛，瘦果生于花托底部；蔷薇果扁球形，密被刺毛 …………………… 缫丝花 *R. roxburghii*

1. 多花蔷薇(野蔷薇) *Rosa multiflora* Thunb. (图 8-196)

【形态特征】落叶灌木，茎枝偃伏或攀缘，长达 6m。小枝
有短粗而稍弯的皮刺。小叶 5～9(11)，倒卵形至椭圆形，长
1.5～5cm，宽 0.8～2.8cm，两面或下面有柔毛，叶柄及叶轴常
有腺毛；托叶边缘篦齿状分裂，有腺毛。圆锥状伞房花序，花
白色或略带粉晕，芳香，径 2～3cm，花柱连合成柱状，伸出花
托外；萼片有毛，花后反折。果近球形，径约 6～8mm，红褐
色。花期 5～6 月；果期 10～11 月。

【变种】粉团蔷薇(var. *cathayensis* Rehd. & Wils.)，花、叶
较大，花径 3～4cm，粉红或玫瑰红色，单瓣，数朵或多朵成平
顶伞房花序。七姊妹(var. *platyphylla* Thory)，又名十姊妹，花
重瓣，径约 3cm，深红色，常 6～10 朵组成扁平的伞房花序。
荷花蔷薇(var. *carnea* Thory)，又名粉红七姐妹，与七姊妹相
近，但花淡粉红色，花瓣大而开张。白玉堂(var. *albo-plena* Yü
& Ku)，花白色，重瓣，直径 2～3cm。

【分布与习性】黄河流域及其以南习见，常生于低山溪边、
林缘和灌丛中。日本、朝鲜也有分布。性强健，喜光，耐寒、
耐旱、耐水湿。对土壤要求不严，在黏重土壤中也可生长。

【繁殖方法】多用扦插繁殖，也可播种、嫁接、压条、
分株。

【园林用途】花色丰富，有白、粉红、玫瑰红和深红等色，
是优良的垂直绿化材料。最适于篱垣式和棚架式造景，花开时
节可形成花墙、花棚，经人工牵引、绑扎，使其沿灯柱或专设
的立柱攀缘而上，可形成花柱。也可用于假山、坡地，或沿台
坡边缘列植，使其细长的枝条下垂。将花色不同的蔷薇品种配
植在一起可相互衬托或对比，形成"疏密浅深相间"的效果。

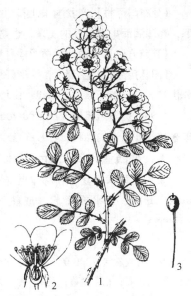

图 8-196　多花蔷薇

1—花枝；2—花纵剖面；3—蔷薇果

2. 月季花 *Rosa chinensis* Jacq. (图 8-197)

【形态特征】半常绿或落叶灌木，高度因品种而异，通常
高 1～1.5m，也有枝条平卧和攀缘的品种。小枝散生粗壮而略
带钩状的皮刺。小叶 3～5(7)，广卵形至卵状矩圆形，长 2～
6cm，宽 1～3cm，有锐锯齿，两面无毛，上面暗绿色，有光
泽；叶柄和叶轴散生皮刺或短腺毛。托叶有腺毛。花单生或数
朵排成伞房状；花柱分离；萼片常羽裂。果实球形，径约 1～
1.5cm，红色。花期 4～10 月；果期 9～11 月。

图 8-197　月季花

1—花枝；2—蔷薇果

【变种和变型】月月红(var. *semperflorens* Koehne),又名紫月季,茎枝纤细,小叶 5~7,叶较薄,带紫色,花多单生或 2~3 朵,紫红至深粉红,重瓣,花梗细长,花期长。绿月季(var. *viridiflora* Dipp.),花绿色,花瓣变成绿叶状。小月季(var. *minima* Voss.),植株矮小,常不及 25cm,多分枝,花小,玫瑰红色,单瓣或重瓣。变色月季(f. *mutabilis* Rehd.),幼枝紫色,幼叶古铜色,花单瓣,初为黄色,继变橙红色,最后变暗红色。

【品种概况】目前常见栽培的现代月季(*Rosa* × *hybrida*)实际上是原产中国的月季花和其他很多蔷薇属种类的杂交种,重要亲本有月季花、野蔷薇、香水月季、法国蔷薇(*Rosa gallica*)、大马士革蔷薇(*Rosa damascena*)、百叶蔷薇等。现代月季品种繁多,常分为以下几类:

(1) 杂种香水月季(Hybrid Tea Rose, HT):或称杂种香水月季。现代月季中最重要的一类,主要由香水月季[*Rosa odorata* (Andr.)Sweet]和杂种长春月季杂交选育而成,在 1867 年首次出现,后经多次杂交选育,品种极多,应用最广。灌木,耐寒性较强,花多单生,大而重瓣,花蕾秀美、花色丰富,有香味,花期长。著名品种有'和平'、'香云'、'超级明星'、'埃菲尔铁塔'、'X 夫人'、'墨红'、'红衣主教'、'萨曼莎'、'婚礼粉'等。

(2) 多花姊妹月季(Floribunda Rose, Fl.):或称丰花月季、聚花月季。植株较矮小,分枝细密;花朵较小(一般直径在 5cm 以下),但多花成簇、成团,单瓣或重瓣;四季开花,耐寒性与抗热性均较强。如'大教堂'、'红帽子'、'杏花村'、'曼海姆宫殿'、'冰山'、'太阳火焰'、'无忧女'、'马戏团'、'鸡尾酒'等。

(3) 大花姊妹月季(Grandiflora Rose, Gr.):又称壮花月季。由香水月季和丰花月季杂交选育而成。花朵大而一茎多花,四季开放,有的品种花径达 13cm;生长势旺盛,植株高度多在 1m 以上。如'伊丽莎白女王'、'金刚钻'、'亚利桑那'、'醉蝴蝶'、'杏醉'、'雪峰'等。

(4) 微型月季(Miniature Rose, Min.):主要亲本为小月季。植株矮小,一般高仅 10~45cm,花朵小,径约 1~3cm,常为重瓣,枝繁花密,玲珑可爱。适于盆栽。如'微型金丹'、'小假面舞会'、'太阳姑娘'等。

(5) 藤本月季(Climber & Rambler, Cl.):现代月季中具有攀缘习性的一类,多为杂种茶香月季和丰花月季的突变体(具有连续开花的特性),少量是蔷薇、光叶蔷薇衍生的品种(一年一度开花),茎蔓细长、攀缘。常见品种有'至高无上'、'美人鱼'、'多特蒙德'、'花旗藤'、'藤和平'、'藤墨红'、'安吉尔'、'光谱'等。

(6) 杂种长春月季(Hybrida Perpetual Rose, HP):是最早出现的现代月季类,1837 年育成,但杂种茶香月季出现后便很少栽培,品种如'德国白'、'阳台梦'、'贾克将军'等。

【分布与习性】原产我国中部,南至广东,西南至云南、贵州、四川。现国内外普遍栽培。适应性强,喜光,但侧方遮荫对开花最为有利;喜温暖气候,不耐严寒和高温,多数品种的最适宜生长温度为 15~26℃,主要开花季节为春秋两季,夏季开花较少。对土壤要求不严,但以富含腐殖质而且排水良好的微酸性土壤(pH 值 6~6.5)为最佳。

【繁殖方法】扦插或嫁接繁殖。

【园林用途】月季花期甚长,可以说是"花亘四时,月一披秀,寒暑不改,似固常守"(宋祁《益部方物略记》),有"花中皇后"之名,是我国十大传统名花之一。在欧洲的神化传说中,月季是与希腊爱神维纳斯同时诞生的,象征着爱情真挚、情浓、娇羞和艳丽。

月季品种繁多，花色丰富，开花期长，是园林中应用最广泛的花灌木，适于各种应用方式，在花坛、花境、草地、园路、庭院各处应用均可。将各品种栽植在一起，形成月季园，定为园林增色。就各类品种而言，杂种茶香月季具有鲜明的色彩、美丽的树形，可构成小型庭园的主景或衬景，也是重要的切花材料。丰花月季植株低矮，花朵繁密，适于表现群体美，因此最宜成片种植以形成整体的景观效果，或沿道路、墙垣、花坛、草地列植或环植，形成花带、花篱。壮花月季株形高大，花朵硕大，可孤植、对植，在月季园内则可植于地势高处作为背景。藤本月季可用于垂直绿化，最适于种植在矮墙、栅栏附近形成花墙、花垣、花屏，部分长蔓的品种也可作棚架材料。微型月季最适于盆栽，也可用作地被、花坛和草坪的镶边。

3. 玫瑰 *Rosa rugosa* Thunb.（图8-198）

【形态特征】落叶丛生灌木，高达2m。枝条较粗，灰褐色，密生皮刺和刺毛。小叶5～9，卵圆形至椭圆形，长2～5cm，宽1～2.5cm，表面亮绿色，多皱，无毛，背面有柔毛和刺毛；叶柄及叶轴被绒毛，疏生小皮刺及腺毛；托叶大部与叶柄连合。花单生或3～6朵聚生于新枝顶端，紫红色，径4～6cm；花柱离生，被柔毛，柱头稍突出。果扁球形，径约2～3cm，红色。花期5～6月；果期9～10月。

【变型】紫玫瑰（f. *typica* Reg.），花玫瑰紫色。红玫瑰（f. *rosea* Rehd.），花玫瑰红色。白玫瑰［f. *alba*（Ware）Rehd.］，花白色。重瓣紫玫瑰（f. *plena* Reg.），花玫瑰紫色，重瓣，香气浓郁，不结实。重瓣白玫瑰（f. *albo - plena* Rehd.），花白色，重瓣。

【分布与习性】产我国北部，吉林东部、辽宁、山东东北部有野生，生于海拔100m以下的海滨及近海岛屿的沙地、山脚。各地普遍栽培，其中以山东平阴的最为著名。日本、朝鲜和俄罗斯远东也有。适应性强，耐寒，耐干旱，对土壤要求不严，在沙地和微碱性土上也可生长良好。喜阳光充足、凉爽通风而且排水良好的环境，不耐水涝。萌蘖力强。

【繁殖方法】分株或扦插繁殖，也可嫁接和埋条繁殖。

【园林用途】玫瑰栽培历史悠久，既用于园林观赏，也利用其花提取芳香油。玫瑰色艳花香，适于路边、房前等处丛植赏花，也可作花篱或结合生产于山坡成片种植。鲜花瓣提取芳香油，为世界名贵香精。

4. 木香花（木香）*Rosa banksiae* Ait.（图8-199）

【形态特征】落叶或半常绿攀缘灌木，枝细长绿色，无刺或疏生皮刺。小叶3～5，长椭圆形至椭圆状披针形，长2～6cm，宽8～18mm，叶缘有细锯齿，下面中脉常有微柔

图8-198 玫瑰
1—花枝；2—果

图8-199 木香花
1—花枝；2—花(不带花瓣)纵剖面；3—蔷薇果

毛；托叶线形，与叶柄分离，早落。花3～15朵，伞形花序，花白色，径约2.5cm，浓香，萼片长卵形，全缘；花柱玫瑰紫色。果近球形，径3～5mm。花期4～5月；果期9～10月。

【变种】黄木香(var. *lutescens* Voss.)，花单瓣，黄色。重瓣黄木香(var. *lutea* Lindl.)，花重瓣，黄色，香气极淡。重瓣白木香(var. *albo-plena* Rehd.)，花重瓣，白色，芳香。

【分布与习性】原产我国，分布于长江流域以南；现华北南部至华南、西南均有栽培。喜温暖和阳光充足的环境，幼树畏寒。喜排水良好的沙质壤土，不耐积水和盐碱。萌芽力强，耐修剪。在北京、河北需要选择向阳的小环境。

【繁殖方法】压条和扦插或嫁接繁殖，也可播种繁殖。

【园林用途】木香花藤蔓细长，或白花如雪，或灿若金星，香气扑鼻，我国自古在庭院中广为应用。适于花架、花格、绿门、花亭、拱门、墙垣的垂直绿化，也可丛植于池畔、假山石旁。

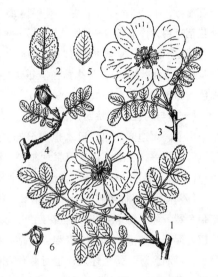

图8-200　黄刺玫(1、2)、黄蔷薇(3～6)
1、3—花枝；2、5—叶片；4—果枝；6—果实纵剖

5. 黄刺玫 *Rosa xanthina* Lindl. (图8-200)

落叶灌木，高达3m。小枝褐色或褐红色，散生直刺，无刺毛。小叶7～13，近圆形或宽椭圆形，长0.8～2cm；托叶小，下部与叶柄连生，先端分裂成披针形裂片。花单生，黄色，重瓣或单瓣，径4.5～5cm。果近球形，红黄色，径约1cm。花期4～6月；果期7～8月。

【分布与习性】产我国东北、甘肃、河北、内蒙古、陕西、山东、山西等地，东北、华北至西北各地常见栽培。喜光，耐寒，对土壤要求不严。耐旱，耐瘠薄，忌涝。

【繁殖方法】分株、压条及扦插繁殖。

【园林用途】春天开黄色花朵，且花期较长，为北方春天重要的观花灌木。花可提取芳香油。

6. 黄蔷薇 *Rosa hugonis* Hemsl. (图8-200)

落叶灌木，高达2.5m；枝拱形，具直而扁平皮刺及刺毛。小叶5～13，椭圆形，长1～2cm。花单生枝顶，鲜黄色，单瓣，径约5cm；花柱离生，柱头微突出。果扁球形，径约1.5cm，红褐色，萼宿存。花期4～6月；果期8～9月。

产华北、西北至华中，生于阳坡灌丛中，耐旱性强。

繁花似锦，花期长，红果累累，是优良的观花和观果灌木。

7. 缫丝花(刺梨) *Rosa roxburghii* Tratt.

落叶或半常绿灌木；多分枝，高达2.5m。小枝无毛，在托叶下常有成对微弯皮刺。小叶9～15，叶片下面沿中脉常被小刺，叶柄及叶轴疏生皮刺。花1～2朵生于短枝上，粉红色，重瓣，微芳香，径4～6cm，花梗、花托、萼片、果及果梗均被刺毛。果扁球形，径3～4cm，黄色，密生刺。花期5～7月；果期9～10月。

产长江流域至西南、华南，多生于山区溪边。

花朵秀丽，果实累累，可作丛植或作花篱。果肉富含维生素，可生食、制蜜饯或酿酒。

（二）棣棠属 *Kerria* DC.

仅1种，产我国及日本。

棣棠 *Kerria japonica*（Linn.）DC.（图8-201）

【形态特征】落叶小灌木，高达2m。小枝绿色，光滑，有棱。单叶，互生，卵形至卵状披针形，长4～10cm，有尖锐重锯齿，先端长渐尖，基部楔形或近圆形；托叶钻形。花两性，金黄色，单生枝顶，直径3～4.5cm；萼片5，全缘；花瓣5；雄蕊多数；心皮5～8，离生。瘦果黑褐色，生于盘状果托上，外包宿存萼片。花期4～5月；果期7～8月。

【栽培品种】重瓣棣棠（'Pleniflora'），花重瓣。金边棣棠（'Aureo－variegata'），叶缘黄色。银边棣棠（'Picta'），叶缘银白色。白斑棣棠（'Argenteo-variegata'），叶面有白色斑块。

【分布与习性】产陕西、甘肃和长江流域至华南、西南，多生于山涧、溪边灌丛中。日本也有分布。喜温暖、半阴的湿润环境，略耐寒，在黄河以南可露地越冬。萌蘖力强，耐修剪。

【繁殖方法】分株、扦插，也可播种。

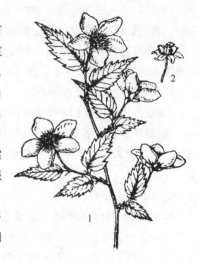

图8-201 棣棠
1—花枝；2—果

【园林用途】棣棠枝、叶、花俱美，枝条嫩绿，叶形秀丽，花朵金黄，除了春季4～5月盛花期外，其他时间不时有少量花开，花期可一直延续到9月间。适于丛植，配植于墙隅、草坪、水畔、坡地、桥头、林缘、假山石隙均无不适，尤其是植于水滨，花影照水，满池金辉，景色迷人；也可栽作花径、花篱。棣棠枝条易于老化，且花开于当年生枝梢，栽培中宜每隔2～3年将地上部分剪除，以促进新枝萌发。

（三）鸡麻属 *Rhodotypos* Sieb. & Zucc.

仅1种，产我国、日本和朝鲜。

鸡麻 *Rhodotypos scandens*（Thunb.）Makino（图8-202）

【形态特征】落叶灌木，高达3m。枝条开展，小枝紫褐色，无毛。单叶，对生，卵形至椭圆状卵形，长4～10cm，具尖锐重锯齿，先端锐尖，上面皱，背面幼时有柔毛；托叶条形。花两性，纯白色，单生枝顶，直径3～5cm；萼片4，大而有齿；花瓣4；雄蕊多数；心皮4，各有胚珠2。核果4，熟时干燥，亮黑色，外包宿萼。花期4～5月；果期9～10月。

【分布与习性】产东北南部、华北至长江中下游地区，多生于海拔800m以上的山坡疏林下。略喜光，耐半阴；耐寒；适生于疏松肥沃而排水良好的土壤，怕涝。耐修剪，萌蘖力强。

【繁殖方法】播种或分株、扦插繁殖，以播种应用较多。

图8-202 鸡麻
1—花枝；2—果

【园林用途】株形婆娑，叶片清秀美丽，花朵洁白，适宜丛植，可用于草地、路边、角隅、池边等处造景，也可与山石搭配。

（四）委陵菜属 *Potentilla* Linn.

草本，稀落叶小灌木。芽鳞少数。叶互生，3 小叶、掌状或羽状复叶，托叶与叶柄连成鞘状。花两性，单生或聚伞花序，副萼 5；萼片 5；花瓣 5，黄色，稀白色或紫色；雄蕊常 20(10～30)，离心皮雌蕊多数，稀少数，胚珠 1。聚合瘦果，着生于干燥凸起的花托上。萼片宿存。

约 500 种，分布于北半球温带、亚寒带及高山地区，少数种类产南半球。我国约 86 种，产于南北各地，木本约 3 种。

分 种 检 索 表

1. 小叶 3～7 枚，长 1cm，花鲜黄色 ·· 金露梅 *P. fruticosa*
1. 小叶 3～5(1)，长 2～7mm，花瓣白色 ·· 银露梅 *P. glabra*

1. 金露梅 *Potentilla fruticosa* Linn. (图 8-203)

【形态特征】小灌木，高达 1.5m；树皮灰褐色，纵裂，条状剥落。小枝幼时有伏生丝状柔毛。奇数羽状复叶，小叶 3～7 枚，矩圆形，长 1cm，两面有柔毛。花单生或 3～5 朵组成伞房花序，花径 2～3cm，鲜黄色，排列如梅。小瘦果细小、有毛。花期 6～8 月；果期 9～10 月。

【分布与习性】分布于北半球高山和寒冷地带，我国东北、华北、西北和西南地区高山均有分布，生于海拔 4000～5000m 的山顶石缝、林缘及高山灌丛中。喜冷凉、湿润环境，喜光，也耐阴，要求排水良好的土壤。

【繁殖方法】播种和分株、扦插繁殖。

【园林用途】金露梅枝叶繁茂，花朵鲜黄而且花期长，是一美丽的花灌木，可植为花篱，也可在园路两侧、廊、亭一隅、草地成片栽植。还是重要的岩石园材料，并适于制作盆景。叶可代茶。

图 8-203　金露梅
1—花枝；2—子房和花柱

2. 银露梅 *Potentilla glabra* Lodd.

高约 60cm；树皮灰褐色。幼枝疏被柔毛。羽状复叶，小叶 3～5(1)，椭圆形，椭圆状宽卵形或椭圆状倒卵形，长 2～7mm，先端急尖，基部圆，稍窄，全缘，下面灰绿色，两面疏被柔毛或近无毛。花单生，稀 2 花或聚伞花序，花梗长 2cm，被毛；花径 2～2.5cm，副萼条形或卵形，萼片卵形或卵状椭圆形；花瓣白色，全缘。瘦果被毛。花果期 5～11 月。

产内蒙古、河北、山西、陕西、甘肃、青海、安徽、湖北、四川、云南；生于 1200～4200m 的高山地带岩石缝隙、草地、灌丛、林缘中。朝鲜、蒙古、俄罗斯也有分布。

Ⅲ. 苹果亚科 Subfam. Maloideae

灌木或乔木。单叶或复叶，有托叶。心皮(1)2～5(7)，子房下位或半下位，稀上位，(1)2～5 室，每室 2 胚珠。梨果，稀浆果状或小核果状。20～28 属约 940～1100 种，我国 16 属 273 种。

分 属 检 索 表

1. 心皮熟时坚硬骨质；梨果内有 1～5 骨质小核。

 2. 枝无刺；叶常全缘 ··· 枸子属 *Cotoneaster*

  2. 枝常有刺；叶缘有锯齿或裂片。
    3. 常绿；心皮5，各具胚珠2 ·············· 火棘属 *Pyracantha*
    3. 落叶稀半常绿；心皮1～5，各具胚珠1 ·············· 山楂属 *Crataegus*
1. 心皮熟时纸质、软骨质或革质；梨果1～5室，每室种子1至数粒。
  4. 多为伞房、复伞房或圆锥花序。
    5. 单叶；常绿，少数落叶。
      6. 伞形、伞房或复伞房花序；落叶树的花序梗和花梗常有腺点 ·············· 石楠属 *Photinia*
      6. 圆锥花序；花序梗和花梗均无腺点 ·············· 枇杷属 *Eriobotrya*
    5. 单叶或复叶；落叶；花序梗和花梗无瘤状突起 ·············· 花楸属 *Sorbus*
  4. 伞形或伞形总状花序，花单生或簇生。
    7. 果实内每室有种子1～2。
      8. 花柱离生，花药深红色；果实多数有石细胞 ·············· 梨属 *Pyrus*
      8. 花柱基部合生，花药黄色；果实无石细胞 ·············· 苹果属 *Malus*
    7. 果实内每室有种子多粒；花柱基部合生 ·············· 木瓜属 *Chaenomeles*

（一）枸子属 *Cotoneaster* B. Ehrh.

落叶、常绿或半常绿灌木，直立或匍匐；各部常被毛。单叶，互生，全缘。聚伞或伞房花序，稀单生；萼片、花瓣各5；雄蕊常20(5～25)；花柱2～5，离生。梨果，红色或黑色，内含1～5骨质小核。

约90种，分布于亚洲(日本除外)、欧洲、北非温带和墨西哥，主产中国西南部。我国约59种，大多数种类果实繁密，红色或黑色，是优美的观果材料。

分 种 检 索 表

1. 茎匍匐；花1～2朵，粉红色。
  2. 枝水平开展，成2列状分枝；叶缘不呈波状 ·············· 平枝枸子 *C. horizontalis*
  2. 茎平铺地面，不规则分枝；叶缘常呈波状 ·············· 匍匐枸子 *C. adpressus*
1. 茎直立；复聚伞花序，花3朵以上，白色或粉红色。
  3. 花梗、萼筒均无毛；叶背面无毛 ·············· 水枸子 *C. multiflorus*
  3. 花梗、萼筒均被细长柔毛；叶背面被绒毛。
    4. 花瓣白色；叶背面被薄灰色绒毛；叶柄长3～5mm ·············· 湖北枸子 *C. silvestrii*
    4. 花瓣浅红色；叶背面密被带黄色或灰色绒毛；叶柄长1～2mm ·············· 西北枸子 *C. zabelii*

1. 平枝枸子(铺地蜈蚣) *Cotoneaster horizontalis* Decne. (图 8-204)

【形态特征】落叶或半常绿匍匐灌木，高约50cm。幼枝被粗毛；枝水平开张成整齐2列，宛如蜈蚣。叶近圆形至宽椭圆形，先端急尖，长 0.5～1.5cm，下面疏生平伏柔毛，叶柄有柔毛。花径5～7mm，无梗，单生或2朵并生，粉红色。果近球形，鲜红色，径4～6mm，3小核。花期5～6月；果期9～10月。

【变种】小叶平枝枸子(var. *perpusillus* C. K. Schneid.)，枝干平铺，叶片较小，长仅6～8mm；果实椭圆形，长约5～6mm，径3～4mm，具2分核。产贵州、湖北、陕西、四川。

【分布与习性】产甘肃、陕西至华东、华中、西南等地，常生于海拔1500～3500m的山地灌丛和岩石缝中。尼泊尔也有分布。喜光，耐半阴，耐寒性强，在黄河以南各地生长良好，抗干旱瘠薄。

【繁殖方法】扦插、播种繁殖。

【园林用途】植株低矮，常平铺地面，秋季红果缀满枝头，经冬至春不落，如有冬季积雪相衬，则红果白雪，极为壮观。秋季叶片边缘变红，整个植株呈鲜红一片，可持续至初冬。宜丛植，或成片植为地被，或作基础种植材料，尤其适于坡地、路边、岩石园等地形起伏较大的区域应用。

2. 匍匐枸子 *Cotoneaster adpressus* Bois.

【形态特征】与平枝枸子相近，但为落叶性，枝干平铺地上，分枝密且不规则，小枝红褐色、灰褐色至灰黑色。叶宽卵形或倒卵形，稀椭圆形，全缘而常波状，先端圆钝，下面有疏短柔毛或无毛；叶柄长 1～2mm，无毛。花 1～2 朵，粉红色，径约 7～8mm。果鲜红色，直径 7～9mm，2 小核，稀3。花期 5～6 月；果期 8～9 月。

【分布与习性】产西南及甘肃、陕西、湖北、青海等地。尼泊尔、缅甸、印度也有分布。喜光，耐寒，能在岩缝中及石灰质土壤上生长。

【园林用途】入秋红果累累，平铺岩壁，极为美观。是布置岩石园的好材料，也可作地被植物。

3. 水枸子(多花枸子) *Cotoneaster multiflorus* Bunge(图 8-205)

落叶灌木，高达 4m。枝纤细，常拱形下垂。叶卵形或宽卵形，长 2～4cm，宽 1.5～3cm，先端急尖或圆钝，基部楔形或圆形，上面无毛，下面幼时有绒毛。聚伞花序松散并疏生柔毛，有花 5～21 朵；花白色，径 1～1.2cm。萼筒钟状，无毛；萼片三角形，通常两面无毛。果球形或倒卵形，红色，径约 8mm，1～2 核。花期 5～6 月；果期 8～9 月。

【变种】大果水枸子 (var. *calocarpus* Rehd. & Wils.)，果实较大，直径达 1～1.2cm，观赏价值更高。分布于甘肃、陕西和四川，生密林中。

【分布与习性】广布于西南、西北、华北和东北，生于海拔 1200～3500m 的河谷、林缘、灌丛中。俄罗斯和亚洲西南部、中部也有分布。较喜光，耐寒，耐干旱瘠薄。

【繁殖方法】播种繁殖。

【园林用途】夏季盛开白花，入秋红果累累，经冬不凋，为优美的观花、观果树种。

4. 湖北枸子(华中枸子) *Cotoneaster silvestrii* Pamp.

落叶灌木，高 1～2m。叶椭圆形或卵形，长 1.5～3.5cm，宽 1～1.8cm，背面有灰色绒毛，叶柄

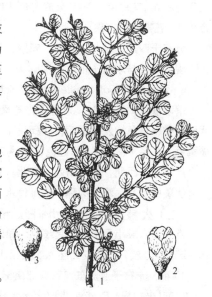

图 8-204　平枝枸子

1—花枝；2—花；3—果实

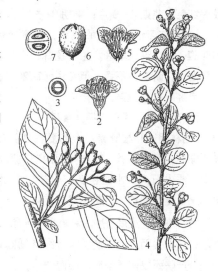

图 8-205　水枸子(1～3)、西北枸子(4～7)

1—果枝；2、5—花纵剖面；3、7—果横剖面；
4—花枝；6—果实

长 3～5mm。花白色，3～7 朵成聚伞花序，总花梗及花梗均被细柔毛。果径 8mm，红色，小核常 2 连合为 1。花期 6 月；果期 9 月。

分布于四川、湖北、江苏、安徽、河南、甘肃等地，生于海拔 500～2600m 的混交林中。

观赏特性与水枸子相似。

5. 西北枸子 *Cotoneaster zabelii* Schneid.（图 8-205）

落叶灌木，高达 2m。叶椭圆形至卵形，长 1.2～3cm，宽 1～2cm，顶端圆钝，基部圆或宽楔形，背面密被带黄色或灰色绒毛；叶柄长 1～2mm。花浅红色，3～13 朵成下垂聚伞花序，总花梗及花序被柔毛。果径 7～8mm，鲜红色，小核 2。花期 5～6 月；果期 8～9 月。

产华北、西北，南到湖南、湖北。可生于石灰岩山地的山坡阴处、沟谷之中。

优美的观花、观果树种，也可作水土保持灌木。

（二）火棘属 *Pyracantha* Roem.

常绿灌木或小乔木，常具枝刺。单叶，互生，有锯齿或全缘。复伞房花序，花白色，5 数；雄蕊 15～20，5 心皮，每心皮 2 胚珠。梨果小，内含 5 个骨质小核。

10 种，分布于亚洲东部和欧洲南部。我国 7 种，主产西南地区。

火棘（火把果）*Pyracantha fortuneana*（Maxim.）Li（图 8-206）

【形态特征】高达 3m。短侧枝常呈棘刺状，幼枝被锈色柔毛，后脱落。叶倒卵形至倒卵状长椭圆形，长 2～6cm，先端钝圆或微凹，有时有短尖头，基部楔形，叶缘有圆钝锯齿，近基部全缘。花白色，径约 1cm。果实球形，径约 5mm，橘红色或深红色。花期 4～5 月；果期 9～11 月。

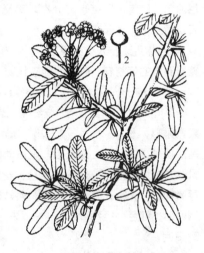

图 8-206 火棘
1—花枝；2—果

【分布与习性】产秦岭以南，南至南岭，西至四川、云南和西藏，东达沿海地区。生于疏林、灌丛和草地。喜光，极耐干旱瘠薄，耐寒性不强，但在华北南部可露地越冬；要求土壤排水良好。萌芽力强，耐修剪。

【繁殖方法】播种或扦插繁殖。

【园林用途】枝叶繁茂，初夏白花繁密，秋季红果累累如满树珊瑚，经久不凋，是一美丽的观果灌木。适宜丛植于草地边缘、假山石间、水边桥头，也是优良的绿篱和基础种植材料。果含淀粉和糖，可食用或作饲料。

附：细圆齿火棘（*Pyracantha crenulata* Roem.），高达 5m。与火棘相近，但叶片长椭圆形至倒披针形，先端尖而常有小刺头，叶缘有细圆锯齿；花径约 6～9mm；果实橘黄色至橘红色，径(3)6～8mm。产陕西以南至华南、西南。

（三）山楂属 *Crataegus* Linn.

落叶小乔木或灌木，常有枝刺。单叶，互生，叶缘有齿或羽状缺裂，托叶大。伞房或伞形花序顶生，花白色，5 数；雄蕊 5～25；心皮 1～5。梨果，萼宿存，内含 1～5 个骨质小核。

约 1000 余种，广布北半球温带，北美东部最多。我国 18 种。

山楂 *Crataegus pinnatifida* Bunge（图 8-207）

【形态特征】小乔木，高达 7m；树冠圆整，球形或伞形。有短枝刺；小枝紫褐色。叶片宽卵形至三角状卵形，长 5～10cm，宽 4.5～7.5cm，两侧各有 3～5 羽状浅裂或深裂，有不规则尖锐重锯齿；托叶半圆形或镰刀形。花序直径 4～6cm，花序梗、花梗有长柔毛，花径约 1.8cm。果近球形，红色或橙红色，径 1～1.5cm，表面有白色或绿褐色皮孔点。花期 4～6 月；果期 9～10 月。

图 8-207　山楂

1—花枝；2—去花瓣之花；3—花纵剖面；4—花瓣；5—雄蕊；6—柱头；7—果

【变种】山里红（var. *major* N. E. Brown），无刺，叶片形大、质厚，分裂较浅，果实大，直径达 2.5cm，亮红色。栽培的山楂多为此变种。

【分布与习性】原产我国，分布于东北至华中、华东各地。适应性强。喜光，较耐寒；适应各种土壤，但以沙质壤土最佳，耐干旱瘠薄。在潮湿炎热的条件下生长不良。萌芽力、萌蘖力强，根系发达。抗污染，对氯气、二氧化硫、氟化氢的抗性均强。

【繁殖方法】播种、嫁接、分株、压条繁殖。种子需层积 2 年才发芽良好。

【园林用途】树冠整齐，花繁叶茂，春季白花满树，秋季果实红艳繁密，叶片亦变红色，是观花、观果兼观叶的优良园林树种。园林中可结合生产成片栽植，并是园路树的优良材料。经修剪整形，也可作果篱，并兼有防护之效，日本园林中常见应用。

附：毛山楂（*Crataegus maximowiczii* Schneid.），灌木或小乔木，小枝粗壮，嫩时密生灰白色绒毛，2 年生枝无毛。叶宽卵形或菱状卵形，边缘有 3～5 对浅裂片并疏生重锯齿，下面密生灰白色柔毛。复伞房花序具多花，花白色，果实球形，红色，径约 7～8mm。

（四）枇杷属 *Eriobotrya* Lindl.

常绿小乔木或灌木。单叶，互生，羽状侧脉直达齿尖，叶柄短。圆锥花序顶生，常被绒毛；花白色；花萼 5，花瓣 5，具爪；雄蕊 20～40；2～5 室，每室 2 胚珠。梨果，内果皮膜质，种子大，1 至多粒。

约 30 种，分布于亚洲暖温带至亚热带。我国 14 种，产长江流域及其以南地区。

枇杷 *Eriobotrya japonica* (Thunb.) Lindl. (图 8-208)

【形态特征】高达 12m。小枝、叶下面、叶柄均密被锈色绒毛。叶革质，倒卵状披针形至矩圆状椭圆形，长 12～30cm，具粗锯齿，上面皱。果近球形或倒卵形，径 2～4cm，黄色或橙黄色，形状、大小因品种而异。花期 10～12 月；果期次年 5～6 月。

图 8-208　枇杷

1—花枝；2—花纵剖面；3—子房纵剖面；4—果；5—种子

【分布与习性】产甘肃南部、秦岭以南，西至川、滇，现鄂西、川东石灰岩山地仍有野生；各地普遍栽培，江苏吴县洞庭、浙江余杭县塘栖、安徽歙县、福建莆田、湖南沅江等地都是枇杷的著名产区。喜光，稍耐阴；喜温暖湿润气候和肥沃湿润而排水良好的石灰性、中性或酸性土壤，不耐寒，但在淮河流域仍能正常生长。

【繁殖方法】播种和嫁接繁殖。

【园林用途】树形整齐美观，叶片大而荫浓，冬日白花满树，初夏黄果累累，可谓"树繁碧玉叶，柯叠黄金丸"，为亚热带地区优良果木，是绿化结合生产的好树种。在我国古典园林中，常栽培于庭前、亭廊附近等各处。

（五）石楠属 Photinia Lindl.

常绿或落叶，乔木或灌木。单叶，互生，常有锯齿；有托叶。顶生伞形、伞房或复伞房花序，落叶种类的花序梗和花梗常有腺体；花5数，白色；雄蕊约20；子房半下位，2~5室。梨果小，萼宿存。

约60余种，主产亚洲东部和南部，墨西哥也有分布。我国43种，主产于秦岭至淮河以南。

石楠（千年红）*Photinia serrulata* Lindl.（图8-209）

【形态特征】常绿乔木或灌木，一般高4~6m，有时高达12m；全株近无毛。叶革质，长椭圆形至倒卵状长椭圆形，长8~22cm，有细锯齿，侧脉20对以上，表面有光泽；叶柄粗壮，长2~4cm。复伞房花序顶生，直径10~16cm；花白色，径6~8mm。果球形，径5~6mm，红色。花期4~5月；果期10月。

【分布与习性】产淮河流域至华南，北达秦岭南坡、甘肃南部；日本和热带亚洲也有分布。喜温暖湿润气候，耐-15℃低温；喜光，也耐阴；喜肥沃湿润、富含腐殖质而排水良好的酸性至中性土壤；较耐干旱瘠薄，不耐水湿。萌芽力强，耐修剪。

【繁殖方法】播种或扦插繁殖。

【园林用途】树冠圆整，枝密叶浓，早春嫩叶鲜红，夏秋叶色浓绿光亮，兼有红果累累，鲜艳夺目，是重要的观叶观果树种。

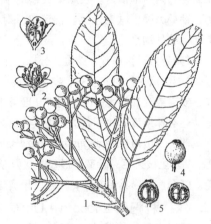

图8-209　石楠
1—果枝；2—花；3—花纵剖面；
4—果实；5—果实纵切和横切面

在公园绿地、庭园、路边、花坛中心及建筑物门庭两侧均可孤植、丛植、列植。生长迅速，极耐修剪，因而适于修剪成形，常修剪成"石楠球"，用于庭院阶前或入口处对植、大片草坪上群植，或用作花坛的中心树。还是优良的绿篱材料。对二氧化硫、氯气有较强的抗性，且有隔声功能，适于街道厂矿区绿化。

附：**桃叶石楠**[*Photinia prunifolia* (Hook. & Arn.)Lindl.]，常绿乔木，小枝无毛。叶长圆形或长圆状披针形，长7~13cm，宽3~5cm，先端渐尖，基部圆或宽楔形，具细腺齿，下面密被黑色腺点；叶柄长1~2.5cm，无毛，有腺点。复伞房花序，被长柔毛，果椭圆形，长7~11mm，径约4~7mm，红色。产华东至华南、贵州、云南。

倒卵叶石楠[*Photinia lasiogyna* (Franch.)Schneid.]，常绿灌木，一般高1~2m；小枝紫褐色，幼时有毛。叶片倒卵形或倒披针形，长5~10cm，宽2.5~3.5cm，先端圆钝；叶柄长1.5~

1.8cm。花序径约 3～5cm，有绒毛。果实红色，倒卵形，径约 4～5mm。产华东至华南、西南，常栽培观赏。

中华石楠(*Photinia beauverdiana* Schneid.)，落叶灌木或小乔木，高 3～10m。小枝紫褐至黑褐色，通常无毛。叶矩圆形、卵形或椭圆形至倒卵形，纸质，长 5～13cm，宽 2～5cm；叶柄长 5～10mm，有毛。复伞房花序，径约 5～10cm，密被疣点。果卵形，紫红色，长约 7～8mm，径 5～6mm。花期 5月；果期 8月。广布于长江以南各地，北达陕西。

(六) 花楸属 *Sorbus* Linn.

落叶乔木或灌木。单叶或奇数羽状复叶，互生；有托叶。复伞房花序顶生，花白色，稀粉红色；花 5数，雄蕊 15～20；子房 2～5室，各含 2胚珠。梨果小，内果皮薄革质。

约 100种，广泛分布于北半球温带。我国 67种，自东北至西南各地均产，常生于中、高海拔山地阴坡和半阴坡。

分 种 检 索 表

1. 奇数羽状复叶；小叶 5～7对，卵状披针形至椭圆状披针形，长 3～5cm ············ 花楸树 *S. pohuashanensis*
1. 单叶，卵形或椭圆状卵形，长 5～10cm ······································· 水榆花楸 *S. alnifolia*

1. 花楸树(百华花楸) *Sorbus pohuashanensis* (Hance)Hedl.（图 8-210）

【形态特征】小乔木，高达 8m。小枝粗壮，幼时有绒毛，芽密生白色绒毛。奇数羽状复叶连叶柄长 12～20cm；小叶 5～7对，卵状披针形至椭圆状披针形，长 3～5cm，宽 1.4～1.8cm，具细锐锯齿，基部或中部以下全缘；托叶半圆形，有缺齿。花序总梗和花梗被白色绒毛，后渐脱落；花白色，花柱 5。果球形，红色或橘红色，径 6～8mm，萼片宿存。花期 5～6月；果期 9～10月。

【分布与习性】产东北、华北及甘肃一带，生于海拔900～2500m 的山坡和山谷杂木林中。喜凉爽湿润气候，耐寒冷，惧高温干燥；较耐阴，喜酸性或微酸性土壤。

【繁殖方法】播种繁殖，秋季采种后沙藏，次春播种。

【园林用途】树形较矮而婆娑可爱，夏季繁花满树，花序洁白硕大，秋季红果累累，而且秋叶红艳，是著名的观叶、观花和观果树种。常生于高山峰峦岩缝间，喜冷凉的高山气候，最适于山地风景区中、高海拔地区营造风景林。园林中适于草坪、假山、谷间、水际丛植，以常绿树为背景或杂植于常绿林内效果尤佳。

图 8-210　花楸树

1—果枝；2—花枝

2. 水榆花楸 *Sorbus alnifolia* (Sieb. & Zucc.)K. Koch（图 8-211）

【形态特征】乔木，高达 20m。树干通直，树皮光滑，树冠圆锥形；小枝有灰白色皮孔。单叶，卵形或椭圆状卵形，长 5～10cm，先端短渐尖，基部圆或宽楔形，具不整齐锐尖重锯齿，有时浅裂，下面脉上被疏柔毛；侧脉 6～10(14)对。花序被疏柔毛，花白色。果椭圆形或卵形，径 0.7～1cm，红色或黄色，2室，萼片脱落。花期 5月；果期 8～9月。

【分布与习性】产东北南部、华北、华东、华中及西北南部；日本和朝鲜也有分布。喜阴湿，耐寒。

【繁殖方法】播种繁殖。

【园林用途】花朵洁白素雅，秋叶和果实均变红色或橘黄色，颇为美观，是重要的观叶、观花和观果树种。除了用于营造山地风景林以外，也适于园林中草坪、假山、谷间、水际以及建筑周围等各处孤植或丛植。

附：湖北花楸(*Sorbus hupehensis* Schneid.)，小叶 9～17，长圆状披针形或卵状披针形，具尖锯齿，下面沿中脉被白色绒毛；果球形，白色或微带粉晕，萼片宿存且闭合。产长江中上游、甘肃、青海、陕西、山东，多生于海拔 1500m 以上。

球穗花楸(*Sorbus glomerulata* Koehne)，小枝及芽无毛；小叶 10～14 对，长圆形或卵状长圆形；果实卵形，白色，直径 6～8mm，萼片宿存。产湖北、四川、云南，生于海拔 1900～2700m 地带。

图 8-211　水榆花楸
1—花枝；2—果枝；3—花

黄山花楸(*Sorbus amabilis* W. C. Cheng & Yü)，小枝粗壮；小叶 4～6 对，长圆形或长圆状披针形；花序顶生，长 8～10cm，宽 12～15cm，花白色；果红色。产安徽、福建、湖北、江西、浙江，生于海拔 900～2000m 的杂木林中。

石灰花楸[*Sorbus folgneri* (Schneid.)Rehd.]，叶卵形至椭圆形，长 5～8cm，具不整齐细锯齿，下面密被白色绒毛；果椭圆形，红色。产长江流域至华南、西南。

美脉花楸[*Sorbus caloneura* (Stapf)Rehd.]，叶椭圆形，长 8～12cm，侧脉 10～18 对，果球形，径 1cm，红褐色，有显著斑点。产长江流域以南。

（七）木瓜属 *Chaenomeles* Lindl.

落叶灌木或小乔木；常有刺。单叶，互生；有托叶。花单生或簇生，常先叶开放；萼片、花瓣各 5；雄蕊 20 或更多；子房 5 室，每室胚珠多数，花柱 5，基部合生。梨果大，种子多数。

5 种，分布于亚洲东部。我国 4 种，引入 1 种。除西藏木瓜(*Chaenomeles tibetica* Yü)外，均常见栽培。

分 种 检 索 表

1. 大灌木或小乔木；2 年生枝无疣状突起。
  2. 枝有刺；花 2～5 朵簇生。
    3. 叶片卵形至椭圆形，下面无毛，或脉上稍有毛，锯齿尖锐 ……………………… 贴梗海棠 *C. speciosa*
    3. 叶片长椭圆形至披针形，下面幼时密被褐色绒毛，锯齿刺芒状 ……………… 木瓜海棠 *C. cathayensis*
  2. 枝无刺；花单生，萼片有齿，反折；干皮片状剥落 …………………………………… 木瓜 *C. sinensis*
1. 矮小灌木，高不及 lm；2 年生枝有疣状突起 ……………………………………… 日本木瓜 *C. japonica*

1. 贴梗海棠(皱皮木瓜) *Chaenomeles speciosa* (Sweet)Nakai(图 8-212)

【形态特征】灌木，高达 2m。有枝刺。叶卵状椭圆形，长 3～10cm，具尖锐锯齿。托叶大，肾形或半圆形，长 0.5～1cm，有重锯齿。花 3～5 朵簇生于 2 年生枝上，鲜红、粉红或白色；萼筒钟状，萼片直立；花柱基部无毛或稍有毛；花梗粗短或近无梗。果卵球形，径 4～6cm，黄色，芳香，有稀疏斑点。花期 3～5 月；果期 9～10 月。

【分布与习性】产我国黄河以南地区。喜光，耐寒，对土壤要求不严，喜生于深厚肥沃的沙质壤土；不耐积水，积水会引起烂根。耐修剪。

【繁殖方法】分株、扦插、压条或嫁接繁殖。

【园林用途】早春先叶开花，鲜艳美丽、锦绣烂漫，秋季硕果芳香金黄，是一种优良的观花兼观果灌木。适于草坪、庭院、树丛周围、池畔丛植，还是花篱及基础栽植材料，并可盆栽。

2. 木瓜 *Chaenomeles sinensis* (Thouin) Koehne (图 8-213)

图 8-212 贴梗海棠

1—花枝；2—叶枝；3—花纵剖面；

4—果实；5—果实横剖面

图 8-213 木瓜

1—花枝；2—带花托的雌蕊；3—雄蕊；

4—花萼；5—果实；6—托叶

【形态特征】小乔木，高达 10m；树皮呈薄片状剥落。枝条细柔，短枝呈棘状。叶卵状椭圆形至椭圆状长圆形，长 5～10cm，有芒状锯齿，齿尖有腺；托叶小，卵状披针形，长约 7mm，膜质。花单生，粉红色，径 2.5～3cm；萼筒钟状，萼片反折，边缘有细齿。果椭圆形，长 10～18cm，黄绿色，近木质，芳香。花期 4～5 月；果期 9～10 月。

【分布与习性】产黄河以南至华南，各地习见栽培。喜光，喜温暖，也较耐寒，在北京可露地越冬。适生于排水良好的土壤，不耐盐碱和低湿。

【繁殖方法】播种或嫁接繁殖。

【园林用途】树皮斑驳可爱，果实大而黄色，秋季金瓜满树，悬于柔条上，婀娜多姿、芳香袭人，乃色香兼具的果木。尤适于小型庭院造景，常于房前或花台中对植、墙角孤植。果实香味持久，置于书房案头则满室生香。

3. 木瓜海棠(毛叶木瓜) *Chaenomeles cathayensis* (Hemsl.) Schneid.

灌木至小乔木，枝条直立而坚硬。叶质地较厚，椭圆形或披针形，锯齿细密，齿端呈刺芒状，下面幼时密被褐色绒毛。花簇生，花柱基部有较密柔毛。果卵形或长卵形，长 8～12cm，黄色，有红晕。花期 3～4 月；果期 9～10 月。

产秦岭至华南、西南，耐寒性较差。

4. 日本木瓜（倭海棠）*Chaenomeles japonica* Lindl.

高常不及 1m，下部匍匐性。2 年生枝有疣状突起。叶广卵形至倒卵形，长 3～5cm，具圆钝锯齿，齿尖向内；托叶肾形，有圆齿。花砖红色或白色，花柱无毛。果近球形，径 3～4cm，黄色。

原产日本。我国各地庭园常见栽培。

（八）梨属 *Pyrus* Linn.

落叶乔木，稀灌木；有时具枝刺。单叶，互生，有锯齿；有托叶。伞形总状花序，花白色；雄蕊 15～30，花药紫红色；花柱 2～5，离生；子房下位，2～5 室，每室 2 胚珠。梨果肉质，多石细胞。

约 25 种，分布于欧亚大陆和北非。我国 14 种，全国各地均产。为优良果树或砧木，园林中常栽培观赏。

分 种 检 索 表

1. 叶缘具芒状锯齿。果黄色或浅褐色，较大，径 5cm 以上。
  2. 叶基部宽楔形或近圆形，果黄色或黄白色 ·························· 白梨 *P. bretschneideri*
  2. 叶基部圆形或近心形，果浅褐色 ································· 沙梨 *P. pyrifolia*
1. 叶缘具粗尖锯齿或细钝锯齿；果不为黄色，较小。
  3. 果径 0.5～1cm；幼叶、花序密被灰白色绒毛 ·················· 杜梨 *P. betulaefolia*
  3. 果径 1～2cm；幼叶及花枝无毛 ······························ 豆梨 *P. calleryana*

1. 白梨 *Pyrus bretschneideri* Rehd. (图 8-214)

【形态特征】高达 8m，树皮呈小方块状开裂。枝、叶、叶柄、花序梗、花梗幼时有绒毛，后渐脱落。叶卵形至卵状椭圆形，长 5～18cm，基部宽楔形或近圆形，具芒状锯齿；叶柄长 2.5～7cm，幼叶棕红色。花序有花 7～10 朵，花径 2～3.5cm；花梗长 1.5～7cm。花柱 5。果倒卵形或近球形，黄绿色或黄白色，径约 5～10cm，萼片脱落。花期 4 月；果期 8～9 月。

【分布与习性】产东北南部、华北、西北及黄淮平原，各地栽培。喜温带气候，耐干冷，宜沙质土，对肥力要求不严。

【繁殖方法】嫁接繁殖。

【园林用途】花朵繁密美丽，晶白如玉，果实硕大，既是著名的果树，也常用于观赏。适植于庭院房前、池畔孤植或丛植，正所谓"梨花院落溶溶月"。在大型风景区内可结合生产，成片栽植梨树，既能观花，又能收果，如承德避暑山庄的"梨花伴月"景点有梨树万株。

2. 沙梨 *Pyrus pyrifolia* (Burm. f.) Nakai

高达 7～15m。冬芽长卵形。叶卵状椭圆形或卵形，长7～

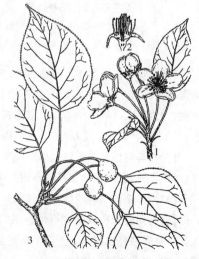

图 8-214　白梨
1—花枝；2—花（去花瓣）纵剖面；3—果枝

12cm，先端长尖，基部圆形或近心形，具刺毛尖锯齿，两面无毛。花白色；径2.5～3.5cm；花柱5。果近球形，浅褐色，有斑点，萼片脱落。花期4月；果期8～9月。

产于长江以南，南至华南北部，西至西南，生于海拔100～1500m的山坡阔叶林中。长江流域至珠江流域各地常栽培，品种众多。老挝、越南也有。该种适生于南方温暖多雨气候区。

3. 杜梨（棠梨） *Pyrus betulaefolia* Bunge（图8-215）

【形态特征】高达10m。常具枝刺。幼枝、幼叶两面、叶柄、花序梗、花梗、萼筒及萼片内外两面都密生灰白色绒毛。叶菱状卵形至椭圆状卵形，长4～8cm，具粗尖锯齿，无刺芒；叶柄长1.5～4cm。花柱2～3；花梗长2～2.5cm。果近球形，径0.5～1cm，萼片脱落。花期4～5月；果期8～9月。

【分布与习性】产东北南部、内蒙古、黄河流域及长江流域各地。老挝也有分布。华北地区常见栽培。喜光，抗性强。深根性，萌蘖力强。

【繁殖方法】播种繁殖。

【园林用途】既是嫁接白梨的优良砧木，也可栽培观赏，适于庭园孤植、丛植，也是华北、西北地区防护林及沙荒的造林树种。

4. 豆梨 *Pyrus calleryana* Decne（图8-216）

图8-215　杜梨
1—花枝；2—果枝；3—花（去花瓣）纵剖面

图8-216　豆梨
1—花枝；2—花纵剖面；3—果枝；
4—果实纵剖面；5—果实横剖面

【形态特征】高达8m。小枝幼时有绒毛，后脱落。叶两面、花序梗、花柄、萼筒、萼片外面无毛。叶阔卵形至卵圆形，长4～8cm，缘具圆钝锯齿，叶柄长2～4cm。花瓣卵形；花柱2，罕3；花梗长1.5～3cm。果近球形，径1～2cm，褐色，萼片脱落。花期4月；果期8～9月。

【分布与习性】产华南至华北，主产长江流域各地。日本、越南也有分布。喜光，喜温暖湿润气候，不耐寒。抗病力强。在酸性、中性、石灰岩山地都能生长。果酿酒，根、叶、果药用。

【繁殖方法】播种繁殖。

【园林用途】为南方嫁接梨树的良好砧木，也可栽培观赏。

（九）苹果属 *Malus* Mill.

落叶乔木或灌木，常无刺。单叶，互生，有锯齿或缺裂；有托叶。花序近伞形，花白、粉红或紫红色；花5数；萼筒钟状；雄蕊15～50，花药黄色；花柱3～5，基部合生，子房下位，3～5室，每室2胚珠。梨果，外果皮光滑，果肉无或有少量石细胞，内果皮软骨质。

约55种，广泛分布于北半球温带。我国25种，多为果树和观赏花木。

分 种 检 索 表

1. 萼片宿存，稀脱落。
  2. 萼片长于萼筒。
    3. 叶缘锯齿较钝；果梗粗短，萼洼下陷，果径5cm以上 ·························· 苹果 *M. pumila*
    3. 叶缘锯齿较尖；果梗细长，萼洼微突，果径4～5cm ······················ 花红 *M. asiatica*
  2. 萼片短于萼筒或等长。
    4. 叶基部宽楔形或近圆形，叶柄长1.5～2cm；萼宿存；果黄色，基部无凹陷 ···· 海棠花 *M. spectabilis*
    4. 叶基部楔形；叶柄长2～3.5cm；萼脱落或稀宿存；果红色，基部凹陷 ········ 西府海棠 *M. micromalus*
1. 萼片脱落。
  5. 萼片长于萼筒，狭披针形；花白色，花柱5 ······························ 山荆子 *M. baccata*
  5. 萼片短于萼筒或等长，三角状卵形；花白色或粉红色。
    6. 花粉红色；花柱4～5；萼片先端钝 ································ 垂丝海棠 *M. halliana*
    6. 花白色；花柱3，罕4；萼片先端尖 ······························ 湖北海棠 *M. hupehensis*

1. 苹果 *Malus pumila* Mill.（图8-217）

【形态特征】乔木，高达15m；树冠球形或半球形，栽培者主干较短。冬芽有毛；幼枝、幼叶、叶柄、花梗及花萼密被灰白色绒毛。叶卵形、椭圆形至宽椭圆形，幼时两面密被短柔毛，后上面无毛，有圆钝锯齿；叶柄长1.2～3cm。花白色带红晕，径3～4cm；花萼倒三角形，较萼筒稍长；花柱5。果扁球形，径5cm以上，两端均下洼，萼宿存；形状、大小、色泽、香味、品质等因品种不同而异。花期4～5月；果期7～10月。

【分布与习性】原产欧洲和亚洲中部，为温带重要果树。我国适宜栽培区为东北南部、西北、华北及西南高地。喜光，要求比较冷凉和干燥的气候，不耐湿热；以在深厚、肥沃、湿润而排水良好的土壤上生长较好，不耐瘠薄。

【繁殖方法】嫁接繁殖，砧木常用山荆子、海棠果或湖北海棠等。

【园林用途】苹果是著名水果，品种繁多，园林中可结合生产，成片栽培，也可丛植点缀庭院，应当选择适应性强、抗病虫的品种。

图8-217　苹果

1—花枝；2—花纵剖面；3—果

2. 海棠花(海棠) *Malus spectabilis* Borkh.（图8-218）

【形态特征】小乔木或大灌木，高4～8m；树形峭立，枝条耸立向上，树冠倒卵形。叶椭圆形至长椭圆形，长 5～8cm，有密细锯齿；叶柄长 1.5～2cm。花在蕾期红艳，开放后淡粉红色，径约 4～5cm，花梗长 2～3cm；萼片较萼筒稍短。果近球形，径约 2cm，黄色，味苦，基部无凹陷，花萼宿存。花期 3～5 月；果期 9～10 月。

【分布与习性】华东、华北、东北南部各地习见栽培。适应性强，对环境要求不严，但最适宜生长于排水良好的沙壤土，对盐碱土抗性较强。喜光；耐寒；耐干旱，忌水湿。

【繁殖方法】播种、分株、压条、扦插或嫁接繁殖，以嫁接繁殖应用较多。

【园林用途】海棠花是我国久经栽培的传统花木，3～5 月开花，初开极红如胭脂点点，及开则渐成缬晕，至落则若宿妆淡粉，果实色彩鲜艳，结实量大。自然式群植、建筑前或园路两侧列植、入口处对植均无不可。小型庭院中，最适于孤植、丛植于堂前、栏外、水滨、草地、亭廊之侧。《花镜》云："海棠韵娇，宜雕墙峻宇，障以碧纱，烧以银烛，或凭栏，或倚枕其中。"

图 8-218　海棠花
1—花(去花瓣)纵剖面；2—花枝；3—果枝

3. 西府海棠(小果海棠) *Malus micromalus* Makino

【形态特征】高达 5m。树冠紧抱，枝直立性强；小枝紫红色或暗紫色，幼时被短柔毛，后脱落。叶椭圆形至长椭圆形，长 5～10cm，锯齿尖锐。花序有花 4～7 朵，集生于小枝顶端；花淡红色，初开时色浓如胭脂；萼筒外面和萼片内均有白色绒毛，萼片与萼筒等长或稍长。果近球形，径 1.5～2cm，红色，基部及先端均凹陷；萼片宿存或脱落。花期 4～5 月；果期 9～10 月。

【分布与习性】产辽宁南部、河北、山西、山东、陕西、甘肃、云南，各地有栽培。喜光，耐寒，耐干旱，较耐盐碱，不耐水涝。抗病虫害，根系发达。

【繁殖方法】播种、分株、压条、扦插或嫁接繁殖，以分株、嫁接应用较多。

【园林用途】同海棠花。

4. 垂丝海棠 *Malus halliana* (Voss)Koehne(图 8-219)

【形态特征】高达 5m；树冠疏散、婆娑，枝条开展。小枝、叶缘、叶柄、中脉、花梗、花萼、果柄、果实常紫红色。叶卵形、椭圆形至椭圆状卵形，质地较厚，长 3.5～8cm，锯齿细钝或近于全缘。花梗细长，下垂；花初开时鲜玫瑰红色，后渐呈粉红色，径 3～3.5cm；萼片三角状卵形，顶端钝，与萼筒等长或稍短；花柱 4～5。果倒卵形，径 6～8mm，萼片脱落。花期 3～4 月；果期 9～10 月。

【变种】重瓣垂丝海棠(var. *parkmanii* Rehd.)，花重瓣。白花垂丝海棠(var. *spontanea* Rehd.)，花白色，花叶均较小。

【分布与习性】产长江流域至西南各地。常见栽培。喜光，

图 8-219　垂丝海棠
1—花枝；2—果枝

不耐阴,喜温暖湿润,较耐寒;对土壤要求不严,微酸或微碱性土壤均可成长,但以土层深厚、疏松、肥沃、排水良好而略带黏质的土壤最好,不耐水涝。

【繁殖方法】多用分株、嫁接繁殖。

【园林用途】花繁色艳,朵朵下垂,是著名的庭园观赏花木,也可盆栽。

5. 湖北海棠 Malus hupehensis (Pamp.)Rehd.

【形态特征】高达 8m。叶卵形或椭圆状卵形,长 5～10cm,具不规则细尖锯齿,幼时被柔毛。花白色,偶粉红色,径 3.5～4cm;萼片顶端尖,与萼筒等长或稍短;花柱 3,罕 4,基部有长绒毛。果近球形,黄绿色,稍带红晕,径约 1cm;萼片脱落。花期 4～5 月;果期 8～9 月。

【分布与习性】产山东、河南、陕西、甘肃、山西至长江流域以南各地。喜光,喜温暖湿润,耐水湿。

【繁殖方法】播种或根蘖繁殖。

【园林用途】花朵芳香、艳丽,是优良的观赏树种。常作嫁接苹果、垂丝海棠的砧木,嫩叶可代茶。

6. 山荆子 Malus baccata Borkh. (图 8-220)

【形态特征】乔木,高达 14m。树冠近圆形,小枝纤细,无毛。叶卵状椭圆形,长 3～8cm,叶柄长 3～5cm。花白色,径 3～3.5cm,萼片披针形,长于萼筒。果近球形,径不足 1cm,红色或黄色,萼脱落。花期 4～5 月;果期 9～10 月。

【分布与习性】产东北、华北、西北等地;蒙古、俄罗斯和日本、朝鲜也有分布。喜光,耐寒性强,耐 - 50℃ 低温;耐干旱,不耐涝,适于中性和酸性土,不耐盐碱。

【繁殖方法】播种、嫁接和压条繁殖。

【园林用途】枝繁叶茂,是优美的园林绿化树种。嫩叶可代茶。

7. 花红(沙果) **Malus asiatica** Nakai

【形态特征】高达 6m。嫩枝、花柄、萼筒和萼片内外两面都密生柔毛。叶片卵形至椭圆形,长 5～11cm,基部宽楔形,边缘锯齿常较细锐,下面密被短柔毛。花粉红色,萼片宽披针形,比萼筒长,花柱 4～5;果卵球形或近球形,黄色或带红色,径 2～5cm,基部下洼,宿存萼肥厚而隆起。花期 4～5 月;果期 7～9 月。

图 8-220 山荆子
1—花枝;2—花(去花瓣)纵剖面;3—果枝;
4—果实纵剖面;5—果实横剖面

【分布与习性】产黄河流域,栽培历史悠久,华北、西北、西南、东北等地广为栽培,品种多。喜凉爽气候,适应性强于苹果,耐水湿和盐碱的能力较强。

附:海棠果[**Malus prunifolia** (Willd.)Borkh.],树冠开张,枝下垂。嫩枝灰黄褐色。叶卵形至椭圆形,长 5～9cm,缘具细锐锯齿;叶柄长 1～5cm。花序由 4～5 朵花组成;花白色或带粉红色;萼片披针形,较萼筒长。果卵形,熟时红色,径 2～2.5cm,萼肥厚宿存。华北、西北、东北南部等地广为栽培，是优美的观花、观果树种。为苹果的优良砧木。

滇池海棠〔*Malus yunnanensis* (Franch.)Schneid.〕，高 10m。幼枝密被毛，后渐脱落。叶卵形、宽卵形或长椭圆状卵形，长 6～12cm，具尖锐锯齿，3～5 羽状浅裂，下面密被绒毛。总状花序有花 8～12 朵，花白色，花序总梗及花梗被绒毛；萼筒及萼片密被毛。果球形，径 1～1.5cm，红色。花期 5 月；果期 8～9 月。产四川、云南，秋叶红色。

Ⅳ. 李亚科 Subfam. Prunoideae

乔木或灌木。单叶，有托叶。心皮 1，稀 2～5，子房上位，1 室，2 胚珠。核果，肉质，极稀开裂。5(或 10)属约 400 种，我国 4(或 9)属约 115 种。

李属 *Prunus* Linn.

乔木或灌木，落叶，稀常绿。单叶，互生，在芽内席卷或对折，有锯齿，稀全缘；叶柄或叶片基部常有腺体，托叶早落。花两性，白色、粉红色或红色，5 数；雄蕊多数；子房上位，1 心皮，1 室，2 胚珠。核果，肉质或干燥，常含 1 种子。

约 330 余种，主产北温带，也见于南美洲。我国约 90 种，引入栽培 10 种以上，各地均产，多为果树或观赏花木。本属常被分为狭义的李属(*Prunus*)、桃属(*Amygdalus*)、杏属(*Armeniaca*)、樱属(*Cerasus*)、桂樱属(*Laurocerasus*)和稠李属(*Padus*)。

分 种 检 索 表

1. 果实有沟槽，外被毛或蜡粉。
  2. 侧芽常 3，具顶芽；子房和果实常被短柔毛；核常有孔穴；幼叶对折状；先花后叶。
    3. 乔木或小乔木；叶缘为单锯齿。
      4. 萼筒有短柔毛；叶片中部或中部以上最宽，叶柄有腺体 ················· 桃 *P. persica*
      4. 萼筒无毛；叶片近基部最宽，叶柄常无腺体 ················· 山桃 *P. davidiana*
    3. 灌木；叶缘为重锯齿，叶端常 3 裂状 ················· 榆叶梅 *P. triloba*
  2. 侧芽单生或并生，顶芽缺；核常光滑或有不明显孔穴；叶在芽中席卷。
    5. 子房和果实常被短柔毛；花常无柄或有短柄，花先叶开放。
      6. 小枝绿色，有枝刺；果肉粘核，核具蜂窝状凹穴 ················· 梅 *P. mume*
      6. 小枝红褐色，无枝刺；果肉离核，核平滑 ················· 杏 *P. armeniaca*
    5. 子房和果实均无毛，常被蜡粉；花常有柄，先叶开放或花叶同放。
      7. 花常 3 朵簇生，白色；叶绿色 ················· 李 *P. salicina*
      7. 花常单生，粉红色；叶紫红色 ················· 樱桃李 *P. cerasifera*
1. 果实无沟槽，不被蜡粉；具顶芽；幼叶对折状。
  8. 花单生或数朵成短总状或伞房状花序，基部常有明显苞片。
    9. 侧芽单生；乔木或小乔木。
      10. 苞片小而脱落；叶缘重锯齿，无芒；花白色，果红色 ················· 樱桃 *P. pseudocerasus*
      10. 苞片大而常宿存；叶缘具芒状重锯齿。
        11. 先花后叶；花梗及萼均有毛 ················· 日本樱花 *P. yedoensis*
        11. 花叶同放；花梗及萼均无毛 ················· 樱花 *P. serrulata*
    9. 侧芽 3；灌木；叶卵形至卵状披针形 ················· 郁李 *P. japonica*
  8. 花小，10 朵以上排成顶生总状花序，花序梗上常有叶片················· 稠李 *P. padus*

1. 梅（干枝梅）*Prunus mume* Sieb. & Zucc.（图8-221）
——*Armeniaca mume* Sieb.

【形态特征】乔木或大灌木，高4～10(15)m；树形开展，树冠圆球形。小枝绿色，无毛。叶卵形至广卵形，长4～10cm，先端长渐尖或尾尖，锯齿细尖。花单生或2朵并生，先叶开放，白色、粉红色或红色，有香味，径2～2.5cm，花梗短，花萼绿色或否。果近球形，黄绿色，径2～3cm，表面密被细毛；果核有多数凹点。花期12月至翌年4月；果期5～6月。

【品种概况】梅花品种繁多，已演化成果梅、花梅两大系列。根据陈俊愉教授的研究，按品种演化关系可以分为真梅、杏梅、樱李梅3个种系5大类。真梅由梅演化而来，杏梅为杏与梅的杂交品种，樱李梅为宫粉梅与紫叶李的杂交品种。

(1) 直枝梅类：具有典型的梅花之性状，枝条直伸或斜出，不曲不垂。有江梅型、宫粉型、玉蝶型、洒金型、绿萼型、朱砂型、黄香型。另有品字梅型和小细梅型，为果梅。

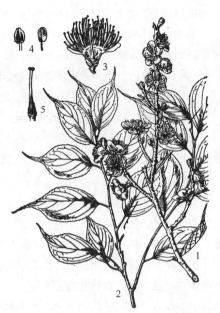

图8-221　梅
1—花枝；2—叶枝；3—花纵剖面；
4—雄蕊；5—雌蕊

江梅型：花单瓣，白、粉、红等色，萼非绿色，如'江梅'、'雪梅'、'单粉'、'六瓣红'。

宫粉型：花复瓣至重瓣，或深或浅之粉红，如'小宫粉'、'徽州台粉'、'重台红'、'磨山大红'。

玉蝶型：花复瓣至重瓣，白色，如'荷花玉蝶'、'素白台阁'、'北京玉蝶'。

洒金型：花单瓣至复瓣，一树开具斑点、条纹的二色花，如'单瓣跳枝'、'复瓣跳枝'、'晚跳枝'。

绿萼型：花单瓣、复瓣至重瓣，白色，花萼绿色，如'小绿萼'、'豆绿'、'长蕊单绿'。

朱砂型：花单瓣、复瓣至重瓣，紫红色，枝内新木质部淡紫色，萼酱紫色，如'白须朱砂'、'粉红朱砂'、'小骨里红'。

黄香型：花单瓣、复瓣至重瓣，淡黄色，如'单瓣黄香'、'曹王黄香'、'南京复黄香'。

(2) 垂枝梅类：与直枝梅类的区别在于枝条下垂。有粉花垂枝型、五宝垂枝型、残雪垂枝型、白碧垂枝型、骨红垂枝型。

粉花垂枝型：花单瓣至重瓣，粉红或红色，萼绛紫色，如'粉皮垂枝'、'单红垂枝'。

五宝垂枝型：花复色，红、粉相间，萼绛紫色，如'跳雪垂枝'。

残雪垂枝型：花白色，复瓣，萼绛紫色，如'残雪'。

白碧垂枝型：花白色，单瓣或复瓣，萼纯绿色，如'单碧垂枝'、'双碧垂枝'。

骨红垂枝型：花紫红色，单瓣至重瓣，枝内新木质部淡紫色，萼酱紫色，如'骨红垂枝'、'锦红垂枝'。

(3) 龙游梅类：枝条自然扭曲。1型，即玉蝶龙游型，花复瓣，白色，如'龙游梅'。

(4) 杏梅类：枝叶介于杏、梅之间，花托肿大。有单杏梅型和春后型。

单杏梅型：花单瓣，枝叶似杏，如'燕杏梅'、'中山杏梅'、'粉红杏梅'。

春后型：花复瓣至重瓣，呈红、粉、白等色，树势旺，花叶较大，如'束花送春'、'丰后'等。

(5) 樱李梅类：枝叶似紫叶李，花梗细长，花托不肿大。1型，即美人梅型，如'俏美人梅'、'小美人梅'等。

【分布与习性】产四川西部和云南西部等地，淮河以南地区普遍栽培。日本、朝鲜北部和越南北部也有。阳性树，喜温暖湿润的气候，大多数品种耐寒性较差，但'北京玉碟'等品种能抗-19℃低温，'美人梅'抗-25℃极端低温。对土壤要求不严，无论是微酸性、中性，还是微碱性土均能适应。较耐干旱瘠薄，最忌积水。萌芽力强，耐修剪，对二氧化硫抗性差。寿命长。

【繁殖方法】嫁接、扦插、压条或播种繁殖，以嫁接繁殖应用最多。砧木可选用桃、山桃、杏、山杏或梅的实生苗，北方多用杏、山杏和山桃，南方则常用梅或桃。以桃和山桃为砧木嫁接易成活，生长也快，但寿命较短，且易遭病虫危害。

【园林用途】梅花是我国特有的传统花木和果木，花开占百花之先。宋朝林逋的"疏影横斜水清浅，暗香浮动月黄昏"和明朝杨维桢的"万花敢向雪中开，一树独先天下春"是梅的传神之作，被千古咏诵。梅花盛放之时，香闻数里，落英缤纷，宛若积雪，有"香雪海"之称。梅与松、竹一起被誉为"岁寒三友"，又与迎春、山茶和水仙一起被誉为"雪中四友"，又与兰、竹、菊合称"四君子"。

梅花适于建设专类园，著名的有南京梅花山、武汉磨山、无锡梅园、杭州孤山和灵峰、苏州光福、昆明西山、广州罗岗等。梅花亦适植于庭院、草坪、公园、山坡各处，几乎各种配植方式均适宜，既可孤植、丛植，又可群植、林植。在小型公园和庭院中，于山坞、山坡、溪畔、亭榭、廊阁一带丛植，可构成梅坞、梅溪、梅亭、梅阁等景。梅花与松、竹相配，散植于松林、竹丛之间，与苍松、翠竹相映成趣，可形成"岁寒三友"的景色。梅花还是著名的盆景材料，徽派、川派等盆景流派均以梅花为代表树种之一。约1474年传入朝鲜，后传入日本，至1878年被引入欧洲，直到1908年才有15个品种由日本传入美国。现在，朝鲜和日本栽培较多，艺梅也较盛，而欧美地区仍较少。南京、武汉市市花。

2. 杏 *Prunus armeniaca* Linn. (图8-222)

——*Armeniaca vulgaris* Lam.

【形态特征】乔木，高达15m；树冠开阔，圆球形或扁球形。小枝红褐色。叶广卵形，长5～10cm，宽4～8cm，先端短尖或尾状尖，锯齿圆钝，两面无毛或仅背面有簇毛。花单生于1芽内，在枝侧2～3个集合在一起，先叶开放，白色至淡粉红色，径约2.5cm，花梗极短，花萼鲜绛红色。果实近球形，黄色或带红晕，径2.5～3cm，有细柔毛；果核平滑。花期3～4月；果(5)6～7月成熟。

【变种】山杏［var. *ansu* (Maxim.) Yü & Lu］，为杏的野生变种，叶片基部宽楔形，花常2朵并生于1芽内，粉红色，果小，肉薄。

【栽培品种】垂枝杏('Pendula')，枝条下垂。重瓣杏

图8-222　杏

1—花枝；2—雄蕊；3—雌蕊；

4—果枝；5—果核

('Plena')，花重瓣。陕梅杏('Meixianensis')，花径5～6cm，高度重瓣，花瓣70～120枚，粉红色。

【分布与习性】产西北、东北、华北、西南、长江中下游地区，新疆有野生纯林，以黄河流域为栽培中心。日本、朝鲜和中亚地区也有分布。喜光，耐寒，可耐－40℃低温，也耐高温；对土壤要求不严，耐轻度盐碱，耐干旱，极不耐涝，空气湿度过高也生长不良。萌芽力和成枝力较弱。生长迅速，5～6年开始结果，可达百年以上。

【繁殖方法】播种或嫁接繁殖。

【园林用途】我国著名的观赏花木和果树，早春3月当红梅落尽、春意正浓之时，杏树先叶开花，花繁姿娇、占尽春风，正所谓"落梅香断无消息，一树春风属杏花"。在园林中最宜结合生产群植成林，也可于庭院、山坡、水边、草坪、墙隅孤植、丛植赏花，或照影临水，或红杏出墙。

3. 桃（毛桃）*Prunus persica* Linn. (图8-223)

——*Amygdalus persica* Linn.

【形态特征】小乔木或大灌木，高达8m；树皮暗红褐色，平滑；树冠半球形。侧芽常3个并生，中间为叶芽，两侧为花芽。叶卵状披针形或矩圆状披针形，长8～12cm，宽2～3cm，先端长渐尖，锯齿细钝或较粗，叶片基部有腺体。花单生，先叶开放或与叶同放，粉红色，径2.5～3.5cm(观赏品种花色丰富，花径可达5～7cm)，花梗短，萼紫红色或绿色。果卵圆形或扁球形，黄白色或带红晕，径3～7cm，稀达12cm；果核椭圆形，有深沟纹和蜂窝状孔穴。花期4～5月；果6～7月成熟。

图 8-223 桃

1—花枝；2—果枝；3—叶，示托叶及叶基腺体；
4—果核；5—花纵剖面（去花瓣）

【变种和变型】桃可分为食用桃和观赏桃两类。食用桃的类型和品种主要有油桃、蟠桃、黏核桃、离核桃等。观赏桃类型繁多，主要有：寿星桃(var. *densa* Makino)，植株矮小，枝条节间极缩短；白桃(f. *alba* Schneid.)，花白色，单瓣；白碧桃(f. *albo-plena* Schneid.)，花白色，重瓣；碧桃(f. *duplex* Rehd.)，花粉红色，重瓣或半重瓣；绛桃〔f. *camelliaeflora* (Van Houtte)Dipp.〕，花深红色，重瓣；绯桃(f. *magnifica* Schneid.)，花鲜红色，重瓣；洒金碧桃〔f. *versicolor* (Sieb.)Voss.〕，一树开两色花甚至一朵花或一个花瓣中两色；垂枝碧桃(f. *pendula* Dipp.)，枝条下垂，花有红、粉、白等色；紫叶桃(f. *atropurpurea* Schneid.)，叶片紫红色，上面多皱折，花粉红色，单瓣或重瓣；塔形碧桃(f. *pyramidalis* Dipp.)，树冠塔形或圆锥形。

【分布与习性】产东北南部和内蒙古以南地区，西至宁夏、甘肃、四川和云南，南至福建、广东等地，各地广为栽培，主产区为华北和西北。阳性树，不耐阴；耐－20℃以下低温，也耐高温；喜肥沃而排水良好的土壤，不适于碱性土和黏性土。较耐干旱，极不耐涝。萌芽力和成枝力较弱，尤其是在干旱瘠薄的土壤上更为明显。寿命较短。根系浅，不抗风。

【繁殖方法】播种或嫁接繁殖。

【园林用途】品种繁多，树形多样，着花繁密，无论食用桃还是观赏桃，盛花期均烂漫芳菲、妖媚可爱，是园林中常见的花木和果木，久经栽培。远在公元前 1 世纪左右，便经由丝绸之路传入波斯，并由此传入欧美。适于山坡、水边、庭院、草坪、墙角、亭边等各处丛植赏花。常植于水边，采用桃柳间植的方式，形成"桃红柳绿"的景色。若将各观赏品种栽植在一起，形成碧桃园，布置在山谷、溪畔、坡地均宜。

4. 山桃(山毛桃) *Prunus davidiana* (Carr.) Franch. (图 8-224)

——*Amygdalus davidiana* (Carr.) C. de Vos ex Henry

高达 10m。树冠球形或伞形，较开张；树皮暗紫红色，平滑，常具有横向环纹，老时呈纸质脱落。冬芽无毛。叶卵状披针形，长 5~12cm，宽 2~4cm，具细锐锯齿；叶片基部有腺体或无。花单生，先叶开放，白色至淡粉红色，径 2~3cm；萼无毛。果近球形，径约 3cm；果肉薄而干燥，核小，球形，有沟纹及小孔。花期 3~4 月；果期 7~8 月。

【变型】白花山桃[f. *alba* (Carr.) Rehd.]，花白色或淡绿色，开花早。红花山桃 [f. *rubra* (Carr.) Rehd.]，花鲜玫瑰红色。

【栽培品种】曲枝山桃('Tortuosa')，枝条近直立，自然扭曲，花粉红色，单瓣。

【分布与习性】产黄河流域、黑龙江、四川、云南等地，各地常见栽培。阳性树，耐旱，耐寒，较耐盐碱，忌水湿。

【繁殖方法】播种繁殖。

【园林用途】树体较桃高大，花期也早，适应性更强。可孤植、丛植于庭院、草坪、水边等处赏花，成片植于山坡效果最佳，可充分显示其娇艳之美。也是嫁接碧桃的优良砧木。

5. 榆叶梅 *Prunus triloba* Lindl. (图 8-225)

——*Amygdalus triloba* (Lindl.) Ricker

图 8-224　山桃

1—花枝；2—果枝；3—叶，示放大腺点；

4—花展开，示雄蕊、雌蕊；5—花瓣；6—果核

图 8-225　榆叶梅

1—花枝；2—花纵剖面；3—雄蕊；4—果枝

【形态特征】小乔木，栽培者多呈灌木状。树皮紫褐色。小枝无毛或微被毛。叶宽椭圆形至倒卵形，长3～6cm，具粗重锯齿，先端尖或常3浅裂，两面多少有毛。花单生或2朵并生，粉红色，径2～3cm；萼片卵形，有细锯齿。果径1～1.5cm，红色，密被柔毛，有沟，果肉薄，成熟时开裂。花期3～4月；果期6～7月。

【变型】重瓣榆叶梅［f. *multiplex*（Bunge）Rehd.］，花重瓣，粉红色，花萼常10。鸾枝［f. *petzoldii*（K. Koch.）Bailey］，萼及花瓣各10，花粉红色，叶下无毛。

【分布与习性】产东北、华北、华东等地，各地广植。朝鲜和俄罗斯也有分布。喜光，耐寒，耐干旱，对土壤要求不严，以中性至微碱性的沙质壤土为宜，对轻度盐碱土也能适应。不耐水涝。根系发达，生长迅速。

【繁殖方法】嫁接繁殖，砧木常用毛樱桃、杏、山桃或榆叶梅的实生苗，若在山桃或杏砧上高接，可培养成小乔木状。

【园林用途】常丛生，枝条红艳，花团锦簇，花色或粉或红，是著名的庭园花木。宜成片应用，丛植于房前、墙角、路旁、坡地均适宜。若以常绿的松柏类或竹丛为背景，与开黄花的连翘、金钟等相配植，可收色彩调和之效。

6. 李 *Prunus salicina* Lindl.（图8-226）

【形态特征】高达7～12m，树冠圆形，小枝褐色，开张或下垂。叶倒卵状椭圆形或倒卵状披针形，长3～7cm，基部楔形，缘具细钝的重锯齿，叶柄近顶端有2～3腺体。花常3朵簇生，先叶开放或花叶同放，白色，花梗长1～1.5cm。果卵球形，径4～7cm，具缝合线，绿色、黄色或紫色，外被蜡质白霜；梗洼深陷；核有皱纹。花期3～4月；果期7～9月。

【分布与习性】原产我国，自东北南部、华北至华东、华中、西南均有分布，东北至黄河流域、长江流域广为栽培。喜光，亦耐半阴；适应性强，酸性土至钙质土上均能生长，喜肥沃湿润而排水良好的黏壤土；根系较浅。生长迅速，但寿命较短。

图8-226 李
1—花枝；2—果枝

【繁殖方法】常用嫁接繁殖，砧木可用桃、杏、梅、山桃和李的实生苗等。也可嫩枝扦插或分株繁殖。

【园林用途】李是古来著名的"五果"之一，花白色繁密，是花果兼赏树种，在我国有3000多年的栽培历史。可用于庭园、宅旁或风景区等，适于清幽之处配植，或三五成丛，或数十株乃至百株片植均无不可。

7. 樱桃李 *Prunus cerasifera* Ehrh.

【形态特征】小乔木，高4～8m；树冠球形；树皮灰紫色。小枝细弱，红褐色，多分枝。叶卵形至倒卵形，长4.5～6cm，宽2～4cm，有细尖单锯齿或重锯齿，基部圆形。花常单生，稀2朵，淡粉红色，径2～2.5cm，单瓣。果球形，暗红色，径1.5～2.5cm。花期4～5月；果6～7月成熟，极少结果。

【变型】紫叶李 [f. *atropurpurea* (Jacq.)Rehd]，叶紫红色。

【分布与习性】原产亚洲西部和欧洲南部，我国分布于新疆，各地常见栽培。适应性强，喜光，紫叶李在背阴处叶片色泽不佳。喜温暖湿润；对土壤要求不严，在中性至微酸性土壤中生长最好；抗二氧化硫、氟化氢等有毒气体。较耐湿，是同属树种中耐湿性最强的种类之一。

【繁殖方法】多嫁接繁殖，以桃、李、山桃、杏、山杏、梅等为砧木均可。山杏砧较耐涝、耐寒，山桃砧生长旺盛，杏、梅砧寿命长。

【园林用途】紫叶李分枝细瘦，树冠扁圆形或近球形，叶片在整个生长季内呈红色或紫红色，是著名的观叶树种，且春季白花满树，也颇醒目。适于公园草坪、坡地、庭院角隅、路旁孤植或丛植，也是良好的园路树。所植之处，红叶摇曳，艳丽多姿，令人赏心悦目。

8. 樱桃 *Prunus pseudocerasus* Lindl. (图 8-227)

——*Cerasus pseudocerasus* (Lindl.)G. Don.

图 8-227 樱桃

1—花枝；2—果枝

【形态特征】小乔木，高达 6m；树冠扁圆形或球形。冬芽大，圆锥形，单生或簇生。叶宽卵形至椭圆状卵形，长6～15cm，具大小不等的尖锐重锯齿，齿尖具小腺体，无芒；下面疏生柔毛；叶柄近顶端有 2 腺体。伞房花序或近伞形，通常由 3～6 朵花组成；花白色，略带红晕，径 1.5～2.5cm；萼筒钟状，有短柔毛；花梗长 1.5～2cm，有疏柔毛。果近球形，无沟，径 1～1.5cm，黄白色或红色。花期 3～4 月，先叶开放；果期 5～6 月。

【分布与习性】产东亚，我国自辽宁南部、黄河流域至长江流域有分布，四川有成片的野生树，多生于海拔 2000m 以下的阳坡、沟边，各地习见栽培。喜光，稍耐阴，较耐寒，对土壤要求不严，喜排水良好的沙质壤土，耐瘠薄。萌蘖力强。

【繁殖方法】分蘖、嫁接繁殖。

【园林用途】樱桃古称"含桃"，《礼记·月令》有"仲夏之月羞以含桃，先荐寝庙"，可见在 3000 年以前，我国已经将樱桃作为珍果栽培了。樱桃既是著名的果品，也是晚春和初夏的观果树种，果实繁密，垂垂欲坠、娇冶多态，布满碧绿的叶丛间，色似赤霞、俨若绛珠。花期甚早，花朵雪白或带红晕，"万木皆未秀，一林先含春"。适于庭院种植，也可于公园、山谷等地丛植、群植。

9. 樱花 *Prunus serrulata* Lindl. (图 8-228)

——*Cerasus serrulata* (Lindl.)G. Don. ex London

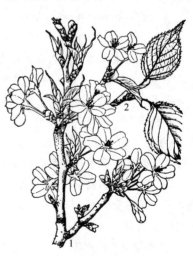

图 8-228 樱花

1—花枝；2—叶枝

【形态特征】落叶乔木，高达 10～25m；树皮栗褐色，有横裂皮孔。冬芽长卵形，先端尖，单生或簇生。小枝红褐色，无毛；叶矩圆状倒卵形、卵形或椭圆形，长 5～10cm，宽 3～

5cm，有尖锐单锯齿或重锯齿，齿尖刺芒状；叶柄顶端有 2～4 腺体。伞形或短总状花序由 3～6 朵花组成；花梗无毛，叶状苞片篦形，边缘有腺齿；萼筒筒状，无毛；花径 2～5cm，白色至粉红色。核果球形，径 6～8mm，黑色，无明显腹缝沟。花期 3～4 月，与叶同放；果期 6～8 月。

【变种】日本晚樱［var. *lannesiana*（Carr.）Rehd.］，植株较矮小，高达 10m。小枝粗壮、开展。叶倒卵形或卵状椭圆形，先端长尾状，边缘锯齿长芒状；叶柄上部有 1 对腺体；新叶红褐色。花大而芳香，单瓣或重瓣，常下垂，粉红、白或黄绿色；2～5 朵成伞房花序；苞片叶状；花序梗、花梗、花萼、苞片均无毛。花期 4～5 月。原产日本，我国园林中普遍栽培。

【分布与习性】分布于东北、华北、华东、华中等地，也普遍栽培。日本和朝鲜也有分布。喜光，略耐阴；喜温暖湿润气候，但也较耐寒、耐旱。对土壤要求不严，但不喜低湿和土壤黏重之地，不耐盐碱。浅根性。对烟尘的抗性不强。

【繁殖方法】播种或嫁接繁殖。

【园林用途】樱花妩媚多姿，繁花似锦，既有梅花之幽香，又有桃花之艳丽，是重要的春季花木。树体高大，可孤植或丛植于草地、房前，既供赏花，又可遮荫；也可成片种植或群植成林，则花时缤纷艳丽、花团锦簇。

10. 日本樱花（东京樱花）*Prunus yedoensis* Matsum.

——*Cerasus serrulata*（Matsum.）Yü & Li

与樱花相近，但树体稍小。树皮暗灰色，平滑，小枝幼时有毛。叶卵状椭圆形至倒卵形，长 5～12cm；缘具芒状单或重锯齿，叶下面沿脉及叶柄被短柔毛，具 1～2 个腺体。花白色至淡粉红色，先叶开放，径 2～3cm，常为单瓣；萼筒圆筒形，萼片长圆状三角形，外被短毛。果实球形或卵圆形，直径约 1cm，熟时紫褐色。花期较樱花为早，叶前开放或与叶同放。

原产日本，栽培品种甚多。我国各大城市如北京、西安、青岛、南京、南昌、杭州等均有栽培。著名观赏树种，花时满株灿烂，甚为壮观，宜植于山坡、庭园、建筑物前及园路旁，或以常绿树为背景丛植。日本国花。

11. 郁李 *Prunus japonica* Thunb.（图 8-229）

——*Cerasus japonica*（Thunb.）Lois.

【形态特征】灌木，高达 1.5m。枝条细密，红褐色，无毛。冬芽 3 枚并生。叶卵形至卵状披针形，长 3～7cm，宽 1.5～3.5cm，有锐重锯齿，先端长尾尖，最宽处在中部以下，叶柄长 2～3mm。花单生或 2～3 朵簇生，粉红色或近白色，径约 1.5cm，花梗长 0.5～1cm。果近球形，径约 1cm，深红色。花期 3～5 月；果期 6～8 月。

【栽培品种】重瓣郁李（'Multiplex'），花朵繁密，花瓣重叠紧密。红花重瓣郁李（'Rose-plena'），花朵玫瑰红色，重瓣。

【分布与习性】分布广，自东北、华北至西南各地均产。适应性强。喜光，耐寒，耐干旱瘠薄和轻度盐碱，但最适于疏松肥沃、排水良好的壤土或沙壤土。

图 8-229　郁李

1—叶枝；2—花枝；3—果枝；
4—花纵剖面；5—果

【繁殖方法】播种或分株、扦插繁殖。

【园林用途】低矮灌木，枝叶婆娑，早春繁花粉白，烂若云霞，夏季红果鲜艳。宜成片植于草坪、路旁、溪畔、林缘等处，以形成整体景观效果，也可作基础种植材料，或数株点缀于山石间。

12. 稠李 *Prunus padus* Linn.（图 8-230）

——*Padus racemosa*（Lam.）Gilib.

【形态特征】高达 15m。树皮黑褐色，小枝紫褐色，嫩枝常有毛。叶卵状长椭圆形至长圆状倒卵形，长 6～14cm，缘有细锐锯齿；叶柄长 1～1.5cm，具 2 腺体。花数朵排成下垂总状花序，白色，径 1～1.5cm，芳香。果近球形，径 6～8mm，无纵沟，亮黑色。花期 4 月，与叶同放；果期 9 月。

【分布与习性】分布于欧亚大陆东部，我国产于东北至黄河流域，多生于湿润肥沃而排水良好的山坡、沟谷、溪边、河岸。喜光，略耐阴，耐寒；喜湿润土壤，不耐旱。根系发达，萌蘖力强。

【繁殖方法】播种繁殖。

【园林用途】花序长而下垂，花朵白色繁密，秋叶变红或黄色，是优美的园林造景材料，可栽培观赏，目前园林中应用不多。蜜源植物。

图 8-230　稠李
1—花枝；2—果枝；3—花纵剖面；4—去花瓣之花

附：日本早樱（*Prunus subhirtella* Miq.），小乔木，枝条较细，幼枝密生白色平伏毛。叶片长卵圆形，长 3～8cm。花 2～5 朵排成无总梗的伞形花序；花朵淡红色，径约 2.5cm，萼筒膨大如壶状。原产日本，华东及四川等地栽培观赏。

钟花樱（*Prunus campanulata* Maxim.），小乔木。叶卵形至长椭圆形，边缘密生重锯齿，两面无毛。伞形花序，先叶开放。萼筒钟管状，花紫红色。果实红色。花期 2～4 月；果期 6 月。分布于浙江、福建、台湾、广东、广西等地。

高盆樱（*Prunus cerasoides* Maxim.），叶近革质，卵状披针形至矩圆状倒卵形，长（4）8～12cm，宽（2.2）3.2～5cm；花先叶开放，伞形总状花序，花 2～4 朵，深粉红色，花期 10～12 月。产云南西北部和西藏南部，生于海拔 700～3700m 的山坡、山谷、溪边、林内、灌丛中。尼泊尔、印度、缅甸、泰国等均产，昆明等地栽培。

毛樱桃［*Prunus tomentosa*（Thunb.）Wall.］，高 2～3m，幼枝密被绒毛。叶椭圆形至倒卵形，长 4～7cm，表面皱，有柔毛，背面密生绒毛；叶缘有不整齐锯齿。花 1～2 朵，白色略带粉红；花梗长约 2mm；萼红色，有毛。果红色，稍有毛。主产华北，西南及东北也有分布。

麦李（*Prunus glandulosa* Thunb.），叶卵状长椭圆形至椭圆状披针形，长 5～8cm，先端急尖或圆钝，最宽处在中部或中部以上；花粉红色或白色，径约 2cm。花期 3～4 月。

四十一、豆科 Leguminosae（Fabaceae）

落叶或常绿，乔木、灌木或草本。多为复叶，稀单叶，常互生；有托叶。花两性，总状、穗状、头状或圆锥等各式花序；萼片、花瓣各 5 枚，辐射对称或两侧对称；雄蕊 10，单体、2 体或离生，或雄蕊多数；子房上位，1 心皮，1 室，边缘胎座，胚珠 1 至多数。荚果，种子多无胚乳，子叶肥大。

约 650 属 18000 种，广布全球，木本属主要分布于南半球和热带。我国 172 属 1700 多种。该科通常分为 3 个亚科，有的植物分类学家将之提升为 3 个科。

分亚科检索表

1. 花辐射对称；花瓣镊合状排列；雄蕊多数，常为 10 枚以上，分离或下部连合 ……………………………
…………………………………………………………………… 含羞草亚科 Subfam. Mimosoideae
1. 两侧对称；花瓣覆瓦状排列；雄蕊常 10 枚，单体、二体或分离。
　2. 花冠不为蝶形，花瓣多少相似，最上方 1 枚花瓣位于最内方 …………… 云实亚科 Subfam. Caesalpinioideae
　2. 花冠蝶形，花瓣极不相似，最上方 1 枚花瓣位于最外方 ……………… 蝶形花亚科 Subfam. Papilionoideae

Ⅰ. 含羞草亚科 Subfam. Mimosoideae

花小，辐射对称，花瓣镊合状排列，中下部常合生；雄蕊 5 至多数，花丝长；多成头状花序。通常为 2 回偶数羽状复叶。

分属检索表

1. 花丝分离或基部合生。
　2. 雄蕊多数；头状或穗状花序，花黄色，稀白色 …………………………………… 金合欢属 Acacia
　2. 雄蕊 10 枚。
　　3. 头状花序，花白色；花药顶端无腺体 ………………………………… 银合欢属 Leucaena
　　3. 总状或圆锥花序；花药顶端有腺体 ……………………………… 海红豆属 Adenanthera
1. 花丝多少连成管状，每药室内花粉粒粘结成 2～6 花粉块。
　4. 果实不开裂。
　　5. 果实弯曲或成马蹄形，种子间具横隔膜 …………………………… 象耳豆属 Enterolobium
　　5. 果实扁平，种子间无隔膜 ……………………………………… 合欢属 Albizia
　4. 果实 2 瓣裂，果瓣富弹性；托叶常硬化成刺 ……………………………… 朱缨花属 Calliandra

（一）合欢属 Albizia Durazz.

乔木或灌木。2 回偶数羽状复叶，叶总柄有腺体；羽片及小叶均对生，全缘，近无柄，中脉常偏生。头状或穗状花序，花序柄细长；萼筒状，端 5 裂；花冠小，5 裂；雄蕊多数，花丝细长，基部合生。荚果带状，成熟后宿存枝梢，常不开裂。

约 120～140 种，广布于亚洲、非洲和大洋洲热带和亚热带，少数产温带。我国 14 种，另引入栽培 2 种。

分种检索表

1. 落叶乔木，羽片 4～12 对，小叶 10～30 对，镰刀状长圆形，中脉明显偏于一侧………… 合欢 A. julibrissin
1. 常绿乔木，羽片 11～20 对，小叶 18～20 对，菱状矩圆形，中脉直 ……………… 南洋楹 A. falcata

1. 合欢 Albizia julibrissin Durazz. (图 8-231)

【形态特征】落叶乔木，高达 15m；树冠扁圆形，常呈伞状，冠形不太整齐。主干分枝点较低，枝条粗大而疏生。2 回偶数羽状复叶，羽片 4～12 对，有小叶 10～30 对；小叶镰刀状长圆形，长 6～12mm，宽 1.5～4mm，中脉明显偏于一侧。头状花序多数，排成伞房状，顶生或腋生；花有柄，花萼、花瓣均为黄绿色，雄蕊多数，花丝细长如绒缨状，粉红色，长 2.5～4cm。荚果扁条形，长 9～17cm。花期 6～7 月；果期 9～10 月。

【分布与习性】主产于亚洲热带和亚热带地区，在我国分布北界可达辽东半岛。喜光，喜温暖气候，也较耐寒；对土壤要求不严，耐干旱、瘠薄，不耐水涝。

【繁殖方法】播种繁殖。苗期侧枝发达，分枝点低，常影响主干生长，应当适当密植，并及时剪除侧枝、扶直主干，必要时可截干。

【园林用途】树冠开展，树姿优美，叶形雅致，盛夏时节满树红花，色香俱存，而且绿荫如伞，是一种优良的观花树种。可用作庭荫树和行道树，适植于房前、草坪、路边、水滨，尤适于安静的休息区。也是重要的荒山绿化造林先锋树种，在海岸、沙地栽植，能起到改良土壤的作用。

2. 南洋楹 * *Albizia falcata* (Linn.) Baker ex Merr. (图 8-232)

图 8-231 合欢

1—花枝；2—果枝；3—花萼；4—花冠；
5—雄蕊和雌蕊；6—雄蕊；7—种子；8—小叶

图 8-232 南洋楹

1—叶枝；2—小叶；3—花序；4—花；5—果

常绿乔木，高达 45m，树冠开展。羽片 11～20 对，上部常对生，下部叶有时互生；小叶 18～20 对，菱状矩圆形，中脉直，基部有 3 小脉。穗状花序或由穗状花序再排成圆锥状。花淡黄色。

原产印度尼西亚，现广植于热带亚洲和非洲。福建、广东、广西等省区有栽培。是世界著名速生树种，生长极快，寿命短。

树体高大雄伟，树冠开展，可孤植、列植作为行道树、遮荫树。

附：山合欢 [*Albizia kalkora* (Roxb.) Prain.]，羽片 2～4 对，小叶 5～14 对，矩圆形，长 1.5～4.5cm，两面被短柔毛；花丝黄白色。产华北、西北、华东、华南及西南。

---

* 《中国植物志》(英文版)将本种作为南洋楹属的种类，学名为 *Falcataria moluccana* (Miq.) Barneby & j. W. Grimes。本书仍按传统习惯放在合欢属中。

楷树 ［*Albizia chinensis* (Osbeck) Merr. ］，小枝有灰黄色柔毛，羽片6～18对，小叶20～40对，长6～8mm，头状花序3～6个排成圆锥状，花无柄；雄蕊绿白色。产热带和亚热带，耐寒性差，华南常栽培。生长快，树冠大，为良好的庭荫树及行道树。

（二）金合欢属 *Acacia* Willd.

乔木、灌木或藤本。有刺或无刺。2回偶数羽状复叶，互生，或叶片退化而叶柄变为扁平叶状体。头状或穗状花序，花黄色或白色；花瓣离生或基部合生；雄蕊多数，花丝分离或于基部合生。

约900种，广布于全球热带和亚热带，尤其以大洋洲和非洲最多。我国连引入栽培共有20种以上，主产华南、西南和东南部。

分 种 检 索 表

1. 幼苗具羽状复叶，长大后小叶退化，仅存1狭披针形叶状柄 ……………………… 台湾相思 *A. confusa*
1. 2回羽状复叶，羽片8～25对；小叶30～40(50)对，条形，长3～4mm ……………… 银荆树 *A. dealbata*

1. 台湾相思(小叶相思、相思树)*Acacia confusa* Merr. (图8-233)

【形态特征】常绿乔木，高达16m；树皮灰褐色，不裂。幼苗具羽状复叶，长大后小叶退化，仅存1叶状柄，呈狭披针形，全缘，长6～10cm，具3～7平行脉。头状花序1～3个腋生，径约1cm；花瓣淡绿色，雄蕊金黄色，突出。荚果扁平带状，长5～10cm，种子间略缢缩。花期4～6月；果期7～8月。

【分布与习性】产热带亚洲，我国分布于台湾，华南和云南等地常见栽培。喜暖热气候。极喜光，为强阳性树种；喜酸性土，耐干旱瘠薄，也耐短期水淹。根系深而枝条韧性强，抗风。

【繁殖方法】播种繁殖。

【园林用途】相思树生长迅速，抗逆性强，是华南地区重要的荒山绿化树种，可作防风林带、水土保持林和防火林带用，也是良好的公路树和海岸绿化树种。其树皮灰白色，树姿婆娑，也是优美的庭园观赏树种，草地孤植、丛植，道旁列植均宜。

2. 银荆树 *Acacia dealbata* Link. (图8-234)

【形态特征】常绿乔木，高达15m。小枝具棱，被灰色柔毛。2回羽状复叶，羽片8～25对；小

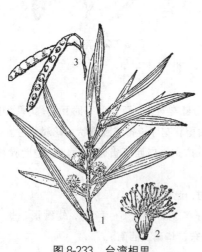

图 8-233　台湾相思
1—花枝；2—花；3—果

图 8-234　银荆树
1—花枝；2—叶轴一段，示腺体；3—羽片上面及下面；
4—头状花序；5—果实；6—种子

叶30～40(50)对，条形，长3～4mm，宽不及1mm，银灰绿色，被灰色柔毛；叶柄具1腺体，每对羽片间具1略带绿色的腺体。花深黄色，头状花序具花30余朵。果实带状，长3～12cm，宽0.8～1.3cm，无毛，被灰白色蜡粉。花期1～4月；果期5～7月。

【分布与习性】原产澳大利亚，华南、西南地区引种，近年浙江、江苏南部、上海等地也有栽培。喜光，不耐庇荫；较耐寒，是金合欢属中耐寒性最强的种之一，耐-8℃低温；在酸性至微碱性土壤上均可生长；萌芽力和萌蘖力强。速生，在昆明，8年生树高可达15m，胸径34cm。

【繁殖方法】播种繁殖，苗期注意修枝，防止侧枝过于发达，影响主茎生长。

【园林用途】既是优良的荒山造林绿化树种和水土保持树种，也可供公路绿化和园林造景用。在华东地区，往往树形不佳，适于丛植、群植。

附：金合欢［*Acacia farnesiana* (Linn.) Willd.］，灌木或小乔木；小枝呈之字形弯曲；托叶针刺状，刺长1～2cm。2回羽状复叶，长2～7cm，叶轴被灰白色柔毛，有腺体；羽片4～8对；小叶10～20对，线状长圆形，长2～6mm，宽1～1.5mm，无毛。花黄色，有香味。花期3～6月。原产热带美洲，现热带地区广植。我国东南沿海地区和云南、四川、广西等地栽培，可作绿篱。

（三）银合欢属 *Leucaena* Benth.

常绿乔木或灌木，无刺。2回偶数羽状复叶；小叶小而多或大而少，偏斜；总叶柄常具腺体。头状花序，花白色，无梗，5基数；苞片通常2枚；萼管钟状，具短裂齿；花瓣分离；雄蕊10枚，分离；花药顶端无腺体；子房具柄，胚珠多数，花柱线形。荚果光滑，革质，开裂。

约22种，分布于美洲。我国华南引入数种，其中1种普遍栽培。

银合欢 *Leucaena leucocephala* (Lam.) de Wit (图8-235)

【形态特征】灌木或小乔木，高2～6m。树冠扁球形，树皮灰白色。羽片4～8对，小叶5～15对，狭椭圆形，长0.6～1.3cm，宽1.5～3mm。头状花序1～3个腋生，花白色。荚果薄带状，长10～18cm，宽1.4～2cm。花期4～7月；果期8～10月。

【分布与习性】原产中美洲，现广植于热带，华南地区有栽培。喜光，喜温暖气候，耐干旱瘠薄。生长迅速，萌芽力强，耐修剪。

【繁殖方法】自播繁衍能力强。

【园林用途】银合欢枝叶婆娑，花白色，素雅优美，是良好的绿化树种。

（四）朱缨花属 *Calliandra* Benth.

灌木或小乔木。托叶常宿存，有时变为刺。2回羽状复叶，无腺体；羽片1至数对；小叶对生。花杂性，头状花序腋生或排成总状，花5～6出数；花萼钟状，浅裂；花瓣连合；雄蕊多数，红色或白色，花丝长，下部连合成管，花药常具腺毛。荚果扁条形，2瓣裂。

图8-235 银合欢

1—花枝；2—果；3—花瓣；
4—花；5—雄蕊；6—雌蕊

约200种，主产热带美洲，少数种类分布于印度、缅甸和马达加斯加等地。我国1种，云南朱缨花［*Calliandra umbrosa*(Wallich)Bentham］，引入栽培2种。

朱缨花(红绒球、美洲合欢) *Calliandra haematocephala* Hassk. (图8-236)

【形态特征】灌木或小乔木，一般高1~3m。小枝灰褐色，皮孔细密，被短毛。羽片1对，小叶6~9对，披针形，长2~4cm，宽7~15mm，中脉稍偏斜，两面无毛；托叶卵状三角形，宿存。头状花序腋生，径约3cm，花丝深红色。荚果线状倒披针形，长6~11cm。花期8~9月；果期10~11月。

【分布与习性】原产南美洲，现热带与亚热带地区常见栽培，我国台湾、广东、福建、云南等地有引种。喜光，喜温暖湿润气候，适生于深厚肥沃而排水良好的酸性土壤，较耐干旱，也稍耐水湿。

【繁殖方法】播种繁殖。

【园林用途】花色鲜艳美丽，花丝细长，宛如丝络飘拂，是优良的观花树种，园林中适于公园、水边、建筑附近丛植、孤植。

附：美蕊花(*Calliandra surinamensis* Benth.)，又名苏里南朱缨花。小枝灰白色，无毛；小叶长圆形，长0.8~2cm，宽2~5mm；花丝淡红色，下部白色。花期8~12月。原产非洲，华南和西南地区有栽培，供观赏。

图8-236 朱樱花

1—花枝；2—小叶；3—花；4—果

(五) 象耳豆属 *Enterolobium* Mart.

落叶乔木，无刺。2回偶数羽状复叶，羽叶及小叶多对，叶柄有腺体；托叶不显著。头状花序单生、簇生或排成总状；花两性，无柄，5出数；萼钟状，齿裂；花瓣合生至中部；雄蕊多数，基部合生成管状；子房无柄，胚珠多数。果卷曲或内弯成肾形，不裂；种子间有隔膜。

5种，分布于热带美洲。我国引入1种。

象耳豆 *Enterolobium cyclocarpum* (Jacq.)Griseb. (图8-237)

落叶乔木，高达10~20m；树冠开展、伞形。幼枝、叶、花序均被白色柔毛。小枝绿色，皮孔明显。羽片(3)4~9对；小叶12~25对，近无柄，镰状长圆形，长8~14mm，宽3~6mm，中脉靠近上边缘。头状花序圆球形，直径1~1.5cm，簇生叶腋或排成总状；花萼钟状，具5短齿；花冠绿白色，漏斗形，中部以上具5裂片；花柱线形。荚果弯曲成耳形，直径5~7cm，不开裂；中果皮海绵质，后变硬，种子间具隔膜。花期4~6月；果期10~12月。

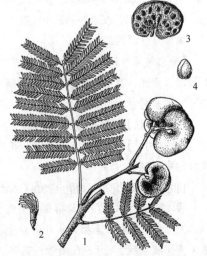

图8-237 象耳豆

1—果枝；2—花；3—去果皮示种子排列；4—种子

原产中美洲和南美洲地区，热带地区广植，我国南方及浙江、江西等地有栽培。

生长迅速，树冠开展，荚果奇特，可作为行道树、庭荫树。

（六）海红豆属 Adenanthera Linn.

乔木，无刺。2回羽状复叶。总状或圆锥花序；花小，萼钟状，5齿裂；花瓣5，披针形，基部连合；雄蕊10，分离，花药顶端具1腺体；子房具短柄。果带状，扭曲，具横隔膜，开裂后旋卷。种子鲜红色。

约12种，分布于大洋洲及热带亚洲。我国1种，产华南和西南。

海红豆（孔雀豆）*Adenanthera microsperma* Geijsm. & Binnend.（图8-238）

——*Adenanthera pavonina* Linn. var. *microsperma*（Geijsm. & Binnend.）Nielsen

落叶乔木，高5～20m。树皮灰褐色，细鳞状剥落。嫩枝、叶柄、叶轴被微柔毛。羽片3～5对，近对生；小叶8～14，互生，矩圆形或卵形，长2.5～3.5cm，宽1.5～2.5cm，两面密生短柔毛。总状花序长12～16cm，花白色或淡黄色，萼和花梗被黄褐色毛。荚果条形，长10～22cm。种子鲜红色，有光泽。花期4～7月；果期7～10月。

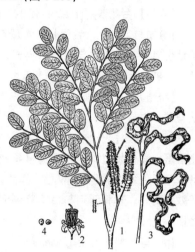

图8-238 海红豆
1—花枝；2—花；3—果序；4—种子

产海南、台湾、云南、福建、广东、广西和贵州，华南和西南其他地区亦有栽培，热带亚洲也有分布。幼树耐阴，壮龄后喜光。播种繁殖。

可栽培观赏，植为行道树和庭荫树，著名诗人王维的诗句中作为相思物的"红豆"，即指海红豆。

Ⅱ．云实亚科 Subfam. Caesalpinioideae

花大，略左右对称；花瓣5，最上方1枚位于最内方；雄蕊常10枚，全部离生或合生，稀较少或多。1～2回羽状复叶或单小叶。

分 属 检 索 表

1. 单叶全缘或先端2裂，有时裂至基部成2小叶。
  2. 单叶全缘；花于老干上簇生或成总状花序；果腹缝具狭翅⋯⋯⋯⋯⋯⋯⋯⋯ 紫荆属 Cercis
  2. 单叶先端2裂，有时裂至基部成2小叶；总状或圆锥花序；果无翅⋯⋯⋯⋯⋯ 羊蹄甲属 Bauhinia
1. 1～2回羽状复叶。
  3. 花杂性或雌雄异株；无顶芽，侧芽叠生；具枝刺⋯⋯⋯⋯⋯⋯⋯⋯⋯⋯⋯⋯ 皂荚属 Gleditsia
  3. 花两性。
    4. 2回羽状复叶。
      5. 萼裂片覆瓦状排列；植株常有刺；种子无胚乳⋯⋯⋯⋯⋯⋯⋯⋯⋯⋯ 云实属 Caesalpinia
      5. 萼裂片镊合状排列；无刺；种子有胚乳⋯⋯⋯⋯⋯⋯⋯⋯⋯⋯⋯⋯ 凤凰木属 Delonix
    4. 1回羽状复叶，叶轴的2小叶之间或叶柄上常有腺体⋯⋯⋯⋯⋯⋯⋯⋯⋯⋯ 决明属 Cassia

（一）紫荆属 Cercis Linn.

落叶乔木或灌木。芽叠生。单叶，互生，全缘；叶脉掌状。花萼5齿裂，红色；花冠假蝶形，上部 1 瓣较小，下部 2 瓣较大；雄蕊 10，花丝分离。荚果扁带形；种子扁形。

约 11 种，产东亚、北美和南欧。我国 6 种，引入栽培 2 种。

紫荆（满条红）*Cercis chinensis* Bunge（图 8-239）

【形态特征】乔木，可高达 15m；但栽培条件下常发育为灌木状，高 3～5m。叶近圆形，长 6～14cm，先端急尖，基部心形，全缘，两面无毛，边缘透明。花紫红色，4～10 朵簇生于老枝上，先叶开放。荚果条形，长 5～14cm，沿腹缝线有窄翅。花期 4 月；果期 9～10 月。

【变型】白花紫荆（f. *alba* Hsu），花白色，园林中偶见。

【分布与习性】产我国长江流域至西南各地，云南、浙江等地仍有野生，现广泛栽培。喜光，较耐寒；对土壤要求不严，在碱性土壤上亦能生长，不耐积水。萌蘖性强。

【繁殖方法】播种、分株、压条繁殖均可，生产上以播种法育苗为主。

【园林用途】干直出丛生，早春先叶开花，花形似蝶，密密层层，满树嫣红，是常见的早春花木，最适于庭院、建筑旁、草坪边缘、亭廊之侧丛植、孤植，以常绿树丛或粉墙为背景效果更好；若将紫荆与白花紫荆混植，则紫白相间，分外艳丽。

图 8-239　紫荆
1—花枝；2—叶枝；3—花；4—花瓣；
5—雄蕊及雌蕊；6—雄蕊；7—雌蕊；
8—果；9—种子

附：**巨紫荆**（*Cercis gigantean* W. C. Cheng & Keng f.），高达 20m，叶近圆形，长 5.5～13cm，宽 6～13cm，下面基部有簇生毛；花淡紫红色，7～14 朵簇生或着生于一极短的总梗上。产浙江、安徽、湖北、广东等地，南京、杭州、泰安等地有栽培。树体高大，是优良的行道树。

黄山紫荆（*Cercis chingii* Chun），与紫荆近似，但小枝曲折，花淡紫红色；荚果厚革质或近木质，边缘无翅。产安徽、浙江、广东。

（二）羊蹄甲属 *Bauhinia* Linn.

乔木、灌木或藤本；偶有卷须，腋生或与叶对生。单叶，互生，顶端常 2 裂，或全缘，稀裂成 2 小叶，掌状脉。花美丽，单生或伞房、总状、圆锥花序；萼全缘呈佛焰苞状或 2～5 齿裂；花瓣 5，稍不相等；雄蕊 10 或退化为 5、3、2 枚，花丝分离。荚果扁平。

约 300 种，分布于热带和亚热带。我国引入栽培的约 47 种，主产华南。

分 种 检 索 表

1. 叶顶端 2 裂深达叶全长的 1/3～1/2；发育雄蕊 3 枚 ·························· 羊蹄甲 *B. purpurea*
1. 叶顶端 2 裂深为全长的 1/3；发育雄蕊 5 枚 ·························· 洋紫荆 *B. variegata*

1. 羊蹄甲（紫羊蹄甲）*Bauhinia purpurea* Linn.（图 8-240）

【形态特征】常绿乔木，高 7～10m；树冠卵形，枝低垂；小枝幼时有毛。叶近圆形，长 10～15cm，宽 9～14cm，9～11 出脉；顶端 2 裂，深达叶全长的 1/3～1/2，先端圆或钝；叶柄长 3～4cm。花芽梭状，具 4～5 棱，先端钝。花序腋生或顶生，总状而有花数朵，或多至 20 朵而呈圆锥状；花紫红色、白色或粉红色，秋末冬初开放，有香气；花萼佛焰苞状，2 裂，其一 2 齿，其一 3

齿；花瓣倒披针形，长4～5cm，具长瓣柄；发育雄蕊3，花丝与花瓣近等长；退化雄蕊5～6，长约6～10mm。荚果扁条形，略弯曲，长12～25cm，宽2～2.5cm。花期9～11月；果期翌年2～3月。

【分布与习性】原产热带亚洲，华南各地普遍栽培。喜温暖和阳光充足，对土壤要求不严，在排水良好的沙质壤土上生长较好。

【繁殖方法】播种或扦插繁殖。枝条低矮、无序，应注意修剪，萌芽力强，耐修剪。

【园林用途】花期长，花朵繁盛，花色多艳丽，是华南地区优良的风景树和行道树。

图8-240　羊蹄甲
1—花枝；2—果；3—种子

2. 洋紫荆（羊蹄甲）*Bauhinia variegata* Linn.

【形态特征】落叶或半常绿乔木，高达15m；树冠近球形。叶片革质，圆形至广卵形，长5～9cm，宽7～11cm，宽大于长；基部心形；先端2裂，裂片为全长的1/3，裂片顶端浑圆，状若羊蹄，下面被柔毛；掌状脉9～13条；叶柄长2.5～3.5cm。花芽无棱。花大而显著，总状或伞房状花序；花冠白色，或具粉红或紫红色斑纹；花瓣倒卵形或倒披针形，长4～5cm；发育雄蕊5，退化雄蕊1～5。荚果扁条形，长15～25cm，宽1.5～2cm。花期2～5月或全年开花；果期3～7月。

【分布与习性】分布于云南南部，华南地区广泛栽培。印度、越南、缅甸、泰国等热带亚洲也产。喜光；喜温暖湿润气候；适生于酸性土壤。

【繁殖方法】播种或扦插繁殖。

【园林用途】树形雅丽，叶形奇特，酷似羊蹄，花朵大而色泽艳丽，是华南著名的庭园花木，也是香港特别行政区的区花和湛江市市花。适于丛植、群植，也可用作行道树、园路树。

附：粉叶羊蹄甲 [*Bauhinia glauca* (Wall. ex Benth.) Benth.]，攀缘灌木，具卷须；幼枝被红色柔毛。叶通常宽大于长，径约4～6(9)cm，基出7～11脉，先端2裂至1/5～1/2。花序近伞形，短而密，花梗纤细，长10～20mm。花芽卵圆形。花瓣白色，宽倒卵形，长8～12mm；发育雄蕊3，退化雄蕊7。荚果扁平，长18～25cm，宽3～5cm。分布于云南、广东、广西、贵州、湖北、湖南、陕西等地。可用于墙垣、棚架和山石绿化。

红花羊蹄甲（*Bauhinia* × *blakeana* Dunn），乔木，小枝纤细，被柔毛。叶柄长3.5～4cm；叶近圆形，长8.5～13cm，宽9～14cm，背面被微柔毛，表面光滑，基出脉11～13，先端2裂至1/4～1/3，裂片圆形或狭圆形。总状花序，或再排成圆锥状，被毛；花瓣紫色，披针形，长5～8cm，宽2.5～3cm；发育雄蕊5，3枚较长；退化雄蕊2～5。不结果。花期11月至翌年3月。本种为羊蹄甲（*B. purpurea*）和洋紫荆（*B. variegata*）的杂交种，起源于香港，现广泛栽培于热带地区，华南地区常见。

（三）皂荚属 *Gleditsia* Linn.

落叶乔木或灌木，具枝刺。无顶芽，侧芽叠生。1回或2回偶数羽状复叶，互生，短枝上叶簇生；小叶常有不规则钝齿。花杂性或单性异株，总状花序腋生；萼片、花瓣各3～5；雄蕊6～10，常为 8；胚珠 2 至多数。果扁平，大而不开裂。

约 16 种，分布于亚洲、美洲和热带非洲。我国 5 种，广布，另引入 1 种。

皂荚（皂角）*Gleditsia sinensis* Lam.（图 8-241）

【形态特征】高达 30m，树冠扁球形。枝刺圆锥形，粗壮，常分枝。1 回羽状复叶（幼树及萌枝有 2 回羽状复叶），小叶 3～7(9) 对，卵形至卵状长椭圆形，长 3～8cm，宽 1～4cm，顶端钝，叶缘有细密锯齿，上面网脉明显凸起。总状花序腋生；花杂性，黄白色，萼片、花瓣各 4；雄蕊 8，4 长 4 短；子房缝线和基部被毛。荚果木质，肥厚，直而扁平，长 12～30cm，棕黑色，被白粉，经冬不落。花期 5～6 月；果期 10 月。

【分布与习性】我国广布，自东北至西南、华南均产，生于海拔 2500m 以下的山坡、沟谷、林中。喜光，稍耐阴；颇耐寒；对土壤酸碱度要求不严，无论是酸性土，还是石灰质土壤和盐碱地上均可生长。深根性，生长速度较慢，寿命长。

【繁殖方法】播种繁殖。

【园林用途】树冠宽广，叶密荫浓，可植为绿荫树，宜孤植或丛植，也可列植或群植。枝刺发达，也是大型防护篱、刺篱的适宜材料，但不宜植于幼儿园、小学校园内，以免发生危险。果实富含皂素，可代皂用，洗涤丝绸不损光泽。果荚、刺、种子入药。

图 8-241 皂荚
1—花枝；2—花；3—剖开之花；4—雄蕊；
5—雌蕊；6—果；7—种子；8—枝刺

附：山皂荚（*Gleditsia japonica* Miq.），与皂荚相似，区别在于：枝刺扁而细，至少基部扁；叶上面网脉不明显，叶全缘或有疏浅锯齿；子房无毛；荚果带状，扭转或弯曲作镰刀状，红褐色，质地薄。产辽宁、河北、山西至华东各地，贵州和云南也有分布。

美国皂荚（*Gleditsia triacanthos* Linn.），1 回或 2 回羽状复叶（羽片 4～14 对），小叶 11～18 对，椭圆状披针形，长 1.5～3.5cm，宽 4～8mm，先端急尖；花黄绿色，子房被灰白色绒毛。原产美国，我国上海等地栽培，是优良的行道树，也可作绿篱。品种金叶皂荚（'Sunburst'），无枝刺，幼叶金黄色，老叶浅黄绿色，观赏价值高。

（四）云实属（苏木属）*Caesalpinia* Linn.

乔木、灌木或藤本，常有刺。2 回偶数羽状复叶，小叶全缘。总状或圆锥花序；花较大而美丽，黄色或橙黄色；萼片离生，覆瓦状排列；花瓣 5，上方 1 片较小；雄蕊 10，分离，花丝基部有腺体或有毛。荚果长圆形，扁平或膨胀，开裂或不开裂。

约 100 种，分布于热带和亚热带。我国 18 种，主产长江以南，另引入栽培 5 种。

分 种 检 索 表

1. 多刺藤本；总状花序；雄蕊和花瓣近等长；荚果宽 2.5～3cm，开裂 ………………………… 云实 *C. decapetala*
1. 无刺或少刺；伞房状总状花序；雄蕊长为花瓣的 2～3 倍；荚果宽 1.5～2cm，不裂 … 洋金凤 *C. pulcherrima*

1. 云实 *Caesalpinia decapetala* (Roth) Alston（图 8-242）

【形态特征】落叶攀缘灌木，树皮暗红色。茎、枝、叶轴上均有倒钩刺。羽片 3～10 对；小叶

7~15对，长圆形，长 1~2(3.2)cm，两端钝圆，表面绿色，背面有白粉。总状花序顶生，长 15~35cm；花瓣黄色，盛开时反卷，最下 1 瓣有红色条纹。荚果长椭圆形，肿胀，略弯曲，先端圆，有喙。花期4~5月；果期9~10月。

【分布与习性】原产亚洲热带和亚热带，我国秦岭以南至华南广布。喜光，不择土壤，常生于山岩石缝，适应性强，耐干旱瘠薄。

【繁殖方法】播种或压条繁殖。

【园林用途】花色优美，花序宛垂，是优良的垂直绿化材料，可用作棚架和矮墙绿化，也可植为刺篱，花开时一片金黄，极为美观，在黄河以南各地园林中常见栽培。

2. 洋金凤(金凤花) *Caesalpinia pulcherrima* (Linn.)Swartz(图 8-243)

灌木或小乔木，高达 5m。无毛。枝有疏刺。羽片 4~9 对；小叶 5~12 对，倒卵形至倒披针状长圆形，近无柄，长 0.6~2cm。伞房花序长达 25cm；花橙黄色或黄色，花瓣圆形，具皱纹，有柄，花丝、花柱均红色，长而突出。荚果扁平，无毛。花期全年。

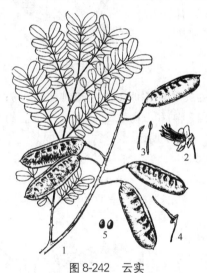

图 8-242　云实

1—果枝；2—花；3—雄蕊；4—雌蕊；5—种子

图 8-243　洋金凤

1—花枝；2—果

原产地不详，为热带地区著名观赏树种，华南多有栽培。喜高温、湿润、阳光充足。要求肥沃、排水良好的微酸性土壤。播种或扦插繁殖。

花色艳丽，花期长，是优良的观花树种。

(五) 凤凰木属 *Delonix* Raf.

落叶乔木。2 回偶数羽状复叶，小叶形小，多数。花大，美丽，总状花序；萼5，深裂，镊合状排列；花瓣5，圆形，具长爪；雄蕊10，分离，子房近无柄。荚果长带状，厚木质。种子多数。

2~3 种，产于热带非洲和亚洲。我国引入 1 种。

凤凰木 *Delonix regia* (Bojer.)Raf. (图 8-244)

【形态特征】高达 20m；树冠开展如伞。羽片 10~24 对，对生；小叶对生，20~40 对，近矩圆形，长 5~8mm，宽 2~3mm，先端钝圆，基部歪斜，两面有毛。总状花序伞房状，花鲜红色，径 7~10cm；花萼绿色；花瓣鲜红色，上部的花瓣有黄色条纹，有长爪；雄蕊红色，长 6cm。荚果长

20～60cm。花期5～8月；果期10月。

【分布与习性】原产马达加斯加和热带非洲，是马达加斯加的国花。现世界热带地区广植；我国华南各省有栽培。喜光；喜高温；喜深厚肥沃的疏松土壤，生长迅速。不耐烟尘。

【繁殖方法】播种繁殖。

【园林用途】树冠宽阔、平展如伞，绿叶茂密、浓荫匝地，叶形轻柔；花朵大而色艳，初夏开放，满树红英，如火如荼，与绿叶相映成趣，极为美丽，是华南绿化美化的好树种。汕头市市花。

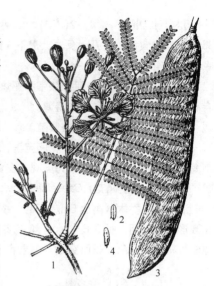

图 8-244　凤凰木
1—花枝；2—小叶；3—果；4—种子

（六）决明属 *Cassia* Linn.

乔木、灌木或草本。1回偶数羽状复叶，叶柄或叶轴常有腺体。萼片5，萼筒短；花瓣5，黄色，后方1花瓣位于最内方；雄蕊10，常3～5个退化，花药顶孔裂；子房无或有柄，胚珠多数。荚果形状多种，开裂或不开裂，在种子间常有隔膜；种子有胚乳。

约560种，分布于热带和亚热带，部分草本种类至温带。我国5种，引入栽培约20余种。本属亦分为狭义的决明属(*Cassia*，约30种，产热带；我国1种)、番泻决明属(*Senna*，约260种，泛热带分布；我国2种)和山扁豆属(*Chamaecrista*，约270种，主产美洲，少数产热带亚洲；我国2种)。本书仍采用广义的决明属。

分 种 检 索 表

1. 乔木；小叶3～4对，叶柄及叶轴无腺体；荚果圆柱形，长30～72cm ·················· 腊肠树 *C. fistula*
1. 灌木；小叶7～9对，叶柄及下部小叶间的叶轴有棒状腺体；荚果条形，长7～10cm ····· 黄槐 *C. surattensis*

1. 腊肠树(阿勃勒) ***Cassia fistula*** Linn. (图 8-245)

【形态特征】落叶乔木，高达22m。叶柄及叶轴无腺体；小叶3～4对，卵形至椭圆形，长8～15(20)cm。总状花序腋生，疏松下垂，长30～50cm；花淡黄色，径约4cm。雄蕊10，3枚较长，花丝弯曲，长3～4cm，花药长约5mm；4枚较短，花丝直，长约6～10mm；退化雄蕊花药极小。荚果圆柱形，长30～72cm，径2～2.5cm，下垂，形似腊肠，黑褐色，有3槽纹，不开裂；种子40～100，种子间有横隔膜。花期5～8月；果期9～10月。

【分布与习性】原产印度，热带地区广泛栽培，华南各地常见。适应性强，萌芽力强，耐修剪，易移植。

【繁殖方法】播种繁殖。

【园林用途】树形健壮粗放，开花时满树长串状金黄色花朵优雅美观，为优良行道树、园景树、遮荫树。树皮含鞣酸，果实入药。

图 8-245　腊肠树
1—花枝；2—花；3、4—果及解剖；5—种子

2. 黄槐 *Cassia surattensis* Burm. f.（图 8-246）

——*Cassia suffruticosa* Koen. ex Roth.

【形态特征】灌木或小乔木，高达 5～7m。小叶 7～9 对，长椭圆形至卵形，长 2～5cm，宽 1～1.5cm，先端圆而微凹；叶柄及最下部 2～3 对小叶间的叶轴上有 2～3 枚棒状腺体。伞房花序略呈总状，生于枝条上部叶腋，长 5～8cm；花鲜黄色，花瓣长约 2cm，雄蕊 10 枚，全部发育。荚果条形，扁平，长 7～10cm。在热带地区全年开花。

【分布与习性】原产印度，热带地区广泛栽培，我国热带和南亚热带地区常见。喜高温、高湿的热带气候，要求阳光充足的环境，在疏松肥沃而排水良好的土壤中生长最好。

【繁殖方法】播种或扦插繁殖。

【园林用途】黄槐为一美丽的花木，花朵鲜黄，常年开花不断，是优良的庭园造景材料，适于丛植，也可用于街道绿化，可与乔木行道树间植。

图 8-246 黄槐
1—花枝；2—小叶；3—花；4—雄蕊；5—果实

附：伞房决明（*Cassia corymbosa* Lam.），灌木，小叶 2～3 对，矩圆状披针形，长 2.5～5cm。伞房花序长于叶；花黄色，能育雄蕊 7。荚果圆柱形，长 5～8cm。花果期 5～11 月。原产南美洲，耐寒性强，在江苏、上海等地可露地生长。用于公园草坪丛植，也适于高速公路绿化。

Ⅲ. 蝶形花亚科 Subfam. Papilionoideae

花冠蝶形，左右对称；花瓣 5，极不相似，上方 1 枚位于最外方，最大，是为旗瓣，两侧 2 枚为翼瓣，下方 2 枚为龙骨瓣，常略合生；雄蕊 10，2 体或单体，有时分离。

分 属 检 索 表

1. 雄蕊的花丝分离，稀基部合生。
  2. 荚果呈念珠状 ·· 槐属 *Sophora*
  2. 荚果不呈念珠状。
    3. 裸芽；有顶芽；果实开裂 ····················· 红豆树属 *Ormosia*
    3. 鳞芽，芽鳞 2；无顶芽；果实很少开裂 ········· 马鞍树属 *Maackia*
1. 雄蕊的花丝合生成单体或两体(紫穗槐属基部合生)。
  4. 花药同型。
    5. 奇数羽状复叶或 3 出复叶。
      6. 小叶对生，稀互生但枝叶被丁字毛。
        7. 小叶下面无腺点。
          8. 植物体无丁字毛；药隔顶端无附属物。
            9. 二体雄蕊。
              10. 奇数羽状复叶。
                11. 柄下芽；托叶常变为刺 ················· 刺槐属 *Robinia*
                11. 非柄下芽；托叶不变为刺。

　　12. 无花盘，总状花序顶生、下垂；叶痕两侧常有突起 ·················· 紫藤属 Wisteria

　　12. 有花盘，圆锥花序或假总状花序；叶痕两侧无突起 ·········· 崖豆藤属 Millettia

10. 3 出复叶。

　　13. 无刺，荚果短小，具网脉，1 粒种子 ·················· 胡枝子属 Lespedeza

　　13. 茎、枝有皮刺，荚果大 ··························· 刺桐属 Erythrina

9. 单体雄蕊，藤本；羽状 3 小叶 ······························ 葛属 Pueraria

8. 植物体被丁字毛；药隔顶端常有腺体或毛；小叶对生或互生 ······· 木蓝属 Indigofera

7. 小叶下面有油腺点；花具旗瓣，无翼瓣和龙骨瓣，雄蕊 10，花丝基部连合 ····· 紫穗槐属 Amorpha

6. 小叶互生，羽状复叶 ································· 黄檀属 Dalbergia

5. 偶数羽状复叶，小叶对生，全缘 ························· 锦鸡儿属 Caragana

4. 花药 2 型，背着药与基着药互生；攀缘灌木或草本，羽状 3 小叶 ·············· 油麻藤属 Mucuna

（一）槐属 *Sophora* Linn.

　　灌木、乔木或草本。冬芽小，芽鳞不显。奇数羽状复叶，小叶对生，全缘；托叶小。顶生总状或圆锥花序；花蝶形，萼 5，齿裂；雄蕊 10，离生或基部合生。荚果缢缩成串珠状，不开裂。

　　约 70 种，广布于热带至温带，主要分布于东亚和北美，多为灌木或小乔木。我国 21 种，各地均产。

分 种 检 索 表

1. 乔木，小叶 7～17 枚，长 2.5～5cm；圆锥花序，花黄白色 ·················· 国槐 *S. japonica*

1. 灌木，小叶 11～21 枚，长 5～12mm；总状花序，花白色或蓝白色 ·············· 白刺花 *S. davidii*

　　1. 国槐 *Sophora japonica* Linn. (图 8-247)

　　【形态特征】落叶乔木，高达 25m；树冠球形或阔倒卵形。小枝绿色，皮孔明显。小叶 7～17 枚，卵形至卵状披针形，长 2.5～5cm，先端尖，背面有白粉和柔毛。圆锥花序顶生，直立；花黄白色。荚果串珠状，肉质，长 2～8cm，不开裂；种子肾形或矩圆形，黑色，长 7～9mm，宽 5mm。花期 6～9 月；果期 10～11 月。

　　【变种和变型】龙爪槐 (f. *pendula* Hort.)，小枝弯曲下垂，树冠呈伞形。五叶槐 (f. *oligophylla* Franch.)，又名蝴蝶槐，羽状复叶仅有小叶 3～5 枚，簇生；小叶较大，顶生小叶常 3 圆裂，侧生小叶下部有大裂片。堇花槐 (var. *violacea* Carr.)，翼瓣和龙骨瓣玫瑰紫色，花期甚迟。毛叶槐 [var. *pubescens* (Tausch.) Bosse]，小枝、叶下面和叶轴密生软毛，花的翼瓣和龙骨瓣边缘微带紫色。

　　【分布与习性】自东北南部至华南广为栽培；分布于朝鲜和日本。弱阳性；喜深厚肥沃而排水良好的沙质壤土，但在石灰性、酸性及轻度盐碱土 (含盐量 0.15% 左右) 上也可正常生长。耐干旱、瘠薄的能力不如刺槐，不耐水涝。萌芽力，耐修剪。抗污染，对二氧化硫、氯气、氯化氢等

图 8-247　国槐

1—果枝；2—花序；3—花萼、雄蕊及雌蕊；

4～7—花瓣；8—种子

有毒气体抗性较强。

【繁殖方法】播种繁殖，一般4～5年出圃；龙爪槐和五叶槐等采用嫁接繁殖。

【园林用途】国槐是华北地区的乡土树种，树冠宽广、枝叶茂密，花朵状如璎珞，香亦清馥，是北方最重要的行道树和庭荫树，栽培历史悠久，各地常见千年古树。龙爪槐又名垂槐、盘槐，树形古朴、枝柯纠结，性柔下垂，密如覆盘，常成对植于宅第之旁、祠堂之前，颇有庄严气势。五叶槐叶形奇特，宛若绿蝶栖止树上，堪称奇观，最宜孤植或丛植于草坪和安静的休息区内，也可作园路树。

2. 白刺花(狼牙刺) *Sophora davidii* (Franch.)Skeels

【形态特征】落叶灌木，高达2.5m；小枝与叶轴被平伏柔毛。小叶11～21枚，椭圆形或长倒卵形，长5～8(12)mm，先端钝或微凹；托叶针刺状。总状花序生于小枝顶端，有花5～14朵；花白色或蓝白色，长约1.5cm，旗瓣匙形，反曲；雄蕊花丝下部1/3合生。荚果念珠状，长2～6cm。花期5～6月；果期9～10月。

【分布与习性】产西北、华北、华中至西南。喜光，不耐庇荫；耐干旱瘠薄，耐寒，耐盐碱，在以氯化物为主的含盐量0.4%以内的土壤条件下可正常生长。

【繁殖方法】播种繁殖。

【园林用途】花色优美，开花繁密，可栽培观赏，适于山地风景区内丛植或群植，或用于林缘作自然式配植，也是优良的刺篱和花篱材料，可用于盐碱地区的绿化。

（二）刺槐属 *Robinia* Linn.

落叶乔木；柄下芽。奇数羽状复叶，小叶全缘，对生或近对生；托叶刺状。腋生总状花序，下垂；雄蕊2体(9+1)。荚果带状，开裂。

约10种，分布于北美至墨西哥。我国引入栽培2种。

刺槐(洋槐) *Robinia pseudoacacia* Linn. (图8-248)

【形态特征】高达25m；树冠椭圆状倒卵形；树皮灰褐色，纵裂。小枝光滑。小叶7～19，椭圆形至卵状长圆形，长2～5cm，宽1～2cm，叶端钝或微凹，有小尖头；有托叶刺。花序长10～20cm；花白色，芳香，长1.5～2cm；旗瓣基部常有黄色斑点。果条状长圆形，长4～10cm，红褐色；种子黑色，肾形。花期4～5月；果期9～10月。

【变型】无刺刺槐 [f. *inermis* (Mirb.)Rehd.]，枝条无刺；树冠塔形，枝茂密。伞刺槐 [f. *umbraculifera* (DC.)Rehd.]，小乔木，分枝密，无刺或有很小的软刺；树冠近于球形；开花稀少。红花刺槐 [f. *decaisneana* (Carr.)Voss]，花冠粉红色。

【分布与习性】原产北美，我国各地有栽培。强阳性，幼苗也不耐庇荫；喜干燥而凉爽环境，对土壤要求不严，在酸性土、中性土、石灰性土和轻度盐碱土上均可生长，可耐0.2%的土壤含盐量，但以微酸性土最佳。耐干旱瘠薄，不耐

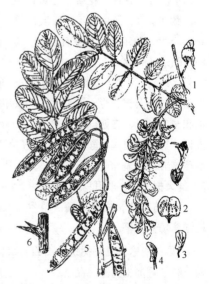

图8-248　刺槐

1—花枝；2—旗瓣；3—翼瓣；

4—龙骨瓣；5—果枝；6—托叶刺

水涝。萌芽力、萌蘖力强。浅根性，抗风能力差。

【繁殖方法】播种繁殖，也可用分株、根插繁殖。

【园林用途】19 世纪末从欧洲引入青岛，后逐渐扩大栽培，现几乎遍及全国。抗性强，生长迅速，成景快，是工矿区、荒山坡、盐碱地区绿化不可缺少的树种。刺槐花朵繁密而芳香，绿荫浓密，在庭院、公园中可植为庭荫树、行道树，在山地风景区内宜大面积造林。无刺槐和伞刺槐植株低矮，冠形美丽，更适于草坪中丛植或孤植。花可食，也是著名的蜜源植物。

附：毛刺槐（*Robinia hispida* Linn.），又名江南槐。灌木，高达 2m。茎、小枝、花梗和叶柄均有红色刺毛；托叶不变为刺状。小叶 7～13 枚，宽椭圆至近圆形，顶生小叶长 3.5～4.5cm，宽 3～4cm。花 3～7 朵组成稀疏的总状花序，花大，粉红或紫红色，具红色硬腺毛。果具腺状刺毛。原产北美，我国东部、南部、华北及辽宁南部园林常见栽培。嫁接繁殖。花朵大而花色艳丽，以刺槐为砧木高接可形成小乔木，作园路树用，低接可供路旁、庭院、草地边缘丛植赏花。

（三）红豆树属 *Ormosia* Jacks.

乔木。裸芽，稀鳞芽，有顶芽。奇数羽状复叶，小叶对生，全缘，无托叶。总状或圆锥花序；萼 5，齿裂；花瓣白色或紫色；雄蕊 10，分离。荚果革质或厚木质；种皮通常红色，或黑褐色。

约 130 种，分布于热带美洲、东南亚和澳大利亚西北部。我国约 37 种，产西南部经中部至东部，主产两广和云南。

红豆树 *Ormosia hosiei* Hemsl. & Wils.（图 8-249）

【形态特征】常绿或半常绿，高达 30m，树冠伞形；树皮幼时绿色而平滑，老时浅纵裂。嫩枝被毛，后脱落。小叶 5～7(3～9)，卵形、长椭圆状卵形或倒卵形，长 5～14cm，近无毛。圆锥花序；花萼密生黄棕色柔毛；花冠白色或淡红色，微有香气；子房无毛。果实扁平，卵圆形或近圆形，长 4～6.5cm，厚革质；种子扁圆形，长 1.3～1.7cm，深红色，种脐长达 7～9mm。花期 4 月；果期 10～11 月。

【分布与习性】产华东、华中至西南，北达甘肃文县、江苏常熟和无锡，生于海拔 900m 以下的低山丘陵地区、河边和村庄附近，在西部海拔可达 1350m。幼苗耐阴，成年树喜光；喜肥沃湿润的酸性土壤，pH 值 4.5～5.6；根系发达，萌芽性强。寿命长，浙江、江苏江阴、福建蒲城有胸径达 1m 的大树，仍生长旺盛。

【繁殖方法】播种繁殖。苗木干性较弱，易分枝，苗期应注意培养主干。

图 8-249 红豆树

1—果枝；2—花枝；3—花瓣；
4—花(去掉花瓣)；5—果实(展开)；6—种子

【园林用途】红豆树是珍贵的用材树种，其树冠伞形，四季常绿，也适于园林造景，宜孤植、列植。种子可加工为工艺品。

附：花榈木（*Ormosia henryi* Prain.），小枝密生灰黄色绒毛；小叶 5～9，长圆形、长圆状倒披针形或长圆状卵形，长 6～10cm，下面密被灰黄色柔毛；果实扁平长圆形，长 7～11cm，种子 2～7 枚，椭圆形，长 0.8～1.5cm，种脐小。产华东、华南和西南，耐寒性较红豆树差。

软荚红豆（*Ormosia semicastrata* Hance.），小枝疏生黄色柔毛。小叶3～9，长椭圆形，腋生圆锥花序，花梗及花序轴上密生黄色柔毛；花萼钟形，有棕色毛；花瓣白色。荚果小而圆形；种子1粒，鲜红色，扁圆形。产华南。

（四）刺桐属 *Erythrina* Linn.

乔木或灌木。茎、枝有皮刺。3小叶复叶，有长柄；小托叶为腺状体。花大，花冠红色，总状花序；萼偏斜，佛焰状，或成钟形，2唇状；旗瓣大，翼瓣小或缺；雄蕊1～2束，上面1枚花丝离生，其余花丝至中部合生；子房具柄，胚珠多数。荚果线形，肿胀，种子间收缩为念珠状。

约100种，分布于全球热带和亚热带。我国4种，引入栽培5种。

分 种 检 索 表

1. 常绿，花序长达30cm；花冠长4～6cm，盛开时旗瓣与翼瓣及龙骨瓣近平行 ········ 龙牙花 *E. corallodendron*
1. 落叶，花序长10～15cm；花冠长6～7cm，盛开时旗瓣与翼瓣及龙骨瓣成直角·············· 刺桐 *E. variegata*

1. 龙牙花 *Erythrina corallodendron* Linn.（图8-250）

【形态特征】常绿小乔木或灌木，高达5m，树干和分枝上有皮刺。小叶阔斜卵形，长5～10cm。总状花序腋生，长达30cm或更长；花深红色，2～3朵聚生，长4～6cm，狭而近于闭合；花盛开时旗瓣与翼瓣及龙骨瓣近平行。荚果长约10cm；种子深红色，通常有黑斑。花期6～11月。

【分布与习性】原产热带美洲，华南庭院中均常见栽培。喜光，喜高温湿润气候，要求排水良好的沙壤土。

【繁殖方法】多用扦插繁殖，易生根。

【园林用途】叶片鲜绿，花朵绯红，花开时节极为壮观，花落之时亦遍地红艳，宛若锦毯，园林中宜在草地、林缘、墙隅丛植。

2. 刺桐 *Erythrina variegata* Linn.

【形态特征】落叶大乔木，高达20m，有圆锥形黑色直刺。小叶阔卵形至斜方状卵形，长宽约15～30cm，顶端1枚宽大于长；小托叶变为宿存腺体。总状花序，粗壮，长10～15cm；萼佛焰状，萼口偏斜；花冠红色，长6～7cm，盛开时旗瓣与翼瓣及龙骨瓣成直角，雄蕊10，单体。荚果厚，长约15～30cm，念珠状，种子暗红色。花期12～3月；果期9月。

图8-250　龙牙花
1—枝叶(示皮刺)；2—花序；3—花瓣；
4—雄蕊；5—雌蕊

【分布与习性】产于热带亚洲，我国产于福建、广东、广西、海南、台湾等地，常见栽培。喜高温、湿润；喜光亦耐阴；在排水良好、肥沃的沙质壤土上生长良好。

【繁殖方法】扦插繁殖为主，也可播种。幼树应注意整形修剪，以养成圆整树形。

【园林用途】枝叶扶疏，早春先叶开花，红艳夺目，适于作行道树、庭荫树。福建泉州自古以刺桐而闻名，有刺桐城之称。

（五）黄檀属 *Dalbergia* Linn. f.

乔木或攀缘状灌木，无顶芽。奇数羽状复叶，小叶互生，全缘，无小托叶。花小，多数，聚伞或圆锥花序，萼钟状，5齿裂；雄蕊10，单体，或2体(5＋5或9＋1)。荚果扁平而薄，长椭圆形，不开裂。

约100种，分布于热带和亚热带。我国约28种，产于淮河以南。

黄檀(不知春) *Dalbergia hupeana* Hance(图8-251)

【形态特征】落叶乔木，高达20m。树皮条状纵裂，小枝无毛。小叶互生，9～11枚，长圆形至宽椭圆形，长3～5.5cm，宽2.5～4cm，叶端钝圆或微凹，叶基圆形，两面被伏贴短柔毛；托叶早落。圆锥花序顶生或生于近枝顶处叶腋；花冠淡紫色或黄白色。果长圆形，3～7cm，褐色。花期5～7月；果期9～10月。

【分布与习性】产华东、华中、华南及西南各地。喜光，耐干旱瘠薄，在酸性、中性及石灰性土壤上均能生长；深根性，萌芽性强，由于春季发叶迟，故又名"不知春"。

【繁殖方法】播种繁殖。

【园林用途】宜作荒山荒地的绿化先锋树种，亦可作培养紫胶虫的寄主树。

(六) 马鞍树属 *Maackia* Rupr. & Maxim.

落叶乔木或灌木。鳞芽。奇数羽状复叶，小叶对生，全缘，无托叶。总状或圆锥花序顶生、直立；萼钟状，4～5裂；雄蕊10，仅于基部稍合生；子房近无柄，密被毛。荚果扁平，沿腹缝有翅，很少开裂。

共12种，分布于东亚。我国7种，产东北、华北、华东至西南。

怀槐(朝鲜槐、高丽槐) *Maackia amurensis* Rupr. & Maxim. (图8-252)

图8-251 黄檀
1—花枝；2—花；3—花瓣；
4—雄蕊及雌蕊；5—果枝

图8-252 怀槐(1、2)、马鞍树(3～10)
1—果枝；2、4—花；3—花枝；
5～7—花瓣；8—雄蕊；9—雌蕊；10—果

【形态特征】乔木，高达25m，通常高7～8m。复叶长15～30cm；小叶(5)7～11枚，对生或近对生，椭圆形或卵状椭圆形，长3.5～8cm，基部圆截或宽楔形，不对称；新叶表面密生白色细毛。总状花序，3～4 个集生，长 5～9cm；花黄白色，花梗细长，旗瓣长约 7mm，倒卵形，龙骨瓣长约 8mm。果实扁平而稍弯曲，长 3～5cm，宽 1cm，边缘有宽不及 1mm 的翅。花期 6～7 月；果期 9～10 月。

【分布与习性】产东北至华北，生于海拔 1000m 以下的山地；朝鲜和俄罗斯远东也有分布。稍耐阴；耐寒性强；喜深厚肥沃土壤，也能耐旱。

【繁殖方法】播种、分株繁殖。

【园林用途】可作庭荫树和行道树。

附：马鞍树（*Maackia hupehensis* Takeda）（图 8-252），小叶 9～13，卵形，长 5～7cm，基部楔形或圆形，对称；果实边缘具宽 2～4mm 的翅。产长江流域。幼叶银白色，可栽培观赏。

（七）紫穗槐属 *Amorpha* Linn.

落叶灌木或半灌木。奇数羽状复叶；小叶全缘，具油腺点；小托叶钻形。穗状花序顶生，直立，萼有油腺点；旗瓣蓝紫色，翼瓣和龙骨瓣退化；雄蕊 10，花丝基部连合。

约 15 种，分布于北美及墨西哥。我国引入 1 种。

紫穗槐（棉槐） *Amorpha fruticosa* Linn.（图 8-253）

【形态特征】丛生灌木，高达 4m。枝条直伸，青灰色，幼时有毛；冬芽 2～3 叠生。小叶 11～25 枚，长卵形至长椭圆形，长 2～4cm，先端有小短尖，具透明油腺点。顶生密集穗状花序；萼钟状，5 齿裂；花冠蓝紫色，仅存旗瓣，翼瓣及龙骨瓣退化；雄蕊 10，2 体，或花丝基部连合，花药黄色，伸出花冠外。荚果短镰形或新月形，长 7～9mm，密生油腺点，不开裂，1 粒种子。花期 4～5 月；果期 9～10 月。

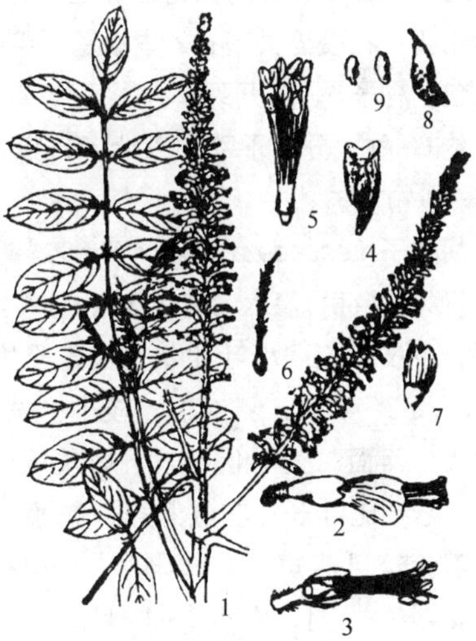

【分布与习性】原产北美，约 20 世纪初引入我国，东北、华北、西北，南至长江流域、浙江、福建均有栽培，已呈半野生状态。喜光，耐寒，在最低气温达 -40℃ 的地区仍能生长；耐水淹；对土壤要求不严，耐盐碱，在土壤含盐量 0.3%～0.5% 时也可生长。生长迅速，萌芽力强。

图 8-253　紫穗槐

1—花枝；2—花；3—花纵剖面；4—旗瓣；
5—雄蕊；6—雌蕊；7—花萼；8—果；9—种子

【繁殖方法】分株、扦插或播种繁殖。

【园林用途】适应性强，生长迅速，枝叶繁密，是优良的固沙、防风和改良土壤树种，可广泛应用作荒山、荒地、盐碱地、低湿地、海滩、河岸、公路和铁路两侧坡地的绿化，园林中也可植为自然式绿篱。

（八）木蓝属（槐蓝属） *Indigofera* Linn.

落叶灌木或草本，常被丁字毛或单毛。奇数羽状复叶，稀 3 小叶或单小叶，全缘，先端常有芒尖，托叶小，有刚毛状小托叶。总状花序腋生；萼 5 裂；雄蕊两体，药隔顶端常有腺体。果开裂。

约 750 种，分布于热带和亚热带，主产非洲。我国 77 种，引入栽培 2 种。

花木蓝（吉氏木蓝） *Indigofera kirilowii* Maxim. ex Palibin（图 8-254）

【形态特征】落叶灌木，高达 2m。幼枝灰绿色，被丁字毛。复叶叶轴长 8～10cm，托叶披针形，长约 1cm；小叶 7～11 枚，对生，宽卵形或椭圆形，长 1.5～3.5cm，宽 1～2.8cm，先端圆或钝，两面有白色丁字毛。总状花序与叶近等长。花冠蝶形，淡紫红色，长约 1.5cm。荚果圆柱形，棕褐色。花期 5～6 月；果期 9～10 月。

【分布与习性】产吉林、辽宁、河北、山东、江苏等地，日本、朝鲜也有分布。喜光，耐寒，耐干旱瘠薄。

【繁殖方法】播种繁殖。

【园林用途】花大而艳丽，花期长，宜植于庭园观赏。

（九）胡枝子属 *Lespedeza* Michx.

落叶灌木，稀草本。羽状 3 出复叶，小叶全缘，托叶小，宿存，无小托叶。总状花序或簇生，花紫色、淡红色或白色，常 2 朵并生于 1 宿存苞片内；花常 2 型，有花冠者结实或否，无花冠者均结实；花梗无关节；2 体雄蕊。荚果短小，具网脉，常被花萼所包，种子 1，不开裂。

约 60 种，分布于欧洲东北部、亚洲、北美洲和大洋洲。我国 25 种，广布。

胡枝子 *Lespedeza bicolor* Turcz. (图 8-255)

【形态特征】灌木，高达 3m，分枝细长而多，常拱垂，小枝具棱。小叶卵状椭圆形至宽椭圆形，顶生小叶长 3～6cm，侧生小叶较小；先端圆钝或凹，有芒尖，两面疏生平伏毛，下面灰绿色。总状花序腋生，总梗比叶长；花红紫色；花梗、花萼密被柔毛，萼齿较萼筒短。果斜卵形，长 6～8mm，有柔毛。花期 7～9 月；果期 9～10 月。

【分布与习性】产东北、华北、西北至华中等地，常生于海拔 1000m 以下的山坡、林缘和灌丛中；俄罗斯、朝鲜、日本也产。喜光，也稍耐阴；耐寒，耐干旱瘠薄，也耐水湿。根系发达，萌芽力强。

【繁殖方法】播种或分株繁殖。

【园林用途】株丛茂盛，叶色鲜绿，花朵紫红繁密，盛开于夏秋，是一种极富野趣的花木，适于配植在自然式园林中，可丛植于水边、山石间、坡地、林缘等各处，也是优良的防护林下木树种和水土保持植物。

附：美丽胡枝子 [*Lespedeza thunbergii* subsp. *formosa* (Vogel) H. Ohashi]，与胡枝子相近，但小

图 8-254　花木蓝
1—花枝；2—旗瓣；3—花药

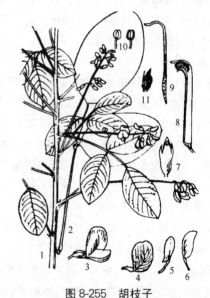

图 8-255　胡枝子
1—花枝；2—3 出复叶；3—花；4—旗瓣；5—翼瓣；
6—龙骨瓣；7—花萼；8—去花萼、花瓣之花；
9—雌蕊；10—花药；11—果

叶先端微钝或稍尖，萼齿较萼筒长，旗瓣较龙骨瓣短。广布于黄河中下游、长江流域至华南、西南。

（十）锦鸡儿属 *Caragana* Fabr.

落叶灌木，稀小乔木。偶数羽状复叶，叶轴先端常刺状；托叶硬化成针刺，脱落或宿存；小叶对生，全缘，无小托叶。花单生或簇生，龙骨瓣直伸，不与翼瓣愈合，约等长于旗瓣；花梗具关节。荚果圆筒形或稍扁，开裂。

约 100 余种，主要分布于温带亚洲和欧洲东部。我国约 66 种，主产西北、西南、华北和东北。常栽培观赏，也是重要的水土保持、防风固沙和燃料植物。

分 种 检 索 表

1. 小叶羽状排列，花冠长 2.8～3cm ·· 锦鸡儿 *C. sinica*

1. 小叶簇生如同掌状；花冠长约 2cm ·· 红花锦鸡儿 *C. rosea*

1. 锦鸡儿（金雀花）*Caragana sinica* Rehd.（图 8-256）

【形态特征】高达 2m。小枝有角棱，无毛。小叶 2 对，羽状排列，先端 1 对小叶较大，倒卵形至长圆形倒卵形，长 1～3.5cm，先端圆或微凹；托叶三角形，硬化成刺状，长 0.7～1.5(2.5)cm。花单生叶腋，花冠长约 2.8～3cm，黄色带红晕；花梗长约 1cm。荚果圆筒状，长达 3～3.5cm。花期 4～5 月；果期 7 月。

【分布与习性】产华北、华东、华中至西南地区，常生于山地石缝中。喜光，耐寒性强；耐干旱瘠薄，不耐湿涝。根系发达，萌芽力和萌蘖力强。

【繁殖方法】播种，也可分株、压条、根插。

【园林用途】叶色鲜绿，花朵红黄而悬于细梗上，花开时节形如飞燕。宜植为花篱，且其托叶和叶轴先端均呈刺状，兼有防护作用；也适于岩石、假山旁、草地丛植观赏，并是瘠薄山地重要的水土保持灌木。

图 8-256 锦鸡儿(1～5)、
红花锦鸡儿(6、7)
1、6—花枝；2—花萼；3—旗瓣；4—翼瓣；
5—龙骨瓣；7—荚果

2. 红花锦鸡儿 *Caragana rosea* Turcz.（图 8-256）

高达 1m。托叶宿存并硬化成针刺，长 3～4mm。羽状复叶有小叶 2 对，叶轴甚短而小叶簇生如同掌状；小叶长圆状倒卵形，长 1～2.5cm，宽 4～10mm。花冠长约 2cm，黄色，龙骨瓣玫瑰红色，凋谢时变红色。荚果筒状，长达 6cm。

产东北、华北、华东至西部。其余同锦鸡儿。

附：树锦鸡儿（*Caragana arborescens* Lam.），小乔木或大灌木，高 2～6m；羽状复叶有 4～8 对小叶；托叶针刺状，长 5～10mm；小叶长圆状倒卵形、狭倒卵形或椭圆形，长 1～2cm，宽 5～10mm，先端钝圆，具刺尖。花 2～5 朵簇生，花梗长 2～5cm，花冠黄色，长 1.6～2cm。花期 5～6月。产东北、华北北部和西北，优良庭院观赏材料，常栽培。

小叶锦鸡儿（*Caragana microphylla* Lam.），老枝黄灰色或灰绿色；嫩枝被毛。小叶 5～10 对，倒卵形或倒卵状矩圆形，长 3～10mm，先端圆形，钝或微凹，具短刺尖，托叶常硬化成针刺，宿存。花黄色，单生或簇生；花梗近中部具关节。产东北、华北、西北。

（十一）紫藤属 *Wisteria* Nutt.

落叶藤本。奇数羽状复叶，小叶对生，具小托叶。总状花序下垂，花蓝紫色或白色；萼钟形，5齿裂；花冠蝶形，旗瓣大而反卷，翼瓣镰形，基具耳垂，龙骨瓣端钝；雄蕊2体。

6种，分布于东亚和北美。我国4种，引入栽培2种。

紫藤（藤萝） *Wisteria sinensis* (Sims) Sweet（图 8-257）

【形态特征】大藤本，茎枝为左旋生长，长达20m。小叶7～13，通常11，卵状长圆形至卵状披针形，长 4.5～11cm，宽 2～5cm，幼叶密生平贴白色细毛，后变无毛。花序长 15～30cm，花蓝紫色，长约 2.5～4cm，旗瓣圆形，基部有2胼胝体状附属物。果长 10～25cm，密生黄色绒毛；种子扁圆形，棕黑色。花期4～5月；果期9～10月。

【栽培品种】银藤（'Alba'），花白色，耐寒性稍差。

【分布与习性】原产我国，自东北南部、黄河流域至长江流域和华南均有栽培或分布。喜光，略耐阴；较耐寒。喜深厚肥沃而排水良好的土壤，有一定的耐干旱、瘠薄和水湿能力。主根发达，侧根较少，不耐移植。

【繁殖方法】播种、扦插、压条、分蘖繁殖。

【园林用途】紫藤是著名的凉廊和棚架绿化材料，庇荫效果好，春季先叶开花，花穗大而紫色，鲜花蕤垂、清香四溢，可形成绿蔓浓密、紫袖垂长、碧水映霞、清风送香的引人入胜的景观。紫藤作棚架和凉廊式造景时，因枝叶茂密，重量大，棚架宜高大、高敞，必须选用坚实耐久的材料搭

图 8-257 紫藤
1—花枝；2～4—花瓣；5—雄蕊；
6—雌蕊；7—果；8—种子

制，如水泥柱、钢管、铁架、石料等。紫藤还可以装饰枯死的古树，给人以枯木逢春之感，如泰安岱庙、曲阜孔庙、北京中山公园、劳动人民文化宫等处均用紫藤攀附枯死的侧柏等古树。

附：多花紫藤（*Wisteria floribunda* DC.），茎枝较细，右旋生长。小叶13～19，叶端渐尖，叶基圆形。花序长达 30～90cm，花堇紫色，芳香，长 1.5～2cm。原产日本，华北、华中有栽培。

白花藤（*Wisteria venusta* Rehd. & Wils.），小叶9～13枚，茎、叶有毛，花序长 10～15cm，花冠白色。原产日本，华北常见栽培。

藤萝（*Wisteria villosa* Rehd），小叶9～13枚，被长柔毛，下面尤密，花堇青色。产淮河流域，华北、华东常见栽培。

（十二）葛属 *Pueraria* DC.

藤本，常具块根。羽状3小叶。总状花序腋生或集生成圆锥状；萼钟形，上部2裂片合生，下部3裂。花冠突出，旗瓣基部有附属体及耳；单体雄蕊；子房近无柄。荚果扁平或稍肿胀。

约20种，分布于亚洲。我国10种，主产南方。

葛藤 *Pueraria montana* (Lour.) Merr. var. *lobata* (Willd.) Maes. & S. M. Almeid. ex Sanj. & Pred.

(图 8-258)

——*Pueraria lobata* (Willd.) Ohwi

【形态特征】落叶藤本，具肥大块根。茎右旋，全株密被黄色长硬毛。顶生小叶菱状卵形，长 5.5～19cm，宽 4.5～18cm，全缘或有时 3 浅裂；侧生小叶宽卵形，偏斜，深裂。总状花序腋生，长达 20cm；花萼长 8～10mm；花冠紫红色。荚果带状，扁平，长 5～10cm，宽 8～11mm，密生硬毛。花期 7～9 月；果期 9～10 月。

【分布与习性】分布极广，除西藏、新疆外，几遍全国，常生于山地荒坡、路旁和疏林中。东南亚至澳大利亚也有分布，欧洲、美洲和非洲引入。适应性极强，生长迅速。喜光，耐干旱瘠薄。

【繁殖方法】播种或压条繁殖。

【园林用途】枝叶茂密、花朵紫红，花期正值盛夏，而且全株密毛，滞尘能力强，抗污染，是工矿区难得的垂直绿化材料，可攀附花架、绿廊，也是优良的山地水土保持树种。

图 8-258 葛藤

1—花枝；2—去掉花瓣的花；

3—花瓣；4—果；5—根

（十三）油麻藤属(黧豆属) *Mucuna* Adans.

攀缘灌木或草本，稀直立。羽状 3 小叶，常 3 出脉，有托叶和小托叶。总状、稀圆锥花序，腋生或生于老茎上；萼钟形，上部 2 齿合生，下面 3 齿；旗瓣为龙骨瓣之半，龙骨瓣和翼瓣近等长或稍长；2 体雄蕊，花药 2 型，5 枚与花瓣互生者较长，基着药，5 枚与花瓣对生者较短，丁字药。荚果常被刺毛。

约 100 种，分布于热带和亚热带。我国 18 种，分布于西南至东南部。

常春油麻藤 *Mucuna sempervirens* Hemsl. (图 8-259)

【形态特征】常绿大藤本，茎蔓长达 20m，径达 30cm。顶生小叶卵状椭圆形或卵状长圆形，长 7～12cm，两面无毛。总状花序生老茎上，花紫红或深紫色，长约 6.5cm，萼外面疏被锈色硬毛，内面密生绢毛。荚果长条形，长 50～60cm，木质，种子间缢缩，被锈黄色柔毛；种子棕黑色。花期 4～5 月；果期 9～10 月。

【分布与习性】产华东、华中至西南；日本也有分布。喜光，稍耐阴，耐干旱瘠薄，常生于石灰岩山地；较耐寒。

【繁殖方法】播种、压条或扦插繁殖。

【园林用途】四季常绿，花朵鲜艳美观，老藤有若龙盘蛟舞，且具有老茎生花现象，在亚热带地区较为奇特，为重要的垂直绿化材料，适于攀附花架、绿廊、拱门、棚架。

附：白花油麻藤(*Mucuna birdwodiana* Tutcher)，顶生小叶椭圆

图 8-259 常春油麻藤

1—叶枝；2—花序；3—花萼；4—花瓣；

5—花萼、雄蕊和雌蕊；6—荚果

形或卵状椭圆形，长8～13cm，先端短尾尖，幼时被柔毛。总状花序腋生，花冠黄白色，长达7.5～8.5cm，花瓣相抱而不舒展，状似禾雀。主产华南，向北分布于浙江、湖南等地，耐寒性不如常春油麻藤。

（十四）崖豆藤属 *Millettia* Wight & Arn.

藤本、攀缘灌木或乔木。奇数羽状复叶，小叶3～21，对生，全缘，羽状脉。总状或圆锥花序；萼4～5齿裂，稀平截，花冠美丽。

约130种，分布于非洲、亚洲和大洋洲热带和亚热带地区。我国36种，主产南方。

本属亦有分为鸡血藤属（*Callerya*）和狭义的崖豆藤属（*Millettia*）。本书采用广义的分类。

鸡血藤（网络崖豆藤、网络鸡血藤）*Millettia reticulata* Benth.（图8-260）

【形态特征】攀缘灌木。枝叶无毛。小叶7～9枚，长椭圆形或卵形，长3～10cm，先端钝尖，基部圆形，两面网脉微隆起。总状花序生于枝顶和上部叶腋，排成圆锥状，长达10～20cm；花瓣深红色或暗紫色，长1.3～1.5cm。果条形，长7～16cm，木质，开裂；种子3～7，扁圆形。花期5～8月；果期10～11月。

【分布与习性】产长江流域至华南、西南，常生于海拔700m以下的山区、溪边、林缘或灌丛中。喜湿润肥沃土壤，也尚耐瘠薄；较耐寒，在南京可正常生长。

【繁殖方法】播种、压条或扦插繁殖。

【园林用途】叶片青翠浓绿，光泽可鉴，圆锥花序紫色或红色，长达20cm，盛夏开花，红绿相衬，浓荫盖地，是一种美丽的庭院垂直绿化植物。可用于攀附花架、栅栏、凉廊、树木，也适于坡地、山石间种植。

图8-260 鸡血藤
1—花枝；2—花萼；3～5—花瓣；
6—雄蕊；7—雌蕊；8—开裂的荚果，示种子

附：香花崖豆藤（*Millettia dielisana* Harms ex Diels.），小叶5，披针形或狭矩圆形，长5～15cm，宽1.5～6cm；圆锥花序宽大，长达40cm；花紫红色，长1.2～2.4cm，旗瓣密生锈色或银色绢毛。产长江流域至华南、西南，北达甘肃和陕西南部。

四十二、胡颓子科 Elaeagnaceae

灌木，稀乔木。树体被盾状鳞片或星状毛。单叶，互生，稀对生，羽状脉，全缘，无托叶。花两性或单性，单生、簇生或总状花序；单被花，花被4裂；雄蕊4或8；子房上位，1室，1胚珠。坚果或瘦果，为肉质花被筒所包被。

3属90种，分布于北半球温带、亚热带。我国2属约74种，遍布全国。

分 属 检 索 表

1. 花两性或杂性；萼4裂；雄蕊4，与萼互生 ………………………………… 胡颓子属 *Elaeagnus*
1. 花单性，雌雄异株；萼2裂；雄蕊4，2枚与萼互生，2枚与萼对生 ……………… 沙棘属 *Hippophae*

（一）胡颓子属 *Elaeagnus* Linn.

常绿或落叶，灌木或小乔木，常有枝刺，被黄色或银白色盾状鳞片或星状毛。叶互生，叶柄短。

花两性或杂性，单生或簇生叶腋；萼筒长，4裂；雄蕊4，有蜜腺，虫媒传粉。核果状坚果，外包肉质萼筒，果核具8肋。

90种，分布于欧洲南部、亚洲和北美洲。我国67种，全国各地均产，主产长江以南。

分 种 检 索 表

1. 落叶性；春夏季开花，9～10月果熟。
  2. 小枝与叶只有银白色鳞片；果黄色 ·· 沙枣 E. angustifolia
  2. 小枝与叶有银白色和褐色鳞片；果红色或橙红色 ························ 牛奶子 E. umbellata
1. 常绿性；秋季开花，翌年5月果熟 ··· 胡颓子 E. pungens

1. 胡颓子 Elaeagnus pungens Thunb. (图8-261)

【形态特征】常绿灌木，高达4m；株丛圆形至扁圆形；枝条开展，有褐色鳞片，常有刺。叶椭圆形至长椭圆形，长5～7cm，革质，边缘波状或反卷，背面有银白色及褐色鳞片。花1～3朵腋生，下垂，银白色，芳香。果椭球形，红色，被褐色鳞片。花期9～11月；果期翌年4～5月。

【栽培品种】金边胡颓子（'Aurea'），叶缘深黄色，其他部分绿色。金心胡颓子（'Fredericii'），叶片稍小而狭，边缘暗绿色，中央深黄色。玉边胡颓子（'Variegata'），叶片边缘黄白色，中央部分绿色。圆叶胡颓子（'Simonii'），叶片椭圆形，较圆阔。

【分布与习性】产长江以南各省；日本也有分布。喜光，也耐阴；对土壤要求不严，在湿润、肥沃、排水良好的土壤中生长最佳。耐干旱瘠薄。萌芽、萌蘖性强，耐修剪。有根瘤菌。

【繁殖方法】播种或扦插繁殖。

【园林用途】株形自然，花香果红，银白色腺鳞在阳光照射下银光点点。适于草地丛植，也用于林缘、树群外围作自然式绿篱，点缀于池畔、窗前、石间亦甚适宜。

2. 沙枣(桂香柳) **Elaeagnus angustifolia** Linn. (图8-262)

【形态特征】落叶灌木或小乔木，高达10m，树冠阔卵圆形；有时有枝刺。小枝、花序、果、叶

图8-261 胡颓子

1—花枝；2—花；3—花萼筒展开；

4—雌蕊；5—盾状、星芒状鳞片

图8-262 沙枣

1—花枝；2—花；3—花纵剖面；

4—雌蕊；5—雌蕊纵剖面；6—果；7—盾状鳞

背与叶柄密生银白色鳞片。叶椭圆状披针形至狭披针形，长 4～6cm，宽 8～11mm，基部广楔形，先端尖或钝。花 1～3 朵生于小枝下部叶腋，花被筒钟状，外面银白色，内面黄色，芳香，花梗甚短。果椭圆形，熟时黄色，果肉粉质。花期 5～6 月；果期 9～10 月。

【分布与习性】产西北、华北等地；俄罗斯、中东、近东和欧洲也有分布。适应性强。喜光，耐寒、耐干旱瘠薄，也耐水湿、盐碱，抗风沙，能生长在荒漠、盐碱地和草原上。萌蘖性强，抗风沙。根系发达，有可固氮的根瘤菌共生，能改良土壤，提高土壤肥力。

【繁殖方法】播种繁殖。

【园林用途】叶片银白，秋果淡黄，可植于庭院观赏，宜丛植，也可培养成乔木状，用于列植、孤植，或经整形修剪用作绿篱。因耐盐碱、干旱、水湿，故可应用于各种环境，尤其是在盐碱地区，沙枣是重要的园林造景材料。

3. 牛奶子(秋胡颓子) *Elaeagnus umbellata* Thunb.

【形态特征】落叶灌木，高达 4m。枝开展，常具刺，幼枝密被银白色和淡褐色鳞片。叶卵状椭圆形至椭圆形，长 3～5cm，边缘波状，有银白色和褐色鳞片。花黄白色，有香气。果近球形，径 5～7mm，红色或橙红色。花期 4～5 月；果 9～10 月成熟。

【分布与习性】产东北南部、华北、西北至长江流域、西南各省区；日本、朝鲜、中南半岛、阿富汗、意大利等地也有分布。喜光，适应性强，耐旱，耐瘠薄，萌蘖性强，多生于向阳林缘、灌丛、荒山坡地和河边沙地。

【繁殖方法】播种、扦插繁殖。

【园林用途】枝叶茂密，花香果黄，叶片银光闪烁，园林中常用作观叶、观果树种，可增添野趣，极适合作水土保持及防护林。

附：**翅果油树**(*Elaeagnus mollis* Diels)，幼枝灰绿色，密被灰绿色星状绒毛和鳞片。叶卵形，长 6～9cm，宽 2～5cm，上面疏生、下面密生腺鳞。果椭圆形至卵形，长 1.5～2.2cm，有软毛，具 8 条翅状棱脊，萼筒宿存，果核骨质。中国特有，产山西吕梁山、中条山及陕西。油料树种，种仁含油率高达 51%；耐干旱瘠薄，根系发达，也是水土保持的优良树种；花芳香，可结合生产，栽培观赏。

(二)沙棘属 *Hippophae* Linn.

落叶灌木或小乔木，具枝刺，幼时有银白色或锈色盾状鳞片或星状毛。叶互生，多为线状披针形。雌雄异株，短总状花序腋生；花萼 2 裂；雄蕊 4。坚果球形，被肉质萼筒包围，呈核果状。

7 种，分布于亚洲东部至欧洲西北部，青藏高原为分化中心。我国 7 种均产，产华北、西北和西南。

沙棘(中国沙棘) *Hippophae rhamnoides* Linn. subsp. *sinensis* Rousi(图 8-263)

【形态特征】灌木或乔木，一般高 1～5m，有时高达 15m，胸径 30cm。树皮褐色；枝条近黑色，粗糙；枝刺较少。叶多数对生

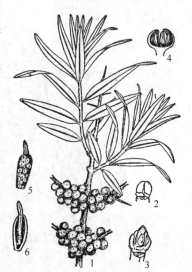

图 8-263 沙棘
1—果枝；2—冬芽；3—花芽；
4—雄花纵剖面；5～6—雌花及其纵剖面

或近对生，狭披针形，长 3～6cm，宽 6～10mm，先端尖或钝，背面密生银白色腺鳞，表面绿色。花小，淡黄色，短总状花序，先叶开放；花梗长 1～2mm。果球形或卵形，长 4～6mm，黄色或深红色。花期 4～5 月；果期 9～10 月。

【分布与习性】分布于青海、甘肃、陕西、山西、内蒙古、河北和四川西部，生于向阳山坡、谷地和干涸河床滩地、灌丛。适应性极强，喜光，耐严寒和酷热；喜湿润但不耐水淹，耐干旱瘠薄和风沙；耐盐碱，能在 pH 值 9.5 和含盐量 1.1% 的土壤上生长。根系发达，萌蘖性强。

【繁殖方法】播种、扦插、压条或分蘖繁殖。

【园林用途】沙棘是防风固沙、水土保持、改良土壤的优良树种；又是干旱风沙地区进行绿化的先锋树种。果色艳丽、枝叶繁茂而密生枝刺，是优良的果篱材料，园林中应用可增加山野气息。果实富含维生素 C，可生食、制果酱、饮料。

四十三、山龙眼科 Proteaceae

乔木、灌木，稀草本。单叶，互生，稀对生或轮生；无托叶。花两性或单性，总状、头状、穗状或伞形花序；单被花；花萼呈花瓣状，4 裂，镊合状排列；雄蕊 4，与花萼裂片对生，花丝贴生于萼片上；单心皮，子房 1 室，有柄或无柄，有或无下位鳞片或花盘，胚珠 1 至多枚，花柱单生。坚果、核果、蓇葖或蓇葖果；种子扁平，常有翅，无胚乳。

约 80 属 1700 种，分布于热带和亚热带，主产大洋洲和非洲南部。我国 2 属 23 种，产长江流域以南，另引入栽培 2 属 2 种。

银桦属 Grevillea R. Brown

乔木或灌木。叶全缘、有锯齿或 2 回羽状分裂。花两性，不整齐，总状花序常集成圆锥花序；花萼管纤弱，常弯曲，裂片反卷；花药无柄，藏于花被裂片的凹陷处；子房有柄，胚珠 2。蓇葖果；种子有翅。

约 160 种，主要分布于大洋洲和亚洲东南部。我国引入 1 种，常植为行道树。

银桦 Grevillea robusta A. Cunn. (图 8-264)

【形态特征】常绿乔木，高达 25m。幼枝、芽及叶柄密被锈褐色粗毛。叶 2 回羽状深裂，裂片 5～13 对，近披针形，边缘加厚，上面深绿色，下面密被银灰色绢毛。总状花序长 7～15cm，花橙黄色，花梗长 8～13mm，向花轴两边扩张或稍下弯。果实卵状长圆形，长 1.4～1.6cm，稍倾斜而扁，顶端具宿存花柱，成熟时棕褐色，沿腹缝线开裂；种子卵形，周围有膜质翅。花期 4～5 月；果期 6～7 月。

【分布与习性】原产大洋洲，我国南岭以南各省区引种。喜光，喜温暖湿润气候，可抗轻霜，在 4℃ 以下时枝条受冻。在深厚肥沃、排水良好的酸性沙质壤土上生长良好。抗氟化氢和氯气，不抗二氧化硫。生长速度较快，在昆明，20 年生可高达 20m，胸径达 35cm。

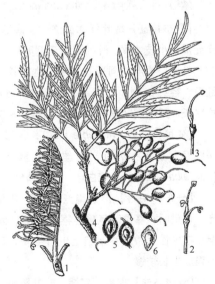

图 8-264　银桦
1—花序；2—花，示花被和花柱；
3—雌蕊和花盘；4—果枝；5—果瓣；6—种子

【繁殖方法】播种繁殖。种子易丧失发芽力，应随采随播。

【园林用途】树干通直，树形美观，花色橙黄，而且叶形奇特，颇似蕨叶，抗烟尘，适应城市环境，是南亚热带地区优良的行道树，也可用于庭园中孤植、对植。此外，银桦还是优良的蜜源植物，木材供室内装修和家具制造等用。

四十四、千屈菜科 Lythraceae

草本或木本；枝近4棱形。单叶，常对生，少互生或轮生，全缘。花两性，辐射对称，少两侧对称，单生或各式花序；萼3~6(16)裂，宿存；花瓣与萼片同数或无；雄蕊4至多数，生萼管上；子房上位，2~6室，中轴胎座。蒴果，种子多数，无胚乳。

共25属550种，主要分布于热带和亚热带，以热带美洲最盛，少数延伸至温带。我国11属47种，广布全国。

分属检索表

1. 乔木或灌木，花辐射对称，萼管无距。
  2. 植物体无刺，花瓣通常6，雄蕊多数；种子有翅 ·· 紫薇属 *Lagerstroemia*
  2. 植物体有刺，花瓣4，雄蕊8；种子无翅 ·· 散沫花属 *Lawsonia*
1. 草本或灌木，花两侧对称，萼管基部有圆形的距 ····································· 萼距花属 *Cuphea*

（一）紫薇属 *Lagerstroemia* Linn.

常绿或落叶，灌木或乔木。芽鳞2。叶对生或上部互生，叶柄短。花常艳丽，圆锥花序；萼5~9裂；花瓣5~9(常6)，有长爪，皱褶；雄蕊多数；子房3~6室，柱头头状。蒴果，室背开裂，花萼宿存；种子顶端有翅。

55种，分布于亚洲和大洋洲。我国16种，引入栽培2种，主产西南至东部。

紫薇(百日红) *Lagerstroemia indica* Linn. (图 8-265)

【形态特征】落叶乔木或灌木，高达7m，枝干多扭曲；树皮光滑，小枝4棱。叶椭圆形至倒卵形，长3~7cm，先端尖或钝，基部广楔形或圆形。花序顶生，长9~18cm；花蓝紫色至红色，径约3~4cm，花萼、花瓣均为6枚，雄蕊多数，外轮6枚特长。果椭圆状球形，6裂。花期6~9月；果期10~11月。

图 8-265 紫薇
1—花枝；2—花纵剖面；
3—子房横剖面；4—种子

【变种】翠薇(var. *rubra* Lav.)，花冠紫堇色或带蓝色，瓣爪深红色，长5~7mm，花丝红色至淡紫色，叶翠绿。银薇(var. *alba* Nich.)，花冠白色，瓣爪淡红色至红色，长1cm。

【分布与习性】产东南亚，以我国为分布和栽培中心。喜光，稍耐阴；喜温暖气候；喜肥沃湿润而排水良好的石灰性土壤，在中性至微酸性土壤上也可生长。耐干旱，忌水涝。萌蘖性强。生长较慢。

【繁殖方法】播种、扦插、分蘖繁殖。

【园林用途】树姿优美，树干光洁古朴，花期长而且开花时正值少花的盛夏，是著名花木。1000多年前，已经作为奇花异木，遍植于皇宫、官邸。紫薇可修剪成乔木型，于庭园门口、堂前对植，路旁列植，或草坪、池畔丛植、孤植；也可修剪成灌木状，专用于丛植赏花，植于窗前、草地无不适宜。在西南地区，常制成花瓶、牌坊、亭桥等多种形状。

附：大花紫薇(*Lagerstroemia speciosa* Linn.)，常绿乔木，高达20m。叶片较大，矩圆状椭圆形或卵状椭圆形，长 10～25cm，革质。圆锥花序，花大，径约 5～7.5cm，花色美丽，开花时由淡红变紫色，花萼有 12 条纵棱。花序也大。果较大，径约 2.5cm。原产东南亚和大洋洲，华南有栽培。喜暖热气候，很不耐寒。是南方美丽的庭园观赏树。优质用材树。

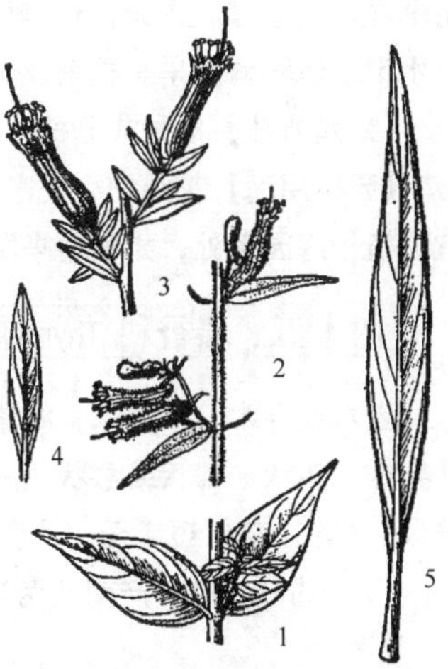

（二）萼距花属 *Cuphea* Adans. ex P. Br.

草本或灌木，多数有黏质腺毛。叶对生或轮生。花左右对称，单生或总状花序；花萼延长而呈花冠状，有棱，基部有距，顶端 6 齿裂并常有同数的附属体；花瓣 6，不等；雄蕊 11，稀 9、6 或 4 枚；子房上位，不等 2 室。蒴果长椭圆形，包藏于萼内。

约 300 种，分布于南北美洲和夏威夷群岛。我国引入栽培 7 种。

小萼距花 *Cuphea micropetala* H. B. K. (图 8-266)

小灌木，高 50～100cm，粗壮，近无毛或被稀疏刚毛；分枝多而稍压扁，常带紫红色。叶密集，近对生，薄革质，线状披针形或长椭圆状披针形，长 5～12cm，宽 0.5～1.5cm，基部下延至叶柄，两面粗糙；叶脉两面凸起。花单生，腋生、腋外生或生于叶柄之间，组成顶生带叶的总状花序；萼管圆筒形，长 2～2.5cm，被短毛，上部黄色，下部橙红色，有距；花瓣 6，短于萼裂片；雄蕊突出于萼管外，红色。

图 8-266 萼距花(1、2)、
小萼距花(3～5)
1、5—基部叶；2、3—花枝；4—叶

产墨西哥。华南有栽培，常植为地被，也是优良的矮篱和基础种植材料；长江流域及其以北地区常见盆栽。

附：萼距花(*Cuphea hookeriana* Walp.)(图 8-266)，小灌木，高 30～70cm，直立，粗糙，被粗毛和短小硬毛；分枝细，密被短柔毛。叶薄革质，披针形或卵状披针形，稀矩圆形，顶部的线状披针形，长 2～4cm，宽 0.5～1.5cm，基部下延至叶柄。花单生或组成少花的总状花序；花梗纤细；花萼基部上方具短距，带红色，密被黏质毛。

（三）散沫花属 *Lawsonia* Linn.

1 种，分布于东半球热带，我国南部常栽培观赏。

散沫花(指甲花) *Lawsonia inermis* Linn. (图 8-267)

【形态特征】落叶灌木，高 3～5m；树皮光滑。常有刺，小枝略呈四棱形，无毛。单叶，对生，狭椭圆形或倒卵形，长 2～4cm，宽 1～1.6cm，全缘，无毛；叶柄短。圆锥花序顶生，无毛；花小，白色、玫瑰红色或朱砂红色，极香，径 6～10mm；萼 4 裂；花瓣 4，宽卵形，长约 4mm，皱缩，雄

图 8-267 散沫花
1—花枝；2—萼展开；3—花瓣；
4—幼果；5—成熟果；6—种子

蕊通常 8 枚。蒴果球形，径约 7mm，不开裂或不规则开裂。花期 6～10 月；果期 12 月。

【分布与习性】分布于热带亚洲至非洲，我国南方各省区常栽培。喜高温高湿气候，耐干热，不耐寒冷，忌冰雪。喜光，也稍耐阴；对土壤适应性强，沙土、黏土均宜，酸性土和微碱性土皆可；耐水湿，也稍耐干旱。根系发达，抗风。

【繁殖方法】播种或分株、扦插繁殖。

【园林用途】花朵细小繁密，芳香无比，在古代就是著名的香花植物。叶可作红色染料。园林中宜丛植于庭园各处，如窗前亭际、假山石间，以赏其色、闻其香。

四十五、瑞香科 Thymelaeaceae

灌木或乔木，稀草本；纤维发达。单叶，互生或对生，全缘，羽状脉；无托叶。花两性，稀单性异株，头状、穗状或总状花序；萼筒呈花冠状，4～5 裂；花瓣缺或鳞片状；雄蕊与萼片同数或为倍数，2 轮，花丝短或无；子房上位，1 室，1 胚珠。果为坚果状、核果状或浆果状。

48 属约 650 种，产南北两半球温带至热带。我国 9 属 115 种，各地均有分布，主产长江以南。

分 属 检 索 表

1. 花序头状或短总状；花柱甚短，柱头大，头状 ································ 瑞香属 *Daphne*
1. 花序头状；花柱甚长，柱头长而线形 ································ 结香属 *Edgeworthia*

（一）瑞香属 *Daphne* Linn.

灌木。叶互生，稀对生。花芳香，短总状花序或簇生成头状；常具总苞，萼筒花冠状，4(5) 裂；无花瓣；雄蕊 8～10，成 2 轮着生于萼筒内壁顶端；柱头头状，花柱短。果为核果状。

约 95 种，分布于欧洲、北非和亚洲温带和亚热带以及大洋洲。我国 52 种，主产西南和西北，大多数种类可栽培观赏。

分 种 检 索 表

1. 常绿灌木，叶互生；头状花序；果红色 ································ 瑞香 *D. odora*
1. 落叶灌木，叶对生；花簇生；果白色 ································ 芫花 *D. genkwa*

1. 瑞香 *Daphne odora* Thunb. (图 8-268)

【形态特征】常绿灌木，高 1.5～2m。枝细长，紫色，无毛。叶互生，长椭圆形至倒披针形，长 5～8cm，先端钝或短尖，基部狭楔形，无毛。雌雄异株，头状花序顶生，有总梗；花白色或淡红紫色，径约 1.5cm，芳香；花被 4 裂，花瓣状。核果肉质，圆球形，红色。花期 3～4 月。栽培的常为雄株。

【变种】紫枝瑞香 (var. *atrocaulis* Rehd.)，枝深紫色，花被外侧被灰黄色绢状毛。水香 (var. *rosacea* Makino)，花被裂片的内方白色，外方略带粉红色。

【栽培品种】白花瑞香 ('Leucantha')，花纯白色。金边瑞香 ('Marginata')，叶缘金黄色，花极香。

【分布与习性】原产中国和日本，长江流域各地广泛栽培。喜阴，忌日光曝晒；喜温暖，不耐寒；喜肥沃湿润而排水良好

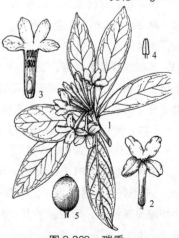

图 8-268　瑞香
1—花枝；2—花；3—花纵剖面；
4—雄蕊；5—果实

的酸性和微酸性土，忌积水。

【繁殖方法】压条和扦插繁殖，也可分株。

【园林用途】著名的早春花木，株形优美，花朵极芳香。最适于林下路边、林间空地、庭院、假山岩石的阴面等处配植。萌芽力强，耐修剪，也适于造型。日本庭院常修剪成球形，点缀于松柏类树木间。北方多于温室盆栽观赏。

2. 芫花 Daphne genkwa Sieb. & Zucc. (图 8-269)

【形态特征】落叶灌木，高达 1m。枝细长直立，幼时密被淡黄色绢状毛。叶对生，偶互生，长椭圆形，长 3～4cm，先端尖，基部楔形，背面脉上有绢状毛。花簇生枝侧，紫色或淡紫红色，花萼外面有绢状毛，无香气。果肉质，白色。花期 3～4 月，先叶开放；果期 5～6 月。

【分布与习性】分布于长江流域以南及山东、河南、陕西等省，多生于低海拔山区灌丛和林中。朝鲜也有分布。喜光，不耐庇荫，耐寒性较强。

【繁殖方法】播种或分株繁殖。

【园林用途】春天叶前开花，颇似紫丁香，宜植于庭园观赏。也是优良的纤维植物。

附：黄瑞香（*Daphne giraldii* Nitsche），落叶小灌木，高约 1m；叶倒披针形，长 3～6(8)cm，宽 0.7～1.2(1.5)cm，叶柄极短；头状花序生枝顶，花 3～8 朵，黄色，略香；果实红色，直径 5～8mm。产东北、西北至四川一带。

图 8-269 芫花
1—花枝；2—果枝；3—展开之花；4—雌蕊

（二）结香属 Edgeworthia Meisn.

灌木，茎皮强韧。枝粗壮。叶互生，常集生枝端。腋生头状花序，先叶或与叶同时开放；花萼筒状，4 裂；雄蕊 8，2 轮；花盘环状，分裂；子房无柄，具长柔毛，花柱甚长，柱头长而线形。核果干燥，包于花被基部，果皮革质。

5 种，分布于喜马拉雅地区至日本。我国 4 种。

结香 Edgeworthia chrysantha Lindl. (图 8-270)

【形态特征】落叶灌木，高达 2m。枝粗壮柔软，3 叉状，棕红色。叶长椭圆形至倒披针形，长 6～20cm，先端急尖，基部楔形并下延，表面疏生柔毛，背面被长硬毛；具短柄。花 40～50 朵集成下垂的头状花序，黄色，芳香；花冠状萼筒长瓶状，外被绢状长柔毛。果卵形。花期 3～4 月，先叶开放；果期 7～8 月。

【栽培品种】红花结香（'Sanguinea'），花橘红色，国外常见栽培。

【分布与习性】产长江流域至西南地区，北达陕西、河南，普遍栽培。日本也常见栽培并归化。喜半阴，喜温暖湿润气候

图 8-270 结香
1—花枝(花未开放)；2—花；3—花纵剖面

和肥沃而排水良好的土壤，也颇耐寒；根肉质，不耐积水。萌蘖力强。

【繁殖方法】分株或扦插繁殖。

【园林用途】柔条长叶，姿态清雅，花多而成簇，芳香浓郁。适于草地、水边、石间、墙隅、疏林下丛植。由于枝条柔软，可打结，常整形成各种形状。

附：山结香 [*Edgeworthia gardneri* (Wallich.) Meissn.]，常绿灌木，株形和叶均较小，叶长 4～12cm，花序梗细长，长达 5cm。产我国西南和尼泊尔，园林中偶见栽培。

四十六、桃金娘科 Myrtaceae

常绿乔木或灌木；具芳香油。单叶，对生或互生，全缘，具透明油腺点；无托叶。花两性，单生、簇生或各式花序；萼 4～5 裂，宿存；花瓣 4～5，稀缺；雄蕊多数，分离或成束而与花瓣对生，着生于花盘边缘，花丝细长；子房下位或半下位，1～10(13)室，每室 1 至多数胚珠，中轴胎座，稀侧膜胎座。浆果、蒴果、核果或坚果。

约 130 属 4500～5000 种，主要分布于热带美洲、大洋洲和热带亚洲。我国 5 属 89 种，引入 8 属 70 余种，主产两广和云南。

分属检索表

1. 蒴果，在顶端开裂；叶互生或对生；上位或周位花。
　2. 萼片与花瓣均连合成花盖，开花时横裂脱落 ………………………………………… 桉树属 Eucalyptus
　2. 萼片与花瓣分离，不连合成花盖；花无柄，呈穗状花序。
　　3. 雄蕊合生成 5 束，与花瓣对生，白色；树皮松软，薄层剥落 ………………… 白千层属 Melaleuca
　　3. 雄蕊分离，红色；树皮坚实，不易剥落 ………………………………………… 红千层属 Callistemon
1. 浆果或核果状；叶对生；周位花。
　4. 花萼在花蕾时不裂，开花后不规则深裂，子房 4～5 室；种子多数 ………………… 番石榴属 Psidium
　4. 花萼在花蕾时即 4～5 裂，花瓣 4～5；子房 2 室；果具 1～2 种子 ………………… 蒲桃属 Syzygium

（一）桉树属 Eucalyptus L'Herit

常绿乔木，稀灌木。幼苗和萌芽枝之叶对生；大树之叶互生，常下垂，全缘，为等面叶，羽状侧脉在近叶缘处连成边脉。花单生或伞形、伞房或圆锥花序；萼片与花瓣连合成一帽状花盖，开花时花盖横裂脱落；雄蕊多数，分离；萼筒与子房基部合生，子房下位，3～6 室，胚珠多数。蒴果，顶端 3～6 裂；种子多数，细小，有棱。

约 700 种，主产澳大利亚与邻近岛屿，少数种类产印度尼西亚和菲律宾，世界热带和亚热带广泛引种。我国先后引入 110 余种，以华南和西南常见。

分种检索表

1. 树皮薄，条状或片状脱落，树干基部偶有斑块状宿存之树皮。
　2. 圆锥花序顶生或腋生；帽状体比萼管短；蒴果壶形；枝叶有浓郁柠檬气味 …………… 柠檬桉 E. citriodora
　2. 伞形花序腋生；帽状体长或短；蒴果圆锥形或钟形，稀为壶形；有时为单花。
　　3. 花大，无梗或极短，常单生或有时 2～3 朵聚生于叶腋；花蕾表面有小瘤，被白粉 …… 蓝桉 E. globulus
　　3. 花小，梗长约 2mm；3～7 朵成伞形花序，花蕾表面平滑 ………………………… 直杆蓝桉 E. maidenii
1. 树皮厚，宿存，粗糙；伞形花序；蒴果长 1～1.5cm，卵状壶形；萼管无棱 ………………… 大叶桉 E. robusta

1. 柠檬桉 *Eucalyptus citriodora* Hook. f. (图 8-271)

【形态特征】高达 40m，胸径 l.2m，具强烈的柠檬香气；树皮呈片状剥落；树干通直、光滑，灰白或略淡红色。叶 2 型：幼苗及萌枝上的叶卵状披针形，叶柄在叶片基部盾状着生，有腺毛；大树之叶狭披针形至披针形，长 10～15cm，宽 1～1.5cm，稍弯，两面被黑腺点，无毛，叶柄长 1.5～2cm。圆锥花序顶生或腋生；花盖半球形，顶端具小尖头，花径约 1.5～2cm；萼筒较花盖长 2 倍。蒴果壶形或坛状，长约 1.2cm，果瓣深藏。花期 3～4 月及 10～11 月；果期 6～7 月及 9～11 月。

【分布与习性】产澳大利亚沿海地区。我国福建、广东、广西、云南、台湾、四川等省区均有引栽。喜光，不耐寒，易受霜害，喜土层深厚疏松、排水良好的红壤、黄壤和冲积土，较耐干旱。生长速度快，在广东，6 年生幼树高达 16m，胸径 26cm。

【繁殖方法】播种繁殖。

图 8-271 柠檬桉
1—花枝；2—果实

【园林用途】树形高耸，树干洁净，呈灰白色，非常优美秀丽，枝叶有芳香，是优秀的庭园观赏树和行道树。在住宅区不宜种植过多，否则香味过浓也会使人不太舒适。幼嫩枝叶提取的桉油可供食品、香精、化工原料、医药等用。

2. 蓝桉（灰杨柳）*Eucalyptus globulus* Labill. (图 8-272)

【形态特征】高达 80m；树干多扭转，树皮薄片状剥落。叶蓝绿色，萌芽枝及幼苗的叶卵状矩圆形，基部心形，长 3～10cm，有白粉，无柄；大树之叶镰状披针形，长 12～30cm，边脉近叶缘，叶柄长 1.5～4cm。花单生或 2～3 朵簇生叶腋，径达 4cm，近无柄，花蕾表面有小瘤和白粉；萼筒 4 脊；花盖较萼筒短。蒴果倒圆锥形，径 2～2.5cm。花期 9～10 月；果期次年 2～5 月。

【分布与习性】产澳大利亚和塔斯马尼亚岛低海拔温暖地带。我国西南及南部有引种，以云南中部及北部、贵州西部、四川西南部生长最好。喜温暖气候，但不耐湿热，耐寒性不强，极喜光，喜肥沃湿润酸性土，不耐钙质土壤。

【繁殖方法】播种繁殖。

【园林用途】蓝桉生长极快，是四旁绿化的良好树种，但缺点是树干扭曲不够通直。

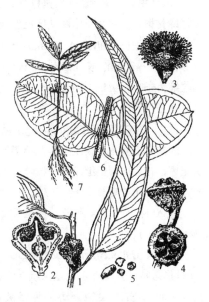

图 8-272 蓝桉
1—花枝；2—花蕾纵剖面；3—花；4—果枝；5—种子；6—幼态叶；7—幼苗

3. 直杆蓝桉 *Eucalyptus maidenii* F. Muell.

与蓝桉的区别为：树干通直，树皮有灰褐色和灰白色斑块。幼枝四棱形，2 年生枝圆形。花小，3～7 朵排成伞形花序，花梗长约 2mm；花蕾表面平滑，无小瘤和白粉，花盖与萼筒等长；果小，钟形或倒圆锥形，径约 0.6～1cm。余同蓝桉。

本种有时被作为蓝桉的亚种 ［*Eucalyptus globulus* subsp. *maidenii* (F. Mueller) Kirkp. ］，产澳大利亚东南部。我国 1947 年引入，华南、西南和浙江等地有栽培。深根性，在酸性土和石灰性土壤上都能生长。生长快，干通直，宜作四旁绿化树，也是良好的蜜源植物。

4. 大叶桉 *Eucalyptus robusta* Smith（图 8-273）

【形态特征】高达 30m；树干挺直。树皮厚而松软，粗糙，纵裂但不剥落。小枝淡红色，略下垂。幼苗和萌生枝叶卵形，宽达 7cm；大树之叶卵状披针形，长 8～18cm，宽 3～7cm，叶基圆形；侧脉多而细，与中脉近成直角；叶柄长 1～2cm。花 4～8 朵成伞形花序，花序梗粗扁，具棱；花径 1.5～2cm，花盖圆锥形，具喙，短于萼筒或与之等长。蒴果碗状，径 0.8～1cm。花期 4～9 月，花后约 3 个月果成熟。

【分布与习性】产澳大利亚，生于沼泽黏重土和中度盐碱土地区。长江流域至华南、西南、陕西南部有栽培。极喜光，喜温暖湿润气候，耐－7.3℃短期低温，是桉树中最耐寒者之一。喜肥沃湿润的酸性及中性土壤。不耐干瘠，极耐水湿。生长迅速，萌芽力强，根系深，抗风。

【繁殖方法】种子繁殖，也可扦插。

【园林用途】树冠庞大，是疗养区、住宅区、医院和公共绿地的良好绿化树种。可用于沿海地区低湿处的防风林。

图 8-273　大叶桉

1—花枝；2—果枝

附：赤桉（*Eucalyptus camalduensis* Dehnh.），树皮光滑，灰白色，薄片状脱落。叶狭披针形至披针形，长 8～20cm，宽 1.2cm，稍弯曲。伞形花序有花 5～8，总梗纤细；花蕾卵形，有柄，花盖先端收缩为长喙，尖锐。蒴果近球形，径 6mm。原产澳大利亚，华南至西南常栽培，长江流域也有栽培，北至陕西汉中。

（二）红千层属 *Callistemon* R. Brown

灌木或小乔木，树皮坚实，不易剥落。叶互生，条形或披针形。花无柄，在枝顶组成头状或穗状花序，花后枝顶仍继续生长枝叶；萼 5 裂；花瓣 5，圆形；雄蕊多数，分离或基部合生，花丝红色或黄色，远比花瓣长；子房下位，3～4 室，胚珠多数。蒴果，先端平截。

约 20 种，产澳大利亚。我国引入栽培 3 种，均为美丽观赏树。本属有时被归入白千层属（*Melaleuca*）。

红千层 *Callistemon rigidus* R. Brown（图 8-274）

【形态特征】小乔木或灌木状。小枝红棕色，有白色柔毛。叶条形，光滑而坚硬，长 5～9cm，宽 3～6mm，先端尖锐，幼时两面被丝毛，后脱落；中脉显著，边脉突起；无柄。穗状花序长 10cm，形似试管刷；花瓣绿色，卵形；雄蕊长 2.5cm，鲜红色。蒴果半球形，直径 7mm。花期 6～8 月。

【分布与习性】原产澳大利亚。华南和西南地区常见栽培，长江流域和北方多有盆栽。喜光，喜高温高湿气候，很不耐寒；要求酸性土壤，能耐干旱瘠薄，在荒山、石砾地、黏重土壤上均可生长。萌芽力强，耐修剪。

【繁殖方法】播种繁殖。苗木主根长而侧根少，不耐移植。

【园林用途】植株繁茂，花序形状奇特，花色红艳，花期也长，是一优美的庭园花木，宜丛植于草地、山石间，也可列植于步道两侧。还适于整形修剪或选用老桩制作盆景。

附：垂枝红千层 [*Callistemon viminalis* (Soland. ex Gaertn.) Cheel.]，与红千层相近，但植株较高大，枝条下垂，嫩叶墨绿色；花鲜红色。

柳叶红千层 (*Callistemon salignum* DC.)，叶宽 7mm，下垂，枝顶嫩叶带红色；雄蕊长 13mm，黄色或少为淡粉红色。

（三）白千层属 *Melaleuca* Linn.

乔木或灌木。叶互生，少对生，披针形或条形，具平行纵脉。花无梗，头状或穗状花序，花序顶能继续生长枝叶；萼筒钟形，5 裂；花瓣 5；雄蕊多数，基部连合成 5 束并与花瓣对生；子房 3 室，胚珠多数。蒴果，顶端开裂为 3 果瓣。

图 8-274 红千层
1—花、果枝；2—花

200 余种，主要分布于大洋洲，也产于印度尼西亚等地。我国引入栽培 3 种，其中白千层普遍栽培。

白千层 *Melaleuca cajuputi* Powell subsp. *cumingiana* (Turcz.) Barlow(图 8-275)

【形态特征】乔木，高达 18m；树皮厚而松软，灰白色，多层纸状剥落；嫩枝灰白色。叶革质，互生，狭长椭圆形或狭矩圆形，长 4～10cm，宽 1～2cm；有纵脉 3～7 条，先端尖，基部狭楔形；叶柄极短。穗状花序假顶生，长达 15cm；花白色，花瓣 5，卵形，长 2～3mm；花丝长约 1cm，白色，5 束。果近球形，径 5～7mm。花期 4～6 月和 10～12 月。

【分布与习性】原产印度尼西亚等地，华南常见栽培。习性与红千层相近，适应性强，在较干燥的沙地和水边、低湿地均能生长。

【繁殖方法】播种繁殖。

【园林用途】树形秀丽，树皮白色，是优良的绿化树种，除供丛植观赏外，也可植为行道树，又可选作造林及四旁绿化树种。白千层叶含芳香油 1%～1.5%，可提取"玉树油"。

图 8-275 白千层
1—花枝；2—果枝；3—花

（四）番石榴属 *Psidium* Linn.

乔木或灌木。叶对生，全缘，羽状脉。花较大，1～3 朵腋生；萼筒钟形，4～5 裂；花瓣 4～5，白色；雄蕊多数，分离；子房下位，4～5室，胚珠多数。浆果梨形，胎座肉质，有宿萼。

约150种，产热带美洲。我国引入2种。

番石榴（鸡矢果）*Psidium guajava* Linn.（图8-276）

【形态特征】灌木或乔木，高达13m，树皮呈片状剥落；嫩枝四棱形，老枝圆形。叶革质，长椭圆形至卵形，长7～13cm，宽4～6cm，叶背密生柔毛。花白色，芳香，径2.5～3.5cm；萼绿色。浆果球形、卵形或梨形，长4～8cm。每年开花2次：第1次4～5月，第2次8～9月，果实在花后2～2.5个月成熟。

【分布与习性】原产南美洲；现世界热带广植，并在许多地区归化。我国东南沿海和华南、云南、四川等地栽培，北方温室偶见栽培。喜暖热气候，不耐霜冻，在－1℃时即受冻害，但萌芽力强，易于更新恢复；对土壤要求不严，在沙土、黏土上均可生长，耐瘠薄；较耐干旱和水湿。根系分布较浅，不抗风。

【繁殖方法】播种、扦插或压条繁殖，播种育苗宜随采随播。

图 8-276　番石榴
1—花枝；2—果

【园林用途】树姿美丽，树皮平滑，花果期长，适于丛植、散植于草坪、桥头、池畔，也可结合生产在风景区内大量栽种，目前在广西、云南和四川部分地区已野化，形成灌丛。果可鲜食，富含维生素。

（五）蒲桃属 *Syzygium* Gaertn.

乔木或灌木。叶对生，稀轮生，羽状脉通常较密，具边脉。聚伞花序；萼筒倒圆锥形，有时棒状，萼裂片4～5；花瓣4～5，分离或连成帽状；雄蕊多数，花丝分离，花蕾时卷曲；子房下位，2～3室，胚珠多数。浆果或核果状；种子1～2，种皮与果皮内壁常黏合。

约1200种，产亚洲、大洋洲、非洲和太平洋岛屿。我国78种，引入栽培数种，主产云南、广东和广西。

分 种 检 索 表

1. 花大，花萼裂片肉质，长3～10mm，宿存；果大。
　2. 叶基楔形；叶柄长6～8mm；嫩枝圆 ……………………………………… 蒲桃 *S. jambos*
　2. 叶基圆形；叶柄长3～4mm；嫩枝扁 …………………………………… 洋蒲桃 *S. samarangense*
1. 花小，花萼裂片不明显，花后脱落；果小；嫩枝圆 ……………………………………… 乌墨 *S. cumini*

1. 蒲桃 *Syzygium jambos* (Linn.) Alston（图8-277）

【形态特征】乔木，高达12m。主干短，多分枝，树冠扁球形。嫩枝圆。叶披针形，长12～25cm，宽3～4.5cm，先端长渐尖，叶基楔形，上面被腺点，侧脉12～16对；叶柄长6～8mm。聚伞花序顶生，花黄白色，径3～4cm；雄蕊突出于花瓣之外；花梗长1～2cm。浆果球形或卵形，径3～5cm，淡黄绿色，萼宿存。花期4～5月；果期7～8月。

【分布与习性】产华南至云南和贵州南部、四川；中南半岛、马来西亚和印度尼西亚也有分布。

喜光，稍耐阴；喜温暖湿润环境；对土壤适应性强，沙质土、黏重土以至石砾地上均可生长，耐干旱瘠薄，也耐水湿。深根性，枝条强韧，抗风力强。

【繁殖方法】播种繁殖。种子宜随采随播。

【园林用途】叶色光亮，四季常绿，枝条披散下垂宛如垂柳，婆娑可爱，花白色而繁密，素净娴雅，果实黄色，也颇美观，是华南常见的园林造景材料。可用于广场、草地、庭院作庭荫树，孤植或丛植，也适于溪流、池塘、湖泊等水体周围列植，是优良的防风、固堤树种。还是著名的热带鲜食水果。

2. 洋蒲桃（莲雾）*Syzygium samarangense* (Blume) Merr. & Perry（图 8-278）

乔木，高达 12m。嫩枝扁。叶椭圆形或长圆形，长 10～22cm，宽 5～8cm，先端钝尖，叶基圆形或微心形，下面被腺点，侧脉 14～19 对；叶柄长 3～4mm。聚伞花序长 5～6cm，花梗长约 5mm，萼筒倒圆锥形，长 7～8mm，密被腺点。浆果梨形或圆锥形，长 4～6cm，淡红色、乳白色、深红色，有光泽，顶端凹下，萼齿肉质。花期 3～4 月；果期 5～6 月。

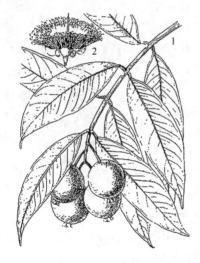

图 8-277　蒲桃
1—果枝；2—花枝

图 8-278　洋蒲桃
1—花枝；2—果实

原产马来西亚、印度尼西亚和巴布亚新几内亚等国。华南、台湾和云南等地栽培。枝叶葱翠，树形优美，尤其是果实为粉红色或深红色的品种，满树红果，甚为好看，是优良之园景树。果味香可食。

3. 乌墨（海南蒲桃）*Syzygium cumini* (Linn.) Skeels

高达 15m。嫩枝圆。叶阔卵圆形至狭椭圆形，长 6～12cm，宽 3.5～7cm，先端圆，具短尖头，基部阔楔形；侧脉明显，两面多细小腺点；叶柄长 1～2cm。复聚伞花序腋生，长达 11cm，花白色，花瓣长 2.5mm；萼齿不明显，脱落。果卵圆形或壶形，长 1～2cm，紫红色或黑色。花期 2～3 月；果期 7～8 月。

产于华南至西南各省区；东南亚及澳大利亚也有分布。散生于低山丘陵林中。萌芽力强。优良用材树种和庭园绿化树种，可植为行道树和庭荫树。

四十七、石榴科 Punicaceae

落叶灌木或乔木，常具枝刺。单叶，全缘，对生或近对生，或在侧生短枝上簇生；无托叶。花两性，单生，或2～5朵簇生；萼筒钟状，5～9裂，革质，宿存；花瓣5～9；雄蕊多数；子房下位，多室，胚珠多数。浆果球形，外果皮革质，花萼宿存。种子多数，外种皮肉质多汁。

1属2种，1种特产于印度洋索科特拉岛，1种分布于亚洲中部和西南部。我国引入栽培1种。

有些学者将本科归入千屈菜科(Lythraceae)。

石榴属 *Punica* Linn.

形态特征同科。

石榴(安石榴)*Punica granatum* Linn.（图8-279）

【形态特征】高达10m，或呈灌木状。幼枝平滑，四棱形，顶端多为刺状；有短枝。叶倒卵状长椭圆形或椭圆形，长2～9cm，无毛。萼钟形，红色或黄白色，肉质，长2～3cm；花瓣红色、白色或黄色，多皱；子房具叠生子室，上部5～7室为侧膜胎座，下部3～7室为中轴胎座。果近球形，径6～8cm或更大，红色或深黄色。花期5～6月；果期9～10月。

【变种】白石榴(var. *albescens* DC.)，花白色，单瓣，果实黄白色。重瓣白石榴(var. *multiplex* Sweet.)，花白色，重瓣。重瓣红石榴(var. *pleniflora* Hayne)，花大型，重瓣，红色。玛瑙石榴(var. *legrellei* van Houtte.)，花大型，重瓣，花瓣有红色和黄白色条纹。黄石榴(var. *flavescens* Sweet.)，花黄色，单瓣或重瓣。月季石榴［var. *nana* (Linn.)Pers.］，矮生，叶片、花朵、果实均小，花单瓣，花期长。重瓣月季石榴(var. *plena* Voss.)，矮生，叶细小，花红色，重瓣，通常不结实。墨石榴(var. *nigra* Hort.)，矮生，枝条细柔、开张，花小，多单瓣；果实成熟时紫黑色。

图8-279 石榴
1—花枝；2—花纵剖面；3—果；4—种子

【分布与习性】原产伊朗和阿富汗等地。我国黄河流域以南各地以及新疆等地均有栽培。喜光，喜温暖气候，可耐-20℃左右的低温；喜深厚肥沃、湿润而排水良好的石灰质土壤，但可适应pH值4.5～8.2的范围；耐旱。

【繁殖方法】播种、分株、压条、嫁接、扦插均可，但以扦插较为普遍。

【园林用途】在我国传统文化中，以石榴"万子同苞"，象征着子孙满堂、多子多孙，被视为吉祥的植物，故庭院中多植。适宜孤植、丛植于建筑附近、草坪、石间、水际、山坡，对植于门口、房前；也可植为园路树。在大型公园中，可结合生产群植。矮生品种可植为绿篱，或配植于山石间，还可盆栽观赏。西安市市花。

四十八、使君子科 Combretaceae

乔木、灌木或木质藤本。单叶，对生或互生；花两性，稀单性，穗状花序、总状花序或头状花序；萼管与子房合生，且延伸其外成一管，4~5(8)裂；花瓣4~5或缺；雄蕊(2)4~10，生萼管内；子房下位，1室，倒生胚珠2~6。坚果、核果或翅果。

约20属500种，分布于热带和亚热带。我国6属20种，主产云南、广东、海南和广西。多为优良用材树种，有些种类供观赏和药用。

分 属 检 索 表

1. 藤本或攀缘灌木；叶对生；花瓣5 ·· 使君子属 *Quisqualis*

1. 大乔木；叶互生或近对生；无花瓣 ·· 榄仁树属 *Terminalia*

（一）使君子属 *Quisqualis* Linn.

木质藤本或攀缘灌木。叶薄纸质，对生。花两性，穗状花序；萼管细长，裂片5；花瓣5，短而外展；雄蕊10，2轮；子房无柄，胚珠3~4；花柱细长，大部分与萼管贴合。果革质，5棱，有种子1颗。

17种，产于热带亚洲和热带非洲。我国2种。

使君子(留求子) *Quisqualis indica* Linn. (图8-280)

【形态特征】常绿或落叶藤本，长达10m。小枝被棕黄色柔毛。叶卵形或椭圆形，长5~12cm，基部圆形，上面无毛，下面疏被棕色柔毛；侧脉7~8对。花序顶生、倒垂，长3~13cm，有花10余朵；花萼管长5~9cm；花瓣长1.2~2.4cm，初开时白色，后变红色，平展如星状，有香气，径2~3cm。果实卵状纺锤形，长2.5~4cm，先端3~5瓣裂。花期5~6月；果期8~9月。

【分布与习性】产我国南部和东南亚地区，长江中下游以南各地露地栽培，在华中地区多呈落叶状。喜温暖湿润和阳光充足的环境，对土壤要求不严，但宜排水良好；不耐干旱。萌芽性强。

【繁殖方法】播种、扦插或压条繁殖。

【园林用途】使君子是著名的中药，花白色、粉红色至深红色，由于次第开放，红红白白，深浅不一，显得异彩纷呈、烂漫如锦，造景中适于装饰枯树、攀缘竹篱、墙垣、廊架。

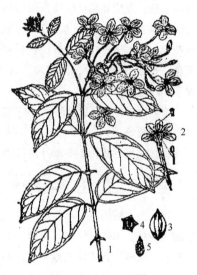

图8-280 使君子
1—花枝；2—花纵剖面；3—果；
4—果纵剖；5—种子

（二）榄仁树属(诃子属) *Terminalia* Linn.

大乔木，具板根。叶互生或近对生，常集生枝顶，全缘或具锯齿，叶柄或叶片基部常有2腺体。花两性，穗状、总状或圆锥花序；萼管杯状或钟状，萼齿5，脱落；无花瓣；雄蕊10。核果扁平。

约150种，主产于热带，分布于非洲、美洲、亚洲、澳大利亚和太平洋岛屿。我国6种，产华南和西南。

分 种 检 索 表

1. 叶椭圆形或卵形，长7~14cm，宽4~8.4cm；侧脉6~10对 ·················· 诃梨勒 *T. chebula*

1. 叶倒卵形，长12~22cm，宽8.5~15cm；侧脉10~12对 ·················· 榄仁树 *T. catappa*

1. 诃梨勒(诃子) *Terminalia chebula* Retz.

【形态特征】常绿大乔木，高达30m；树皮平滑。侧枝斜出。叶互生或近对生，椭圆形或卵形，长 7~14cm，宽 4~8.4cm，先端渐尖，基部偏斜，全缘，上面密生小瘤点；侧脉 6~10 对；叶柄粗壮，长 1.8~3cm，有时顶端有 2 腺体。穗状花序或圆锥花序，顶生或腋生，长 5.5~10cm；萼杯状，具 5 齿，内面密生黄棕色柔毛；雄蕊 10，伸出萼外。果实椭圆形或卵形，长 3~5cm，初为绿色，后变为青黄色、黑褐色。花期 6 月、9 月、11 月，3 次开花；果期 7 月以后。

【分布与习性】产热带亚洲，我国分布于云南西部和西南部，华南常有栽培。喜光，耐旱，喜深厚肥沃土壤。

【繁殖方法】播种或扦插繁殖。

【园林用途】优良用材和鞣料树种。也可植为绿荫树，栽培历史极为悠久，南方寺院中常见，如广州光孝寺有千年古木。

2. 榄仁树 *Terminalia catappa* Linn. (图 8-281)

半常绿乔木，高达 20m。小枝粗壮，枝端密被棕色长绒毛。叶厚纸质，互生并集生枝顶，倒卵形，长 12~22cm，宽 8.5~15cm，先端钝圆或尖，基部耳状浅心形；侧脉 10~12 对。穗状花序，单生于近枝顶叶腋，长 8~20cm。果椭圆形或卵圆形，黄色，长 2.5~5.5cm，两侧扁，具 2 纵棱。花期 3~6 月；果期 7~9 月。

产云南、广东、广西和台湾；东南亚至大洋洲也有分布。华南常见栽培。

优良的用材树种。冬季叶色红艳，也是优良的观赏树种。

图 8-281　榄仁树
1—花枝；2—部分果枝；
3—花纵剖面；4—雄蕊

四十九、红树科 Rhizophoraceae

常绿乔木或灌木，具板根、支柱根、曲膝状气根等。小枝节部常肿胀。单叶，对生，羽状脉，具托叶，早落，稀互生而无托叶。花两性，稀单性或杂性同株；单生、簇生叶腋或为聚伞花序；萼管与子房合生或分离，裂片 4~16，宿存；花瓣与萼片同数，很少为其倍数，全缘或撕裂状；雄蕊与花瓣同数或 2 倍之或多数，常成对或单个与花瓣对生，并为花瓣所包；子房下位或半下位，稀上位，2~6(8) 室，稀 1 室，每室 2 胚珠。果革质或肉质，不开裂。

约 17 属 120 余种，广布于热带海岸和内陆。我国 6 属 13 种，产西南至台湾，以华南海滩为多，是构成红树林的主要树种，大部分种类的树皮富含单宁，又为防风、防浪和碱土指示植物。

红树属 *Rhizophora* Linn.

灌木或乔木，有支柱根，生于海边盐滩上。叶革质，对生，下面被黑色腺点；托叶稍带红色，早落。花两性，2 至多朵排成 1~3 回聚伞花序，总梗腋生；萼 4 深裂，基部有合生的小苞片；花瓣 4，全缘，早落；雄蕊 8~12，近无花丝，花药多室，瓣裂；子房半下位，2 室。果卵形、下垂，顶部有宿存、外弯、花后增大的萼裂片。种子 1(2~3)，无胚乳。胚体于果脱离母树前发芽，胚轴突出果外而呈长棒状。

约 8 种，广布于热带海岸盐滩和海湾内沼泽地。我国 3 种，产南部海滩和台湾。

分 种 检 索 表

1. 总花梗远比叶柄短，生于已落叶的叶腋，有花2朵，小苞片合生成杯状，花瓣无毛 ……… 红树 *R. apiculata*
1. 总花梗约与叶柄等长或稍长，生于未落叶的叶腋，多花，小苞片仅基部合生，花瓣有毛 ………………
………………………………………………………………………………… 红海兰 *R. stylosa*

1. 红树 *Rhizophora apiculata* Blume(图 8-282)

乔木或灌木，高达2~4m；树皮银褐色至黑褐色。叶椭圆形或长圆状椭圆形，长7~12(16)cm，宽3~6cm，先端短尖或凸尖，基部宽楔形，下面中脉红色；托叶长5~7cm。总花梗生于已落叶的叶腋，花2，无梗，花瓣膜质；雄蕊12，4枚着生于花瓣上，8枚着生于萼片上。果倒梨形，长2~2.5cm，径1.2~1.5cm。胚轴圆柱形，略弯，绿紫色，长20~40cm。花果期全年。

产于海南。印度、马来半岛、印度尼西亚也有分布。在海南沿海海滩，红树和角果木、木榄、海莲等组成混交林，为优势树种。

红树是热带海滩红树林的重要组成成分，也用于营造海岸防护林。

2. 红海兰 *Rhizophora stylosa* Griff.

乔木或灌木，基部有发达的支柱根。叶椭圆形或长圆状椭圆形，长6.5~11cm，宽3~4(5.5)cm，先端短钝尖或凸尖，基部宽楔形，中脉和叶柄均绿色；托叶长4~6cm；叶柄粗壮，长2~3cm。总花梗生于当年生枝叶腋，与叶柄等长或稍长，有花2至多

图 8-282　红树
1—枝条；2—花序；
3—果和胚轴；4—幼苗

朵，花具短梗，基部有合生的小苞片；花萼裂片淡黄色，长9~12mm；雄蕊8，4枚着生于花瓣上，4枚着生于萼片上。果倒梨形，长2.5~3cm，径1.8~2.5cm。胚轴圆柱形，长30~40cm。花果期秋冬季。

产广东、海南、台湾、广西等地，生于沿海盐滩红树林的内缘。马来西亚、菲律宾、印度尼西亚、澳大利亚、新西兰也有分布。

五十、蓝果树科 Nyssaceae

落叶乔木。单叶，互生，羽状脉，无托叶。花单性或杂性，雌雄异株或同株，雄花序为头状、总状或伞形，雌花、两性花单生或头状花序；萼小，5(8)齿或全缘；花瓣5或10；雄蕊为花瓣数的2倍；子房下位，1室或6~10室，倒生胚珠1。核果或翅果。

5属30种，产东亚和北美。我国3属10种。

分 属 检 索 表

1. 叶全缘(或仅幼树之叶有锯齿)；花序无叶状苞片；翅果 …………………………… 喜树属 *Camptotheca*
1. 有锯齿；花序有白色大型苞片，无花瓣；核果 ……………………………………… 珙桐属 *Davidia*

（一）珙桐属 *Davidia* Baill.

1种，为我国特产。

珙桐(鸽子树) *Davidia involucrata* Baill. (图 8-283)

【形态特征】落叶乔木，高达 20m，树皮呈不规则薄片状剥落；树冠圆锥形。单叶，互生，广卵形，长 7～16cm，先端渐长尖或尾尖；基部心形，缘有粗尖锯齿，背面密生绒毛。花杂性，由多数雄花和 1 朵两性花组成顶生头状花序，花序下有 2 片矩圆形或卵形、长达 8～15cm 的白色大苞片；花瓣退化或无，雄蕊 1～7，子房 6～10 室。核果椭球形，紫绿色，锈色皮孔显著，内含 3～5 核。花期 4～5 月；果 10 月成熟。

【变种】光叶珙桐[var. *vilmoriniana* (Dode) Wangerin]，叶无毛或幼时背面脉上及脉腋有毛。

【分布与习性】产湖北西部、湖南西北部、四川、贵州和云南北部，生于海拔 1300～2500m 的山地林中。喜半阴环境，喜温凉湿润气候，要求空气湿度大；略耐寒，不耐炎热和阳光曝晒；喜深厚湿润而排水良好的酸性或中性土壤，忌碱性土。浅根性，根萌力强。

【繁殖方法】种子繁殖。

【园林用途】珙桐是世界著名的珍贵观赏树种，开花时节，

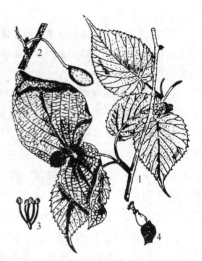

图 8-283　珙桐
1—花枝；2—果枝；3—雄花；
4—雌花(花瓣已谢)

美丽而奇特的大苞片犹如白鸽的双翅，暗红色的头状花序似鸽子的头部，绿黄色的柱头像鸽子的喙，整个树冠犹如满树群鸽栖息。1903 年引入英国，其后引入欧洲其他国家，被誉为"中国的鸽子树"。适于中高海拔地区风景区山谷林间栽培，在气候适宜地区，可丛植于池畔、溪边，与常绿树混植效果较好。目前我国园林中栽培较少，主要见于植物园中。

（二）喜树属 *Camptotheca* Decne.

1 种，为我国特产。

喜树 *Camptotheca acuminata* Decne. (图 8-284)

【形态特征】落叶乔木，高达 30m。小枝绿色，髓心片隔状。单叶，互生，椭圆形至长卵形，长 12～28cm，宽 6～12cm，先端突渐尖，基部广楔形，全缘或微波状，萌蘖枝及幼树枝之叶常疏生锯齿，羽状脉弧形，背面疏生短柔毛，脉上尤密；叶柄常带红色。花单性同株，头状花序常数个组成总状复花序，上部为雌花序，下部为雄花序；花萼 5 裂；花瓣 5，淡绿色；雄蕊 10；子房 1 室。翅果长 2～3cm，有窄翅，集生成球形。花期 5～7 月；果 9～11 月成熟。

【分布与习性】产长江流域至华南、西南，生于海拔 1000m 以下的林缘、溪边。常见栽培。喜光，幼树稍耐阴。喜温暖湿润气候，不耐干燥寒冷。深根性，喜肥沃湿润土壤，不耐干旱瘠薄，在酸性、中性、弱碱性土壤上均可生长，在石灰岩风化的土壤和冲积土上生长良好。较耐水湿。生长速度快。

图 8-284　喜树
1—花枝；2—果枝；3—雄花；
4—雌花；5—果

【繁殖方法】播种繁殖。

【园林用途】树姿雄伟，花朵清雅，果实集生成头状，新叶常带紫红色，是优良的行道树、庭荫树。既适合庭院、公园和风景区造景应用，也是常用的公路树和堤岸、河边绿化树种。

五十一、山茱萸科(四照花科) Cornaceae

乔木或灌木，稀草本。单叶，对生，稀互生，常全缘，无托叶。花两性，稀单性，聚伞、伞形、伞房、头状或圆锥花序，萼4～5裂，或不裂，花瓣4～5，雄蕊常与花瓣同数互生，花盘内生，子房下位，1～5室。核果或浆果状核果，种子有胚乳。

约15属120种，分布于北半球温带和亚热带。我国9属60多种，除新疆外，各地均产。

分 属 检 索 表

1. 花两性，核果；子房2室。
  2. 伞房状聚伞花序，无总苞；叶对生，稀互生；果近球形⋯⋯⋯⋯⋯⋯⋯⋯⋯⋯⋯⋯⋯ 梾木属 *Swida*
  2. 花序有芽鳞状或花瓣状总苞；叶对生；果长椭圆形、椭圆形或卵形。
   3. 伞形花序，总苞鳞片状，黄绿色；果长椭圆形 ⋯⋯⋯⋯⋯⋯⋯⋯⋯⋯⋯⋯ 山茱萸属 *Cornus*
   3. 头状花序，具4枚白色花瓣状总苞；果椭圆形或卵形 ⋯⋯⋯⋯⋯⋯ 四照花属 *Dendrobenthamia*
1. 花单性，雌雄异株，圆锥花序；浆果状核果；子房1室 ⋯⋯⋯⋯⋯⋯⋯⋯⋯⋯⋯ 桃叶珊瑚属 *Aucuba*

（一）桃叶珊瑚属 *Aucuba* Thunb.

常绿灌木或乔木。小枝绿色。单叶对生，全缘或有粗齿。花单性异株，圆锥花序腋生；萼4齿裂；花瓣4，有四角形的大花盘；子房下位，1室。浆果状核果，种子1粒。有些分类学家将本属列为桃叶珊瑚科 Aucubaceae。

约10种，分布于喜马拉雅地区至东亚。我国10种均产，分布于黄河流域以南。

东瀛珊瑚(青木) *Aucuba japonica* Thunb. (图8-285)

【形态特征】灌木，通常1～3m，稀达5m。小枝粗壮，无毛。叶革质，狭椭圆形至卵状椭圆形，偶宽披针形，长8～20cm，宽5～12cm，叶缘上部疏生2～6对锯齿或全缘，先端渐尖，基部宽楔形或近圆形，两面有光泽。雄花序长7～10cm，雌花序长2～3cm，均被柔毛；花紫红色或深红色。果紫红色或黑色，卵球形，长约1.2～1.5cm。花期3～4月；果期11月至翌年2月。

【栽培品种】洒金东瀛珊瑚('Variegata')，叶面布满大小不等的金黄色斑点。姬青木('Borealis')，植株矮小，高30～100cm，耐寒性强。白果东瀛珊瑚('Leococarpa')，果实白色。黄果东瀛珊瑚('Luteacarpa')，果实黄色。翠花东瀛珊瑚('Castaeoviridescens')，花为绿褐色。

【分布与习性】产日本、朝鲜及我国台湾和浙江南部。我国各地普遍栽培。耐阴，惧阳光直射，在有散射光的落叶林下生长最佳。生长势强，耐修剪。抗污染，适应城市环境。

图 8-285　东瀛珊瑚

1—雌花枝；2—雄花枝；

3—雌花；4—雄花；5—果

【繁殖方法】扦插和播种繁殖。

【园林用途】优良的观叶、观果树种。株形圆整，秋冬鲜红的果实在叶丛中非常美丽。因其耐阴，最适于林下、建筑物隐蔽处、立交桥下、山石间等阳光不足的环境丛植以点缀园景。池畔、窗前、湖中小岛适当点缀也甚适宜，如配以湖石，效果更佳。

附：桃叶珊瑚（*Aucuba chinensis* Benth.），高3~6(12)m，叶椭圆形至宽椭圆形或线状披针形，革质或厚革质，有锯齿，先端尾尖，被硬毛。花序密被柔毛，花黄绿色或淡黄色。果亮红色或深红色。花期1~2月。分布于广东、广西、贵州、福建、海南、四川、云南、台湾等省区，生于海拔300~1000m的林中，越南和缅甸也产。耐阴，不耐寒。为良好的观叶、观果树种。

（二）梾木属 *Swida* Opiz.

落叶乔木或灌木。枝叶常被贴伏丁字毛。叶对生，稀互生，全缘。花两性，伞房状复聚伞花序，顶生，无总苞；花4数；子房2室。核果。

约32种，分布于北温带，少数种类产南美洲。我国约17种，除新疆外，各地均产，以西南最多。

分 种 检 索 表

1. 叶对生，果核顶端无孔。
    2. 灌木，枝鲜红色，无毛；果乳白色或蓝白色 ·· 红瑞木 *S. alba*
    2. 乔木，树皮块状剥落，形成绿白相间的斑纹；果黑色 ························· 光皮梾木 *S. wilsoniana*
1. 叶互生，果核顶端有近四角形深孔 ··· 灯台树 *S. controversum*

1. 红瑞木 *Swida alba* Opiz.（图8-286）

【形态特征】灌木，高3m。树皮暗红色，小枝血红色，幼时被灰白色短柔毛和白粉。叶对生，卵形或椭圆形，长5~8.5cm，下面粉绿色，侧脉4~5(6)对，两面疏生柔毛。花小，黄白色。核果长圆形，微扁，乳白色或蓝白色。花期6~7月；果期8~10月。

【栽培品种】银边红瑞木（'Argenteo-marginata'），叶缘银白色。花叶红瑞木（'Gonchanltii'），叶黄白色或有粉红色斑块。金边红瑞木（'Spaethii'），枝条冬季鲜红色，叶缘金黄色。

【分布与习性】产东北、华北、西北至江浙一带，生于海拔600~1700m的山地溪边、阔叶林及针阔混交林内。性强健，喜光，耐寒，喜湿润土壤，也耐旱。

【繁殖方法】播种、扦插、分株繁殖。

【园林用途】枝条终年红色，叶片经霜亦变红，观赏期长，尤其冬季白雪中衬以血红色的枝条，灿若珊瑚，极为美观。园林中最适于庭院、草地、建筑物前、树间丛植，可与棣棠、梧桐、竹类等绿枝树种或常绿树种相配，在冬季衬以白雪，可相映成趣，得红绿相映之效；也可栽作自然式绿篱，赏其红枝与白果。红瑞木也是良好的切枝材料。一般经

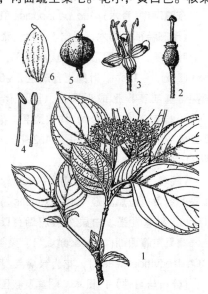

图8-286 红瑞木

1—花枝；2—花托、花萼及花柱；
3—花；4—雄蕊；5—果实；6—花瓣

2～3 年，红瑞木枝条变老，或枯死或色泽不佳，宜从基部剪去，重新萌发新枝。

2. 光皮梾木 Swida wilsoniana (Wanger.) Sojak

【形态特征】乔木，高达 18m，有时呈灌木状；树皮白色带绿，斑块状剥落后形成明显的斑纹。叶对生，椭圆形至卵状椭圆形，长 6～12cm，先端渐尖，基部楔形或宽楔形，背面密生乳头状突起和平贴的灰白色短柔毛，侧脉 3～4 对。圆锥状聚伞花序，花小而白色。核果球形，径约 6～7mm，紫黑色。花期 5 月；果期 10～11 月。

【分布与习性】产秦岭、淮河流域以南至华中、华南，生于海拔 1100m 以下的林中。较喜光；耐寒，也耐热，在石灰岩山地和酸性土中均可生长，在排水良好、湿润肥沃的土壤中生长良好。深根性，萌芽力强。

【繁殖方法】播种繁殖。

【园林用途】干直而挺秀，树皮斑斓，叶茂密，荫浓，初夏满树银花，是优良的庭荫树和行道树，南京等地应用较多。

3. 灯台树 Swida controversum (Hemsl.) Mold. (图 8-287)

——*Bothrocaryum controversum* (Hemsl.) Pojark.

【形态特征】落叶乔木，高达 20m；树皮暗灰色，浅纵裂；大枝平展，轮状着生；当年生枝紫红色或带绿色，无毛。单叶，互生，常集生枝顶，广卵形，长 6～13cm，宽 3～6.5cm，先端骤渐尖，基部楔形或圆，侧脉 6～8 对，表面深绿色，背面灰绿色，疏生平伏短柔毛。伞房状聚伞花序，花白色，径8mm。核果球形，成熟时由紫红色变蓝黑色，径 6～7mm，果核顶端有一方形孔穴。花期 5～6 月；果期 9～10 月。

【栽培品种】银边灯台树('Variegata')，叶缘银白色。

【分布与习性】产东亚，分布甚广，东北南部、黄河流域、长江流域至华南、西南、台湾均产。喜光，稍耐阴；喜温暖湿润气候，也颇耐寒；喜肥沃湿润而排水良好的土壤。

【繁殖方法】播种、扦插繁殖。

图 8-287　灯台树
1—果枝；2—花；3—果

【园林用途】树形齐整，大枝平展、轮生，层层如灯台，形成美丽的圆锥形树冠，是一优美的观形树种，而且姿态清雅，叶形雅致，花朵细小而花序硕大，白色而素雅，平铺于层状枝条上，花期颇为醒目，树形、叶、花、果兼赏，唯以树形最佳，适宜孤植于庭院、草地，也可作行道树。

附：毛梾 [*Swida walteri* (Wanger.) Sojak.]，树皮黑褐色，深纵裂。叶卵形至椭圆形，长 4～10cm，侧脉 4～5 对，叶缘波浪状，下面疏生柔毛。核果黑色。分布于华东、华中、西南及西北等地。

（三）山茱萸属 Cornus Linn.

落叶乔木或灌木，枝条常对生。叶对生，全缘。花两性，黄色，伞形花序；总苞芽鳞状，4 枚，脱落。萼管近全缘或有 4 齿；花瓣和雄蕊 4 枚；花盘垫状；子房 2 室。核果长椭圆形。

4 种，分布于欧洲中南部、东亚和北美。我国 2 种。

山茱萸 *Cornus officinale* Sieb. & Zucc.（图 8-288）

——*Macrocarpium officinale*（Sieb. & Zucc.）Nakai

【形态特征】落叶乔木，高达 10m；树皮灰褐色。芽被毛。叶卵状椭圆形，稀卵状披针形，长 5～12cm，先端渐尖，上面疏被平伏毛，下面被白色平伏毛，脉腋有褐色簇生毛，侧脉 6～8 对。伞形花序有花 15～35 朵；总苞黄绿色，椭圆形；花瓣舌状披针形，金黄色。核果长 1.2～1.7cm，红色或紫红色。花期 3 月；果期 8～10 月。

【分布与习性】产华东至黄河中下游地区，生于海拔 400～1500m 的阴湿溪边、林缘或林内。常见栽培。日本和朝鲜也有分布。喜肥沃湿润土壤，在干燥瘠薄环境中生长不良。

【繁殖方法】播种繁殖。

【园林用途】树形开张，早春先叶开花，花朵细小但花色鲜黄，极为醒目，秋季果实红艳，宛如红花，是优美的观果和观花树种。王维的《茱萸沜》诗"结实红且绿，复如花更开；山中傥留客，置此芙蓉杯"乃山茱萸秋景之写照。园林中，宜于小型庭院、亭边、园路转角处孤植或于山坡、林缘丛植。

图 8-288　山茱萸

1—花枝；2—果枝；3—花

（四）四照花属 *Dendrobenthamia* Hutch.

常绿或落叶小乔木或灌木。叶对生。头状花序，总苞苞片 4，白色，花瓣状；花两性，4 数；子房 2 室。核果长圆形，多数集合成球形肉质聚花果。

5 种，分布于喜马拉雅至东亚。我国 5 种，分布于黄河流域以南。

四照花 *Dendrobenthamia japonica*（A. P. DC.）Fang var. *chinensis*（Osborn）Fang（图 8-289）

【形态特征】落叶小乔木，高达 9m。嫩枝细，有白色柔毛，后脱落。叶卵形、卵状椭圆形，长 6～12cm，先端渐尖，基部宽楔形或圆形，下面粉绿色，脉腋有淡褐色绢毛簇生，侧脉 3～5 对，弧形弯曲。头状花序球形，花黄白色；花序基部有 4 枚白色花瓣状大苞片；花萼内侧有 1 圈褐色短柔毛。核果聚为球形的果序，成熟后紫红色。花期 5～6 月；果期 9～10 月。

【分布与习性】产内蒙古、陕西、山西、甘肃至长江流域、西南。喜光，稍耐阴，喜温暖湿润气候，较耐寒，喜湿润而排水良好的沙质壤土。

【繁殖方法】播种繁殖，也可分蘖或扦插。

【园林用途】初夏开花，花序具有 4 枚花瓣状白色大苞片，花开时满树雪白，甚为美丽，花期长达 1 个月；秋季果序红色，形似荔枝，挂满枝头，秋叶也红艳可爱。宜以常绿树为背景，丛植、列植于草地、路边、林缘、池畔等各处，或混植于常绿树丛中；也适宜庭院中孤植，可用于厅堂前、亭榭边。

图 8-289　四照花

1—花枝；2—花；3—雌蕊；4—雄蕊；5—果枝

五十二、卫矛科 Celastraceae

乔木、灌木或藤本。单叶，对生或互生，羽状脉。花小，两性或退化为单性，多聚伞花序；萼片4～5，宿存；花瓣4～5，分离；雄蕊4～5；花盘常肥厚；子房上位，2～5室，胚珠1～2。蒴果、浆果、核果或翅果，种子常具红色或白色假种皮。

97属约1194种，主要分布于热带和亚热带，少数产温带。我国13属约190种，引入栽培1属2种，各地均产，主产长江以南。

分 属 检 索 表

1. 叶对生，稀轮生兼互生；花4～5数，子房4～5室 ·················· 卫矛属 Euonymus
1. 叶互生；花5数，子房3室 ·· 南蛇藤属 Celastrus

（一）卫矛属 Euonymus Linn.

乔木或灌木，稀藤本。小枝绿色，常具4棱。叶对生，稀轮生兼互生。聚伞花序腋生，花淡绿色或紫色，4～5数；子房与花盘结合。蒴果有角棱或翅，4～5瓣裂，假种皮肉质，常橘红色。

约130种，分布于北半球温带至热带以及澳大利亚、马达加斯加。我国约90种，各地均有分布。

分 种 检 索 表

1. 常绿性。
  2. 直立灌木或小乔木 ······································· 大叶黄杨 E. japonicus
  2. 藤木，靠气生根攀缘 ······································· 扶芳藤 E. fortunei
1. 落叶性。
  3. 小枝有木栓翅，叶近无柄，果瓣裂至近基部 ················· 卫矛 E. alatus
  3. 小枝无木栓翅，叶柄长1.5～3cm，果瓣裂至中部············ 丝棉木 E. maackii

1. 大叶黄杨(冬青卫矛、正木) *Euonymus japonicus* Thunb. (图8-290)

【形态特征】常绿灌木或小乔木，高达8m。全株近无毛。小枝绿色，稍有4棱。叶厚革质，有光泽，倒卵形或椭圆形，长3～6cm，先端尖或钝，基部楔形，锯齿钝。花序总梗长2～5cm，1～2回二歧分枝；花绿白色，4基数。果扁球形，淡粉红色，4瓣裂。种子有橘红色假种皮。花期5～6月；果期9～10月。

【栽培品种】银边大叶黄杨('Albo-marginatus')，叶片有乳白色窄边。金边大叶黄杨('Ovatus Aureus')，叶片有宽的黄色边缘。金心大叶黄杨('Aureus')，叶片从基部起沿中脉有不规则的金黄色斑块，但不达边缘。斑叶大叶黄杨('Viridi-variegatus')，叶面有深绿色和黄色斑点。

【分布与习性】原产日本南部，我国各地广为栽培，亚洲各地、非洲、欧洲、北美洲、南美洲及大洋洲亦广泛栽培。喜温暖湿润的海洋性气候，有一定的耐寒性，在最低气温达－17℃左右时枝叶受害；较耐干旱瘠薄，不耐水湿。萌芽力

图8-290 大叶黄杨

1—花枝；2—果枝；3—花

强，极耐修剪。对各种有毒气体和烟尘抗性强。

【繁殖方法】多采用扦插繁殖，也可播种、压条、嫁接。

【园林用途】四季常绿，树形齐整，是园林中最常见的观赏树种之一，色叶品种众多。常用作绿篱，也适于整形修剪成方形、圆形、椭圆形等各式几何形体，或对植于门前、入口两侧，或植于花坛中心，或列植于道路、亭廊两侧、建筑周围，或点缀于草地、台坡、桥头、树丛前，均甚美观，也可作基础种植材料或丛植于草地角隅、边缘。

2. 扶芳藤 *Euonymus fortunei* (Turcz.) Hand. -Mazz. (图 8-291)

——*Euonymus kiautschovicus* Loesener

【形态特征】常绿灌木，靠气生根攀缘或匍匐，长达10m，有时半直立。小枝圆形，有时有棱纹，褐色或绿褐色，常有小瘤状突起。叶形变异大，常为卵形、卵状椭圆形，有时为披针形、倒卵形，一般长 2～5.5cm，宽 2～3.5cm；基部截形，偶近楔形；叶缘有锯齿；先端钝或尖；侧脉 4～6对，不明显；叶柄长 2～9mm，或近无柄。花梗长 2～5mm；花绿白色，4 数，径约 5mm，萼片半圆形，花瓣近圆形。蒴果近球形，径约 6～12mm，褐色或红褐色，径约 5～6mm；种子有橘黄色假种皮。花期 4～7 月；果期 9～12 月。

图 8-291　扶芳藤
1—叶枝；2—果枝；3—花

【栽培品种】红边扶芳藤（'Roseo-marginata'），叶缘粉红色。白边扶芳藤（'Argentes-marginata'），叶缘绿白色。小叶扶芳藤（'Minimus'），叶小枝细。

【分布与习性】我国各地普遍分布，北达东北南部，西至新疆、青海，常生于海拔 3400m 以下的林中，常攀缘于树干、岩石上，亦普遍栽培于庭园。热带亚洲及日本、朝鲜等地也有分布，世界各地广泛栽培。耐阴，也可在全光下生长；喜温暖湿润，也耐干旱瘠薄；较耐寒，在北京、河北等地可露地越冬；对土壤要求不严。

【繁殖方法】扦插繁殖。

【园林用途】生长迅速，枝叶繁茂，叶片入冬红艳可爱，气生根发达，吸附能力强。适于美化假山、石壁、墙面、栅栏、灯柱、树干、石桥、驳岸，也是优良的地被和护坡植物，尤其是小叶扶芳藤枝叶稠密，用作地被时可形成犹如绿色地毯一般的覆盖层。

3. 丝棉木（桃叶卫矛、白杜） *Euonymus maackii* Rupr.

——*Euonymus bungeanus* Maxim.

【形态特征】落叶灌木或小乔木，高 3～10m；树冠圆形或卵圆形。小枝绿色，圆柱形。叶卵形至卵状椭圆形，长 4～10cm，宽 2～5cm，先端渐尖，有时尾状，有细锯齿，叶柄长 1.5～3.5cm，有时较短；侧脉 6～8 对。花淡绿色，直径 8～9mm，4 基数；花瓣披针形或长卵形。蒴果菱状倒卵形，直径 9～10mm，粉红色，4 深裂，种子具橘红色假种皮。花期 4～7 月；果期 9～10 月。

【分布与习性】产东北、华北以南各地，西至甘肃、新疆，多生于海拔 1000m 以下的林缘、林中。日本、朝鲜和俄罗斯西伯利亚也有分布，欧美各地常栽培。喜光，稍耐阴；耐寒，对土壤要求不严；耐干旱，也耐水湿，以中肥沃、湿润而排水良好的土壤中生长最佳。根系发达，抗风力强。

【繁殖方法】播种繁殖，亦可分株、扦插。

【园林用途】枝叶秀丽，春季满树繁花，秋季红果累累，在枝条上悬挂甚久，而且果实开裂后露出鲜红或橘红色的种子，是优良的观果植物。宜植于林缘、路旁、草坪、湖边等处，也适于庭院绿化。

4. 卫矛（鬼羽箭） *Euonymus alatus* (Thunb.) Sieb. （图 8-292）

【形态特征】落叶灌木，全体无毛。小枝具 2～4 列纵向的阔木栓翅；叶倒卵形或倒卵状长椭圆形，长 2～7cm，叶柄极短，长 1～3mm。蒴果 4 深裂，或仅 1～3 个心皮发育，棕紫色；种子褐色，有橘红色假种皮。花期 5～6 月；果期 9～10 月。

【分布与习性】除新疆、青海、西藏外，全国各地均产；日本和朝鲜也有分布。喜光，也耐阴；耐干旱瘠薄，耐寒，耐修剪。

【繁殖方法】分株、扦插或播种繁殖。

【园林用途】秋叶紫红色，鲜艳夺目，落叶后紫果悬垂，开裂后露出橘红色假种皮，绿色小枝上着生的木栓翅也很奇特，日本称为"锦木"。可孤植、丛植于庭院角隅、草坪、林缘、亭际、水边、山石间。

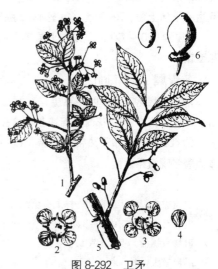

图 8-292 卫矛

1—花枝；2—花的正面；3—花的背面；4—花瓣；

5—果枝；6—果；7—种子

（二）南蛇藤属 *Celastrus* Linn.

落叶或半常绿藤本。叶互生，有锯齿。花杂性异株，总状、圆锥或聚伞花序，腋生或顶生；花 5 数，内生花盘杯状，子房 3 室。蒴果，室背 3 裂。假种皮红色或橘红色。

约 30 种，分布于亚洲、美洲、大洋洲和马达加斯加。我国约 25 种，广布全国。

南蛇藤（落霜红） *Celastrus orbiculatus* Thunb. （图 8-293）

【形态特征】落叶藤本，茎缠绕，长达 15m。小枝圆，皮孔粗大而隆起，枝髓白色充实。叶近圆形或倒卵形，长 5～10cm，宽 3～7cm，先端突尖或钝尖，基部近圆形，锯齿细钝。花序腋生间有顶生，具 3～7 朵花，花序梗长 1～3cm；花小，黄绿色。果橙黄色，球形，径 7～9mm。种子白色，有红色肉质假种皮。花期 4～5 月；果期 9～10 月。

【分布与习性】产东北、华北、西北至长江流域各地；日本和朝鲜也有分布。常生于山地沟谷、林缘和灌丛中。性强健，喜光，也耐半阴；耐寒，对土壤要求不严。

【繁殖方法】播种、扦插、压条繁殖。

【园林用途】叶片经霜变红，果实黄色，开裂后露出鲜红色的种子，园林中应用颇具野趣，可供攀附花棚、绿廊或

图 8-293 南蛇藤

1—果枝；2—花枝；3—花；4—雄蕊；

5—花纵剖面；6—种子

缠绕老树，也适于湖畔、溪边、坡地、林缘及假山、石隙等处丛植。

五十三、冬青科 Aquifoliaceae

常绿或落叶乔木或灌木。单叶，互生，稀对生；托叶小或无。花单性，稀两性，无花盘，雌雄异株或杂性，簇生或聚伞花序生叶腋，稀单生；萼3~8裂，常宿存；花瓣4~8；雄蕊与花瓣同数且互生；子房上位，3~8室，每室1~2胚珠。核果。

3属约500~600种，分布于温带至热带，主产中南美洲和亚洲。我国1属约200种，主产华南和西南。

冬青属 *Ilex* Linn.

常绿，稀落叶。单叶，互生，有锯齿或刺状齿，稀全缘。花白色、淡红色或紫红色；萼片、花瓣、雄蕊常为4~8，花瓣分离或基部合生。核果球形，分核4~6(1~18)；萼宿存。

约400种，分布于热带至温带，以中南美洲为分布中心。我国约200种，主产长江以南各地，多为著名观赏果木类。

分 种 检 索 表

1. 叶有锯齿或刺齿，或在同一株上有全缘叶。
  2. 叶缘有尖硬大刺齿2~3对 ·· 枸骨 *I. cornuta*
  2. 叶缘有锯齿，不为大刺齿。
    3. 叶较大，长5cm以上。
      4. 叶薄革质，长5~11cm，干后呈红褐色，花瓣淡紫红色 ············· 冬青 *I. chinensis*
      4. 叶厚革质，长10~18cm，花瓣黄色 ···························· 大叶冬青 *I. latifolia*
    3. 叶厚革质，长1~2.5cm，宽0.6~2cm ······················· 钝齿冬青 *I. crenata*
1. 叶全缘；小枝有棱，幼枝及叶柄常带紫黑色 ·························· 铁冬青 *I. rotunda*

1. 枸骨（鸟不宿）*Ilex cornuta* Lindl.（图8-294）

【形态特征】常绿灌木或小乔木，树冠阔圆形，树皮灰白色，平滑。叶硬革质，矩圆状四方形，长4~8cm，顶端扩大并有3枚大而尖的硬刺齿，基部两侧各有1~2枚大刺齿；大树树冠上部的叶常全缘，基部圆形，表面深绿色有光泽，背面淡绿色。聚伞花序，黄绿色，簇生于2年生小枝叶腋。核果球形，鲜红色，径8~10mm，4分核。花期4~5月；果期10~11月。

【栽培品种】无刺枸骨（'Fortunei'），叶全缘，无刺齿。黄果枸骨（'Luteocarpa'），果实暗黄色。

【分布与习性】分布于长江中下游各省，多生于山坡谷地灌木丛中。各地庭园中广植。朝鲜也有分布。喜光，稍耐阴；喜温暖气候和肥沃、湿润而排水良好的微酸性土；较耐寒，在黄河以南可露地越冬；适应城市环境，对有毒气体有较强的抗性。生长缓慢，萌发力强，耐修剪。

【繁殖方法】多采用播种或扦插繁殖。种子需沙藏，春播。

图8-294 枸骨
1—果枝；2—花

【园林用途】枝叶稠密，叶形奇特，果实红艳且经冬不凋，叶片有锐刺，兼有观果、观叶、防护和隐蔽之效，宜作基础种植材料或植为高篱，也可修剪成形，孤植于花坛中心，对植于庭院、路口或丛植于草坪观赏。老桩可制作盆景。

2. 冬青 *Ilex chinensis* Sims(图 8-295)

【形态特征】常绿大乔木，高达 13m，树冠卵圆形。小枝浅绿色，具棱线。叶薄革质，长椭圆形至披针形，长 5～11cm，先端渐尖，基部楔形，有疏浅锯齿，表面有光泽，叶柄常为淡紫红色。聚伞花序生于当年嫩枝叶腋，花瓣淡紫红色，有香气。核果椭圆形，长 8～12mm，红色光亮，干后紫黑色，分核 4～5。花期 4～6 月；果期 8～11 月。

【分布与习性】产长江流域以南各省区；日本也有分布。常生于疏林下。喜温暖湿润气候和排水良好的酸性土壤。不耐寒，较耐湿。深根性，萌芽力强，耐修剪。

【繁殖方法】播种繁殖，种子休眠期长，一般秋季采种后低温湿沙层积至次年秋季播种，第 3 年春季出苗。

【园林用途】枝叶繁茂，葱郁如盖，春季枝头盛开略带芳香的淡紫色细碎小花，秋季果实红艳且挂果期长，是著名的观果树种。冬青花朵虽然细小，但一簇簇小花，如烟云、似轻纱，颇有超俗出尘之韵。可用于庭院、公园造景，孤植、列植、群植均宜，尤适于山石间或土丘上种植。

3. 大叶冬青 *Ilex latifolia* Thunb. (图 8-296)

图 8-295 冬青
1—雄花枝；2—果枝；3—雄花；4—果；5—分核

图 8-296 大叶冬青
1—花枝；2—果枝；3、4—花；5—果实

【形态特征】常绿乔木，可高达 20m，全体无毛。枝条粗壮，黄褐色或褐色。叶厚革质，光亮，矩圆形或卵状矩圆形，长达 10～18(28)cm，宽达 4～7(9)cm；叶缘疏生锯齿，齿端黑色；基部圆形或阔楔形；先端钝或短渐尖；侧脉 12～17 对。聚伞花序组成圆锥状，生于 2 年生枝叶腋；花淡黄绿色，4 基数，雄花花冠辐状，径 9mm，雌花花冠直立，径 5mm。果球形，径约 7mm，深红色，经冬不凋。花期 4 月；果期 9～10 月。

【分布与习性】产长江流域各地至华南、云南以南，生于海拔 200～1500m 的常绿阔叶林、灌丛、竹林中。日本也有分布。

【繁殖方法】播种繁殖。

【园林用途】植株优美，可植为庭荫树，华东地区常见栽培。嫩芽用于制作苦丁茶；木材可作细木工原料。

4. 钝齿冬青(波缘冬青、齿叶冬青)　*Ilex crenata* Thunb.

【形态特征】常绿灌木，多分枝，小枝有灰色细毛。叶厚革质，椭圆形至长倒卵形，长 1～4cm，宽 0.6～2cm，先端钝，缘有钝齿，背面有腺点。花白色，雄花 3～7 朵成聚伞花序生于当年生枝叶腋，雌花单生或 2～3 朵组成聚伞花序。果球形，黑色，径 6～8mm，4 分核。花期 5～6 月；果期 10 月。

【栽培品种】花叶钝齿冬青('Aureovariegata')，叶片有大小不一的黄色斑纹。龟纹钝齿冬青('Mariesii')，枝叶密生，叶小而圆钝，中部以上有 7 个浅齿，呈龟甲状，为观叶珍品。皇冠钝齿冬青('Golden Gem')，植株低矮，冠顶平，天然成形，叶呈金黄色，尤以冬春为甚。

【分布与习性】产我国东部、南部和日本、朝鲜，生于海拔 700～2100m 的山地林中。喜温暖环境，也较耐寒，现黄河流域以南各地园林中常见栽培。

【繁殖方法】播种或扦插繁殖。

【园林用途】叶片小而排列紧密，枝叶茂密，易于修剪成形，庭园中可对植于庭前、列植于路旁或作绿篱，还是制作盆景的优良材料。英国于 1864 年引种后，已经培育出很多品种，叶形、叶色丰富多彩。

5. 铁冬青　*Ilex rotunda* Thunb.

常绿乔木，高达 20m。小枝红褐色。叶卵形或倒卵状椭圆形，全缘，长 4～12cm，侧脉 6～9 对，不明显。聚伞花序或伞状，花黄白色，芳香。核果椭圆形，有光泽，深红色，长 6～8mm，5～7 分核。花期 3～4 月；果期次年 2～3 月。

产长江以南至台湾、西南；日本、朝鲜和越南也有分布。果色鲜艳，是优良的观果树种。

附：猫儿刺(*Ilex pernyi* Franch.)，叶片卵形或卵状披针形，长 1.5～3cm，宽 0.5～1.4cm，顶端刺状，边缘常有 1～3 对大刺齿。果实球形，直径 7～8mm，红色，4 分核。广布于秦岭以南各地。

五十四、黄杨科 Buxaceae

常绿灌木或小乔木，稀草本。单叶，对生或互生，无托叶。花单性同株，头状、穗状或总状花序，稀单生；雄花萼片 4，雌花萼片 6，均 2 轮；无花瓣；雄蕊 4，分离；子房上位，3(2～4)室，每室胚珠 1～2，花柱 3。蒴果或核果状浆果。

4 属约 100 种，主产热带和亚热带，少数至温带。我国 3 属 27 种。

黄杨属　Buxus Linn.

灌木或小乔木。叶对生，全缘，革质，有光泽。花簇生叶腋或枝顶；雌、雄花同序，常顶生 1 雌花，余为雄花；雄花具 1 小苞片，萼片 4，雄蕊 4；雌花具 3 小苞片，萼片 6，子房 3 室，花柱 3。蒴果，3 瓣裂，顶端有宿存花柱。

约 70 种，分布于亚洲、欧洲、热带非洲和中美洲。我国约 17 种，产长江以南各地，西北至甘肃南部。

分 种 检 索 表

1. 叶椭圆形或倒卵形。

2. 叶倒卵形至倒卵状椭圆形, 中部以上最宽; 枝叶较疏散 ·················· 黄杨 *B. sinica*

2. 叶椭圆形至卵状椭圆形, 中部或中下部最宽; 分枝密集 ·················· 锦熟黄杨 *B. sempervirens*

1. 叶倒披针形至倒卵状披针形, 狭长 ·················· 雀舌黄杨 *B. bodinieri*

1. 黄杨 *Buxus sinica* (Rehd. & Wils.) W. C. Cheng ex M. Cheng (图 8-297)

【形态特征】灌木或小乔木, 高达 7m。树皮灰色, 鳞片状剥落; 枝有纵棱; 小枝、冬芽和叶背面有短柔毛。叶厚革质, 倒卵形、倒卵状椭圆形至倒卵状披针形, 通常中部以上最宽, 长 1.5～3.5cm, 宽 0.8～2cm, 先端圆钝或微凹, 基部楔形, 表面深绿色而有光泽, 背面淡黄绿色。花序头状, 腋生, 花密集, 雄花约 10 朵, 退化雌蕊有棒状柄, 高约 2mm。果实球形, 径 6～10mm。花期 4 月; 果期 7～8 月。

【变种】小叶黄杨 (var. *parvifolia* M. Cheng), 叶片较小, 宽椭圆形或阔卵形, 长仅 7～10mm, 宽 5～7mm, 薄革质, 侧脉明显突出, 果实球形, 径 6～7mm, 无毛。产安徽、重庆、湖北、江西、浙江等地。矮生黄杨 (var. *pumila* M. Cheng), 叶片极小, 长仅 5～7mm, 宽约 3.5mm, 表皮厚, 常无侧脉, 有皱纹; 果径约 4mm。产湖北西部。

【分布与习性】产华东、华中及华北南部, 生于山谷、溪边、林下。喜半阴, 喜温暖气候和肥沃湿润的中性至微酸性土壤, 也较耐碱, 在石灰性土壤上能生长。生长缓慢, 耐修剪。抗烟尘, 对多种有害气体抗性强。

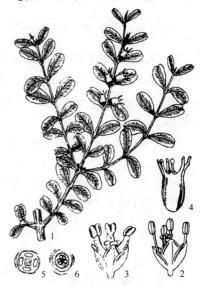

图 8-297 黄杨

1—果枝; 2—雄花; 3—雌花; 4—果;
5—雄花花图式; 6—雌花花图式

【繁殖方法】播种、压条或扦插繁殖。

【园林用途】枝叶扶疏, 终年常绿, 叶片小, 耐修剪, 也较耐阴, 最适于作绿篱和基础种植材料, 或与金叶女贞等色叶树种配植, 在草坪中作模纹图案材料, 经整形也可于路旁列植或作花坛镶边。也适于在小型庭院、林下、草地孤植、丛植或点缀山石。此外, 黄杨还是著名的盆景材料, 扬派盆景的代表树种之一。苏州光福邓尉司徒庙内尚存古树, 高达 10m, 胸径约 30cm, 据传已历 700 余年。

2. 雀舌黄杨 *Buxus bodinieri* Lévl. (图 8-298)

小灌木, 高 3～4m; 分枝多, 密集成丛。小枝四棱形。叶薄革质, 倒披针形或倒卵状长椭圆形, 长 2～4cm, 宽 8～18mm, 先端最宽, 圆钝或微凹; 上面绿色光亮, 两面中脉明显凸起; 近无柄。头状花序腋生, 顶部生 1 雌花, 其余为雄花; 不育雌蕊和萼片近等长或稍超出。蒴果卵圆形。花期 8 月; 果期 11 月。

产长江流域至华南、西南, 北达河南、甘肃和陕西南部, 生于海拔 400～2100m 的山地林下。耐寒性不如黄杨。常植为绿篱, 或整形修剪成各种几何形体, 用于园林点缀。

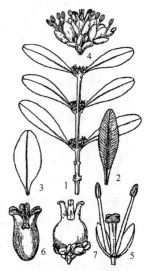

图 8-298 雀舌黄杨

1—花枝; 2、3—叶; 4—花序;
5—雄花; 6—雌蕊; 7—果实

3. 锦熟黄杨 *Buxus sempervirens* Linn.

灌木。分枝密集，茎4棱。叶椭圆形至卵状长椭圆形，中部或中下部最宽，叶缘反卷，先端微凹，上面深绿色，下面苍白色。

原产欧洲，国内常见栽培。

五十五、大戟科 Euphorbiaceae

草本或木本，多具乳汁。单叶或复叶，互生，稀对生；具托叶。花单性，同株或异株，花序各式，多为聚伞或圆锥花序；单被花，稀双被花；花盘常存在或退化为腺体；雄蕊1至多数；子房上位，常由3心皮合成，通常3室，每室胚珠1～2，中轴胎座。蒴果，少数为浆果或核果；种子常有种阜，胚乳肉质。

约300属8000种，广布全球，主产热带。我国包括引入的共约72属450种，各地均产。

分 属 检 索 表

1. 植物体无乳汁；子房每室2胚珠；3出复叶，果实为浆果状 ………………………………… 重阳木属 *Bischofia*
1. 植物体有乳汁；子房每室1胚珠。
  2. 有花被，不形成杯状聚伞花序。
    3. 单叶。
      4. 蒴果。
        5. 无花瓣，无花盘。
          6. 叶全缘或有疏齿；雄蕊2～3；植株全体无毛。
            7. 叶柄顶端有腺体2个；花序顶生 ………………………………………… 乌桕属 *Sapium*
            7. 叶柄顶端无腺体；花序腋生 ……………………………………… 土沉香属 *Excoecaria*
          6. 叶常有粗齿；雄蕊6～8；植株有毛。
            8. 分果瓣一般不分裂 …………………………………………………… 山麻杆属 *Alchornea*
            8. 分果瓣2裂 ……………………………………………………………… 铁苋菜属 *Acalypha*
        5. 雄花有花瓣，雌花具杯状花盘，叶形变化大 ……………………………… 变叶木属 *Codiaeum*
    4. 核果，子房3～8室，有花瓣 …………………………………………………… 油桐属 *Vernicia*
   3. 3出复叶；无花瓣，雄蕊5～10，花丝合生成柱 ……………………………………… 橡胶属 *Hevea*
  2. 无花被，雌雄花同生于杯状聚伞花序中，雌花居中，围以多朵仅具1枚雄蕊的雄花 …… 大戟属 *Euphorbia*

（一）重阳木属 *Bischofia* Blume

乔木，无乳汁。3出复叶，叶缘具钝锯齿。雌雄异株；总状或圆锥花序腋生、下垂；萼片5；无花瓣；雄蕊5，与萼片对生；子房3室，每室胚珠2。果球形，浆果状；种子无种阜。

2种，分布亚洲和大洋洲热带、亚热带。我国2种均产。

重阳木(朱树) *Bischofia polycarpa* (Lévl.) Airy-Shaw (图 8-299)

【形态特征】落叶乔木，高达15m；树冠近球形。小枝红褐色；小叶卵圆形至椭圆状卵形，长6～9(14)cm，宽4.5～7cm，有细齿，基部圆形或近心形，先端短尾尖，两面光滑无毛。总状花序下垂，雄花序长8～13cm，雌花序较疏散。果肉质，径5～7mm，红褐色。花期4～5月；果期10～11月。

【分布与习性】分布于秦岭、淮河流域以南至华南北部，在长江中下游平原习见。喜光，稍耐阴；喜温暖湿润气候，耐寒力弱；喜湿润并耐水湿。对土壤要求不严，根系发达，抗风。

【繁殖方法】播种繁殖。

【园林用途】树姿婆娑优美，绿荫如盖，早春嫩叶鲜绿光亮，秋叶红色，艳丽夺目，是重要的色叶树种，适宜作庭荫树，可于庭院、湖边、池畔、草坪上孤植或丛植点缀，也适于作行道树。此外，重阳木耐水湿能力强，也是优良的堤岸绿化和风景区造林材料。对二氧化硫有一定抗性，可用于厂矿、街道绿化。

附：秋枫（*Bischofia javanica* Blume），常绿或半常绿大乔木，高达40m；小叶3，偶5，卵形至椭圆形，长7～15cm，宽4～8cm，基部宽楔形；花序为圆锥花序，子房3(4)室；果实较大，直径6～13mm。分布于热带亚洲、澳大利亚和太平洋岛屿，华南、西南至华东有分布，北达安徽、河南、江苏，常栽培观赏，也是优质用材树种。

图 8-299　重阳木

1—果枝；2—雄花枝；3—雄花；4—雌花枝；5—雌花；6—子房横剖面

（二）山麻杆属 *Alchornea* Swartz

乔木或灌木。植物体常有细柔毛。单叶，互生，全缘或有齿，基部有腺体。花单性同株或异株，无花瓣和花盘，总状、穗状或圆锥花序；雄花萼2～5裂，雄蕊8；雌花萼3～8，子房(2)3室，每室1胚珠。蒴果分裂成2～3个分果瓣，中轴宿存。种子球形。

约50种，分布于热带和亚热带。我国8种，产秦岭以南至西南。

山麻杆 *Alchornea davidii* Franch.（图 8-300）

【形态特征】落叶丛生灌木，高1～3m。茎直立而少分枝，常紫红色；幼枝有绒毛，老枝光滑。叶宽卵形至圆形，长7～17cm，有粗齿，上面疏生短毛，下面带紫色，密生绒毛；3出脉。雌雄同株；雄花密生成短穗状花序，长1.5～3cm，萼4裂，雄蕊8；雌花疏生成总状花序，长4～5cm，萼4裂，子房3室。蒴果扁球形，径约1cm，密生短柔毛。花期4～5月；果期7～8月。

【分布与习性】分布于黄河流域以南至长江流域和西南地区，常生于山地阳坡灌丛中。喜光，也耐半阴。喜温暖气候，不耐严寒；对土壤要求不严，在酸性、中性和钙质土上均可生长。耐旱，忌水涝。萌蘖力强，容易更新。

【繁殖方法】分株、扦插或播种繁殖。

【园林用途】植株丛生，春季嫩叶呈现胭脂红色或紫红色，长成后变为紫绿色，秋叶又为橙黄或红色，艳丽可爱。适于坡地、路旁、水滨、山麓、假山、石间等处丛植，在古朴的亭廊之侧散植山麻杆亦觉色彩调和，景色顿生。为保持

图 8-300　山麻杆

1—雄花枝；2—果枝

丛生劲直的株形，可2～3年截干1次，以更新枝条。

（三）油桐属 Vernicia Lour.

落叶乔木，含乳汁；顶芽发达。单叶，互生，全缘或3～7裂，掌状脉；叶柄顶端有2腺体。花单性同株，圆锥花序顶生；花萼2～3裂；花瓣5；雄花花托柱状，雄蕊8～20，基部合生；子房3～8室，每室1胚珠。核果大；种皮厚木质，种仁含油质。

3种，分布于亚洲东部。我国2种，产秦岭以南。

油桐（三年桐）*Vernicia fordii* (Hemsl.) Airy-Shaw（图8-301）

【形态特征】小乔木，高达9m。树冠扁球形。枝粗壮，无毛。叶卵形或椭圆形，长5～15(18)cm，宽3～12(17)cm，全缘，稀3～5浅裂，基部截形或心形；叶柄顶端腺体扁平，紫红色。花白色，有淡红色斑纹。果卵球形，径4～6cm，表面平滑；种子3～4粒。花期3～4月；果期10月。

【分布与习性】产淮河流域以南。喜光，喜温暖湿润气候，不耐寒，不耐水湿及干瘠，在背风向阳的缓坡地带，以及深厚、肥沃、排水良好的酸性、中性或微石灰性土壤上生长良好。对二氧化硫污染极为敏感，可作大气中二氧化硫污染的监测植物。

【繁殖方法】播种繁殖。

【园林用途】珍贵的特用经济树种，种仁含油量51%，桐油为优质干性油，是我国重要的出口物资。树冠圆整，叶大荫浓，花大而美丽，可植为行道树和庭荫树，是园林结合生产的树种之一。

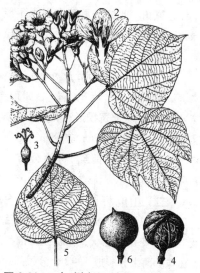

图8-301　木油树(1～4)、油桐(5、6)
1—雄花枝；2—雄花纵剖面；3—雌蕊；
4、6—果实；5—叶

附：**木油桐**(*Vernicia montana* Lour.)（图8-301），又名千年桐。叶全缘或3～5中裂，在裂缺底部常有腺体；叶柄顶端腺体杯状，有柄；花雌雄同株或异株；果具3棱，表面有网状皱纹。产长江流域以南至华南、西南。耐寒性比油桐差，抗病性强，生长快，寿命比油桐长。

（四）乌桕属 Sapium P. Br.

乔木或灌木，有乳汁。单叶，互生，全缘，羽状脉；叶柄顶端有2腺体。雌雄同株，同序或异序，雄花3(2～10)朵组成小聚伞花序，再集生为长穗状复花序，雌花1至数朵生于花序下部；花萼2～3裂；雄蕊2～3枚，分离；无花瓣和花盘；子房3室，每室1胚珠。蒴果，3裂。

约120种，分布于热带和亚热带。我国9种，产东南和西南部。

乌桕（蜡子树）*Sapium sebiferum* (Linn.) Roxb.（图8-302）

【形态特征】落叶乔木，高达15～20m；树冠近球形，浅纵

图8-302　乌桕
1—花枝；2—果枝；3—雌花；4—雄花；5—雄蕊；6—叶基部及叶柄，示腺体；7—种子

裂。小枝纤细。叶菱形至菱状卵形，长宽均约5~9cm，先端尾尖，基部宽楔形，两面光滑无毛；叶柄顶端有2腺体。花序长6~14cm；花黄绿色。蒴果3棱状球形，径约1.5cm。种子黑色，被白蜡。花期4~7月；果期10~11月。

【分布与习性】产黄河流域以南，在华北南部至长江流域、珠江流域均有栽培。喜光，要求温暖湿润气候；对土壤要求不严，酸性、中性或微碱性土均可，具有一定的耐盐性，在土壤含盐量0.3%以下的盐土地上可以生长。喜湿，能耐短期积水。抗氟化氢等有毒气体。

【繁殖方法】播种繁殖。

【园林用途】树姿潇洒、叶形秀丽，入秋经霜先黄后红，艳丽可爱，夏季满树黄花衬以秀丽绿叶；冬季宿存之果开裂，种子外被白蜡，经冬不落，缀于枝头，远看宛如满树白花。适于丛植、群植，也可孤植，最宜与山石、亭廊、花墙相配，也可植于池畔、水边、草坪，或混植于常绿林中点缀秋色；在山地风景区，适于大面积成林。乌桕较耐水湿，在华南常用以护堤，又因其耐一定盐碱和海风，也可用于沿海各省的大面积海涂造林，可形成壮观之秋景。

（五）橡胶属 *Hevea* Aubl.

乔木，富含乳胶液。3出复叶，互生或枝条顶部的近对生，叶柄顶端有腺体。雌雄同株，多个聚伞花序排成圆锥花序，雌花生于聚伞花序中央，其余为雄花；花萼5裂，无花瓣；花盘5裂成腺体；雄蕊5~10，花丝合生；子房3室，每室1胚珠。蒴果大，3裂。

约10种，主产热带美洲。我国引入1种。

橡胶 *Hevea brasiliensis* (Willd ex A. Juss.)Muell.-Arg. (图8-303)

【形态特征】大乔木，高达30m。小叶长椭圆形或倒卵状椭圆形，长10~25cm，宽4~10cm，侧脉14~22对，网脉明显。花序腋生，长11~16cm；雄蕊10，2轮。蒴果椭圆状球形，径5~6cm。种子长椭圆形，有斑纹，长约3cm，径1~1.5cm。花期3~4月；果期6~9月。

【分布与习性】原产南美洲亚马逊河流域，主产巴西，生于热带雨林中。华南引种栽培。喜湿热气候，在肥沃、湿润、排水良好的酸性沙壤土上生长良好。浅根性，枝条较脆弱，易受风害。

【繁殖方法】种子繁殖。

【园林用途】橡胶是国防和民用工业的重要原料。我国热带地区也常植为庭园树种。

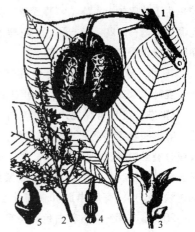

图8-303 橡胶
1—果枝；2—花序的一部分；3—雄花；4—雄花去花被，示雄蕊；5—雌花去花被，示雌蕊

（六）铁苋菜属 *Acalypha* Linn.

草本，灌木或乔木。植物体多有毛。叶互生，常有锯齿；花单性同株，无花瓣及花盘，穗状或圆锥花序；雄花生于小苞片腋内，萼4裂，雄蕊常8枚，花丝分离，花药4室，无退化雌蕊；雌花通常1~3朵生于叶状苞片内，萼片3~4，子房3室，每室1胚珠，花柱3，分离，常羽状分裂。蒴果开裂为3个2裂的分果。

约450种，分布于热带和亚热带地区。我国18种，广布于南北各省。

红桑 *Acalypha wilkesiana* Muell.-Arg.

【形态特征】常绿灌木，高达 5m，多分枝。叶卵形或阔卵形，长 10～18cm，古铜绿色，并常杂有红色或紫色，先端渐尖，基部浑圆，叶缘有不规则钝锯齿。穗状花序淡紫色，雄花序长达 20cm，径不及 5mm，间断，花聚生；雌花的苞片阔三角形，有明显的锯齿。花期 5 月和 12 月。

【栽培品种】条纹红桑('Macafeana')，叶古铜色并具有红色条纹。金边红桑('Marginata')，叶缘红色。斑叶红桑('Musaica')，叶片具有红斑。彩叶红桑('Triumphans')，叶面有红色、绿色和褐色斑块。金边皱叶红桑('Hoffmanii')，叶片基部皱褶，节间短，叶片边缘金黄色。

【分布与习性】原产斐济岛，现世界热带地区广为栽培。喜光，若光线不足，则叶色不佳；喜温暖湿润气候，不耐霜冻，当气温在 10℃ 以下时叶片即有轻度寒害，长期 6～8℃ 低温则植株严重受害。极不耐湿，要求排水良好的肥沃土壤，在干旱瘠薄土壤上生长不良。

【繁殖方法】扦插繁殖。

【园林用途】植株低矮，叶色美丽、品种繁多，在华南是优良的绿篱和基础种植材料，也可配植在灌木丛中点缀景色，并适合与其他种类搭配，在大片草地上布置模纹图案，夏季在阳光照耀下分外美丽。长江流域及北方可盆栽。

（七）.变叶木属 *Codiaeum* A. Juss.

灌木或小乔木；叶互生，全缘或稀分裂；花小，单性同株，总状花序，雄花簇生于苞腋内，雌花单生于花序轴上；雄花：萼 5 裂，花瓣小，5～6，花盘裂为 5～15 个腺体，雄蕊 15～30 或更多，无退化雌蕊；雌花：萼 5 裂，无花瓣，花盘近全缘或分裂；子房 3 室，每室 1 胚珠，花柱 3。蒴果成熟时裂成 3 个 2 瓣裂的分果瓣。

15 种，分布于马来西亚、太平洋岛屿和澳大利亚北部。我国引种 1 种。

变叶木 *Codiaeum variegatum* (Linn.)Blume(图 8-304)

【形态特征】常绿灌木，一般高 1～2m，全株光滑无毛。叶形和叶色多变，狭线形、条形至琴形、阔卵形，全缘或分裂至中脉，长 8～20cm，宽 0.2～8cm；边缘波浪状甚至全叶螺旋状，黄色、淡绿色或紫色，常杂有其他颜色的斑块、斑点，有时中脉和侧脉上红色或紫色。花序长 10～20cm，花柄纤弱；花白色。果实球形，径约 7mm，白色。花期 3～5 月；果期夏季。

【变型】变叶木类型和品种众多，常依叶型分为阔叶、细叶、长叶、螺旋叶、戟叶等多个类型，常见栽培的有 100 多个品种。戟叶变叶木(f. *lobatum* Pax.)，叶片宽大，常具 3 裂片，戟形。长叶变叶木(f. *ambiguum*)，叶片长披针形，长约 20cm。阔叶变叶木(f. *platyphyllum* Pax.)，叶片卵形或倒卵形，长 5～20cm，宽 3～10cm。

【分布与习性】原产马来西亚和太平洋岛屿。华南地区露地栽培，长江流域及其以北地区盆栽。喜高温多湿和阳光充足的环境，不耐寒，适宜生长温度30℃左右，气温低

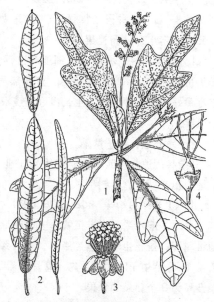

图 8-304　变叶木

1—花枝；2—异型叶；3—雄花；4—雌花

于 10℃会引起植株落叶；喜黏重肥沃而有保水性的土壤。萌芽力强。

【繁殖方法】扦插繁殖。

【园林用途】枝叶密生，生长繁茂，叶形、叶色变化多姿，五彩缤纷，是著名的观叶树种，华南可用于园林造景。适于路旁、墙隅、石间丛植，也可植为绿篱或基础种植材料。北方常见盆栽，用于点缀案头、布置会场、厅堂。

（八）土沉香属(海漆属) *Excoecaria* Linn.

灌木或乔木，有乳汁。叶互生或对生，羽状脉，全缘或有锯齿。花单性同株或异株，腋生穗状或总状花序，总轴于苞片内的侧面有腺体；无花瓣及花盘；雄花萼片 3，雄蕊 3，花丝分离；雌花生于雄花序的基部或在另一花序上；萼 3 裂；子房 3 室，每室 1 胚珠。蒴果 3 裂，果瓣由中轴弹卷而分离。

共 35 种，分布于亚洲、非洲和大洋洲热带。我国 5 种，分布于西南、中部和台湾。

红背桂(青紫木、紫背桂) *Excoecaria cochinchinensis* Lour. (图 8-305)

【形态特征】常绿灌木，高 1～1.5m，多分枝，小枝无毛，密生皮孔。叶对生，间有互生或轮生，狭椭圆形或矩圆形，长 7～12cm，宽 2～4cm，有疏齿，先端渐尖，表面绿色，背面紫红色，两面无毛。雌雄异株，穗状花序腋生，雄花序长 1～2cm，雌花序较短，由 3～5 朵花组成。蒴果球形，红色，径约 8mm。花期几乎全年，以 6～8 月为盛。

图 8-305　红背桂
1—叶枝；2—雌花；3—雄花；4—果；5—种子

【变种】绿背桂 [var. *viridis* (Pax ＆ K. Hoffm.) Merrill]，植株稍高大，雌雄同株。叶椭圆形至长圆状披针形，上面深绿色，背面浅绿色。分布于东南亚和我国，产广东、广西、海南、台湾。

【分布与习性】产我国台湾、广东、广西、云南和越南等地，生于海拔 1500m 以下，广泛栽培。东南亚各国也有分布。喜温暖湿润气候和排水良好的沙质壤土；耐阴，忌曝晒；对二氧化硫抗性颇强。生长速度快。

【繁殖方法】扦插繁殖。

【园林用途】植株低矮，枝叶扶疏，叶片上绿下紫，尤其在微风吹拂下，红绿变幻，颇为美观。适于热带地区栽培，可丛植于林下、房后、墙角等荫蔽环境，或植为地被、绿篱。长江流域及其以北地区盆栽。

（九）大戟属 *Euphorbia* Linn.

草本或灌木，稀乔木，有乳汁。茎草质、木质或肉质。叶互生、对生或轮生，全缘或有锯齿。杯状聚伞花序(大戟花序)内含多数仅具 1 枚雄蕊的雄花和 1 朵雌花；总苞萼状，4～5(8) 裂，裂片弯缺处常有大腺体，常具有瓣状附片；无花被；子房具长柄，伸出总苞片之外，3 室，每室 1 胚珠，花柱 3。蒴果 3 瓣裂，每瓣再 2 裂。

约 2000 余种，广布全球，主产热带干旱地区，尤其是非洲。我国约 68 种，引入栽培 10 余种，广布全国。

分 种 检 索 表

1. 叶片早落，线状披针形，长 7～15mm，宽 0.7～1.5mm，茎枝光滑、绿色 ·················· 光棍树 E. tirucalli
1. 叶正常，卵圆形、卵状椭圆形至披针形。
  2. 灌木，叶卵状椭圆形至披针形，长 8～16cm，互生 ·················· 一品红 E. pulcherrima
  2. 乔木，叶卵圆形，长 2～6cm，3 叶轮生 ·················· 紫锦木 E. cotinifolia subsp. cotinoides

  1. 光棍树（绿玉树）*Euphorbia tirucalli* Linn.（图 8-306）

【形态特征】乔木，高达 7m。小枝分叉或轮生，每节长 7～10cm，粗 6mm，圆棍状，肉质，淡绿色，具纵线。幼枝具线状披针形小叶，长 7～15mm，宽 0.7～1.5mm，不久脱落，成年茎枝光滑，故俗称光棍树。花序密集于枝顶，总苞陀螺状，高约 2mm。蒴果棱状三角形，高约 8mm。花果期 7～10 月。

【分布与习性】原产非洲东南部，我国南方各省有引栽。喜温暖干燥和阳光充足的环境，耐干燥和半阴，不耐寒。

【繁殖方法】扦插繁殖。

【园林用途】光棍树绿枝青翠，十分悦目，在热带地区配植在小庭园和建筑物前后更显光润，清新秀丽。

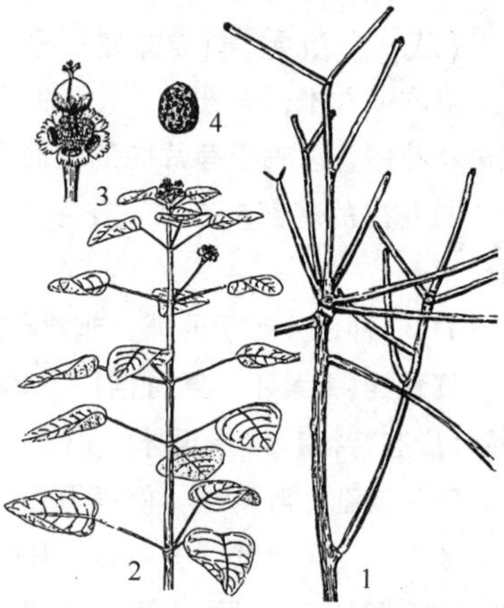

图 8-306　光棍树(1)、紫锦木(2～4)
1、2—植株花枝；3—花序；4—种子

  2. 一品红 *Euphorbia pulcherrima* Willd. ex Klotzsch（图 8-307）

【形态特征】常绿灌木，高达 2～4m，常自基部分枝，树冠圆整。叶互生，卵状椭圆形至披针形，长 8～16cm，宽 2.5～5cm，全缘或浅裂，下面被柔毛。聚伞花序顶生；总苞绿色、坛状，边缘齿裂，有 1～2 个黄色杯状蜜腺；花序下部的叶片（苞叶）在花期变为鲜艳的红、黄、粉红等色，呈花瓣状。花期 12 月至翌年 3 月。

【栽培品种】粉红一品红（‘Rosea’），苞叶淡红、粉红色。淡白一品红（‘Albida’），苞叶乳白色，有时呈黄白色。重瓣一品红（‘Plenissima’），苞叶呈重瓣状，淡红色。大苞叶一品红（‘Imparalon’），苞叶较一般品种为大。

【分布与习性】原产墨西哥，我国各地均有栽培，华南露地栽培，北方则温室盆栽。一品红为典型的短日照植物。喜光，喜温暖湿润的气候，不耐严寒。

【繁殖方法】扦插繁殖。

【园林用途】一品红于 17 世纪初才传入欧洲，我国栽培更在其后，现华南地区普遍栽培。适于花坛、草地、窗前造景，其他地区一般盆栽，用于装饰布置厅堂、书房等处。此外，一品红还是春节前后重要的切花材料。

图 8-307　一品红
1—花枝；2—花序

  3. 紫锦木（肖黄栌）*Euphorbia cotinifolia* Linn. **subsp. cotinoides**（Miq.）Christ.（图 8-306）

【形态特征】常绿大灌木至乔木，高达 13～15m。树冠圆整，多分枝，枝条开展，红色。嫩枝暗红色，稍肉质，节部稍肥厚。叶卵圆形，长 2～6cm，宽 2～4cm，3 叶轮生，两面红色，全缘；叶柄纤细，长 2～9cm，深红色，稍呈盾状着生，中脉不达叶片基部。总苞阔钟形，4～6 裂。蒴果三棱状卵形，高约 5mm，直径 6mm。花果期 4～11 月。

原种(*Euphorbia cotinifolia* Linn.)，叶片圆形，极少栽培。

【分布与习性】原产热带美洲。华南和云南南部栽培颇多，生长良好。喜高温高湿，耐酷暑，不耐寒。当气温下降到 15℃ 以下时，生长停滞；持续 6～7℃ 低温，嫩枝受寒害，叶片脱落，但春季仍然能够正常发叶生长；持续 3～5℃ 低温，严重受害。1996 年 2～3 月，华南出现严重春寒，枝条轻度受害。喜光，不耐阴，对土壤要求不严，沙土、黏土、酸性或钙质土均可，较耐旱，也稍耐水湿。

【繁殖方法】扦插繁殖。

【园林用途】紫锦木是我国近年引入的著名红叶树种，从春至冬，叶片常年红艳，华丽而高贵、凝重，与万绿林丛相映成景，如林中佳丽。由于红叶吉利，适于庭院、公园、水滨栽培，点缀碧绿的草地。也可盆栽。萌芽性强，可早期截干，以形成圆整的树冠，提高观赏价值。

五十六、鼠李科 Rhamnaceae

乔木或灌木，稀藤本或草本；常有枝刺或托叶刺。单叶，互生，稀对生，具托叶。花小，两性或杂性异株，聚伞或圆锥花序，稀单生或簇生；萼 4～5 裂；花瓣常较萼片小，4～5 或缺；雄蕊 4～5，与花瓣对生，内生花盘；子房上位或埋藏于花盘下，基底胎座。核果，或蒴果、翅果。

约 50 属 900 种以上，分布几遍全球，主产热带和亚热带。我国 13 属 137 种，各地均有分布，主产西南、华南。

分 属 检 索 表

1. 浆果状核果或蒴果状核果，外果皮软或革质，无翅，内果皮薄革质、纸质或膜质，2～4 分核。
    2. 花序轴在结果时不增大为肉质；叶具羽状脉。
        3. 花无梗，穗状或穗状圆锥花序，顶生或兼腋生 ……………………………… 雀梅藤属 *Sageretia*
        3. 花有梗，聚伞花序腋生 ……………………………………………………… 鼠李属 *Rhamnus*
    2. 花序轴在结果时增大为肉质；叶具 3 出脉 ………………………………………… 枳椇属 *Hovenia*
1. 核果，内果皮骨质或木质，1～3 室，无分核。
    4. 果干燥，周围有平展杯状或草帽状翅 …………………………………… 马甲子属 *Paliurus*
    4. 果肉质，无翅 ……………………………………………………………………… 枣属 *Ziziphus*

(一) 枳椇属 *Hovenia* Thunb.

落叶乔木。叶互生，具长柄，3 出脉。花两性，腋生或顶生聚伞花序；萼片、花瓣和雄蕊均 5 枚；花盘下部与萼管合生，上部分离；子房上位，3 室。核果球形，生于肉质、扭曲的花序柄上，有种子 3 颗，外果皮革质，与纸质或膜质的内果皮分离。

3 种，分布于亚洲东部。我国均有分布，产西南至东部。

北枳椇(拐枣) *Hovenia dulcis* Thunb. (图 8-308)

【形态特征】高达 25m；树皮灰黑色，深纵裂。小枝红褐色，无毛。叶广卵形至卵状椭圆形，长 8～16cm，宽 5～12cm，有不整齐粗钝锯齿，先端短渐尖，基部近圆形，3 出脉。花序二歧分枝常不对称；花小，黄绿色，径 6～10mm。果近球形，径 6～7mm，有 3 种子；果梗肥大肉质，经霜后味甜可食。花期 5～7 月；果期 8～10 月。

【分布与习性】产华北南部、西北东部至长江流域各地；日本和朝鲜也有分布。喜光，较耐寒；对土壤要求不严，在微酸性、中性和石灰性土壤上均能生长，以土层深厚而排水良好的沙壤土最好。深根性，萌芽力强。生长较快。

【繁殖方法】播种繁殖，也可扦插或分蘖。

【园林用途】枝条开展，树冠呈卵圆形或倒卵形，树姿优美，叶大而荫浓，果梗奇特、可食，有"糖果树"之称，国外早有引种。适应性强，是优良的庭荫树、行道树和山地造林树种。

（二）鼠李属 *Rhamnus* Linn.

落叶，稀常绿灌木或乔木，常有枝刺。叶互生或簇生于短枝顶端，稀近对生，羽状脉。花两性、杂性或雌雄异株，腋生聚伞、伞形或圆锥状花序；萼4～5裂；花瓣4～5枚或无；雄蕊4～5；子房2～4室，与花盘离生。浆果状核果，分核2～4，基部有宿存的萼管。

约150种，广布全球，主产东亚和北美。我国57种，南北均有分布。

冻绿 Rhamnus utilis Decne. (图8-309)

【形态特征】落叶灌木或小乔木，高1～4m；小枝红褐色，互生，顶端有尖刺。叶椭圆形或长椭圆形，稀倒披针状长椭圆形或倒披针形，长5～12cm，宽1.5～3.5cm，边缘有细锯齿，幼叶下面有黄色短柔毛。聚伞花序生枝顶和叶腋；花黄绿色，花萼、花瓣、雄蕊均4枚。核果近球形，黑色，具有2分核。花期4～5月；果期9～10月。

【分布与习性】分布于淮河流域、陕西、甘肃至长江流域和西南，生于山地灌丛和疏林中；日本和朝鲜也产。性强健，喜光，耐干旱瘠薄，稍耐阴。

【繁殖方法】播种繁殖。

【园林用途】枝叶繁茂，园林中可栽培观赏，用作自然式树丛的外围以丰富绿化层次，也可丛植于草地、山坡、石间。果实和叶子可作绿色染料。

图8-308　北枳椇

1—花枝；2—果枝；3—花；

4—果横剖面；5—种子

图8-309　冻绿

1—花枝；2—花；3—花展开；

4—果实；5—种子

附：圆叶鼠李(*Rhamnus globosa* Bunge)，小枝被柔毛。叶圆形、倒卵状圆形或卵圆形，长2～6cm，宽1.2～4cm，有圆钝锯齿，先端突尖或短渐尖，两面有柔毛；侧脉3～4对。花数朵至20朵簇生，黄绿色。果黑色，径4～6mm。花期4～5月；果期6～10月。产东北、华北、长江中下游各地和陕西、甘肃，生于海拔1600m以下的山地灌丛中。

（三）枣属 *Ziziphus* Mill.

落叶或常绿乔木、灌木。单叶，互生，叶基3(5)出脉，具短柄，托叶常变为刺。花两性，聚伞花序腋生，花黄色，5 数；子房上位，埋于花盘内，花柱 2 裂。核果，2(3～4)室，每室种子 1。

约 100 种，广泛分布于温带至热带。我国 12 种，各地均有分布或栽培，主产西南、华南。

枣树 *Ziziphus jujuba* Mill. (图 8-310)

【形态特征】落叶乔木，高 15m。枝条有 3 种：长枝呈之字形弯曲，红褐色，光滑，有细长针刺；短枝俗称枣股，叶在 2 年以上长枝上互生；脱落性小枝俗称枣吊，为纤细的无芽小枝，似羽状复叶的叶轴，叶簇生于短枝顶端，冬季与叶俱落。叶长圆状卵形至卵状披针形，稀为卵形，长 2～6cm，先端钝尖，基部宽楔形，具细钝锯齿。核果卵形至长椭圆形，长 2～6cm，熟时深红色，核锐尖。花期 5～6 月；果期 9～10 月。

【变种】酸枣 [var. *spinosa* (Bunge) Y. L. Chen]，灌木，托叶刺 1 长 1 短，叶片和果实均小，果肉薄，果核两端钝。适应性强，常用作嫁接枣树的砧木。

【栽培品种】龙爪枣('Tortuosa')，又名蟠龙枣；小枝及叶柄常蜷曲，无刺，生长缓慢，树体较矮小；果皮厚，果径 5mm，果梗较长，弯曲。葫芦枣('Lageniformis')，果实中部以上缢缩，呈葫芦形。

图 8-310 枣(1～4)、酸枣(5、6)

1—花枝；2—花；3—果实；4、6—果核；5—果枝

【分布与习性】原产我国，华北、华东、西北地区是主产区。世界各地广为栽培。强阳性树种，对气候、土壤适应性强，喜中性或微碱性土壤，耐干旱瘠薄，在 pH 值 5.5～8.5，含盐量 0.2%～0.4%的中度盐碱土上可生长。根系发达，萌蘖力强。

【繁殖方法】分蘖和嫁接繁殖，也可根插繁殖。

【园林用途】树冠宽阔，花朵虽小而香气清幽，结实满枝，青红相间，发芽晚，落叶早，自古以来就是重要的庭院树种。枣树最适宜北方栽培，黄河中下游的冲积平原是枣树的最适生地区，宜孤植，适植于建筑附近或水边，也可列植为园路树和行道树。龙爪枣树形优美，可孤植于草地或园路转弯处，葫芦枣一般盆栽。

(四) 马甲子属 *Paliurus* Torun. ex Mill.

落叶灌木或小乔木，常有刺(由托叶变成)。叶互生，全缘或有齿，基出 3 脉。花两性，腋生或有时顶生聚伞花序；萼片 5；花瓣 5，多少 2 裂；雄蕊 5；子房一部分藏于花盘内，2～3 室，每室 1 胚珠。核果干燥，杯状或草帽状，周围有翅。

5 种，分布于南欧和东亚。我国 4 种，引入 1 种，产西南、东部至台湾。

铜钱树(鸟不宿、金钱树、摇钱树) *Paliurus hemsleyanus* Rehd. (图 8-311)

【形态特征】乔木，高达 15m，稀灌木。小枝紫褐色或黑褐色，无毛。叶宽卵形、卵状椭圆形或近圆形，长 4～12cm，宽 3～9cm，先端长渐尖或渐尖；叶柄长 0.6～2cm；无托叶刺，幼树叶柄基部具 2 个直刺。花序无毛；花瓣匙形；雄蕊长于花瓣；花盘五边形。果实草帽状，具革质宽薄翅，红褐色或紫红色，无毛，径 2～3.8cm；果梗长 1.2～1.5cm。花期 4～6 月；果期 7～10 月。

【分布与习性】分布于甘肃、陕西、河南、长江流域至华南，生于海拔 1600m 以下的山区林中。

适应性强，耐干旱瘠薄，适于石灰岩山地。

【繁殖方法】播种繁殖。

【园林用途】果实奇特，可栽培观赏，或植为绿篱。

附：马甲子 [*Paliurus ramosissimus* (Lour.) Poir.]，幼枝密生锈色柔毛；聚伞花序腋生，被黄色绒毛；果实杯状，直径1～1.8cm，周围有木栓质3浅裂厚翅。

滨枣（*Paliurus spina-christi* Mill.），花序无毛，果实草帽状，直径1.5～2.5cm；叶卵形，长2～4cm，叶柄基部具2托叶刺，1个直立，1个钩状下弯。原产欧洲南部和亚洲西部，华北和山东栽培。

（五）雀梅藤属 *Sageretia* Brongn.

灌木，无刺或有刺，枝常攀缘状。叶近对生，羽状脉。花两性，极小，无柄，腋生穗状或圆锥花序；萼5裂；花瓣5；雄蕊5，与花瓣近等长；花盘厚，填充于萼管内；子房2～3室，埋于花盘内。核果球形，浆果状。

约35种，主产亚洲东南部，少数产美洲和非洲。我国19种，产西南、西北至台湾。

雀梅藤（雀梅）*Sageretia thea* (Osbeck)Johnst. （图8-312）

【形态特征】落叶攀缘状灌木。小枝灰色或灰褐色，密生短柔毛，有刺。叶纸质，卵形或卵状椭圆形，稀近圆形，长1～4.5cm，先端有小尖头，基部近圆形，有细锯齿，两面略有毛，后脱落；侧脉3～4(5)对。花序密生短柔毛，花绿白色，花瓣常内卷。果近球形，熟时紫黑色。花期7～11月；果期次年3～5月。

【分布与习性】产华东、华中至西南、华南各地，生于海拔2100m以下的丘陵、山地林下或灌丛中。日本、朝鲜、印度、越南等地也产。喜光，喜温暖湿润气候，有一定的耐寒性。耐修剪。

【繁殖方法】扦插、播种或分株繁殖。

【园林用途】优良盆景材料，也可作绿篱，兼有防护功能。

图 8-311　铜钱树
1—果枝；2—花枝；3—花；4—种子

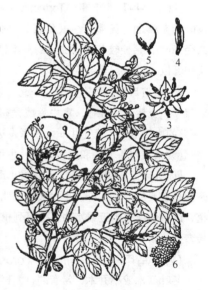

图 8-312　雀梅藤
1—花枝；2—果枝；3—花；4—花瓣及雄蕊；
5—果实；6—叶局部放大，示网脉

五十七、葡萄科 Vitaceae

藤本，稀直立灌木；卷须分叉，常与叶对生。单叶或复叶，互生；有托叶。花两性、单性或杂性，聚伞、圆锥或伞形花序，与叶对生；花部常5数，少4数，花瓣分离或粘合成帽状；雄蕊与花瓣同数对生，着生于花盘外围；子房上位，2～6室，每室胚珠1～2。浆果。

约14属900种，广布，主产热带和亚热带。我国8属146种，广布于西南、华南至东北。

分属检索表

1. 花冠连合成帽状，圆锥花序；髓心褐色，茎无皮孔 ┄┄┄┄┄┄┄┄┄┄┄┄┄┄┄┄┄┄┄┄ 葡萄属 *Vitis*
1. 花瓣离生，聚伞花序；髓心白色，茎有皮孔。
  2. 花序与叶对生或顶生，花两性或杂性，5 数。
    3. 茎有卷须，无吸盘；花盘明显 ┄┄┄┄┄┄┄┄┄┄┄┄┄┄┄┄┄┄┄ 蛇葡萄属 *Ampelopsis*
    3. 卷须顶端扩大成吸盘；花盘无或不明显 ┄┄┄┄┄┄┄┄┄┄┄┄ 爬山虎属 *Parthenocissus*
  2. 花序腋生，花单性，4 数 ┄┄┄┄┄┄┄┄┄┄┄┄┄┄┄┄┄┄┄┄┄┄┄┄ 崖爬藤属 *Tetrastigma*

（一）葡萄属 *Vitis* Linn.

藤本，以卷须攀缘他物。茎皮片状剥落，髓心棕褐色。单叶，稀掌状复叶。花单性或杂性，圆锥花序与叶对生；萼微小；花瓣顶端粘合，成帽状脱落；花盘下位；子房 2 室，每室胚珠 2。果肉质，内有种子 2～4 粒。

约 60 种，分布于温带至亚热带。我国约 36 种，各地均产，另引入栽培多种。

葡萄 *Vitis vinifera* Linn. (图 8-313)

【形态特征】落叶藤本，茎长达 20m。茎皮红褐色，老时条状剥落，小枝光滑或有毛。卷须分叉，间歇性与叶对生。叶卵圆形，长 7～20cm，3～5 掌状浅裂，基部心形，有粗齿，两面无毛或背面稍有短柔毛；叶柄长 4～8cm。花序长 10～20cm；花黄绿色。浆果圆形或椭圆形，成串下垂，绿色、紫红色或黄绿色，被白粉。花期 4～5 月；果期 8～9 月。

【分布与习性】原产欧洲、西亚和北非。品种很多，习性各异。总体而言，喜光，喜干燥及夏季高温的大陆性气候，冬季需要一定的低温，以在排水良好的微酸性至微碱性沙质壤土上生长最好，在黏重土壤中生长不良；耐干旱，怕水涝，在降雨量大、空气潮湿的地区，容易发生徒长、授粉不良、落果、裂果、多病虫害等不良现象。

【繁殖方法】扦插、压条和嫁接繁殖。

【园林用途】葡萄大约在 5000 年前就开始在中亚细亚和伊拉克一带栽培。我国葡萄栽培始于汉代，是张骞出使西域时引入，已有 2000 多年历史。宜攀缘棚架及凉廊，适于庭前、曲径、山头、入口、屋角、天井、窗前等各处，夏日绿叶蓊郁，秀房陆离，是人们休息纳凉的绝佳去处；秋日硕果累累，可观其色、其丰，可食其果，因而自古在庭院中广植，葡萄架也成为我国古典园林中传统的观赏内容。现代园林中，葡萄棚架可独自成景，广泛应用于各类公园、庭院、居民区；大型公园或风景区内可结合生产，布置成葡萄园。

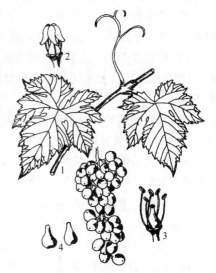

图 8-313　葡萄
1—果枝；2—花；3—花瓣脱落(示雄蕊、雌蕊及花盘)；4—种子

附：毛葡萄(*Vitis heyneana* Roem)，幼枝、叶柄及花序轴密生白色或浅褐色蛛丝状柔毛；叶卵形或五角状卵形，长 10～15cm，不分裂或 3～5 浅裂，下面密生绒毛，浆果黑紫色。

山葡萄(*Vitis amurensis* Rupr.)，幼枝初具蛛丝状绒毛。叶宽卵形，基部宽心形，3～5 裂或不裂，背面叶脉被短毛；叶柄有蛛丝状绒毛。花序长 8～13cm，花序轴被白色丝状毛。果较小，径约 1cm，黑色，有白粉。

（二）蛇葡萄属 *Ampelopsis* Michx.

与葡萄属的区别：茎有皮孔，髓心白色。花两性，聚伞花序，与叶对生或顶生；花瓣离生，逐片脱落。

约 30 种，产于北美洲和亚洲温带、亚热带。我国约 17 种，产西南、华南至东北。

葎叶蛇葡萄 *Ampelopsis humilifolia* Bunge（图 8-314）

【形态特征】木质大藤本，长达 10m。枝条红褐色，枝叶近无毛。叶卵圆形或肾状五角形，长宽约 7～12cm，3～5 中裂或近深裂，上面鲜绿色，有光泽，下面苍白色。聚伞花序与叶对生，疏散，有细长总梗；花淡黄绿色。浆果球形，径 6～8mm，淡黄色或淡蓝色。花期 5～6 月；果期 8～10 月。

【分布与习性】产东北南部、华北至陕西、甘肃、安徽等省，多生于海拔 1000m 以下的山地灌丛和疏林下。适应性强。耐寒，喜光，也颇耐阴，喜排水良好的沙质壤土。

【繁殖方法】播种、压条或扦插繁殖。

【园林用途】生长迅速，可供攀附棚架、凉廊等，极富野趣。

图 8-314　葎叶蛇葡萄
1—花枝；2—果

附：乌头叶蛇葡萄（*Ampelopsis aconitifolia* Bunge），掌状复叶，小叶常 5，披针形或菱状披针形，长 4～9cm，又羽状深裂，裂片全缘或有窄齿；果实近球形，径约 6mm，成熟时橙红至橙黄色。是优美的小型棚架和绿亭材料。

（三）爬山虎属 *Parthenocissus* Planch.

藤本。茎有皮孔，髓白色。卷须顶端扩大成吸盘。掌状复叶或单叶，具长柄。花两性，稀杂性，聚伞花序与叶对生或顶生；花部 5 数；花瓣离生；子房 2 室，每室胚珠 2。

约 13 种，产于北美洲和亚洲。我国 8 种，分布于东北至华南、西南，另引入栽培 1 种。

分 种 检 索 表

1. 单叶 3 裂，有时分裂成 3 小叶 ································· 爬山虎 *P. tricuspidata*
1. 掌状复叶，小叶 5 枚 ································· 五叶地锦 *P. quinquefolia*

1. 爬山虎（地锦、爬墙虎）*Parthenocissus tricuspidata* (Sieb. & Zucc.) Planch.（图 8-315）

【形态特征】卷须短而多分枝，顶端膨大成吸盘。叶广卵形，长 8～18cm，通常 3 裂，基部心形，有粗锯齿，表面无毛，背面脉上有柔毛；下部枝的叶片有时分裂成 3 小叶；幼苗期的叶片较小，多不分裂。花序通常生于短枝顶端，花淡黄绿色。果球形，径 6～8mm，蓝黑色，被白粉。花期 6～7 月；果期 9～10 月。

【分布与习性】产我国和日本，在我国分布极为广泛，北自吉林，南到广东均产，常攀附于岩石、树干、灌丛中。常栽培。性强健，耐阴，也可在全光下生长；耐寒；对土壤适应能力强，生长迅速。抗污染，尤其对氯气的抗性强。

【繁殖方法】播种、扦插或压条繁殖。

【园林用途】枝繁叶茂，入秋叶片红艳，极为美丽，卷须先端特化成吸盘，攀缘能力强。适于附壁式的造景方式，在园林中可广泛应用于建筑、墙面、石壁、混凝土壁面、栅栏、桥畔、假山、枯树的垂直绿化。还是优良的地面覆盖材料。

2. 五叶地锦(美国爬山虎、美国地锦) *Parthenocissus quinquefolia* Planch.

落叶藤本，幼枝常带紫红色。卷须 5～12 分枝，先端膨大成吸盘。掌状复叶有长柄；小叶 5，质地较厚，卵状长椭圆形至长倒卵形，长 4～10cm，基部楔形，叶缘有粗大锯齿，表面暗绿色，背面有白粉及柔毛。聚伞花序集成圆锥状。浆果球形，径约 6mm，熟时蓝黑色，稍有白粉。花期 7～8 月；果期10 月。

原产北美洲，我国北方常见栽培。

生长迅速，耐阴性强，抗污染，是立交桥、高架路的优良绿化材料。

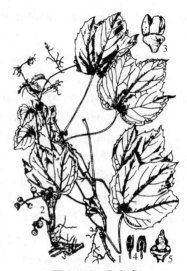

图 8-315 爬山虎
1—花枝；2—果枝；3—花；
4—花药背、腹面；5—雌蕊

(四) 崖爬藤属 *Tetrastigma* Planch.

木质藤本；卷须不分枝或少分枝，先端偶尔膨大。掌状或鸟足状复叶，稀单叶。花单性，4 数，聚伞花序腋生；花盘与子房基部合生；子房 2 室，每室 2 胚珠，柱头 4 裂。

约 100 种，分布于热带亚洲和大洋洲。我国 44 种，广布于长江以南，主产云南、广东和广西。

扁担藤 *Tetrastigma planicaule* (Hook. f.) Gagnep. (图 8-316)

常绿木质大藤本，长达 15m，全体无毛。茎扁平，深褐色，基部可宽达 40cm，分枝圆柱形。卷须与叶对生，粗壮，长 10～20cm，不分枝。掌状复叶，叶柄长 8～10cm；小叶 5枚，革质，矩圆状披针形，长 9～15cm，有稀疏钝锯齿。花序长 10～15cm，径 7～14cm，3～4 回分枝；花绿白色。浆果黄色，球形，径 1.5～2.5cm。花期 4～6 月；果期 9～11 月。

分布于福建、两广和云南、贵州、西藏东南部等地，生于海拔 400～1800m 的山谷林中或山坡岩石缝中。印度和越南也产。播种或扦插繁殖。

藤茎蔓奇特，果实黄色而鲜明夺目，四季常绿，是热带和南亚热带地区优良的垂直绿化材料，桂林七星岩公园、成都植物园、昆明各大植物园与公园中都有应用。

图 8-316 扁担藤
1—花枝；2—雄花；3—雄蕊和花盘；
4—两性花；5—浆果

五十八、省沽油科 Staphyleaceae

乔木或灌木。叶对生或互生；羽状复叶，很少退化为单小叶；有托叶。花两性或杂性，总状或圆锥花序。花辐射对称，萼片和花瓣均5枚，覆瓦状排列；雄蕊5，着生于杯状的花盘外，与花瓣互生；子房上位，通常3室，有分离或合生的花柱，胚珠1至多数。蒴果、核果或浆果；种子有胚乳。

5属60种，分布于热带亚洲和美洲以及北温带。我国4属20种，南北均产，主产西南部。

分 属 检 索 表

1. 叶对生；蒴果或蓇葖果，成熟时开裂。
  2. 果为膜质、肿胀的蒴果，果皮薄；种子无假种皮 ┄┄┄┄┄┄┄┄┄┄┄┄ 省沽油属 *Staphylea*
  2. 蓇葖果革质；种子黑色，有假种皮 ┄┄┄┄┄┄┄┄┄┄┄┄┄┄┄┄ 野鸦椿属 *Euscaphis*
1. 叶互生；萼管状；核果呈浆果状 ┄┄┄┄┄┄┄┄┄┄┄┄┄┄┄┄┄┄┄┄ 银鹊树属 *Tapiscia*

（一）省沽油属 *Staphylea* Linn.

落叶灌木或乔木；叶对生，3～7小叶，有锯齿。花两性，多白色，排成顶生圆锥花序；萼片、花瓣、雄蕊均5；心皮2或3，基部合生，胚珠多数。果为一膜质、肿胀的蒴果，每室有骨质种子1～4颗。

约13种，分布于北温带。我国有6种，产西南部至东北部，供观赏用。

省沽油 *Staphylea bumalda* DC.（图8-317）

【形态特征】落叶灌木，高3～5m；树皮暗紫红色，枝条淡绿色，有皮孔。枝细长而开展。3出复叶，对生，小叶卵状椭圆形，长5～8cm，缘有细齿，叶背青白色，脉上有毛，先端长尾尖；顶生小叶具长5～10mm的柄。花白色，有香气；圆锥花序顶生。蒴果2室，倒三角形，扁而先端2裂，呈膀胱状；种子圆形而扁，黄色而有光泽，有较大而明显的种脐。花期4～6月；果期7～10月。

【分布与习性】产于东北、黄河流域及长江流域，多生于山谷、溪畔或杂木林中。朝鲜、日本也有分布。中性偏阴树种，喜湿润气候，喜肥沃、排水良好土壤。

【繁殖方法】播种、分株或压条繁殖，种子需低温层积3个月以上。

【园林用途】省沽油为灌木，枝条细长开展，树形自然，花秀美而芳香，果实奇特。可植于庭园观赏，适于岩石园、山石旁或林缘、路旁、角隅、池畔种植。

图8-317　省沽油(1～3)膀胱果(4)
1—花枝；2—花纵剖，示雄蕊和雌蕊；3、4—蒴果

附：膀胱果（*Staphylea holocarpa* Hemsl.）（图8-317），小乔木，顶生小叶具长2～4cm的柄；花白色或粉红色；蒴果3室，有3棱。产秦岭以南，北京栽培生长良好。

（二）野鸦椿属 *Euscaphis* Sieb. & Zucc.

1种，分布于亚洲东部。

野鸦椿 *Euscaphis japonica*（Thunb.）Kanitz（图8-318）

——*Euscaphis fukienensis* Hsu；*Euscaphis tonkinensis* Gagn.

【形态特征】落叶小乔木或灌木，高4～10m；树皮灰褐色，具纵裂纹；小枝及芽红紫色，枝叶揉碎后有恶臭气味。奇数羽状复叶，对生，长8～30cm，小叶5～9(11)枚，卵状披针形，长5～11cm，宽2～4cm，边缘密生细锯齿，先端渐尖，基部钝圆。花两性，辐射对称，径4～5mm，排成圆锥花序；萼片5，宿存；花瓣5，黄绿色；雄蕊5，着生于花盘基部外缘；心皮3(2)枚，仅在基部稍合生。蓇葖果长1~2cm，果皮软革质，紫红色，形似鸡肫；种子近球形，假种皮肉质，蓝黑色。花期5~6月；果期9~10月。

【分布与习性】除西北各省外全国均产，主产长江流域，常生于山谷和疏林中。日本、朝鲜和越南也有分布。喜温暖阴湿环境，忌水涝。对土壤要求不严，最适于排水良好、富含腐殖质的微酸性壤土，但在中性土和石灰质土中亦能生长。生长速度中等。适宜长江流域及其以南地区。

【繁殖方法】播种繁殖，亦可扦插繁殖。

【园林用途】树姿优美，圆锥花序花多而密，黄白色，秋季叶片经霜变红，果实也红艳美丽，果熟后果皮反卷，黑色光亮的种子粘挂在鲜红色的内果皮上，十分艳丽，挂果时间长达半年。为园林中良好的观叶和观果风景树。适宜小型庭院造景，可孤植、丛植于庭前、水边、路旁，也可用于公园和风景区群植成林。

图 8-318　野鸦椿

1—花枝；2—花；3—果

(三) 银鹊树属 (瘿椒树属) *Tapiscia* Oliv.

落叶乔木。叶互生，奇数羽状复叶，有托叶；小叶具短柄，有锯齿，有小托叶。花极小，黄色，两性和单性异株，辐射对称，排成腋生圆锥花序；萼管状，5裂；花瓣5；雄蕊5；子房1室，1~2胚珠；雄花有退化子房。核果卵形。

2种，我国特产，产西南部和中部，供庭园观赏。

有些学者将本属与南美洲的 *Huertea* 一起成立银鹊树科 (Tapisciaceae)。

银鹊树(瘿椒树) *Tapiscia sinensis* Oliv. (图 8-319)

【形态特征】落叶乔木，高8~15(20)m；树皮具有清香。奇数羽状复叶，长达30cm，小叶5~9枚，狭卵形或卵形，长6~12cm，边缘有锯齿，背面灰绿色或灰白色，叶柄红色。花序腋生，雄花序长25cm，两性花序长10cm，花小而有香气，黄色。浆果状核果近球形，黄色并变为紫黑色，微被白粉，径5~6mm。花期6~7月；果期8~9月。

【分布与习性】中国特产，分布于长江流域至华南，常分布于海拔400~1800m处的山坡和溪边。中性偏喜光，幼树较耐阴。适应性强，在酸性、中性乃至偏碱性土壤上均能生长。较耐寒，南京中山植物园引种成功，山东、陕西也可露地越冬。

【繁殖方法】播种繁殖。

【园林用途】银鹊树为我国特有的珍稀树种，树干通直，树形端正，黄花芬芳，秋叶黄灿，树姿优美，枝叶茂盛，花朵芳香，果实鲜艳。适于公园和自然风景区造景，也可作行道树、园景树或沿建筑列植。

图 8-319　银鹊树

1—果枝；2—花；3—花瓣；4—花去掉花萼及花瓣；5—叶(局部放大)

五十九、无患子科 Sapindaceae

乔木或灌木，稀攀缘状草本。羽状复叶，互生，稀掌状复叶或单叶；无托叶。花单性或杂性，圆锥、总状或伞房花序，辐射对称或左右对称；萼4～5裂；花瓣4～5，或缺；雄蕊8～10；花盘发达；子房上位，多3室；中轴胎座或侧膜胎座。蒴果，或核果和浆果状。

约150属2000余种，广布于热带和亚热带。我国25属56种，各地均产，主产西南和南部。

分属检索表

1. 蒴果；奇数羽状复叶。
  2. 果皮膜质而膨胀；1～2回羽状复叶 ···················· 栾树属 *Koelreuteria*
  2. 果皮木质；1回羽状复叶 ····························· 文冠果属 *Xanthoceras*
1. 核果；偶数羽状复叶。
  3. 果皮肉质；种子无假种皮 ··························· 无患子属 *Sapindus*
  3. 果皮革质或脆壳质，种子有假种皮，并彼此分离。
    4. 有花瓣；果皮平滑，黄褐色 ····················· 龙眼属 *Dimocarpus*
    4. 无花瓣；果皮具瘤状突起，绿色或红色 ············· 荔枝属 *Litchi*

（一）栾树属 *Koelreuteria* Laxm.

落叶乔木。芽鳞2枚。1～2回奇数羽状复叶，互生，小叶有齿或全缘。大型圆锥花序通常顶生；花杂性，不整齐，萼5，深裂；花瓣5或4，鲜黄色，披针形，基部具2反转附属物。蒴果，具膜质果皮，膨大如膀胱状，熟时3瓣裂；种子球形，黑色。

3种，分布于我国、日本至斐济群岛。我国3种均产，广布。

分 种 检 索 表

1. 1回或不完全2回羽状复叶，小叶有不规则粗齿，近基部常有深裂片；蒴果先端尖 ········ 栾树 *K. paniculata*
2. 2回羽状复叶，小叶有锯齿或全缘；蒴果先端钝圆 ························· 复羽叶栾树 *K. bipinnata*

1. 栾树 *Koelreuteria paniculata* Laxm. (图 8-320)

【形态特征】高达20m，树冠近球形。树皮灰褐色，细纵裂；无顶芽，皮孔明显。奇数羽状复叶，有时部分小叶深裂而为不完全2回；小叶卵形或卵状椭圆形，长3～8cm，有不规则粗齿，近基部常有深裂片，背面沿脉有毛。花黄色，径约1cm，中心紫色。蒴果三角状卵形，长4～5cm，顶端尖，成熟时红褐色或橘红色。花期6～8月；果9～10月成熟。

【分布与习性】分布于东亚，我国自东北南部、华北、长江流域至华南均产。喜光，稍耐半阴；耐干旱瘠薄；不择土壤，喜生于石灰质土壤上，也能耐盐碱和短期水涝。深根性，萌蘖力强。有较强的抗烟尘和二氧化硫能力。

【繁殖方法】播种繁殖。种皮坚硬，不易透水，在采种后进行湿沙层积埋藏越冬，则翌年春季部分种子可破壳萌发。也可分蘖繁殖或根插繁殖。

图 8-320 栾树

1—花枝；2—花；3—花盘及雌蕊；4—花瓣；5—果

【园林用途】树形端正，枝叶茂密，春季嫩叶紫红，入秋叶色变黄，夏季至初秋开花，满树金黄，秋季丹果盈树，非常美丽，是优良的花果兼赏树种。适宜作庭荫树、行道树和园景树，可植于草地、路旁、池畔。也可用作防护林、水土保持及荒山绿化树种。

2. 复羽叶栾树（黄山栾、全缘叶栾）*Koelreuteria bipinnata* Franch.（图8-321）

——*Koelreuteria bipinnata* Franch. var. *integrifoliola*（Merrill）T. C. Chen；*Koelreuteria integrifoliola* Merrill.

【形态特征】乔木，高达20m；树冠广卵形。树皮暗灰色，片状剥落；小枝暗棕红色，密生皮孔。2回羽状复叶，长45～70cm；各羽片有小叶7～17，互生，稀对生，斜卵形，长3.5～7cm，宽2～3.5cm，全缘或有锯齿。花序开展，长达35～70cm；花金黄色，花萼5裂，花瓣4，稀5。蒴果椭球形，长4～7cm，径3.5～5cm，顶端钝而有短尖，嫩时紫色，熟时红褐色。花期6～9月；果期8～11月。

【分布与习性】产长江以南各省区，耐寒性稍差，但黄河以南可露地生长。喜光，幼年耐阴；喜温暖湿润气候，耐寒性差；山东1年生苗须防寒，否则苗干易抽干，翌春从根茎处萌发新干；对土壤要求不严，微酸性、中性土上均能生长。深根性，不耐修剪。

【繁殖方法】播种繁殖。

【园林用途】枝叶茂密，冠大荫浓，初秋开花，金黄夺目，不久就有淡红色灯笼似的果实挂满树梢；黄花红果，交相辉映，十分美丽。宜作庭荫树、行道树及园景树栽植，也可用于居民区、工厂区及农村"四旁"绿化。

图8-321　复羽叶栾树

1—花枝；2—花；3—果序枝；4—种子

（二）文冠果属 *Xanthoceras* Bunge

仅1种，产我国北部、东北部和朝鲜。

文冠果（文官果）*Xanthoceras sorbifolia* Bunge（图8-322）

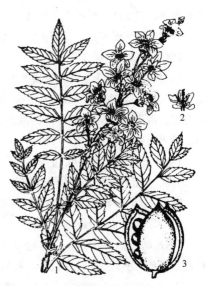

【形态特征】落叶灌木或小乔木，高达7m。小枝粗壮，紫褐色。奇数羽状复叶，互生；小叶9～19枚，对生或近对生，狭椭圆形至披针形，长3～5cm，有锐锯齿，先端尖。总状花序顶生，长15～25cm；花梗纤细，长约2cm；萼片5；花瓣5，白色，内侧有黄色变紫红色的斑纹；花盘5裂，裂片背面各有一橙黄色的角状附属物；雄蕊8；子房3室，每室7～8胚珠。蒴果椭球形，径4～6cm，果皮木质，室背3裂。种子球形，黑色，径1～1.5cm。花期4～5月；果期7～8月。

【分布与习性】产甘肃、河北、内蒙古、宁夏、陕西、山西、山东等地，常见栽培。朝鲜也有分布。喜光，也耐半阴；耐寒，耐-40℃低温；对土壤要求不严，以中性沙质壤

图8-322　文冠果

1—花枝；2—花；3—果

土最佳；耐干旱瘠薄，耐轻度盐碱，在低湿地生长不良。根系发达，生长迅速，萌芽力强。

【繁殖方法】播种繁殖，春播或秋播均可。也可根插育苗。

【园林用途】文冠果是华北地区重要的木本油料树种，而且花序硕大、花朵繁密，春天白花满树，也是优良的观花树种，可配植于草坪、路边、山坡，也可用于荒山绿化。

（三）无患子属 *Sapindus* Linn.

乔木或灌木。无顶芽。偶数羽状复叶，互生，小叶全缘。花杂性异株，圆锥花序；萼片、花瓣各4～5；雄蕊8～10；子房3室，每室1胚珠，通常仅1室发育。核果球形，中果皮肉质，内果皮革质；种子黑色，无假种皮。

约13种，分布于亚洲、美洲和大洋洲温暖地带。我国4种，产长江流域及其以南地区。

无患子 *Sapindus saponaria* Linn.（图8-323）

——*Sapindus mukorossi* Gaertner.

【形态特征】落叶或半常绿，高达20m；树冠广卵形或扁球形；树皮灰褐色至深褐色，平滑不裂。小枝无毛，芽叠生。小叶8～16，互生或近对生，狭椭圆状披针形或近镰状，长7～15cm，宽2～5cm，先端尖或短渐尖，基部不对称，薄革质，无毛。圆锥花序顶生，长15～30cm，花黄白色或带淡紫色，花萼、花瓣5，雄蕊8。核果球形，径2～2.5cm，熟时黄色或橙黄色；种子球形，黑色。花期5～6月；果期9～10月。

【分布与习性】产长江流域及其以南各省区，为低山丘陵和石灰岩山地习见树种，常栽培。日本、越南、印度、缅甸、印度尼西亚等国也有分布。喜光，稍耐阴；喜温暖湿润气候，也较耐寒；对土壤要求不严，酸性、微碱性至钙质土均可。萌芽力较弱，不耐修剪。对二氧化硫抗性强。生长速度中等。

【繁殖方法】播种繁殖。

【园林用途】主干通直，树姿挺秀，秋叶金黄，极为悦目，是美丽的秋色叶树种，颇具江南秀美的特色。适于作庭荫树和行道树，常孤植、丛植于草坪、路旁、建筑物附近，色彩绚丽，醉人心目。

（四）荔枝属 *Litchi* Sonn.

1种，产亚洲东南部。我国分布并广泛栽培，为热带著名果树。

荔枝 *Litchi chinensis* Sonn.（图8-324）

——*Litchi philippinensis* Radlk.

【形态特征】常绿乔木，高约10m，偶高达15m或更高。树皮灰褐色，不裂。小枝棕红色，密生白色皮孔。偶数羽状复叶，互生，无托叶；小叶2～4对，披针形或卵状披针形，有时椭圆状披针形，长6～15cm，宽2～4cm，薄革质或革质，

图 8-323 无患子
1—花枝；2—花；3—蕊；4—雌蕊；5—果实

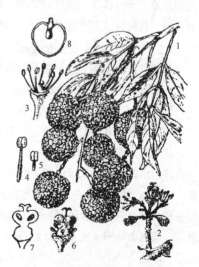

图 8-324 荔枝
1—果枝；2—部分花序；3—雄花；4—发育雄蕊；5—不发育雄蕊；6—雌花；7—子房纵剖面；8—果纵剖面

全缘，表面侧脉不甚明显，中脉在叶面凹下，背面粉绿色。圆锥花序顶生，大而多分枝，被黄色毛；花单性，辐射对称，萼小，4～5裂；花瓣缺；花盘肉质；雄蕊6～8，花丝有毛；子房2～3裂。核果球形或卵形，直径2～3.5cm，熟时红色，果皮有显著突起小瘤体；种子棕褐色，具白色、肉质、半透明、多汁的假种皮。花期3～4月；果5～8月成熟。

【分布与习性】原产华南，广东西南部和海南有天然林，广泛栽培，品种众多。老挝、马来西亚、缅甸、新几内亚、菲律宾、泰国、越南也有分布。喜光，喜暖热湿润气候及富含腐殖质之深厚、酸性土壤，怕霜冻。

【繁殖方法】播种或嫁接繁殖。

【园林用途】荔枝四季常绿，树形宽阔，既是著名的水果，也是园林中常用的造景材料。除了适于庭院、草地、建筑周围作庭荫树以外，还可以结合成片种植。如广州荔枝湾湖公园，便栽植了大量的荔枝和其他果木、花卉，形成了"白荷红荔半塘西"的景色。广州东郊的萝岗，也以荔枝和青梅著名，春天梅花盛开，曰"萝岗香雪"，初夏时节，又是"夕阳明灭荔枝红"的胜境。

(五) 龙眼属 Dimocarpus Lour.

常绿乔木；偶数羽状复叶，互生，小叶全缘，叶上面侧脉明显。花杂性同株，圆锥花序；萼5，深裂；花瓣5或缺；雄蕊8；子房2～3室，每室1胚珠。核果黄褐色，熟时较平滑；假种皮肉质、乳白色、半透明而多汁。

约7种，产亚洲南部和东南部、澳大利亚。我国4种。

龙眼(桂圆) Dimocarpus longan Lour. (图8-325)

【形态特征】高达20m，具板状根；树皮粗糙，薄片状剥落；幼枝和花序密生星状毛。复叶长15～30cm；小叶3～6对，长椭圆状披针形，长6～15cm，宽2.5～5cm，全缘，基部稍歪斜，表面侧脉明显。圆锥花序顶生和腋生，长12～15cm；花黄白色。果球形，径1.2～2.5cm；种子黑褐色。花期4～5月；果期7～8月。

【分布与习性】产我国和缅甸、马来西亚、老挝、印度、菲律宾、越南等国，野生见于海南、广东、广西、云南等地，一般生于海拔800m以下；华南各地常见栽培。弱阳性，稍耐阴；喜暖热湿润气候，0℃左右时枝叶受冻。不择土壤，酸性土和石灰性土壤上均可生长；深根性，耐旱、耐瘠薄，忌积水。比荔枝耐寒和耐旱性均稍强。

【繁殖方法】播种或嫁接繁殖。

【园林用途】龙眼是华南地区重要的果树，栽培品种甚多，种子之假种皮肉质而半透明，多汁而味甜，可食，也常植于庭园观赏。树冠宽广，适应性强，寿命可达千年以上。可成片种植，也可孤植或与其他树种混植。

图8-325　龙眼
1—花枝；2—果枝；3—花；
4—花(部分，示雄蕊着生)

六十、七叶树科 Hippocastanaceae

乔木，稀灌木。掌状复叶，对生；无托叶。花杂性同株，圆锥或总状花序，顶生，两性花生于花序基部，雄花生于上部；萼4~5；花瓣4~5，大小不等；雄蕊5~9，生花盘内；子房上位，3室，每室2胚珠。蒴果，3裂，种子大型，种脐大，无胚乳。

2属14种，产北温带。我国1属6种。

七叶树属 *Aesculus* Linn.

乔木，冬芽肥大。掌状复叶，小叶5~9，有锯齿。大型圆锥花序顶生；萼钟形，4~5裂；花瓣4~5；雄蕊5~9。蒴果，种子大，1~3颗。

12种，分布于北温带。我国2种，引入栽培2种。主产西南，北达黄河流域。

七叶树 *Aesculus chinensis* Bunge(图8-326)

【形态特征】高达25m；树冠圆球形；小枝粗壮，髓心大，光滑或幼时有毛；顶芽发达。小叶5~7(9)，矩圆状披针形、矩圆形、矩圆状倒披针形至矩圆状倒卵形，长8~25cm，宽3~8.5cm，具细锯齿，先端急渐尖，基部楔形或阔楔形，背面光滑或仅幼时脉上疏生灰色绒毛；侧脉13~15对；小叶柄长5~17mm。圆锥花序直立，近圆柱形，长10~35cm，基部宽2.5~12cm，被毛或光滑，花朵密集；花芳香，花瓣4，白色，不等大，上面两瓣常有橘红色或黄色斑纹；雄蕊6~7。果近球形，径3~4.5cm，黄褐色，无刺；种子形如板栗，深褐色，种脐大。花期4~6月；果期9~10月。

图8-326 七叶树
1—花枝；2—花瓣；3—雄蕊；4—果；
5—果纵剖面；6—花图式

【变种】天师栗 [var. *wilsonii* (Rehd.) Turland & N. H. Xia]，叶片背面均被灰色绒毛或柔毛，基部阔楔形至圆形或近心形。产甘肃南部、重庆、广东北部、贵州、河南西南部、湖北西部、湖南、江西西部、陕西南部、四川和云南东北部，自然分布于海拔2000m以下的山地。也常栽培。

【分布与习性】原产我国，黄河至长江中下游各地栽培，常见于庙宇。喜光，稍耐阴；喜温暖湿润气候，也能耐寒；喜深厚肥沃而排水良好的土壤。深根性；萌芽力不强。生长速度中等偏慢，寿命长。

【繁殖方法】播种繁殖。种子不耐贮藏，易丧失发芽力。也可嫩枝扦插或根插。

【园林用途】树干耸直，树冠开阔，姿态雄伟，叶片大而美，初夏白花满树，蔚然可观，是世界著名的观赏树木。最宜植为庭荫树和行道树，是世界四大行道树之一。我国古代常植于庙宇，如杭州灵隐寺、北京大觉寺、卧佛寺等均有七叶树古木。

附：欧洲七叶树(*Aesculus hippocastanum* Linn.)，小叶无柄，叶片背面绿色，果实有刺。原产欧洲，华北等地有栽培，供观赏。

日本七叶树(*Aesculus turbinata* Blume)，小叶无柄，叶片背面粉绿色，有白粉，果实有疣状突起。原产日本，国内常栽培观赏。

六十一、槭树科 Aceraceae

乔木或灌木。叶对生，通常为单叶、掌状分裂，有时为复叶；无托叶。花两性(但为功能性雌花)或单性，辐射对称；总状、圆锥状或伞房状花序；萼片(4)5；花瓣(4)5，或无；雄蕊通常8，稀4～12；雌蕊由2心皮合成，子房上位，扁平，2室，每室2胚珠。翅果，两侧或周围有翅。

2属约131种，主产北温带。我国2属约101种。

槭树属 *Acer* Linn.

乔木或灌木，落叶或常绿。单叶掌状裂或不裂，或奇数羽状复叶，稀掌状复叶。杂性同株或雌雄异株；萼片5；花瓣5，稀无花瓣；雄蕊8；花盘环状或无花盘。双翅果，由2个一端具翅的小坚果构成。

约129种，分布于亚洲、欧洲、北美洲和非洲北部。我国96种，引入3种，广布全国。

分 种 检 索 表

1. 单叶。
  2. 叶裂片全缘，或疏生浅齿。
    3. 叶掌状5～7裂，裂片全缘。
      4. 叶5～7裂，基部常截形，稀心形；果翅等于或略长于果核 ……………… 元宝枫 *A. truncatum*
      4. 叶常5裂，基部常心形，有时截形；果翅长为果核的2倍或2倍以上 ……… 五角枫 *A. mono*
    3. 叶掌状3裂或不裂，裂片全缘或略有浅齿；两果翅近于平行 ……………… 三角枫 *A. buergerianum*
  2. 叶裂片具单锯齿或重锯齿。
    5. 叶常3裂(中裂片特大)，有时不裂，缘有重锯齿；两果翅近于平行 ……………… 茶条槭 *A. ginnala*
    5. 叶7～9深裂；叶柄、花梗及子房均光滑无毛 ……………………………… 鸡爪槭 *A. palmatum*
1. 羽状复叶，小叶3～7；小枝无毛，有白粉 ……………………………………… 复叶槭 *A. negundo*

1. 元宝枫(华北五角枫、平基槭) *Acer truncatum* Bunge(图8-327)

【形态特征】落叶乔木，高达12m；树冠伞形或近球形。叶宽矩圆形，长5～10cm，宽6～15cm，掌状5～7裂，深达叶片中部；裂片三角形，全缘，掌状脉5条出自基部，叶基常截形。伞房花序顶生；萼片黄绿色，花瓣黄白色。果成熟时淡黄色或带褐色，连翅在内长2.5cm，果柄长2cm，两果翅开张成直角或钝角，翅长等于或略长于果核。花期4～5月；果8～10月成熟。

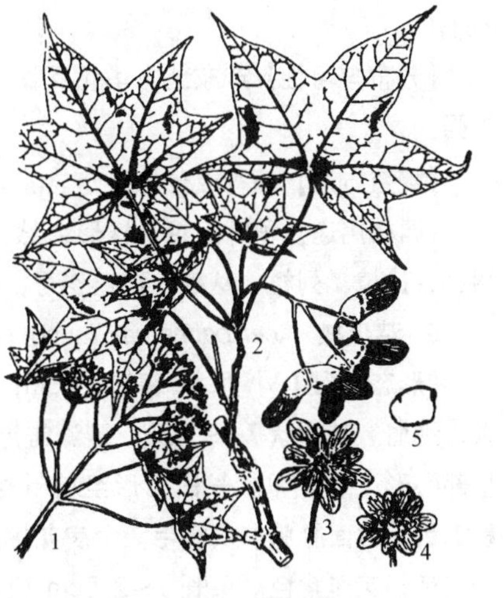

【分布与习性】产黄河中下游各省，多生于海拔1000m以下的低山丘陵和平地。弱阳性，喜温凉气候和肥沃、湿润而排水良好的土壤，在酸性、中性和钙质土上均可生长。有一定耐旱力，不耐涝。萌蘖力强，深根性，抗风。耐烟尘和有毒气体。

【繁殖方法】播种繁殖。

【园林用途】绿荫浓密，叶形秀丽，秋叶红黄，是著名的秋色叶树种，可广泛用作行道树、庭荫树，也可配植于水边、草地和建筑附近。

2. 五角枫(色木) *Acer mono* Maxim.

与元宝枫相似，区别在于：叶掌状5裂，基部心形，裂片卵状三角形，中裂，无小裂，网状脉

图8-327 元宝枫
1—花枝；2—果枝；3—雄花；
4—两性花；5—种子

两面明显隆起。果翅展开成钝角，长为果核的2倍。花期4月；果期9～10月。

产东北、华北和长江中下游地区。习性和用途同元宝枫。

3. 三角枫 *Acer buergerianum* Miq.（图8-328）

【形态特征】高达20m。树皮呈条片状剥落，黄褐色而光滑的内皮暴露在外。叶卵形至倒卵形，近革质，背面有白粉，3裂，裂深为全叶片的1/4～1/3，裂片三角形，全缘或仅在近先端有细疏锯齿。双翅果，长2～2.5cm，果核部分两面凸起，两果翅开张成锐角。

【分布与习性】产长江中下游各省至华南。日本也有分布。弱阳性树种，喜温暖湿润气候，有一定的耐寒性；较耐水湿。萌芽力强，耐修剪。

【繁殖方法】播种繁殖。

【园林用途】树冠较狭窄，多呈卵形，是优良的行道树，也适于庭园绿化，可点缀于亭廊、草地、山石间。老桩奇特古雅，是著名的盆景材料。

图8-328 三角枫
1—花枝；2—果枝；3—雄花；4—果（放大）

4. 茶条槭 *Acer ginnala* Maxim.

【形态特征】灌木或小乔木，一般高约2m，偶可高达10m。叶卵状椭圆形，常3裂，中裂片较大，有时不裂或羽状5浅裂，基部圆形或近心形，缘有不整齐重锯齿，表面无毛，背面脉上及脉腋有长柔毛。花杂性，伞房花序圆锥状，顶生。果核两面突起，果翅张开成锐角或近于平行，紫红色。花期5～6月；果期9月。

【分布与习性】产东北、华北及长江下游各省。喜光，耐半阴，耐寒，耐干旱，也耐水湿。萌蘖性强。

【繁殖方法】播种或分株繁殖。

【园林用途】秋叶红艳，株形自然，是良好的庭园观赏树种，孤植、列植、丛植、群植均可，也可植为绿篱。

5. 鸡爪槭 *Acer palmatum* Thunb.（图8-329）

【形态特征】小乔木，高5～8m；树冠伞形，枝条开张，细弱。叶掌状7～9深裂，裂深常为全叶片的1/3～1/2，基部心形，裂片卵状长椭圆形至披针形，先端尖，有细锐重锯齿，背面脉腋有白簇毛。伞房花序径约6～8mm，萼片暗红色，花瓣紫色。果长1～2.5cm，两翅开展成钝角。花期5月；果期9～10月。

【变种】条裂鸡爪槭（var. *linearilobum*），叶深裂达基部，裂片线形，缘有疏齿或近全缘。

【栽培品种】红枫（'Atropurpureum'），叶片常年红色或紫红色，枝条紫红色。羽毛枫（'Dissectum'），叶片掌状深

图8-329 鸡爪槭
1—果枝；2—雄花；3—两性花

裂几达基部，裂片狭长，又羽状细裂，树体较小。红羽毛枫('Dissectum Ornatum')，与羽毛枫相似，但叶常年红色。金叶鸡爪槭('Aureum')，叶片金黄色。垂枝鸡爪槭('Pendula')，枝梢下垂。

【分布与习性】产东亚，我国分布于长江流域各省，多生于海拔1200m以下的山地。园林中广泛栽培。弱阳性，最适于侧方遮荫；喜温暖湿润，耐寒性不如元宝枫和三角枫；喜肥沃湿润而排水良好的土壤，酸性、中性和石灰性土壤均能适应，不耐干旱和水涝。

【繁殖方法】播种繁殖，各园艺品种常采用嫁接繁殖。

【园林用途】鸡爪槭姿态潇洒、婆娑宜人，叶形秀丽、秋叶红艳，是著名的庭园观赏树种。其优美的叶形能产生轻盈秀丽的效果，使人感到轻快，因而非常适于小型庭园的造景，多孤植、丛植于庭前、草地、水边、山石和亭廊之侧，也可植于常绿针叶树、阔叶树或竹丛之前侧，经秋叶红，枝叶扶疏，满树如染。

6. 复叶槭 *Acer negundo* Linn. (图8-330)

【形态特征】乔木，高达20m。小枝绿色，有白粉，无毛。奇数羽状复叶，小叶3~7，卵形至长椭圆状披针形，叶缘有不规则缺刻，顶生小叶有3浅裂。花单性异株，雄花序伞房状，雌花序总状。果翅狭长，两翅成锐角。花期4~5月；果期8~9月。

【分布与习性】原产北美，华东、东北、华北有引种栽培。喜光，喜冷凉气候，耐干冷，对土壤要求不严，耐轻度盐碱，稍耐水湿。在东北生长较好，长江下游生长不良。

【繁殖方法】播种、扦插均可。

【园林用途】树冠宽阔，可作庭荫树、行道树。

附：青楷槭(*Acer tegmentosum* Maxim.)，树皮灰色，平滑；当年生枝紫色或绿紫色，多年生枝黄绿色或灰褐色；单叶，近圆形或卵形，常5浅裂，主脉5条由基部生出；裂片三角形，有钝尖的重锯齿，下面脉腋有淡黄色毛丛。总状花序，花黄绿色。翅果开展成钝角或近于水平。产黑龙江、吉林、辽宁等省。

图8-330　复叶槭
1—果枝；2—雌花枝；3—雄花枝

青榨槭(*Acer davidii* Franch.)，树皮绿色或灰褐色，常纵裂成蛇皮状；当年生嫩枝紫绿色或绿褐色，多年生枝黄褐色；冬芽长卵形，长4~8cm；单叶，长圆状卵形或长圆形，长6~14cm，宽4~9cm，先端尾状尖，基部心形或圆形，边缘有不整齐钝锯齿；羽状脉，侧脉11~12对。总状花序顶生、下垂，雄花序长4~7cm，有花9~12朵；两性花序长7~12cm，有花10~30朵。花黄绿色。翅果黄褐色，开展呈钝角或几成水平，小坚果连同翅长2.5~3cm。分布于华北、华东、中南、西南各省区。树形自然开张，枝繁叶茂，树皮奇特，具有很高的观赏价值。

六十二、橄榄科 Burseraceae

乔木或灌木，树皮有垂直裂生树脂道。奇数羽状复叶，互生，稀单叶。花小，两性或杂性，辐射对称，腋生或顶生圆锥花序；萼片和花瓣(3)4~5；雄蕊与花瓣同数或2倍之，生于花盘基部或边缘；花盘环状或杯状；子房上位，2～5室，每室有胚珠1～2，中轴胎座。核果。

16属约500种，分布于热带。我国3属13种，产东南、南部至西南部。

橄榄属 *Canarium* Linn.

常绿乔木。羽状复叶，互生，通常多少聚生于小枝顶，托叶常存在。花单性，雌雄异株；聚伞状圆锥花序，有时雌花序退化为总状或穗状；萼杯状，3裂；花瓣3，乳白色，芽时通常覆瓦状排列；雄蕊6，分离或合生；子房3室，每室2胚珠。核果。

约75种，分布于非洲、热带亚洲和大洋洲东北部及太平洋岛屿。我国7种，产华南和云南，常栽培。

橄榄 *Canarium album* (Lour.)Raeusch. (图8-331)

【形态特征】高达25m，枝条开展，树冠近球形。小枝幼时被黄棕色绒毛。小叶3～6对，披针形或椭圆形，长6～14cm，宽2～5.5cm，全缘，基部圆形，先端尖；托叶小，早落。雄花序圆锥状，长15～30cm，雌花序总状，长3～6cm，花黄白色。果实椭圆形、卵圆形或纺锤形，长2.5～3.5cm，初黄绿色，后变黄白色，有皱纹。果核两端锐尖，内有种子1颗。花期4～6月；果期9～12月。

【分布与习性】产华南，福建、广东、广西、台湾、贵州、四川等地均有分布并常见栽培，浙江南部也有栽培。越南亦产。生长期需高温，最适生长地的年均温度20℃左右，不耐霜冻；主根肥大而深入土壤，较耐旱，不耐湿，适生于沙质壤土、石灰质土和土层深厚的冲积土。

【繁殖方法】播种或嫁接繁殖。

【园林用途】树姿优美，绿荫如盖，花朵芳香，果实为著名果品，是优美的绿荫树和食用、观赏果木，热带地区可植为行道树和庭荫树。

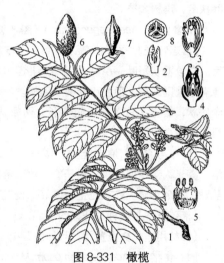

图8-331 橄榄
1—雌花枝；2—芽，示托叶；3—雄花纵剖；
4—雌花纵剖；5—雄蕊和花盘；6—果实；
7—果核；8—果实横切

附：乌榄(*Canarium pimela* K. D. Koenig)，无托叶，小叶4～6对，宽椭圆形、卵形或圆形，长6～17cm，宽2～7.5cm，果实紫黑色，狭卵圆形，长3～4cm，径约1.7～2cm。分布于华南和中南半岛，广东栽培多，用途同橄榄。

六十三、漆树科 Anacardiaceae

乔木或灌木；树皮常含有树脂。叶互生，多为羽状复叶，稀单叶；无托叶。花小，单性异株、杂性同株或两性，常为圆锥花序；萼3～5深裂；花瓣常与萼片同数，稀无花瓣；雄蕊与花萼同数或为其2倍，稀更少或更多；子房上位，1室，稀2～6室，每室1倒生胚珠。核果或坚果。

约77属600余种，主要分布于热带和亚热带，少数产温带。我国约16属53种，引入2属4种。

分 属 检 索 表

1. 羽状复叶。

　2. 无花瓣；常为偶数羽状复叶 ··· 黄连木属 *Pistacia*

　2. 有花瓣；奇数羽状复叶。

　　3. 植物体有乳液，雄蕊 5；小叶全缘或有锯齿 ·································· 盐肤木属 *Rhus*

　　3. 植物体无乳液，雄蕊 10；小叶全缘 ·································· 南酸枣属 *Choerospondias*

1. 单叶，全缘。

　4. 落叶灌木或小乔木，果序上有多数不育花之伸长花梗，被长柔毛；核果小，长 3～4mm … 黄栌属 *Cotinus*

　4. 常绿乔木；果序上无不育花之伸长花梗，核果大，肉质，长 6～20cm ··················· 芒果属 *Mangifera*

（一）黄连木属 *Pistacia* Linn.

　乔木或灌木；顶芽发达。偶数羽状复叶，稀 3 小叶或单叶，小叶对生，全缘。花单性异株，圆锥或总状花序，腋生；无花瓣；雄蕊 3～5；子房 1 室，花柱 3 裂。核果近球形；种子扁。

　约 10 种，分布于地中海地区、亚洲东部至东南部和北美洲南部。我国 2 种，引入 1 种。

　黄连木(楷木) *Pistacia chinensis* Bunge(图 8-332)

　【形态特征】落叶乔木，高达 30m；树冠近圆球形；树皮薄片状剥落。枝叶有特殊气味。小叶 10～14，披针形或卵状披针形，长 5～8cm，宽 1～2cm，先端渐尖，基部偏斜。圆锥花序，雄花序淡绿色，长 5～8cm，花密生；雌花序紫红色，长 15～20cm，疏松。核果，熟时红色至蓝紫色。花期 3～4 月；果期 9～11 月。

　【分布与习性】分布广泛，北自河北、山东，南达华南、西南均有生长。喜光，幼树稍耐阴，对土壤要求不严，尤喜肥沃湿润而排水良好的石灰性土。耐干旱瘠薄，不耐水湿。萌芽力强。抗烟尘，对二氧化硫、氯化氢等抗性较强。生长速度中等。

　【繁殖方法】播种繁殖。

　【园林用途】树冠近球形或团扇形，叶片秀丽，春叶及花序紫红，秋叶鲜红或橙黄，云蒸霞蔚，灿烂如金，是著名的风景树，常用作山地风景林、公园秋景林的造林树种，也可孤植或作行道树用。

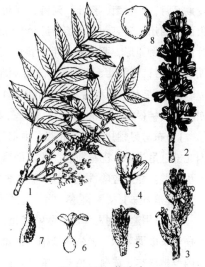

图 8-332　黄连木

1—果枝；2—雄花序；3—雌花序；4—雄花；
5—雌花；6—子房；7—苞片；8—种子

　附：阿月浑子(*Pistacia vera* Linn.)，小叶 3～5，通常 3，卵形或宽椭圆形，长 4～10cm，宽 2.5～6.5cm，先端小叶较大，侧生小叶基部常不对称。果较大，长圆形，长约 2cm，宽约 1cm，成熟时果皮干燥开裂。花期 4 月；果期 7～9 月。原产中东及南欧，是珍贵的木本油料和干果树种，我国西北、华北部分地区有引种。

（二）黄栌属 *Cotinus* Mill.

　落叶灌木或小乔木。单叶，互生，全缘。花杂性或单性异株，顶生圆锥花序；萼片、花瓣、雄蕊各为 5，子房 1 室，1 胚珠，花柱 3，偏于一侧。果序上有许多羽毛状不育花的伸长花梗；核果歪斜。

　5 种，分布于南欧、亚洲东部和北美洲温带。我国 3 种，产西南至西北、华北。

黄栌 *Cotinus coggygria* Scop.（图 8-333）

【形态特征】小乔木或大灌木，高 3～5m；树冠近圆形。叶宽椭圆形至倒卵形，长 3～8cm，宽 2.5～6cm，两面有灰色柔毛，基部圆形或宽楔形，先端圆形或微凹；侧脉 6～11 对；叶柄长达 3.5cm。花序被柔毛，花梗长 7～10mm。花杂性，黄绿色，径约 3mm；花萼光滑无毛，萼片卵状三角形；花瓣卵形或卵状披针形。花盘 5 裂，紫褐色。子房近球形，花柱 3，分离，不等长。果肾形，长约 4mm，宽 2.5mm，无毛；不孕花的花梗在花后伸长，密被紫色羽状毛，远观如紫烟缭绕。花期 2～8 月；果期 5～11 月。

【变种】毛黄栌（var. *pubescens* Engler），叶片宽椭圆形，背面密生柔毛，尤沿中脉和侧脉为密；花序无毛或近无毛；花期 5 月；产甘肃、贵州、河南、湖北、江苏、陕西、山东、山西、四川、浙江。灰毛黄栌（var. *cinerea* Engler），又名红叶，叶片倒卵形，两面被柔毛、背面更密，花序被柔毛；花期 2～5 月；产河北、河南、山东、湖北、四川。

图 8-333　黄栌
1—果枝；2—花；3—去瓣花；4—果

【栽培品种】垂枝黄栌（‘Pendula’），枝条下垂，树冠伞形。紫叶黄栌（‘Purpureus’），叶紫色。四季花黄栌（‘Semperflorens’），连续开花直到入秋，可常年观赏粉紫色的羽状物。

【分布与习性】产我国北部、中部至西南，多生于海拔 700～2400m 的山区较干燥的阳坡。印度西北部、尼泊尔、巴基斯坦、亚洲西南部和欧洲也有分布。喜光，耐半阴；耐寒，耐干旱瘠薄，但不耐水湿。能适应酸性、中性和石灰性等各种土壤。萌芽力和萌蘖性强。对二氧化硫的抗性较强。

【繁殖方法】播种繁殖。此外，还可分株、根插繁殖。

【园林用途】树冠浑圆，秋叶红艳，鲜艳夺目，是我国北方最著名的秋色叶树种，夏初不育花的花梗伸长成羽毛状，簇生于枝梢，犹如万缕罗纱缭绕于林间。适于大型公园、天然公园、山地风景区内群植成林，或植为纯林，或与其他红叶、黄叶树种混交。北京西山以红叶著名，主要为灰毛黄栌，"晴雪红叶西山景"乃著名的"燕京八景"之一。在庭园中，可孤植、丛植于草坪一隅，山石之侧；也可混植于其他树丛间，或就常绿树群边缘植之。

（三）盐麸木属　*Rhus* Linn.

乔木或灌木，有乳状或树脂状液汁。奇数羽状复叶，互生，有时单叶或 3 小叶，全缘或有锯齿；花杂性或单性异株，腋生或顶生圆锥花序；萼 5 裂；花瓣 5；雄蕊 5，生于淡褐色的花盘外围；子房上位，1 室，1 胚珠，花柱 3；核果小，平滑或被毛。

约 270 种，分布于亚热带和温带。我国约 22 种，广布。本属也可分成狭义的盐麸木属（*Rhus*）和漆树属（*Toxicodendron*）。

分种检索表

1. 圆锥花序顶生，核果被毛。

  2. 叶轴有狭翅，小叶 7～13，卵状椭圆形，有粗钝锯齿 ·················· 盐麸木 *R. chinensis*

  2. 叶轴无翅，小叶 19～23，长椭圆状披针形，有锐锯齿·················· 火炬树 *R. typhina*

1. 圆锥花序腋生，疏散下垂；核果无毛，有光泽 ·· 漆树 *R. verniciflua*

1. 盐麸木(五倍子树) *Rhus chinensis* Mill. (图 8-334)

【形态特征】小乔木，高 8～10m。枝开展，树冠圆球形。小枝有毛，柄下芽，冬芽被叶痕所包围。叶轴有狭翅，小叶 7～13，卵状椭圆形，有粗钝锯齿，背面密被灰褐色柔毛，近无柄。花序顶生，密生柔毛；花小，乳白色。核果扁球形，橘红色，密被毛。花期 7～8 月；果 10～11 月成熟。

【分布与习性】分布于东北南部、华北、甘肃、陕西、华东至华南、西南，生于海拔 170～2700m 的阳坡、丘陵、河谷疏林或灌丛中。日本、朝鲜、中南半岛、印度、马来西亚及印度尼西亚亦有分布。喜光，喜温暖湿润气候，也能耐寒冷和干旱；不择土壤，不耐水湿。生长快，寿命短。

【繁殖方法】播种、分株、扦插繁殖。

【园林用途】秋叶鲜红，果实橘红色，颇为美观。可植于园林绿地栽培观赏或用于点缀山林。

2. 火炬树 *Rhus typhina* Linn. (图 8-335)

图 8-334　盐麸木
1—花枝；2—果枝；3—雄花；4—两性花；
5—雄蕊及雌蕊；6—果；7—果核

图 8-335　火炬树
1—花枝；2、3—花的正面及侧面

【形态特征】灌木或小乔木，高 4～8m，树形不整齐。小枝粗壮，红褐色，密生绒毛。叶轴无翅，小叶 19～23，长椭圆状披针形，长 5～12cm，先端长渐尖，有锐锯齿。雌雄异株，圆锥花序长 10～20cm，直立，密生绒毛；花白色。核果深红色，密被毛，密集成火炬形。花期 6～7 月；果期 9～10 月。

【分布与习性】原产北美，我国 1959 年引入，现华北、西北常见栽培。适应性强。喜光，耐寒；在酸性、中性和石灰性土壤上均可生长，耐干旱瘠薄，耐盐碱；根系发达，萌蘖力极强。

【繁殖方法】播种繁殖。播前用 80～90℃的热水浸种，除去蜡质，再混湿沙催芽后播种。也可分蘖或埋根育苗。

【园林用途】秋叶红艳，果序红色而且形似火炬，冬季在树上宿存，颇为奇特。可于园林中丛植以赏红叶和红果，以增添野趣。也用于华北、西北等地的干旱瘠薄山区造林绿化。

3. 漆树 *Rhus verniciflua* Stokes(图 8-336)

—— *Toxicodendron vernicifluum* (Stokes) F. A. Barkl.

【形态特征】落叶乔木，高达 15m，幼树树皮光滑，灰白色。小枝粗壮，被棕黄色绒毛，后渐无毛。复叶长 25～35cm，小叶 7～15，卵形至卵状披针形，小叶长 7～15cm，宽 3～7cm，侧脉 8～16 对，全缘，两面沿脉有棕色短毛。腋生圆锥花序疏散下垂，长 15～30cm；花小，黄绿色。果序下垂；核果扁肾形，无毛，淡黄色，有光泽，径约 6～8mm。花期 5～6 月；果期 10 月。

【分布与习性】除黑龙江、内蒙古、吉林、新疆等外，其余各地均产，生于海拔 600～2800m 的阳坡、林中。印度、朝鲜和日本亦产。喜光，不耐庇荫；喜温暖湿润气候，适生于钙质土壤，在酸性土壤中生长较慢。不耐水湿。侧根发达，主根不明显。生长速度较慢。

【繁殖方法】播种繁殖。

【园林用途】漆树是我国著名的特用经济树种。叶片经霜红艳可爱，果实黄色，可用于山地风景区营造秋色林。

图 8-336 漆树

1—雄花枝；2—果枝；3—雄花；4—花萼；
5—雌花；6—雌蕊

（四）南酸枣属 *Choerospondias* Burtt & Hill

1 种，产中国和印度北部、中南半岛、日本。

南酸枣 *Choerospondias axillaris* (Roxb.)Burtt & Hill. (图 8-337)

【形态特征】落叶乔木，高 8～20m；树皮灰褐色。奇数羽状复叶，互生，长 20～30cm，叶柄长 5～10cm；小叶 7～15 枚，对生，卵状披针形，长 4～10cm，宽 2～4.5cm，背面脉腋有簇毛，全缘或萌芽枝上的叶有锯齿。花杂性异株，雄花和假两性花淡紫红色，组成聚伞状圆锥花序，长 4～12cm；雌花单生上部叶腋；花萼、花瓣均 5 枚，雄蕊 10 枚；花盘 10 裂；子房上位，5 室，每室 1 胚珠。核果椭圆形或卵形，黄色，长 2～3cm，核骨质，顶有 5 个小孔。花期 4 月；果期 8～10 月。

【分布与习性】产西南、华南至长江流域南部。喜光，稍耐阴；喜温暖湿润气候，不耐寒；喜土层深厚而排水良好的酸性和中性土壤，不耐水淹和盐碱。浅根性；萌芽力强。生长速度较快。对二氧化硫、氯气的抗性强。

【繁殖方法】播种繁殖。

【园林用途】干通直，冠大荫浓，是良好的庭荫树和行道树。孤植或丛植草坪、坡地、水畔，或与其他树种混交成林均适宜。果可食。

图 8-337 南酸枣

1—果枝；2—雄花枝；3—雄花；4—两性
花花枝；5—两性花；6—果核

（五）芒果属 *Mangifera* Linn.

常绿乔木。单叶，互生，全缘。花杂性，圆锥花序；萼4～5裂；花瓣4～5，分离或与花盘合生；雄蕊1～5枚，通常仅1～2枚发育；子房1室而有侧生花柱；胚珠单生。核果大，肉质；种子压扁，有纤维。

约69种，分布于热带亚洲。我国5种。

芒果 *Mangifera indica* Linn. (图8-338)

【形态特征】高达18m；树冠球形。叶常聚生于枝梢，革质，长披针形，长10～40cm，宽3～6cm，先端渐尖，基部圆形，叶缘波状全缘，表面暗绿色；嫩叶红色。花黄白色，芳香；雄蕊5，常仅1个发育。果实大，肾状长椭圆形或卵形，橙黄色至粉红色，长达10cm，宽达4.5cm。花期2～4月；果期6～7月。

【分布与习性】原产热带亚洲，华南常见栽培，海南是我国的主产区之一。喜阳光充足和温暖湿润的气候，适生于年均温度22℃以上的地区；喜深厚肥沃而排水良好的酸性沙质壤土，不耐水湿。根系发达，生长迅速，寿命可达300～400年以上。

【繁殖方法】播种或嫁接繁殖。

【园林用途】热带著名水果，有果中之王的称号，品种繁多，至少有1000种以上，作为果树商业栽培的主要有‘青皮’、‘留香’、‘白象牙’、‘椰香’等。芒果叶、花、果俱美，树冠高大宽阔，嫩叶具有古铜、紫红、红等各种美丽的颜色，果形别致，是华南地区优美的绿荫树和观果树种，适于庭园造景，在风景区内则可结合生产大量栽培。

图 8-338 芒果
1—花枝；2、3—花；4—果实

六十四、苦木科 Simaroubaceae

乔木或灌木。树皮味苦。羽状复叶，互生，稀单叶。花单性或杂性，圆锥或总状花序；萼3～5裂；花瓣5～6，稀无花瓣；雄蕊与花瓣同数或为其2倍；子房上位，心皮2～5，离生或合生，胚珠1。核果、蒴果或翅果。

约20属95种，主要分布于热带和亚热带。我国3属10种，广布。

臭椿属 *Ailanthus* Desf.

落叶乔木。奇数羽状复叶，互生，小叶基部常有1～4对腺齿。顶生圆锥花序，花杂性或单性异株；花萼、花瓣各5；雄蕊10；花盘10裂；子房2～6深裂，果时分离成1～5个长椭圆形翅果。

约10种，分布于亚洲和大洋洲北部。我国6种，产温带至华南、西南。

臭椿(樗) *Ailanthus altissima* (Mill.)Swingle(图8-339)

【形态特征】高达30m，胸径1m。树冠开阔，树皮灰色，粗糙不裂。小枝粗壮，黄褐色或红褐色；无顶芽。叶痕大，小叶13～25，卵状披针形，长7～15cm，宽2～5cm，先端长渐尖，基部具腺齿 1～2 对，中上部全缘，下面稍有白粉。花淡黄色或黄白色。翅果扁平，长 3～5cm。花期 5～6 月；果期 9～10 月。

【栽培品种】红叶椿（'Hongyechun'），叶春季紫红色，可保持到 6 月上旬；树冠及分枝角度均较小；结实量大。千头椿（'Qiantouchun'），无明显主干，基部分出数个大枝，树冠伞形；小叶基部的腺齿不明显；多为雄株。

【分布与习性】分布于东北南部、黄河中下游地区至长江流域、西南、华南各地；朝鲜和日本也产。阳性树，适应性强；喜温暖，较耐寒。很耐干旱、瘠薄，但不耐水涝；对土壤要求不严，微酸性、中性和石灰性土壤都能适应，耐中度盐碱，在土壤含盐量 0.3%（根际 0.2%）时幼树可正常生长。根系发达，萌蘖力强。抗污染，对二氧化硫、二氧化氮、硝酸雾、乙炔、粉尘的抗性均强。生长迅速，10 年生可高达 10m，胸径 15cm。

【繁殖方法】播种繁殖，也可分株、根插繁殖。

【园林用途】树体高大，树冠圆整，冠大荫浓，春叶紫红，夏秋红果满树，是一种优良的观赏树种，可用作庭荫树

图 8-339　臭椿
1—果枝；2—花序；3—两性花；4—雄花；
5—翅果；6—种子；7、8—花图式

及行道树，尤适于盐碱地区、工矿区应用，可孤植于草坪、水边。在欧洲、日本、美国等地，臭椿颇受青睐，有天堂树之称，常植为行道树，如法国巴黎埃菲尔铁塔两旁和岸堤均植臭椿；我国南京等城市绿化中也常见臭椿，如南京长江大桥南路等多条道路以臭椿为行道树。品种千头椿树形优美，最适宜孤植于草地作风景树。

六十五、楝科 Meliaceae

乔木或灌木，稀草本。羽状复叶，互生，稀单叶、对生，无托叶。花两性，圆锥或聚伞花序，顶生或腋生；萼 4～5 裂，花瓣 4～5，分离或基部连合，有时 3～7 基数；雄蕊 4～12，花丝分离或合生，内生花盘；子房上位，常 2～5 室，胚珠 2。蒴果、核果或浆果，种子有翅或无翅。

约 50 属 650 种，主产热带和亚热带。我国约 14 属 37 种，另引入 3 属 3 种，主产长江以南。

分 属 检 索 表

1. 核果或浆果状。
　2. 2～3 回奇数羽状复叶，小叶有锯齿，稀近全缘；核果 ·· 楝属 *Melia*
　2. 1 回羽状复叶或 3 出复叶，小叶全缘；果实呈浆果状 ···················· 米仔兰属 *Aglaia*
1. 蒴果，种子有翅。
　3. 花丝合生呈管，花盘杯状或不发育。
　　4. 花药着生于雄蕊管的上部，内藏。
　　　5. 蒴果成熟后，由基部起胞间开裂，种子上端有长而阔的翅 ················ 桃花心木属 *Swietenia*
　　　5. 蒴果成熟后，由顶端 4～5 瓣裂，种子边缘有圆形膜质的翅 ················ 非洲楝属 *Khaya*
　　4. 花药着生于雄蕊管顶部的边缘，全部突出 ···························· 麻楝属 *Chukrasia*
　3. 花丝全部分离，花盘短柱状，肉质 ····································· 香椿属 *Toona*

（一）楝属　*Melia* Linn.

乔木或灌木，常为落叶性。皮孔明显，2～3回奇数羽状复叶，互生，小叶有锯齿或缺齿，稀近全缘。聚伞状圆锥花序腋生，多分枝；花较大，淡紫色或白色；萼5～6裂；花瓣5～6，离生；雄蕊10～12，花丝连合成筒状，顶端有10～12齿裂；花盘环状；子房3～6室。核果，内核骨质。

约3种，分布于东半球热带和亚热带。我国1种，黄河以南各地广泛分布。

楝树（苦楝） *Melia azedarach* Linn.（图8-340）

——*Melia toosendan* Sieb. & Zucc.

【形态特征】落叶乔木，高达10～15m；树冠广卵形，近于平顶。枝条粗壮、开展。2～3回羽状复叶。小叶对生，卵形、椭圆形或披针形，长3～7cm，宽2～3cm，幼时两面被星状毛；先端渐尖；叶缘有钝锯齿，有时全缘；侧脉12～16对。圆锥花序长20～30cm；花淡紫色，芳香。核果球形或椭圆形，熟时黄色，长1～3cm，冬季宿存树上。花期3～5月；果期10～12月。

【分布与习性】产华北南部至华南；热带亚洲有分布。世界温暖地区广泛栽培。喜光，喜温暖湿润气候；对土壤要求不严，在酸性土、中性土、石灰性土上均可生长，耐盐碱；稍耐干旱瘠薄，较耐水湿。萌芽力强。浅根性，侧根发达，主根不明显。抗烟尘、二氧化硫，但对氯气的抗性较弱。生长快，寿命短，30～40年即衰老。

【繁殖方法】播种繁殖，也可插根、分蘖育苗。

【园林用途】树形优美，叶形舒展，初夏紫花芳香，淡雅秀丽，"小雨轻风落楝花，细红如雪点平沙"；秋季黄果经冬不凋，是优良的公路树、街道树和庭荫树。适于在草坪孤植、丛植，或配植于池边、路旁、坡地。楝树甚抗污染，极适于工厂、矿区绿化。

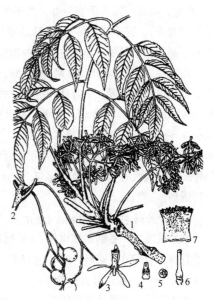

图8-340　楝树

1—花枝；2—果序分枝；3—花；4—子房纵切面；
5—果实横切面；6—雌蕊；7—开展的雄蕊管

（二）香椿属　*Toona* Roem.

落叶或常绿乔木。偶数或奇数羽状复叶，互生，小叶全缘或有不明显的粗齿。圆锥花序，花白色，5基数，花丝分离，子房5室，每室胚珠8～12。蒴果，木质或革质，5裂，种子有翅。

约5种，分布于亚洲和大洋洲。我国4种，产长江以南各地，其中香椿普遍栽培。

香椿 *Toona sinensis*（A. Juss）Roem（图8-341）

【形态特征】落叶乔木，高达25m，胸径1m。树皮暗褐色，浅纵裂。小枝粗壮，被白粉；叶痕大。羽状复叶常为偶数，长30～50cm；小叶10～20，长椭圆形至广披针形，长8～15cm，宽3～4cm，先端长渐尖，全缘或有不明显钝锯齿。花序长达35cm，下垂；花芳香，花盘和子房无毛。蒴果椭圆形，长1.5～2.5cm；种子上端具翅。花期5～6月；果期10～11月。

【分布与习性】产我国中部，东北南部以南常见栽培。喜光，有一定的耐寒力；对土壤要求不严，无论酸性土、中性土，还是钙质土上均可生长，也耐轻度盐碱，较耐水湿。深根性，萌芽力和萌蘖力均强。对有毒气体有较强的抗性。

【繁殖方法】播种、分蘖或埋根繁殖，以播种最为常用。

【园林用途】我国特产树种，栽培历史悠久，因其嫩芽幼叶可食，常植于庭院。树干耸直，树冠宽大，枝叶茂密，嫩叶红色，是良好的庭荫树和行道树，适于庭前、草坪、路旁、水畔种植。香椿还是长寿的象征，《庄子逍遥游》有："上古有大椿者，以八千岁为春，八千岁为秋。"故而古人称父为"椿庭"，祝寿称"椿龄"。除幼芽供蔬食外，木材为上等的家具用材，国外市场上称为"中国桃花心木"。

附：红椿（*Toona ciliata* M. Roem），高 30m，树冠常圆形。幼枝皮孔不明显；小叶(5)9～15，披针形至卵状披针形，长 9～13cm，宽 3.2～5cm，全缘。花盘和子房均有长毛。蒴果长 1.5～2.5cm；种子两端有翅。产广东、广西、四川、海南、云南等省区，常见，是优质用材树种，也栽培作观赏。热带亚洲、澳大利亚东部及太平洋岛屿也产，在印度广泛植为行道树。

图 8-341　香椿
1—花枝；2—果序；3—花；4—去花瓣
之花(示雄蕊和雌蕊)；5—种子

(三) 米仔兰属 *Aglaia* Lour.

乔木或灌木，各部常被鳞片。羽状复叶或 3 出复叶，互生；小叶全缘，对生。圆锥花序，花小，杂性异株；萼裂片和花瓣 4～5；雄蕊 5，花丝合生为坛状；子房 1～3(5)室，每室 1～2 胚珠。浆果，内具种子 1～2，常具肉质假种皮。

约 120 种，主要分布于印度、马来西亚和大洋洲。我国 8 种，主产华南。

米仔兰(米兰) *Aglaia odorata* Lour. (图 8-342)

【形态特征】常绿灌木或小乔木，高达 7m；多分枝，树冠圆球形。顶芽和幼枝常被褐色盾状鳞片。羽状复叶，互生，长 5～12cm，叶轴有狭翅；小叶 3～5，倒卵形至长椭圆形，长 2～7cm，宽 1～3.5cm。圆锥花序腋生，长 5～10cm；花黄色，径 2～3mm，极芳香。果卵形或近球形，径约 1.2cm。花期 7～9 月或全年有花。

【变种】小叶米仔兰 (var. *microphyllina* C. DC.)，小叶 5～9，长椭圆形或狭倒披针状长椭圆形，长不及 4cm，宽 0.8～1.5cm，花朵密集，花期长。常见栽培的多为此变种。

【分布与习性】原产东南亚，现广植于世界热带和亚热带；华南习见栽培，也有野生，生于低海拔疏林和灌丛中。长江流域及其以北地区常盆栽。喜光，也能耐阴，但不及向阳处开花繁密；喜疏松、深厚、肥沃而富含腐殖质的微酸性土壤，不耐旱。

【繁殖方法】压条或扦插繁殖。

图 8-342　米仔兰
1—花枝；2—花；3—雄蕊管

【园林用途】米仔兰是著名的香花树种，树冠浑圆，枝叶繁茂，叶色油绿，花香馥郁似兰，花期长，自夏至秋开花不绝，深得我国人民喜爱，华南地区用于庭园造景，适植于庭院窗前、石间、亭际。长江流域及其以北地区盆栽，可布置于客厅、书房、门厅。

（四）桃花心木属 *Swietenia* Jacq.

落叶大乔木，具红褐色的木材。偶数羽状复叶，小叶对生或近对生。花小，两性，腋生或顶生的聚伞状圆锥花序；萼小，5裂，裂片覆瓦状排列；花瓣5，分离，广展，覆瓦状排列；雄蕊管壶形，顶端(8)10齿裂，花药(8)10，着生于管口内缘而与萼齿互生；花盘环状或浅杯状；子房无柄，卵形，5(4~6)室，胚珠9~16，下垂；花柱圆柱状，柱头盘状，顶端5出。蒴果木质，由基部起胞间开裂为5个果爿；种子上端有长而阔的翅。

3种，分布于美洲和非洲热带、亚热带地区。我国引入栽培1种。

桃花心木 *Swietenia mahagoni* (Linn.) Jacq. (图 8-343)

【形态特征】高达25m，胸径达4m，基部扩大成板根。树皮淡红色，枝条广展。复叶长约35cm，无毛；小叶4~6对，对生或近对生，卵形或披针形，基部明显偏斜，长10~16cm，宽4~6cm，全缘或具1~2个钝锯齿；侧脉约10对。花序腋生，长6~15cm；花小，绿白色；雄蕊管近圆柱状，花药10。蒴果褐色，卵圆形，径约8cm，种子连翅长达7cm。花期5~6月；果期10~11月。

【分布与习性】原产热带美洲，华南各地常见栽培。阳性树，要求日照充足，喜高温多湿气候，适应性强，以土层深厚、排水良好、富含腐殖质的沙质土壤为最好；抗风，抗污染。

【繁殖方法】播种繁殖。

【园林用途】树形壮观，枝叶茂密，花绿白或黄绿色，果实硕大，落叶期集中，季相变化明显，是优良的庭荫树和行道树。桃花心木也是世界上最著名的木料之一，色泽美丽，硬度适宜，易于打磨且皱缩量少，供装饰、家具和舟车等用。

图8-343 桃花心木(1~7)、非洲棟(8)

1—果枝；2—花；3—花纵切；4—花萼；
5—花瓣；6—雌蕊；7—种子；8—果枝

（五）非洲棟属 *Khaya* A. Juss.

乔木。偶数羽状复叶，小叶全缘，无毛。聚伞状圆锥花序，腋生或近顶生；花两性，4~5基数，萼裂几达基部；雄蕊管坛状或杯状，花药8~10，着生于管口内近顶端；花盘垫状；子房4~5室，胚珠12~18，下垂；柱头盘状。蒴果木质，成熟时顶端4~5瓣裂；种子宽，横生，边缘有圆形膜质翅。

6种，分布于非洲热带地区和马达加斯加。我国引入栽培1种。

非洲棟(非洲桃花心木) *Khaya senegalensis* (Desr.) A. Juss. (图 8-343)

乔木，高达25m或更高，树皮鳞片状开裂，幼枝具暗褐色皮孔。复叶长15~60cm或更长；小叶8~32枚，近对生或互生，顶端2对小叶对生，下部的小叶卵形，先端的长圆形或椭圆形，长7~17cm，宽3~6cm；侧脉9~14对。花序短于叶，花4基数，雄蕊管坛状，子房卵圆形，通常4室。

蒴果球形，成熟时顶端 4～5 瓣裂；种子宽，横生，边缘有圆形膜质翅。

原产非洲热带地区和马达加斯加，华南各地栽培。树形优美，常植为庭园树和行道树。

（六）麻楝属 *Chukrasia* A. Juss.

1 种，广泛分布于亚洲热带和亚热带，我国分布于华南和西南。

麻楝 *Chukrasia tabularis* A. Juss.（图 8-344）

落叶大乔木，高达 25m。幼枝赤褐色，无毛，具苍白色皮孔。偶数羽状复叶，长 30～50cm，无毛；小叶 10～16 枚，互生，全缘，卵形至长圆状披针形，长 7～12cm，宽 3～5cm，先端渐尖，基部圆形、偏斜；侧脉 10～15 对。聚伞状圆锥花序，顶生，长约为叶之半；花黄色或带紫色，芳香，长约 1.2～1.5cm，花瓣及花萼 4～5，外面被疏柔毛。雄蕊管圆筒形，顶端几平截，花药 10，生于管口顶端边缘，突出；花盘不发育；子房 3(4～5) 室，被紧贴的硬短毛，花柱圆柱形，柱头头状。蒴果木质，椭圆形或近球形，长约 4.5cm，径约 3.5～4cm，外有淡褐色疣点，室间开裂为 3～4 个果爿；种子上端有膜质翅。花期 4～5 月；果期 7 月至翌年 1 月。

图 8-344　麻楝
1—花枝；2—花；3—雄蕊管展开；
4—雌蕊；5—果枝(部分)；6—种子

【分布与习性】产海南、广东、广西、云南和西藏，北达贵州、浙江，生于海拔 1500m 以下的山地杂木林或疏林中。分布于热带亚洲。喜光，幼树较耐阴，喜暖热气候及湿润肥沃土壤，抗风，抗污染，生长快。

【繁殖方法】播种繁殖。

【园林用途】麻楝树形卵球形或球形，花黄色、芳香，花朵密集，早春新叶嫩红，可作春色叶树种，是优良的行道树和庭荫树。木材坚硬、芳香，易加工，耐腐，也是优良的用材树种。

六十六、芸香科 Rutaceae

木本，稀草本，具挥发性芳香油，有时具刺。复叶或单身复叶，互生或对生，常有透明油腺点；无托叶。花两性，稀单性，单生、聚伞或圆锥花序；萼(3)4～5 裂，花瓣 4～5；雄蕊与花瓣同数或为其倍数，生于花盘基部；子房上位，心皮 2～5 或多数，每室 1～2 胚珠。柑果、浆果、蒴果、蓇葖果、核果或翅果状。

约 155 属 1600 种，分布几遍全球，主产热带和亚热带，南非和大洋洲最多。我国连引入栽培的有 22 属 126 种，南北均产。

分 属 检 索 表

1. 奇数羽状复叶或 3 出复叶。
  2. 奇数羽状复叶。
    3. 复叶互生。
      4. 枝有皮刺；小叶对生；蓇葖果 ………………………………………………… 花椒属 *Zanthoxylum*

    4. 枝无皮刺；小叶互生；浆果 ·· 九里香属 *Murraya*

   3. 复叶对生，枝无刺，具叶柄下芽，核果 ·················· 黄檗属 *Phellodendron*

  2. 3出复叶，落叶性；茎有枝刺；柑果密被短柔毛 ················ 枸橘属 *Poncirus*

1. 单身复叶或单叶，常绿性；柑果，极少被毛。

    5. 子房8～15室，每室4～12胚珠；果较大 ····················· 柑橘属 *Citrus*

    5. 子房2～6室，每室2～5胚珠；果较小 ················· 金橘属 *Fortunella*

（一）九里香属 *Murraya* Linn.

常绿灌木至小乔木。奇数羽状复叶，互生；小叶3～9，互生。聚伞花序；萼极小，4～5深裂；花瓣4～5；雄蕊8～10，花药细小；子房2～5室，每室1～2胚珠。浆果，常含黏胶质物。

约12种，分布于亚洲热带、亚热带和澳大利亚。我国9种，产西南部至台湾。

九里香 *Murraya exotica* Linn. (图8-345)

【形态特征】灌木或小乔木，高达8m。老枝灰白色或灰黄色。小叶3～7，互生，椭圆状倒卵形或倒卵形，长1～6cm，宽0.5～3cm，全缘，先端圆钝，柄极短。聚伞花序腋生或顶生；花5基数，白色，极芳香，径约4cm；花瓣矩圆形，长约1～1.5cm，有透明油腺点；雄蕊10。果实长椭圆形，红色，长8～12mm，径约6～10mm。花期4～10月；果期10月至翌年早春。

【分布与习性】产华南各地，多生于近海岸向阳地区。热带和亚热带地区广泛栽培。喜温暖湿润气候，较喜光，亦耐阴；喜深厚肥沃而排水良好的土壤，不耐寒。耐旱。萌芽力强，耐修剪。

【繁殖方法】播种或扦插繁殖。

【园林用途】树姿优美，四季常青，花朵白色而芳香，花期较长，而且果实红色，在华南可丛植观赏，用于庭院、水边、公园、草坪等地，也是优良的绿篱、花篱和基础种植材料。北方常室内盆栽。

图8-345　九里香(1)千里香(2、3)

1—果枝；2—叶片；3—果实

    附：千里香［*Murraya paniculata*（Linn.）Jack.］（图8-345），小叶2～5枚，大多近圆形，或卵形、椭圆形，长2～9cm，宽达1.5～6cm，全缘或有小齿；花瓣狭椭圆形至倒披针形，长达2cm；果实狭椭圆形，稀卵圆形，长1～2cm，径0.5～1.4cm。广泛分布于亚洲热带至澳大利亚，我国华南、西南各地有分布，多生于海拔1300m以下的灌丛、林中。

（二）花椒属 *Zanthoxylum* Linn.

小乔木或灌木，稀藤本，具皮刺。奇数羽状复叶或3小叶，互生，有锯齿或全缘。花小，单性异株或杂性，簇生、聚伞或圆锥花序；萼3～8裂；花瓣3～8，稀无瓣；雄蕊3～8；子房1～5心皮，离生或基部合生，通常有明显的柄，各具2胚珠；聚合蓇葖果，外果皮革质，被油腺点。

约200种，分布于热带和亚热带地区，在东亚和北美延伸到温带。我国41种，南北均产。

花椒 *Zanthoxylum bungeanum* Maxim.（图 8-346）

【形态特征】落叶灌木，高 3～5m。枝条具有宽扁而尖锐的皮刺。小叶 5～9，卵形至卵状椭圆形，长 1.5～5cm，两面多少有皮刺，先端尖，叶缘有细钝锯齿，齿缝有大的透明油腺点；叶轴具窄翅。聚伞状圆锥花序顶生；花单性、单被，花被片 4～8 枚，无瓣；子房无柄。蓇葖果球形，成熟时红色或紫红色，密生疣状油腺点。花期 3～5 月；果期 7～10 月。

【分布与习性】广布，除东北、新疆外，几遍全国。喜光，喜温暖气候及肥沃湿润而排水良好的土壤。不耐严寒，小苗在 -18℃ 左右时受冻。对土壤要求不严，酸性、中性及钙质土均可生长；耐干旱瘠薄，不耐涝，短期积水即会死亡。萌蘖性强，耐修剪。

【繁殖方法】播种、分株或扦插繁殖，以播种繁殖常用。

【园林用途】枝叶密生，全株有香气，入秋红果满树，鲜艳夺目，秋叶亦红，颇为美观。可孤植、丛植于庭院、山石之侧观果。也可植为绿篱。果是香料，可结合生产进行栽培。

图 8-346　花椒

1—雌花枝；2—果枝；3—雄花；4—雌花；
5—雌蕊纵剖；6—退化雌蕊；7—果；
8—种子横剖；9—小叶背面

附：竹叶椒（*Zanthoxylum armatum* DC.），常绿或半常绿灌木，叶轴之翅宽而明显，小叶 3～9，长 5～9cm，宽 1～3cm，披针形至椭圆状披针形，边缘具细锯齿，仅齿隙间有透明腺点。聚伞圆锥花序腋生。花期 3～5 月；果期 8～10 月。产山东及秦岭以南各地，西南至云南，最南达广东。

（三）黄檗属 *Phellodendron* Rupr.

落叶乔木；奇数羽状复叶，对生，揉之有香味。花单性异株，圆锥或伞房花序顶生；萼片和花瓣 5～8；雄蕊 5～6，长于花瓣；子房 5 室。浆果状核果，内有黏质。

约 4 种，主产东亚。我国 2 种，产西南至东北。

黄檗 *Phellodendron amurense* Rupr.（图 8-347）

【形态特征】高达 22m；树冠开阔呈广圆形；树皮木栓层发达，内皮鲜黄色。枝条粗壮，小枝橙黄色或黄褐色。小叶 5～13 片，对生，卵状椭圆形至卵状披针形，长 5～12cm，宽 3.5～4.5cm，先端长渐尖，叶缘有细锯齿，齿间有透明油点。花黄绿色。核果球形，径约 1cm，成熟时蓝黑色。花期 5～6 月；果期 10 月。

【分布与习性】产东亚，我国主要分布于东北和华北北部。喜光，不耐阴，耐寒性强；喜湿润、深厚、肥沃而排水良好的土壤，能耐轻度盐碱，不宜在黏土和低湿地栽植。深根性，抗风力强。适宜东北和华北地区，以中高海拔为宜。

【繁殖方法】播种繁殖。也可分株繁殖。

图 8-347　黄檗

1—果枝；2—冬态枝；3—雄花；4—雌花；
5—果实横剖面；6—种子；7—茎内皮

【园林用途】树形浑圆，花朵黄色，可谓"簇簇碎金英，*丝丝缕玉茎*"，秋叶金黄色，是重要的秋色叶树种。可作庭荫树和园景树，适于孤植、丛植于草坪、山坡、池畔、水滨、建筑周围，在大型公园中可用作行道树，北美园林中早有应用；在山地风景区，黄檗可大面积栽培形成风景林。

（四）枸橘属（枳属）*Poncirus* Raf.

1种，我国特产。

枸橘(枳)　*Poncirus trifoliata* (Linn.)Raf. (图 8-348)

图 8-348　枸橘

1—花枝；2—果枝；3—去花瓣之花(示雌、雄蕊)；4—种子

【形态特征】落叶灌木或小乔木，高 1～5m。枝绿色，扁而有棱角；枝刺粗长而略扁，长约 4cm。3 出复叶，叶轴有翅，偶 1 或 5 小叶；小叶无柄，叶缘有波状浅齿；顶生小叶大，倒卵形，长 2～5cm，宽 1～3cm，叶基楔形；侧生小叶较小，基稍歪斜。花单生或 2～3 朵簇生；两性，白色，径 3.5～5(8)cm；花萼 5～7 裂，花瓣 5(4～6)，倒卵形，长约 1.5～3cm；雄蕊约 20；雌蕊绿色，有毛，子房 6～8 室。柑果球形，径 3.5～6cm，密被短柔毛，深黄色。花期 4～6 月；果期 10～11 月。

【变种】飞龙枳(var. *monstrosa* Swingle)，枝条作屈曲状，枝叶均较短小，枝刺亦略屈曲。

【分布与习性】原产华中，各地普遍栽培。喜光，稍耐阴；喜温暖湿润气候，较耐寒，能耐 -20℃ 以下低温，在北京可露地越冬。喜酸性土壤，不耐碱。萌芽力强，甚耐修剪。根系发达，抗风。抗有毒气体，但对氟化氢抗性较弱。

【繁殖方法】播种或扦插繁殖。

【园林用途】枝叶密生，枝条绿色而多棘刺，春季白花满树，秋季黄果累累，经冬不凋，十分美丽。常栽作刺篱，以供防范之用，也可作花灌木观赏，植于大型山石旁。果实药用，名枳实、枳壳。

（五）柑橘属 *Citrus* Linn.

常绿小乔木或灌木，常具枝刺。单身复叶，互生，革质；叶柄常有翼。花两性，单生、簇生、聚伞或圆锥花序；花常为 5 数；雄蕊多数，束生；子房无毛，8～15 室，每室 4～12 胚珠。柑果较大，无毛或有毛。

约 20～25 种，产亚洲东南部、澳大利亚和太平洋岛屿，广泛栽培。我国连引入栽培的约 15 种，产长江以南各地，多为果树和观果树种。

分 种 检 索 表

1. 叶长卵状披针形，叶柄有宽约 2～5mm 的狭翼；果径 4～7cm ·················· 柑橘 *C. reticulata*

1. 叶卵状椭圆形或阔卵形，叶柄具宽达 3cm 的倒心形翼；果极大，径 15～25cm ·············· 柚 *C. maxima*

1. 柑橘 *Citrus reticulata* Blanco(图 8-349)

【形态特征】小乔木或灌木，一般高 3～4m。小枝细弱，无毛，有刺。叶长卵状披针形，长

4～8cm，先端渐尖或钝，基部楔形，全缘或有细钝齿；叶柄有狭翼，宽约2～5mm。花黄白色，单生或簇生叶腋。果扁球形，径4～7cm，橙黄或橙红色；果皮薄而易剥离。花期3～5月；果期10～12月。

【分布与习性】可能起源于我国东南部，秦岭以南各地普遍栽培。喜温暖湿润气候，耐寒性较强，宜排水良好的赤色黏质壤土。

【繁殖方法】播种、嫁接、扦插、压条等法繁殖，以嫁接应用最广泛。

【园林用途】柑橘是著名的观赏和食用果木，枝叶茂密，四季常青，春季白花满树，秋季果实累累，挂果期长。既可于山坡大面积群植形成柑橘园，则"离离朱实绿丛中，似火烧山处处红"；也可孤植或数株丛植于庭院各处，尤其如前庭、窗前、屋角、亭廊之侧、假山附近；或在公园中小片丛植。著名品种有南丰蜜橘、温州蜜橘、卢柑（潮州蜜橘）、蕉柑等。此外，柑橘还是著名的盆栽观赏果木。

图 8-349　柑橘
1—花枝；2—花；3—果；4—果横剖面；
5—叶之一部分，示腺点

2. 柚(文旦) *Citrus maxima* (Burm.) Merr. (图 8-350)
——*Citrus grandis* (Linn.) Osbeck.

【形态特征】小乔木，高达10m，幼嫩部分密被柔毛。小枝扁，常有刺。嫩叶通常暗紫红色。叶阔卵形或椭圆形，长6～17cm，宽4～8cm，有钝齿；叶柄具宽大倒心形之翼，长达2～4cm，宽0.5～3cm。总状花序，有时间有腋生单花；花蕾淡紫红色或白色，花白色；花萼3～5裂。果实极大，球形或梨形，径达15～25cm，果皮平滑，淡黄色。花期4～5月；果期9～12月。

【分布与习性】原产亚洲东南部，长江流域以南各地常见栽培或归化，最北限于河南南部。东南亚各国均有栽培。喜温暖湿润气候，耐寒性差；喜深厚肥沃而排水良好的中性和微酸性沙质或黏质壤土，但在过分酸性和黏土地区生长不良。

【繁殖方法】常用高空压条和嫁接繁殖。

【园林用途】柚为著名水果和观果树种，在江南庭园常见栽培。著名品种有文旦、沙田柚、四季柚、坪山柚等。

图 8-350　柚
1—花枝；2—果枝

附：佛手(*Citrus medica* Linn. var. *sarcodactylus* Swingle)，叶片长圆形，长约10cm，叶柄短而无翼，先端钝，叶面粗糙；果实长圆形，黄色，先端裂如指状，或开展伸张，或拳曲，极芳香，是名贵的盆栽观赏花木。

酸橙(*Citrus aurantium* Linn.)，小乔木，枝3棱状，有长刺，无毛。叶卵状椭圆形，全缘或微波状齿，叶柄有狭长或倒心形宽翼。花白色，芳香。果近球形，径约 8cm，果皮粗糙。著名的香花植物，变种代代花(var. *amara* Engler)，叶卵状椭圆形，叶柄具宽翼。花白色，极芳香，单生或簇生。果扁球形。

黎檬(*Citrus limonia* Osbeck)，枝具硬刺。叶较小，椭圆形，叶柄有狭翼。花瓣内面白色，背面淡紫色。果近球形，果顶有不发达的乳头状突起，黄色至朱红色，果皮薄而易剥。果味极酸。原产亚洲，华南有栽培。

（六）金橘属 *Fortunella* Swingle

灌木或小乔木，枝圆形，无或少有枝刺。单身复叶，叶柄常有狭翼，稀单叶。花瓣 5，罕 4 或 6，雄蕊为花瓣的 3～4 倍，不同程度地合生成 5 或 4 束。果实小，子房 2～6 室，每室 2～5 胚珠。

约 2～3 种，产我国和邻近国家。我国 1～2 种，分布于长江以南各地。本属被有些学者并入柑橘属(*Citrus*)。

金橘(金枣、金柑) *Fortunella japonica* (Thunb.) Swingle(图 8-351)

——*Fortunella margarita* (Lour.) Swingle; *Fortunella hindsii* (Champ. ex Benth.) Swingle; *Fortunella venosa* (Champ. ex Benth.) C. C. Huang

【形态特征】常绿灌木或小乔木，高达 5m。树冠半圆形，枝细密，多分枝。枝刺变异大，在萌枝上长达 5cm，或在花枝上极短。单身复叶，或有时混有单叶，互生，椭圆形至倒卵状椭圆形、卵状披针形，长约 4～6(11)cm，宽 1.5～3(4)cm，基部圆形至阔楔形，叶缘先端有钝锯齿或几全缘；叶柄长 6～9(12)mm，有狭翼。花白色，芳香，单生或簇生，花梗极短；子房 3～4 室。柑果卵圆形、椭圆形或近圆形，长 2～3.5cm，橙黄至橙红色，果皮厚，味甜，果肉多汁而微酸。花期 3～5 月；果期 10～12 月。

图 8-351 金橘
1—果枝；2—果实横切

【分布与习性】产长江流域至华南，久经栽培，类型和品种众多。喜光，较耐阴，喜温暖湿润气候，耐寒性差；喜富含有机质的沙壤土。

【繁殖方法】嫁接繁殖。

【园林用途】重要的园林观赏花木和盆栽材料，盆栽者常控制在春节前后果实成熟，供室内摆设观赏。

六十七、酢浆草科 Oxalidaceae

草本，稀木本。指状复叶或羽状复叶，有时单叶，有托叶或缺。花两性，单生或伞形花序，稀总状或聚伞花序；萼 5 裂；花瓣 5，分离或多少合生；雄蕊 10，基部合生，有时 5 枚无花药；子房上位，5 室，每室 2 胚珠，中轴胎座。蒴果或浆果。

约 6～8 属 780 种，广布于两半球热带和亚热带，并延伸至温带。我国 2 属 9 种，引入栽培 1 属 4 种，南北均产。

杨桃属 *Averrhoa* Linn.

小乔木或灌木。奇数羽状复叶，互生；小叶全缘。花白色或淡紫色，聚伞花序腋生或生于老茎上；萼片5；花瓣5；雄蕊10，2轮，基部合生，全部发育或5个无花药；子房5室；浆果，3～6棱。

2种，分布于亚洲热带和亚热带。我国均有栽培。

本属现亦有另立一科即杨桃科 Averrhoaceae 的。

杨桃（阳桃） *Averrhoa carambola* Linn. （图 8-352）

【形态特征】半常绿，高达 3～12m。多分枝，枝条柔软下垂，树冠半圆形。奇数羽状复叶，长 7～25cm；小叶 5～13枚，卵形或椭圆形，平滑，长 3～8cm，宽 1.5～4.5cm，不对称，下部小叶较小。花梗和花蕾暗红色；萼片合生成浅杯状；花粉红色或近白色，短雄蕊不育或 1～2 枚可育。果实卵形或椭圆形，通常 5 棱，长 7～13cm，径约 5～8cm，初为绿色，成熟时淡黄色或深黄色，呈半透明状。花期春末至秋季（4～12 月），多次开花。

【分布与习性】原产亚洲东南部，华南各地常见栽培。耐阴，喜高温多湿气候，幼树不耐 0℃ 低温；适生于富含腐殖质的酸性土壤；对有毒气体抗性较差。

【繁殖方法】播种、压条或嫁接繁殖。

【园林用途】杨桃是著名的热带佳果，花果期极长，除春季外，其他时间均有黄果满树，也是优良的观果树种。园林中可结合生产，食用与观赏兼用，丛植、群植均无不可。

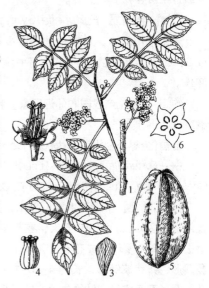

图 8-352　杨桃
1—花枝；2—花；3—花瓣；4—雌蕊；
5—果实；6—果实横切面

六十八、五加科 Araliaceae

乔木、灌木或藤本，稀草本。枝髓较粗大，常有皮刺。单叶、掌状或羽状复叶，互生，常集生枝顶，托叶与叶柄基部常合生成鞘状。花两性或杂性，伞形、头状或再组成复花序；萼小；花瓣5～10，分离；雄蕊与花瓣同数或更多，生于花盘外缘；子房下位，2～15 室，侧生胚珠 1。浆果或核果。

约 50 属 1350 种，分布于南北两半球热带至温带。我国 23 属约 180 种，广布。

分 属 检 索 表

1. 单叶或掌状(偶 3 出)复叶。
　2. 单叶。
　　3. 常绿，植株无刺。
　　　4. 藤本，借气生根攀缘 ·························· 常春藤属 *Hedera*
　　　4. 灌木或小乔木，无气生根 ·························· 八角金盘属 *Fatsia*
　　3. 落叶乔木，树干和枝具宽扁皮刺 ·························· 刺楸属 *Kalopanax*

2. 掌状(偶3出)复叶。

    5. 植物体无刺 ·· 鹅掌柴属 *Schefflera*

    5. 植物体有皮刺 ·· 五加属 *Eleutherococcus*

1. 2~5回羽状复叶，小叶全缘 ······································· 幌伞枫属 *Heteropanax*

（一）刺楸属 *Kalopanax* Miq.

1种，产东亚。

刺楸 *Kalopanax septemlobus* (Thunb.) Koidz. （图8-353）

——*Kalopanax pictus* (Thunb.) Nakai

【形态特征】落叶乔木，高达30m，胸径1m。树皮灰黑色，纵裂。树干及大枝具鼓钉状刺。小枝粗壮，淡黄棕色，具扁皮刺。单叶，在长长上互生，短枝上簇生；叶近圆形，径9~25cm，掌状5~7裂，基部心形或圆形，裂片三角状卵形，缘有细齿；叶柄长于叶片。花两性，复伞形花序顶生，花小，白色。核果熟时黑色，近球形，花柱宿存。花期7~8月；果期9~10月。

【分布与习性】我国广布，自东北至长江流域、华南、西南均有分布，多生于山地疏林中。日本、朝鲜也有分布。喜光，喜湿润肥沃的酸性或中性土，适应性强，在阳坡、干瘠条件下都能生长，速生。抗烟尘。

【繁殖方法】播种或根插繁殖。

【园林用途】树形宽广如伞，枝干扶疏而常生粗大皮刺，叶片大型，颇富野趣，适于风景区成片种植，也是优良的庭荫树。

图8-353　刺楸
1—花枝；2—果枝；3—花；4—果；
5—果实横切面；6—枝，示皮刺

（二）常春藤属 *Hedera* Linn.

常绿攀缘灌木，借气生根攀缘。单叶，互生，全缘或分裂。花两性，伞形花序单生或复合成圆锥或总状花序；花部5数，子房下位，5室，花柱合生。浆果状核果。

约15种，分布于亚洲、欧洲和非洲北部。我国2变种，引入1种。

分 种 检 索 表

1. 营养枝上的叶全缘或3浅裂；果橙红或橙黄色 ·················· 中华常春藤 *H. nepalensis* var. *sinensis*

1. 营养枝上的叶3~5浅裂；果黑色 ··· 常春藤 *H. helix*

1. 中华常春藤 *Hedera nepalensis* K. Koch var. *sinensis* (Tobl.) Rehd. （图8-354）

【形态特征】大藤本，长达30m。嫩枝、叶柄有锈色鳞片。叶革质，深绿色，有长柄；营养枝上的叶三角状卵形或戟形，全缘或3浅裂；花枝上的叶椭圆状卵形，全缘。伞形花序单生或2~7簇生，花黄色或绿白色，芳香。果球形，橙红或橙黄色。花期8~9月；果期翌年3月。

【分布与习性】产我国长江流域及其以南，江南常栽培。喜阴，喜温暖湿润气候，稍耐寒。对土壤要求不严，喜湿润肥沃土壤。生长快，萌芽力强，对烟尘有一定的抗性。

【繁殖方法】扦插、播种或压条繁殖。

【园林用途】四季常青，枝叶浓密，是优良的垂直绿化材料，又是极好的木本地被植物。在公园、庭园、居民区可用来攀附假山、岩石、枯树、围墙，若植于屋顶、阳台等高处，绿叶垂悬，别有一番景致。亦可盆栽用于室内装饰。

2. 常春藤 *Hedera helix* Linn.

【形态特征】幼枝上有星状毛。营养枝上的叶 3～5 浅裂；花果枝上的叶片不裂而为卵状菱形。伞形花序，具细长总梗；花白色，各部有灰白色星状毛。核果球形，径约 6mm，熟时黑色。

【栽培品种】金边常春藤（'Aureovariegata'），叶缘金黄色。彩叶常春藤（'Discolor'），叶片较小，具乳白色斑块并带红晕。金心常春藤（'Goldheart'），叶片 3 裂，中心部分黄色。三色常春藤（'Tricolor'），叶片灰绿色，边缘白色，秋后变深玫瑰红色，春季复为白色。银边常春藤（'Silver Queen'），叶片灰绿色，具乳白色边缘，入冬变为粉红色。

图 8-354　中华常春藤
1—花枝；2—果枝；3—花；4—雌花；
5—果；6—鳞片

【分布与习性】原产欧洲至高加索，国内黄河流域以南普遍栽培。性极耐阴，可植于林下；喜温暖湿润，也有一定耐寒性，对土壤和水分要求不严，但以中性或酸性土壤为好。萌芽力强。抗二氧化硫和氟污染。

【繁殖方法】扦插繁殖，也可压条。

【园林用途】四季常绿，生长迅速，攀缘能力强，在园林中可用于岩石、假山或墙壁的垂直绿化，因其耐阴性强，可用于庇荫的环境，也可作林下地被。

（三）八角金盘属 *Fatsia* Decne & Planch.

常绿灌木或小乔木，无刺。单叶，掌状分裂。花两性或单性，具梗；伞形花序再集成大圆锥花序，顶生，花部 5 数；子房 5 或 10 室。浆果，近球形，肉质。

2 种，分布于东亚。我国 1 种，产台湾，引入 1 种。

八角金盘 *Fatsia japonica* (Thunb.)Decne & Planch. (图 8-355)

【形态特征】灌木，高达 5m，常呈丛生状。幼枝叶具易脱落的褐色毛。叶掌状 7～9 裂，径 20～40cm，基部心形或截形；裂片卵状长椭圆形，有锯齿，表面有光泽；叶柄长 10～30cm。花小，白色。浆果紫黑色，径约 8mm。花期秋季；果期翌年 5 月。

【栽培品种】白边八角金盘（'Albo-marginata'），叶缘白色。白斑八角金盘（'Albo-variegata'），叶片有白色斑点。黄网纹八角金盘（'Aureo-reticulata'），叶片有黄色网纹。黄斑八角金盘（'Aureo-variegata'），叶片有黄色斑纹。裂叶八角

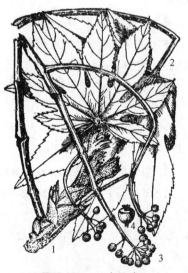

图 8-355　八角金盘
1—叶枝；2—叶；3—果序；4—果

金盘('Lobulata')，叶片掌状深裂，各裂片又再分裂。波缘八角金盘('Undulata')，叶缘波状、皱缩。

【分布与习性】原产日本，我国长江流域及其以南各地常见栽培。喜阴；喜温暖湿润气候，不耐干旱，耐寒性也不强，在淮河流域以南可露地越冬；适生于湿润肥沃土壤。抗污染，能吸收二氧化硫。

【繁殖方法】扦插繁殖，也可播种或分株繁殖。

【园林用途】植株扶疏，婀娜可爱，叶片大而光亮，是优良的观叶植物，性耐阴，最适于林下、山石间、水边、小岛、桥头、建筑附近丛植，也可于阴处植为绿篱或地被，在日本有"庭树下木之王"的美誉。

（四）五加属 *Eleutherococcus* Maxim.

灌木，直立或蔓生，稀小乔木，常有皮刺。掌状或 3 出复叶。花两性，稀单性异株或杂性；伞形花序单生或排成顶生的大圆锥花序；萼 5 齿裂；花瓣 5(4)；雄蕊与花瓣同数；子房 2～5 室，花柱离生或合生，宿存。果近球形，核果状，2～5 棱。种子扁平。

约 40 种，分布于亚洲。中国 18 种，广布于南北各地。

五加(细柱五加) *Eleutherococcus nodiflorus* (Dunn)S. Y. Hu

——*Acanthopanax gracilistylus* W. W. Smith

【形态特征】落叶灌木，有时蔓生状。小枝细长下垂，节上疏被扁钩刺。掌状复叶，在长枝上互生，在短枝上簇生；小叶(3)5，倒卵形或倒披针形，长 3～8cm，宽 1～3.5cm，两面无毛或疏被小刚毛，背面脉腋有时被淡黄棕色簇生毛，锯齿细钝；侧脉 4～5 对，网脉不明显；小叶近无柄。伞形花序单生或 2～3 簇生于短枝之叶腋，花梗细，长 0.6～1cm；花黄绿色，萼无毛；子房 2(3)室，花柱长 0.6～1cm，分离或基部合生。果扁球形，径约 6mm，熟时紫黑色。花期 4～7 月；果期 6～10 月。

【分布与习性】分布于华北南部、长江流域至西南、东南沿海各地，常见于林内、灌丛中、林缘或路旁。适应性强，喜温暖湿润的环境及深厚肥沃的土壤，具有一定的耐阴性，较耐寒，不耐水涝。

【繁殖方法】播种、扦插、分株繁殖。

【园林用途】株丛自然，枝叶茂密，秋季紫果满树，园林中可于草坪、坡地、山石间丛植观赏，也可用于群落营造，作为疏林的下层灌木。根皮供药用，中药称"五加皮"，能祛风去湿，强壮筋骨。

附：刺五加 [*Eleutherococcus senticosus* (Rupr. & Maxim.) Maxim.]，小枝密被下弯针刺，尤其萌条和幼枝明显。小叶 5(3)，椭圆状倒卵形或长圆形，长 5～13cm。表面脉上被粗毛，背面脉上被淡黄褐色柔毛，小叶柄长 0.5～2cm。花紫黄色，花梗长 1～2cm，子房 5 室，花柱合生。产东北、华北各地，朝鲜、日本及俄罗斯亦产。用途同五加。

（五）鹅掌柴属 *Schefflera* J. R. Forst. & G. Forst.

常绿灌木或乔木，有时攀缘状。无刺。掌状复叶，托叶与叶柄基部合生。伞形、头状或穗状花序，再组成复花序；萼全缘或 5 齿裂；花瓣 5～7，镊合状排列；雄蕊与花瓣同数；子房 5～7(11)室；核果球形或卵状。

约 1100 种，广泛分布于热带及亚热带。我国约 35 种，产西南至东南部，主产云南。

鹅掌柴 *Schefflera heptaphylla* (Linn.) Frodin (图 8-356)

——*Schefflera octophylla* (Lour.) Harms.

【形态特征】常绿乔木，高达 15m。小枝粗，幼时被星状毛。小叶 6～9(11) 枚，椭圆形至矩圆状椭圆形或倒卵状椭圆形，长 7～18cm，宽 3～5cm；叶柄长 (5) 10～30cm。雄花与两性花同株；花芳香，伞形花序组成长达 25～30cm 的大型圆锥花序，顶生；花萼 5～6 裂，花瓣 5～6，白色，肉质，花时反曲。果实球形。花期 9～12 月；果期 12～翌年 2 月。

【栽培品种】矮生鹅掌柴 ('Compacta')，株形小，分枝密集。黄绿鹅掌柴 ('Green Gold')，叶片黄绿色。亨利鹅掌柴 ('Henriette')，叶片大而杂有黄色斑点。

【分布与习性】原产华南至西南，北达江西和浙江南部，为热带和南亚热带常绿阔叶林习见树种；日本、印度、泰国和越南也有分布。喜光，耐半阴，喜温暖湿润气候和肥沃的酸性土，稍耐瘠薄，在 0℃ 以下叶片容易脱落。

【繁殖方法】扦插或播种繁殖。

图 8-356　鹅掌柴

1—花枝；2—花；3—雄蕊；4—果实；

5—子房横剖；6—果序

【园林用途】栽培条件下常呈灌木状，枝叶密生，树形整齐优美，掌状复叶形似鸭脚，是优良的观叶树种，而且秋冬开花，花序洁白，有香味。园林中可丛植观赏，也可作树丛之下木，并常见盆栽。

（六）幌伞枫属 *Heteropanax* Seem.

常绿乔木或灌木，无刺。(2)3～5 回羽状复叶。花杂性，伞形花序复结成广阔、大型的圆锥花序；萼近全缘；花瓣 5，镊合状排列；雄蕊 5；子房下位，2 室，每室有胚珠 1。果球形、卵形或扁球形。

8 种，分布于亚洲南部和东南部。我国 6 种。

幌伞枫 *Heteropanax fragrans* (Roxb.) Seem. (图 8-357)

【形态特征】乔木，高达 30m，树皮灰棕色。单干直立，分枝很少；小枝粗壮。叶大型，常聚生于顶部；3～5 回羽状复叶，长达 1m；小叶椭圆形，长 5.5～13cm，全缘，无毛，侧脉 6～10 对。花序长 30～40cm，密被锈色星状绒毛；花杂性，伞形花序径约 1.2cm。果扁，长约 7mm，径 3～5mm。花期 10～12 月；果期翌年 3～4 月。

【分布与习性】产云南、广东和广西南部、海南等地；生于海拔 1400m 以下的常绿阔叶林中。印度、缅甸、印度尼西亚也有分布。喜高温高湿环境，忌干旱和寒冷，耐 5℃ 低温和轻霜，不耐 0℃ 低温；喜弱光，幼树更喜阴；喜肥沃湿润的酸性土。

【繁殖方法】播种繁殖。

【园林用途】植株挺拔，姿态优美，四季常绿，望如幌伞，是华南地区优美的庭园观赏树种，可用作行道树和庭荫

图 8-357　幌伞枫

1—复叶部分；2—果序部分；3—果

树，广州庭园中常见栽培。

六十九、杜鹃花科 Ericaceae

灌木，稀乔木。单叶，互生，稀对生或轮生；全缘，稀有锯齿；无托叶。花两性，辐射对称或稍两侧对称；单生或为总状、伞形、伞房或圆锥花序；花萼宿存，4～5裂；花冠合瓣，4～5裂；雄蕊为花冠裂片之2倍，稀同数或较多，花药常具芒，顶孔开裂；子房上位或下位，2～5室，胚珠多数，中轴胎座，花柱1。蒴果，稀浆果或核果。

约118属3900余种，广布全球。我国17属约800种，各地均产，西南最盛。

分 属 检 索 表

1. 子房上位，蒴果。
  2. 蒴果室间开裂；花大，花冠钟形、漏斗状或管状，裂片稍两侧对称 ………………… 杜鹃花属 *Rhododendron*
  2. 蒴果室背开裂；花小，花冠钟形、坛状或卵状圆筒形，裂片辐射对称。
    3. 落叶罕半常绿；果柄常上弯；伞形或伞房状花序；花冠钟形；花药的芒直立或上升 …… 吊钟花属 *Enkianthus*
    3. 常绿；果柄直立；圆锥花序；花冠卵状坛形；花药背面的芒反折向下弯 ………………… 马醉木属 *Pieris*
1. 子房下位，浆果；花冠坛状；雄蕊内藏不抱花柱 ………………………………… 越橘属 *Vaccinium*

（一）杜鹃花属 *Rhododendron* Linn.

灌木，稀小乔木。叶互生，常集生枝顶，全缘。伞形总状花序顶生，稀单生叶腋；萼5～10裂；花冠辐状、钟形、漏斗状或筒状，5(6～10)裂；雄蕊5或10，有时更多，花药无芒，顶孔开裂；子房上位，5～10室或更多，胚珠多数。蒴果5～10瓣裂。

约1000种，主要分布于亚洲、欧洲和北美洲，2种产于澳大利亚。我国约571种，分布全国，尤以四川、云南最多。

分 种 检 索 表

1. 落叶或半常绿灌木。
  2. 落叶灌木。
    3. 雄蕊10枚。
      4. 叶散生；花2～6朵簇生枝顶；子房及蒴果有糙状毛或腺鳞。
        5. 枝有褐色扁平糙伏毛；叶、子房、蒴果被糙状毛；花蔷薇色、鲜红色、深红色……… 杜鹃 *R. simsii*
        5. 枝疏生鳞片；叶、子房、蒴果均有腺鳞；花淡红紫色 ………………… 迎红杜鹃 *R. mucronulatum*
      4. 叶常3枚轮生枝顶；花常双生枝顶，稀3朵；子房及蒴果均密生长柔毛 ………… 满山红 *R. mariesii*
    3. 雄蕊5枚；花金黄色，多朵成顶生伞形总状花序；叶矩圆形，叶缘有睫毛 ……… 羊踯躅 *R. molle*
  2. 半常绿灌木；花1～3朵顶生；花梗、幼枝和叶两面有软毛 ……………… 白花杜鹃 *R. mucronatum*
1. 常绿灌木或小乔木。
  6. 雄蕊5枚。
    7. 花单生叶腋，花冠盘状，白色或淡紫色，有粉红色斑点；叶全缘 ……………… 马银花 *R. ovatum*
    7. 花2～3朵与新梢发自顶芽，花冠漏斗状，橙红至亮红色，有深红色斑点；叶有睫毛 … 石岩杜鹃 *R. obtusum*
  6. 雄蕊10枚或更多。
    8. 雄蕊10枚。
      9. 花小，径1cm，乳白色，密总状花序；叶厚革质，倒披针形 ………………… 照山白 *R. micranthum*
      9. 花大，径4～6cm，伞形花序或仅1～3朵。

10. 伞形花序，花 10～20 朵，径 4～5cm，深红色；叶厚革质 ·················· 马缨杜鹃 *R. delavayi*

10. 花 1～3 朵，径 6cm，蔷薇紫色；春叶纸质 ·························· 锦绣杜鹃 *R. pulchrum*

8. 雄蕊 14 枚；花 6～12 朵，顶生伞形总状花序；粉红色；幼枝绿色，粗壮 ·············· 云锦杜鹃 *R. fortunei*

1. 杜鹃（映山红） *Rhododendron simsii* Planch. (图 8-358)

落叶或半常绿灌木，高达 3m。分枝多而细直。枝条、叶两面、苞片、花柄、花萼、子房、蒴果均有棕褐色扁平糙伏毛。叶纸质，卵状椭圆形或椭圆状披针形，长 2～6cm。花 2～6 朵簇生枝顶，花冠宽漏斗状，长 4cm，鲜红或深红色，有紫斑，或白色至粉红色；雄蕊 10。花期 3～5 月；果期 9～10 月。

广布于长江以南各地，常漫生于低海拔山野间，花开时节满山皆红；日本、缅甸、老挝、泰国也有分布。1850 年被 Robert Fortune 引入欧洲作为杂交育种材料，是目前普遍栽培的"比利时杜鹃"的重要亲本之一。

2. 迎红杜鹃（蓝荆子） *Rhododendron mucronulatum* Turcz. (图 8-359)

图 8-358 杜鹃

1—花枝；2—花（去掉花冠及雄蕊）；

3—雄蕊；4—果实；5—糙伏毛

图 8-359 迎红杜鹃

1—花枝；2—果枝；3—雌蕊；4—雄蕊；

5—果实；6—叶局部放大，示腺鳞

落叶灌木，高达 1.5m。小枝、叶、花梗、萼片、子房、蒴果均被腺鳞。叶片较薄，长椭圆状披针形，长 3～8cm。花淡红紫色，花冠宽漏斗形，长约 4cm，2～5 朵簇生枝顶，先叶开放；花芽鳞在花期宿存；雄蕊 10。蒴果圆柱形，褐色。花期 4～5 月；果期 7～8 月。

产东北、华北、山东和江苏北部，生于山地灌丛中；俄罗斯、朝鲜和日本也有分布。喜光，耐寒，喜空气湿润和排水良好的土壤。

3. 满山红 *Rhododendron mariesii* Hemsl. & Wils.

落叶灌木，高达 3m。枝近轮生，嫩时被淡黄色绢毛。叶常 3 枚簇生枝顶，卵状披针形，长 4～8cm。花 1～2(5) 朵生枝顶，花冠长 3cm，玫瑰紫色，花梗直立，有硬毛；萼有棕色毛；雄蕊 10；子房密生棕色长柔毛。蒴果圆柱形，密生棕色长柔毛。花期 4～5 月；果期 8～10 月。

产长江流域各地，北达陕西，南达福建和台湾，生于海拔 600～1800m 的山地灌丛中。

4. 羊踯躅（黄杜鹃） *Rhododendron molle* G. Don.

落叶灌木，高达 1.5m。分枝稀疏、直立。叶纸质，长椭圆形或椭圆状倒披针形，长 5～12cm，宽2～4cm，两面有毛，缘有睫毛。花5～9朵排成顶生伞形总状花序，花冠金黄色，上侧有淡绿色斑点，直径5～6cm；雄蕊5；子房有柔毛。蒴果圆柱形。花期4～5月；果期9月。

广布于长江以南，生于低海拔山地阳坡。全株有剧毒。

5. 白花杜鹃（毛白杜鹃）*Rhododendron mucronatum* (Blume) G. Don.

半常绿灌木，高达2m。幼枝密被灰色柔毛及黏质腺毛。春叶早落，披针形或卵状披针形，长3～5.5cm，两面密生软毛；夏叶宿存，长1～3cm。花1～3朵簇生枝顶，白色，芳香；雄蕊10(8)枚。花期4～5月。

产我国，为栽培植物，各地常见栽培。有玫瑰紫色等各色及重瓣品种。

6. 马银花 *Rhododendron ovatum* (Lindl.) Planch.

常绿灌木，高达4m。叶革质，宽卵形，长3.5～5cm，先端有尖头，基部圆形。花单生枝端叶腋，浅紫、水红或近白色，有深色斑点；花梗和萼筒外有白粉和腺体；雄蕊5；子房有短刚毛。果宽卵形。花期4～5月。

产华东各省，西达贵州、四川，常生于海拔300～1600m的山地疏林下或阴坡。

7. 石岩杜鹃（朱砂杜鹃、钝叶杜鹃）*Rhododendron obtusum* (Lindl.) Planch.

常绿灌木，高常不及1m，有时呈平卧状。分枝多而细密，幼时密生褐色毛。春叶椭圆形，缘有睫毛；秋叶椭圆状披针形，质厚而有光泽；叶小，长1～2.5cm；叶柄、叶表、叶背、萼片均有毛。花2～3朵与新梢发自顶芽；花冠漏斗形，橙红至亮红色，上瓣有浓红色斑；雄蕊5。花期5月。

为一杂交种，日本育成，无野生者。我国各地常见栽培。

8. 照山白 *Rhododendron micranthum* Turcz. （图8-360）

常绿灌木，高达2m。小枝细，具短毛及腺鳞。叶厚革质，倒披针形，长2.5～4.5cm，两面有腺鳞，背面更多，边缘略反卷。密总状花序顶生，总轴长1.5cm；花冠钟状，长6～8mm，乳白色，雄蕊10，伸出。果圆柱形。花期5～7月。

产东北、华北、西北和湖北、湖南、四川，生于海拔1000m以上的山坡；朝鲜也有分布。

9. 马缨杜鹃 *Rhododendron delavayi* Fr. （图8-361）

图8-360　照山白
1—花枝；2—雌蕊；3—雄蕊；4—花（去掉花萼及花瓣）；5—果实；6—叶局部放大，示腺鳞

图8-361　马缨杜鹃
1—花枝；2—雄蕊；3—雌蕊；4—果实；5—毛

常绿灌木或乔木，高达 12m。树皮不规则剥落。叶革质，簇生枝顶，矩圆状披针形，长 8～15cm，背面密被灰棕色薄毡毛。花 10～20 朵顶生；花冠钟状，紫红色，长 3.5～5cm，肉质，基部有 5 蜜腺囊；雄蕊 10；子房密被褐色绒毛。蒴果圆柱形。花期 2～5 月；果期 10～11 月。

产云南、西藏、贵州、广西、四川，多生于海拔 1200～3200m 的山坡、沟谷，或散生于松、栎林内。越南、泰国、印度、缅甸也有分布。

10. 锦绣杜鹃 *Rhododendron pulchrum* Sweet.

常绿，枝稀疏，嫩枝有褐色毛。春叶纸质，幼叶两面有褐色短毛，成叶表面变光滑；秋叶革质，形大而多毛。花 1～3 朵发于顶芽，花冠浅蔷薇色，有紫斑；雄蕊 10，花丝下部有毛；子房有褐色毛；花萼大，5 裂，有褐色毛；花梗密生棕色毛。蒴果长卵圆形，呈星状开裂，萼片宿存。花期5 月。

原产我国。欧洲和日本常栽培。

11. 云锦杜鹃（天目杜鹃）*Rhododendron fortunei* Lindl.（图 8-362）

常绿灌木或小乔木，高 3～12m；树皮灰色。枝粗壮，幼时绿色，有腺体，无毛。叶厚革质，簇生枝顶，长椭圆形，长 8～15cm，宽 3～9cm，叶端圆钝，叶基圆形或近心形，叶背被细腺毛。花 6～12 朵排成顶生伞形总状花序，芳香；花萼裂片 7；花冠漏斗状钟形，浅粉红色，7 裂，长 4～5cm，径 7～9cm；雄蕊14 枚，不等长；子房 10 室。果长圆形。花期 4～5 月。

分布于浙江、江西、安徽、湖南、福建、广西、贵州、河南、湖北、陕西、四川、云南，生于海拔 600～2000m 的山地林中。

图 8-362　云锦杜鹃
1—花枝；2—雌蕊；3—雄蕊；4—果实

杜鹃花属种类繁多，生态习性各异。总体上，大多数种类喜疏松肥沃、排水良好的酸性壤土，pH 值以 4～5.5 之间为宜，忌碱性土和黏质土；喜凉爽湿润的山地气候，耐热性差。产于高山的种类，多喜全光照条件；产于低山丘陵的种类，多需半阴条件。根据地理分布和生态习性，我国的野生杜鹃大致可分为以下几种类型：

北方耐寒类：主要分布于东北、西北和华北北部，多生于中高海拔地区，耐寒性强。落叶种类如大字杜鹃、迎红杜鹃，半常绿的如兴安杜鹃，常绿的如牛皮杜鹃、小叶杜鹃。

亚热带低山丘陵和中山分布类：主要分布于中纬度的温暖地区，如长江流域一带，耐热性较强，也较耐旱，多生于山坡疏林中，如映山红、满山红、黄杜鹃、马银花、腺萼马银花等。目前园林中应用的多属于此类。

热带和亚热带山地和高原分布类：主要分布于西南地区，华东、华南等高海拔地区也产，要求凉爽的气候和较高的空气湿度，耐热性差。如山枇杷、大树杜鹃、桫椤花、硫磺杜鹃等。

多采用扦插和嫁接方法繁殖，尤其是普遍栽培的观赏品种。由于杜鹃花种类和品种繁多，生长发育规律各不相同，扦插和嫁接的时间也应不同，但一般而言，露地扦插的适宜时间是 6 月中旬至 7月中旬之间，映山红类的品种扦插生根比较容易，结合温室等保护地栽培措施，一年四季均可进行。嫁接繁殖主要用于扦插不易生根的品种，或用于培养特殊株形的杜鹃。目前我国园林中广泛用作砧木的是白花杜鹃，国外栽培常绿杜鹃较多，常用长序杜鹃（R. ponticum）作砧木。播种繁殖极少采用，只是在杂交育种或需要培育大量砧木时应用。

杜鹃花为中国十大名花之一，花叶兼美，花色丰富，盆栽、地栽均宜，栽培历史悠久。杜鹃花为富于野趣的花木，大多数种类为高 1～5m 的丛生灌木，树冠多为扁平的圆形。在大型公园中，最适于松树疏林下自然式群植，并于林内适当点缀山石，以形成高低错落、疏密自然的群落，每逢花期，群芳竞秀，灿烂夺目，至为美观；也可于溪流、池畔、山崖、石隙、草地、林间、路旁丛植；毛白杜鹃、石岩杜鹃植株低矮，适于整形栽植，可于坡地、草坪等处大量应用，或作为花坛镶边、园路境界或植为花篱。在庭院中，杜鹃可植于阶前、墙角、水边等各处，以资装饰点缀，或一株、数株，或小片丛植，均甚美观。此外，还是著名的盆花和盆景材料。

（二）吊钟花属 Enkianthus Lour.

落叶或半常绿灌木。枝轮生。叶互生并常聚生小枝顶，全缘或有锯齿。伞形或总状花序顶生；萼 5 裂，宿存；花冠钟状或壶状，5 裂；雄蕊 10 枚，花丝在中部以上膨大，扁平，花药纵裂，顶端有芒；子房上位，5 室。蒴果 5 棱，室背 5 裂。

约 12 种，分布于喜马拉雅东部经中国至日本，向南延伸至印度尼西亚。我国 7 种，产西南至中部。

分 种 检 索 表

1. 蒴果长 4～5mm，果柄顶端向上弯曲；花期 5～6 月；叶纸质 ·························· 灯笼花 E. chinensis
1. 蒴果长 0.8～1.2cm，果柄直立；花期冬春；叶革质 ··························· 吊钟花 E. quinqueflorus

1. 灯笼花 Enkianthus chinensis Franch. (图 8-363)

【形态特征】落叶灌木至小乔木，高达 6m。叶纸质，长圆形至长椭圆形，有圆钝细齿，近无毛，网脉在下面明显。伞形总状花序，花梗长 2.5～4cm，无毛；萼片三角形，渐尖；花冠宽钟状，肉红色。蒴果圆卵形，长 4.5mm，果柄顶端向上弯曲。花期 5～6月；果期 9～10 月。

【分布与习性】产长江以南各地。喜温暖气候，有一定耐寒力，喜湿润而排水良好的土壤，以富含腐殖质的沙质壤土最宜。喜半阴。定植后不需修剪。

【繁殖方法】播种、嫩枝扦插、硬枝扦插均可。

【园林用途】花朵小巧玲珑，衬以绿叶颇为秀丽，秋季叶红如火，极为艳丽。适于在自然风景区中配植应用，可丛植于林下、林缘。也可盆栽观赏。

图 8-363 灯笼花

1—花枝；2—果枝

2. 吊钟花（铃儿花）Enkianthus quinqueflorus Lour. (图 8-364)

【形态特征】落叶或半常绿，高 2～3m，全体无毛。叶革质，长圆形或倒卵状椭圆形，长 5～10cm，宽 2～4cm，叶缘反卷，全缘或近顶端有疏齿，网脉两面突起。伞形花序具花 5～8 朵；大苞片红色，花冠钟状，长 12mm，粉红或红色。蒴果椭圆形，长 0.8～1.2cm，果柄直立。花期冬末至早春；果期 8～10 月。

【分布与习性】产华南和西南。喜温暖湿润气候，不耐夏季炎热；喜光，适生于富含腐殖质而排水良好的酸性沙质壤土，不耐积水。萌蘖力强。

【繁殖方法】播种或扦插繁殖，也可分株和压条繁殖。

【园林用途】花多而繁茂，花色优美、花形如钟，花期正值少花的冬季和早春，持续时间长，是华南重要的园林造景材料和盆花、切花材料，在广州和香港为春节佳品，市场上称之为"吉庆花"，国外称之为"中国新年花"。园林中适于假山、花坛、建筑附近应用，可丛植或列植成行。

（三）马醉木属 *Pieris* D. Don

常绿灌木或小乔木。芽鳞数枚。叶互生，稀对生，有锯齿，稀全缘。圆锥花序顶生或腋生，少退化为小总状花序；花萼5裂或萼片分离；花冠壶状，5浅裂；雄蕊10，内藏，花药有2个下弯的芒；子房5室，柱头头状。蒴果，室背开裂。

7种，分布于亚洲东南部和北美东北部。我国3种，产东部和西南，均为美丽的花木。

美丽马醉木 *Pieris formosa* (Wall.) D. Don（图 8-365）

【形态特征】灌木或小乔木，高 2～6m。老枝灰绿色，无毛。叶常集生枝顶，披针形或椭圆状披针形，长 5～12cm，宽 1.5～3cm，先端渐尖，有锯齿，无毛，中脉、侧脉和网脉两面明显；叶柄粗，长 0.6～1cm。圆锥花序顶生，长 12～15cm，花白色或带粉红色，下垂。蒴果球形，径约 5.5mm。花期5～6月；果期7～9月。

【分布与习性】产长江以南至华南、西南各地，多生于海拔 900～2300m 的山坡灌丛中。缅甸、越南、尼泊尔和印度东北部也有分布。喜温暖湿润气候和半阴环境，适生于富含腐殖质而排水良好的沙质壤土。

【繁殖方法】播种或扦插繁殖。

【园林用途】枝条开展、树冠宽圆，花朵形如风铃，花色素雅，性耐半阴，是优良的园林树种，特适于林下、石际应用，也可于建筑附近、窗前、草地丛植成景。

（四）越橘属 *Vaccinium* Linn.

常绿或落叶灌木。叶互生。总状花序腋生或顶生，或花单生；萼4～5裂；花冠坛状、钟状或筒状，4～5裂；雄蕊10(5～8)，花药顶孔开裂；有花盘；子房下位，4～5室或假8～10室。浆果，顶冠以宿萼。

450 余种，分布于北温带至热带高山。我国92种，各地均产，以西南地区最为集中。

图 8-364　吊钟花

1—果枝；2—花枝；3—雄蕊

图 8-365　美丽马醉木

1—植株；2～6—叶片的几种类型；7—花；
8—雄蕊；9—花药；10、11—蒴果

分 种 检 索 表

1. 植株较高大，叶先端短尖，叶背中脉略有刺毛；果紫黑色 ·······················乌饭树 *V. bracteatum*

1. 植株矮小，叶先端微凹，叶背有腺点；果实红色 ·········· 越橘 *V. vitis-idaea*

1. 乌饭树(南烛、米饭树) *Vaccinium bracteatum* Thunb. (图 8-366)

【形态特征】常绿灌木或小乔木，高达 6m，多分枝。小枝褐色，幼时被柔毛，后无毛。叶片椭圆形、菱状椭圆形或披针形，稀倒卵形，长 4~9cm，宽 2~4cm，先端渐尖，基部楔形或宽楔形，有细锯齿，背面中脉略有刺毛；叶柄长 2~8mm。花序长 4~10cm，花序轴和花梗被短柔毛；小苞片披针形，宿存；花冠白色，有时带淡红色，长 5~7mm，被灰白色短柔毛。果球形，径 4~7mm，成熟时紫黑色，被短柔毛和白粉。花期 6~7 月；果期 8~10 月。

图 8-366 乌饭树
1—果枝；2—花冠

【分布与习性】分布于长江以南各地，东达台湾，南至海南，西南到云南，常生于海拔 400~1500m 的山地灌丛或林中；日本、朝鲜和中南半岛也产。喜温暖湿润气候，喜酸性红壤和黄壤，为酸性土指示植物。

【繁殖方法】播种繁殖。

【园林用途】株丛繁茂，是南方自然风景区和园林绿地的优良造景材料，可丛植或成片种植。果味甜可食，叶、果、根均供药用。

2. 越橘(红豆) *Vaccinium vitis-idaea* Linn. (图 8-367)

【形态特征】常绿矮小灌木，地下有细长匍匐的根状茎，地上部分高 10~30cm。茎纤细，直立或下部平卧，被灰白色短柔毛。叶密生，革质，椭圆形或倒卵形，长 0.7~2cm，宽 4~8mm，顶端圆，边缘反卷，网脉两面不甚明显。短总状花序，生于去年生枝顶，长 1~1.5cm，稍下垂，有花 2~8 朵；苞片红色，宽卵形，长约 3mm；萼片 4，宽三角形；花冠白色或淡红色，钟状，长约 5mm，裂片三角状卵形，直立；雄蕊 8，短于花冠。浆果球形，直径 5~10mm，紫红色。花期 6~7 月；果期 8~9 月。

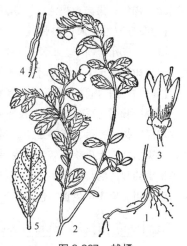

图 8-367 越橘
1—根状茎；2—地上茎(果枝)；
3—花；4—雄蕊；5—叶

【分布与习性】产黑龙江、吉林、内蒙古、陕西和新疆等地。北半球寒温带地区普遍分布。耐寒性强，喜湿润气候。常成片生长于落叶松林下、白桦林下、高山草原或水湿台地，海拔 900~3200m。

【繁殖方法】播种、分株或压条繁殖。

【园林用途】植株低矮、繁密，果实红艳，可植为地被。叶可代茶饮用，也可入药；果实可食，味酸甜。

七十、山榄科 Sapotaceae

乔木或灌木，有乳汁，幼嫩部分常被锈色毛。单叶，互生，常聚生枝顶，全缘；常无托叶。花两性，单生或簇生叶腋，或生于老茎枝上；萼4~8裂；花冠筒短，裂片1~2轮，与萼片同数或2倍之；雄蕊生于花冠筒或花冠裂片上，与花冠裂片同数而对生，或多数而排成2~3轮；子房上位，1~18室，每室1胚珠。浆果，稀蒴果。

约53属1100种，广布于全球热带和亚热带。我国11属24种，产西南至华南各省区及台湾。

铁线子属 Manilkara Adans.

乔木或灌木。叶革质，侧脉密；托叶早落。花簇生于叶腋；萼片6，2轮；花冠6裂，裂片背部有2个花瓣状附属体；雄蕊6，生于花冠裂片基部或冠管喉部，有互生的退化雄蕊6；子房6~15室。浆果呈核果状，果皮常干燥。

约65种，广布于热带美洲、非洲、亚洲和太平洋岛屿。我国1种，分布于广西和海南岛，引入栽培1种。

人心果 Manilkara zapota (Linn.) van Royen (图8-368)

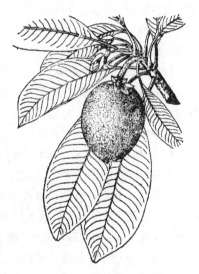

【形态特征】常绿小乔木，高6~10m。枝褐色，有明显叶痕。叶互生，革质，侧脉甚密，长圆形至卵状椭圆形，长6~19cm；端急尖，基楔形，全缘或波状，亮绿色；叶背叶脉明显，侧脉多而平行；叶柄长约2cm。花梗长2cm或更长，被黄褐色绒毛；萼裂片外被锈色短柔毛；花冠白色；退化雄蕊呈花瓣状；子房密被黄褐色绒毛。浆果椭圆形、卵形或球形，长3~4cm，褐色；果肉黄褐色。花期夏季；果期9月。

【分布与习性】原产热带美洲，现世界热带广植；我国台湾、海南、广州、南宁、西双版纳等地有栽培。喜暖热湿润气候，但大树可耐-3~-2℃低温。

【繁殖方法】播种、高压或嫁接繁殖。

【园林用途】分枝较低矮，枝条层状分明，树冠伞形、圆球形或塔形，树形齐整、亭亭玉立，是优美的观赏树种。品种丰富，果实形状、大小差别较大，有单果重达150~180g的，也有单果重约50g的小果型。庭园造景中适于孤植、丛植，也可

图8-368 人心果(果枝)

植为园路树。果实可生食，也可加工，是园林中结合生产的绿化造景材料。

七十一、柿树科 Ebenaceae

乔木或灌木。单叶，互生，稀对生，全缘；无托叶。花单性异株或杂性，单生或聚伞花序，常腋生；萼3~7裂，宿存；花冠3~7裂；雄蕊为花冠裂片的2~4倍，稀同数；雌花中有退化雄蕊或无；子房上位，2~16室，每室1~2胚珠。浆果。

3属500余种，主产热带。我国1属约60种，主要分布于长江以南。

柿属 Diospyros Linn.

落叶或常绿，乔木或灌木；无顶芽，芽鳞2~3。叶互生。雌雄异株，稀杂性，雄花为聚伞花序，雌花及两性花多单生；萼4(3~7)裂，绿色；花冠钟形或壶形，4~5(7)裂；雄蕊4~16；子房4~16室。浆果基部有增大而宿存的花萼；种子扁平。

约400～500种，主产热带和亚热带。我国60种。

分 种 检 索 表

1. 叶宽椭圆形至卵状椭圆形，近革质，下面被黄褐色柔毛；果较大，橙黄色或鲜黄色 ………… 柿树 *D. kaki*

1. 叶长椭圆形，质地较薄，下面被灰色柔毛；果较小，蓝黑色，有蜡粉 …………………………… 君迁子 *D. lotus*

1. 柿树 *Diospyros kaki* Thunb. (图 8-369)

【形态特征】落叶乔木，高达15m；树冠半圆形；树皮呈长方块状深裂。叶宽椭圆形至卵状椭圆形，长6～18cm，近革质，上面深绿色，有光泽，下面密被黄褐色柔毛。花冠钟状，黄白色，多雌雄同株。果卵圆形或扁球形，大小不一，橙黄色或鲜黄色；萼卵圆形，宿存。花期5～6月；果期9～10月。

【分布与习性】分布广泛，黄河流域至华南、西南、台湾均产。性强健，较耐寒，在年均气温9℃以上，绝对低温－20℃以上的北纬40°以南地区均可栽培。喜光，略耐庇荫；对土壤要求不严，在山地、平原、微酸性至微碱性土壤上均能生长。较耐干旱，但在夏季过于干旱容易引起落果。对二氧化硫等有毒气体有较强的抗性。

【繁殖方法】嫁接繁殖，一般选用君迁子作砧木，南方还可用野柿或油柿。

【园林用途】树冠广展如伞，叶大荫浓，秋日叶色转红，丹实似火，悬于绿荫丛中，至11月落叶后还高挂树上，极为美观。是观叶、观果和结合生产的重要树种。可用于厂矿绿化，也是优良行道树。

2. 君迁子 *Diospyros lotus* Linn. (图 8-370)

图 8-369 柿树

1—花枝；2—雄花；3—雌花；4—去花瓣
的雌花(示退化雄蕊及花柱)；5—雄花
花冠筒展开；6—雄蕊；7—果

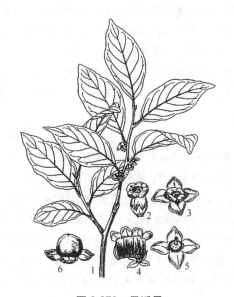

图 8-370 君迁子

1—花枝；2—雄花；3—雌花；4—雄花展开；
5—幼果；6—果实

【形态特征】落叶乔木，高达 15m。小枝灰色。冬芽先端尖，叶长椭圆形，表面深绿色，质地较柿树为薄，下面被灰色柔毛。浆果较小，长椭圆形或球形，长 1.5～2cm，直径约 1.2～1.5cm，成熟前黄色，熟后蓝黑色，外面有蜡质白粉。

【分布与习性】我国南北均有分布；日本、中亚和印度也产。性强健。喜光，耐半阴；耐干旱瘠薄和耐寒的能力均强于柿树，稍耐盐碱，较耐水湿。深根性，侧根发达。

【繁殖方法】播种繁殖。

【园林用途】园林中可用作庭荫树或行道树，也是嫁接柿树最常用的砧木。

附：油柿（*Diospyros oleifera* W. C. Cheng），乔木，树皮薄片状剥落，露出白色内皮；嫩枝、叶两面、花、果柄等均有灰黄色柔毛；叶片长圆形至倒卵形，长 6.5～17cm，宽 3.5～10cm；雌雄异株或杂性花；果实卵形至球形，略呈 4 棱，有脱落性软毛。分布于长江中下游地区至广东、广西，常栽培。

老鸦柿（*Diospyros rhombifolia* Hemsl.），落叶灌木，高 2～3(8)m；枝有刺，幼枝有柔毛。叶纸质，菱状倒卵形至卵状菱形，长 4～4.5cm，宽 2～3cm，基部楔形；果卵球形，径约 2cm，顶端有长尖，宿存萼片增大而革质，长宽均约 2cm。分布于华东。

瓶兰（*Diospyros armata* Hemsl.），又名金弹子。半常绿或落叶乔木，高 5～13m，有刺，叶狭椭圆形，有时菱状倒披针形，长 1.5～6.5cm，宽 1.5～3cm，薄革质或革质，侧脉 7～8 对；雄花白色，芳香；果近球形，径约 2cm，成熟时橙黄色或红色。产湖北西部和四川东部，常栽培。

七十二、野茉莉科(安息香科) Styracaceae

灌木或乔木，常被星状毛。单叶，互生，全缘或有齿缺；无托叶。花两性，辐射对称，排成腋生或顶生的总状或圆锥花序，稀单生或簇生；萼钟状或管状，4～5 裂；花冠 4～5(8)裂；雄蕊为花冠裂片数之 2 倍，稀同数，花丝基部合生；子房上位或下位，2～5 室，或有时基部 3～5 室而上部 1 室，每室有胚珠 1 至数颗。核果或蒴果，萼宿存。

约 11 属 180 种，分布于美洲、亚洲东南部和非洲西部。我国 10 属 54 种，主产长江以南各地。

分 属 检 索 表

1. 子房上位；果肉质或干燥，不裂或 3 瓣裂 ·································· 野茉莉属 *Styrax*

1. 子房下位或半下位；果木质，不开裂 ····························· 秤锤树属 *Sinojackia*

(一) 野茉莉属(安息香属) *Styrax* Linn.

落叶或常绿灌木或乔木；叶全缘或稍有锯齿，被星状柔毛。总状花序、圆锥花序或聚伞圆锥花序；萼 5 裂，宿存；花冠 5(～8)深裂；雄蕊 10(～16)，花丝基部合生；子房上位，基部 3 室，上部 1 室。核果肉质或干燥，不裂或不规则 3 瓣裂。种子 1 或 2。

约 130 种，分布于东亚、南北美洲和地中海地区。我国 31 种，主要分布于长江流域以南地区。

分 种 检 索 表

1. 叶同型，互生；总状花序由 3～8 朵花组成 ······················· 野茉莉 *S. japonica*

1. 叶两型：小枝最下部两叶近对生，上部的叶互生；总状花序有花 10～20 朵 ··········· 玉铃花 *S. obassia*

1. 野茉莉(安息香) *Styrax japonica* Sieb. & Zucc. (图 8-371)

【形态特征】落叶小乔木，高达 10m；树皮灰褐色或黑色；树冠卵形或圆形。小枝细长，嫩枝和叶有星状毛，后脱落。叶互生，椭圆形或倒卵状椭圆形，长 4～10cm，宽 2～6cm，先端突尖或渐尖，叶缘有浅齿。总状花序由 3～6(8)朵花组成，生于叶腋，下垂；花冠白色，5 深裂，长约 1.5～2cm；雄蕊 10 枚，花丝基部合生。核果卵球形，长 8～14mm，径约 8～10mm。花期 6～7 月；果期 9～10 月。

【分布与习性】产东亚，我国分布于黄河以南至华南各地，是该属中分布最广的一种。喜光，也较耐阴；耐瘠薄。生长较快。

【繁殖方法】播种繁殖。

【园林用途】树形优美，花果下垂，婀娜可爱，白色花朵掩映于绿叶丛中，芳香宜人，饶有风趣，适宜小型庭园造景，可植于池畔、水滨、窗前、草地等处，也可作园路树，江南常见栽培。

2. 玉铃花 *Styrax obassia* Sieb. & Zucc. (图 8-372)

图 8-371 野茉莉

1—花枝；2—花；3—花冠及雄蕊；4—雌蕊；

5—雄蕊；6—果实；7—种子

图 8-372 玉玲花

1—花枝；2—花；3—花冠及雄蕊；

4—雌蕊；5—果实

【形态特征】乔木，高达 14m，或呈灌木状。叶两型：小枝最下部两叶近对生，椭圆形或卵形，长 4.5～10cm，宽 2～5cm，先端短尖，基部圆形，叶柄长 3～5mm；小枝上部的叶互生，宽椭卵形或近圆形，长 5～15cm，宽 4～10cm，具粗锯齿。总状花序，有花 10～20 朵，白色或粉红色。果卵形，长 1.5～1.8cm，径约 1.2cm，密被黄褐色星状毛。花期 5～7 月；果期 8～9 月。

【分布与习性】产辽宁东南部、山东和长江中下游地区；生于海拔 700～1500m 的山区林中，是本属分布最北的一种。朝鲜和日本也有分布。大连、丹东、青岛等地有栽培。温带树种，喜温暖湿润、光照充足的环境，也耐半阴；较耐旱，忌涝。

【繁殖方法】播种繁殖。

【园林用途】花朵洁白芳香，是美丽的观花树种，园林中可栽培观赏。

(二) 秤锤树属 *Sinojackia* Hu

落叶小乔木。单叶，互生，有锯齿；无托叶。总状或聚伞花序顶生；花白色，常下垂；萼 5～7

裂；花瓣 5～7，基部合生；雄蕊 10～14；子房下位或半下位，2～4 室；每室 6～8 胚珠。果木质，干燥，不开裂，通常有种子 1 颗。

共 5 种，为我国特产。

秤锤树 _Sinojackia xylocarpa_ Hu(图 8-373)

【形态特征】落叶小乔木，高达 7m；冬芽裸露，单生或 2 枚叠生。新枝密生灰褐色星状毛。叶椭圆形或椭圆状倒卵形，长 4～10cm，宽 2.5～5.5cm，叶缘有细锯齿。花两性，3～5 朵组成总状花序，生于侧枝顶端；花白色，直径约 2cm，花冠 6～7 裂。果木质，下垂，卵圆形或卵状长圆形，成熟时栗褐色，连喙长 1.5～2.5cm。花期 4～5 月；果期 8～10 月。

【分布与习性】我国特产，分布于华东，生于海拔 300～400m 的丘陵地带。喜光，幼苗也不耐阴；耐寒性较强，可耐短期 -16℃低温，在山东可露地越冬；喜深厚肥沃、湿润而排水良好的中性至微酸性土壤，不耐干旱瘠薄。

【繁殖方法】播种繁殖。

【园林用途】秤锤树花朵繁密、色白如雪，果形奇特，状如秤锤，随风飘动，颇有特色，是优美的园林观赏树种。宜丛植于庭院或开阔的草坪。秤锤树是 1927 年植物学家秦仁昌先生首先在南京幕府山采集的，后经分类学家胡先骕先生鉴定定名。南京玄武湖、中山植物园、杭州花港观鱼公园内都有栽培。

图 8-373 秤锤树
1—花枝；2—果枝；3—花；4—雄蕊；5—雌蕊

七十三、山矾科 Symplocaceae

灌木或乔木。单叶，互生，具锯齿、腺齿或全缘；无托叶。花两性，稀单性，辐射对称，总状、穗状、团伞或圆锥花序，很少单生；萼 3～5 裂；花冠 5(3～11)裂，通常分裂几达基部；雄蕊 15 枚以上，稀更少，排成数轮，分离或合生成束，着生于花冠基部；子房下位或半下位，3(2～5)室；每室有胚珠 2～4 颗。核果或浆果。

1 属约 200 种，分布于亚洲、大洋洲和美洲热带和亚热带。我国约 42 种，产长江以南各省。

山矾属 _Symplocos_ Jacq.

形态特征同科。

分 种 检 索 表

1. 常绿乔木，叶薄革质；总状花序 ························· 山矾 _S. sumuntia_
1. 落叶灌木或小乔木，叶纸质；圆锥花序 ················· 白檀 _S. paniculata_

1. 山矾(山桂花) _Symplocos sumuntia_ Buch. -Ham. ex D. Don

【形态特征】常绿乔木。嫩枝褐色，无棱。叶薄革质，卵形或狭倒卵形、倒披针状椭圆形，长 4～8cm，宽 1.5～3cm，先端尾尖，基部楔形或圆形，边缘有浅锯齿或有时近于全缘，上面中脉凹下。总状花序长 2.5～4cm，被开展的柔毛；花冠白色，5 深裂，长 4～4.5mm，裂片倒卵状椭圆形；

雄蕊 25～35，花丝基部连合成束；子房 3 室。果实卵状坛形，绿色，长 7～10mm。

【分布与习性】产于长江以南各地，生于海拔 200～1500m，习见于林下、林缘。印度、尼泊尔、不丹也产。喜温暖湿润气候，不耐寒，耐阴。

【繁殖方法】播种繁殖。

【园林用途】山矾花朵虽然细小但繁密如雪，芳香如桂，是一优美的观花树种。《花镜》云："山矾花，多生江浙诸山。叶如冬青，生不对节，凌冬不凋。三月开白花，细小而繁，不甚可观，而香馥最远，故俗名七里香，北人呼为场花。"园林造景中，宜于疏林下散植，也可丛植于草地、庭院。

2. 白檀 *Symplocos paniculata* (Thunb.) Miq.（图 8-374）
——*Symplocos chinensis* (Loureiro) Druce

【形态特征】落叶灌木或小乔木。幼枝、叶片下面和花密生柔毛，或几光滑无毛。枝条细硬，1 年生枝灰褐色；叶纸质，卵圆形、椭圆状倒卵形或宽倒卵形，通常略呈菱状，长 3～9(11)cm，宽 2～3.5(5.5)cm，基部宽楔形至近心形，边缘有细尖腺锯齿；侧脉 4～10 对。圆锥花序顶生，长 4～10cm，松散；花白色，有香气，花冠深裂，雄蕊约 25～60，花丝基部合生。核果卵球形，径约 3～8mm，蓝色至紫黑色，稀白色。花期 4～7 月；果期 9～11 月。

【分布与习性】广布，我国分布于东北、华北至长江流域、华南、西南各省区，常生于海拔 800～2500m 的山地混交林中。日本、朝鲜、越南、缅甸、老挝、印度等国也有分布。较耐阴，耐寒性强，在黄河流域可生长良好。

【繁殖方法】播种繁殖。

【园林用途】花朵繁茂，是优良的观花树种，特别适于山地风景区应用，也可用于园林造景。

图 8-374　白檀
1—花枝；2—果枝；3—叶；4—花冠展开和雄蕊；5—花萼和雌蕊；6—果实

七十四、紫金牛科 Myrsinaceae

灌木或乔木，稀藤本。单叶，互生，稀对生或近轮生，常有腺点，无托叶。花两性或单性，辐射对称，组成圆锥或伞形花序，腋生或顶生，常有腺点；花萼 4～5 裂，常宿存；花冠常合生，稀分离，4～5 裂；雄蕊 4～5，与花冠裂片对生，着生于花冠筒上；子房上位，稀半下位，1 室，基生或特立中央胎座。核果或浆果，稀蒴果。

约 42 属 2200 种，分布于热带及亚热带。我国 5 属约 120 种，产于长江流域以南各省区。

紫金牛属 *Ardisia* Swartz.

常绿灌木，稀乔木。叶通常互生，间有对生或轮生，全缘或有钝齿。花排成总状、伞形、聚伞等花序；花萼 5 裂；花冠常 5 深裂，裂片扩展或外反；雄蕊与花冠裂片同数，花丝极短；子房上位，花柱线形。核果球形，内有 1 种子。

约 400～500 种，主要分布于热带美洲、太平洋群岛、亚洲及大洋洲。我国 65 种，主产长江流域以南。

分 种 检 索 表

1. 高 20~30cm；地上茎具短腺毛；叶椭圆形，长 4~7cm，缘具尖齿·····················紫金牛 A. japonica

1. 高 1~2m；茎直立无毛；叶椭圆状披针形至倒披针形；长 6~13cm，叶缘波状 ··········· 朱砂根 A. crenata

1. 紫金牛 Ardisia japonica Blume(图 8-375)

【形态特征】常绿低矮灌木，高仅 20~30cm；根状茎长而横走，暗红色；地上茎直立，不分枝，表面带褐色，具短腺毛。叶集生于茎顶，椭圆形，长 4~7cm，两面有腺点；顶端急尖，缘具尖齿，两面有腺点，叶背中脉处有微柔毛。短总状花序近伞形，通常有花 2~6 朵，腋生或顶生；花冠青白色，径约 1cm，裂片卵形，有红色腺点。核果球形，成熟时亮红色，径约 5~6mm。花期 4~5 月；果期 9~11 月。

【分布与习性】广布于长江以南各地；日本、朝鲜也有分布。常生于常绿阔叶林下、溪谷两侧之阴湿处。耐阴性甚强，忌阳光直晒；喜温暖湿润气候，不耐寒；喜生于富含腐殖质的酸性沙质壤土，忌干旱。

【繁殖方法】播种繁殖，扦插和压条也容易生根。

【园林用途】植株低矮，四季常绿，果实红艳而且挂果期极长，是优美的观果和观叶灌木，在长江流域及以南地区最适于点缀于林下、树丛、山石旁、溪边等荫蔽处作地被，可片植、丛植。紫金牛也是常用的中药，其名字常见于古代的本草。《图经本草》云："紫金牛生福州，叶如茶叶，上绿下紫，结实圆，红色如丹朱，根微紫色。"

2. 朱砂根(平地木) Ardisia crenata Sims(图 8-376)

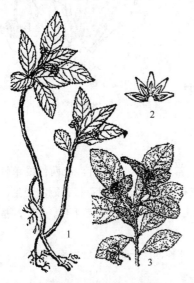

图 8-375　紫金牛(1、2)、虎舌红(3)
1、3—植株；2—花

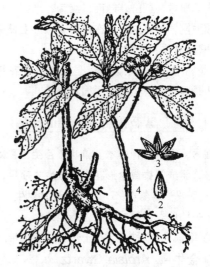

图 8-376　朱砂根
1—根部；2—雄蕊；3—花瓣和雄蕊；4—果枝

【形态特征】常绿灌木，高 1~2m。根状茎肥壮，根断面有小血点。茎直立，有少数分枝，无毛。单叶，互生，常集生枝顶，椭圆状披针形至倒披针形；长 6~13cm，端钝尖，叶缘波状，两面有突起的腺点。伞形或聚伞形花序；花小，淡紫白色，有深色腺点；花冠裂片披针状卵形。核果球形，径 7～8mm，红色，具斑点，有宿存花萼和细长花柱。花期 5～6 月；果期 10～12 月，经久不凋。

【分布与习性】产长江以南各省区；日本、朝鲜也有分布。多生于山谷林下阴湿处，忌日光直射，喜排水良好、富含腐殖质的湿润土壤，不耐寒。

【繁殖方法】种子繁殖。

【园林用途】本种果红叶绿，颇为美观，可作盆栽观果树种，也可植于庭园观赏，以其耐阴，尤适于林下种植。有白果（'Leycocarpa'）、黄果（'Xanthocarpa'）、粉果（'Pink'）以及斑叶（'Variegata'）等栽培品种。

附：虎舌红（*Ardisia mamillata* Hance）（图 8-375），低矮灌木，高 15～20cm，叶片倒卵形至长圆状倒披针形，密生暗红色毛，叶缘有不明显的圆齿；果实红色。

七十五、夹竹桃科 Apocynaceae

乔木、灌木或藤本，稀草本；具乳汁。单叶，对生或轮生，稀互生；全缘，稀有齿；无托叶。花两性，单生或聚伞花序；萼 4～5 裂，基部内面常有腺体；花冠 4～5 裂，喉部常有副花冠或鳞片或毛状附属物；雄蕊 4～5，着生在花冠筒上或花冠喉部，花丝分离；常有花盘；子房上位或半下位，1～2 室，或有 2 个离生心皮。蓇葖果、蒴果、浆果或核果；种子常一端被毛或有翅。

155 属约 2000 种，主产热带、亚热带，少数在温带。我国 44 属 145 种，引入栽培多种。本科植物多有毒，以种子和乳汁毒性最强，又含有多种生物碱，为重要的药物原料。很多植物具有美丽的花朵，是优良的园林绿化材料。

分属检索表

1. 叶对生或轮生。
  2. 叶对生；藤本 ··· 络石属 *Trachelospermum*
  2. 叶轮生，间或对生；灌木或乔木。
    3. 蒴果；花盘厚，肉质环状 ····································· 黄蝉属 *Allemanda*
    3. 蓇葖果；无花盘。
      4. 灌木；花冠筒喉部有 5 枚阔鳞片状副花冠，顶端撕裂 ············ 夹竹桃属 *Nerium*
      4. 乔木或灌木；无副花冠 ··································· 鸡骨常山属 *Alstonia*
1. 叶互生。
  5. 枝肥厚肉质；花冠筒喉部无鳞片；蓇葖果················· 鸡蛋花属 *Plumeria*
  5. 枝不为肉质；花冠筒喉部具被毛的鳞片 5 枚；核果 ·········· 黄花夹竹桃属 *Thevetia*

（一）络石属 *Trachelospermum* Lem.

常绿攀缘藤本。单叶，对生，羽状脉。聚伞花序顶生或腋生；花萼 5 裂，内面基部具 5～10 枚腺体；花冠白色，高脚碟状，裂片 5，右旋；雄蕊 5 枚，着生于花冠筒内面中部以上，花丝短，花药围绕柱头四周；花盘环状，5 裂；子房由 2 离生心皮组成。蓇葖果双生，长圆柱形；种子顶端有种毛。

约 15 种，1 种分布于北美洲，其余种类产亚洲。我国 6 种，主产长江以南各省。

络石 *Trachelospermum jasminoides* (Lindl.) Lem. （图 8-377）

【形态特征】茎长达 10m，赤褐色，幼枝有黄色柔毛，气生根发达。叶薄革质，椭圆形或卵状披针形，长 2～10cm，全缘，脉间常呈白色，背面有柔毛。花序腋生；萼 5 深裂，花后反卷；花冠白色，芳香，右旋；花药内藏。蓇葖果长 15cm。种子条形，有白毛。花期 4～5 月；果期 7～10 月。

【栽培品种】斑叶络石（'Variegatum'），叶片具有白色或浅黄色斑纹，边缘乳白色。小叶络石（'Heterophyllum'），叶片狭长，披针形。

【分布与习性】分布于长江流域至华南，北达山东、河北。广泛栽培。喜光，耐阴，喜温暖湿润气候，尚耐寒。对土壤要求不严，能耐干旱，也抗海潮风。

【繁殖方法】扦插或压条繁殖。

【园林用途】叶片光亮，花朵白色芳香，花冠形如风车，具有很高的观赏价值。适植于枯树、假山、墙垣旁边，令其攀缘而上，是优美的垂直绿化植物。也是优良的林下地被。

附：紫花络石（*Trachelospermum axillare* Hook. f.），叶革质，倒披针形、倒卵形或倒卵状矩圆形，长 8～15cm；花冠紫色。分布于西南、华南、华东、华中等省区。

图 8-377　络石

1—花枝；2—花蕾；3—花；4—花萼展开和雌蕊；5—花冠筒展开；6—果实

（二）黄蝉属 *Allemanda* Linn.

直立或藤状灌木。叶轮生兼或对生，叶腋常有腺体。花大，生枝顶，总状花序式的聚伞花序；花萼 5 深裂；花冠漏斗状，裂片 5，左旋；副花冠退化成流苏状，被缘毛状的鳞片或只有毛，着生在花冠筒的喉部；雄蕊着生于花冠筒喉内；花盘厚，肉质环状；子房 1 室。蒴果卵圆形，有刺，2 瓣裂；种子有翅。

约 14 种，分布于热带美洲。我国引入 2 种。

分 种 检 索 表

1. 直立灌木，侧脉在叶背面隆起；花冠筒长约 3cm，基部膨大 ⋯⋯⋯⋯⋯⋯⋯⋯⋯⋯ 黄蝉 *A. schottii*
1. 藤状灌木，侧脉在叶两面扁平，花冠筒长 4～8cm，基部筒状，不膨大 ⋯⋯⋯⋯⋯ 软枝黄蝉 *A. cathartica*

1. 黄蝉 *Allemanda schottii* Pohl.

——*Allemanda neriifolia* Hook.

【形态特征】常绿灌木，直立性，高达 2m，有乳汁。叶近无柄，3～5 枚轮生，椭圆形或狭倒卵形，长 5～14cm，宽 2～4cm，全缘，背面中脉上有柔毛。聚伞花序顶生；花橙黄色，长 5～7cm，径约 4cm，内面有浅红褐色条纹，花冠筒较短，长约 3cm，基部膨大，裂片左旋。蒴果球形，径约 3cm，具长刺。花期 5～9 月。

【分布与习性】原产巴西，我国南方常见栽培，长江流域及其以北地区盆栽。喜阳光充足和温暖湿润气候，不耐寒，要求排水良好的沙质壤土。

【繁殖方法】扦插繁殖，选用 1 年生健壮枝条作插穗极易生根。

【园林用途】花大而美丽，叶片深绿色而有光泽，适于水边、草地丛植或路旁列植；北方盆栽观赏。植株乳汁有毒，应用时应注意。

2. 软枝黄蝉 *Allemanda cathartica* Linn.（图 8-378）

与黄蝉相似，区别在于：藤状灌木，长达 4m；枝条软，弯垂。叶轮生，或有时对生或枝条上部

互生，倒卵形、狭倒卵形或矩圆状长椭圆形至倒披针形，长
6～15cm，宽4～5cm。花冠长7～14cm，花冠筒长达4～
8cm，基部不膨大。蒴果球形，径约3cm，具长达1cm的刺。

原产巴西，华南地区广泛栽培。

花期春夏两季，花大而美丽，是优良的棚架材料，也可
植于水边、坡地造景。

（三）夹竹桃属 *Nerium* Linn.

常绿灌木或小乔木。含水液。叶革质，3～4枚轮生或对
生，全缘，羽状脉，侧脉密生而平行。顶生聚伞花序；花萼
5裂，基部内面有腺体；花冠漏斗状，5裂，裂片右旋；花冠
筒喉部有5枚阔鳞片状副花冠，顶端撕裂；雄蕊5，着生于花
冠筒中部以上，花丝短，花药内藏且成丝状，被长柔毛；无
花盘；子房由2枚离生心皮组成。蓇葖果2枚，离生；种子
具白色绵毛。

图 8-378 软枝黄蝉

1—花枝；2—花；3—子房及花盘；4—蒴果

约4种，产亚洲、欧洲和北非。我国2种，除夹竹桃外，欧洲夹竹桃(*Nerium oleander* Linn.)偶
见栽培。

夹竹桃(柳叶桃) *Nerium indicum* Mill. (图 8-379)

【形态特征】大灌木，高达5m，常丛生，生长繁茂，树
冠近球形。嫩枝具棱，被微毛。叶3～4枚轮生或对生，狭
披针形，长11～15cm，上面光亮无毛，中脉明显，叶缘反
卷。花冠漏斗状，深红色或粉红色，喉部具5片撕裂状副花
冠。蓇葖果细长。几乎全年有花，以6～10月为盛。

【栽培品种】重瓣夹竹桃('Plenum')，花重瓣，红色，
有香气。白花夹竹桃('Paihua')，花白色，单瓣。斑叶夹竹
桃('Variegatum')，叶面有斑纹，花单瓣，红色。淡黄夹竹
桃('Lutescens')，花淡黄色，单瓣。

【分布与习性】原产伊朗、印度等地，现广植于热带和
亚热带地区。我国长江流域及其以南地区广为栽植，北方盆
栽。喜光，喜温暖湿润气候，不耐寒，耐旱性强，抗烟尘和
有毒气体，可吸收汞、二氧化硫、氯气，滞尘能力也很强。
对土壤要求不严，可生于碱地。

图 8-379 夹竹桃

1—花枝；2—花纵剖面，示雄蕊
和副花冠；3—果实

【繁殖方法】扦插繁殖，也可压条或分株。

【园林用途】夹竹桃植株姿态萧疏，花色妍媚，兼有青竹的潇洒姿态、桃花的热烈风情，花期自
夏至秋，或白或红，且适应性强，是优良的园林造景材料。适于水边、庭院、山麓、草地等各处种
植，可丛植，也可群植。在江南，常植为绿篱，用于公路、铁路、河流沿岸的绿化，也常植为防护
林的下木。耐烟尘，抗污染，是工矿区等生长条件较差地区绿化的好树种。

（四）鸡骨常山属 *Alstonia* R. Br.

乔木或灌木，有乳汁；枝轮生，通常4～5枝1轮。叶轮生，稀对生；侧脉多，有边脉。聚伞花序顶生，萼5裂，内面无腺体；花冠高脚碟状，喉部被柔毛，裂片5；雄蕊5，与柱头分离，着生于花冠筒中部；无花盘或鳞片状；子房由2心皮组成，离生或合生。蓇葖果2。种子两端被柔毛。

约60种，分布于热带亚洲、非洲、中美洲、澳大利亚和太平洋岛屿。我国8种，分布于华南。

盆架树 *Alstonia rostrata* C. E. C. Fisch. (图8-380)

——*Winchia calophylla* A. DC.

【形态特征】高达25m，全株无毛。树皮淡黄色至深黄色。大枝分层轮生，平展；小枝绿色。叶3～4片轮生或对生，长圆状椭圆形，长5～16cm，薄革质，两面有光泽，无毛，全缘而内卷，侧脉30～50对。聚伞花序长约5cm，多花；花冠白色。蓇葖果细长，径约1cm。种子两端具缘毛。花期4～7月；果期8～11月。

【分布与习性】产云南及海南，常生于季雨林或山地雨林中；热带亚洲也有分布。喜光，喜高温湿润气候，对土壤要求不严。有一定的抗风能力，生长快，抗污染，对二氧化硫、氯气的抗性中等，受害落叶，但能不断长出新叶。

【繁殖方法】播种或扦插繁殖。

【园林用途】树形美观，叶色亮绿。分枝轮生，且较平展，似面盆架，故名。是华南城市绿化的好树种，常植于公园观赏或作行道树、工厂绿化用。

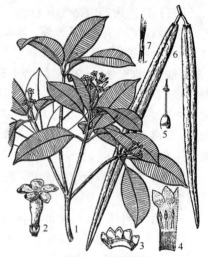

图8-380 盆架树

1—花枝；2—花；3—花萼；4—花冠筒部分展开，示雄蕊；5—雌蕊；6—果实；7—种子

附：糖胶树 [*Alstonia scholaris* (Linn.)R. Brown]，叶片3～10枚轮生，倒披针形，长10～25cm。产广西和云南，印度、尼泊尔和澳大利亚也有分布。华南常栽培观赏，是优良的行道树和庭园风景树。

（五）鸡蛋花属 *Plumeria* Linn.

小乔木。枝条粗壮，肉质，落叶后具有明显的叶痕。叶互生，羽状脉，侧脉先端在叶缘连成边脉。聚伞花序顶生；花萼5裂；花冠漏斗状，喉部无鳞片，裂片5，左旋；雄蕊着生于花冠筒的基部，花丝短；无花盘；心皮2，离生。蓇葖果双生；种子具翅。

约7种，分布于西印度群岛和美洲。我国引入栽培2种。

红鸡蛋花 *Plumeria rubra* Linn. (图8-381)

【形态特征】高达8m，全株无毛；树皮淡绿色，光滑。叶片多聚生于枝顶，椭圆形至狭椭圆形，长14～30cm，宽6～8cm，表面绿灰色，先端尖或渐尖，基部狭楔形，全缘；侧脉30～40对；叶柄长达7cm。花冠外面带粉红色或紫色

图8-381 红鸡蛋花

1—花枝；2—叶枝；3—叶柄，示柄槽上的腺体；4—花冠展开；5—蓇葖果

斑纹，直径4~6cm；裂片粉红色、黄色或白色，基部黄色，芳香。花期5~10月。

【分布与习性】原产墨西哥和中美洲。我国广东、广西、云南、福建等省区普遍栽培。喜高温高湿环境，喜光，喜肥沃而排水良好的土壤。耐干旱，喜生于石灰岩山地。

【繁殖方法】扦插繁殖，极易成活。

【园林用途】鸡蛋花是著名的芳香植物，树姿优美。适用于庭院、窗前、公园、水滨等各处造景，宜孤植或丛植，也可列植为花篱。在印度、缅甸常植于寺院，摘花献佛，有"寺院树"之称。

附：钝叶鸡蛋花(*Plumeria obtusa* Linn.)，高达5m，小枝淡绿色，叶柄被微柔毛；叶片倒卵形至狭倒卵形，先端圆钝。花冠白色，径约4cm，喉部黄色，裂片开展。

（六）黄花夹竹桃属 *Thevetia* Linn.

灌木或小乔木。叶互生。聚伞花序顶生或腋生，花萼5深裂，内面基部具腺体；花冠漏斗状，裂片5，花冠筒短，喉部具被毛的鳞片5枚；雄蕊5，着生于花冠筒的喉部；无花盘；子房2室。核果。

8种，产热带美洲。我国引入栽培2种。

黄花夹竹桃(酒杯花) *Thevetia peruviana* (Pers.) K. Schum.
(图8-382)

【形态特征】常绿灌木或小乔木，高5m，全株无毛；树皮棕褐色，皮孔明显。枝柔软，小枝下垂。叶互生，线形或线状披针形，长10~15cm，全缘，光亮，革质，中脉下陷，侧脉不明显。聚伞花序顶生；花大，径3~4cm，黄色，具香味。核果扁三角状球形。花期5~12月。

【栽培品种】红酒杯花('Aurantiaca')，花冠红色。

【分布与习性】原产美洲热带。我国华南各省区均常见栽培，北方盆栽观赏。喜干热气候，不耐寒；耐旱力强。

【繁殖方法】扦插、播种繁殖。

【园林用途】枝软下垂，叶绿光亮，花大鲜黄，而且花期长，几乎全年有花，是一种美丽的观赏花木，常植于庭园观赏。

图8-382 黄花夹竹桃
1—花枝；2—核果

七十六、萝藦科 Asclepiadaceae

草本、藤本或灌木，有乳汁。叶对生，有时轮生或互生，无托叶；叶柄顶端常有丛生的腺体。花序为各式的聚伞花序，稀总状；花两性，5数；花萼筒短，5裂，内面常有腺体；花冠合瓣，各种形状，顶端5裂，副花冠通常存在，为5枚离生或基部合生的裂片或鳞片所组成；雄蕊5，与雌蕊粘生成合蕊柱；花丝合生成1个有蜜腺的筒，称合蕊冠，或花丝离生；花粉粒连合成花粉块；无花盘；雌蕊由2个分离的心皮组成；花柱2，合生。蓇葖果2个；种子有毛。

本科和夹竹桃科很相近，唯其花丝合生，花药与柱头粘合，且花粉结成花粉块，故易区别。有些学者将本科并入夹竹桃科 Apocynaceae。

约250属2000余种，广布全球，主产热带和亚热带。我国约有44属270种，广布。

分属检索表

1. 花冠辐状，副花冠异型，环状，5～10裂，其中5裂片延伸成丝状；花丝离生·················· 杠柳属 *Periploca*
1. 花冠高脚碟状，副花冠5，膜质；花丝合生成筒状 ························· 夜来香属 *Telosma*

（一）杠柳属 *Periploca* Linn.

木质缠绕植物；叶对生，全缘。聚伞花序顶生或腋生；萼内有腺体；花冠辐状；副花冠异型，环状，着生于花冠基部，5～10裂，其中5裂片延伸成丝状；雄蕊花丝离生。蓇葖圆柱状，粘合或广展。

10种，分布于亚洲温带、欧洲南部和热带非洲。我国5种，产西南、西北至东北部。有些学者将本属与其他属联合成立杠柳科（Periplocaceae）。

杠柳 *Periploca sepium* Bunge（图8-383）

【形态特征】落叶藤本，茎先端缠绕，枝叶有乳汁，除花外全株光滑无毛。单叶，对生，披针形或卵状披针形，长5～10cm，宽1.5～2.5cm，先端长渐尖，叶面光绿色。聚伞花序腋生，有花2～5朵；花冠紫红色，直径约2cm，花瓣反卷，副花冠环状，10裂。蓇葖果双生，羊角状，长7～12cm。花期5～7月；果期9～10月。

【分布与习性】我国广布，自东北南部、华北、西北至长江流域、西南均有分布，多生于低山、平原的沟坡、田边、林缘。适应性强，喜光，耐寒；对土壤要求不严，耐干旱瘠薄，也耐水湿。生长迅速，蔓延能力强。

【繁殖方法】播种繁殖，也可扦插或分株繁殖。

【园林用途】叶色光绿，花朵紫红，果实奇特，生长迅速，是山地风景区干旱荒坡的适宜绿化和水土保持植物，也可用于公园的栅栏和棚架绿化，枝叶茂密，遮荫效果较好。

图8-383 杠柳
1—花枝；2—除去花冠的花，示副花冠和花药；3—花萼裂片；4—花冠裂片内面；5—蓇葖果；6—种子

（二）夜来香属 *Telosma* Coville

藤本。叶对生，基部有腺体。伞房状聚伞花序，腋生；萼5裂，内面具5个小腺体；花冠高脚碟状，裂片右旋；副花冠5，膜质；雄蕊花丝合生成筒状。蓇葖圆柱形，肿胀；种子有丰富的种毛。

约10种，分布于亚洲、大洋洲及非洲热带。我国3种，产华南、西南。

夜来香 *Telosma cordata* (Burm. f.) Merr. （图8-384）

【形态特征】柔弱藤状灌木。小枝被毛，黄绿色。叶卵状长圆形至宽卵形，长6.5～9.5cm，宽4～8cm，基部心形，3～5出脉；叶柄长1.5～5.5cm，顶端丛生3～5个小腺体。伞房状聚伞花序腋生，着花多达30朵，芳香，花冠黄绿色，高脚碟

图8-384 夜来香
1—花枝；2—花；3—花萼展开，示腺体；4—合蕊柱和副花冠；5—雌蕊；6—花粉器

状，裂片长圆形，长约 6mm，宽约 3mm。蓇葖果披针形，长 7～10cm。花期 5～8 月，很少结果。

【分布与习性】产广东、广西，华南各地广为栽培。喜高温高湿的环境，不耐寒冷，尤忌霜冻，长江流域只能盆栽。喜光，也稍耐半阴；喜肥沃湿润土壤，忌干旱，也不耐水涝。耐修剪。

【繁殖方法】播种、扦插或压条繁殖。

【园林用途】花期长，自初夏至秋末开花不断，花朵黄绿色，香气浓烈，夜间尤盛，有拒蚊的作用。是华南地区重要的攀缘绿化材料，适于庭院、围墙、景门、阳台等处造景，也可盆栽观赏。花蕾及初开的花朵味道鲜美，是华南地区常见的蔬菜。

七十七、茄科 Solanaceae

草本、灌木或小乔木。叶互生或在开花枝上有大小不等的二叶双生，全缘或各式分裂或复叶；无托叶。花两性，单生或聚伞花序；萼 5 裂或截形，常宿存；花冠合瓣，形状种种，裂片 5；雄蕊 5，生于冠管上；子房 2 室或不完全的 1～4 室，中轴胎座。浆果或蒴果。

约 95 属 2300 种以上，分布于热带和温带。我国 20 属 101 种，各省均有分布。

分属检索表

1. 浆果，常红色；萼钟状，2～5 齿裂；花冠漏斗状 ………………………………………… 枸杞属 Lycium
1. 蒴果大，常有刺；萼长管状，5 齿裂或佛焰苞状；花冠喇叭状或高脚碟状 ………………… 曼陀罗属 Datura

（一）枸杞属 Lycium Linn.

灌木，有刺或无刺。叶互生。花单生或成束，腋生；萼钟状，2～5 齿裂；花冠漏斗状，5 裂，少 4 裂；雄蕊 5，花丝基部常有毛环；子房 2 室，柱头 2 浅裂。浆果，通常红色。

约 80 种，分布于南美洲、非洲南部，部分种类产于欧洲和亚洲温暖地区。我国 7 种，主产西北部和北部。

枸杞 Lycium chinense Mill. (图 8-385)

【形态特征】蔓性灌木，枝条弯曲或匍匐，可长达 5m，有短刺或否。单叶，互生或簇生，卵形至卵状披针形，长 1.5～5cm，宽 1～2.5cm，全缘。花单生或 2～4 朵簇生叶腋；花萼 3(4～5) 裂；花冠漏斗状，淡紫色，长 9～12mm，筒部向上骤然扩大，5 深裂，裂片边缘有缘毛；雄蕊伸出花冠外。浆果卵形或长卵形，长 5～18mm，径 4～8mm，成熟时鲜红色。花果期 5～10 月。

【分布与习性】产东亚和欧洲，我国广布。性强健，喜光，较耐阴，耐寒；耐盐碱，在 0～60cm 的土层、含盐量 0.44% 时可生长正常，甚至在土壤含盐量 1.5% 时也可生长。耐干旱瘠薄，即使石缝中也可生长，但忌低湿和黏质土。萌蘖力强。

【繁殖方法】播种、分株、扦插或压条繁殖。

【园林用途】枸杞老蔓盘曲如虬龙，小枝细柔下垂，花朵紫色且花期长，秋日红果累累，缀满枝头，状若珊瑚，颇

图 8-385 枸杞

1—花果枝；2—花萼和雌蕊；3—花冠展开；
4—花瓣一部分；5—种子

为美丽，富山林野趣。可供池畔、台坡、悬崖石隙、山麓、山石、林下等处美化之用，也可植为绿篱。

附：宁夏枸杞（*Lycium barbarum* Linn.），直立性；叶常椭圆状披针形至卵状矩圆形，长 1.5～5cm，宽 0.2～1.2cm，基部楔形并下延成柄；花萼通常 2 裂，花冠裂片边缘无缘毛。产西北和华北，地中海地区和俄罗斯也产。

（二）曼陀罗属 *Datura* Linn.

草本、灌木或小乔木。单叶，互生。花单生于叶腋；萼长管状，5 齿裂或佛焰苞状；花冠喇叭状或高脚碟状，檐部具 5 浅裂，裂片顶端常渐尖或在 2 裂片间有 1 长尖头；雄蕊 5，花丝下部贴于花冠筒内而上部分离，花药纵裂；子房 2 室，或因有假隔膜则分成不完全 4 室。蒴果大，常有刺。

11 种，分布于南北美洲。我国引入 4 种，多供观赏、药用。

大花曼陀罗 *Datura arborea* Linn.

【形态特征】灌木或小乔木，一般高 2～3m。茎粗壮，上部分枝，全株近无毛。叶片卵形、披针形或椭圆形，长 10～20cm，宽 3～10cm，顶端渐尖或急尖，基部楔形，不对称，全缘，微波状或有不规则的缺齿，两面有柔毛。花白色，长 15～22cm，下垂，有芳香。浆果状蒴果，广卵形。花期 7～9 月；果期 10～12 月。

【分布与习性】原产南美洲，热带地区广为栽培。喜阳光；喜温暖气候，不耐寒，适生温度 15～30℃；能耐瘠薄土壤，对中性、微酸性以至微碱性土壤都能适应，但以土层深厚、排水良好的土壤最好。

【繁殖方法】播种繁殖。

【园林用途】枝叶扶疏，花极大而且花形美观，或白或红，香味浓烈，是华南地区优良的园林绿化造景材料，可丛植于山坡、林缘或布置于路旁、墙角、屋隅，北方温室内也常见栽培。花可供药用。

七十八、紫草科 Boraginaceae

草本、灌木或乔木。单叶，互生，稀对生、轮生，全缘或有锯齿；无托叶。花两性，聚伞花序常组成蝎尾状或其他花序式；萼近全缘或 5 裂；花冠 5 裂；雄蕊 5，与花冠裂片互生，生花冠筒上；有花盘或缺；子房上位，2 室，又常为假隔膜分成 4 室，每室 1 胚珠。果常为 4 小坚果或核果，有时多少肉质呈浆果状。

约 100 属 2000 种，分布于温带和热带。我国 49 属 208 种，全国均有分布。

分 属 检 索 表

1. 花柱合生至中部以上，内果皮成熟时分裂为含 1 或 2 种子的分核 ························· 厚壳树属 *Ehretia*
1. 花柱分裂几达基部，内果皮成熟时保持完整，不分裂为分核 ························· 基及树属 *Carmona*

（一）厚壳树属 *Ehretia* R. Brown

灌木或乔木。叶互生。花单生叶腋或排成顶生或腋生的伞房或圆锥花序；萼 5 裂；花冠管短，5 裂；雄蕊 5，生冠管上；子房 2 室，每室 2 胚珠，花柱 2 枚，合生至中部以上。果为核果，内果皮分裂成具 1 或 2 种子的核。本属亦有学者将其置于厚壳树科（Ehretiaceae）。

50 余种，主产东半球热带，北美洲和加勒比地区 3 种。我国 14 种，分布于西南经中南部至东部。

厚壳树 *Ehretia acuminata* R. Brown(图 8-386)

——*Ehretia thyrsiflora* (Sieb. & Zucc.)Nakai

【形态特征】落叶乔木，高达 15m。枝条黄褐色至赤褐色，无毛。叶椭圆形、倒卵形或矩圆状倒卵形，长 7～16cm，宽 3～8cm，有浅细锯齿，上面沿脉散生白色短伏毛，下面疏生黄褐色毛，或近无毛。圆锥花序顶生和腋生，长 (5) 10～20cm，径 5～8cm；花无梗，密集，有香味；花冠白色，钟状，长 3～4mm；雄蕊伸出花冠外。核果近球形，黄色或橘红色，径 3～4mm，成熟时分为 2 个各具 2 种子的分核。

【分布与习性】广布种，变异大，我国东部至南部、西南各地均产，北达山东，常生于海拔 1700m 以下的山坡疏林、灌丛中。日本、印度、不丹、越南、印度尼西亚、澳大利亚也有分布。喜温暖湿润气候，也较耐寒；适生于湿润肥沃土壤，常自然生长于村落附近。

【繁殖方法】播种或分株繁殖。

【园林用途】枝叶郁茂、满树繁花，适于庭院中植为庭荫树，可用于亭际、房前、水边、草地等多处。

图 8-386 厚壳树
1—花枝；2—花；3—果序

附：粗糠树(*Ehretia dicksonii* Hance)，叶椭圆形或卵形至倒卵状椭圆形，长 8～25cm，宽 4～15cm，先端急尖，叶面绿色，密被糙伏毛；叶柄被糙毛。花序、花梗、花萼被短毛；花密集，芳香，白色或略带黄色。核果黄色，球形，径约 1～1.5cm。产甘肃南部、青海南部、陕西、浙江至华南、西南。

(二) 基及树属 *Carmona* Cav.

仅 1 种，产亚洲和大洋洲，我国有分布。

基及树(福建茶、猫仔树) *Carmona microphylla* (Lam.)Don (图 8-387)

常绿灌木或小乔木，一般高 1～4m。多分枝，幼枝圆柱形，被稀疏短硬毛。叶在长枝上互生，在短枝上簇生，倒卵形或匙状倒卵形，长 0.9～5cm，先端圆或钝，基部渐狭成短柄，边缘常反卷，向顶端有粗圆齿；表面有光泽，有白色圆形小斑点，两面均粗糙；叶脉在叶表下陷，在叶背稍隆起。花 2～6 朵排成疏松的腋生聚伞花序，总花梗纤细；萼 5 深裂；花冠白色或稍带红色，钟状，裂片 5，披针状，长约 6mm；雄蕊 5；花柱 3 深裂。核果球形，径 4～6mm，熟时红色或黄色，有种子 4 颗。

分布于广东、台湾等省区，生于低海拔平原、丘陵；亚洲南部、东南部和大洋洲也产。播种、扦插繁殖。

枝叶繁密，耐修剪，庭园列植作绿篱、花篱，也是优良的盆

图 8-387 基及树
1—花枝；2—花；3—花冠展开；4—雌蕊

景材料。

七十九、马鞭草科 Verbenaceae

灌木或乔木，稀为草本。叶对生，稀轮生，单叶或复叶；无托叶。花两性，两侧对称，常二唇形，稀辐射对称；花序多样；萼筒状，4～5裂，宿存；花冠常4～5裂，覆瓦状排列；雄蕊4，常2强，生花冠筒上；子房上位，通常2心皮，2～4室，少有2～10室，全缘或4裂，每室胚珠1～2。核果或浆果。

91属2000种，分布于热带和亚热带地区。我国20属182种，各地均有分布，主产长江以南。

分属检索表

1. 总状、穗状或短缩近头状花序。
 2. 花序穗状或近头状；茎具倒钩状皮刺；果成熟后仅基部为花萼所包围 ················· 马缨丹属 *Lantana*
 2. 花序总状；茎有刺或无刺，刺不为倒钩状；果成熟后完全被扩大的花萼所包围 ·········· 假连翘属 *Duranta*
1. 聚伞花序，或由聚伞花序组成其他各式花序。
 3. 花萼在结果时增大，常有各种美丽的颜色。
  4. 花萼由基部向上扩展成漏斗状，端近全缘；花冠筒弯曲 ························ 冬红属 *Holmskioldia*
  4. 花萼钟状、杯状，花冠筒不弯曲。
   5. 花5基数，雄蕊4，常多少呈2强 ························ 赪桐属 *Clerodendrum*
   5. 花5～6基数，雄蕊5～6，常多少呈2强 ························ 柚木属 *Tectona*
 3. 花萼在结果时不显著增大，绿色。
  6. 单叶；小枝不为四方形。
   7. 核果；花萼、花冠顶端均4裂 ························ 紫珠属 *Callicarpa*
   7. 蒴果；花萼、花冠顶端均5裂 ························ 莸属 *Caryopteris*
  6. 掌状复叶(单叶蔓荆例外)；小枝四方形；花冠5裂，二唇形 ························ 牡荆属 *Vitex*

（一）马缨丹属 *Lantana* Linn.

直立或半藤状灌木，有强烈气味。茎四棱形，有钩刺。单叶，对生，有圆钝齿，表面多皱。头状花序具总梗；苞片长于花萼；萼小，膜质；花冠筒细长，4～5裂；雄蕊4，生花冠筒中部，内藏；子房2室，每室1胚珠。核果肉质。

约150种，分布于热带美洲。我国引入栽培2种，其中1种逸为野生。

马缨丹(五色梅) *Lantana camara* Linn. (图8-388)

【形态特征】常绿或落叶灌木，高1～2m，有时藤状。枝四棱形，无刺或下弯的皮刺。叶卵形至卵状长圆形，长3～9cm，端渐尖，两面有糙毛，揉碎有强烈的气味。头状花序腋生，径2.5～3.5cm，由20～25朵花组成；花冠粉红、红、黄、橙等各色，长约1cm。核果球形，熟时紫黑色。花期全年。

【分布与习性】原产美洲热带，在我国华南已成为野生状态。喜温暖、湿润、向阳之地，耐旱，不耐寒。华南和云南南部常绿，全年开花。长江流域以南冬季落叶，夏季开花。

图8-388 马缨丹
1—花枝；2—花冠；3—果序

【繁殖方法】播种、扦插繁殖。

【园林用途】花期长，花色丰富，衬以绿叶，艳丽多彩，是常见的花灌木，适于花坛、路边、屋基等处种植。北方盆栽观赏。

（二）假连翘属 *Duranta* Linn.

灌木或小乔木。枝有或无刺，常下垂。叶对生或轮生，全缘或有齿；总状花序常顶生；萼有短齿，宿存；花冠高脚碟状，稍弯曲，顶端5裂，裂片不相等，向外开展；雄蕊4，2长2短；子房8室，每室1胚珠。核果肉质，有种子8颗，包藏于扩大的萼内。

约30种，分布于热带美洲。我国引入栽培1种，有时逸为野生。

假连翘 *Duranta erecta* Linn. (图8-389)

——*Duranta repens* Linn.

【形态特征】常绿灌木，高1.5～3m，枝条细长，常下垂、拱形或平卧，常有刺。单叶，对生，纸质，卵形至披针形，长2～6.5cm，宽1.5～3.5cm，基部楔形，全缘或中部以上有锯齿；叶柄长约1cm。总状花序顶生或腋生；花萼两面有毛；花冠蓝色或近白色。核果卵形，成熟时橘黄色，径约5mm。花果期5～10月，如条件适宜，可终年开花。

【栽培品种】金叶假连翘('Golden Leaves')，叶片黄色，尤其以新叶为甚。花叶假连翘('Variegata')，叶面具黄色条纹。白花假连翘('Alba')，花朵白色。

【分布与习性】原产热带美洲，华南常见栽培，北达浙江，部分地区已归化。喜光，略耐半阴；喜温暖湿润，不耐寒，长期5～6℃低温或短期霜冻对植株造成寒害；耐水湿，不耐干旱。萌芽力强，耐修剪。越冬温度要求在5℃以上。生长迅速。

图8-389 假连翘
1—花枝；2—花冠展开；3—果枝

【繁殖方法】扦插或播种繁殖。

【园林用途】花色素雅且花期极长，果实黄色，着生于下垂的长枝上，十分逗人喜爱，是花、果兼赏的优良花灌木。在华南和西南，可植为绿篱或作基础种植材料，也可丛植于庭院、草坪观赏。枝蔓细长而柔软，可攀扎造型，也可供小型花架、花廊的绿化造景用。金叶假连翘叶色鲜黄，可用作模纹图案材料。

（三）冬红属 *Holmskioldia* Retz.

灌木。单叶，对生。聚伞花序，单生或聚生于枝顶；萼由基部向上扩展成喇叭状或漏斗状，红色；花冠管弯曲，上部偏斜，5裂；雄蕊4，2长2短；子房4室。核果，4裂几达中部，包藏于扩大的萼内。

约11种，分布于亚洲、马达加斯加和热带非洲。我国引入栽培1种。

冬红(帽子花) *Holmskioldia sanguinea* Retz. (图8-390)

【形态特征】常绿灌木，高3～7m(栽培者一般高1～2m)。小枝四棱形，被毛。叶卵形，长5～10cm，宽2.5～5cm，全缘或有齿，两面有腺点。聚伞花序常2～6个组成圆锥状；花萼膜质，帽状，近全缘，朱红或橙红色；花冠筒弯曲，5浅裂，朱红色，筒长2～2.5cm，有腺点；雄蕊与花柱同伸出花冠外。核果倒卵形，长约6mm。花期冬末春初。

【分布与习性】原产印度北部至马来半岛。我国华南、云南、台湾等地有栽培。喜光，喜暖热气候和排水良好的土壤，不耐寒。

【繁殖方法】扦插或播种繁殖。

【园林用途】冬红株形柔细披散，枝条细长，花色艳丽，花萼四周向上，形如夏日的遮荫凉帽，十分别致。于冬末春初开花，故名冬红，华南庭院中常见栽培，适于阶前、路旁、建筑附近植之。北方常盆栽观赏。

图8-390　冬红

（四）赪桐属 *Clerodendrum* Linn.

小乔木、灌木或藤本。单叶，对生或轮生，全缘或具锯齿。聚伞或圆锥花序；萼钟状宿存，5裂，果时明显增大而有颜色；花冠筒细长，顶端裂片5，等大或否；雄蕊4，伸出花冠外；柱头2裂；子房4室，每室1胚珠。浆果状核果，包于宿存增大的花萼内。

共400种，分布于热带和亚热带，主产东半球，个别种类分布到温带。我国34种，各地均有分布，主产西南、华南。

分 种 检 索 表

1. 直立灌木；聚伞花序常组成伞房状、圆锥状，通常顶生；花萼裂片非白色。
  2. 聚伞花序组成大型的顶生圆锥花序；花萼、花冠均为鲜红色 …………………………… 赪桐 *C. japonicum*
  2. 聚伞花序组成伞房花序；花萼、花冠不为鲜红色 …………………………… 海州常山 *C. trichotomum*
1. 柔弱藤本；聚伞花序通常腋生；花萼裂片白色 …………………………… 龙吐珠 *C. thomsonae*

1. 赪桐 *Clerodendrum japonicum* (Thunb.) Sweet（图8-391）

【形态特征】落叶灌木，高达4m。小枝有绒毛。叶片卵圆形，长10～35cm，有细齿，基部心形，背面有密的锈黄色腺体。聚伞花序组成大型顶生圆锥花序，长达35cm。花萼大红色，5深裂；花冠鲜红色，筒部细长，顶端5裂并开展；雄蕊长达花冠筒的3倍，与花柱均伸出花冠外。果实球形，蓝黑色；宿存萼片增大，初包被果实，后向外反折呈星状。花果期5～11月。

【分布与习性】产亚洲热带和亚热带，我国长江以南各省区有分布。喜光，喜温暖湿润，耐湿，耐旱。萌蘖力强。

【繁殖方法】分株、根插或播种繁殖。

【园林用途】赪桐花朵鲜红色、鲜艳夺目，花后红色的萼片宿存，果实蓝色，观赏期长。适于丛植，可就树丛周围、林缘、竹林、山石附近植之。

图8-391　赪桐

2. 海州常山(臭梧桐) *Clerodendrum trichotomum* Thunb.(图 8-392)

【形态特征】落叶灌木或小乔木,高达8m。嫩枝、叶柄、花序轴有黄褐色柔毛;枝髓片隔状,淡黄色。叶片阔卵形至三角状卵形,长5～16cm,全缘或有波状锯齿,两面疏生短柔毛或近无毛。伞房状聚伞花序顶生或腋生,长8～18cm;萼紫红色;花冠白色或略带粉红色;雄蕊与花柱伸出花冠外。核果球形,熟时蓝紫色,宿萼增大。花果期6～11月。

【分布与习性】分布于华北、华东至西南各地。喜光,也较耐阴。喜凉爽湿润气候。适应性强。较耐旱和耐盐碱。

【繁殖方法】播种繁殖。

【园林用途】花果美丽,花时白色花冠后衬紫红花萼,果时增大的紫红色宿萼托以蓝紫色果实,且花果期长,为优良秋季观花、观果树种,是布置园林景色的好材料。

图 8-392 海州常山
1—花枝;2—花冠筒纵剖,示雄蕊着生;
3—去花冠筒的花,示雌蕊;4—果枝

3. 龙吐珠 *Clerodendrum thomsonae* Balf. f.

【形态特征】常绿灌木状小藤本,株高2～5m。茎4棱,髓中空。叶矩圆状卵形,全缘。聚伞花序着生在上部叶腋内;花长5～6cm,萼长约12mm,呈5角棱状,筒绿色,裂片白色;花冠深红色;雄蕊和花柱较长,伸出花冠外。核果肉质,淡蓝色,藏于花萼中。花期春、夏;果秋季成熟。

【分布与习性】原产热带非洲西部。华南露地栽培。喜温暖湿润和阳光充足,不耐寒。

【繁殖方法】分株或扦插繁殖。

【园林用途】枝蔓柔细,叶子稀疏,开花时红色花冠吐露在花萼之外,犹如蟠龙吐珠,是优良的攀缘花木。

附:臭牡丹(*Clerodendrum bungei* Steud.),落叶小灌木,高1～2m,叶有臭味。聚伞花序顶生、密集,花玫瑰红色,芳香。广布于西北和华北南部、长江流域至华南、西南。植株较低矮,宜植为地被、花篱,以其耐阴,也可用于疏林下。

(五) 柚木属 *Tectona* Linn. f.

落叶大乔木;单叶,对生或轮生,全缘。圆锥花序由二歧聚伞花序组成,顶生;萼钟形,5～6裂,结果时扩大,卵形或壶形;花冠小,上部5～6裂;雄蕊5～6,生于冠管上;子房4室,每室1胚珠;核果包藏于扩大的花萼内,内果皮骨质。

3种,分布于印度、马来西亚、缅甸和菲律宾,我国引入栽培1种。

柚木 *Tectona grandis* Linn. f.(图 8-393)

【形态特征】高达40m;小枝四棱形,被星状绒毛。叶大型,对生,卵形或卵状椭圆形,长15～45(70)cm,宽8～23(37)cm,上面粗糙,背面密被黄褐色星状绒毛,先端渐尖或钝,基部楔形;叶柄粗壮,长2～4cm。花序长达25～40cm;花芳香,黄白色。核果球形,径约1.2～1.8cm,密生分枝绒毛,完全被宿存花萼包被,宿萼膜质,有棱角和网脉。花期6～8月;果期9～12月。

【分布与习性】原产热带亚洲，我国台湾、福建、广东、广西、云南、海南等地引种栽培，有时归化。最喜光，喜温热气候、干热季节分明的季雨林地区，忌台风及低温霜冻。喜深厚肥沃、湿润、排水良好的土壤。

【园林用途】树冠宽大，秋天叶变黄色，具有较高的观赏价值，尤其在热带地区是体现季相变化的较好树种，适于片植，也可作行道树、庭荫树。柚木是著名的珍贵用材树种，木材坚韧，有弹性，色泽美丽，为上等家具用材。

（六）牡荆属 *Vitex* Linn.

灌木或小乔木。小枝常四棱形。掌状复叶，对生，稀单叶。聚伞状圆锥花序；萼钟状，常5齿裂，有时2唇形，果时扩大，宿存；花冠小，2唇形，下唇中裂片最长；雄蕊通常4，2强，常伸出花冠筒外；子房2～4室，柱头2裂。核果。

共250种，主产热带，个别种类分布到温带。我国14种，南北均产，西南部尤盛。

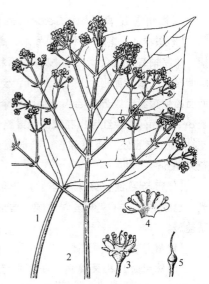

图 8-393 柚木
1—叶；2—花序；3—花；
4—花冠展开；5—雌蕊

分 种 检 索 表

1. 直立灌木，掌状复叶具小叶3～5枚 ································· 黄荆 *V. negundo*
1. 匍匐灌木，单叶，倒卵形或近圆形 ······················· 单叶蔓荆 *V. rotundifolia*

1. 黄荆 *Vitex negundo* Linn. (图 8-394)

【形态特征】落叶灌木或小乔木，高2～5m。小枝密生灰白色绒毛。小叶5，间有3小叶，中间小叶最大，椭圆状卵形至披针形，长4～10cm，全缘或有钝锯齿，下面被灰白色柔毛。花序顶生，长10～27cm，花冠淡紫色，被绒毛。果球形，黑色。花期6～7月；果期9～10月。

【变种】荆条 [var. *heterophylla* (Franch.) Rehd.]，小叶边缘有缺刻状锯齿，浅裂至深裂，背面密被灰色绒毛。主要分布于华北、西北至华东和华中北部，也产于长江流域。牡荆 [var. *cannabifolia* (Sieb. & Zucc.) Hand-Mazz]，小叶具规则锯齿，背面疏被柔毛。分布于长江流域至华南、贵州、四川。

【分布与习性】黄荆分布几遍全国，生于海拔3200m以下的山地灌丛中。也产于日本、东南亚、非洲东部和太平洋岛屿。适应性强，喜光，不耐阴；极耐干旱瘠薄，是北方低山干旱阳坡最常见的灌丛优势种。

【繁殖方法】播种繁殖，也可扦插、分株繁殖。

【园林用途】树形疏散，叶形秀丽，花色清雅，在盛夏开花，可栽培观赏，适于山坡、池畔、湖边、假山、石旁、小径、路边点缀风景。老桩姿态奇特，在山东和河南是常用的树桩盆景材料。

图 8-394 黄荆
1—花枝；2—花；3—花冠展开(示雄蕊
着生)；4—萼展开(示雌蕊)；5—果

2. 单叶蔓荆 *Vitex rotundifolia* Linn.

【形态特征】匍匐灌木，节处生根；小枝被细柔毛。单叶，对生，倒卵形或近圆形，先端钝圆或有短尖头，基部楔形，全缘，长 2.5～5cm，宽 1.5～3cm。圆锥花序顶生，被灰白色绒毛，花蓝紫色，花冠 2 唇形，雄蕊 4，伸出花冠外。核果近圆形，径约 5mm。花期 7～8 月；果期 8～10 月。

【分布与习性】分布于辽宁、河北、山东、江苏、安徽、浙江、福建、广东等地，生于海滩、湖畔沙地。性强健，喜光，耐寒、耐旱、耐瘠薄、耐盐碱；根系发达，生长迅速，匍匐茎着地部分生根，能很快覆盖地面。

【繁殖方法】播种、扦插繁殖。

【园林用途】花期很长，夏季盛花期极富观赏价值。生长快、抗逆性强，能很快覆盖地面，是优良的地被植物，最宜群植，形成庞大的群落，适于沿海、河流沿岸等处的沙地，具有防风固沙、保持水土的作用。

（七）紫珠属 *Callicarpa* Linn.

灌木或小乔木；裸芽。常被星状毛或粗糠状短柔毛。叶对生，有锯齿，下面有腺点。花小，聚伞花序腋生；萼钟状，顶端截形或 4 浅裂；花冠筒短，4 裂；雄蕊 4；子房 4 室。浆果状核果，球形如珠，成熟时常为有光泽的紫色。

约 140 种，主产东南亚，大洋洲、非洲和美洲亦产。我国 48 种，各地均产，主产西南、华南和台湾。

分 种 检 索 表

1. 叶长 3～7cm，叶柄长 2～5mm；花序梗远较叶柄长；花紫色……………………………… 白棠子树 *C. dichotoma*
1. 叶长 7～15cm，叶柄长 5～10mm；花序梗与叶柄等长或稍短；花白色或淡紫色 ……… 日本紫珠 *C. japonica*

1. 白棠子树(小紫珠) *Callicarpa dichotoma* (Lour.) K. Koch. (图 8-395)

【形态特征】落叶灌木，高 1～2m。小枝带紫红色，具星状毛。叶倒卵形至卵状矩圆形，长 3～7cm，端急尖，基部楔形，边缘上半部疏生锯齿，两面无毛，下面有黄棕色腺点；叶柄长 2～5mm。花序纤弱，2～3 次分歧，花序梗远较叶柄长；花冠紫色；花药顶端纵裂；子房无毛，有腺点。花期 8 月；果期 10～11 月。

【分布与习性】产华东、华中、华南、贵州至华北南部。喜光，喜温暖、湿润环境，较耐寒、耐阴，对土壤不甚选择。

【繁殖方法】播种，也可扦插或分株繁殖。

【园林用途】植株矮小，枝条柔细，入秋果实累累，色泽素雅而有光泽，晶莹如珠，为优良的观果灌木。适于作基础种植材料，或用于庭院、草地、假山、路旁、常绿树前丛植。果枝可作切花。

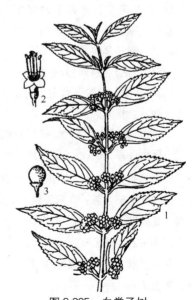

图 8-395　白棠子树

1—果枝；2—花；3—果

2. 日本紫珠 *Callicarpa japonica* Thunb.

落叶灌木，高约 2m。小枝幼时有绒毛，不久变光滑。叶卵形、倒卵形至椭圆形，长 7～15cm，先端急尖或长尾尖，基部楔形，两面通常无毛；叶柄长 5～10mm。聚伞花序，花序梗与叶柄等长或稍短；花白色或淡紫色；花药顶端孔裂。果实球形，紫色。花期 6～7 月；果期 8～10 月。

分布于长江流域至华北和东北南部。用途同白棠子树。

（八）莸属 *Caryopteris* Bunge

直立或披散灌木，少草本。单叶，对生，全缘或有锯齿，常具黄色腺点。聚伞花序常再组成伞房状或圆锥状，腋生，稀单花；萼钟状，5 裂，宿存；花冠 5 裂，2 唇形；雄蕊 4，伸出花冠筒外；子房不完全 4 室。蒴果。

约 15 种，分布于喜马拉雅地区至日本。我国约 12 种，广布于各地。

分 种 检 索 表

1. 株高 30～80cm；叶条形或条状披针形，长 1～4cm，全缘 ························· 蒙古莸 *C. mongolica*
1. 株高 1～2m；叶卵状披针形，长 3～6cm，有粗齿 ························· 兰香草 *C. incana*

1. 蒙古莸 *Caryopteris mongolica* Bunge(图 8-396)

【形态特征】落叶灌木，高 30～80cm。嫩枝紫褐色。叶条形或条状披针形，长 1～4cm，宽 2～7mm，先端渐尖，基部楔形，全缘，叶表面稍被细毛，背面密被灰白色绒毛；叶柄长 3mm。聚伞花序腋生，萼外被灰色绒毛；花冠蓝紫色；雄蕊 4，2 强或几等长；子房无毛。蒴果椭球形，熟时 4 瓣裂。花期 7～8 月；果期 9～10 月。

【分布与习性】分布于内蒙古、陕西、山西、甘肃等省区，常生于草原地带的石灰岩山坡、沙地和干旱的河床。喜光，耐寒，耐干旱瘠薄。

【繁殖方法】播种或分株繁殖。

【园林用途】花朵蓝紫色，可植于庭园观赏。花和叶可提取芳香油，全株入药。

图 8-396　蒙古莸
1—花枝；2—花

2. 兰香草(莸) *Caryopteris incana* (Thunb.)Miq.

小灌木，高 1～2m，全株具灰色绒毛。枝圆柱形。叶卵状披针形，长 3～6cm，有粗齿，基部楔形或近圆形，两面具黄色腺点，背面更明显。聚伞花序紧密，生枝条上部叶腋；花冠淡紫色或淡蓝色，2 唇裂，下唇中裂片较大，边缘流苏状。蒴果倒卵状球形。花果期 6～10 月。

产华东及中南各省，北京、河北有栽培。

花色淡雅，花开于夏秋少花季节，是点缀夏秋景色的好材料。植于草坪边缘、假山旁、水边、路旁都很适宜。

附：金叶莸(*Caryopteris × clandonensis* ‘Worcester Gold’)，叶长卵状椭圆形，长 3～6cm，光滑，淡黄色，叶背有银色毛。聚伞花序，花密集，花冠高脚碟状，花冠、雄蕊、雌蕊均为淡蓝色。

花期7~10月，可持续2~3个月。从北美引入，杂交种。耐旱，耐寒，耐修剪。扦插繁殖。是良好的春夏观叶、秋季观花材料，可作大面积色块或基础栽植，也可植于草坪边缘、假山旁、水边、路边。

八十、马钱科 Loganiaceae

乔木或灌木、草本，有时攀缘性。叶对生，有时互生，少轮生、簇生，托叶常退化成线状结合于叶柄基部。花两性，辐射对称，稀稍左右对称，聚伞花序排成圆锥、总状、头状或穗状等花序；萼4~5裂；花冠4~5(16)裂；雄蕊与花冠裂片同数而互生；子房上位，常2室，每室2胚珠。蒴果、浆果或核果。

约29属500种，主要分布于热带、亚热带，少数产温带，欧洲不产。我国8属45种，产西南至东部各地。

醉鱼草属 *Buddleja* Linn.

灌木，罕乔木或攀缘性；小枝圆柱形或具4棱；无顶芽。植物体被腺状、星状或鳞片状绒毛。单叶，对生，稀互生；托叶叶状或退化为一横线。花两性或单性，4基数，花冠漏斗状或高脚碟状。蒴果，2瓣裂，稀浆果(*Buddleja madagascariensis*)。种子多数。

约100~120种，分布于热带和亚热带。我国25种，产西北、西南和东部。

分种检索表

1. 幼枝被棕黄色星状毛；叶长3~11cm，全缘或疏生波状齿；花冠长1.5~2cm ………… 醉鱼草 *B. lindleyana*
1. 幼枝被白色星状毛；叶长10~25cm，疏生细锯齿；花冠长约1cm ……………… 大叶醉鱼草 *B. davidii*

1. 醉鱼草 *Buddleja lindleyana* Fort. (图8-397)

【形态特征】落叶灌木，高2m；小枝具4棱。嫩枝、叶和花序被棕黄色星状毛。叶卵形至卵状披针形，长3~11cm，宽1~5cm，全缘或疏生波状齿。花序顶生，长7~40cm；花紫色，有短柄；花冠弯曲，长1.5~2cm，密生星状毛和小鳞片。蒴果长圆形，长约5mm。花期6~9月；果期9~10月。

【分布与习性】产长江流域各省区，常生于山坡、溪边的灌丛中；日本也有分布。喜温暖湿润气候和肥沃而排水良好的土壤，也耐旱，不耐水湿，较耐阴。

【繁殖方法】分蘖、压条、扦插或播种繁殖均可。

【园林用途】醉鱼草枝条婆娑披散，叶茂花繁，花于少花的盛夏连续开放，花朵为冷色调的紫色，给炎热的夏季增添凉意。适于路旁、墙隅、坡地、假山石隙或草坪空旷处丛植，也可植为自然式花篱。其花、叶有毒，不宜栽植于鱼塘附近。

2. 大叶醉鱼草 *Buddleja davidii* Franch. (图8-398)

【形态特征】落叶灌木，高达5m。幼枝密被白色星状毛。

图8-397　醉鱼草

1—花枝；2—花和小苞片；3—花冠筒展开
(示雌蕊和雄蕊着生)；4—雄蕊背、腹面；
5—子房横切(示胚珠着生)；
6—蒴果和宿存花萼种子

叶卵状披针形至披针形，长 10~25cm，疏生细锯齿，表面无毛，背面密被白色星状绒毛。小聚伞花序集成穗状圆锥花枝；花萼密被星状绒毛；花冠淡紫色，芳香，长约 1cm，花冠筒细而直，长约 0.7~1cm，顶部橙黄色，外面被星状绒毛及腺毛。蒴果长圆形，长 6~8mm。花期 6~9 月。

【分布与习性】主产长江流域一带，西南、西北等地也有。喜光，耐阴。对土壤的适应性强，耐寒性较强，可在北京露地越冬。耐旱，稍耐湿，萌芽力强。

【繁殖方法】播种、分株、扦插繁殖均可。

【园林用途】花色丰富，花序较大，又有香气，花开于少花的夏、秋季，颇受欢迎，可在路旁、墙隅、草坪边缘、坡地丛植，亦可植为自然式花篱。植株有毒，应用时应注意。枝、叶、根皮入药外用，也可作农药。

附：驳骨丹（*Buddleja asiatica* Lour.），又名白花醉鱼草。小枝圆，总状或圆锥花序，花白色，花期 10 月至翌年 2 月。产华中、华南、西南。

图 8-398　大叶醉鱼草

1—花枝；2—花；3—花冠筒展开（示雄蕊着生部位）；4—雌蕊；5—种子

密蒙花（*Buddleja officinalis* Maxim.），小枝四棱形，全株被白色绒毛；圆锥花序聚伞状，花淡紫色至白色，芳香。花期夏秋。产甘肃、陕西至西南、华南。

互叶醉鱼草（*Buddleja alternifolia* Maxim.），叶互生，披针形。花簇生叶腋，但整枝着花呈圆锥花序状，花冠紫色，喉部有黄色斑块。产西北至西南，耐寒性强。

非洲醉鱼草（*Buddleja madagascariensis* Lam.），常绿半藤状灌木，叶卵状长椭圆形，全缘。圆锥花序顶生，长达 15~30cm；花黄色。浆果。花期 2 月。原产非洲，华南有栽培。

八十一、木犀科 Oleaceae

乔木或灌木。单叶或复叶，对生，稀互生或轮生；无托叶。花两性，稀单性，圆锥、总状、聚伞花序或簇生、单生；萼 4(~16) 齿裂，稀无；花冠 4(~16) 裂，稀无；雄蕊 2(~4)，生于花冠筒上；子房上位，2 心皮，2 室，每室常 2 胚珠。蒴果、浆果、核果或翅果。

约 30 属 400 种，广布于温带和热带。我国 12 属 160 余种，南北各省均有分布。

分属检索表

1. 翅果或蒴果。
　2. 翅果。
　　3. 果体圆形，周围有翅；单叶，全缘 ·· 雪柳属 Fontanesia
　　3. 果体倒披针形，顶端有长翅；复叶，小叶具齿 ····························· 白蜡属 Fraxinus
　2. 蒴果。
　　4. 枝中空或片隔状髓；花黄色，先叶开放 ······································· 连翘属 Forsythia
　　4. 枝实心；花紫色、红色、白色 ·· 丁香属 Syringa
1. 核果或浆果。
　5. 核果；单叶，对生。

6. 花冠裂片 4~6，线形，仅在基部合生 ·· 流苏树属 *Chionanthus*

6. 花冠裂片 4，短，有长短不等的花冠筒。

  7. 圆锥或总状花序，顶生 ·· 女贞属 *Ligustrum*

  7. 圆锥花序腋生，或花簇生叶腋。

    8. 花冠镊合状排列 ·· 木犀榄属 *Olea*

    8. 花冠覆瓦状排列 ·· 木犀属 *Osmanthus*

5. 浆果；复叶，稀单叶；对生或互生 ··· 素馨属 *Jasminum*

（一）雪柳属 *Fontanesia* Labill.

落叶灌木或乔木。单叶，对生，全缘。花两性，圆锥花序顶生或腋生；萼小，4 深裂；花瓣 4，几分离。翅果扁平，周围有狭翅。

1~2 种，分布于亚洲。我国 1 种，分布于中部至东部。

雪柳 *Fontanesia fortunei* Carr. (图 8-399)

图 8-399　雪柳
1—花枝；2—果枝；3—花；4—果

【形态特征】落叶灌木，高达 5m，树皮灰黄色。小枝细长，四棱形。叶披针形或卵状披针形，长 3~7cm，宽 1~2cm，先端渐尖，基部楔形，全缘。圆锥花序或总状花序生于叶腋和枝顶；花白色或带绿白色，微香。翅果扁平，倒卵形，长 6~8mm。花期 5~6 月；果期 8~10 月。

【分布与习性】产黄河流域至长江流域，多生于低海拔山地。各地园林中普遍栽培。喜光，稍耐阴；喜温暖，也耐寒，对土壤要求不严。耐干旱，萌芽力强，生长快。

【繁殖方法】播种或扦插繁殖，亦可压条繁殖。

【园林用途】雪柳枝条细柔，叶片细小如柳，晚春满树白花，宛如积雪，颇为美观。可丛植于庭园、群植或散植于风景区观赏，以其枝叶密生，适于隐蔽，也是优良的自然式绿篱材料。抗烟尘、抗二氧化硫，可作厂矿区绿化树种。枝条编织，嫩叶可代茶，花为优良蜜源。

（二）白蜡属 *Fraxinus* Linn.

乔木，稀灌木；鳞芽或裸芽。奇数羽状复叶，对生。花两性、单性或杂性；圆锥花序；萼 4 裂或缺；花瓣 4(2~6)，分离或基部合生，稀缺；子房 2 室，每室胚珠 2。翅果。

约 60 种，主要分布于北半球温带和亚热带。我国 22 种，各地均有分布。

分 种 检 索 表

1. 圆锥花序生于当年生枝顶及叶腋，花叶同时或叶后开放。

  2. 小叶 5~9，常 7，椭圆形，先端尖；翅与种子约等长 ····························· 白蜡 *F. chinensis*

  2. 小叶 3~7，常 5，宽卵圆形，先端尾状尖；翅长于种子 ····················· 大叶白蜡 *F. rhynchophylla*

1. 圆锥花序侧生于去年生枝叶腋，花先叶开放。

  3. 花有萼；芽褐色；小叶常 5~7。

    4. 果实长约 3cm，果翅明显长于果核，果核圆柱形 ····················· 洋白蜡 *F. pennsylvanica*

    4. 果实长 1~2cm，果翅等于或短于果核 ····························· 绒毛白蜡 *F. velutina*

3. 花无萼；小叶7～15，边缘有锯齿，小叶基部密生黄褐色毛 ·················· 水曲柳 *F. mandshurica*

1. 白蜡（蜡条、梣）*Fraxinus chinensis* Roxb.（图 8-400）

【形态特征】乔木，高达 15m；树冠卵圆形，冬芽淡褐色。小枝无毛。小叶常 7(5～9)，椭圆形至椭圆状卵形，长 3～10cm，有波状齿，先端渐尖，基部楔形，不对称，下面沿脉有短柔毛，叶柄基部膨大。花序侧生或顶生于当年生枝上；花萼钟状，无花瓣。翅果倒披针形，长 3～4cm，基部窄，先端菱状匙形，翅与种子约等长。花期 3～5 月；果期 9～10 月。

图 8-400　白蜡
1—花枝；2—果枝；3、4—花；5—果

【分布与习性】我国广布，自东北中部和南部，经黄河流域、长江流域至华南、西南均有分布；俄罗斯、朝鲜、日本和越南也产。适应性强。喜光，稍耐阴；耐寒性强；对土壤要求不严，在干瘠沙地、低湿河滩、碱性、中性和酸性土壤上均可生长，耐盐碱；耐干旱和耐水湿能力都很强。根系发达，萌芽力和萌蘖力强，耐修剪。抗污染，对二氧化硫、氯气、氟化氢等多种有毒气体有较强的抗性。

【繁殖方法】播种为主，亦可扦插或压条。

【园林用途】树形端正，树干通直，枝叶繁茂而鲜绿，秋叶橙黄，是优良的秋色叶树种。可作庭荫树、行道树栽培，也可用于水边、矿区的绿化。由于耐盐碱、水涝，是盐碱地区和北部沿海地区重要的园林绿化树种。枝条可供编织用。

2. 大叶白蜡（花曲柳）*Fraxinus rhynchophylla* Hance

与白蜡相似，区别在于：小叶 3～7，常 5，顶生小叶宽卵圆形至椭圆形，特大，先端尾状尖，背面及叶柄膨大部分有锈色簇毛。果翅长于种子。

分布于东北和华北，生于海拔 1500m 以下的山谷，日本、朝鲜、俄罗斯也产。

常栽培，作城市行道树、庭荫树及防护林树种。

3. 绒毛白蜡（绒毛梣）*Fraxinus velutina* Torr.

【形态特征】高达 18m；树冠伞形。幼枝、冬芽上均有绒毛。小叶 3～7，通常 5，顶生小叶较大，狭卵形，长 3～8cm，有锯齿，先端尖，下面有绒毛。花序侧生于 2 年生枝上。翅果长圆形，长 2～3cm，翅等于或短于果核。花期 4 月；果期 10 月。

【分布与习性】原产美国西南部，北京、天津、河北、山西、山东等地均有引栽。耐寒，耐旱，耐盐碱，耐水涝。

【繁殖方法】播种繁殖。

【园林用途】枝繁叶茂，适应性强，特别耐盐碱、抗污染，是优良的造景材料，可作"四旁"绿化、农田防护林、行道树及庭园绿化。我国栽培的绒毛白蜡已经选育出不少优良品种。

4. 水曲柳 *Fraxinus mandshurica* Rupr.（图 8-401）

【形态特征】高达 30m；树干通直；树皮灰褐色，浅纵裂。小枝略呈四棱形。叶轴具窄翅，小叶 7～15 枚，无柄；叶背面沿脉有黄褐色绒毛，小叶与叶轴着生处有锈色簇毛。花序生于去年生枝侧，先叶开放，无花被。翅果常扭曲，果翅下延至果基部。花期 5～6 月；果期 10 月。

【分布与习性】产东北、华北，主产小兴安岭；朝鲜、日本、俄罗斯也有分布。喜光，幼时略耐阴；耐-40℃低温；喜潮湿但不耐水涝。主根浅，侧根发达，萌蘖性强。

【繁殖方法】播种繁殖。

【园林用途】材质好，经济价值高，与黄檗、核桃楸合称为东北三大珍贵阔叶用材树种。也是优良的行道树和绿荫树。

5. 洋白蜡（美国红梣）*Fraxinus pennsylvanica* Marsh.

【形态特征】树皮灰褐色，深纵裂。小枝、叶轴密生短柔毛，小叶5～9，常7，叶片较狭窄，卵状长椭圆形至披针形，长8～14cm，叶缘有钝锯齿或近全缘。花序侧生于2年生枝上，先叶开放，雌雄异株，无花瓣。翅果倒披针形，果翅下延至果基部，明显长于种子。

【分布与习性】原产美国东部，我国东北、华北、西北常见栽培，生长良好。喜光，耐寒，耐水湿，也稍耐旱，对土壤要求不严。

图8-401　水曲柳

【繁殖方法】播种繁殖。

【园林用途】秋叶金黄色，是优良的行道树和庭荫树。

附：对节白蜡（*Fraxinus hupehensis* Ch'u & Shang & Su），落叶乔木，高达19m。营养枝常呈棘刺状，小枝挺直，被细绒毛或无毛。复叶长7～15cm，叶轴具狭翅，小叶7～9(11)，革质，披针形或卵状披针形，长1.7～5cm，宽0.6～1.8cm，有锐锯齿。花杂性，密集成短聚伞状圆锥花序。翅果匙形，长4～5cm，宽5～8mm，中上部最宽，先端急尖。花期2～3月；果期9月。分布于湖北，海拔100～600m，现广泛栽培，常用于制作盆景。

小叶白蜡（*Fraxinus bungeana* DC.），小叶5～7，宽卵形、卵形、菱形至宽披针形，长2～5cm，宽1.5～3cm，具浅钝锯齿。萼小；花瓣绿白色，条形，长4～6mm(雄花)或6～8mm(两性花)。翅果倒卵状长圆形。产东北、华北、西北、中南、西南等地。耐旱，耐瘠薄，常生于土层较薄的陡坡，喜钙质土，多见于石灰岩山地阴坡。

（三）连翘属 *Forsythia* Vahl.

落叶灌木；枝髓中空或片隔状。单叶，对生，稀3裂或3小叶。花1～5朵腋生，先叶开放；萼4深裂；花冠钟状，黄色，4深裂；雄蕊2；花柱细长，柱头2裂。蒴果2裂；种子有翅。

约11种，主产东亚，欧洲东南部有1种。我国6种，产西北至东部。

分 种 检 索 表

1. 枝拱垂；单叶，有时3裂或3小叶，卵形或宽卵形；萼裂片与花冠筒等长 ………………… 连翘 *F. suspensa*

1. 枝条直立；单叶，不分裂，椭圆状矩圆形；萼裂片长约为花冠筒之半……………… 金钟花 *F. viridissima*

1. 连翘 *Forsythia suspensa* (Thunb.) Vahl. (图8-402)

【形态特征】丛生灌木，枝拱形下垂。小枝梢4棱，皮孔明显，髓中空。单叶，有时3裂或3小叶，卵形、宽卵形或椭圆状卵形，长3～10cm，宽3～5cm，有粗锯齿，基部宽楔形。花黄色，单生或 2~5 朵簇生，先叶开放，萼裂片长圆形，与花冠筒等长。蒴果卵圆形，表面散生疣点，萼片宿存。花期 3~4 月；果期 8~9 月。

【分布与习性】分布于东北至中部各省，生于海拔 300~2200m 的灌丛、草地、山坡疏林中。对光照要求不严，喜光，也有一定程度的耐阴性，耐寒；耐干旱瘠薄，怕涝；不择土壤。萌蘖性强。

【繁殖方法】扦插、压条或播种繁殖，以扦插为主。

【园林用途】枝条拱形，早春先叶开花，花朵金黄而繁密，缀满枝条，故有黄金条、黄绶带等俗名，是一种优良的观花灌木。最适于池畔、台坡、假山、亭边、桥头、路旁、阶下等处丛植，也可栽作花篱或大面积群植于风景区内的向阳坡地。与花期相近的榆叶梅、丁香、碧桃等配植，色彩丰富，景色更美。

2. 金钟花 *Forsythia viridissima* Lindl. (图 8-403)

枝条常直立；小枝黄绿色，具片隔状髓心。单叶，椭圆状矩圆形，长 3.5~11cm，先端尖，中部以上有粗锯齿，不分裂；萼裂片卵圆形，长约为花冠筒之半，萼片脱落。

产长江流域至西南，华北以南各地园林广泛栽培。

花枝挺直，适于草坪丛植或植为花篱，也可作基础种植材料。

(四) 丁香属 *Syringa* Linn.

落叶灌木或小乔木；顶芽常缺。单叶，对生，稀羽状复叶，全缘，稀羽状深裂。花两性，圆锥花序顶生或侧生；萼钟形，4 裂，宿存；花冠 4 裂；雄蕊 2；柱头 2 裂，每室胚珠 2。蒴果 2 裂，种子具翅。

约 21 种，分布于亚洲东部、中部、西部和欧洲东南部。我国 17 种，自东北至西南均有分布，但主要分布于北部和西部。

图 8-402　连翘
1—花枝；2—叶枝；3、4—花；5—果；6—种子

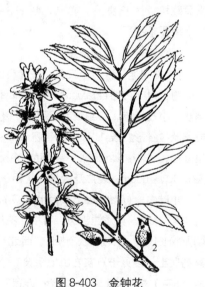

图 8-403　金钟花
1—花枝；2—果枝

分 种 检 索 表

1. 花冠筒远比萼长，花丝短或无；花紫色或白色。
　2. 叶广卵形，通常宽大于或等于长，叶基心形 ··· 紫丁香 *S. oblata*
　2. 叶椭圆形至卵形，通常长大于宽，叶基心形至阔楔形 ·························· 欧洲丁香 *S. vulgaris*
1. 花冠筒比萼稍长或等长，花丝较细长；花白色。
　3. 叶柄粗壮，长 1~2cm；蒴果先端钝 ··· 暴马丁香 *S. amurensis*
　3. 叶柄较纤细，长 1.5~3cm；蒴果先端尖 ··· 北京丁香 *S. pekinensis*

1. 紫丁香(华北紫丁香) *Syringa oblata* Lindl. (图 8-404)

【形态特征】灌木或小乔木，高达 6m。枝条粗壮，无毛。叶广卵形，通常宽大于长，约 5~

10cm，两面无毛，先端短尖，基部心形或截形。花序长 6～15cm；花紫色，花冠筒细长，先端 4 裂；花药着生于花冠筒中部或稍上。蒴果长圆形，平滑。花期 4～5 月；果期 9～10 月。

【变种】白丁香（var. *alba* Rehd.），花白色，叶片较小，背面微有柔毛。佛手丁香（var. *plena* Hort.），花白色，重瓣。紫萼丁香（var. *giraldii* Rehd.），花序轴和花萼蓝紫色，叶片背面有微柔毛。

【分布与习性】产东北南部、华北、西北、山东、四川等地。喜光，喜湿润、肥沃、排水良好之壤土。不耐水淹，抗寒、抗旱性强。

【繁殖方法】播种、扦插、嫁接、分株、压条繁殖。

【园林用途】枝叶茂密，花丛大，"一树百枝千万结"，花开时节，清香四溢，芬芳袭人，为北方应用最普遍的观赏花木之一。可广泛应用于公园、庭院、风景区内造景，适合丛植于建筑前、亭廊周围或草坪中，也可列植作园路树。

图 8-404　紫丁香

1—花枝；2—枝芽；3—花纵剖面；4—去花瓣后花之纵剖面（放大）；5—果；6—种子

2. 欧洲丁香（洋丁香） *Syringa vulgaris* Linn.

与紫丁香相近，区别在于：叶片椭圆形至卵形，宽略小于长，先端渐尖，基部截形或阔楔形，秋季落叶时仍为绿色。花序自侧芽抽出，紧密，长 6～12cm；花淡蓝紫色，有白、粉红和近黄色的品种；花冠直径 1.5cm，花冠管长 1cm；花药着生于花冠筒喉部稍下，黄色。

原产欧洲东部，是欧洲栽培最普遍的丁香之一，我国东北、华北、华东等地有引种栽培。

国内栽培的品种有刚果（'Congo'），花紫红色，大型，径达 2.5cm；康德塞特（'Condorcet'），花蓝紫色，重瓣，花序径达 22cm；奈特（'Night'），花单瓣，近于黑紫色，有特殊香味；卢贝总统（'President Loubet'），花重瓣，大型，紫色，花冠径达 2.5cm。

3. 暴马丁香 *Syringa amurensis* Rupr.（图 8-405）

——*Syringa reticulata* (Blume) Hara var. *mandshurica* (Maxim.) Hara.

【形态特征】小乔木，高达 4～15m，树皮及枝皮孔明显。叶宽卵形至椭圆状卵形，或矩圆状披针形，长 5～12cm，先端渐尖，基部圆形，叶面皱折；下面无毛或疏生柔毛，侧脉隆起；叶柄粗壮，长 1～2cm。花序长 20～25cm；花冠白色或黄白色，深裂，径 4～5mm，花冠筒与萼筒等长或稍长；花丝与花冠裂片等长或长于后者。蒴果矩圆形，长 l.5～2.5cm，先端常钝，光滑或有细小皮孔。花期 5～7 月；果期 8～10 月。

【分布与习性】分布于东北、华北和西北东部，生于海拔 200～1600m 的山地阳坡、半阳坡和谷地杂木林中。朝鲜和俄

图 8-405　暴马丁香

1—花枝；2—花；3—果枝

罗斯也有分布。中生树种；喜湿润气候，耐寒；对土壤要求不严，喜湿润的冲积土，也耐瘠薄。

【繁殖方法】播种繁殖。

【园林用途】本种乔木性较强，可作其他丁香的乔化砧，以能提高绿化效果。花期晚，在丁香园中有延长观花期的效果。花可提取芳香油，亦为优良的蜜源植物。

4. 北京丁香 _Syringa pekinensis_ Rupr.

高 2～5m，偶达 10m。树皮黑灰色，纵裂。小枝赤褐或灰褐色。叶卵形或卵状披针形，长 4～10cm，宽 2～5cm，先端渐尖，基部宽楔形或近圆形，叶面平坦，下面平滑无毛，叶脉不隆起或微隆起；叶柄纤细，长 1.5～3cm。花序长 8～20cm 或更长；花黄白色，辐状，径 3～4mm；雄蕊与花冠裂片近等长。蒴果长 1.5～2.5cm，果顶锐尖，平滑或具稀疏皮孔。花期 5～8 月；果期 8～10 月。

分布于华北、西北至四川。生于海拔 2400m 以下的阳坡或沟谷杂木林中。

附：毛叶丁香（_Syringa pubescens_ Turcz.），小灌木。枝细弱，叶背有柔毛。花序较紧密，花冠筒细长，淡紫红色。蒴果小。花期 6 月。产东北南部、华北、西北。花色优美。

花叶丁香（_Syringa × persica_ Linn.），叶椭圆形至披针形，边缘略内卷，全缘或出现羽状分裂。蒴果略呈四棱形。花期 4～5 月。产我国西部。

什锦丁香（_Syringa × chinensis_ Wall.），花叶丁香和欧洲丁香的天然杂交种。原产欧洲，国内常栽培。高 3～6m。花序发自侧芽，直立，长 8～17cm，有时长达 30cm；花淡紫、紫红、粉红或白色，有重瓣品种，花冠径达 1.5～2cm，管长 1～2cm，柱形。花期 4～5 月。

羽叶丁香（_Syringa pinnatifolia_ Hemsl.），高达 3m。花序侧生，长 4～7cm；花白色或淡粉红色；花冠管细长，长约 1cm；花药黄色。花期 4～5 月。产内蒙古、青海、陕西、四川。

（五）流苏树属 _Chionanthus_ Linn.

落叶灌木或小乔木。单叶，对生，全缘。花单性或两性，疏散圆锥花序；花萼 4 裂；花冠白色，4 深裂，裂片狭窄；雄蕊 2；子房 2 室。核果肉质，卵圆形，种子 1 枚。

2 种，1 种产北美，1 种产亚洲东部。我国 1 种。

流苏树（牛筋子）_Chionanthus retusus_ Lingl. & Paxt. (图 8-406)

【形态特征】乔木，高达 20m。树皮灰色，枝皮常卷裂。叶卵形、椭圆形至倒卵状椭圆形，长 4～12cm，先端钝或微凹，全缘或有锯齿；背面和叶柄有黄色柔毛；叶柄基部带紫色。圆锥花序顶生，大而较松散，长 6～12cm；花白色，花冠深裂，裂片 4，呈狭长的条状倒披针形，长 1～2cm。核果椭圆形，长 1～1.5cm，蓝黑色。花期 4～5 月；果期 9～10 月。

【分布与习性】产我国黄河流域至长江流域、云南、福建、台湾等地，多生于向阳山谷或溪边混交林、灌丛中。日本、朝鲜也有分布。适应性强，喜光，耐寒；喜土层深厚和湿润土壤，也甚耐干旱瘠薄，不耐水涝。

【繁殖方法】播种、扦插、嫁接繁殖。嫁接用白蜡属树种作砧木易成活。

【园林用途】树体高大，树冠球形，枝叶茂盛，花开时节

图 8-406 流苏树

1—花枝；2—果枝；3—雄蕊和雌蕊

满树繁花如雪，秀丽可爱，观赏价值较高，是初夏重要的观赏花木。园林中适于草坪、路旁、池边、庭院建筑前孤植或丛植，既可观花，又能遮荫，若植于常绿树或红墙之前，效果尤佳；流苏树老桩也是重要的盆景材料，并常用于嫁接桂花。

（六）木犀属　*Osmanthus* Lour.

常绿灌木或小乔木。芽叠生。单叶，对生，全缘或有锯齿。花杂性，雄花和两性花异株，白色至橙红色，簇生、聚伞花序或总状花序，腋生；萼4裂；花冠筒短，4裂；雄蕊2，稀4。核果。

共约30种，分布于亚洲东部和北美洲东南部。我国25种，产长江以南各地。

桂花（木犀）　*Osmanthus fragrans* (Thunb.) Lour. (图8-407)

【形态特征】灌木或小乔木，一般高4~8m，最高可达18m。树冠圆头形或椭圆形。叶革质，椭圆形至椭圆状披针形，长4~12cm，先端急尖或渐尖，全缘或有锯齿。花簇生叶腋，或形成聚伞花序；花径6~8mm，白色、黄色至橙红色，浓香；花梗长0.8~1.5cm。果椭圆形，长1~1.5cm，熟时紫黑色。花期9~11月；果期翌年4~5月。

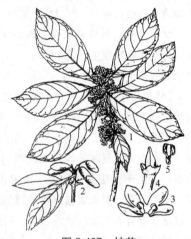

图8-407　桂花
1—花枝；2—果枝；3—花瓣展开（示雄蕊）；
4—雌蕊；5—雄蕊

【品种概况】桂花品种繁多，可分为四季桂类和秋桂类。四季桂类植株较低矮，常丛生；以春季4~5月和秋季9~11月为盛花期，如'日香桂'等。秋桂类植株较高大，花期集中于秋季8~11月间，可分为银桂、金桂和丹桂3个品种群。银桂品种群花色浅，白色至浅黄色，如'晚银桂'；金桂品种群花黄色至浅橙黄色，如'潢川金桂'；丹桂品种群花橙黄色、橙色至红橙色，如'朱砂丹桂'。

【分布与习性】原产我国长江流域至西南，现广泛栽培。喜光，稍耐阴；喜温暖湿润气候和通风良好的环境，耐寒性较差，最适合秦岭、淮河流域以南至南岭以北各地栽培；喜湿润而排水良好的壤土，不耐水湿。对二氧化硫和氯气有中等抗性。

【繁殖方法】播种、压条、嫁接和扦插繁殖。

【园林用途】桂花是我国人民喜爱的传统观赏花木，其树冠卵圆形，枝叶茂密，四季常青，亭亭玉立，姿态优美，其花香清可绝尘、浓能溢远，而且花期正值中秋佳节，花时香闻数里，"独占三秋压群芳"，每当夜静轮圆，几疑天香自云外飘来。

在庭院中，桂花常对植于厅堂之前，所谓"两桂当庭"、"双桂流芳"；也常于窗前、亭际、山旁、水滨、溪畔、石际丛植或孤植，并配以青松、红枫，可形成幽雅的景观，"桂香烈，宜高峰，宜朗月，宜画阁，宜崇台，宜皓魂照孤枝，宜微飔飏幽韵"。苏州古典园林中，桂花一般丛植成景，如网师园中的"小山丛桂轩"、留园的"闻木犀香轩"、沧浪亭的"清香馆"、怡园的"金粟亭"、耦园的"木犀廊"和"储香馆"都因遍植桂花而得名。苏州、杭州、桂林市市花。

附：柊树 [*Osmanthus heterophyllus* (G. Don) P. S. Green]，叶片顶端刺状，叶缘有显著的刺状牙齿，花期10~11月，花白色，芳香。原产日本和我国台湾。耐寒性强于桂花，在山东青岛和北京等地选择小环境已经引种成功。常见栽培的品种有金边柊树（'Aureo-marginatus'），叶缘金黄色；银边柊树（'Variegata'），叶缘银白色或乳白色。

（七）木犀榄属 *Olea* Linn.

常绿灌木或小乔木。叶对生，全缘或有疏齿。花两性或单性，腋生圆锥花序或聚伞状花序；萼短，4齿裂；花冠白色或很少粉红色，4裂几达中部，镊合状排列，或缺；雄蕊2；子房2室，每室有胚珠2颗；果为核果。

约40种，分布于东半球热带至温带。我国13种，产西南至南部。

油橄榄（木犀榄、齐墩果）*Olea europaea* Linn.（图8-408）

【形态特征】小乔木，高达10m；树皮粗糙，纵裂，常生有树瘤。小枝四棱形。叶对生，革质，披针形或长椭圆形，长2～5cm，全缘，叶缘略反卷，表面深绿色，背面密生银白色鳞片。圆锥花序腋生，长2～6cm；花两性，花冠白色，芳香。核果椭圆形至球形，黑色。花期4～5月；果期10～12月。

图8-408 油橄榄

1—花枝；2—雄花；3—两性花；4—去花冠和雄蕊的花；5—果枝；6—果纵剖

【分布与习性】原产地中海地区，欧美各国广为栽培，是以色列和希腊的国树；我国长江流域及其以南地区有引种，以湖北、四川、云南、贵州和陕西栽培最多。喜光，喜冬季温暖湿润、夏季干燥炎热的气候，部分品种可耐 −16℃低温；适生于土层深厚、排水良好的中性和微酸性沙壤土中，稍耐干旱，对土壤盐分有较强的抵抗力，不耐积水；对二氧化硫等有毒气体的抗性较强。萌芽力强。

【繁殖方法】播种、扦插、嫁接或压条繁殖。扦插应用较广。

【园林用途】油橄榄是和平的象征，枝叶繁茂，树冠浑圆，叶背面银白色，花白色而芳香，秋季果实累累，妩媚动人，可丛植草坪、墙隅、庭院观赏。是一种高产的木本油料树种，果榨油供食用。在风景区内可结合生产大量种植，适宜向阳坡地。

附：尖叶木犀榄（*Olea ferruginea* Royle.），又名吉利木。高3～10m；小枝四棱形，密被细小的淡锈色鳞片；叶狭椭圆状披针形，长3～10cm，宽1～2cm，背面有锈色鳞片。产云南和巴基斯坦、阿富汗等地，20世纪60年代我国始有人工栽培，为油橄榄常用的嫁接砧木。枝叶繁茂，萌芽力极强，适于整形修剪，常修剪成圆形、蘑菇形以及各种动物形态供园林点缀，也是优良的绿篱和盆景材料。

（八）女贞属 *Ligustrum* Linn.

落叶或常绿，灌木或小乔木。单叶，对生，全缘。花两性，白色，圆锥花序顶生；萼钟状，4齿裂；花冠4裂；雄蕊2。浆果状核果，黑色或蓝黑色。

约45种，分布于亚洲、大洋洲和欧洲。我国约27种，引入栽培2种，多分布于南部和西南部。

分 种 检 索 表

1. 小枝和花轴有柔毛或短粗毛。
  2. 花冠筒与花冠裂片近等长。
    3. 落叶或半常绿，小枝密生短柔毛。
      4. 花有柄；叶下面中脉有毛；花期早，4～5月 ………………………… 小蜡 *L. sinense*
      4. 花无柄；叶下面无毛；花期晚，6～8月 ………………………… 小叶女贞 *L. quihoui*

3. 常绿，小枝疏生短粗毛 ……………………………………………………… 日本女贞 *L. japonicum*

2. 花冠筒长达裂片的 1.5～2 倍 ……………………………………… 水蜡树 *L. obtusifolium* subsp. *suave*

1. 小枝和花轴无毛 ………………………………………………………………………… 女贞 *L. lucidum*

1. 女贞（大叶女贞）*Ligustrum lucidum* Ait.（图 8-409）

【形态特征】常绿乔木，高达 25m。全株无毛。叶革质，卵形至卵状披针形，长 6～12cm，顶端尖，基部圆形或宽楔形，表面有光泽；侧脉5～6(4～9)对。花序长 10～20cm；花白色，花冠裂片与花冠筒近等长。果椭圆形，长约 1cm，紫黑色，有白粉。花期 6～7 月；果期 10～11 月。

图 8-409；女贞
1—花枝；2—果枝；3—花；4—花萼及雄蕊；
5—花萼及雌蕊；6—种子

【变型】落叶女贞 [f. *latifolium*（W. C. Cheng）P. S. Hsu]，落叶性，叶较薄，纸质，椭圆形、长卵形至披针形，侧脉 7～11 对，相互平行，与主脉几近垂直。产江苏等地。

【分布与习性】产长江流域及以南地区。喜光，稍耐阴；喜温暖湿润环境，不耐干旱瘠薄；适生于微酸性至微碱性土壤；抗污染，对二氧化硫、氯气、氟化氢等有毒气体均有较强的抗性，并能吸收氟化氢。萌芽力强，耐修剪。

【繁殖方法】播种为主，也可扦插。

【园林用途】女贞枝叶清秀，四季常绿，夏日白花满树，是一种很有观赏价值的园林树种。可孤植、丛植于庭院、草地观赏，也是优美的行道树和园路树。性耐修剪，亦适宜作为高篱，并可修剪成绿墙。

2. 日本女贞 *Ligustrum japonicum* Thunb.

常绿灌木或小乔木，高达 6m；皮孔明显。枝条疏生短毛。叶较小而厚革质，卵形至卵状椭圆形，长 4～8cm，先端短锐尖，基部圆，叶缘及中脉常带紫红色。花冠裂片略短于花冠筒。

产日本、朝鲜和我国台湾。华东各地常栽培。耐寒力强于女贞。

3. 小叶女贞 *Ligustrum quihoui* Carr.

【形态特征】落叶或半常绿灌木，高 2～3m。小枝被短柔毛。叶薄革质，椭圆形至倒卵状长圆形，长 1.5～5cm，宽 0.5～2cm，顶端钝，边缘微反卷，无毛，叶柄有短柔毛。花序长 7～21cm；花白色，芳香，近无柄；花冠筒与裂片等长；花药略伸出花冠外。果实椭圆形，长 5～9mm，紫黑色。花期 6～8 月；果期 10～11 月。

【分布与习性】产华北、华东、华中、西南。喜光，稍耐阴；喜温暖湿润环境，亦耐寒、耐旱；对土壤的适应性强；对各种有毒气体的抗性均强；萌芽力、萌蘖力强，耐修剪，移栽易成活。

【繁殖方法】扦插、分株、播种繁殖。

【园林用途】适于整形修剪，常用作绿篱，也可修剪成长、方、圆等各种几何或非几何形体，用于园林点缀；也可作矮灌木栽培，丛植或孤植于水边、草地、林缘或对植于门前。优良的抗污染树种，适宜公路及厂矿企业绿化。

4. 小蜡 *Ligustrum sinense* Lour.（图 8-410）

【形态特征】与小叶女贞相似，区别在于：常绿或半常绿，叶背沿中脉有短柔毛。花序长 4～

10cm，花梗细而明显；花冠筒短于花冠裂片；雄蕊超出花冠裂片。果实近圆形。花期4～5月。

【分布与习性】分布于我国长江流域及其以南各省区，常栽培观赏。喜光，稍耐阴；较耐寒，在北京小气候条件下生长良好。抗二氧化硫等多种有毒气体。耐修剪。

【繁殖方法】播种或扦插繁殖。

【园林用途】同小叶女贞。

5. 水蜡树(辽东水蜡树) *Ligustrum obtusifolium* Sieb. & Zucc. **subsp. *suave*** (Kitag.)Kitag. (图8-411)

图 8-410　小蜡

1—花枝；2、3—花；4、5—花瓣与雄蕊；

6—花萼与雌蕊；7—果

图 8-411　水蜡树

1—花枝；2—花冠；3—果枝

【形态特征】落叶灌木，高2～3m。树皮暗黑色；枝条开展或拱形，幼枝密生短柔毛。叶矩圆状披针形至长倒卵状椭圆形，长1.5～6cm，宽0.5～2.5cm，全缘，端尖或钝，上面无毛，背面具疏柔毛，沿中脉较密。圆锥花序顶生，短而常下垂，长仅4～5cm，生于侧面小枝上，花白色，芳香；花具短梗；萼具柔毛；花冠管长约为花冠裂片的1.5～2倍。核果黑色，椭圆形，稍被蜡状白粉。花期5～6月；果期9～10月。

【分布与习性】产于东北南部、江苏、山东、浙江，常生于山坡溪流旁。喜光，也耐阴；喜湿润肥沃土壤，但也耐干旱瘠薄；耐寒性强。抗病虫害。

【繁殖方法】播种、扦插、压条、分株繁殖。

【园林用途】枝叶细密，耐修剪，适于作绿篱栽植，是优良的抗污染树种。嫩叶可代茶。

附：金叶女贞(*Ligustrum* 'Vicary')，由金边女贞与欧洲女贞杂交育成，20世纪80年代引入我国，现各地广为栽培。常绿或半常绿灌木，高2～3m，幼枝有短柔毛。叶椭圆形或卵状椭圆形，长2～5cm，叶色鲜黄，尤以新梢叶色为甚。圆锥花序顶生，花白色。果阔椭圆形，紫黑色。适于整形修剪，常用作模纹图案材料，也可作绿篱。

(九) 素馨属(茉莉属) *Jasminum* Linn.

直立或攀缘状灌木。枝条绿色,多四棱形。单叶、3出复叶或奇数羽状复叶,对生,稀互生,全缘。聚伞花序或伞房花序,稀单生;萼钟状,4~9裂;花冠高脚碟状,4~9裂;雄蕊2,内藏。浆果,常双生或其中1个不发育而为单生。

约200种以上,分布于东半球热带和亚热带。我国43种,产西南至东部。

分 种 检 索 表

1. 奇数羽状复叶或3出复叶。
　2. 叶对生。
　　3. 披散灌木;3出复叶。
　　　4. 落叶,先花后叶;花径2~2.5cm,花冠裂片较筒部为短 ················· 迎春花 *J. nudiflorum*
　　　4. 常绿;花径3.5~4cm,花冠裂片较筒部为长 ················· 云南黄馨 *J. mesnyi*
　　3. 缠绕性藤本;羽状复叶,小叶5~7 ················· 素方花 *J. officinale*
　2. 叶互生,萼齿线形,与萼筒近等长 ················· 探春花 *J. floridum*
1. 单叶,对生 ················· 茉莉 *J. sambac*

1. 迎春花 *Jasminum nudiflorum* Lindl. (图8-412)

【形态特征】落叶灌木。枝条绿色,细长,直出或拱形下垂,明显四棱形。3出复叶,对生,小叶卵状椭圆形,长1~3cm,边缘有短睫毛,表面有基部突起的短刺毛。花单生于去年生枝叶腋,叶前开放,有叶状狭窄的绿色苞片;萼裂片5~6;花冠黄色,裂片6,长仅为花冠筒的1/2。通常不结实。花期(1)2~3月。

【分布与习性】产华北、西北至西南各地,现广泛栽培。喜光,稍耐阴,较耐寒;喜湿润,也耐干旱瘠薄,怕涝;不择土壤,耐盐碱。枝条接触土壤较易生出不定根。

【繁殖方法】萌蘖力强。扦插、压条或分株繁殖。

【园林用途】花期甚早,绿枝黄花,早报春光,与梅花、山茶、水仙并称"雪中四友"。由于枝条拱垂,植株铺散,迎春适植于坡地、花台、堤岸、池畔、悬崖、假山,均柔条拂垂、金花照眼;也适合植为花篱,或点缀于岩石园中。我国古代民间传统宅院配植中讲究"玉堂春富贵",以喻吉祥如意和富有,其中"春"即迎春。

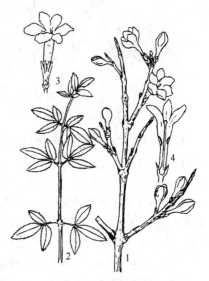

图8-412 迎春花
1—花枝;2—枝叶;3—花;4—花纵剖面

2. 云南黄馨(南迎春) *Jasminum mesnyi* Hance

常绿灌木,枝条细长拱形,柔软下垂,绿色,4棱。3出复叶,顶端1枚较大,基部渐狭成一短柄,侧生2枚小而无柄。花单生,黄色,径约3.5~4cm,花冠裂片6或更多,半重瓣,较花冠筒长。花期4月,延续时间长。

原产云南,江南各地常见栽培。喜温暖向阳环境,畏严寒。

最宜植于湖边、堤岸、桥头、驳岸,其细枝下垂水面,倒影清晰,为山水生色;也可植于山坡、石隙、台坡边缘。此外,也是优良的花篱和岩石园材料。

3. 探春花(迎夏) *Jasminum floridum* Bunge(图 8-413)

半常绿灌木，高 1～3m。枝条拱垂，幼枝绿色。羽状复叶，互生，小叶 3～5 枚，卵状椭圆形，长 1～3.5cm，边缘反卷。聚伞花序顶生，多花；萼片 5 裂，线形，与萼筒等长；花冠黄色，径约 1.5cm，裂片 5，长约为花冠筒长的 1/2。花期 5～6 月。

4. 茉莉 *Jasminum sambac* (Linn.) Ait. (图 8-414)

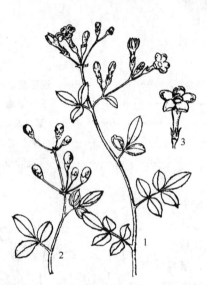

图 8-413 探春花　　　　　　　　　　　图 8-414 茉莉
1—花枝；2—果枝；3—花

【形态特征】常绿灌木，枝条细长呈藤状。单叶，对生，椭圆形或宽卵形，长 3～8cm，薄纸质，仅下面脉腋有簇毛。聚伞花序顶生或腋生，通常有 3～9 朵花；花萼 8～9 裂，线形；花冠白色，浓香。花期 5～11 月，以 7～8 月开花最盛。

【分布与习性】原产印度等地。华南习见栽培。长江流域及以北地区盆栽观赏。喜光，稍耐阴，但光照不足时叶大节细，花朵较小。喜高温潮湿环境，不耐寒，适宜在 25～35℃ 下生长，在气温 0℃ 时叶片受害；不耐干旱，空气相对湿度以 80%～90% 为佳。喜肥，以肥沃、疏松的沙质壤土为宜。

【繁殖方法】扦插、分株、压条繁殖均可。

【园林用途】茉莉枝叶繁茂，叶色碧如翡翠，花朵白似玉铃，花期长，香气清雅而持久，浓郁而不浊，可谓花木之珍品，元朝诗人江奎在品赏茉莉后吟曰："他年我若修花史，列入人间第一香。"华南可露地栽培，用作树丛、树群之下木，或作花篱植于路旁，花朵用于制作襟花。福州市市花。

5. 素方花 *Jasminum officinale* Linn.

【形态特征】缠绕性木质藤本，高 1～3m；枝条有棱角，无毛。羽状复叶，对生；小叶 3～9 枚，通常 5～7 枚，椭圆状卵形、矩圆状卵形至披针形，长 1～3cm，无毛。聚伞花序顶生，有花 2～10 朵；花萼裂片条形，长 3～10mm，远比萼筒长；花冠白色，或外面红色、里面白色，筒长 0.5～1.6cm，花冠裂片卵形或矩圆形，顶端尖，与花冠筒近等长。浆果椭圆形，长 8mm，径约 5mm。花期 5～8 月；果期 9 月。

【变种】素馨花［var. *grandiflorum* (Linn.) Kobuski］，花朵较大，花冠筒长达 1.5～2cm，常见栽培的多为此变种。

【分布与习性】分布于云南、四川、西藏等地，现华南、西南各地常见栽培。

【繁殖方法】播种、扦插或压条繁殖。

【园林用途】为藤本植物，长达 10m，屏架扶植，枝干袅娜，可用于攀附棚架、篱垣，形成垂直绿化景观，适于堂前、池畔、窗前等处种植。

八十二、玄参科 Scrophulariaceae

草本、灌木或乔木。单叶，对生、互生或轮生；无托叶。花两性，常两侧对称，各式花序；萼 4～5 裂；花冠合瓣，4～5 裂；雄蕊常 4，2 长 2 短，有时 2 或 5；子房上位，2 室或不完全 2 室，胚珠多数，中轴胎座。蒴果或浆果；种子多数。

约 220 属 4500 种，广布全球。我国约 61 属 681 种，全国均产，西南尤盛。

泡桐属 *Paulownia* Sieb. & Zucc.

落叶乔木，在热带为常绿乔木。小枝粗壮，髓心中空。无顶芽，侧芽小，2 枚叠生。单叶，对生，全缘或 3～5 浅裂，具长柄。聚伞状圆锥花序顶生，以花蕾越冬，密被毛；萼革质，5 裂，裂片肥厚；花冠大，近白色或紫色，5 裂，2 唇形；雄蕊 4，2 强；子房 2 室，花柱细长。蒴果大，室背开裂；种子具翅。

7 种，分布于亚洲东部，我国均产。

分 种 检 索 表

1. 幼枝有黏质腺毛和分枝毛；叶宽卵形至卵状心形；花浅紫色至蓝紫色 …………………… 毛泡桐 *P. tomentosa*
1. 幼枝被黄色绒毛；叶片长卵形至椭圆状长卵形；花乳白色至微带紫色 ………………… 白花泡桐 *P. fortunei*

1. 毛泡桐 *Paulownia tomentosa* (Thunb.) Steud.

【形态特征】高达 15m；分枝角度大，树冠开张，广卵形或扁球形。幼枝绿褐色或黄褐色，有黏质腺毛和分枝毛，老枝褐色，无毛，皮孔圆形或长圆形，淡黄褐色。叶宽卵形至卵状心形，纸质，长 20～29cm，宽 15～28cm，先端渐尖或锐尖，基部心形，全缘或 3～5 浅裂，两面有黏质腺毛和分枝毛。先叶开花，花序长 40～60(80)cm，侧花枝细柔，分枝角度大；花蕾近球形，径约 6～9mm，密生黄褐色分枝毛；花冠长 5～7cm，浅紫色至蓝紫色，有毛。蒴果卵形至卵圆形，长 3～4cm，径 2～3cm。花期 4～5 月；果期 10 月。

【分布与习性】主产黄河流域，北方习见栽培。强阳性树种，不耐庇荫，较喜凉爽气候，在气温达 38℃ 以上生长受阻，最低温度在 -25℃ 时易受冻害。根系肉质，耐干旱而怕积水。在土壤 pH 值 6～7.5 之间生长最好。对二氧化硫、氯气、氟化氢、硝酸雾的抗性强。

【繁殖方法】常采用埋根育苗。

【园林用途】树干通直，树冠宽广，花朵大而美丽，先叶开放，色彩绚丽，春天繁花似锦，夏日绿荫浓密，是良好的绿荫树，可植于庭院、公园、风景区等各处，适宜作行道树、庭荫树和园景树，也是优良的农田林网、四旁绿化和山地绿化造林树种。抗污染，适于工矿区应用。

2. 白花泡桐(泡桐) *Paulownia fortunei* (Seem.) Hemsl. (图 8-415)

高达 27m。树冠宽阔，树皮灰褐色，平滑，老时纵裂。幼枝、嫩叶、花萼和幼果被黄色绒毛。

叶片长卵形至椭圆状长卵形，长 10～25cm，先端渐尖，基部心形，全缘，稀浅裂。萼裂深 1/4～1/3；花冠大，乳白色至微带紫色。果长椭圆形，果皮厚 3～5mm。花期 3～4 月；果期 9～10 月。

主产长江流域以南各地。常栽培，为平原地区粮桐间作和四旁绿化的理想树种。木材是我国传统的出口物资。

附：兰考泡桐(_Paulownia elongata_ S. Y. Hu.)，叶片宽卵形或卵形，长 15～30cm，全缘或 3～5 浅裂；萼裂深约 1/3；花紫色；果卵形至椭圆状卵形，长 3～5cm，果皮厚 1.5～2.5mm。产黄河流域中下游及长江流域以北，以河南、山东西部及山西南部最多。

楸叶泡桐(_Paulownia catalpifolia_ Gong Tong)，树冠较狭窄，枝叶密；叶较窄，长卵形，长 12～34cm，深绿色，下垂；萼裂深 1/3～2/5；花冠筒细长，冠幅 4～4.8cm，筒内密布紫斑；果长椭圆形，长 4.5～5.5cm，先端常歪嘴；果皮厚 1.5～3mm。产山东、安徽、河南、河北、山西、陕西等地，材质为本属中最优者。

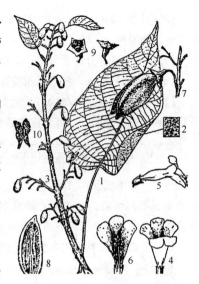

图 8-415　白花泡桐
1—叶；2—叶下面；3—花序及花蕾；
4、5—花；6—花纵剖；7—果枝；
8—果瓣；9—果萼；10—种子

八十三、紫葳科 Bignoniaceae

乔木、灌木、藤本，稀草本。单叶或复叶，对生或轮生，稀互生；无托叶。花两性，大而美丽，常两侧对称；顶生或腋生；总状或圆锥花序，或单生、簇生、聚伞花序；萼钟状，平截或 2～5 裂；花冠 5 裂，2 唇形；发育雄蕊通常 4，有时 2；子房上位，2 室中轴胎座或 1 室侧膜胎座，胚珠多数。蒴果或浆果，种子扁平，有翅或无翅。

约 120 属 650 余种，分布于热带，少数伸展至温带。我国 12 属 35 种，各省均产，另引入栽培多个属种。

分属检索表

1. 直立乔木或灌木。
  2. 单叶对生，稀 3 叶轮生；聚伞状圆锥花序顶生，多花；可育雄蕊 2 ·················· 梓树属 _Catalpa_
  2. 叶为 1～3 回奇数羽状复叶，小叶 3 至多数。
    3. 子房 2 室，蒴果室背开裂，种子具翅。
      4. 蒴果狭长，圆柱形、线形或狭长圆形。
        5. 直立或稍蔓性灌木，总状花序直立或稍下倾，长不超过 20cm ················· 硬骨凌霄属 _Tecomaria_
        5. 乔木。
          6. 花小型；萼钟状，5 裂或平截，不呈佛焰苞状；1～3 回羽状复叶 ········· 菜豆树属 _Radermachera_
          6. 花大型；萼在花蕾时闭合，开花时 1 侧开裂达基部成佛焰苞状；1 回羽状复叶
            ·················· 火焰树属 _Spathodea_
      4. 蒴果不狭长，卵形至近球形；2 回羽状复叶，稀 1 回；花冠蓝色或青紫色 ········· 蓝花楹属 _Jacaranda_
    3. 子房 1 室，果实不开裂，种子无翅；大型圆锥花序下垂 ·················· 吊瓜树属 _Kigelia_

1. 藤本。

　　7. 羽状复叶有小叶 7～9(13) 片 ··· 凌霄属 *Campsis*

　　7. 复叶有小叶 1～3 片，中轴延伸或其中 1 小叶变成卷须 ·················· 炮仗藤属 *Pyrostegia*

（一）梓树属 *Catalpa* Scop.

　　落叶乔木，无顶芽。单叶，对生或 3 枚轮生，全缘或有缺裂，基出脉 3～5，叶背脉腋常具腺斑。花大，顶生总状或圆锥花序；花萼 2～3 裂；花冠钟状 2 唇形；发育雄蕊 2，内藏，着生于下唇；子房 2 室。蒴果细长；种子多数，两端具长毛。

　　约 13 种，产东亚和北美。我国 4 种，引入栽培 1 种。

分 种 检 索 表

1. 花冠白色或浅粉色，长 2～3.5cm；叶通常不裂 ··· 楸树 *C. bungei*

1. 花冠淡黄色，长约 2cm；叶通常 3～5 浅裂 ·· 梓树 *C. ovata*

　　1. 楸树 *Catalpa bungei* C. A. Mey. (图 8-416)

　　【形态特征】高达 30m。树冠狭长或倒卵形，树皮灰褐色，浅纵裂。小枝紫褐色，光滑。叶三角状卵形至卵状椭圆形，长 6～15cm，宽 6～12cm，先端长渐尖，基部截形或广楔形，全缘或下部有 1～3 对尖齿或裂片，下面脉腋有紫褐色腺斑。总状花序呈伞房状，有花 5～20 朵；花冠白色或浅粉色，内有紫色斑点和条纹。蒴果长 25～55cm，很少结果。花期 4～5 月；果期 9～10 月。

　　【分布与习性】主产黄河流域至长江流域。喜光，幼树略耐阴。喜温暖湿润气候和深厚肥沃的中性、微酸性和钙质土壤，耐轻度盐碱，不耐干燥瘠薄和水湿。深根性，萌蘖力和萌芽力均强。抗污染，对二氧化硫和氯气抗性强，吸滞粉尘能力高。

　　【繁殖方法】一般采用埋根、分蘖或嫁接繁殖。嫁接繁殖用梓树为砧木。

　　【园林用途】树干通直，树姿挺拔，叶荫浓郁，花朵亦优美繁密，自古以来即为重要庭木。宜作庭荫树和行道树。可列植、对植、丛植，或在树丛中配植为上层骨干树种。可用于厂矿绿化。花可提取芳香油。优质用材树。

　　2. 梓树 *Catalpa ovata* D. Don. (图 8-417)

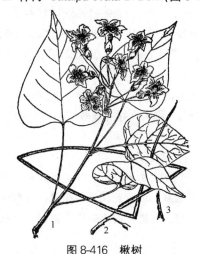

图 8-416　楸树

1—花枝；2—果；3—种子

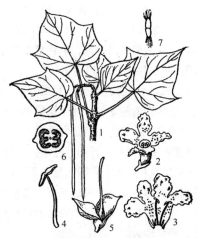

图 8-417　梓树

1—果枝；2—花；3—花冠展开(示雄蕊)；4—发育雄蕊；

5—雌蕊及花萼；6—子房横剖面；7—种子

【形态特征】高达 20m；树冠宽阔开展。枝条粗壮；嫩枝、叶柄和花序有黏质。叶卵形、广卵形或近圆形，长 10～25cm，宽 7～25cm，全缘或 3～5 浅裂，基部心形或圆形，上面有黄色短毛；下面仅脉上疏生长柔毛，基部脉腋有紫色腺斑。圆锥花序顶生，花萼绿色或紫色；花冠淡黄色，内面有深黄色条纹及紫色斑纹。蒴果圆柱形，长 20～30cm，经冬不落。花期 5～6 月；果期 8～10 月。

【分布与习性】分布广，以黄河中下游为分布中心，南达华南北部，北达东北。喜光，稍耐阴；颇耐寒，在暖热气候条件下生长不良；喜深厚肥沃而湿润的土壤，不耐干瘠，能耐轻度盐碱；对氯气、二氧化硫和烟尘的抗性均强。

【繁殖方法】播种繁殖，也可埋根或分蘖繁殖。

【园林用途】树冠宽大，树荫浓密，自古以来是著名的庭荫树，古人常在房前屋后种植桑树和梓树，故而以"桑梓"指故乡。在园林中梓树可丛植于草坪、亭廊旁边以供遮荫。

附：灰楸(*Catalpa fargesii* Bur.)，与楸树相近，区别在于：嫩枝、叶片、叶柄和圆锥花序密被簇状毛和分枝毛；花冠粉红色或淡红色；种子连毛长 5～7.5cm。分布于华南、长江流域及华北、西北，普遍栽培。

黄金树(*Catalpa speciosa* Warder)，与梓树相近，但嫩枝、叶柄和花序无黏质，叶全缘，下面密生柔毛，基部脉腋有绿色腺斑，花冠白色。原产北美，国内常见栽培。

(二) 凌霄属 *Campsis* Lour.

落叶木质藤本，以气生根攀缘。奇数羽状复叶，对生。花大，聚伞或圆锥花序顶生；花萼钟状，5 裂，不等大；花冠漏斗形，红色，裂片 5，大而开展；雄蕊 4，2 强，弯曲，内藏；子房 2 室，基部有大花盘。蒴果，室背开裂。种子扁平，有半透明膜质翅。

共 2 种，产东亚和北美。我国 1 种，广布，引入 1 种。

分 种 检 索 表

1. 小叶 7～9，两面无毛；花萼裂至中部；花冠大，径 5～7cm ·································· 凌霄 *C. grandiflora*
1. 小叶 9～13，叶轴及小叶背面均有柔毛；花萼浅裂至 1/3；花冠径约 4cm ·············· 美国凌霄 *C. radicans*

1. 凌霄 *Campsis grandiflora* (Thunb.) Schumann.

【形态特征】长达 10m。枝皮灰褐色，呈细条状纵裂。小叶 7～9，卵形至卵状披针形，两面无毛，长 3～6(9)cm，宽 1.5～3(5)cm，疏生 7～8 个锯齿，先端长尖，基部宽楔形；侧脉 6～7 对。花萼淡绿色；花冠唇状漏斗形，鲜红色或橘红色，长 6～7cm，径约 5～7cm。蒴果扁平条形，状如荚果。花期 5～8 月；果期 10 月。

【分布与习性】原产东亚，我国分布于东部和中部，习见栽培。性强健，喜光，也略耐阴；喜温暖湿润，有一定的耐寒性。对土壤要求不严，最适于肥沃湿润、排水良好的微酸性土壤，也能耐碱；耐旱，忌积水。萌芽力、萌蘖力均强。

【繁殖方法】播种、扦插、压条、分蘖繁殖均可，以扦插较常应用。

【园林用途】凌霄在我国已经有 2000 多年的栽培历史。干枝虬曲多姿，翠叶团团如盖，夏日红花绿叶相映成趣，平添无限生机。可依附老树、石壁、墙垣攀缘，而且花期正值盛夏，是棚架、凉廊、花门、枯树和各种篱垣的良好造景材料。如植于墙垣或假山石隙，则柔条纤蔓，碧叶绛花，随风飘舞，倍觉动人。

2. 美国凌霄 *Campsis radicans* (Linn.) Seem (图 8-418)

与凌霄相近，区别在于：小叶 9～13，椭圆形，叶轴及小叶背面均有柔毛；花萼浅裂至 1/3；花冠比凌霄花小，橘黄色。

原产北美，我国各地引种栽培，耐寒、耐湿和耐盐碱能力均强于凌霄。

（三）硬骨凌霄属 *Tecomaria* Spach

常绿半攀缘状灌木。奇数羽状复叶，对生；小叶有锯齿。花黄色或橙红色，顶生总状花序或圆锥花序；萼钟状，5齿裂；花冠漏斗状，2唇形；雄蕊突出；蒴果线形，压扁。

2种，产非洲。我国引入栽培1种。

硬骨凌霄（南非凌霄）*Tecomaria capensis*（Thunb.）Spach（图8-419）

图8-418 美国凌霄

1—花枝；2—花冠展开；3—果枝

图8-419 硬骨凌霄

1—花枝；2—花冠展开；3—雌蕊

【形态特征】半藤状灌木，茎枝先端常缠绕攀缘。枝绿褐色，常有小疣状突起。小叶7～9枚，卵形至阔椭圆形，长1～2.5cm，有不规则锯齿。总状花序顶生；萼钟状，5齿裂；花冠长漏斗形，2唇形，弯曲，橙红色至鲜红色，有深红色纵纹，5裂；雄蕊伸出花冠筒外。蒴果线形。花期6～10月。

【分布与习性】原产南非好望角；华南有露地栽培，长江流域及其以北地区多盆栽。喜光，喜温暖湿润气候，不耐寒；萌芽力强，耐修剪。

【繁殖方法】扦插或压条繁殖。

【园林用途】硬骨凌霄四季常青，花色艳丽，花期长，叶形美，是优良的观赏花木，可用于矮墙、栅栏、小型棚架及阳台的垂直绿化，也可修剪成绿篱，或植于山石旁。

（四）炮仗藤属 *Pyrostegia* Presl.

藤本。叶有小叶3枚和线状、3裂的卷须。花橙红色，圆锥花序顶生；萼钟状或管状，平截或有齿；花冠管状，弯曲，裂片镊合状排列；雄蕊突出；花盘环状；子房线形，胚珠多数，排成2列；蒴果长线形。

5种，产南美。我国引入栽培1种。

炮仗藤(炮仗花) *Pyrostegia ignea* Presl. (图 8-420)

【形态特征】常绿藤本，茎粗壮，有棱，长达 10m 以上。复叶，对生，小叶 3 枚，卵形或卵状椭圆形，长 5～10cm，宽 3～5cm，下面有穴状腺体，全缘，顶生小叶变为卷须，3 分叉。圆锥状聚伞花序顶生，下垂，花繁密；花冠橙红色，长达 7cm，筒状，内面中部有 1 毛环，基部收缩，裂片 5，外卷，有白色绒毛；发育雄蕊 4，其中 2 枚伸出花冠筒外。子房圆柱形，胚珠多数，柱头舌状扁平，花柱伸出花冠筒外。蒴果线形，果瓣革质，舟状，种子多列，具膜质翅。花期甚长。

【分布与习性】原产巴西，现世界热带地区广为栽培。我国福建、广东、广西、云南等地多见栽培。喜光，稍耐阴；喜温暖和阳光充足的环境；耐短期 2～3℃ 低温。喜湿润、肥沃的酸性土壤，不耐干旱。

【繁殖方法】很少结实，一般采用扦插或压条繁殖。

【园林用途】花期甚长，花朵橙红茂密，累累成串，为美丽的观花藤本和优良的垂直绿化材料，可依附棚架、凉廊和墙垣生长，形成花廊、花墙。

图 8-420　炮仗藤

(五) 蓝花楹属 *Jacaranda* Juss.

落叶乔木或小灌木。2 回羽状复叶，对生，稀 1 回；小叶小，多数，全缘或有齿缺。圆锥花序顶生或腋生；花萼小，花冠筒直或弯曲，裂片 5，稍 2 唇形；发育雄蕊 4，2 长 2 短；花盘厚，垫状。蒴果卵形或近球形。种子扁平，有翅。

约 50 种，产热带美洲。我国引入栽培 2 种。

蓝花楹 *Jacaranda acutifolia* Humb. & Bonpl. (图 8-421)

【形态特征】落叶或半常绿乔木，高达 15m。2 回羽状复叶，羽片 16 对以上，每羽片有小叶 14～24 对，着生紧密；小叶狭矩圆形，长 6～12mm，先端锐长，略被柔毛。花蓝色或青紫色，花萼顶端 5 齿裂，花冠筒细长，下部微弯，上部膨大。果实木质，卵球形。花期春末至秋；果期 11 月。

【分布与习性】原产热带美洲，世界热带广植，华南有栽培。喜温暖湿润的气候，不耐霜冻，喜光，稍耐半阴；喜肥沃湿润的沙壤土，较耐水湿，不耐干旱。

【繁殖方法】播种繁殖；也可扦插繁殖。

【园林用途】绿荫如伞，叶形秀丽，花朵蓝色而繁密，娴静幽雅，可谓华而不娇，是少见的蓝色观花乔木，可作为行道树、庭荫树。适于公园、庭院、水边、草坪、路旁等各地种植。

图 8-421　蓝花楹

1—花枝；2—果；3—小叶；4—羽片的顶生小叶

（六）菜豆树属 *Radermachera* Zoll. & Mor.

乔木，幼嫩枝具黏液。1～3回羽状复叶，对生；小叶全缘，具柄。圆锥花序顶生或侧生；花萼钟状，5裂或平截；花冠多漏斗状，微呈2唇形，裂片5；雄蕊4，2强，第5枚退化；花盘杯状；子房圆柱形，胚珠多数，柱头舌状，2裂。蒴果纤弱，圆柱形，有时旋扭，种子两端具膜质翅。

16种，分布于热带亚洲。我国7种，产西南和南部。

菜豆树 *Radermachera sinica* Hance（图8-422）

【形态特征】落叶小乔木。叶、花序均无毛。2回羽状复叶，小叶卵形至卵状披针形，长4～7cm，先端尾尖，基部阔楔形，侧脉5～6对，侧生小叶近基部有腺体。花序苞片线状披针形；花萼蕾时封闭，锥形；萼5裂；花冠钟状漏斗形，白色至淡黄色，具皱纹；2强雄蕊；子房光滑，2室。蒴果长70cm，径7mm，圆柱形，似豇豆，常扭曲。种子椭圆形。

【分布与习性】分布于台湾、广东、广西、贵州、云南等地；印度、缅甸、越南、不丹也产。喜光，稍耐阴，喜温暖湿润气候，耐干热，耐瘠薄。

【繁殖方法】播种繁殖。

【园林用途】枝叶美丽，冠大荫浓，适宜温暖地区庭园栽培观赏，可作庭荫树、行道树或用于配植风景林。

图8-422 菜豆树

1—叶；2—果序；3—花；4—雄蕊；5—种子

附：豇豆树（*Radermachera pentandra* Hemsl.），与菜豆树相近，区别在于：小枝皮孔明显，被有糠秕状鳞片。小叶上面密生小凹槽穴，侧脉8～9对。花冠橙黄色，裂片向内反折；雄蕊5，花期冬季至春季。产云南。

（七）吊瓜树属（吊灯树属）*Kigelia* DC.

乔木。1回奇数羽状复叶，对生或轮生。花橙色或红色，大型圆锥花序生于老茎，下垂；花萼钟状，不规则开裂；花冠管圆柱状，裂片2唇形，下唇外弯，3裂；雄蕊4，2强；花盘环状；子房1室，胚珠多数。果不开裂，坚硬；种子无翅。

3种，分布于热带非洲。我国引入栽培2种。

扁吊瓜（吊灯树）*Kigelia africana*（Lamk.）Benth.（图8-423）

【形态特征】常绿乔木。奇数羽状复叶，交互对生或轮生，小叶5～9枚，薄革质，长圆形或倒卵状长圆形，顶端阔楔形至近圆形，全缘或有锯齿，侧脉6～8对。顶生圆锥花序大型，下垂，具长梗；萼钟形，不整齐开裂；花冠钟状，2唇形，上唇不裂，下唇3裂；可育雄蕊4，伸出，不育雄蕊小；花盘厚环状；子房1室，无毛，胚珠多数。浆果圆筒形，腊肠状，坚硬，不开裂。花期夏秋；果期秋冬。

【分布与习性】原产非洲热带。我国广东、福建、海南有

图8-423 扁吊瓜

1—花枝；2—花；3—去花冠示雌蕊；4—花冠展开；5—雄蕊；6—花盘；7—果

引种。喜光，喜温暖湿润环境，要求疏松、肥沃的酸性土壤。

【繁殖方法】播种繁殖。

【园林用途】果大型，是一种美丽的观果树种。

（八）火焰树属 *Spathodea* Beauv.

常绿乔木。奇数羽状复叶或 3 出复叶，对生，小叶全缘。花大，橙红或猩红色，圆锥或总状花序；花萼一侧开裂；花冠阔钟形，一侧膨胀；雄蕊 4，突出，花药垂悬；花盘杯状；子房 2 室，胚珠数列。蒴果长圆状披针形，室背开裂，果瓣木质。种子椭圆形，具阔翅。

2 种，分布于热带非洲。我国引入栽培 1 种。

火焰树（喷泉树、火烧花）*Spathodea campanulata* Beauv.
（图 8-424）

【形态特征】常绿乔木，树皮平滑，灰褐色。小叶 13～17枚，椭圆形至倒卵形，顶端渐尖，基部圆形。伞房状总状花序顶生，密集；苞片披针形，小苞片 2 枚；花萼佛焰苞状，外被短绒毛，顶端外弯并开裂；花冠一侧膨大，阔钟状，橘红色，基部急缩为细筒状，具紫红色斑点，内面有突起条纹，裂片 5，阔卵形，具纵褶纹；雄蕊 4，生花冠筒上，花药个字形着生；子房 2 室，柱头卵圆状披针形，2 裂。蒴果黑褐色，细长圆形，扁平。花期 3～4 月；果期 4～5 月。

【分布与习性】原产非洲，华南和西南有栽培。喜温暖湿润气候，不耐寒，喜肥沃土壤。

【繁殖方法】播种繁殖。

【园林用途】树体高大，姿态优美，适宜于温暖地区庭园栽培观赏，可作庭荫树、行道树、孤植树。

图 8-424　火焰树
1—花枝；2—花；3—雄蕊；
4—花盘和雌蕊；5—子房横切面

八十四、茜草科 Rubiaceae

乔木、灌木、藤本或草本。单叶，对生或轮生，常全缘；托叶各式，在叶柄间或在叶柄内，有时与普通叶一样，宿存或脱落。花两性，稀单性，常辐射对称，各式排列，多聚伞花序；萼筒与子房合生，全缘或齿裂，有时其中 1 裂片扩大而成叶状；花冠合瓣，4～6 裂；雄蕊与花冠裂片同数，互生；子房下位，常 2 室，每室 1 至多胚珠。蒴果、浆果或核果。

约 673 属 10800 种，广布全球，主产热带和亚热带，少数分布于温带或北极地带。我国约 100属 660 种，大部分产西南部至东南部，西北部和北部极少。

分 属 检 索 表

1. 花萼裂片正常，无 1 枚扩大成叶状体。

  2. 子房每室有胚珠多数。浆果；花单生，稀伞房花序 ……………………………… 栀子属 *Gardenia*

  2. 子房每室有 1 胚珠。

    3. 花由聚伞花序再组成伞房花序式；浆果 ……………………………… 龙船花属 *Ixora*

    3. 花单生或簇生；球形小核果 …………………………………………… 六月雪属 *Serissa*

1. 花萼裂片相等或不相等，花序中有些花的萼裂片中有1枚扩大成具柄的叶状体。

    4. 乔木，大型蒴果 ……………………………………………………………… 香果树属 *Emmenopterys*

    4. 灌木或亚灌木，浆果……………………………………………………………… 玉叶金花属 *Mussaenda*

（一）栀子属 *Gardenia* Ellis.

常绿灌木或小乔木。叶对生或3叶轮生；托叶膜质，生于叶柄内侧，基部合生呈鞘状。花单生，稀伞房花序；萼筒卵形或倒圆锥形，有棱，宿存；花冠高脚碟状或管状，5～11裂，芽时旋转状排列；雄蕊5～11，着生于花冠筒喉部，内藏；花盘环状或圆锥状；子房1室，侧膜胎座，胚珠多数。浆果革质或肉质，常有棱。

约250种，分布于热带和亚热带。我国5种，产西南至东部。

栀子 *Gardenia jasminoides* J. Ellis（图8-425）

【形态特征】灌木，高1～3m。小枝绿色，有垢状毛。叶椭圆形或倒卵状椭圆形，长6～12cm，先端渐尖，全缘，两面无毛，革质而有光泽。花单生枝端或叶腋；花萼常6裂，裂片线形；花冠高脚碟状，常6裂，白色，浓香；花丝短，花药线形。果卵形，黄色，具6纵棱。花期6～8月；果期9月。

图8-425　栀子
1—花枝；2—部分花冠展开(示雄蕊)；
3—部分花萼和雌蕊(示子房纵切)；
4—雄蕊；5—果实

【栽培品种】大花栀子（‘Grandiflora’），叶片较大，花大而重瓣，径7～10cm。黄斑栀子（‘Aureo-variegata’），叶片边缘有黄色斑块，甚至全叶呈黄色。

【分布与习性】原产我国，长江流域及其以南各地常见栽培。喜光，也能耐阴，在隐蔽环境叶色浓绿但开花稍差；喜温暖湿润气候和肥沃而排水良好的酸性土壤。抗二氧化硫等有毒气体。萌芽力、萌蘖力均强，耐修剪。

【繁殖方法】扦插或压条繁殖。

【园林用途】叶色亮绿，四季常青，花大洁白，芳香馥郁，是良好的绿化、美化、香化材料。适于庭院造景，植于前庭、中庭、阶前、窗前、池畔、路旁、墙隅均可，群植、丛植、孤植、列植无不适宜，山石间、树丛中点缀一两株，也颇得宜，而成片种植则花期望如积雪，香闻数里，蔚为壮观。抗污染，也适于工矿区大量应用。此外，栀子也是优良的花篱材料。

（二）龙船花属 *Ixora* Linn.

常绿灌木至小乔木。叶对生，稀轮生；托叶基部常合生成鞘，顶部延长成芒尖。顶生聚伞花序再组成伞房花序，具苞片和小苞片；花萼卵形，4～5裂，宿存；花冠高脚碟状，4～5裂，裂片短于筒部；雄蕊与花冠裂片同数；花盘肉质；子房2室，每室1胚珠。浆果。

约300～400种，主产热带亚洲和非洲，少数产美洲。我国约19种，产西南部至东部。

龙船花（仙丹花）*Ixora chinensis* Lam.（图8-426）

【形态特征】灌木，高1～3m，全株无毛。单叶，对生，椭圆状披针形或倒卵状长椭圆形，长6～13cm，先端钝尖或钝，全缘，叶柄极短。花序分枝红色；花朵密生，红色或橙红色，花冠高脚碟状，筒细长，裂片4，先端浑圆。浆果近球形，紫红色或黑色，径7～8mm。在热带地区几乎全年有花，以5~8月为盛花期。

【分布与习性】原产热带亚洲，华南有野生，常散生于低海拔山地疏林、灌丛或空旷地。喜光，也耐一定荫蔽；喜温暖湿润，能耐0℃的短期低温；对土壤要求不严，但以富含腐殖质的酸性土壤最佳；较耐干旱和水湿。萌芽力强。

【繁殖方法】扦插或分株繁殖，也可播种。

【园林用途】植株丛生，分枝密集，花色红艳，而且花期长，是热带地区美丽的园林花木，华南常见栽培，适于庭院各处、草坪、路边、墙角丛植，也可与山石相配，或植为花篱。长江流域以北地区温室盆栽，冬季宜保持5℃以上的室温。

图 8-426 龙船花
1—花枝；2—花冠展开(示雄蕊着生)；
3—花萼；4—果实；5—托叶

（三）六月雪属 *Serissa* Comm.

常绿小灌木，枝叶及花揉碎有臭味。叶小，对生，全缘，近无柄；托叶刚毛状。花腋生或顶生，单生或簇生；萼筒4~6裂，宿存；花冠白色，漏斗状，4~6裂；雄蕊4~6，着生于花冠筒上；花盘大；子房2室，每室1胚珠。核果球形。

3种，分布于亚洲东部。我国2种，分布于长江以南各地。

六月雪 *Serissa japonica* (Thunb.)Thunb. (图 8-427)

【形态特征】矮小灌木，高不及1m，丛生。分枝细密，嫩枝有微毛。叶对生或常聚生于小枝上部，卵形至卵状椭圆形、倒披针形，长7~22mm，宽3~6mm，全缘，叶脉、叶缘及叶柄上有白色短毛。花近无梗，白色或略带红晕，1朵至数朵簇生于枝顶或叶腋。核果小，球形。花期6~8月；果期10月。

【栽培品种】金边六月雪('Aureo-marginata')，叶缘金黄色。重瓣六月雪('Pleniflora')，花重瓣，白色。花叶六月雪('Variegata')，叶面有白色斑纹。

【分布与习性】产于长江流域及其以南地区，多生于林下、灌丛和沟谷。日本和越南也有分布。喜温暖、湿润环境；耐阴，不耐寒，要求肥沃的沙质壤土。萌芽力、萌蘖力均强，耐修剪。

【繁殖方法】扦插或分株繁殖。

【园林用途】株形纤巧、枝叶扶疏，白花盛开时缀满枝梢，繁密异常，宛如雪花满树，雅洁可爱。可配植于雕塑或花坛周围作镶边材料，也可作基础种植、矮篱和林下地被，还可点缀于假山石隙。也是水旱盆景的重要材料。

（四）香果树属 *Emmenopterys* Oliv.

1种，我国特产。

图 8-427 六月雪
1—花枝；2—花冠展开；3—花萼和雌蕊；
4—子房纵切；5—托叶

香果树 *Emmenopterys henryi* Oliv. (图 8-428)

【形态特征】落叶大乔木，高达 30m。树皮呈小片状剥落。单叶，对生，阔卵状椭圆形，长 15~20cm，宽 8~14cm，全缘，先端急尖，基部楔形；托叶生于叶柄间，早落。聚伞花序排成松散的大型顶生圆锥花序，长 10~18cm；部分花的花萼裂片中有 1 片增大成花瓣状，长 3~6cm，白色，宿存，至果成熟时变为粉红色；花冠漏斗状，5 裂；雄蕊 5，生于冠筒喉部，花丝纤细，花盘环状；子房 2 室，胚珠多数。蒴果纺锤形，长 3~5cm，具纵棱，熟时红色。种子细小，具膜质翅。花期 7~9 月；果期 10~11 月。

【分布与习性】产西南及长江流域，零星分布。喜温暖湿润气候；幼苗和 10 龄以内的幼树能耐荫蔽，成年大树不耐阴；喜湿润而富含腐殖质的山地黄壤和黄棕壤，也耐干旱瘠薄，但不耐积水和土壤过于黏重。生长速度中等。

【繁殖方法】播种或扦插繁殖。

【园林用途】为中国特有的单种属植物，树形高大，树姿态优美，花序大而美丽，夏秋盛开，果形奇特，为优美的秋花观赏树种，作为园景树或庭荫树尤为适宜，也可营造风景林，在东部平原地区应用时幼树宜和其他树种混植。

图 8-428 香果树
1—果枝；2—花冠展开

（五）玉叶金花属 *Mussaenda* Linn.

直立或攀缘状灌木。叶对生或 3 枚轮生；托叶在叶柄间，单生或成对，常脱落。花黄色，伞房式聚伞花序顶生；萼 5 裂，有时其中 1 枚扩大成白色或其他颜色、有柄的花瓣状裂片（通常称为"花叶"）；花冠漏斗状，管长，外被丝毛，5 裂；雄蕊 5，生于冠管喉部，花丝极短，花药背着；花盘环状；子房 2 室，每室多胚珠。浆果；种子多数。

约 120 种，分布于热带亚洲、非洲和波利尼西亚。我国约 31 种，产西南至台湾。

玉叶金花（白纸扇）*Mussaenda pubescens* Ait. f. (图 8-429)

【形态特征】常绿攀缘状灌木；嫩枝有贴伏短柔毛。叶卵状椭圆形，长 5~8cm，宽 2~3.5cm，先端渐尖，表面光滑或被疏毛，背面密被短柔毛；托叶 2，深裂呈线形。花冠黄色，萼裂片线形，其中 1 片扩大成花瓣状，阔卵形至卵形，白色，长 2.5~5cm，宽 2~3.5cm，有纵脉 5~7 条，两面被柔毛。浆果肉质，近球形，长 8~10mm，干后黑色。花期 6~7 月。

【分布与习性】产浙江、江西、湖南、福建至华南各地，生于灌丛、溪谷。喜半阴，要求温暖湿润的环境，不耐寒，稍耐干燥；适生于肥沃疏松而排水良好的微酸性土壤。

【繁殖方法】播种或扦插繁殖。

图 8-429 玉叶金花
1—花枝；2—花；未开放；3—托叶

【园林用途】叶色翠绿，白色的苞片点缀于绿叶黄花中，犹如一群飞舞的蝴蝶，妩媚可爱，是美丽的花木。丛植、孤植于林下树间，与龙船花、黄蝉等配植均适宜，也可植为花篱，或攀附矮墙，并适合盆栽。另外，见于栽培的还有红纸扇，叶状苞片鲜红色，花白色。

附：洋玉叶金花（*Mussaenda frondosa* Linn.），攀缘灌木，幼枝压扁，褐色，有淡红色毛，后变圆而无毛；叶阔椭圆形或椭圆状矩圆形，偶倒披针形，长 8～15cm，宽 3～8cm，先端尾尖，上面深绿色，背面沿脉有软毛；侧脉 7～8 对；托叶长 5～6mm，披针形。萼裂片长 6～8mm，"花叶"长圆形，长 6～8cm，宽 2.5～4cm，白色。原产热带亚洲，华南地区栽培观赏。

红纸扇（*Mussaenda erythrophylla* Schumach. & Thonn.），别名红玉叶金花。半常绿灌木，株高 1～3m。叶纸质，椭圆形披针状，长 7～9cm，宽 4～5cm，顶端长渐尖，基部渐窄，两面被稀柔毛，叶脉红色。聚伞花序顶生，萼裂片 5，"花叶"为红色花瓣状，卵圆形，长 3.5～5cm；花冠金黄色。花期夏季，果期秋季。原产西非，华南常见栽培。

八十五、忍冬科 Caprifoliaceae

灌木，稀为小乔木或草本。单叶，对生，稀复叶，通常无托叶。花两性，多为聚伞或圆锥花序；萼 4～5 裂；花冠管状，4～5 裂，有时 2 唇形；雄蕊与花冠裂片同数，且与之互生，着生于花冠筒上；子房下位，1～5 室，每室 1 至多数胚珠。浆果、核果、瘦果或蒴果，种子有胚乳。

18 属约 500 余种，产北温带，尤以亚洲东部和美洲东北部为多，少数分布至热带高山。我国 12 属约 300 余种，各地均产。

分 属 检 索 表

1. 花冠两侧对称，花柱细长。
　2. 蒴果，成熟时开裂 ···································· 锦带花属 *Weigela*
　2. 浆果或瘦果，不开裂。
　　3. 浆果，具多数种子；花 2 朵并生叶腋，稀集生为头状或轮状 ············ 忍冬属 *Lonicera*
　　3. 瘦果，具 1 种子。
　　　4. 花 2 朵并生，萼筒下部连合，果实密被刺毛 ·············· 猬实属 *Kolkwitzia*
　　　4. 花不并生，萼筒下部不连合，果外无刺状刚毛 ·············· 六道木属 *Abelia*
1. 花冠辐射对称，花柱极短。
　5. 单叶；花药内向；核果，具 1 核 ···························· 荚蒾属 *Viburnum*
　5. 奇数羽状复叶，花药外向；浆果状核果，具 2～3(5) 核 ············ 接骨木属 *Sambucus*

（一）锦带花属 *Weigela* Thunb.

落叶灌木，枝髓坚实；冬芽有数枚尖锐的鳞片。单叶，对生，有锯齿，无托叶。聚伞花序或簇生；萼片 5，分离或下部合生；花冠 5 裂，不整齐或近整齐，花冠管状钟形或漏斗形，筒远长于裂片；雄蕊 5，短于花冠；子房 2 室，胚珠多数。蒴果长椭圆形，具喙，2 瓣裂。种子细小。

约 12 种，主产于亚洲东部及北美。我国 6 种，产于中部、东部至东北部。

分 种 检 索 表

1. 萼 5 裂至中部，裂片披针形；柱头 2 裂；种子无翅；小枝细 ············ 锦带花 *W. florida*
1. 萼深裂至基部，萼片线状披针形；柱头头状；种子具翅；小枝粗壮 ·········· 海仙花 *W. coraeensis*

1. 锦带花 *Weigela florida* (Bunge) A. DC. (图 8-430)

【形态特征】高达 3m。小枝细，幼枝具 4 棱，有 2 列短柔毛。叶椭圆形、倒卵状椭圆形或卵状椭圆形，长 5～10cm，先端渐尖，基部圆形或楔形，表面无毛或仅中脉有毛，下面毛较密。花 1～4 朵成聚伞花序；萼 5 裂至中部，裂片披针形；花冠漏斗状钟形，玫瑰色或粉红色；柱头 2 裂。蒴果柱状；种子无翅。花期 4～6 月；果期 10 月。

【栽培品种】红王子锦带花（‘Red Prince’），花鲜红色，繁密而下垂。粉公主锦带花（‘Pink Princess’），花粉红色，花繁密而色彩亮丽。花叶锦带花（‘Variegata’），叶边淡黄白色，花粉红色。紫叶锦带花（‘Purpurea’），植株紧密，高达1.5m；叶带褐紫色，花紫粉色。

【分布与习性】产东北、华北及华东北部，各地栽培。朝鲜、日本、俄罗斯也有分布。喜光，耐半阴，耐寒，耐干旱瘠薄，忌积水，对土壤要求不严，对氯化氢等有毒气体抗性强。萌芽、萌蘖性强，生长迅速。

图 8-430 锦带花
1—花枝；2—花萼展开；3—花冠展开；4—雌蕊

【繁殖方法】分株、扦插、压条繁殖。为选育新品种，可播种繁殖。

【园林用途】花繁密而艳丽，花期长，是园林中重要的花灌木。适于庭院角隅、湖畔群植；也可在树丛、林缘作花篱、花丛配植、点缀于假山、坡地等。花枝可切花插瓶。

2. 海仙花 *Weigela coraeensis* Thunb.

落叶灌木，高达 5m。小枝粗壮，无毛或疏被柔毛。叶宽椭圆形或倒卵形，长 6～12cm，先端骤尖，具细钝锯齿，表面中脉及背面脉上稍被平伏毛。花初开白色或淡红，后变深红带紫色；萼深裂至基部，萼片线状披针形；柱头头状。种子具翅。花期 5～6 月；果期 9～10 月。

华东各地常见栽培。喜光，稍耐阴，喜湿润肥沃土壤，耐寒性不如锦带花。是常见的初夏观花树种。

（二）猬实属 *Kolkwitzia* Graebn.

仅 1 种，我国特产。

猬实 *Kolkwitzia amabilis* Graebn. (图 8-431)

【形态特征】落叶灌木，高 1.5～4m，偶达 7m；干皮薄片状剥裂；枝梢拱曲下垂，幼枝被柔毛。单叶，对生，卵形至卵状椭圆形，长 3～8cm，宽 1.5～3.5cm，全缘或疏生浅锯齿，两面有疏毛。伞房状聚伞花序生于侧枝顶端；花序中每 2 花生于 1 梗上，2 花的萼筒下部合生，外面密生刺状毛；萼 5 裂；花冠钟状，粉红色至紫红色，喉部黄色；雄蕊 4，2 长 2 短，内藏。瘦果，2 个合生，有时仅 1 个发育，外面密生刺刚毛，状如刺猬，故名。花期 5～6月；果期 8～10 月。

图 8-431 猬实
1—花枝；2—花；3—花冠展开（示雄蕊）；
4—雌蕊；5—子房横剖面

【分布与习性】我国特产，分布于陕西、山西、河南、甘肃、湖北、安徽等省，生于海拔 350～1900m 的阳坡或半阳坡。喜光，稍耐半阴，但过阴则开花结实不良；耐寒力强；抗干旱瘠薄，对土壤要求不严，酸性至微碱性土均可，在相对湿度大、雨量多的地区常生长不良，易发生病虫害。

【繁殖方法】播种或分株繁殖，也可扦插。

【园林用途】猬实着花繁密，花色娇艳，花期正值初夏百花凋谢之时，是著名的观花灌木，其果实宛如小刺猬，也甚为别致。园林中宜丛植于草坪、角隅、路边、亭廊侧、假山旁、建筑附近等各处。猬实于 20 世纪初引入美国，被称为"美丽的灌木"(Beauty Bush)，现世界各国广为栽培。

(三) 忍冬属 *Lonicera* Linn.

直立或攀缘状灌木，稀小乔木，皮部老时呈纵裂剥落。单叶，对生，全缘，稀浅裂；无托叶。花常成对腋生，稀集生为头状或轮状；萼 5 裂；花冠唇形或近 5 等裂，每对花具 2 苞片和 4 小苞片，具总梗或缺；雄蕊 5；子房 2～3 室；花柱细长，柱头头状。浆果，红色、蓝黑色或黑色。

约 200 余种，分布于温带及亚热带地区。我国约 100 种，多为观赏和药用树种。

分 种 检 索 表

1. 藤本；苞片叶状，卵形，长 2～3cm ·· 金银花 *L. japonica*
1. 直立灌木。
  2. 小枝髓心黑褐色，后中空；落叶；苞片线形，花初白后变黄 ·············· 金银木 *L. maackii*
  2. 小枝髓心白色，半常绿；花瓣带粉红，先花后叶 ·············· 郁香忍冬 *L. fragrantissima*

1. 金银花(忍冬) *Lonicera japonica* Thunb. (图 8-432)

【形态特征】半常绿缠绕藤本，茎皮条状剥落，小枝中空，幼枝暗红色，密生柔毛和腺毛。叶卵形至卵状椭圆形，稀倒卵形，长 3～8cm，全缘，叶缘具纤毛，先端短钝尖，基部圆形或近心形；幼叶两面被毛，后上面无毛。花总梗及叶状苞片密生柔毛和腺毛；花冠 2 唇形，长 3～4cm，上唇具 4 裂片，下唇狭长而反卷，约等于花冠筒长；初开白色，后变黄色，芳香，外被柔毛和腺毛，萼筒无毛；雄蕊和花柱伸出花冠外。浆果球形，蓝黑色，长 6～7mm。花期 4～6月；果期 8～11 月。

图 8-432　金银花
1—花枝；2—花纵剖面；3—果实(示叶状苞片)

【变种】红金银花(var. *chinensis* Baker.)，茎及嫩叶带紫红色，花冠外面带紫红。紫脉金银花 (var. *repens* Rehd.)，叶近光滑，叶脉常带紫色，叶基部有时分裂，花冠白色带淡紫色。黄脉金银花(var. *aureo-reticulata* Nichols.)，叶较小，有黄色网脉。

【栽培品种】四季金银花 ('Semperflorens')，春至秋末陆续开花不断。斑叶金银花 ('Variegata')，叶有黄斑。紫叶金银花 ('Purpurea')，叶紫色。

【分布与习性】分布于东北南部、黄河流域至长江流域、西南各地，常生于山地灌丛、沟谷和疏林中。朝鲜、日本也有分布。适应性强，喜光，稍耐阴，耐寒，耐旱和水湿，对土壤要求不严，酸性土至碱性土均可生长，以湿润、肥沃、深厚的沙壤土生长最好。根系发达，萌蘖力强。

【繁殖方法】播种、扦插、压条和分株繁殖。

【园林用途】金银花植株轻盈，藤蔓细长，花朵繁密，先白后黄，状如飞鸟，布满株丛，春夏时节开花不绝，色香俱备，秋末冬初叶片转红，而且老叶未落，新叶初生，凌冬不凋，因而是一种色香俱备的优良垂直绿化植物。可用于竹篱、栅栏、绿亭、绿廊、花架等各项设施的绿化，形成"绿蔓云雾紫袖低"的景观；由于耐阴，也可攀附山石、用作林下地被。金银花老桩姿态古雅，别具一格，也是优良的盆景材料。

2. 金银木(金银忍冬) *Lonicera maackii* (Rupr.) Maxim. (图 8-433)

【形态特征】落叶灌木或小乔木，高达 6m。小枝幼时被短柔毛，髓心黑褐色，后变中空。叶片卵状椭圆形至卵状披针形，长 5～8cm，全缘，两面疏生柔毛。花成对生于叶腋，总花梗短于叶柄。花冠唇形，长达 2cm，初开时白色，不久变为黄色，芳香；雄蕊 5，与花柱均短于花冠。浆果红色，2 枚合生。花期 4～6 月；果期 9～10 月。

【变型】红花金银忍冬(f. *erubescens* Rehd.)，小苞、花冠和幼叶均带淡红色，花较大。

【分布与习性】我国广布，产于东北、华北、华东、陕西、甘肃、四川、贵州至云南北部和西藏；俄罗斯远东、朝鲜、日本亦产。性强健，喜光，耐半阴，耐寒，耐旱。不择土壤，在肥沃、深厚、湿润的土壤中生长旺盛；萌蘖性强。

【繁殖方法】播种、扦插繁殖。

【园林用途】金银木又名吉利子树，是一种花果兼赏的优良花木，枝叶扶疏，初夏满树繁花，先白后黄、清雅芳香，秋季红果满枝、晶莹可爱。孤植、丛植于林缘、草坪、水边、建筑物周围、疏林下均适宜。花可提取芳香油，全株可入药，亦为优良的蜜源植物。

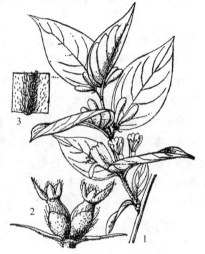

图 8-433　金银木

1—花枝；2—苞片、小苞片、萼筒；

3—叶下面毛被

3. 郁香忍冬 *Lonicera fragrantissima* Lindl. & Paxon

半常绿或落叶灌木，枝髓充实，幼枝疏被刺刚毛，间或夹杂短腺毛；冬芽有 1 对顶端尖的外鳞片，将内鳞片盖没。叶近革质，变异大，倒卵状椭圆形、椭圆形、卵形至卵状矩圆形，长 3～8cm，无毛或仅下面中脉有刚毛。总花梗长 2～10mm，相邻两花萼筒部分合生；花冠白色或带淡红色斑纹，冠筒内面密生柔毛。先花后叶或花叶同放，香气浓郁。浆果鲜红色，长约 1cm，两果合生过半。花期 2～4 月；果期 4～5 月。

产安徽、江西、湖北、河南、河北、陕西南部、山西、浙江等地，生于山地灌丛中。常见栽培。

枝叶茂盛，早春先叶开花，香气浓郁，是优良的观赏花木，适于庭院、草坪边缘、园路两侧、假山、亭际丛植。

附：盘叶忍冬(*Lonicera tragophylla* Hemsl.)，落叶缠绕藤本。叶长椭圆形。花序下的 1 对叶片基部合生，花在小枝顶端轮生，头状，有花 9～18 朵；花冠黄至橙黄色，筒部 2～3 倍长于裂片，裂片唇形。浆果红色。花期 6 月。产华北、西北、西南、华南。花大而美丽，为良好的观赏藤本，适于垂直绿化。

蓝靛果(*Lonicera caerulea* Linn. var. *edulis* Turcz. ex Herd.)，灌木，小枝紫褐色，冬芽具 2 枚舟形鳞片；枝条节部常有大型盘状托叶，茎似由托叶间穿过。叶片矩圆形、卵状矩圆形或披针形，长 1.5～3.5cm，宽 1～2.5cm，网脉突起；花冠黄白色；果实球形或椭圆形，长 1～1.7cm，深蓝色，被白粉。广布于东北至华北、西北和四川。

（四）六道木属 *Abelia* R. Brown

落叶灌木，小枝细，芽鳞数枚。单叶，对生，稀 3 叶轮生；无托叶。单花、双花或多花组成聚伞花序或圆锥状复聚伞花序；苞片 2 或 4；花萼 2～5，花后增大宿存；花冠管状、钟状或漏斗状，4～5 裂；雄蕊 4；子房 3 室，仅 1 室发育，1 胚珠。瘦果革质，种子 1。

约 25 种，分布于东亚、喜马拉雅地区和墨西哥。我国 9 种，主产长江以南、中部和西南地区。

分 种 检 索 表

1. 茎节不膨大；圆锥花序顶生或腋生；萼 5 裂，被短柔毛 ·················· 糯米条 *A. chinensis*
1. 茎节膨大，叶柄基部扩大而连合；花 2 朵生枝顶叶腋；萼 4 裂，疏生短刺毛 ·············· 六道木 *A. biflora*

1. 糯米条 *Abelia chinensis* R. Br(图 8-434)

【形态特征】落叶灌木，高达 2m。枝条开展，幼枝红褐色，疏被毛，茎节不膨大。叶片卵形至椭圆状卵形，长 2～3.5cm，缘具浅齿，背面叶脉基部或脉间密生白色柔毛；叶柄基部不扩大连合。圆锥花序顶生或腋生，由聚伞花序集生而成；花萼 5 裂，被短柔毛，粉红色；花冠 5 裂，白色至粉红色，芳香，漏斗状，外微有毛，内有腺毛；雄蕊伸出花冠外。瘦果核果状，宿存的花萼淡红色。花期 7～9 月；果期 10～11 月。

图 8-434　糯米条(1～3)、六道木(4、5)
1、4—花枝；2、5—花；3—果实

【分布与习性】产秦岭以南，常见于低山湿润林缘及溪谷岸边。适应性强，喜光，也耐阴；耐干旱瘠薄，有一定耐寒性，在黄河中下游地区可生长；对土壤要求不严，酸性、中性土均能生长，喜疏松湿润而排水良好的土壤；根系发达，萌芽性强。耐修剪整形。

【繁殖方法】播种、扦插繁殖均可。

【园林用途】枝条细软下垂，树姿婆娑，花朵洁莹可爱，密集于枝梢，花色白中带红；花谢后，粉红色的萼片长期宿存于枝头，如同繁花一般，整个观赏期自夏至秋。是优良的夏秋芳香花灌木，适于丛植于林缘、树下、石隙、草坪、角隅、假山等各处，列植于路边，也可作基础种植材料、岩石园材料或自然式花篱。

2. 六道木 *Abelia biflora* Turcz. (图 8-434)

【形态特征】落叶灌木，高达 3m。幼枝被倒生刚毛，老枝具明显 6 棱；茎节膨大，叶柄基部扩大而连合。叶长圆形至椭圆状披针形，长 2～7cm，基部楔形，全缘或具疏齿，两面被柔毛。花 2 朵生于小枝顶端叶腋，无总花梗；花萼疏生短刺毛，4 裂；花冠筒状，4 裂，白色、淡黄色或带浅红色；雄蕊 4，内藏。瘦果状核果，常弯曲，有宿存萼片 4。果被刺毛。花期 4～5 月；果期 8～9 月。

【分布与习性】产辽宁、内蒙古、河北、河南、陕西、甘肃等地；生于海拔 1000～2000m 的山地灌丛林缘。耐阴，耐寒，喜湿润土壤；生长慢。

【繁殖方法】播种繁殖。

【园林用途】叶秀花美，可配植在林下、建筑背阴面、石隙及岩石园中。也可作北方山区水土保持树种。

附：南方六道木 [*Abelia dielsii* (Graebn.)Rehd.]，聚伞花序具 2 花，总花梗长 12mm，生于侧枝顶部；花几无梗。

（五）荚蒾属 *Viburnum* Linn.

灌木或小乔木，冬芽裸露或被芽鳞，常被星状毛。单叶，对生，稀轮生；托叶有或无。聚伞花序，集生为圆锥状或伞房状花序，花序边缘有时有大型不孕花；花辐射对称；萼 5 裂；花冠辐状、钟状或高脚碟状，5 裂；雄蕊 5；子房 1 室，花柱极短，柱头 3 裂。核果，核多扁平；种子 1。

约 200 种，分布于北半球温带和亚热带，主产东亚和北美。我国约 100 种，南北均产。

分 种 检 索 表

1. 落叶性。
  2. 裸芽；植物体被星状毛 ·· 木绣球 *V. macrocephalum*
  2. 鳞芽。
    3. 叶不分裂。
      4. 花冠辐状。
        5. 侧脉 8~14 对，表面叶脉显著凹下，花序周围具不孕花 ····················· 雪球荚蒾 *V. plicatum*
        5. 侧脉 6~8 对，聚伞花序全为可孕花 ······················· 荚蒾 *V. dilatatum*
      4. 花冠高脚碟状，圆锥花序，长 3~5cm；叶面皱缩 ·················· 香荚蒾 *V. farreri*
    3. 叶 3 裂，掌状 3 出脉；叶柄顶端有 2~4 腺体；花序边缘为大型白色不孕花 ········ 欧洲荚蒾 *V. opulus*
1. 常绿性，全体无毛或幼时稍被黄褐色簇状毛；叶缘疏生波状锯齿或近全缘 ········ 珊瑚树 *V. odoratissimum*

1. 木绣球 *Viburnum macrocephalum* Fort.（图 8-435）

【形态特征】落叶或半常绿灌木，高达 5m。枝条开展，树冠呈球形。冬芽裸露，芽、幼枝、叶柄及叶下面密生星状毛。叶卵形至卵状椭圆形，长 5~10cm；先端钝尖，基部圆形，叶缘具细锯齿，侧脉 5~6 对。大型聚伞花序呈球状，径约 15~20cm；全由不孕花组成；花冠白色，辐状，径 1.5~4cm，瓣片倒卵形。花期 4~5 月，不结果。

【变型】琼花 [f. *keteleeri* (Carr.)Nichols]（图 8-436），又名八仙花。聚伞花序，直径约 10~12cm，中央为两性的可孕花，周围有 7~10 朵(常为 8 朵)大型白色不孕花；核果椭圆形，红色，后变黑色。花期 4~5 月；果期 7~10 月。扬州市市花。

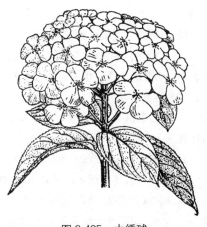

图 8-435　木绣球

【分布与习性】产长江流域，各地常见栽培。喜光，略耐阴，喜温暖湿润气候，较耐寒，宜在肥沃、湿润、排水良好的土壤中生长。华北南部也可露地栽培，萌芽、萌蘖性强。

【繁殖方法】扦插、压条、分株繁殖。

【园林用途】木绣球为我国传统的观赏花木，树冠开展圆整，春日白花聚簇，团团如球，宛如雪花压树，枝垂近地，尤饶幽趣，花落之时，又宛如满地积雪；变型琼花花形扁圆，周围着生洁白不孕花，远看玉树婆娑、梨云梅雪，近观犹如群蝶起舞，芳心高洁。

最宜孤植于草坪及空旷地，使其四面开展，充分体现其个体美；如丛植一片，花开之时即有白云翻滚之效，十分壮观，如杭州西湖沿岸有木绣球和琼花的丛植景观；栽于园路两侧，使其拱形枝条形成花廊，人们漫步于其花下，亦顿觉心旷神怡。此外，配植于房前窗下，也极适宜；木绣球还可作大型花坛的中心树。

2. 雪球荚蒾(蝴蝶绣球) *Viburnum plicatum* Thunb

【形态特征】落叶灌木，高 2～4m。枝开展，幼枝疏生星状绒毛。鳞芽。叶宽卵形或倒卵形，长 4～8cm，顶端尖或圆，基部宽楔或圆形，缘具锯齿，侧脉 8～14 对，表面叶脉显著凹下，背面疏生星状毛及绒毛。聚伞花序复伞状球形，径约 6～12cm，全为大型白色不孕花组成。花期 4～5 月。

【变型】蝴蝶荚蒾 [f. *tomentosum* (Thunb.)Rehd.] (图 8-437)，又名蝴蝶戏珠花，花序外缘具白色大型不孕花，形同蝴蝶，花冠径达 4cm；中部为可孕花，稍有香气，雄蕊稍突出花冠。果宽卵形或倒卵形，红色，后变蓝黑色。花期 4～5 月；果期 8～9 月。

【分布与习性】产陕西南部、华东、华中、华南、西南等地。日本、欧美栽培较多。喜温暖湿润，较耐寒，稍耐半阴。

【繁殖方法】扦插、嫁接繁殖。

【园林用途】观赏特性与园林应用同木绣球。《药圃同春》曰：“雪球玉团，俱在三月开，雪球色白喜阴，常浇以腴，鲜秀异常，花大如斗，近觉微香。玉团即小雪球，喜腴宜荫，极香。”其中，“雪球”指木绣球，而“玉团”则应指雪球荚蒾。

3. 欧洲荚蒾 *Viburnum opulus* Linn.

【形态特征】落叶灌木，高达 4m；树皮质薄而非木栓质。叶卵圆形或倒卵形，长 6～12cm，通常 3 裂，掌状 3 出脉，有不规则粗齿或近全缘；叶柄粗壮，有 2～4 个大腺体。聚伞花序复伞形，直径 5～10cm，周围有大型白色不孕边花；花冠白色，花药黄白色。核果近球形，径 8～10(12)mm，红色而半透明状，内含 1 种子。花期 5～6 月；果期 9～10 月。

【变种】天目琼花 [var. *calvescens* (Rehd.)Hara] (图 8-438)，树皮厚而多少呈木栓质；花药紫红色。产俄罗斯远东、朝鲜、日本等亚洲东北部地区，我国东北、内蒙古、华北至长江流域均有分布。

图 8-436　琼花

1—花枝；2—花；3—果枝；4—果实

图 8-437　蝴蝶荚蒾

1—花枝；2—花蕾；3—果枝；4—果实

【栽培品种】欧洲雪球（'Roseum'），花序全为大型不育花。

【分布与习性】产欧洲和俄罗斯高加索与远东地区，我国分布于新疆。喜光，耐半阴，耐寒，耐旱，对土壤要求不严，在微酸性、中性土上均能生长，病虫害少。

【繁殖方法】播种、分株、嫁接繁殖。

【园林用途】树姿清秀，叶形美丽，初夏花白似雪，深秋果似珊瑚，是春季观花、秋季观果的优良树种。适宜植于草地、林缘，因其耐阴，也可植于建筑物背面等。

图 8-438　天目琼花

1—花枝；2—花；3—果实

4. 荚蒾 *Viburnum dilatatum* Thunb（图 8-439）

【形态特征】落叶灌木，高 2～3m，老枝红褐色。小枝、芽、叶柄、花序及花萼被星状毛。叶宽倒卵形至椭圆形，先端骤尖或短尾尖，长 3～9cm，叶缘有尖锯齿，下面有腺点。聚伞花序，径约 8～12cm，全为可孕花；花冠辐状，白色，5 裂，雄蕊长于花冠。核果近球形，鲜红色，径约 7～8mm，有光泽。花期 4～6月；果期 9～11 月。

【栽培品种】黄果荚蒾（'Xanthocarpum'），果黄色。

【分布与习性】产黄河以南至长江流域各地，常生于海拔 100～1000m 的林缘、灌丛和疏林内；日本和朝鲜也产。弱阳性树种，喜光，略耐阴，喜深厚、肥沃土壤，不耐瘠薄和积水。

【繁殖方法】播种繁殖，也可分株、扦插和压条繁殖。

【园林用途】荚蒾株形丰满，春季白花繁密，秋季果实红艳，是优良的花果兼赏佳品。适于草地、墙隅、假山石旁丛植，亦适于林缘、林间空地栽植，果熟季节十分壮观。

5. 香荚蒾（香探春）*Viburnum farreri* Stearn.

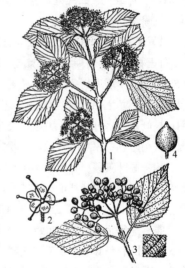

图 8-439　荚蒾

1—花枝；2—花；3—果枝；4—果

落叶灌木，高达 3m。鳞芽。小枝粗壮，平滑，幼时有柔毛。叶菱状倒卵形至椭圆形，叶面皱缩，长 4～8cm，顶端尖，基部楔形，叶缘具三角状锯齿，羽状脉直达齿端，下面脉腋有簇毛。圆锥花序长 3～5cm；花冠高脚碟状，5 裂，蕾时粉红色，开放后白色，芳香。果椭球形，紫红色，长 0.8～1cm。花期 3～4 月，先叶开放或花叶同放；果期 7～10 月。

产河北、河南、甘肃、青海及新疆，华北园林常见栽培。可压条、分株、播种或扦插繁殖。

树形优美，枝叶扶疏，早春开花，白色浓香，秋红果累累，挂满枝梢，是优良的观花、观果灌木。有白花（'Album'）、矮生（'Nanum'）等栽培品种。

6. 珊瑚树 *Viburnum odoratissimum* Ker-Gawl.（图 8-440）

【形态特征】常绿大灌木或小乔木，高达 10m。枝条灰色或灰褐色，有凸起的小瘤状皮孔，近无毛。冬芽有 1～2 对卵状披针形鳞片。叶椭圆形、矩圆形或矩圆状倒卵形至倒卵形，有时近圆形，长 7～20cm，表面深绿而有光泽，背面有时散生暗红色腺点，先端钝尖，基部宽楔形，边缘上部有不规则浅波状钝齿或近全缘；侧脉4～6对。圆锥花序顶生或生于侧生短枝上，宽尖塔形，长6～13cm，宽4.5～6cm；总花梗扁而有淡黄色小瘤状突起；花白色，钟状，花冠筒长约2mm，芳香。核果椭圆形，成熟时由红色渐变为黑色。花期4～5月；果期7～10月。

【变种】日本珊瑚树［var. *awabuki* (K. Koch.) Zabel ex Rumpl.］（图8-440），又名法国冬青。叶倒卵状矩圆形至矩圆形，很少倒卵形，长7～13(16)cm，边缘常有较规则的波状浅钝锯齿；侧脉5～8对；叶柄红色；圆锥花序通常生于具两对叶的幼枝顶端，长9～15cm，直径8～13cm，花冠筒长3.5～4mm。产我国台湾和日本，华东各地常见栽培。

【分布与习性】产我国东南部沿海地区，热带亚洲也有分布。喜光，稍耐阴，喜温暖湿润气候及湿润肥沃土壤；耐烟尘，对氯气、二氧化硫抗性较强。根系发达，萌芽力强，耐修剪，易整形。

图8-440　珊瑚树(1～5)、
日本珊瑚树(6～9)

1—花枝　2、6—花放大；3、7—果实放大；
4、8—叶片；5、9—叶片背面放大

【繁殖方法】扦插繁殖为主，亦可播种。

【园林用途】珊瑚树枝叶繁茂，终年碧绿，蔚然可爱，与海桐、罗汉松同为海岸三大绿篱树种。《花经》云："珊瑚树多挺生，枝干直立，叶绿而亮，终年苍翠，入冬尤绿，庭园中皆取行列之丛栽，以作装饰墙角之用。"在园林中，珊瑚树易形成高篱，最适于沿墙垣、建筑栽植，既供隐蔽、观赏之用；枝叶富含水分，耐火力强，又兼有防火功能。珊瑚树春季白花满树，秋季果实鲜红，状如珊瑚，因而作为一种花果兼叶赏的美丽观赏树种，也可丛植于园林、庭院各处观赏。

附：皱叶荚蒾(*Viburnum rhytidophyllum* Hemsl)，又名枇杷叶荚蒾。常绿灌木或小乔木，幼枝、叶背及花序均被星状绒毛；裸芽；叶厚革质，卵状长椭圆形，长8～20cm，叶面皱而有光泽；花序扁，径达20cm；花冠黄白色。5月开花。核果红色，后变黑色。产陕西南部至湖北、四川和贵州。

茶荚蒾(*Viburnum setigerum* Hance)，又名饭汤子。叶卵状长圆形，长7～12cm，先端长渐尖，下面沿中脉和侧脉疏被长毛。花萼紫红色；果实卵圆形，红色，长0.9～1.1cm。花期4～5月；果期9～10月。产于陕西南部、长江以南至台湾、西南等地。

桦叶荚蒾(*Viburnum betulifolium* Batal.)，鳞芽，小枝稍有棱，无毛或幼时有柔毛。叶宽卵形或宽倒卵形，基部宽楔形或圆形，缘具波状齿牙，侧脉5～7对，托叶钻形。顶生复伞形聚伞花序，常被黄褐色星状毛；花冠辐状，白色。果红色，近球形，径6mm。花期6～7月；果期9～10月。产河南、陕西、甘肃和西南各地。

(六) 接骨木属 *Sambucus* Linn.

落叶灌木或小乔木，稀草本；小枝粗，髓心大。奇数羽状复叶，对生，小叶具锯齿。复聚伞或圆锥花序，顶生；萼齿5；花冠小，5裂，辐状，黄白色；雄蕊5；子房3～5室。浆果状核果，具2～5核。

约20种，分布于温带和亚热带。我国约5～6种，南北均产。

接骨木 *Sambucus williamsii* Hance(图 8-441)

【形态特征】落叶大灌木或小乔木，高达 6m；树皮暗灰色。小枝粗壮，有粗大皮孔，光滑无毛，髓心淡黄棕色。奇数羽状复叶，小叶 5～7(11)，椭圆状披针形，长 5～15cm，两面光滑无毛，基部圆或宽楔形，叶缘具细锯齿。聚伞花序呈圆锥状，顶生，长 7～12cm；花冠白色至淡黄色，雄蕊约与花冠等长。核果红色，稀蓝紫色，球形，具 2～3 分核。花期 4～5 月；果期 6～7 月。

图 8-441 接骨木
1—果枝；2—果；3—花

【分布与习性】原产我国，分布极为广泛，从东北至西南、华南均产；生于海拔 540～1600m 的山坡、河谷林缘或灌丛。性强健。喜光，亦耐阴；耐旱，忌水涝；耐寒性强。根系发达，萌蘖性强，耐修剪。抗污染。生长速度快。

【繁殖方法】扦插、分株、播种繁殖，栽培容易，管理粗放。

【园林用途】株形优美，枝叶繁茂，春季白花满树，夏季果实累累，是夏季较少的观果灌木。适于水边、林缘、草坪丛植，也可植为自然式绿篱。枝叶入药，栽培历史悠久。

附：西洋接骨木(*Sambucus nigra* Linn.)，小枝髓部白色；聚伞花序呈扁平球状，5 分枝，直径 12～20cm；果实黑色。原产欧洲，华东地区常见栽培。有银边接骨木('Albo-marginatus ')、金边接骨木('Aureo-marginata ')等品种。

八十六、棕榈科(槟榔科) Plamae (Arecaceae)

常绿乔木或灌木，有时藤本；单干或丛生，多不分枝，树干上常具宿存叶基或环状叶痕。叶大型，羽状或掌状分裂，通常集生树干顶部或在攀缘种类中散生于茎上；叶裂片或小叶在芽时内折(即向叶面折叠)或背折(即向叶背折叠)；叶柄基部常扩大成纤维质叶鞘。花小，整齐，两性或单性；肉穗花序分枝或不分枝，具 1 至数枚大型佛焰苞；萼片、花瓣各 3，分离或合生；雄蕊常 3～6；子房上位，3 心皮，1～3 室，或分离或于基部合生，胚珠单生于每一个心皮。浆果、核果或坚果。

约 210 属 2800 种，分布于热带和亚热带，主产热带亚洲和热带美洲。我国约 22 属 72 种，主产云南、广西、广东和台湾，此外引入栽培的亦有多种。

分属检索表

1. 叶掌状分裂。
  2. 叶柄两侧有刺，叶裂片先端 2 裂。
    3. 叶裂片整齐，边缘或裂隙无丝状纤维 ·······················蒲葵属 *Livistona*
    3. 叶裂片不整齐，边缘或裂隙至少在幼树上具丝状纤维·····················丝葵属 *Washingtonia*
  2. 叶柄两侧无刺，或有细齿。
    4. 丛生灌木；茎丛生，粗 1～3cm；叶裂片 2～20 片，先端常有几个细尖齿 ·····················棕竹属 *Rhapis*

4. 茎单生，粗6cm以上；叶裂片20片以上，先端2裂 ………………………… 棕榈属 *Trachycarpus*
1. 叶1或2～3回羽状分裂。
 5. 叶1回羽状，小羽片一般窄，顶端不加宽，边缘全缘或有齿。
  6. 叶柄两侧及叶轴均无由小羽片退化而成的针刺。
   7. 花序着生于最低叶鞘的下方。
    8. 茎基部膨大或不膨大，成株中部不膨大；小羽片在叶轴上排成2列。
     9. 叶背面被灰白色鳞秕状或绒毛状覆被物，小羽片先端不裂或2裂 … 假槟榔属 *Archontophoenix*
     9. 叶背面光滑，无覆被物，小羽片先端常成不规则齿裂 ……………………… 槟榔属 *Areca*
    8. 茎幼时基部膨大，成株中部膨大；小羽片在叶轴上通常排成4列 ……………… 王棕属 *Roystonea*
   7. 花序着生于叶丛间，小羽片排为整齐的两列，先端渐尖；果大，径15cm以上 ……… 椰子属 *Cocos*
  6. 叶柄两侧具由小羽片退化而成的针刺。
   10. 小羽片在芽中或基部向内对折；花异株，花序梗长而扁 ……………………… 刺葵属 *Phoenix*
   10. 小羽片在芽中或基部向外对折；花单性同株，花序梗短而圆 ……………………… 油棕属 *Elaeis*
 5. 叶2～3回羽状，小羽片菱形或三角形，两侧有直边，顶端宽，边缘有啮蚀状齿缺 ……… 鱼尾葵属 *Caryota*

（一）棕榈属 *Trachycarpus* H. Wendl.

乔木或灌木。叶片近圆形，掌状分裂，裂片先端直伸，2裂；叶柄两侧具细齿。花序由叶丛中抽出，分枝密集，佛焰苞多数，革质，被茸毛；花单性或两性，同株或异株，黄色；花萼、花瓣各3枚；雄蕊6；子房3室，心皮基部合生。核果；种子腹面有凹槽。

约8种，分布于东亚。我国3种，产西南部至东南部。

棕榈 *Trachycarpus fortunei* (Hook.) H. Wendl. (图 8-442)

【形态特征】高达15m。树干常有残存的老叶柄及其下部的黑褐色叶鞘。叶形如扇，径50～70cm，掌状分裂至中部以下，裂片条形，坚硬，先端2浅裂，直伸；叶柄长0.5～1m，两侧具细锯齿。花淡黄色。果肾形，径5～10mm，熟时黑褐色，略被白粉。花期4～6月；果期10～11月。

【分布与习性】原产亚洲，在我国分布甚广，长江流域及其以南各地普遍栽培。喜光，亦耐阴，苗期耐阴能力尤强；喜温暖湿润，亦颇耐寒，在山东崂山露地生长的棕榈可高达4m；喜排水良好、湿润肥沃的中性、石灰性或微酸性黏质壤土，耐轻度盐碱，也能耐一定的干旱和水湿；抗烟尘和二氧化硫、氟化氢、二氧化氮、苯等有毒气体，对二氧化硫和氟化氢有很强的吸收能力。浅根系，须根发达，生长较缓慢。

【繁殖方法】播种繁殖。生产上可利用大树下自播苗培育。

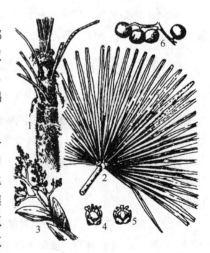

图 8-442 棕榈
1—树干顶部；2—叶；3—花序；
4—雄花；5—雌花；6—果

【园林用途】棕榈为著名的观赏植物，树姿优美，"秀干扶疏彩槛新，琅玕一束净无尘；重苞吐实黄金穗，密叶围条碧玉轮"，最适于丛植、群植、窗前、凉亭、假山附近、草坪、池沼、溪涧均无处不适，列植为行道树也甚为美丽，均可展现热带风光。山麓溪边，栽种棕榈，既可护坡固岸，又能增添景致。庭院中成丛，如屋角之阳、凉亭之侧、假山旁、池沼之畔，点缀数株，自别有一番景色。为南方特有的经济树种，棕皮用途广。叶鞘纤维、叶柄、根、果均可入药。

（二）蒲葵属 *Livistona* R. Brown

乔木。茎直立，有环状叶痕。叶近圆形，扇状折叠，掌状分裂至中部或中上部，顶端2裂；叶柄两侧具倒钩刺；叶鞘纤维棕色。花两性，肉穗花序自叶丛中抽出；佛焰苞管状，多数；花萼和花冠3裂几达基部；雄蕊6；心皮3，近分离，花柱短。核果，球形至卵状椭圆形。种子1枚，腹面有凹穴。

约30种，分布于热带亚洲和澳大利亚。我国4种，产南部至台湾。

蒲葵 *Livistona chinensis* (Jacq.)R. Brown ex Mart. (图8-443)

【形态特征】乔木，高达20m，胸径达30cm。叶阔肾状扇形，宽1.5～1.8m，长1.2～1.5m，掌状浅裂或深裂；裂片条状披针形，顶端长渐尖，再深2裂，下垂；叶柄长1m以上，两侧有钩刺；叶鞘褐色，纤维甚多。肉穗花序排成圆锥花序式，腋生，长达1m，分枝多而疏散；总苞1，革质，圆筒形，苞片多数，管状。花两性，黄绿色，通常4朵集生。核果椭圆形至近圆形，长1.8～2cm，状如橄榄，成熟时亮紫黑色，略被白粉。花期3～4月；果期9～10月。

【分布与习性】原产华南和日本琉球群岛，我国长江流域以南各地常见栽培。喜光，略耐阴；喜高温多湿气候；喜肥沃湿润而富含腐殖质的黏壤土，能耐一定的水涝和短期浸泡。虽无主根，但侧根异常发达，密集丛生，抗风力强。

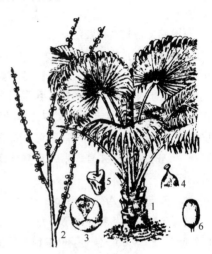

图8-443　蒲葵
1—植株；2—部分花序；3—花；
4—雄蕊；5—雌蕊；6—果

【繁殖方法】播种繁殖。

【园林用途】树形美观，树冠伞形，树干密生宿存叶基，叶片大而扇形，婆娑可爱，是热带地区优美的庭园树种，可供行道树、庭荫树之用，丛植、孤植于草地、山坡，或列植于道路两旁、建筑周围、河流沿岸均宜。嫩叶可制作蒲扇，是园林结合生产的理想树种。

（三）槟榔属 *Areca* Linn.

乔木或丛生灌木，具环状叶痕。叶羽状全裂；叶柄无刺。花单性，雌雄同序；花序生于叶鞘束之下，分枝多；佛焰苞早落。雄花生于花序上部，雄蕊3或6；雌花生于下部，子房1室，柱头3。核果卵形至长圆形，果皮纤维质，新鲜时稍带肉质，基部为花被所包围，有种子1颗。

约60种，产中国南部、印度、斯里兰卡至新几内亚岛、所罗门群岛。我国1种，引入栽培数种。

分 种 检 索 表

1. 乔木，单干型；雄蕊6枚 ·· 槟榔 *A. catechu*

1. 丛生灌木至小乔木；雄蕊3枚 ·· 三药槟榔 *A. triandra*

1. 槟榔 *Areca catechu* Linn. (图8-444)

【形态特征】乔木，单干型，较纤细，高达10～20m，直径可达20cm；茎干有明显的叶环痕。

叶 1 回羽状分裂，长达 2m，叶鞘灰绿色。花序生于叶下，分枝；雄蕊 6 枚。果实卵球形，长约 5cm，鲜红色。果期 9～12 月。

【分布与习性】原产热带亚洲。极不耐寒，需要热带气候条件。幼苗喜阴，成株能忍受直射光。我国海南以及广东、台湾、云南和广西的南部有栽培，但即使在海南，也只有在东部、中部和南部气候炎热的低山地区才能生长良好。

【繁殖方法】播种繁殖。

【园林用途】槟榔树冠不大，果实鲜红，园林中宜群植或于草地上小片丛植，也可配植在建筑附近，主要表现其纤美通直的茎干。槟榔虽非我国原产，但在我国的栽培历史至少有 1500 多年。《南方草木状》有"树高十余丈，皮似青桐，节如桂竹，森秀无柯，端顶有叶，叶似甘蕉……"的描述，并有岭南人喜食槟榔、并用槟榔款待宾客的记载。

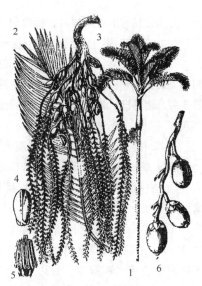

图 8-444　槟榔
1—植株形态；2—叶；3—花序；
4、5—雄花；6—果实

2. 三药槟榔 *Areca triandra* Roxb.

【形态特征】丛生灌木至小乔木，一般高 2～3m，最高可达 6m。茎绿色，间以灰白色环斑。羽状复叶，长 1～2m，侧生羽叶有时与顶生叶合生。雌雄同株，单性花；肉穗花序，长 30～40cm，多分枝，顶生为雄花，有香气，雄蕊 3 枚；基部为雌花。果实橄榄形，成熟时鲜胭脂红色。

【分布与习性】原产印度、马来西亚等热带地区，20 世纪 60 年代引入我国。喜高温、湿润的环境，耐阴性很强；喜疏松肥沃的土壤。耐 -8℃低温，部分耐寒品种可露地栽培于华中和华东南部地区。

【繁殖方法】播种、分株繁殖。

【园林用途】树形优美，由多条树干丛生形成，青翠浓绿，姿态优雅，果实鲜红，在翠绿的叶丛衬托下特别醒目，具浓厚的热带风光气息，是庭园、别墅绿化的良好材料，同时也是优美的盆栽观叶植物，可用作会议室展厅、宾馆、酒店等豪华建筑物厅堂装饰。

（四）王棕属 *Roystonea* O. F. Cook.

乔木，茎单生，圆柱状，近基部或中部膨大。叶羽状全裂；裂片线状披针形，叶鞘极延长，包茎。花序分枝长而下垂，生于叶鞘束下；佛焰苞 2，外面 1 枚早落，里面 1 枚全包花序，于开花时纵裂。花单性同株；花被裂片 6；雄蕊 6～12；子房 3 室。果小，近球形或长圆形。

约 10 种，产热带美洲。我国引入栽培 2 种。

大王椰子(王棕) *Roystonea regia* (H. B. K.) O. F. Cook. (图 8-445)

【形态特征】高 10～29m。茎具整齐的环状叶鞘痕，幼时基部明显膨大，老时中部膨大。叶聚生茎顶，羽状全裂；裂片条状披针形，常 4 列排列；叶鞘长，紧包干茎。肉穗花序 2 回分枝，排成圆锥花序式，有佛焰苞 2 枚。雄花淡黄色，花瓣镊合排列，雌花花冠壶状，3 裂至中部。果近球形，红褐色至淡紫色。花期 4～5 月；果期 7～8 月。

【分布与习性】原产热带美洲，世界热带广为栽培，我国华南和西南地区园林中常见应用。成树喜光,幼树稍耐阴;喜温暖,耐寒力较假槟榔差;根系发达,抗风力强,能抗 8～10 级热带风暴;喜土层深厚肥沃的酸性土,不耐瘠薄,较耐干旱和水湿。

【繁殖方法】播种繁殖。

【园林用途】大王椰子是古巴的国树,树形挺拔,茎干光滑并具有明显的环状叶痕,整个茎干呈优美的流线型,是一种极为优美的棕榈植物,适于行列式种植和对植,也可用于水边、草坪等处丛植。大王椰子还适于在高速公路中心绿带中应用,其高大而单生的茎干不会妨碍行驶中汽车的视线,汽车疾驰而产生的阵风也不会影响到茎顶的树冠。

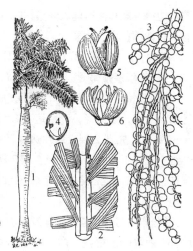

图 8-445 大王椰子

1—植株形态;2—叶中部(示羽片排列);3—部分果序;4—果实纵剖面;5—雌花;6—雄花

(五) 假槟榔属 *Archontophoenix* H. Wendl & Drude

乔木,茎单干型,具显著叶环痕,基部常膨大。叶 1 回羽状全裂,羽片排列成同一平面。花序生于叶鞘束下方,下垂、分枝;佛焰苞 2;花无梗,单性同株;雄花左右对称,萼片和花瓣各 3,雄蕊 9～24 枚,花丝近基部合生;雌花近球形,1 室,柱头 3。果球形或椭球形。

4 种,产澳大利亚。我国引入栽培 2 种。

假槟榔(亚历山大椰子) *Archontophoenix alexandrae* H. Wendl & Drude(图 8-446)

【形态特征】常绿乔木,高达 20m,直径 30cm,基部显著膨大。叶拱状下垂,长达 2.3m;裂片多达 130～140 枚,长约 60cm,先端渐尖而略 2 浅裂,全缘;表面绿色,背面有白粉;叶鞘长达 1m,膨大抱茎,革质。肉穗花序生于叶鞘下方之干上,悬垂而多分枝,雌雄异序;雄花序长约 75cm,雄花三角状长圆形,淡米黄色;雌花序长约 80cm,雌花卵形,米黄色。果实卵球形,长 1.2～1.4cm,红色。

【分布与习性】原产澳大利亚,生于低地雨林中;华南各地常见栽培。性喜高温、高湿和避风向阳的环境,耐 5～6℃的长期低温和 0℃的极端低温;喜土层深厚肥沃的微酸性土;抗风力强;耐水湿,也较耐干旱。

【繁殖方法】播种繁殖。

【园林用途】假槟榔树体高大挺拔,树干光洁,给人以整齐的感觉,而干顶蓬松散开的大叶片披垂碧绿,随风招展,又不失活泼,果实红色,也甚为美观。在我国栽培历史已有百年以上,是华南最常见的园林树种之一,特别适于建筑前、道路两侧列植,以突出展示其高度自然的韵律美,若在草地中丛植几株也适宜,可以常绿阔叶树为背景,以衬托假槟榔的苗条秀丽。

(六) 丝葵属(华盛顿椰子属) *Washingtonia* H. Wendl

高大乔木。叶掌状分裂为不整齐的单折裂片,裂片先端 2

图 8-446 假槟榔

1—植株形态;2—雌花;3—部分果序

裂，边缘及裂片间有丝状纤维；叶柄至少下半部具刺；叶凋枯后不落，下垂覆于茎周。花两性，花丝长，肉穗花序。核果。

2 种，产美国及墨西哥。我国均有引种栽培。

丝葵（华盛顿椰子、裙棕）*Washingtonia filifera* (Lind. ex Andre) H. Wendl.（图 8-447）

【形态特征】高达 20m，茎近基部略膨大，向上稍细。叶掌状中裂，圆扇形，叶径达 1.8m，约分裂至中部；裂片 50~80 枚，先端 2 裂；裂片边缘及裂隙具永存灰白色丝状纤维，先端下垂；叶柄绿色，仅下部边缘具小刺。花序多分枝，花小，几无梗，白色。核果，椭圆形，熟时黑色。花期 6~8 月。

【分布与习性】原产美国及墨西哥。我国长江流域以南地区有栽培，以福建、广东等地较多。喜温暖、湿润、向阳的环境，亦能耐阴，抗风抗旱力均很强。喜湿润、肥沃的黏性土壤，也能耐一定的水湿与咸潮，能在沿海地区生长良好。

【繁殖方法】播种繁殖。

【园林用途】树冠优美，叶大如扇，四季常青，那干枯的叶子下垂覆盖于茎干之上形似裙子，而叶裂片间特有的白色纤维丝，犹如老翁的白发，奇特有趣。宜孤植于庭院中观赏或列植于大型建筑物前、池塘边以及道路两旁。

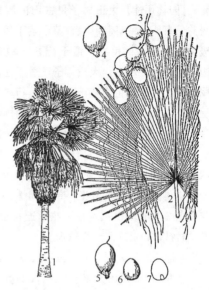

图 8-447 丝葵(1~4)、大丝葵(5~7)
1—植株；2—叶；3—部分果序；4、5—果实；
6—种子；7—种子纵剖面

附：**大丝葵**（*Washingtonia robusta* H. Wendl.）（图 8-447），又名壮裙棕。树干基部膨大，叶片较小，直径 1~1.5m，裂至基部 2/3 处，裂片边缘的丝状纤维只存在于幼龄树的叶上，随年龄成长而消失，叶柄淡红褐色，边缘具粗壮的钩刺，幼树的刺更多。原产墨西哥北部，华南常栽培。

（七）棕竹属 *Rhapis* Linn. f.

丛生灌木，茎细如竹，多数聚生，茎上部常为纤维状叶鞘包围。叶片掌状深裂几达基部，裂片 2 至多数；叶脉显著；叶柄纤细，上面无凹槽，顶端裂片连接处有小戟突。花单性异株，肉穗花序自叶丛中抽出；有管状佛焰苞 2~3 枚；花萼和花冠 3 齿裂；雄蕊 6，雌花具退化雄蕊；心皮 3，分离，胚珠 1。浆果，种子单生，球形或近球形。

约 12 种，分布于东亚。我国 5 种，产南部至西南部。

棕竹 *Rhapis excelsa* (Thunb.) Henry ex Rehd.（图 8-448）

【形态特征】高 2~3m。茎圆柱形，径 1.5~3cm；叶鞘淡黑色。叶片径 30~50cm，掌状 4~10 深裂，不均等，裂片宽线形至线状椭圆形，长 20~32cm 或更长，宽 1.5~5cm；叶缘和中脉有锐齿，顶端具不规则齿牙；叶柄长 8~

图 8-448 棕竹
1—植株；2—叶；3—部分果序

20cm，扁平。花序长达 30cm，多分枝；佛焰苞有毛。果近球形，径 8～10mm；种子球形。花期 6～7 月；果期 11～12 月。

【分布与习性】产华南、西南，日本也有分布。适应性强。喜温暖、阴湿及通风良好的环境和排水良好、富含腐殖质的沙壤土。萌蘖力强。

【繁殖方法】分株或播种繁殖。

【园林用途】丛生灌木，分枝多而直立，杆细如竹、其上有节，而且叶形优美、叶片分裂若棕榈，故有"棕竹"之名。株形饱满而自然呈卵球形，秀丽青翠，为一富有热带风光的观赏植物。园林中宜于小型庭院之前庭、中庭、窗前、花台等处孤植、丛植；也适于植为树丛之下木，或沿道路两旁列植。亦可盆栽或制作盆景，供室内装饰。

附：矮棕竹(*Rhapis humlilis* Blume)，叶片掌状 7～20 裂，裂片较狭长，条形，长 15～25cm，宽 1～2cm，先端渐尖，横脉疏而不明显。叶鞘编织成紧密的褐色网状。肉穗花序较长而分枝多。

(八) 鱼尾葵属 *Caryota* Linn.

常绿乔木，稀灌木。茎单生或丛生，有环状叶痕。叶 2～3 回羽状全裂，裂片半菱形，成鱼尾状，顶端极偏斜而有不规则啮齿状缺刻；叶鞘纤维质。肉穗花序腋生，下垂；花单性同株，通常 3 朵聚生；雄花萼片 3 枚，花瓣 3 片，雄蕊 6 至多数；雌花萼片圆形，花瓣卵状三角形，子房 3 室，柱头 3 裂，罕 2 裂。浆果状核果球形，有种子 1～2 颗。种子圆形或半圆形。

约 12 种，分布于亚洲南部、东南部至澳大利亚热带地区。我国 4 种，产云南南部和华南。

分 种 检 索 表

1. 树干单生，无吸枝；肉穗花序长达 1.5～3m，果实淡红色 ·························· 鱼尾葵 *C. ochlandra*
1. 有吸枝，常聚生成丛；肉穗花序长 30～60cm；果实蓝黑色 ·························· 短穗鱼尾葵 *C. mitis*

1. 鱼尾葵(假桄榔) *Caryota ochlandra* Hance(图 8-449)

【形态特征】常绿乔木，高达 20m；树干单生，无吸枝，绿色，被白色绒毛；有环状叶痕。叶大型，聚生茎顶，2 回羽状全裂，长 2～3m，宽 1～1.6m；羽片 14～20 对，下垂，中部的较长；裂片厚革质，有不规则啮齿状裂，酷似鱼鳍，近对生；叶轴及羽片轴上均密生棕褐色毛及鳞秕；叶柄短。肉穗花序呈圆锥花序式，多分枝，长达 1.5～3m，下垂；雄花花蕾卵状长圆形，雌花花蕾三角状卵形。果实球形，径约 1.8～2cm，成熟时淡红色，有种子 1～2 颗。花期 7 月。

【分布与习性】原产热带亚洲，我国分布于华南至西南，常生于低海拔石灰岩山地，桂林以南各地庭园中常见栽培。喜光，也较耐阴；稍耐寒，可耐长期 4～5℃ 低温和短期 0℃ 低温及轻霜；喜湿润疏松的钙质土，在酸性土上也能生长；根系浅，不耐旱，较耐水湿。寿命较短，一般 15 年生左右的植株自然死亡。

【繁殖方法】种子繁殖。

【园林用途】鱼尾葵树姿优美，叶片翠绿，叶形奇特，

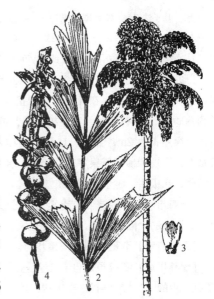

图 8-449 鱼尾葵

1—植株上部；2—部分叶裂片；

3—雄花；4—部分果序

花色鲜黄，果实如圆珠成串，是优美的行道树和庭荫树，适于庭院、广场、建筑周围植之，宜列植。

2. 短穗鱼尾葵(尾槿棕、丛生鱼尾葵) *Caryota mitis* Lour.

丛生灌木或乔木，高5~9m，抑或高达13m，直径可达15cm。有吸枝，常聚生成丛，近地面有棕褐色肉质气根。叶与鱼尾葵相似；叶鞘较短，长50~70cm。肉穗花序长仅30~60cm。果实球形，径约1.2~1.8cm，蓝黑色。花期7月。

产华南，热带亚洲也有分布。常见栽培。播种或分株繁殖。

短穗鱼尾葵为丛生性，树冠密，适于丛植，也可植为树篱，用于公路绿化和美化，对吸附灰尘、阻隔噪声的效果好；若以粉墙为背景孤植，也可形成富有诗情画意的优美景观；有一定的耐阴性，在半阴条件下叶色更显浓绿，应用中可与高大阔叶树配植。

附：董棕(*Caryota urens* Linn.)，茎单生，黑褐色，不膨大或膨大成花瓶状，表面无白色毡状绒毛。叶平展，长5~7m，宽3~5m，叶柄上面凹下，下面凸圆，被脱落性的棕黑色毡状绒毛；叶鞘边缘具网状的棕黑色纤维。产我国广西、云南等省区以及印度、斯里兰卡、缅甸。植株高大，树形美观，叶片排列十分整齐，适于公园、绿地中造景。

(九) 刺葵属 *Phoenix* Linn.

灌木或乔木；茎单生或丛生。叶羽状全裂，裂片芽时内折，条状披针形，最下部裂片常退化为坚硬的针状刺。雌雄异株，肉穗花序生于叶丛中，直立，结果时下垂，分枝；佛焰苞鞘状，革质；花单性异株；花萼3裂，花瓣3，雄蕊6，花丝极短；心皮3，分离。核果长圆形，种子1颗，腹面有槽纹。

约17种，分布于热带非洲和亚洲。我国2种，产华南、云南和台湾，此外还引入栽培数种。

分 种 检 索 表

1. 乔木，叶长达6m，裂片硬；果长3.5~6.5cm ·················· 枣椰子 *P. dactylifera*

1. 丛生灌木，叶长1~2m，裂片柔软；果长1~1.5cm ·················· 软叶刺葵 *P. roebelenii*

1. 枣椰子(海枣) *Phoenix dactylifera* Linn.

【形态特征】乔木，高达20~35m。茎单生，基部萌蘖丛生。叶长达6m，浅蓝灰色，裂片2~3枚聚生，条状披针形，在叶轴两侧常呈V字形上翘，基部裂片退化成坚硬锐刺；叶柄宿存。雄花序长约60cm；佛焰苞鞘状，花序轴扁平，宽约2.5cm；小穗短而密集，不规则横列于轴的上部；雄花黄色。果序长达2m，直立，扁平，淡橙黄色，被蜡粉，状如扁担；小穗长58~70cm，淡橙黄色，被蜡粉，不规则横列于果序轴的上部，果时被压下弯。果长圆形，长3.5~6.5cm，熟时深橙红色，果肉厚，味极甜。种子长圆形。

【分布与习性】原产伊拉克至撒哈拉沙漠等中东和北非地区。我国两广、福建、云南有栽培。适合高温干燥的大陆性气候，耐寒性也颇强，喜排水良好的轻沙壤土，能耐盐碱。

【繁殖方法】萌蘖和播种繁殖均可。

【园林用途】枣椰子是世界上栽培最早的棕榈植物，既作为经济树种，同时也与宗教有关，是《圣经》中的"生命之树"，在美索不达米亚，枣椰子的历史可追溯到公元前3500年。我国唐朝就从波斯引入，至今已有1000多年的历史，国内现存的棕榈类古树就以枣椰子最为常见。枣椰子外貌呈浅蓝灰色，高达20m以上，树冠近圆球形，茎干粗壮、叶片开张，秋季果穗黄色或橙黄色，是非常具有观赏价值的棕榈类植物。由于茎干具有吸芽，适于公园和风景区丛植和群植，可形成富有热带特色的风光。

2. 软叶刺葵(美丽针葵) *Phoenix roebelenii* O'Brien(图 8-450)

丛生灌木，高 1~3m，栽培时茎通常单生，有宿存三角形的叶柄基部。叶长 1~2m，稍弯曲下垂；裂片狭条形，长 20~30cm，宽约 0.5~1.5cm，较柔软，在叶轴上排成 2 列，背面沿中脉被白色糠秕状鳞被，叶轴下部两侧具裂片退化而成的针刺。花序长 30~50cm。果矩圆形，长 1~1.5cm，直径 5~6mm，具尖头，枣红色，果肉薄，有枣味。

产印度及中印半岛，我国云南有分布，华南各省区广泛栽培。

植株低矮，适于丛植，也是优良的盆栽植物。

附：长叶刺葵(*Phoenix canariensis* Hort. ex Chabaud.)，又名加那利海枣。常绿乔木，茎单生、直立，高达 20m，直径可达 50~70cm，具有紧密排列的扁菱形叶痕而较为平整。叶长达 5~6m，羽片芽时内向折叠，绿色而坚韧，排列较整齐。果实长约 2.5cm，黄色。原产非洲加那利群岛，常栽培。

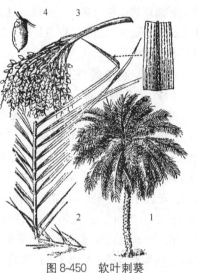

图 8-450 软叶刺葵
1—植株；2—叶；3—花序；4—果

(十) 椰子属 *Cocos* Linn.

仅 1 种。

椰子 *Cocos nucifera* Linn. (图 8-451)

【形态特征】乔木，高 15~25m，胸径达 30cm 以上；树干有环纹和叶鞘残基。羽状复叶数可达 30，簇生主干顶端，长达 5~7m；小叶长披针形，长 60~90cm；叶柄粗壮，长达 1m 以上。花单性同序，肉穗花序由叶丛中抽出，多分枝，长达 0.6~1m，初为圆筒状佛焰苞所包被；雄花着生于花枝的中上部，每花序有雄花多达 6000 朵以上；雌花着生于中下部，每花序有雌花 10~40 朵。坚果，椭圆形或近球形，顶端 3 棱，直径约 25cm，初为绿色，渐变为黄色，成熟时褐色。种子 1，胚乳(即椰肉)白色肉质，与内果皮黏着，内有一大空腔贮藏着液汁。周年开花，花后经 10~12 个月果实成熟，以 7~9 月为采果最盛期。

【栽培品种】金黄椰子('Aurea')，果实金黄色。香水椰子('Perfume')，果实球形，径约 15cm，果汁美味。

【分布与习性】椰子为热带树种，原产地不详，现广植于热带地区，尤其以热带亚洲为多；我国海南、台湾和云南南部栽培椰子树历史悠久。性喜高温、高湿和阳光充足的热带沿海气候，要求年平均温度 24~25℃、最低温度 10℃以上、温差小才能正常开花结实。不耐干旱；喜排水良好的深厚沙壤土。根系发达，抗风力强。

图 8-451 椰子
1—植株形态；2—果实；3—果实纵剖面

【繁殖方法】播种繁殖。

【园林用途】椰子树干不分枝，叶片簇生顶端，高张如伞，苍翠挺拔，其果实集于秆顶，有时多达百枚以上，是热带地区著名的风景树。尤适于热带海滨造景，宜丛植、群植，也可作行道树、绿荫树和海岸防风林材料，许多热带旅游胜地如夏威夷等都以椰子等棕榈类植物为特色。在庭园中，椰子则可于建筑周围、草坪中丛植，长叶伸展，倍觉宜人。椰子是热带佳果之一，也是重要的木本油料和纤维树种。

（十一）油棕属 *Elaeis* Jacq.

1种，产热带非洲。我国引入栽培。

油棕 *Elaeis guineensis* Jacq.（图 8-452）

乔木，高 4～10m。叶基宿存。叶羽状全裂，长 3～6m；羽片条状披针形，长 70～80cm，宽 2～4cm。叶柄及叶轴两侧有刺。花单性，同株异序；雄花小，组成稠密的穗状，雄蕊 6，花丝合生成一管；雌花远较雄花为大，花序近头状，密集，长 20～30cm，子房 3 室。果卵形或倒卵状，熟时黄褐色，长 4cm，聚生成密果束；外果皮光滑，中果皮肉质，具纤维，内果皮坚硬。花期 6 月；果期 9 月。

产热带非洲，我国广东、广西、福建、云南、台湾有栽培。播种繁殖。

植株高大，树形优美，可作园景树、行道树。油棕也是重要的油料经济作物，核仁的油可制人造乳酪，由果皮榨出的称棕油或棕榈油，是工业上优良的润滑油，或制肥皂用，树干内流出的液汁可为饮料，叶柄和叶可盖房子。

图 8-452　油棕
1—植株形态；2—小果；3—雄花序

八十七、露兜树科 Pandanaceae

常绿乔木、灌木或攀缘状，稀草本。茎多呈假二叉分枝，偶扭曲状，常具气根。叶狭长带状，硬革质，3～4 列或螺旋状排列而聚生于枝顶，有锐刺；叶脉平行；叶基具开放叶鞘，脱落后枝上留有密集的环痕。花小，雌雄异株，穗状、头状或圆锥花序腋生或顶生，常为叶状佛焰苞所包围，佛焰苞和花序多具香气；花被缺或呈合生鳞片状；雄花具 1 至多枚雄蕊，花丝下部分离而上部合生成束，每 1 雄蕊束被认为代表 1 朵花（也有人认为具有离生花丝的单个雄蕊即是 1 朵花）；雌花无或有很小的退化雄蕊与子房基部合生，子房上位，1 室，1 至多胚珠。聚花果圆头状或圆柱状，由多数、有角的核果或核果束组成，或为浆果状。种子极小。

3 属约 800 种，分布于东半球热带。我国 2 属 10 种，产台湾、华南、西南，西达西藏南部热带季雨林、雨林带，北达贵州荔波、福建厦门。大多为海岸或沼泽植物，为东半球热带特征植物。

露兜树属 *Pandanus* Linn. f.

常绿灌木或乔木，分枝或否；茎常具气根；少数为地上茎极短的草本。叶常聚生枝顶；叶片革质，狭长呈带状，边缘及背面中脉有锐刺，具叶鞘。花单性，雌雄异株，无花被；穗状、头状或圆锥状花序，具佛焰苞；雄花多数，每 1 花具雄蕊多数；雌花无退化雄蕊，心皮 1 至多数，子房上位，

1 至多室。果为一或大或小、圆球状或长椭圆状的聚花果，由多数、木质、有角的核果组成。

约 600 种，分布于东半球热带。我国 8 种，产华南、西南至台湾，其中露兜树常见于东南沿海沙地。

露兜树 *Pandanus tectorius* Solms. (图 8-453)

常绿分枝灌木或小乔木，常左右扭曲，具多分枝或不分枝的气根。叶簇生枝顶，3 行紧密螺旋状排列，条形，长达 80cm，宽 4cm，先端渐狭成长尾尖，叶缘和背面中脉都有粗壮的锐刺。雄花序由若干穗状花序组成，每一穗状花序长约 5cm；佛焰苞长披针形，长 10～26cm，近白色；雌花序头状，单生枝顶，圆球形；佛焰苞多枚，乳白色，长 15～30cm，心皮 5～12 枚合为 1 束，上部分离，子房上位，5～12 室，每室 1 胚珠。聚花果大，向下悬垂，由 40～80 个核果束组成，圆球形或长圆形，长达 17cm，直径约 15cm，成熟时橘红色。花期 1～5 月。

图 8-453　露兜树
1—植株的一部分；2—雄花序；
3—聚花果的一部分

产福建、台湾、广东、海南、广西、贵州和云南等省区，生于海边沙地；热带亚洲和澳大利亚南部也有分布。

树形、叶片奇特，果实大型，是热带地区优良的观赏树种，可丛植、列植，也可植为绿篱，尤适于水边应用。叶纤维可编制工艺品；嫩芽可食；鲜花可提取芳香油；根和果实入药。

八十八、禾本科 Gramineae (Poaceae)

至多年生草本或木本，有或无地下茎。地上茎通称秆，秆中空、有节，少实心。叶常由叶片和叶鞘组成(竹类植物尚有叶柄)，叶鞘包秆，通常一侧开口；叶片扁平，线形、披针形或狭披针形，平行脉，脉间无横脉；叶片与叶鞘交接处内面常有 1 叶舌；叶鞘顶端两侧各有 1 叶耳。花序由小穗排成穗状、总状、指状、圆锥状等各式；小穗有花 1 至多朵，排列于小穗轴上，基部有 1～2 片或多片不孕苞片，称为颖；花两性、单性或中性，为外稃和内稃包被，外稃与内稃中有 2 或 3 枚(少 6 枚或无)小薄片(即花被)，称鳞被或浆片；雄蕊 3，稀 1、2、4 或 6，花丝纤细，花药丁字着生；子房 1 室，1 胚珠，花柱 2，稀 1 或 3；柱头常为羽毛状或刷帚状。颖果，稀浆果或坚果。种子有丰富的胚乳。

约 700 属近 10000 种，广布全球。我国有 225 属约 1500 种，全国皆产。通常分为竹亚科(Subfam. Bambusoideae)和禾亚科(Subfam. Agrostidoideae)。

竹类植物属于竹亚科，共约 88 属 1400 种，分布于亚洲、南美洲、太平洋岛屿、澳大利亚北部、马达加斯加和中北美地区。我国 34 属 530 余种，主要分布于秦岭、淮河以南广大地区，黄河流域也有少量分布。秆一般为木质，主秆叶和普通叶显著不同。包着竹秆的叶称为秆箨，由箨鞘(相当于叶鞘)、箨叶(相当于叶片)、箨舌(相当于叶舌)、箨耳(相当于叶耳)组成；普通叶片具短柄，且与叶鞘相连处成 1 关节，叶容易自叶鞘处脱落。

根据地下茎的类型，可以将竹类植物分为以下几种类型(图 8-454)：

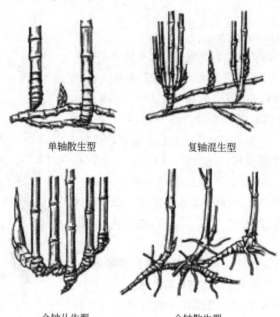

| 单轴散生型 | 复轴混生型 |

| 合轴丛生型 | 合轴散生型 |

图 8-454　竹类植物地下茎的类型

(1) 单轴散生型：地下茎圆筒形或近圆筒形，细长横走，称为竹鞭；竹鞭有隆起的节，节上生根，每节着生 1 芽，交互排列；芽发育成竹笋，出土成竹，或抽发成新的竹鞭，在土壤中蔓延。地上的竹秆常稀疏散生。如刚竹属(*Phyllostachys*)、酸竹属(*Acidosasa*)等。

(2) 复轴混生型：有真正的地下茎，既有细长横走的竹鞭，又有密集的秆基，前者竹秆在地面散生，后者竹秆在地面丛生。如箬竹属(*Indocalamus*)、倭竹属(*Shibataea*)等。

(3) 合轴丛生型：地下茎不为细长横走的竹鞭，而是粗大短缩、节密根多、状似烟斗的秆基；秆基上具有 2~4 对大型芽，每节着生 1 个，交互排列；顶芽出土成竹，新竹一般靠近老秆，新竹秆基的芽次年又发育成竹，如此则形成密集丛生的竹丛。如簕竹属(*Bambusa*)、牡竹属(*Dendrocalamus*)、泰竹属(*Thyrsostachys*)等。

(4) 合轴散生型：与合轴丛生型的区别在于，秆基的大型芽萌发时，秆柄在地下延伸一段距离后出土成竹，竹秆在地面上散生。延伸的秆柄形成"假竹鞭"，虽然有节，但节上无芽，也不生根。如箭竹属(*Fargesia*)、筱竹属(*Thamnocalamus*)。

分 属 检 索 表

1. 地下茎为单轴散生型或复轴混生型，有真正的地下茎；秆在地面散生或呈小丛。

　2. 秆每节具 2 分枝或更多分枝，稀仅 1 分枝，但秆节下方无毛环带。

　　3. 秆每节具 2 分枝，粗细各 1；分枝一侧有沟槽 ……………………………………… 刚竹属 *Phyllostachys*

　　3. 秆每节具 3 分枝或更多分枝，稀仅 1 分枝。

　　　4. 秆每节通常 3 分枝；分枝长，具多数节，有再次分枝。

　　5. 秆节具3芽；秆基部数节具1圈气生根或刺瘤；秆箨之箨叶细小 ………… 方竹属 *Chimonobambusa*

　　5. 秆节具1芽；节内无气生根或刺瘤；秆箨之箨叶显著 …………………… 苦竹属 *Pleiblastus*

　　4. 秆每节(3)5～7分枝，分枝细短，通常无再次分枝；每小枝通常仅1叶 ……… 鹅毛竹属 *Shibataea*

2. 秆每节仅具1分枝(上部可分枝较多)，与秆近同粗，枝的基部几与秆贴生；

　　秆节下方常有1圈锈色毛环带 ……………………………………………… 箬竹属 *Indocalamus*

1. 地下茎为合轴型。

　　6. 秆柄不甚为延伸，无明显假鞭，地面上竹秆为较密的单丛。

　　　7. 箨耳发达，小枝有时硬化成刺；小穗轴有关节，常在小穗成熟时易逐节折断；鳞被3 … 簕竹属 *Bambusa*

　　　7. 箨耳不发达或缺，小枝不硬化成刺；小穗轴节间缩短，小穗多整体脱落，鳞被缺 … 牡竹属 *Dendrocalamus*

　　6. 地下茎因具由秆柄延伸所形成的粗短假鞭，秆彼此较疏离或为多丛。………………… 箭竹属 *Fargesia*

（一）刚竹属 *Phyllostachys* Sieb. & Zucc.

乔木或灌木状；地下茎为单轴型。秆散生，圆筒形，节间在分枝侧有沟槽；每节2分枝。秆箨早落；箨叶披针形。每小枝有1至数叶，叶片具小横脉。假花序由多数小穗组成，基部有叶片状佛焰苞；小穗轴逐节折断；颖1～3或缺；鳞片3；雄蕊3，花丝细长；柱头3，羽毛状。

　　50余种，均产于我国，除东北、内蒙古、青海、新疆等地外，全国各地均有自然分布或成片栽培的竹园，尤以长江流域至五岭山脉为主产地，仅有少数种类分布到印度和缅甸。

分 种 检 索 表

1. 主秆之秆环不隆起或微隆起，箨环隆起。

　　2. 新秆密被细柔毛和白粉；秆箨紫褐色，密被棕色毛；具箨耳及缝毛………………………… 毛竹 *P. edulis*

　　2. 新秆无毛，微被白粉；秆箨淡黄褐色，无毛；无箨耳及缝毛 ………………… 刚竹 *P. sulphurea* var. *viridis*

1. 主秆之秆环和箨环均隆起。

　　3. 秆正常，不为畸形肿胀。

　　　4. 新秆绿色，凹沟槽绿色。

　　　　5. 有箨耳及缝毛。

　　　　　6. 新秆绿色，后变为紫黑色，密被短柔毛和白粉；箨叶绿色至淡紫色 ………………… 紫竹 *P. nigra*

　　　　　6. 新秆绿色，无毛及白粉；箨叶橘红色 …………………………………………… 桂竹 *P. reticulata*

　　　　5. 无箨耳及缝毛。

　　　　　7. 箨舌暗紫色，先端截形或微作拱形，箨叶线形至线状披针形 ………………… 淡竹 *P. glauca*

　　　　　7. 箨舌淡褐色，先端上拱呈拱形，箨叶披针形或线状披针形 …………… 早园竹 *P. propinqua*

　　　4. 新秆绿色无毛，凹沟槽黄色………………………………………………… 黄槽竹 *P. aureosulcata*

　　3. 秆节间不规则短缩，或畸形肿胀，或关节斜生，或显著膨大 …………………… 罗汉竹 *P. aurea*

1. 毛竹 *Phyllostachys edulis* (Carr.) J. Houzeau (图 8-455)

──*Phyllostachys pubescens* Mazel ex H. de Lehaie；*Phyllostachys heterocycla* (Carr.) Mitford；*Phyllostachys heterocycla* var. *pubescens* (Mazel ex J. Houzeau) Ohwi

　　【形态特征】秆高10～20m，径达12～20cm。下部节间较短，中部以上节间可长达20～30cm。分枝以下秆环不明显，仅箨环隆起。新秆绿色，密被细柔毛，有白粉；老秆灰绿色，无毛，白粉脱落而在节下逐渐变黑色。笋棕黄色；箨鞘厚革质，有褐色斑纹，背面密生棕紫色小刺毛；箨舌呈尖拱状；箨叶三角形或披针形，绿色，初直立，后反曲；箨耳小，缝毛(肩毛)发达。叶2列状排列，每小枝2～3叶，较小，披针形，长4～11cm，宽5～12mm。笋期3～5月。

【栽培品种】龟甲竹（'Heterocycla'），又名龙鳞竹，竹秆下部节间极度缩短、肿胀交错成斜面，呈龟甲状，极为奇特。花毛竹（'Tao Kiang'），竹秆黄色，有宽窄不等的绿色条纹。金丝毛竹（'Gracilis'），竹秆较小，秆高不过8m，径不及4cm，黄色。绿槽毛竹（'Viridisulcata'），竹秆黄色，分枝一侧沟槽绿色。黄槽毛竹（'Luteosulcata'），竹秆绿色，分枝一侧的沟槽黄色。梅花竹（'Obtusangula'），秆高4～6m，有纵向沟槽5～7条。圣音竹（'Tubaeformis'），竹秆向基部逐渐增大呈喇叭状，节间也逐渐缩短，形似葫芦。

【分布与习性】原产我国，在秦岭至南岭间的亚热带地区普遍栽培，以福建、浙江、江西和湖南最多。为我国分布最广、面积最大、经济价值最高的特产竹种。河北、山西、山东、河南有引栽。耐寒性稍差，在年平均温度15～20℃，年降水量800～1000mm的地区生长最好，但可耐-16.7℃的短期低温；喜空气湿度大；喜肥沃深厚而排水良好的酸性沙质壤土，在干燥的沙荒石砾地、盐碱地、排水不良的低洼地均不利生长。

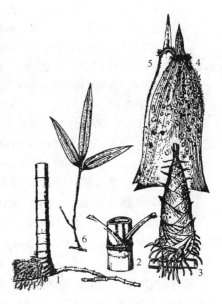

图 8-455 毛竹
1—秆、秆基及地下茎；2—竹节分枝；3—笋；
4—秆箨背面；5—秆箨腹面；6—叶枝

毛竹等单轴散生型竹类竹鞭的生长靠鞭梢，在疏松、肥沃土壤中，一年间鞭梢的钻行生长可达3～4m；竹鞭寿命可长达10年以上。从竹笋出土到新竹长成约需2个月的时间，新竹长成后，干、形生长结束，高度、粗度和体积不再有明显的变化。新竹第2年春季换叶，以后一般2年换叶1次。生长发育周期长，正常情况下可达30～50年，一般在开花结实后整片竹林全部死亡。开花前出现反常预兆，如出笋显著减退，竹叶全部脱落或换生变形的新叶等。

【繁殖方法】可用播种、分株、埋鞭等法繁殖。毛竹种实在8～9月陆续成熟脱落，要及时连枝采下，经干燥、脱粒，即可贮藏，在阴凉、干燥、通风良好处，保持0～5℃低温，发芽力可保持1年以上；成熟的种子没有休眠期，可随采随播，但在北方，如播种繁殖，应以春播或温床育苗为宜。毛竹实生苗的竹鞭再生繁殖能力很强，当竹苗起出后，圃地上还有大量的残留竹鞭，挖起并截成15cm左右长的鞭段，上具3～4个完整肥壮的芽孢，开沟埋鞭，当年每丛即可分5～6株，抽鞭数条。

园林绿化栽植毛竹时常直接移竹栽植或截秆移蔸栽植，以便迅速达到绿化效果。

移竹栽植。即连竹秆带竹鞭挖出栽植。一般选择1～3年生母竹，根据竹子最下一盘枝条的方向确定去鞭的方向，挖掘时留来鞭30～40cm，去鞭70～80cm，及时栽植。覆土深度应比母竹原来入土部分稍深，设立支架防风。此法成景较快，但需要精心管理，否则成活率较低。

截秆移蔸栽植。方法同上，但将母竹在离地面15～30cm处截断竹秆，用竹蔸栽植。此法利于运输，容易成活，但成景较慢。

【园林用途】毛竹是我国长江流域最常见的竹种，在海拔1000m以下的沟谷和山坡常组成大面积纯林。20世纪70年代，在"南竹北移"过程中，华北南部不少地区引种栽培了毛竹，其中在山东崂山、蒙山和日照等地生长良好。毛竹竹秆高大挺拔，不适于小面积庭院造景，最宜于风景区和大型公园大面积造林，井冈山有大面积毛竹林，杭州云栖也以毛竹闻名。观赏类型龟甲竹、花毛竹、绿槽毛竹、金丝毛竹、梅花竹等或秆形奇特，或色彩鲜艳，适于单独成片栽植作主景，也可点缀于毛竹林中。此外，毛竹材质坚韧富有弹性，是良好的建筑材料和造纸原料，笋供食用，是理想的生产与园林绿化相结合的竹种。

2. 刚竹 *Phyllostachys sulphurea* (Carr.)Rivière & C. Rivière var. *viridis* R. A. Young

——*Phyllostachys viridis* (Young) McClure

【形态特征】秆高6～15m，径4～10cm。新秆鲜绿色，无毛，有少量白粉；分枝以下秆环较平，仅箨环隆起。中部节间长20～45cm。箨鞘乳黄色，有大小不等的褐斑及绿色脉纹，无毛，微被白粉；无箨耳和继毛；箨舌绿黄色，边缘有纤毛；箨叶狭三角形至带状，外翻，绿色但具橘黄色边缘。末级小枝有2～5叶，叶片长圆状披针形或披针形，长5.6～13cm，宽1.1～2.2cm。笋期5月。

原变种金竹(*P. sulphurea*)，秆于解箨时呈金黄色，常栽培观赏。

【栽培品种】绿皮黄筋竹('Houzeau')，又名碧玉间黄金竹、黄槽刚竹。秆绿色，有宽窄不等的黄色纵条纹，沟槽黄色。黄皮绿筋竹('Robert Young')，又名黄皮刚竹，幼秆绿黄色，后变为黄色，下部节间有少数绿色条纹。

【分布与习性】原产我国，主要分布于黄河以南至长江流域各地。日本、北非、欧洲、北美洲均有栽培。喜温暖湿润气候，但可耐-18℃极端低温；喜肥沃深厚而排水良好的微酸性至中性沙质壤土，在干燥的沙荒石砾地、排水不良的低洼地均生长不良，略耐盐碱，在pH值8.5左右的碱土和含盐量0.1%的盐土上也能生长。

【园林用途】刚竹是华北地区最常见的竹类之一，秀丽挺拔，值霜雪而不凋，而且适应性强，可在园林中广泛应用。庭院曲径、池畔、景门、厅堂四周或山石之侧均可小片配植，大片栽植形成竹林、竹园也适宜，与松、梅共植，被誉为"岁寒三友"，点缀园林，也甚为常见。

3. 紫竹 *Phyllostachys nigra* (Lodd. & Lindl.)Munro.

【形态特征】秆高4～8(10)m，直径2～5cm，中部节间长25～30cm，壁厚约3mm。幼秆绿色，密被短柔毛和白粉，1年后竹秆逐渐出现紫斑最后全部变为紫黑色，无毛；秆环与箨环均甚隆起，箨环有毛。箨鞘淡玫瑰紫色，被淡褐色刺毛，无斑点；箨耳发达，镰形，紫黑色；箨舌长而隆起，紫色，边缘有长纤毛；箨叶三角形至三角状披针形，绿色但脉为紫色，舟状。叶片薄，长7～10cm，宽约1.2cm。笋期4～5月。

【变种】毛金竹[var. *henonis*(Mitford)Stapf ex Rendle]，与紫竹的区别在于秆较粗大，绿色至灰绿色，不变紫，秆壁较厚，可达5mm。

【分布与习性】分布于长江流域及其以南各地，湖南南部至今尚有野生紫竹林；山东、河南、北京、河北、山西等地有栽培。适于土层深厚肥沃的湿润土壤，耐寒性较强，可耐-20℃低温，北京紫竹院公园小气候条件下能露地栽植。

【园林用途】紫竹新秆绿色，老秆紫黑，叶翠绿，颇具特色，常栽培观赏。园林造景中，适植于庭院山石之间或书斋、厅堂四周、园路两侧、水池旁，与黄槽竹、金镶玉竹、斑竹等竹秆具色彩的竹种同栽于园中，可增添色彩变化。

4. 桂竹 *Phyllostachys reticulata* (Rupr.)K. Koch. (图8-456)

——*Phyllostachys bambusoides* Sieb. & Zucc.

【形态特征】秆高达 20m，直径 8～14cm。中部节间长达
40cm；幼秆绿色，无毛及白粉；秆环、箨环均隆起。箨鞘黄
褐色，密被黑紫色斑点或斑块，疏生淡褐色脱落性硬毛；箨
耳矩圆形或镰形，紫褐色，偶无箨耳，有长而弯的繸毛；箨
舌拱形，淡褐色或带绿色；箨叶带状，中间绿色，两侧紫色，
边缘黄色。末级小枝具 2～4 叶，叶片长 5.5～15cm，宽
1.5～2.5cm。出笋较晚，笋期 5 月中旬至 7 月，有"麦黄竹"
之称。

【栽培品种】斑竹（'Lacrina-deae'），又名湘妃竹。绿色
竹秆上布满大小不等的紫褐色斑块与斑点，分枝亦有紫褐色
斑点，边缘不清晰，呈水渍状。黄槽斑竹（'Mixta'），竹秆绿
色并具有紫色斑点，分枝一侧沟槽黄色。

【分布与习性】原产我国，北自河北、南达两广北部、西
至四川、东至沿海各地的广大地区均有分布或栽培。喜温暖
湿润，但耐寒性颇强，可耐 - 18℃ 低温，喜深厚而肥沃的
土壤。

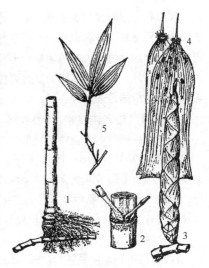

图 8-456　桂竹

1—秆、秆基及地下茎；2—秆节部(示分枝)；
3—笋；4—秆箨；5—枝叶

【园林用途】桂竹栽培历史悠久，各地园林中常见。斑竹至迟晋朝时已经出现。《博物志》云：
"洞庭之山，尧帝二女常泣，以其涕挥竹，竹尽成斑。"桂竹的应用方式与刚竹、淡竹等相似，可参
考之。

5. 淡竹（粉绿竹）*Phyllostachys glauca* McClure（图 8-457）

【形态特征】秆高 5～12m，径 2～5cm，中部节间长达 40cm，无毛；新秆密被雾状白粉；老秆绿
色或灰绿色，仅节下有白粉环。秆环与箨环均隆起。箨鞘淡
红褐色或淡绿褐色，有显著的紫脉纹和稀疏斑点，无毛；无
箨耳和繸毛；箨舌截形，高约 2～3mm，暗紫褐色；箨叶线
状披针形或线形，绿色，有多数紫色脉纹，平直或幼时微皱
曲。末级小枝具2～3叶；叶片长 7～16cm，宽 1.2～2.5cm。
笋期 4 月中旬至 5 月底。

【栽培品种】筼竹（'Yunzhu'），又名花斑竹，较矮小，
竹秆上有紫褐色斑点或斑块，且多相重叠。秆色美观，
竹材柔韧致密，匀齐劲直。是河南博爱著名清化竹器的
原料。

【分布与习性】分布于黄河以南至长江流域各地，以江
苏、安徽、山东、河南、陕西较多。适应性强，适于沟谷、
平地、河漫滩生长，能耐一定程度的干燥瘠薄和暂时的流水
浸渍；在 - 18℃ 左右的低温和轻度的盐碱土上也能正常
生长。

【园林用途】同刚竹。

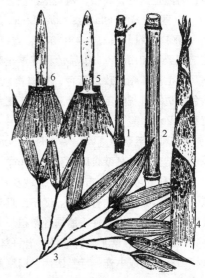

图 8-457　淡竹

1、2—秆之节、节间及分枝；3—叶枝；4—笋；
5—秆箨顶端背面；6—秆箨顶端腹面

6. 早园竹 *Phyllostachys propinqua* McClure

【形态特征】秆高约6m，径3～4cm。新秆具白粉，光滑无毛；秆环与箨环均略隆起。箨鞘淡黄红褐色，无毛和白粉，具褐色斑点和条纹；无箨耳和缢毛，箨舌弧形；箨叶披针形或线状披针形，背面带紫褐色，外翻。末级小枝具2～3叶，叶舌强烈隆起，先端拱形。出笋持续时间较长，笋期4～6月。

【分布与习性】主产华东，北京、山东、山西、河南常见栽培。抗寒性强，耐－20℃低温；适应性强，稍耐盐碱，在低洼地、沙土中均能生长。

【园林用途】秆高叶茂，是华北园林中栽培观赏的主要竹种之一。

7. 黄槽竹 *Phyllostachys aureosulcata* McClure

【形态特征】秆高达9m，径达4cm，较细的秆之基部有2～3节作"之"字形折曲；中部节间最长达40cm。新秆绿色，略带白粉和稀疏短毛，老秆黄绿色，无毛，分枝一侧的沟槽黄色；秆环中度隆起，高于箨环。笋淡黄色；箨鞘背部紫绿色，常有淡黄色条纹，无斑点或微具褐色小斑点，无毛，有白粉。箨叶三角形或三角状披针形，直立、开展或外翻，有时略皱缩。末级小枝有叶2～3片，叶片披针形。笋期4月下旬至5月。

【栽培品种】黄皮京竹（'Aureocaulis'），秆全部（包括沟槽）金黄色，或基部节间偶有绿色条纹。金镶玉竹（'Spectabilis'），秆金黄色，节间纵沟槽绿色；叶绿色，偶有黄色条纹；幼笋淡黄色或淡紫色，是极优美的观赏竹。京竹（'Pekinensis'），全秆绿色，无黄色纵条纹。

【分布与习性】原产浙江、北京等地，黄河流域至长江流域常见栽培。适应性强，耐－20℃低温，耐轻度盐碱。

【园林用途】秆色优美，为优良观赏竹。在连云港花果山景区内分布着成片的金镶玉竹林，分外引人注目。

8. 罗汉竹（人面竹） *Phyllostachys aurea* Carr. ex Rivière ＆ C. Rivière

【形态特征】秆高5～12m，径2～5cm，节间较短，基部至中部有数节常出现短缩、肿胀或缢缩等畸形现象；秆环和箨环均明显隆起。新秆有白粉，无毛或箨环上有白色细毛。笋黄绿色至黄褐色；秆箨背部有黑褐色细斑点；箨舌短，先端平截或微凸，有长纤毛；箨叶带状披针形；无箨耳和缢毛。每小枝有叶2～3片，带状披针形，长4～11cm，宽1～1.8cm，下面基部有毛或完全无毛。笋期4～5月。

【分布与习性】产华东，长江流域各地均有栽培。耐－20℃低温。

【园林用途】该竹形如头面或罗汉袒肚，十分生动有趣。常与佛肚竹、方竹配植于庭园供观赏。

（二）方竹属（寒竹属） *Chimonobambusa* Makino

灌木或小乔木状，地下茎单轴型或复轴型。秆在地面上散生，有时下部或中部以下方形或近方形；分枝一侧扁平或具沟槽，中下部数节具1圈瘤状气根。每节常3分枝，或上部分枝稍多。秆箨宿存或迟落，箨鞘纸质，三角形；箨耳缺；箨叶细小。花枝紧密簇生；颖1～3片；鳞被3，披针形；雄蕊3；花柱2，分离；柱头羽毛状。

约37种，产东亚。我国是主产区，共有34种，产华东、华南及西南。

方竹 *Chimonobambusa quadrangulari* (Franceschi) Makino（图8-458）

【形态特征】秆高3～8m，径约2.5cm，表面浓绿色、粗糙，上部圆而下部节间呈四方形；节间长 8～22cm，秆环甚隆起，下部节上有刺状气生根 1 环。箨鞘厚纸质，外面无毛，具有多数紫色小斑点；箨叶极小或退化，箨耳不发育，箨舌也不明显。叶 2～5 片着生于小枝上，狭披针形，长 10～30cm，宽 1～2.5cm，叶脉粗糙。

【分布与习性】我国特产，分布于华东、华南等地，北达秦岭南坡，常生于低海拔山坡和湿润沟谷，国内外有栽培。喜温暖湿润气候，在肥沃而湿润的土壤中生长最好。笋期通常为 8 月至次年 1 月，若条件适合，则常四季出笋，故而有"四季竹"之称。

【园林用途】方竹竹秆呈四方形，下部节上具刺瘤，甚奇特，出笋期长，是著名的观赏竹类，适于庭院窗前、花台、水池边小片丛植。《花镜》云："方竹产于澄州、桃源、杭州，今江南俱有。体方有如削成，而劲挺堪为柱杖，亦异品也。"

附：寒竹 [*Chimonobambusa marmorea* (Mitford) Makino]，秆高 1～1.5(3)m，径 0.5～1cm，节间长 10～14cm，圆筒形，带紫褐色，粗秆者基部节具气生根。秆箨纸质，宿存，长于节间。箨鞘外面无毛或基部具淡黄色刚毛，间有灰白色圆斑；箨耳无；箨舌低平；箨片短锥形。末级小枝具 3～4 叶，叶片狭披针形。笋期 10～11 月。产福建、湖北、陕西等地，为传统观赏竹，适于庭园小片种植，或植于林下，也是制作竹类盆景的好材料。笋味鲜美，可食。

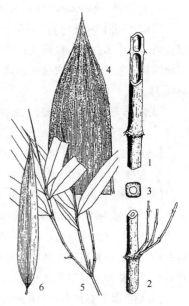

图 8-458　方竹
1—秆的一部分(示节及节间)；
2—秆的一部分(示分枝)；
3—秆横切面；4—秆箨背面；
5—枝叶；6—叶片

筇竹(*Chimonobambusa tumidissinoda* Hsueh & T. P. Yi ex Ohrnberger)，秆高 2.5～6m，直径 1～3cm；节部强烈隆起，略向一侧偏斜。每节分枝 3 个，有时因次生枝发生可增多；小枝纤细；叶 2～4 片。产于云贵高原东北缘向四川盆地过渡的亚高山地带。我国特产的珍贵竹种，形态奇特，观赏价值和工艺价值高。

（三）苦竹属（大明竹属）*Pleiblastus* Nakai

中小型竹；地下茎为单轴型或复轴型。秆在地面上散生或呈小丛，节间圆筒形，有时分枝处一侧微扁平，节下方的白粉环明显；秆环隆起，高于箨环；箨鞘基部常残留于箨环，在箨环上留有 1 圈木栓层；幼秆的箨环还常有 1 圈棕褐色小刺毛；秆中部每节(1)3～9 分枝，秆上部可分枝更多且呈束状，无明显主枝，枝条开展。雄蕊 3 枚。

约 40 种，分布于中国、日本和越南。我国约 15 种，引入栽培 2 种，主产于长江中下游各地。

分 种 检 索 表

1. 秆高 3～5m，每节 5～7 分枝，叶绿色 ·· 苦竹 *P. amarus*
1. 秆高 0.2～0.3m，不分枝或每节仅 1 分枝，叶有黄色、浅黄色或白色条纹 ················· 菲白竹 *P. fortunei*

1. 苦竹 *Pleiblastus amarus* (Keng) Keng f. (图 8-459)
——*Arundinaria amara* Keng

【形态特征】秆高 3～5m，径 1.5～2cm；节间圆筒形，在分枝一侧稍扁平；箨环隆起呈木栓质，低于秆环。新秆灰绿色，密被白粉，老秆绿黄色。箨鞘绿色，被较厚白粉，有棕色或白色刺毛，或无毛，边缘密生金黄色纤毛；箨耳细小，深褐色；箨耳无或不明显；箨舌平截；箨叶细长披针形，开展，易向内卷折。秆每节 5～7 分枝，枝梢开展；末级小枝具 3～4 叶。叶片椭圆状披针形，长 4～20cm，宽 1.2～3cm，质坚韧，表面深绿色，背面淡绿色，基部白色绒毛。笋期 6 月。

【变种】垂枝苦竹(var. *pendulifolius* S. Y. Chen)，叶枝下垂，箨鞘背面无白粉，箨舌为稍凹的截形，笋期 5 月中旬至 6 月初。产浙江，杭州有栽培。

【分布与习性】分布于长江流域及西南，华东各地常见栽培。喜温暖湿润气候，也颇耐寒，栽培分布北达山东青岛、威海，冬季仅有部分叶片枯黄，次春恢复良好。

【园林用途】常于庭园栽植观赏。笋味苦，不能食用。

2. 菲白竹 *Pleiblastus fortunei*(Van Houtte)Nakai

——*Sasa fortunei*(Van Houtte) Fiori; *Arundinaria fortunei* (Van Houtte)Rivière & C. Rivière

【形态特征】矮小型灌木竹类，一般高 0.2～0.3m，高大者不及 1m。秆丛生，圆筒形，直径 1～2mm，光滑无毛；秆环较平坦或微隆起；不分枝或每节仅 1 分枝；箨鞘宿存，无毛。每小枝着生叶片 4～7 枚，叶片披针形至狭披针形，两面有白色柔毛，尤以下表面较密，长 6～15cm，宽 0.8～1.4cm，绿色，并具有黄色、浅黄色或白色条纹，特别美丽，尤其以新叶为甚。笋期 5 月。

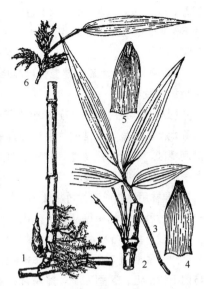

图 8-459　苦竹

1—秆、秆基及地下茎；2—秆节部(示分枝)；
3—枝叶；4、5—秆箨背腹面；6—花枝

【分布与习性】原产日本，广泛栽培，我国南京、杭州、上海等地引种。喜温暖湿润气候，耐阴性较强。

【园林用途】植株低矮，叶片秀美，特别是春末夏初发叶时的黄白颜色，更显艳丽。常植于庭园观赏；栽作地被、绿篱或与假山石相配都很合适；也是优良的盆栽或盆景材料。

附：无毛翠竹[*Pleiblastus distichus*(Mitford)Nakai]，秆高 0.2～0.4m，直径 1～2mm；秆节、节间、箨鞘、叶片均无毛；叶片披针形，长 3～7cm，宽 0.3～0.8cm，绿色。原产日本，华东常见栽培观赏。

(四) 鹅毛竹属(倭竹属) *Shibataea* Makino ex Nakai

小型灌木状竹类，地下茎为复轴型。秆高通常在 1m 以下，节间在下部不具分枝者呈细瘦圆筒形，有分枝的各节间略呈 3 棱形，在接近枝条的一侧具纵沟槽；秆每节具 2 芽；秆环甚隆起，每节 3～5 分枝或上部稍多，分枝短而细，通常无次级分枝；分枝仅具 1 叶，稀 2 叶，当具 2 叶时，下方的叶因叶鞘较长反而超出上方叶片。叶片厚纸质，边缘有小锯齿。鳞被 3；雄蕊 3，花丝分离。

约 7 种，分布于我国和日本。我国 7 种全产，分布于东南沿海各省和安徽、江西。

鹅毛竹 *Shibataea chinensis* Nakai(图 8-460)

【形态特征】小型竹，秆高 0.3～1m，直径 2～3mm，中部之节间长 7～15cm，几乎实心。新秆绿色，微带紫色，无毛；秆环隆起远较箨环高。箨鞘早落，膜质，长 3～5cm，无毛，顶端有缩小叶，鞘口有毛。主秆每节分枝 3～5，分枝长 0.5～5cm，具 3～5 节；各枝与秆之腋间的先出叶膜质，迟落，长3～5cm。叶常1～2枚生于小枝顶端，卵状披针形，长6～10cm，宽1～2.5cm，有小锯齿，两面无毛。笋期5～6月。

【栽培品种】黄条纹鹅毛竹（'Aureo-striata'），叶片具有黄色纵条纹。

【分布与习性】华东特产，分布于江苏、安徽、浙江、江西等地。常见栽培。常成片生于山麓谷地、林缘、林下土壤湿润地区。较耐阴；耐寒性较强，在山东中部可露地越冬，冬季仅有部分叶片枯萎。

【园林用途】鹅毛竹竹丛矮小，竹秆纤细而叶形秀丽，是一美丽竹种，园林中可丛植于假山石间、路旁或配植于疏林下作地被点缀，或植为自然式绿篱。也适于盆栽观赏。

附：倭竹［*Shibataea kumasasa*（Zoll. ex Steud.）Makino］，与鹅毛竹相近，区别在于：箨鞘背部被毛茸；分枝较短；叶片背面被短柔毛。产福建和浙江。我国东南沿海地区和日本常栽培供观赏。

图8-460　鹅毛竹
1—植株上部，示分枝及叶；2—秆箨；
3—叶片下表面放大，示次脉及小横脉

（五）箬竹属　*Indocalamus* Nakai

灌木状竹。地下茎为复轴型。秆的节间圆筒形，节间细长；每节常1分枝，枝条直立，与主秆近等粗，或秆上部的节分枝数达2～3枚；秆箨宿存。叶片通常大型，宽一般在2.5cm以上，纵脉多条，小横脉明显。总状或圆锥花序，生于具叶小枝顶端；小穗具柄，具数小花；鳞被3；雄蕊3枚。

约23种，分布于亚洲东部，除1种产日本外，其余种类全产于我国，主要分布于长江流域以南各地。

阔叶箬竹　*Indocalamus latifolius*（Keng）McClure（图8-461）

【形态特征】灌木状小型竹类。秆高1～2m，下部直径5～15mm，节间长5～22cm。秆圆筒形，分枝一侧微扁，每节1～3分枝，秆中部常1分枝，分枝与秆近等粗。秆箨宿存，质地坚硬，箨鞘有粗糙的棕紫色小刺毛，边缘内卷；箨耳和叶耳均不明显，箨舌平截，高不过1mm，鞘口有长1～3mm的流苏状须毛；箨叶狭披针形，易脱落。小枝有1～3叶，叶片矩圆状披针形，长10～45cm，宽2～9cm，表面无毛，背面灰白色，略有毛。笋期5～6月。

【分布与习性】分布于华东、华中至秦岭一带。喜温暖湿润气候，但耐寒性较强，在北京等地可露地越冬，仅叶片稍有枯黄。

【园林用途】植株低矮，叶片宽大，在园林中适于疏林下、河边、路旁、石间、台坡、庭院等各处片植点缀，或用作地被植物，均颇具野趣。

图8-461　阔叶箬竹
1—秆的一部分；2—叶枝；3—花枝

附：箬叶竹(*Indocalamus longiauritus* Hand. -Mazz.)，又名长耳箬竹。秆高 0.8～1cm，节间长 10～55cm；叶片长 10～35cm，宽 1.5～6.5cm；箨耳和叶耳显著；箨叶长三角形至卵状披针形，直立，基部收缩、近圆形。产福建、广东、广西、四川、贵州、湖南、江西、河南，浙江等地栽培。

(六) 簕竹属(箣竹属) *Bambusa* Schreber

乔木或灌木状竹类，偶攀缘状；地下茎为合轴型。秆丛生，节间圆筒形，秆壁厚或近于实心，秆环平；每节分枝多数，簇生，主枝 1～3，粗长，基部常膨大，秆下部分枝上所生的小枝或可硬化成刺。秆箨早落或迟落，稀近宿存。箨鞘常具箨耳，稀退化。叶片小横脉不显著。雄蕊 6 枚。笋期夏秋两季。

约 100 余种，分布于亚洲热带和亚热带地区。我国 80 种，主产华南和西南，为著名观赏竹种和经济竹种，多数种类广泛栽培。通常夏秋发笋，长成新秆后，于翌年分枝展叶，入冬时，新秆尚未完全木质化，因而耐寒性较差。

分 种 检 索 表

1. 秆节间正常，稀具畸形秆，但箨鞘背面密生暗棕色毛。
  2. 新秆节间被毛，箨鞘有毛或无毛。
    3. 箨鞘无毛；分枝低，每小枝有叶 5～10 枚，排成两列，宛如羽状 ……………… 孝顺竹 *B. multiplex*
    3. 箨鞘被褐色脱落性糙毛；出枝较高 ………………………………………………… 青皮竹 *B. textiles*
  2. 新秆节间无毛，箨鞘有刺毛。
    4. 新秆绿色，无白粉；节间长 20～40cm ……………………………………………… 龙头竹 *B. vulgaris*
    4. 新秆密生白色蜡粉；节间长 50～100cm ………………………………………… 粉箪竹 *B. chungii*
  1. 秆 2 型，畸形秆节间甚短，显著膨大成瓶状；箨鞘无毛，箨耳和繸毛发达 …… 佛肚竹 *B. ventricosa*

1. 孝顺竹(凤凰竹) *Bambusa multiplex* (Lour.) Raeuschel ex Schult & J. H. Schult (图 8-462)

【形态特征】秆高(1)3～7m，径(0.3)1.5～2.5cm，节间长 30～50cm，青绿色，幼时被薄白蜡粉，并于节间上部被棕色小刺毛，老时光滑无毛。箨鞘厚纸质，绿色，无毛；箨耳缺或细小；箨舌弧形，高 1～1.5mm；箨叶长三角形，淡黄绿色并略带红晕，背面散生暗棕色脱落性小刺毛。分枝低，末级小枝有叶片 5～12 枚，排成两列，宛如羽状；叶片线形，长 5～16cm，宽 7～16mm，表面深绿色、无毛，背面粉绿色而密被短柔毛；叶鞘黄绿色，无毛；叶耳肾形，边缘具有淡黄色繸毛。笋期 6～9 月。

【变种】观音竹(var. *riviereorum* R. Maire)，秆实心，高 1～3m，直径 3～5mm，小枝具 13～26 叶，且常下弯呈弓状，叶片较小，长 1.6～3.2cm，宽 2.6～6.5mm，产广东，常栽培。

【栽培品种】凤尾竹('Fernleaf ')，与观音竹相似，区别在于植株较高大，秆高 3～6m，秆中空，小枝稍下垂，具叶 9～13 片，叶片长 3.3～6.5cm，宽 4～7mm，普遍栽培。花孝顺竹('Alphonso-karri ')，又名小琴丝竹，竹秆

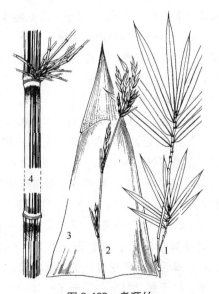

图 8-462 孝顺竹

1—叶枝；2—花枝；3—秆箨；4—花孝顺竹秆的一段

和分枝鲜黄色，间有宽窄不等的绿色纵条纹。黄条竹（'Yellowstripe'），节间在具芽或具分枝的一侧有黄色纵条纹，广州和香港有栽培。银丝竹（'Albo-variegata'），竹秆下部的节间以及箨鞘和少数叶片皆为绿色而具白色纵条纹。垂柳竹（'Willowy'），分枝下垂，叶片细长，一般长10～20cm，宽8～16mm，形似垂柳，甚为美观，广州庭院有栽培。

【分布与习性】分布于华南、西南等地，北达江西、浙江；越南也有分布。长江以南各地常见栽培。适应性强，喜温暖湿润气候和排水良好、湿润的土壤。是丛生竹类中耐寒性最强的种类之一，在南京、上海等地可生长良好。

【繁殖方法】孝顺竹等丛生竹类一般采用移竹法繁殖，也可埋蔸、埋秆、埋节或用枝条扦插繁殖。

移竹法（分蔸栽植）。选择枝叶茂盛、秆基芽眼肥大充实的1～2年生竹秆，在外围25～30cm处，扒开土壤，由远及近，逐渐挖深，找出其秆柄，用利凿切断其秆柄，连蔸带土掘起。一般粗大竹秆用单株，小型竹类可以3～5秆成丛挖起，留2～3盘枝，从节间中部斜形切断，使切口呈马耳形，种植于预先挖好的穴中。

埋蔸、埋秆、埋节法。丛生竹的蔸、秆、节上的芽具有繁殖能力。选择强壮竹蔸，在其上留竹秆长30～40cm，斜埋于种植穴中，覆土15～20cm。在埋蔸时截下的竹秆，剪去各节的侧枝，仅留主枝的1～2节，作为埋秆或埋节的材料。埋时沟深20～30cm，将节上的向两侧，秆基部略低，梢部略高，微斜卧沟中，覆土10～15cm，略高出地面，再盖草保湿。为了促使各节隐芽发笋生根，可在各节上方8～10cm处锯两个环，深达竹青部分。

扦插繁殖。丛生竹秆每节多簇生枝条，其主枝及侧枝都有隐芽，能萌发生根成小竹。从2～3年生竹秆上，选择隐芽饱满的1～2年生主枝或侧枝，适当保留枝叶，以30°～40°角斜埋土中，并使枝芽向两侧，最下一节入土3～6cm，露出最上一节的枝叶，然后覆草、淋水。

【园林用途】孝顺竹为中小型竹种，竹秆青绿，叶密集下垂，姿态婆娑秀丽、潇洒，最适于小型庭园造景，可孤植、群植、对植，特别适于点缀景门、亭廊、山石、建筑小品，也可植为绿篱，长江以南各地广泛应用。凤尾竹植株低矮，叶片排成羽毛状，枝顶端弯曲，是著名的观赏竹种，常见于寺庙庭园间，也特别适于植为绿篱或盆栽。

2. 佛肚竹 *Bambusa ventricosa* McClure（图8-463）

【形态特征】中小型灌木竹，幼秆绿色，老秆黄绿色。秆2型：正常秆高8～10m，直径3～5cm，节间圆筒形，长30～35cm，尾梢略下弯，基部一二节常有短气根；畸形秆低矮，通常高25～50cm，直径1～2cm，节间甚短而基部肿胀，呈瓶状，长2～3cm。箨鞘早落，背面完全无毛；箨耳发达，不相等，大耳狭卵形至卵状披针形，宽5～6mm，小耳卵形，宽3～5mm；箨舌短，不明显；箨叶卵状披针形，上部有小刺毛。叶片披针形至线状披针形，长9～18cm，宽1～2cm，背面密生短柔毛。

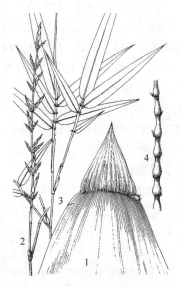

图8-463 佛肚竹

1—秆箨上部；2—花枝；

3—叶枝；4—畸形秆

【分布与习性】为广东特产，现华南各地园林中常见栽培，长江流域及以北地区也多有盆栽。喜温暖湿润气候，能耐轻霜和0℃低温，但长期5℃以下低温植株受寒害；喜深厚肥沃而湿润的酸性土，耐水湿，不耐干旱。用移植母竹或竹苑栽植，栽培中应注意松土培土，施以有机肥，以促进生长。但佛肚竹立地条件太好时，竿发育正常，呈高大丛生状；因此，要使节间畸形，应控制肥水。

【繁殖方法】分株或扦插繁殖。

【园林用途】佛肚竹竹秆幼时绿色，老后变为橄榄黄色，具有奇特的畸形秆，状若佛肚，别具风情，是珍贵的观赏竹种。其秆形甚为醒目，容易吸引人们的注意力，常用于装饰小型庭园，最宜丛植于入口、山石等视觉焦点处，供点景用。也可盆栽观赏。畸形秆可制作工艺品。

3. 龙头竹 *Bambusa vulgaris* Schrad. ex Wendl. (图 8-464)

【形态特征】秆高 8～15m，直径 5～9cm，尾梢下弯，下部挺直或略呈"之"字形曲折，节间圆柱形，长 20～30cm，幼时稍被白蜡粉，并贴生淡棕色刺毛，老则脱落；节部隆起，秆基部数节具短气根，并于秆环之上下方各环生 1 圈灰白色绢毛。箨鞘背部密被暗棕色短硬毛，易脱落；箨耳甚发达，彼此近等大而同形，长圆形或肾形，宽 8～10mm，边缘有淡棕色曲折的继毛；箨舌先端条裂，高 3～4mm；箨叶宽三角形，两面有暗棕色短硬毛。

图 8-464 龙头竹

1—秆箨背面；2—叶枝；3—大佛肚竹：植株一部分(示畸形秆)；4—黄金间碧玉竹：秆的一部分(示黄色秆具绿色条纹)

【栽培品种】黄金间碧玉竹（'Vittata'），又名挂绿竹，竹秆黄色，具绿色条纹；箨鞘黄色，间有绿色条纹。大佛肚竹（'Wamin'），秆高仅 2～5m，节间短缩肿胀呈盘珠状，与佛肚竹的区别在于本品种的箨鞘背面密生暗棕色毛。

【分布与习性】产于云南南部，亚洲热带地区和非洲马达加斯加岛有分布。华南、西南等地常栽培。多生于河边或疏林中，喜温暖湿润气候，不耐寒。

【园林用途】竹丛优美，常用于园林造景，宜植于庭园池边、亭际、窗前、山石间，或成片种植。栽培品种黄金间碧玉竹和大佛肚竹均为著名观赏竹，栽培更为广泛。

4. 粉箪竹 *Bambusa chungii* McClure(图 8-465)

——*Lingnania chungii* (McClure) McClure

【形态特征】秆高 5～10(18)m，直径 3～5(7)cm，节间一般长 30～45cm，最长可达 100cm 以上，圆筒形；新秆密生白色蜡粉，无毛。秆环平；箨环隆起成 1 木栓质圈，其上有倒生的棕色刚毛。箨鞘早落，黄色，远较节间短，薄而硬，幼时在背面被白蜡粉和小刺毛，后刺毛脱落；箨耳狭带形，边缘有继毛；箨叶脱落性，淡黄绿色，强烈外卷，卵状披针形，背面密生刺毛，腹面无毛；箨舌远较箨叶基部为宽，高仅 1～1.5mm。分枝点高，每节多分枝，粗细相近。末级小枝具 7 叶，叶片披针形至线状披针形，长 10～16cm，宽 1～2cm，不具小横脉。

【分布与习性】产湖南南部、福建、广东、广西、云南东南部，生于低海拔地区。常栽培观赏。喜光，喜温暖湿润气候和肥沃湿润土壤。

【园林用途】节间修长，幼秆密生白色蜡粉而呈粉白色，竹秆亭亭玉立，竹丛姿态优美，是一美丽的观赏竹种。

5. 青皮竹 *Bambusa textiles* McClure

【形态特征】秆高 8～10m，径 3～5cm，节间长达 40～70cm，竹壁较薄，新竹深绿色，被白粉和白色细毛。箨鞘早落，革质，硬而脆，外面近基部被暗棕色刺毛；箨耳小，长椭圆形，两侧不等大，具有屈曲的繸毛；箨舌高 2mm，边缘具细齿和小纤毛。出枝较高，分枝密集丛生；叶片线状披针形，长 9～17cm，宽 1～2cm，下面密生短柔毛。笋期 5～9 月。

【栽培品种】紫秆竹（'Purpurascens'），秆具紫色条纹，乃至全秆变为紫色，产广东肇庆。紫斑竹（'Maculata'），秆基部数节的节间和箨鞘均具紫红色条状斑纹，产广东。

【分布与习性】产华南，常生于低海拔地区河边、村落附近，长江流域有引种。喜温暖，也耐短期－6℃低温，喜疏松、湿润、肥沃土壤。

【园林用途】竹丛优美，观赏品种各具特色，常栽培观赏。

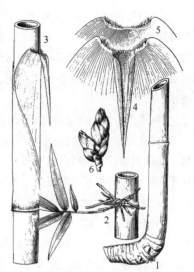

图 8-465　粉箪竹
1—秆基部合轴型地下茎；2—秆节(示分枝)；
3—幼秆一段(示秆箨)；
4、5—秆箨顶端背面、腹面；
6—花序之一部分

（七）牡竹属 *Dendrocalamus* Nees

乔木型竹，常大型，竹丛密集。地下茎为合轴型；秆丛生，节间圆筒形，幼时常被白蜡粉，尾梢常下垂；每节多分枝，主枝发达或否，无刺；秆箨的箨叶常外翻，少直立；箨耳无或不明显；叶片在同一种或同一植株上亦可变异较大，通常大型而甚宽，基部楔形或宽楔形；叶耳常不明显而叶舌发达。小穗轴不具关节，鳞被缺，雄蕊 6，花丝分离或合生成薄管。笋期多在夏季。

约 40 余种，分布于亚洲热带和亚热带地区。我国 27 种，分布于福建南部、台湾、广东、香港、广西、海南、四川、贵州、云南和西藏南部，尤以云南种类最多。

分 种 检 索 表

1. 新秆节间被灰褐色小刺毛，秆下部几节节部被 1 圈白色绒毛 ……………………………… 慈竹 *D. affinis*
1. 新秆节间无毛，仅在秆下部数节节部被 1 圈。
　2. 秆矮小，高 6～12m，直径 8cm 以下；箨鞘背面密被棕色刺毛 …………………………… 吊丝竹 *D. minor*
　2. 秆高大，高 20～25m，径 15～30cm；箨鞘背面无毛或初被棕色刺毛，后脱落变无毛 …… 麻竹 *D. latiflorus*

1. 慈竹 *Dendrocalamus affinis* Rendle(图 8-466)

——*Sinocalamus affinis*(Rendle)McClure; *Neosinocalamus affinis*(Rendle)Keng f.

【形态特征】秆高 5～10m，直径 3～6cm；节间圆筒形，长 15～30(60)cm，表面贴生长约 2mm 的灰褐色脱落性小刺毛；秆环平坦，箨环明显，在秆基数节者其上下各有宽 5～8mm 的 1 圈紧贴白色绒毛。箨鞘革质，背面贴生棕黑色刺毛，先端稍呈山字形；箨耳狭小，呈皱折状；箨舌高 4～

5mm，中央凸起成弓形，边缘具流苏状纤毛；箨叶直立或外翻，披针形，先端渐尖，基部收缩成圆形，腹面密生、背面中部疏生白色小刺毛。笋期6～9月或自12月至翌年3月。

【栽培品种】大琴丝竹（'Flavidorivens'），竹秆节间淡黄色，并自秆环向上出现深绿色纵条纹。金丝慈竹（'Viridiflavus'），节间深绿色，但在秆芽处（或分枝一侧）向上发生宽约1mm的浅黄色条纹，能贯穿整个节间长度。黄毛竹（'Chrysotrichus'），幼秆节间密被锈色刺毛，间有白粉。绿秆花慈竹（'Striatus'），竹秆节间有淡黄色条纹，叶片有时也有淡黄色条纹。

【分布与习性】分布于长江流域至华南、西南，北达甘肃和陕西南部，多生于平地和低山丘陵。

【园林用途】竹秆顶端细长作弧形或下垂，如钓丝状，竹丛优美，风姿卓雅，适于沿江湖、河岸栽植，庭园中可植于池旁、窗前、屋后等处，成都、昆明等地庭园中常见栽培。

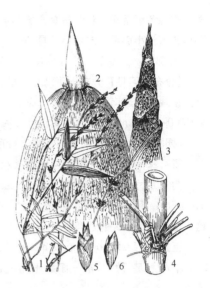

图 8-466　慈竹
1—花枝和叶枝；2—秆箨；3—竹笋；
4—秆的一部分（示分枝）；
5—小穗；6—一朵小花

2. 吊丝竹 Dendrocalamus minor (McClure) L. C. Chia & H. L. Fung（图 8-467）

【形态特征】秆高6～12m，直径(3)6～8cm，顶端呈弓形弯曲下垂，节间长30～45cm，无毛，幼秆被白粉，尤以鞘包裹处更显著；秆环平坦，箨环稍隆起，常留有残存的箨鞘基部。分枝点高，枝条多数，束生于每节，主枝不很显著。箨鞘早落性，革质，鲜时草绿色，圆铲状，背面贴生棕色刺毛，以中下部较多；箨耳极微小，易脱落；箨舌高3～8mm，顶端平截，边缘被流苏状毛；箨叶外翻，卵状披针形，长6～10cm，背面无毛，腹面有小刺毛。末级分枝常单生，具3～8叶；叶片矩圆状披针形，一般长10～25cm，宽1.5～3cm(但大型的可长达35cm，宽达7cm)，两面无毛。

【变种】花吊丝竹 [var. *amoenus* (Q. H. Dai & C. F. Huang) Hsueh & D. Z. Li]，竹秆较矮小，高5～8m，直径4～6cm，节间浅黄色，间有5～8条深绿色条纹。产广西南部。

图 8-467　吊丝竹
1—叶枝；2—花枝；3—秆箨；4—小穗

【分布与习性】产广东、广西、贵州等地，云南和浙江南部有引种栽培。喜生于土壤深厚、湿润的环境，既能生于酸性土上，也能生于石灰岩山地。

【园林用途】竹丛青翠秀丽，可植于庭园观赏。

3. 麻竹 Dendrocalamus latiflorus Munro

【形态特征】秆高20～25m，径15～30cm；节间长45～60cm，新秆被薄白粉，无毛，仅在节内有1圈棕色绒毛环。秆分枝高，每节多分枝，主枝常单一。箨鞘易早落，厚革质，宽圆铲形，背面略被脱落性小刺毛。末级小枝具7～13叶；叶片长椭圆状披针形，长15～35(50)cm，宽2.5～7(13)cm，基部圆。笋期7～10月，以8～9月最盛。

【分布与习性】分布于华南至西南，生于平地、山坡和河岸。浙江南部、江苏西南部和江西南部有少量栽培。越南和缅甸也有分布。喜温暖湿润气候，不耐严寒，在年均气温17～22.5℃，年降水量1300～1800mm的地区生长良好，喜土层深厚、疏松、富含腐殖质的酸性至中性沙质壤土。

【园林用途】竹丛高大、苍翠，秆顶端下垂，是优良的园林造景材料，可植于公园、河流边及湖岸，既可保持水土，又能形成独特景观。笋味鲜美，是优良的笋用竹。

附：龙竹(*Dendrocalamus giganteus* Munro)，秆直立，高达20～30m，直径20～30cm，节间长30～45cm，壁厚1～3cm，梢端柔垂。产热带亚洲，云南东南至西南部均有分布和栽培，台湾也有栽培，是世界上最大的竹类之一。

巨龙竹(*Dendrocalamus sinicus* L. C. Chia & J. L. Sun)，又名歪脚龙竹，似龙竹，节间长17～22cm，竹秆基部数节常一面肿胀而使各节斜交，产云南，生于海拔600～1000m地带，常植于村落边。

(八) 箭竹属 *Fargesia* Franch.

灌木状或稀乔木状竹类。地下茎为合轴型，秆柄假鞭粗短，两端不等粗，远母秆端直径大于近母秆端，中间较两端细，实心。秆直立，疏丛生或近散生；节间圆筒形，中空、实心或近实心；秆环平坦乃至微隆起，通常较箨环为低；秆芽单一，长卵形。秆中部每节7～15分枝，枝斜展或直立，近等粗，枝环较平。箨鞘宿存或迟落，稀早落，箨耳无，或明显。叶片小型至中型，具小横脉。花序呈圆锥状或总状，雄蕊3枚。笋期5～9月。

约90种，分布于中国、喜马拉雅东部至越南。我国至少有78种，多为特有种，北自祁连山东坡，南达海南，东起赣湘，西迄西藏吉隆，在海拔1400～3800m的垂直地带都有分布，尤以云南种类最多。

华西箭竹 *Fargesia nitida* (Mitf.) Keng f. ex Yi (图8-468)

【形态特征】秆高2～4m，直径1～2cm，节间长11～20cm。秆柄长10～13cm，粗1～2cm。秆圆筒形，幼时被白粉，无毛；秆壁厚2～3mm，髓呈锯屑状；箨环隆起，较秆环为高；秆环微隆起。秆芽长卵形。每节(5)15～18分枝，上举。笋紫褐色，箨鞘革质，紫色，三角状椭圆形，宿存，背面无毛或初被稀疏灰白色小硬毛；箨耳和繸毛均缺，箨舌圆拱形，紫色，高约1mm。小枝有2～3叶，叶片线状披针形，长3.8～7.5cm，宽0.6～1cm，两面无毛，小横脉明显。笋期4～5月。

【分布与习性】分布于甘肃东北和南部、宁夏南部、青海东部和四川西部。耐寒冷和瘠薄土壤，耐阴，喜湿润气

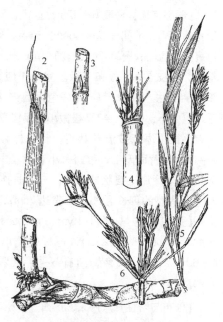

图 8-468　华西箭竹
1—地下茎及秆之基部；2～4—秆之一段
（分别示：宿存秆箨、秆芽、分枝）；
5—具叶小枝；6—花枝

候，常生于海拔 1900～3200m 的高山针叶林下。

【园林用途】华西箭竹是大熊猫主要采食的竹种，也是重要的山地水土保持植物。高海拔地区可用于风景区林下、河边片植点缀，颇具野趣。秆劈篾供编筐用。

附：箭竹（*Fargesia spathacea* Franch.），秆幼时无白粉或微被白粉；秆柄长 7～13cm，粗 0.7～2cm。箨鞘淡黄色，背部被棕色刺毛；叶片线状披针形，长 6～10cm，宽 0.5～0.7cm，小横脉微明显。产湖北西部和四川东部。

八十九、百合科 Liliaceae

多年生草本，稀木本。常具鳞茎或根状茎。叶基生或茎生，茎生叶通常互生，少对生或轮生，通常狭窄，厚肉质，有纤维，全缘或有刺状锯齿。花两性或单性，单生或组成花序；花冠钟状、坛状或漏斗状，花被片多为 6 枚，少数 4 枚，排成 2 轮；雄蕊常与花被片同数，花丝分离或连合；子房上位或半下位，3 室，中轴胎座；稀 1 室，侧膜胎座。蒴果或浆果，种子多数。

约 240 属 4000 种，广布全球。我国 60 属约 600 种，各省均有分布，主产西南。

丝兰属 *Yucca* Linn.

常绿木本，茎不分枝或少分枝。叶条状披针形或长条形，常厚实、坚挺而具刺状顶端，集生茎端或枝顶，叶缘常有细齿或丝状裂。圆锥花序从叶丛中抽出；花大，两性，近钟形，白色、乳白色或蓝紫色，常下垂；花被片 6，离生或基部连合；雄蕊 6，短于花被片；子房上位，花柱短，柱头 3裂。蒴果，种子扁平，黑色。

约 30 种，分布于美洲。我国引入栽培 4 种。

凤尾兰 *Yucca gloriosa* Linn.（图 8-469）

【形态特征】常绿灌木、小乔木。主干短，有时有分枝，高可达 5m。叶剑形，略有白粉，长 60～75cm，宽约5cm，挺直不下垂，叶质坚硬，全缘，老时疏有纤维丝。圆锥花序长 1m 以上，花杯状，下垂，乳白色，常有紫晕。花期 5～10 月，2 次开花。蒴果椭圆状卵形，不开裂。

【分布与习性】原产北美。我国长江流域普遍栽培，山东、河南可露地越冬。喜光，亦耐阴。适应性强，较耐寒，-15℃仍能正常生长、无冻害；除盐碱地外，各种土壤都能生长；耐干旱瘠薄，耐湿。耐烟尘，对多种有害气体抗性强。萌芽力强，易产生不定芽，生长快。

【繁殖方法】常用茎切块繁殖或分株繁殖。

【园林用途】树形挺直，四季青翠，叶形似剑，花茎高耸。花白色，素雅、芳香。常丛植于花坛中心、草坪一角、树丛边缘。是岩石园、街头绿地、厂矿污染区常用的绿化树种。也可在车行道的绿带中列植，亦可作绿篱种

图 8-469　凤尾兰

1—植株；2—花序的一部分；3—叶端

植，起阻挡、遮掩作用。茎可切块水养，供室内观赏，或盆栽。

附：丝兰（*Yucca smalliana* Fern.），常绿灌木。植株低矮，近无茎。叶近莲座状簇生，较硬直，长条状披针形至近剑形，长 25～60cm，宽 2.5～3cm，先端刺状，基部渐狭，边缘有卷曲白丝。圆锥花序宽大直立，高 1～3m，花白色，花序轴有乳突状毛。蒴果 3 瓣裂。花期 6～8 月。原产北美东南部，我国长江流域及以南栽培较多。耐寒性不如凤尾兰。

中 文 名 索 引

A

B

C

J

K

L

M

N

O

P

Q

拉 丁 名 索 引

A

D

E

F

K

L

N

O

P

Q

R

S

T

参 考 文 献

1. 包志毅. 世界园林乔灌木 [M]. 北京：中国林业出版社，2004.

2. (清)陈淏子. 花镜 [M]. 北京：中国农业出版社，1962.

3. 陈俊愉. 中国花卉品种分类学 [M]. 北京：中国林业出版社，2001.

4. 陈俊愉. 中国花经 [M]. 上海：上海文化出版社，1990.

5. 陈有民. 园林树木学 [M]. 北京：中国林业出版社，1990.

6. 傅立国. 中国珍稀濒危植物 [M]. 上海：上海教育出版社，1989.

7. 刘海桑. 观赏棕榈 [M]. 北京：中国林业出版社，2002.

8. 楼炉焕. 观赏树木学 [M]. 北京：中国农业出版社，2003.

9. 路安民. 种子植物科属地理 [M]. 北京：科学出版社，1999.

10. 潘志刚. 中国主要外来树种引种栽培 [M]. 北京：北京科学技术出版社，1994.

11. 舒迎澜. 古代花卉 [M]. 北京：中国农业出版社，1993.

12. 孙居文. 园林树木学 [M]. 上海：上海交通大学出版社，2003.

13. (清)汪灏等. 广群芳谱 [M]. 上海：上海书店，1985.

14. 向其柏，臧德奎译. 国际栽培植物命名法规(ICNCP) [M]. 北京：中国林业出版社，2004.

15. 臧淑英. 丁香花 [M]. 上海：上海科学技术出版社，2000.

16. 郑万钧. 中国树木志(1—4 卷) [M]. 北京：中国林业出版社，1983-2004.

17. 中国科学院华南植物研究所. 广东植物志(第 1 卷) [M]. 广州：广东科技出版社，1987.

18. 中国科学院植物研究所. 中国高等植物图鉴(第 1—5 册) [M]. 北京：科学出版社，1976-1985.

19. 中国科学院中国植物志编委会. 中国植物志(第 7—72 卷) [M]. 北京：科学出版社，1961-2002.

20. 中国科学院中国自然地理编委会. 中国自然地理——植物地理(上册) [M]. 北京：科学出版社，1985.

21. 中国农业百科全书编辑部. 中国农业百科全书(观赏园艺卷) [M]. 北京：中国农业出版社，1996.

22. 周维权. 中国古典园林史 [M]. 第 2 版. 北京：清华大学出版社，1999.

23. 朱光华译. 国际植物命名法规(圣路易斯法规) [M]. 北京：科学出版社，2001.

24. 卓丽环. 园林树木学 [J]. 北京：中国农业出版社，2004.

25. Brickell C. D., Baum B. R., Hetterscheid W. L. A., et al. International Code of Nomenclature for Cultivated Plants [J]. 7th ed. Act Hort，2004(647)：1-84.

26. Cronquist A. An Integrated System of Classification of Flowering Plants [M]. New York：Columbia University Press，1981.

27. Hereman S. Paxton's Botanical Dictionary, Periodical Experts Book Agency [Z]，1980.

28. Huxley A., Griffith. The New Royal Horticultural Society Dictionary of Gardening [M]. The Stockton Press，1992.

29. Flora of China [M/OL]. http：//hua. huh. harvard.